Hubert Hinzen
Maschinenelemente 1
De Gruyter Studium

Weitere empfehlenswerte Titel

Maschinenelemente
Hubert Hinzen, 2022
Band 2: Lager, Welle-Nabe-Verbindungen, Getriebe
ISBN 978-3-11-074698-3, e-ISBN 978-3-11-074707-2,
e-ISBN (EPUB) 978-3-11-074713-3

Band 3: Verspannung, Schlupf und Wirkungsgrad, Bremsen,
Kupplungen, Antriebe
ISBN 978-3-11-074715-7, e-ISBN 978-3-11-074739-3,
e-ISBN (EPUB) 978-3-11-074748-5

Basiswissen Maschinenelemente
Hubert Hinzen, 2020
ISBN 978-3-11-069233-4, e-ISBN 978-3-11-069214-3,
e-ISBN (EPUB) 978-3-11-069261-7

Toleranzdesign
im Maschinen- und Fahrzeugbau
Bernd Klein, 2021
ISBN 978-3-11-072070-9, e-ISBN 978-3-11-072072-3,
e-ISBN (EPUB) 978-3-11-072075-4

Automatisierungstechnik
Methoden für die Überwachung und Steuerung kontinuierlicher
und ereignisdiskreter Systeme
Jan Lunze, 2020
ISBN 978-3-11-068072-0, e-ISBN 978-3-11-068352-3,
e-ISBN (EPUB) 978-3-11-068357-8

Hubert Hinzen

Maschinenelemente 1

─────

Betriebsfestigkeit, Federn, Verbindungselemente,
Schrauben

5., aktualisierte Auflage

DE GRUYTER
OLDENBOURG

Autor
Prof. Dr.-Ing. Hubert Hinzen
Hochschule Trier
FB Technik
Schneidershof
54293 Trier
hubert.hinzen@t-online.de

ISBN 978-3-11-074630-3
e-ISBN (PDF) 978-3-11-074645-7
e-ISBN (EPUB) 978-3-11-074657-0

Library of Congress Control Number: 2021949542

Bibliografische Information der Deutschen Nationalbibliothek
Die Deutsche Nationalbibliothek verzeichnet diese Publikation in der Deutschen
Nationalbibliografie; detaillierte bibliografische Daten sind im Internet über
http://dnb.dnb.de abrufbar.

© 2022 Walter de Gruyter GmbH, Berlin/Boston
Coverabbildung: Hubert Hinzen
Satz: le-tex publishing services GmbH, Leipzig
Druck und Bindung: CPI books GmbH, Leck

www.degruyter.com

Inhaltsverzeichnis

Vorwort

Das Fach Maschinenelemente...

hat besonders im deutschsprachigen Raum eine lange Tradition: Da eine komplexe Maschine nicht so einfach zu verstehen ist, konzentriert sich der Student zunächst auf deren besser überschaubare Komponenten und verschafft sich damit einen „Baukasten". Mit diesen Vorkenntnissen fällt es ihm dann sehr viel leichter, die vollständige Maschine zu erfassen. Damit wird das Fach „Maschinenelemente" zu einem unverzichtbaren Bindeglied zwischen den Grundlagenfächern Mathematik, Mechanik, Physik sowie Technischem Zeichnen einerseits und vielen weiterführenden Fächern andererseits nach folgendem Schema:

Das Fach Maschinenelemente hat in der jüngeren Vergangenheit eine deutlich Wandlung erfahren: Die früher im Vordergrund stehende Zielvorstellung, eine Art möglichst weitreichenden Katalog der Maschinenelemente zusammen zu stellen, hat mit der modernen Datenverarbeitung an Bedeutung verloren, schließlich ist ein solcher Katalog in ständig aktualisierter Version im Internet permanent verfügbar. Die Aufgabe eines zeitgemäßen Lehrbuches muss es vielmehr sein, der unübersichtlichen Vielfalt der Maschinenelementen eine Struktur zu verleihen, die eine möglichst sichere Orientierung ermöglicht. Dabei ist eine didaktisch fundierte Vorgehensweise wichtiger als die Vollständigkeit des Baukastens. Die in Katalogen häufig zitierten „bewährten Größengleichungen" oder die in Programmen verpackten Berechnungsalgorithmen mögen zwar für praktische Belange durchaus hilfreich sein, aber das Verständnis des einzelnen Maschinenelementes und damit der gesamten Maschine wird erst dann zielstrebig gefördert, wenn der Sachverhalt auf eine ingenieurwissenschaftliche Grundlage gestellt und an die Nachbarfächer angekoppelt wird. Dabei kommt der Mechanik eine

https://doi.org/10.1515/9783110746457-201

besondere Bedeutung zu. Wird der Student auf diese Weise in die Problematik eingeführt, so gewinnt er die Fähigkeit, sich selbstständig mit weiteren Maschinenelementen vertraut zu machen.

„Probieren geht über studieren"

So simpel diese Volksweisheit auch formuliert sein mag, so bringt sie doch einen wichtigen Sachverhalt der Maschinenelemente auf den Punkt: Erst durch selbständiges Bearbeiten von Problemstellungen wird Wissen in Können überführt. Optimal ist der ständige Wechsel von Stoffvermittlung in Form der klassischen Vorlesung und Stoffverarbeitung als Übung. Aus diesem Grund ist jedem Kapitel ein Aufgabenteil angehängt, der sich genau auf diesen Lehrstoff bezieht. Der Vorlesungsteil enthält Hinweise, an welcher Stelle welche Aufgabe bearbeitet werden soll. Diese Übungen sind knapp und prägnant im Stil von Prüfungsaufgaben gehalten, können aber unter Zuhilfenahme des Normenwerkes leicht zu weiterführenden Konstruktionsübungen ergänzt werden. Normen werden nur dort aufgeführt, wo sie für die Vermittlung des Lehrstoffs unverzichtbar sind und für das Bearbeiten von Aufgaben benötigt werden. Auf die weitläufige Wiedergabe weiterer Normen wird in diesem Buch verzichtet. Ähnlich wie in der Praxis muss sich der Student und spätere Anwender hier selbständig weitere Unterlagen beschaffen. Weiterhin ist am Ende eines jeden Kapitels ein ausführliches Verzeichnis der Fachliteratur und Normen angefügt.

Die Sammlung der Aufgaben wurde mit der fünften Auflage erneut erweitert. Die Musterlösungen dieser Übungsaufgaben werden im Lösungsanhang des Buches in kurz gefasster, tabellarischer Form aufgeführt, während die ausführliche Version mit weiteren Lösungsmöglichkeiten im Internet unter

http://dx.doi.org/10.1515/9783110540871.suppl

vorhanden sind. Dort werden auch weitere Übungsaufgaben einschließlich ihrer Musterlösungen angeboten.

Ein herzliches Dankeschön...

gilt allen, die an der Entstehung dieses Buches mitgewirkt haben: Dabei haben sich vor allen Dingen die Studenten der Hochschule Trier und des „Institut Universitaire de Technologie de Bourgogne" in Dijon hervorgetan, die mit zahllosen Anmerkungen, Fragen und Bildbeiträgen die Mosaiksteinchen geliefert haben, mit denen die Struktur dieses Lehrkonzepts ausgefüllt worden ist. Weiterhin sei den Kollegen anderer Hochschulen gedankt, die mit ihren zahlreichen Zuschriften zu den bisherigen Auflagen manche Diskussion in Gang gebracht und viele Verbesserungsbeiträge geliefert haben.

Einleitung

Auswahl und Reihenfolge der Maschinenelemente

Die vielfache Anbindung der Maschinenelemente an die Nachbarfächer wirft immer wieder die Frage auf, wo die Maschinenelemente auf die Grundlagenfächer aufbauen und wo sie in weiterführende Fächer übergehen. In der Regel ist das Maschinebaustudium so angelegt, dass auf gewisse Grundkenntnisse der Technischen Mechanik zurück gegriffen werden kann. Da diese Schnittstelle aber nicht einheitlich festgelegt ist, stellt das vorliegende Buch in einem „Kapitel 0" die Grundlagen der Mechanik, hier vor allen Dingen der Festigkeitslehre zusammen, ohne dabei allerdings die für das Fach typische wissenschaftliche Genauigkeit und Ausführlichkeit zu praktizieren.

Der Begriff „Maschinenelement" fordert aus gutem Grund die Konzentration auf das einzelne Element. Mit steigender Komplexität der Maschinenelemente ist es jedoch angebracht, die Isolation auf das einzelne Element aufzugeben und zunehmend das Zusammenspiel mit den Nachbarelementen zu betrachten. Das Maschinenelement „Getriebe" beispielsweise konzentriert sich zunächst einmal auf die Räderpaarung, zieht aber schließlich zunehmend weitere Maschinenelemente (zumindest Lager und Welle-Nabe-Verbindungen) mit in die Überlegung ein. Insofern ist der Übergang der Maschinenelemente zur Konstruktionslehre und anderen weiterführenden Fächern fließend.

Die Vielzahl der Maschinenelemente erfordert eine Konzentration auf das Wesentliche. Die dadurch bedingte Auswahl orientiert sich an den folgenden Aspekten:

- Während das Bestreben, möglichst viele Maschinenelemente zu erfassen, zu Oberflächlichkeit führt, erlaubt die Konzentration auf eine Auswahl repräsentativer Maschinenelemente eine gründliche Analyse.
- Es sollten vorrangig diejenigen Maschinenelemente betrachtet werden, die für die „Methoden des Fachs" besonders wichtig sind. Die spezielle Kenntnis eines einzelnen Maschinenelementes steht dabei weniger im Vordergrund als vielmehr das Bestreben, zentrale, allgemeingültige Aussage zu erarbeiten, die sich mit gewissen Modifikationen auch auf andere Maschinenelemente übertragen lassen oder zumindest bei deren Erfassung behilflich sind. Ein Lehrbuch über Maschinenelemente muss in erster Linie darauf hinwirken, den Studenten dazu zu befähigen, selbständig mit weiterführender Fachliteratur umzugehen.
- Der Nutzen des Studiums kann nicht darin bestehen, Fertigkeiten zu erarbeiten, die auf ein Spezialgebiet beschränkt bleiben. Es geht vielmehr darum, Fähigkeiten von allgemeingültigem Nutzen zu vermitteln.

https://doi.org/10.1515/9783110746457-202

- Im Sinne eines möglichst effizienten Studiums wird im vorliegenden Buch die Reihenfolge der Maschinenelemente so angelegt, dass zunächst von möglichst einfachen, für den Studienanfänger überschaubaren Zusammenhängen ausgegangen wird und dann bei jedem weiteren Schritt neue Sachverhalte in gezielter Dosierung hinzukommen.
- Das vorliegende Buch erleichtert den Zugang zu einem neuen Sachgebiet in vielen Fällen dadurch, dass von allgemein bekannten Objekten des täglichen Lebens ausgegangen wird, die zwar nicht primär dem Maschinenbau zugeordnet werden, deren Anwendung und Zielsetzung aber keiner langen Erläuterung bedarf.

Der ingenieurmäßig sinnvolle Ansatz

Das vorliegende Buch widmet sich besonders der Problematik, ingenieurmäßig sinnvolle Ansätze zu formulieren. In der Mathematik, aber auch in der klassischen Physik und der Mechanik hat es der Student mit klaren, offensichtlichen Aussagen zu tun. Im Gegensatz dazu müssen im Fach Maschinenelemente zunehmend unschärfere Ansätze formuliert werden, was häufig zu einer Gratwanderung führt:

- Einerseits soll eine übertriebene „Verwissenschaftlichung" vermieden werden, weil damit zuweilen sehr komplexe Ansätze und aufwendige Berechnungen verbunden sind, die für ingenieurmäßiges Arbeiten häufig untauglich sind.
- Andererseits sind Dimensionierungsangaben, die auf „bewährten Größengleichungen" beruhen und in der betrieblichen Praxis noch weit verbreitet sind, ebenfalls unbrauchbar. Solche „Erfahrungsformeln" sind häufig in ihrem Anwendungsbereich stark eingeschränkt, verleiten zum bloßen „Formelmanagement" und gaukeln vielfach eine Sicherheit vor, die sich bei exakter Analyse häufig als zweifelhaft herausstellt. Sie sind deshalb kaum geeignet für eine Lehre, die sich um allgemeingültige Aussagen bemüht.

Problematisch wird diese Gratwanderung bei komplexen Maschinenelementen (beispielsweise Wälzlager, Gleitlager oder Zahnräder). Das vorliegende Buch diskutiert die Problematik zwar in seiner Vielschichtigkeit grundsätzlich an, für die weitere Behandlung des Sachverhaltes wird jedoch unter Verzicht auf allzu aufwendige rechnerische Beschreibungen eine ingenieurmäßig sinnvolle Vereinfachung gesucht („Der Ingenieur muss nicht alles wissen, er muss sich aber zu helfen wissen"). Der Aufwand muss schließlich immer im vernünftigen Verhältnis zum Nutzen stehen. Der Ingenieur strebt stets eine Maschine mit bestmöglichem „Wirkungsgrad" (= Nutzen/Aufwand) an, dieses Streben muss aber schließlich auch seinen eigenen Arbeitsstil betreffen.

Die moderne Datenverarbeitung gibt dem Studenten ein überaus präzises Rechenwerkzeug an die Hand, dessen numerisch akkurate Ergebnisse aber nicht selten für Missverständnisse sorgen: Tatsächlich sind die Eingangsgrößen für eine Berechnung (beispielsweise die Annahme oder die Messung der angreifenden Kraft) schon so ungenau, dass die rechnerisch mögliche Präzision bei der Darstellung des Ergebnisses häufig trügerisch ist. Das Fach Maschinenelemente eignet sich besonders gut dazu, den Umgang mit diesen Unschärfen zu erlernen, die für den weiteren Verlauf des Studiums und erst recht für die berufliche Praxis wichtig sind.

Anmerkungen für den Dozenten

Bei aller Diskussion über Maschinenelemente im konkreten Fall ist der Überblick über Zusammenhänge besonders wichtig. Insofern ist es angebracht, Einzelaussagen nicht isoliert im Raum stehen zu lassen, sondern zur zentralen, strukturierten Aussage zu verallgemeinern. Dies soll an folgendem Beispiel erläutert werden:

fortschreitende Lehraussage	konkretes Maschinenelement	Diagramm
Belastung in ihrer einfachsten Form	Zugstab	
elastische Verformung	Zugstabfeder	
Parallelschaltung Zug/Druck	vorgespannte Schraube	
axiale Verspannung einer Welle	angestellte Lagerung	
reibschlüssige Momentenübertragung	Querpressverband	

Im Kapitel 0 (Grundlagen der Festigkeitslehre) wird vom Spannungs-Dehnungs-Diagramm der Werkstoffkunde ausgegangen. Für ein Bauteil mit konkreten Abmessungen kann daraus eine Federkennlinie abgeleitet werden, auch wenn es sich bei diesem Bauteil gar nicht um eine Feder handelt (Kapitel 2). Das Federdiagramm in Doppelanordnung wird zum Verspannungsdiagramm erweitert, wodurch zum Ausdruck kommt, dass das Vorspannen der Schraubverbindung eine Hintereinanderschaltung von Schraube und Zwischenlage ist. Die anschließende Betriebsbelastung verformt die gleiche Anordnung aber als eine Parallelschaltung von Schraube und Zwischenlage (Kapitel 4). Die Anstellung zweier Axiallager lässt sich ebenfalls im Verspannungsdiagramm darstellen, die Federkennlinien sind jedoch nicht linear. Die radiale Verspannung eines Radiallagers unterliegt gleichen Gesetzmäßigkeiten, wegen der Zweidimensionalität lässt sich das Problem jedoch nicht im Verspannungsdiagramm darstellen, sondern es muss die Vektorrechnung bemüht werden (Kapitel 8.7, Band 3). Die vorherige Beschäftigung mit dem Verspannungsschaubild erleichtert diesen Übergang ganz wesentlich. Der Verspannungszustand eines Querpressverbandes lässt sich ebenfalls im Verspannungsdiagramm dokumentieren (Kapitel 6.2.3, Band 2), allerdings wird hier die Belastung nicht in Form einer Kraft, sondern einer Flächenpressung aufgetragen. Da die Passtoleranz als Variation des Federweges ebenfalls im Diagramm sichtbar gemacht werden kann, lässt sich der Einfluss aller entscheidenden Parameter auf die Momentenübertragbarkeit des Querpressverbandes übersichtlich darstellen, was bei alleiniger Betrachtung der Dimensionierungsgleichungen kaum möglich ist. In den weiterführenden Lehrveranstaltungen wie beispielsweise Werkzeugmaschinen und FE-Methode lässt sich mancher Sachverhalt mit Hilfe des Verspannungsdiagramms zumindest verdeutlichen.

Das Verspannungsschaubild ist damit eine wesentliche kapitelübergreifende, zentrale Aussage des Fachs Maschinenelemente. Diese Vorgehensweise der „zentralen Aussage" lässt sich in modifizierter Form immer wieder anwenden. Beispielsweise ist die für den Riementrieb benötigte Eytelwein'sche Gleichung eben nicht nur für den Riementrieb, sondern auch für den Schnurtrieb (z. B. Papiervorschub im Drucker), für den Bandschleifer, für den Gurtförderer (Förderband) und für die Treibscheiben (Fördertechnik) nutzbar und wird in Kapitel 10.5.4 in Band 3 auch für die Bandbremse angewandt. Und schließlich braucht die Stunde nicht vorgerückt zu sein, um den Korken im Flaschenhals als Querpressverband zu betrachten, dessen Reibschluss mit einem Korkenzieher beim Öffnen der Flasche mit Axialkraft oder Torsionsmoment gezielt überwunden werden muss, während er bei der Welle-Nabe-Verbindung stets unterschritten werden soll.

Auch wenn das konkrete Maschinenelement im Vordergrund steht, wird eine Isolierung auf das einzelne Element vermieden. Der Übergang zu den weiterführenden Lehrveranstaltungen gelingt dann am besten, wenn das einzelne Element möglichst bald im Zusammenspiel mit seinen Nachbarelementen bzw. seiner konstruktiven Umgebung betrachtet wird. Wenn beispielsweise eine Schraubverbindung erörtert wird, so sollte der Student den Ursprung der Belastung erkennen können. Eine Angabe wie „… die Schraube wird mit soundsoviel Newton belastet" fördert nicht das Erfassen übergeordneter Zusammenhänge, sondern verharrt in der Isolation des einzelnen Elementes. Im Eingangskapitel (Grundlagen der Festigkeitslehre) werden die Lastannahmen ganz einfach als Gewichts-, Seil- oder Kettenkräfte aufgebracht. Mit fortschreitendem Stoff können dann mehrere Maschinenelemente miteinander verknüpft werden (beispielsweise ein Kegelpressverband als Welle-Nabe-Verbindung mit Schraube oder eine Verzahnung mit der Dauerfestigkeit der Getriebewelle), so dass das Zusammenspiel der Kräfte in einen komplexeren Zusammenhang gestellt werden kann. Wo immer es möglich und sinnvoll erscheint, wird das Zusammenspiel mit benachbarten Maschinenelementen betrachtet, denn das einzelne Maschinenelement ist eben nur Bestandteil der Maschine. Besonders die Übungsbeispiele betonen diese Grundsätzlichkeit immer wieder und werden damit zum integralen Bestandteil des vorliegenden Lehrbuchs. Auf diese Weise werden die wesentlichen Grundlagen sowohl für die weiterführenden Fachvorlesungen als auch schließlich auf die spätere berufliche Tätigkeit geschaffen.

In vielen Fällen ist es wünschenswert, den Stoffumfang dieses Buches gezielt zu reduzieren, weil die Anzahl der Semesterwochenstunden nicht den vollen Umfang zulässt. Dabei besteht die Gefahr, dass Lücken gerissen werden, die die Bearbeitung des weiteren Stoffs unnötig erschweren. Zur Vermeidung dieser Gefahr werden die Lehrinhalte in drei Kategorien eingeteilt:

- **Basis**: Die mit **B** markierten Abschnitte sind auch für die Bearbeitung weiterer Abschnitte von grundlegender Bedeutung und sollten im Sinne einer geschlossenen Darstellung der Lehrinhalte nicht ausgelassen werden.
- **Erweiterung**: Die mit **E** bezeichneten Abschnitte erweitern das Basiswissen maßvoll und erarbeiten zusätzliche Ausführungsformen und Bauformen und runden damit das Basiswissen ab.
- **Vertiefung**: Die mit einem **V** versehenen Abschnitte vertiefen einzelne Sachverhalte der Maschinenelemente und sind unter besonderer Berücksichtigung der Methoden des Fachs ausgewählt worden. Diese Abschnitte sind allerdings zuweilen etwas zeitaufwendig.

Das oben angegebene Schema soll allerdings nur als ein grobes Raster verstanden werden, welches weiter differenziert werden kann. In diesem Zusammenhang sei auch auf den im gleichen Verlag erschienenen einbändigen Buchtitel „Basiswissen Maschinenelemente" verwiesen, der das Fach Maschinenelemente für benachbarte Studienrichtungen aufbereitet, für die das Fach zwar nicht von zentraler Bedeutung ist, aber eine wichtige Zusatzqualifikation darstellt, wie z. B. Elektrotechnik, Wirtschaftsingenieurwesen, Mikrosystemtechnik, Mechatronik, Versorgungstechnik und Informatik.

Literatur

Die einzelnen Kapitel verweisen in ihrem jeweiligen Schlussabschnitt auf die weiterführende Fachliteratur. In Ergänzung dazu versucht die folgende Auflistung eine Zusammenstellung der Literatur, die die Gesamtheit der Maschinenelemente darstellt bzw. zu deren Verständnis beiträgt:

[1] Aublin, Michel et al.: Systèmes Mécaniques, Théorie et Dimensionnement. Dunod 1998
[2] Beitz; Küttner: Dubbel, Taschenbuch für den Maschinenbau. Springer 1995
[3] Böttcher; Forberg: Technisches Zeichnen. Teubner
[4] Bozet, J.: Dimensionnement des Éléments de Machines. Université de Liège, Faculté des Sciences Appliquées
[5] Budynas, Richard G.; J. Keith Nisbett: Shigley's Mechanical Engineering Design. McGraw Hill: New York, 2008
[6] Decker: Maschinenelemente. Hanser
[7] Fanchon, Jean-Louis: Guide des Sciences et Technologies Industrielles. Nathan
[8] Fischer, Ulrich et al: Mechanical and Metal Trades Handbook, 3rd English edition. Haan-Gruiten: Europa-Lehrmittel, 2012
[9] Freund, H.: Konstruktionselemente, Band 1 und 2. BI Wissenschaftsverlag
[10] Haberhauer; Bodenstein: Maschinenelemente. Gestaltung, Berechnung, Anwendung. Springer
[11] Hoischen: Technisches Zeichnen. Girardet
[12] Hütte: Die Grundlagen der Ingenieurwissenschaften. Springer 1995
[13] Klein: Einführung in die DIN-Normen. Teubner
[14] Köhler; Rögnitz: Maschinenteile 1 und 2. Teubner
[15] Konrad, K.-J.: Grundlagen der Konstruktionslehre. Hanser 1998
[16] Künne: Einführung in die Maschinenelemente. Teubner
[17] Madsen, David A.; David P. Madsen: Engineering Drawing Design, 5th edition. Clifton Park, NY: Delmar, Cengage Learning, 2012
[18] Mott, R. L.: Machine Elements in Mechanical Design. Prentice Hall 2004
[19] Niemann, G.: Maschinenelemente, Band 1 und 2. Springer
[20] Oberg, Erik et al: Machinery's Handbook, 29. ed., New York: Industrial Press, 2012
[21] Pahl, G.; Beitz, W.: Konstruktionslehre. Springer
[22] Roloff; Matek: Maschinenelemente. Vieweg
[23] Schlecht, B.: Maschinenelemente 1 (2007) und 2 (2010). Pearson Studium
[24] Schmid, Steven R. et. al.: Fundamentals of Machine Elements, SI Version, 3rd edition. Boca Raton: CRC Press Taylor & Francis Group, 2014
[25] Steinhilper, W. und Sauer, B.: Konstruktionselemente des Maschinenbaus, Band 1 und 2, Springer Lehrbuch

https://doi.org/10.1515/9783110746457-203

0   Grundlagen der Festigkeitslehre

Ein Grundkurs des Technischen Zeichnens wird meist dem Fach Maschinenelemente vorange-
stellt: Dabei steht die Frage nach der korrekten zweidimensionalen Darstellung eines einfachen
dreidimensionalen Bauteils im Vordergrund. Ein weiterer Schritt ist dann die funktions- und
fertigungsgerechte Gestaltung dieser Teile, so dass die Fragen der zeichnerischen Darstellung
durch konstruktive Überlegungen ergänzt werden. Für die Dimensionierung dieser Bauteile
wird dabei die Festigkeitslehre als Bestandteil des Fachs Mechanik bemüht. Die Betriebssi-
cherheit und damit die Funktionstauglichkeit eines einzelnen Bauteils entscheidet sich vor
allen Dingen an der Frage, ob es den Belastungen, denen es ausgesetzt ist, standhält. Dabei
können zwei Modellfälle unterschieden werden:

- **Unterdimensionierung**: Ist das Bauteil zu klein, zu schlank oder zu dünn ausgelegt, dann
  wird es der Belastung nicht standhalten und versagen.
- **Überdimensionierung**: Ist dieses Bauteil zu dick, zu wuchtig oder zu voluminös ausgeführt, dann wird nicht nur unnötig viel von möglicherweise teurem Material eingesetzt,
  sondern das Bauteil ist auch zu groß, zu schwer oder zu sperrig, was z. B. im Fahrzeugbau
  oder erst recht im Flugzeugbau nicht akzeptiert werden kann.

Ein Bauteil wird also optimalerweise genau so dimensioniert, dass es die Belastungen ohne
Versagen oder Schaden aufnehmen kann, andererseits aber auch der Materialeinsatz minimiert
wird. Das vorliegende Eingangskapitel versucht, diesen Zusammenhang zur Festigkeitslehre
zu ebnen und ist damit ein entscheidender Wegbereiter für das Fach Maschinenelemente. Es
wird mit „0" klassifiziert, weil es für Leser mit Vorkenntnissen in Festigkeitslehre mehr oder
weniger überflüssig sein dürfte. Es wurde dennoch in dieses Buch aufgenommen, um ein so-
lides Fundament für das weitere Vorgehen zu schaffen und den zuweilen etwas mühsamen
Rückgriff auf weitere Literatur abzukürzen. Dabei musste auf die für die Festigkeitslehre übliche gründliche Darstellung verzichtet werden. Die nachfolgenden Ausführungen sind aber so
angelegt, dass notfalls auch ohne die vorherige Bearbeitung der Festigkeitslehre ein Einstieg
in die Maschinenelemente möglich ist.

Bei diesen Betrachtungen wird vorläufig vereinfachend angenommen, dass sich die Belastung
im Laufe der Zeit nicht ändert, also „statisch" wirkt. Im Gegensatz zum Bauingenieurwesen ist
diese Annahme für den Maschinenbau meist unzutreffend, aber immerhin kann für einfache
Anwendungen vorausgesetzt werden, dass die Belastung so langsam aufgebracht wird, dass sie
für das Bauteil als konstant angesehen werden kann, was als „quasistatische" Last bezeichnet
wird. In Kapitel 1 wird diese Betrachtung dann auf zeitlich sich ändernde, also „dynamische"
Lasten erweitert werden.

https://doi.org/10.1515/9783110746457-001

0.1   Normalspannung (B)

0.1.1   Zug und Druck (B)

Ausgangspunkt für die folgenden Überlegungen ist ein einfaches Stahlseil. Wenn dieses beispielsweise unter einer gewissen Zugkraft F reißt, dann wird ein dickeres Stahlseil derselben Belastung u. U. widerstehen können. Die Kraft alleine ist also nicht ausschlaggebend für die Belastung des Seilwerkstoffes, sondern entscheidend ist die *spezifische Belastung*, zu deren Kennzeichnung die sog. Spannung σ („Sigma") als Quotient von belastender Kraft und der (metallischen) Querschnittsfläche des Seils A formuliert wird:

$$\sigma = \frac{F}{A}$$ Gl. 0.1

Die Spannung wird entweder in N/mm² (Newton pro Quadratmillimeter) oder auch in MPa (Megapascal) angegeben, wobei die dabei ermittelten Zahlenwerte völlig identisch sind:

$$1\,\text{MPa} = 1 \cdot 10^6 \frac{\text{N}}{\text{m}^2} = 1 \cdot 10^6 \frac{\text{N}}{10^6 \text{mm}^2} = 1 \frac{\text{N}}{\text{mm}^2}$$

Die vorstehende Definition der Spannung ist auch insofern sinnvoll, als sich nach ihr die spezifische Belastung nicht ändert, wenn beispielsweise bei doppelter Kraft auch die Querschnittsfläche verdoppelt wird: Die spezifische Belastung und damit die Beanspruchung des Werkstoffs ist in beiden Fällen gleich. Man kann sich diesen Sachverhalt am hier vorliegenden Fall eines Seils auch modellhaft so vorstellen, dass die Spannung als die Kraft aufgefasst wird, die eine einzelne Faser des Seils belastet. Verschieden dicke Seile unterscheiden sich dann nur dadurch, dass sie entsprechend ihrem Querschnitt mehr oder weniger dieser gleichartigen Fasern enthalten. Die Normierung der belastenden Kraft auf die lastübertragende Fläche ist unabhängig von der Formgebung dieser Fläche, der beim Seil vorliegende Kreisquerschnitt kann also auch durch andere geometrische Muster (z. B. Vielfachanordnung vieler kleiner Kreisquerschnitte oder auch Quadrat oder Rechteck) ersetzt werden, ohne dass sich dabei die Beanspruchung ändert. Für die Formgebung dieser lastübertragenden Fläche sind meistens technologische oder auch konstruktive Erfordernisse maßgebend, so lässt sich beispielsweise ein Seil am einfachsten mit einem Kreisquerschnitt herstellen.

Die hier vorliegende Spannung ist dadurch gekennzeichnet, dass sie als Folge der sie hervorrufenden Kraft *normal* auf der Querschnittsfläche A steht.

0.1.1.1   Zug- und Druckspannung (B)

Das Seil ist so beschaffen, dass es nur Zugkräfte als Zugspannung aufnehmen kann. Die Betrachtung an einem festen Körper wie z. B. einer Stange erlaubt auch noch eine weitere Belastung: Eine Druckkraft F_D würde nach ähnlicher Definition eine Druckspannung σ_D hervorrufen. Demzufolge kann eine Stange (in der Statik „Stab") sowohl Zugkräfte F_Z als Zugspannung σ_Z als auch Druckkräfte F_D als Druckspannung σ_D aufnehmen. Dieser Zug- und Druckspannungszustand lässt sich nach Bild 0.1 verdeutlichen:

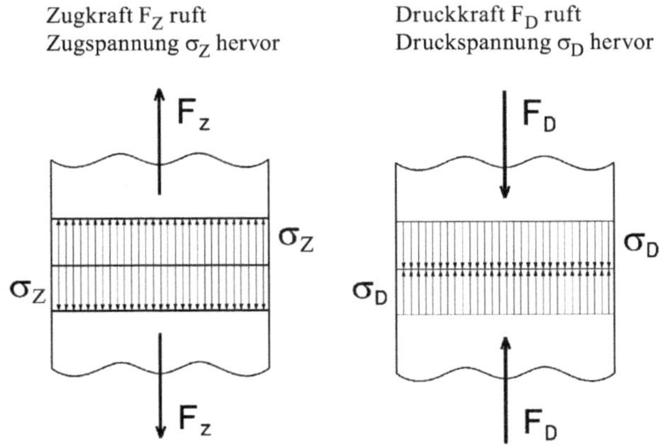

Zugkraft F_Z ruft   Druckkraft F_D ruft
Zugspannung σ_Z hervor   Druckspannung σ_D hervor

Bild 0.1: Zug- und Druckspannung

Damit ist also auch für diesen einfachen Fall der Druckbelastung die Spannung als entscheidende Lastkenngröße formuliert. Für eine Schnittebene an beliebiger Stelle des Stabes lassen sich die dort wirkenden Spannungen nach dem Prinzip „actio = reactio" sowohl in die eine als auch in die andere Richtung auftragen.

Wird ein Stab auf Druck belastet, so besteht im allgemeinen Fall auch die Gefahr, dass er ausknickt (mehr darüber im Abschnitt 0.3).

0.1.1.2   Werkstoffverhalten bei Zug und Druck (B)

Die Kenntnis der im Bauteil wirkenden Spannung alleine gibt aber noch keine Auskunft darüber, ob es der Belastung standhält oder nicht. Diese Frage betrifft auch die Belastungsfähigkeit des Werkstoffs. Dazu wird eine Werkstoffprobe mit standardisierten Abmessungen einer definierten Zugbelastung ausgesetzt und dabei ihr Verhalten beobachtet. Bild 0.2 zeigt schematisch den Aufbau einer dazu verwendeten Zugprüfmaschine.

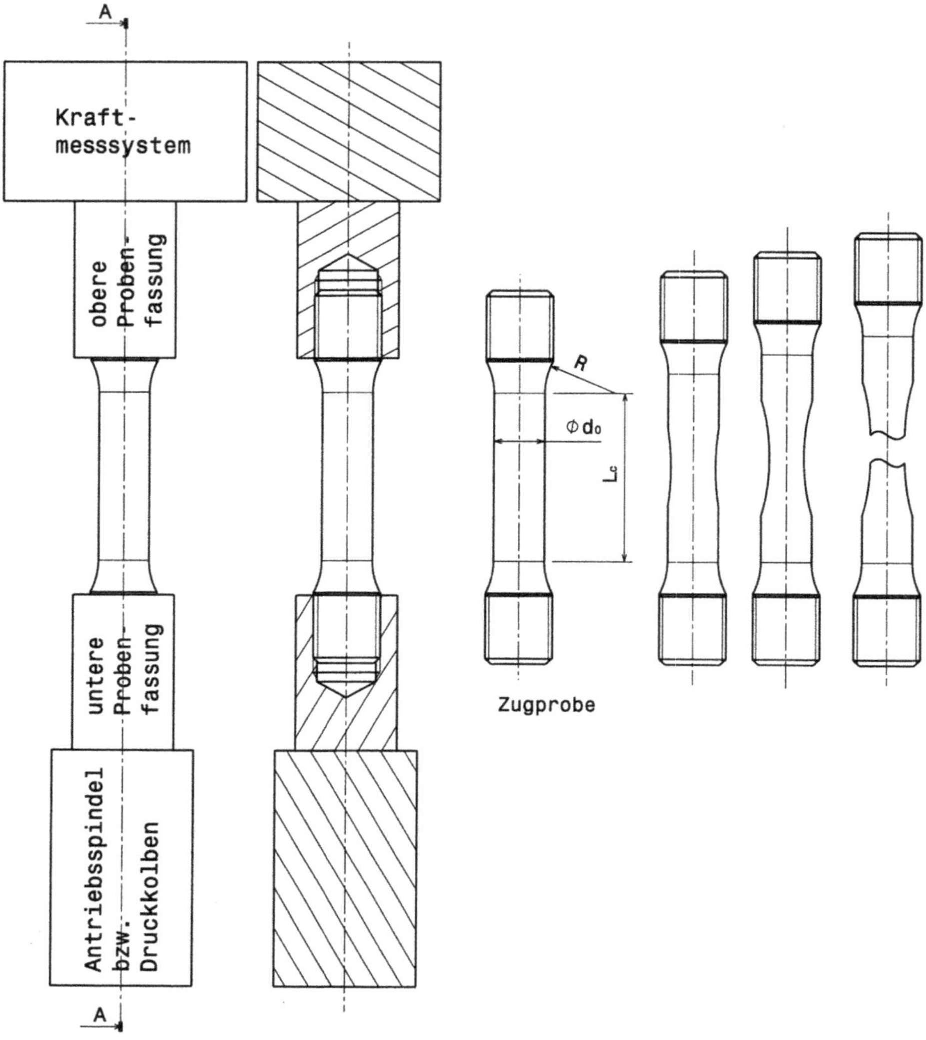

Bild 0.2: Zugprüfmaschine schematisch und standardisierte Zugprobe

Wird die auf den Stab einwirkende Zugspannung zunehmend größer, so wird dieser unter dem Einfluss der Belastung geringfügig länger werden. Diese Längung verbleibt zunächst im Promille-Bereich und ist mit dem bloßen Auge nicht wahrnehmbar. Sie ist außerdem rein elastisch, d. h. bei Zurücknahme der Zugbelastung federt der Zugsatb in seine Ausgangslage zurück und nimmt wieder seine ursprüngliche Länge an. Dieser Sachverhalt lässt sich anschaulich im sog. Spannungs-Dehnungs-Diagramm nach Bild 0.3 darstellen:

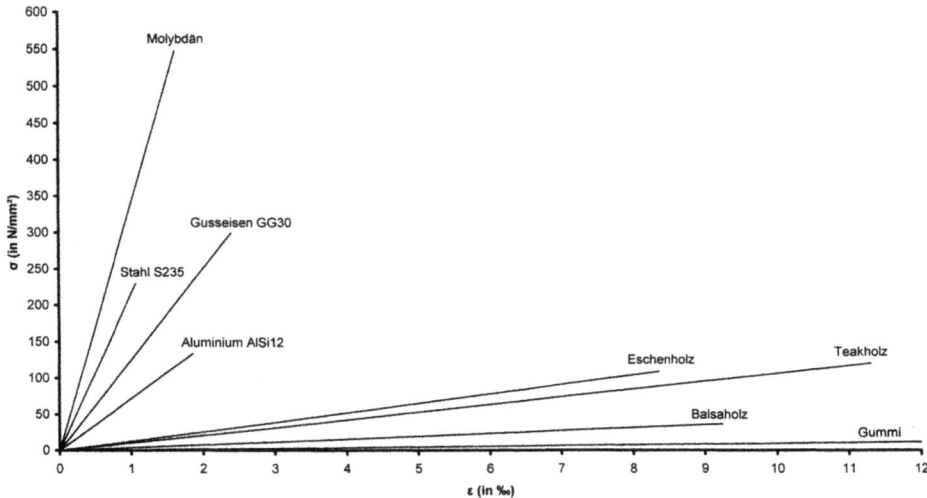

Bild 0.3: Elastischer Bereich des Spannungs-Dehnungs-Diagramms

Auf der Abszisse ist die Längung des Zugstabes zunächst als absolute Längenänderung ΔL aufgetragen. Zur Verallgemeinerung dieser Aussage ist es jedoch sinnvoll, auch diese Größe zu normieren und die Längenänderung ΔL auf die Ursprungslänge L zu beziehen, wodurch die „relative Längenänderung ε'' entsteht:

$$\varepsilon = \frac{\Delta L}{L} \qquad\qquad\qquad\qquad\qquad \text{Gl. 0.2}$$

Mit der Formulierung der Spannung σ und der relativen Längenänderung ε lässt sich das Verformungsverhalten eines Werkstoffes unabhängig von den speziellen Bauteilabmessungen ausdrücken. Die Steigung der Gerade im Spannungs-Dehnungs-Diagramm lässt sich als Geradengleichung der Form $y = m \cdot x$ auftragen. Mit den hier verwendeten Bezeichnungen für Abszisse und Ordinate ergibt sich die Formulierung

$$\sigma = E \cdot \varepsilon \qquad\qquad\qquad\qquad\qquad \text{Gl. 0.3}$$

Die Größe E wird dabei zunächst einmal als Steigungsmaß der dadurch entstandenen Geraden aufgefasst, die auch „Hooke'sche Gerade" genannt wird. Tatsächlich ist der Zahlenwert von E nur vom Werkstoff abhängig und wird mit „Elastizitätsmodul" bezeichnet. Da ε dimensionslos ist, muss der Elastizitätsmodul E die Dimension einer Spannung, also N/mm^2 annehmen. Tabelle 0.1 beziffert den Elastizitätsmodul einiger gebräuchlicher Werkstoffe (von der weiter rechts aufgeführten Spalte wird weiter unten noch die Rede sein):

Tabelle 0.1: Elastizitätsmodul und Schubmodul einiger wichtiger Konstruktionswerkstoffe

Werkstoff	Elastizitätsmodul in N/mm^2	Schubmodul in N/mm^2
Gummi	bis ca. 45	
Balsaholz (längs zur Faserrichtung)	ca. 4.000	
Teakholz (längs zur Faserrichtung)	10.400–10.900	
Magnesium	40.000–45.000	
Beton	45.000–50.000	
Fensterglas	69.000	
Aluminium	72.000	27.000
Gusseisen GG 20	105.000	40.000
Gusseisen GG 30	125.000	48.000
Gusseisen GG 40	125.000–155.000	
Gusseisen GGG 38–GGG 72	175.000–185.000	63.500–71.300
CuZn 37 nach DIN 17628	110.000	
Grauguss	110.000	43.000
CuSn 6 nach DIN 17628	115.000	
Kupfer	125.000	46.000
CuNi18Zn20 nach DIN 17663	140.000	
nichtrostende Stähle nach DIN 17224	176.600	
warmgeformte Stähle nach DIN 17221	196.200	
Stahlguss GS	200.000–215.000	81.000
kaltgezogene Drähte nach DIN 17223	206.000	
kaltgewalzte Stahlbänder nach DIN 17222	206.000	
Stahl allgemein	210.000	82.000
Molybdän	338.000	
Wolfram	400.000	150.000
Diamant	1.000.000	

Da eine grundsätzliche Forderung an Bauteile des Maschinenbaus darin bestehen kann, sich unter Belastung möglichst wenig zu verformen, wird in vielen Fällen eine möglichst steile Gerade im Spannungs-Dehnungs-Diagramm angestrebt, was aber auf die Forderung nach einem möglichst hohen Elastizitätsmodul hinausläuft. Eine diesbezügliche Spitzenstellung nehmen die Stähle ein, was auch ein wesentlicher Grund dafür ist, dass Stähle im Maschinenbau bevorzugt eingesetzt werden. Molybdän weist zwar einen noch deutlich höheren Elastizitätsmodul auf, kommt aber wegen seiner extremen Kosten als Konstruktionswerkstoff nicht in Frage. Im Gegensatz zum Gusseisen ist der Elastizitätsmodul von Stählen annähernd unabhängig von der Werkstofffestigkeit. Gummi kommt als Konstruktionswerkstoff im Maschinenbau nur dann in Frage, wenn bewusst große Verformungen angestrebt werden, was bei Federn (Kapitel 2) der Fall ist. In diesem Fall ist ein geringer E-Modul vorteilhaft.

Im Umkehrschluss sagt das Spannungs-Dehnungs-Diagramm auch aus, dass eine dem Bauteil aufgezwungene Verformung ε eine Spannung σ zur Folge hat. Die im obigen Diagramm skizzierte Hooke'sche Gerade gibt nur den *rein elastischen* Bereich des Werkstoffverhaltens wieder: Wird die belastende Spannung zurückgenommen, so federt der Werkstoff wieder in seine Ursprungslänge ($\varepsilon = 0$) zurück. Analog dazu geht auch die im Werkstoff vorliegende Spannung zurück, wenn die dem Werkstoff aufgezwungene Deformation zurückgenommen wird.

Die Elastizitätsgerade des Spannungs-Dehnungs-Diagramms setzt sich allerdings nicht beliebig fort, ist also im Sinne der Mathematik gar keine Gerade. In Bild 0.4 ist der weitere Verlauf dieses Diagramms modellhaft skizziert. Die beiden Bildhälften weisen den gleichen Kurvenverlauf auf, hier interessiert aber zunächst nur die linke Darstellung.

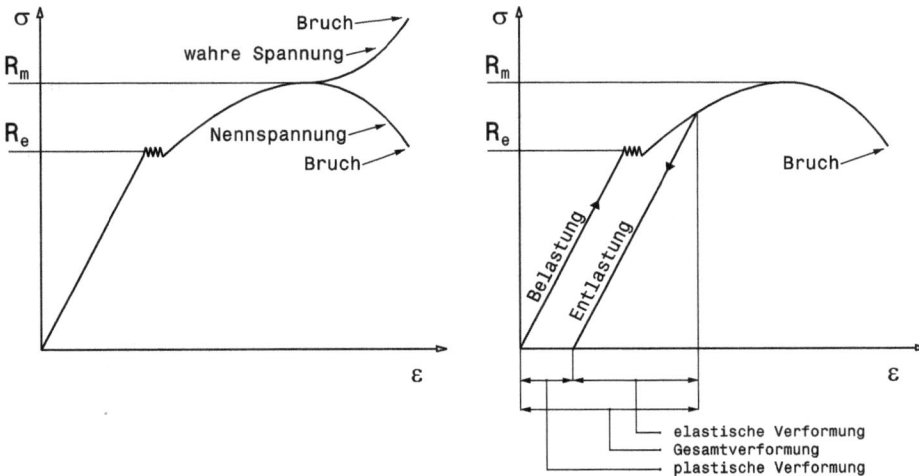

Bild 0.4: Spannungs-Dehnungs-Diagramm mit elastischer und plastischer Dehnung

Bei weiter fortschreitender Dehnung ε weicht das reale Werkstoffverhalten zunehmend von der Hooke'schen Geraden ab. Die Spannung, bei der die Elastizitätsgerade verlassen wird, wird Streckgrenze genannt und mit R_e bezeichnet. Dabei wird die Bezeichnung R aus dem angelsächsischen „Resistance" abgeleitet und der Index e deutet auf das rein **e**lastische Verhalten hin. Wird der Zugstab über diese Streckgrenze hinaus gedehnt, so steigt zunächst je nach Werkstoff die Spannung kaum an bzw. fällt sogar etwas ab. Es schließt sich ein Bereich an, in dem sich die Spannung σ bei zunehmender Dehnung ε nicht wesentlich ändert. Bei weiterhin ansteigender Dehnung erhöht sich die Spannung wieder bis zu einem Maximalwert, den man Zugfestigkeit R_m nennt, wobei der Index m so viel wie „maximum" bedeutet. Nach Erreichen dieses Wertes fällt die auf den Ausgangsquerschnitt bezogene Spannung schließlich wieder ab. Dieser Spannungsabfall geht mit der Einschnürung (s. Bild 0.2 rechts) der Werkstoffprobe einher. Während der Zugstab über weite Teile seiner Erstreckung seine zylindrische Form und damit seine ursprüngliche Querschnittsfläche nur unwesentlich verringert, kommt es in einem lokal begrenzten Bereich zu einer deutlichen Verjüngung der Probenquerschnittsfläche. Da aber die in der Einschnürung verbleibende Restquerschnittsfläche messtechnisch nicht so ohne weiteres erfasst werden kann, beschränkt sich die Werkstoffkunde in der Formulierung der Spannung $\sigma = F/A$ meist auf den ursprünglich vorhandenen Ausgangsquerschnitt im lastlosen Zustand A. Die so ermittelte „Nenn"-Spannung ist dann zunehmend kleiner als die im Einschnürungsbereich tatsächlich vorliegende „wahre" Spannung, die weiterhin ansteigt. In diesem Bereich ist deshalb auch die Formulierung der Dehnung ε als Quotient $\Delta L/L$ problematisch. Diese Differenzierung ist jedoch häufig unwichtig, weil damit ein Bauteilversagen herbeigeführt wird, welches im Rahmen der hier betrachteten Maschinenelemente ohnehin nicht zugelassen werden kann.

Bereits unmittelbar nach dem Überschreiten der Streckgrenze ist die Dehnung ε nicht mehr rein elastisch, sondern teilweise *plastisch*, was sich mit der rechten Hälfte von Bild 0.4 demonstrieren lässt: Wird das Bauteil über die Streckgrenze hinaus belastet und anschließend wieder entlastet, so wandert der Belastungspunkt wegen der zwischenzeitlich eingetretenen teilplastischen Verformung nicht etwa auf dem gleichen Kurvenzug zum Ausgangspunkt zurück, sondern bewegt sich parallel zur Elastizitätsgeraden abwärts, bis schließlich bei völliger Entlastung ($\sigma = 0$) eine plastische Dehnung ε zurückbleibt, die nicht mehr zurückfedert. In diesem Fall setzt sich die dadurch bedingte Dehnung ε aus einem elastischen und einem plastischen Anteil zusammen.

Braucht auf die Verformung des Bauteils keine Rücksicht genommen zu werden, so kann der Werkstoff bei quasistatischer Belastung im Extremfall bis zum Wert R_m belastet werden. Diese für den Werkstoffkundler interessante Fragestellung ist für den Maschinenbauer allerdings nicht von vorrangiger Wichtigkeit. Da die plastische Dehnungen meist ausgeschlossen werden soll, ist normalerweise die Streckgrenze der größtmögliche Spannungswert, den man dem Werkstoff unter optimalen Bedingungen (quasistatische, einmalige Belastung) zumuten kann. Für diese Spannung wird meist folgende Indizierung verwendet:

zulässige Spannung für Zugbelastung: R_e (Streckgrenze)
zulässige Spannung für Druckbelastung: σ_{dF} (Quetschgrenze)

Der Index „dF" steht für „Druckfließ". Versuchstechnisch sind diese Werte aber nicht immer mit der gewünschten Genauigkeit zu ermitteln, da je nach Werkstoffbeschaffenheit eine ausgeprägte Streckgrenze nicht vorhanden ist. Dann wird ersatzweise die sog. 0,2-Dehngrenze $R_{p0,2}$ als ein weiterer Werkstoffkennwert herangezogen. Dieser Wert gibt die Spannung an, bei der nach der Entlastung eine bleibende (plastische) Dehnung von 0,2 % noch zugelassen wird:

zulässige Spannung für Zugbelastung: $\sigma_{z\,zul} = R_{p0,2}$

Tabelle 0.2 nennt für einige im Maschinenbau übliche metallische Werkstoffe die 0,2-Dehngrenze $R_{p0,2}$:

Tabelle 0.2: Dehngrenze einiger wichtiger Konstruktionswerkstoffe

Gusseisen nach DIN 1693	Werkstoffnummer	R_e bzw. $R_{p0,2}$ in N/mm^2
GGG-40	0.7040	250
GGG-60	0.7050	380
GGG-70	0.7070	440

Stahlguss nach DIN 1681	Werkstoffnummer	R_e bzw. $R_{p0,2}$ in N/mm^2
GS-38	1.0416	190
GS-45	1.0443	230
GS-52	1.0551	260
GS-60	1.0553	300
GS-62	1.0555	350
GS-70	1.0554	420

Baustähle nach DIN EN 10025-2 2004	Werkstoffnummer	R_e bzw. $R_{p0,2}$ in N/mm^2
S 235 (früher RSt 37-2)	1.0038	225–235
S 275 (früher St 44-3)	1.0144	265–275
E 295 (früher St 50-2)	1.0050	285–295
S 355 (St 52-3)	1.0570	345–355
E 335 (St 60-2)	1.0060	325–335
E 360 (St 70-2)	1.0070	355–365

Vergütungsstähle nach DIN 17200	Werkstoffnummer	R_e bzw. $R_{p0,2}$ in N/mm^2
C35	1.0501	430
C45	1.0503	490
C60	1.0601	580
28Mn6	1.5065	490
34Cr4	1.7033	590
41Cr4	1.7035	665
34CrMo4	1.7220	665
42CrMo4	1.7225	765
34CrNiMo6	1.6582	885
30CrNiMo8	1.6580	1030

Einsatzstähle nach DIN 17210	Werkstoffnummer	R_e bzw. $R_{p0,2}$ in N/mm^2
C10	1.0301	295
Ck15	1.1141	355
15Cr3	1.7015	440
16MnCr5	1.7131	590
20MnCr5	1.7147	700
25MoCr4	1.7325	685
15CrNi6	1.5919	635
18CrNi8	1.5920	800
17CrNiMo6	1.6587	785
20MoCrS4	1.7323	590

Die bei GGG, GS und St nachgestellten Zahlenwerte geben die Zugfestigkeit in der historischen Einheit [kp/mm²] an. Die elastisch ausnutzbare Werkstoffspannung ist natürlich deutlich geringer.

Aufgaben A.0.1 und A.0.2

0.1.1.3 Sicherheitsnachweis (B)

Ein Bauteil hält also einer einachsigen, quasistatischen Normalspannungsbelastung stand, wenn die tatsächliche Zug- oder Druckspannung σ_{tats} kleiner ist als die zulässige, durch den Werkstoff vorgegebene Spannung σ_{zul}, wobei der Wert für σ_{zul} hier zunächst mit R_e bzw. $R_{p0,2}$ gleichgesetzt wird:

$$\sigma_{tats} \leq \sigma_{zul} \qquad\qquad\qquad \text{Gl. 0.4}$$

Über diese simple ja-nein-Information hinaus ist es jedoch meist wünschenswert, die Entfernung von der Versagensgrenze differenzierter anzugeben, was zur Definition der Sicherheit S führt:

$$S = \frac{\sigma_{zul}}{\sigma_{tats}} \qquad\qquad\qquad \text{Gl. 0.5}$$

Diese Sicherheit drückt in anschaulicher Weise aus, wie viele „Reserven" das Bauteil gegenüber einer möglichen Überlast hat:

- Sicherheiten von S < 1 sind nicht praktikabel, weil in diesem Fall das Bauteil planmäßig versagen bzw. plastisch deformiert werden würde.
- Ist S = 1 (d. h. $\sigma_{tats} = \sigma_{zul}$), so sind die Werkstoffreserven völlig erschöpft, jede Überlast oder auch nur eine geringfügige Unsicherheit bei der Lastannahme würde zum Versagen bzw. zu einer plastischen Deformation des Bauteils führen. Eine Sicherheit von 1 ist deshalb sehr kritisch.
- Es werden also stets Sicherheiten von über 1 angestrebt. Ist beispielsweise S = 2, so könnte das Bauteil eine doppelte Belastung aufnehmen, bevor es versagt. Da die Belastung in aller Regel nicht genau bestimmt werden kann, strebt man stets eine Sicherheit an, die größer als 1 ist. Andererseits führt eine hohe Sicherheit aber auch zu einem hohen Materialeinsatz, der mit überflüssigem Gewicht (Fahrzeug- und Flugzeugbau) oder unnötig hohen Kosten verbunden ist.

Wie bereits eingangs bemerkt wurde, treffen die vorstehenden Betrachtungen und Festigkeitswerte nur für quasistatische, also weitgehend ruhende Belastung zu, was für den Werkstoff besonders vorteilhaft zu ertragen ist. Er tritt im Maschinenbau nicht häufig auf und ist eher typisch für den Stahlbau und das Bauingenieurwesen. Im weiteren Verlauf dieser Betrachtungen wird noch ausgeführt werden, dass eine nicht quasistatische Belastung wesentlich geringere Spannungen als die oben angegebenen Werte zulässt.

Aufgaben A.0.3 und A.0.4

0.1.1.4　　Spannungs-Dehnungsverhalten von Verbundwerkstoffen (E)

Die bisherigen Betrachtungen beziehen sich auf homogene Werkstoffe. Sollen aber die vorteilhaften Eigenschaften von zwei Werkstoffen miteinander kombiniert werden, so werden sie in einem einzigen Bauteil miteinander vereinigt, wodurch die sog. Verbundwerkstoffe (z. B. Stahlbeton, glasfaserverstärkter Kunststoff) entstehen. Bei Belastung wird beiden Einzelwerkstoffen die gleiche Dehnung aufgezwungen. Das Werkstoffverhalten dieser Kombinationtion wird im Spannungs-Dehnungs-Diagramm deutlich. Zunächst wird ein Förderband betrachtet, welches im wesentlichen nur Zugkräfte aufzunehmen hat (weiteres s. Band 2, Kap. 7, Abschnitt Riemengetriebe):

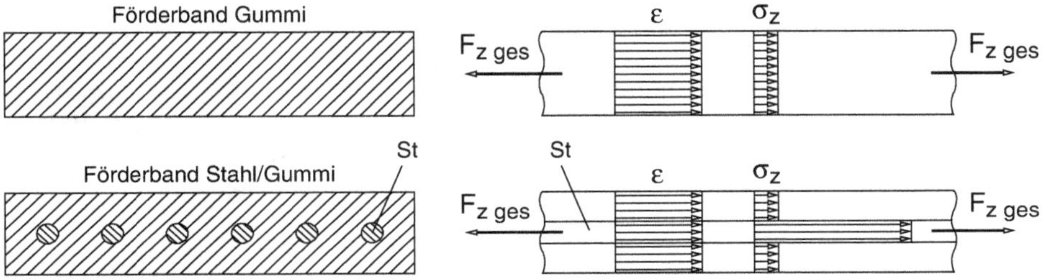

Bild 0.5: Förderband

Besteht das Förderband ausschließlich aus Gummi (obere Bildhälfte), so stellt sich sowohl eine gleichmässige Deformation als auch eine homogene Zugspannung ein, die schließlich die Gesamtzugkraft $F_Z = \sigma_{Gummi} \cdot A_{Gummi}$ ergibt. Werden jedoch zur Steigerung der Zugbelastbarkeit Stahlseile in das Förderband eingelegt (untere Bildhälfte), so setzt sich die Gesamtkraft aus den Anteilen von Gummi und Stahl zusammen:

$$F_{Zges} = A_{St} \cdot \sigma_{St} + A_{Gummi} \cdot \sigma_{Gummi} \qquad\qquad \text{Gl. 0.6}$$

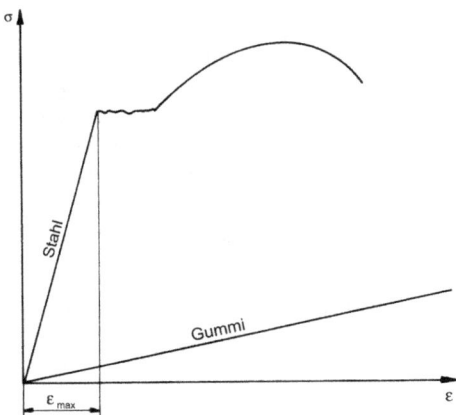

Bild 0.6: Spannungs-Dehnungs-Diagramm Förderband

Die im Stahl und im Gummi hervorgerufenen Spannungen verhalten sich proportional zur Dehnung:

$$\sigma_{St} = E_{St} \cdot \varepsilon \quad \text{und} \quad \sigma_{Gummi} = E_{Gummi} \cdot \varepsilon \qquad \text{Gl. 0.7}$$

Die Dehnung ε ist für Stahl und Gummi gleich, da sich die beiden Werkstoffe nicht voneinander ablösen dürfen. Wegen der deutlich Unterschiedlichkeit der E-Module ist die Zugspannung im Stahlseil jedoch sehr viel höher als die im Gummi.

$$F_{Zges} = \varepsilon \cdot (A_{St} \cdot E_{St} + A_{Gummi} \cdot E_{Gummi}) \qquad \text{Gl. 0.8}$$

Die Gesamtbelastbarkeit dieser Werkstoffkombination F_{Zmax} hängt dann von der zulässigen Verformung ε_{max} (s. Bild 0.6) ab:

$$F_{Zmax} = \varepsilon_{max} \cdot (A_{St} \cdot E_{St} + A_{Gummi} \cdot E_{Gummi}) \qquad \text{Gl. 0.9}$$

Während der Stahl bei dieser gemeinsamen Verformung bis an seine Elastizitätsgrenze beansprucht wird, hat das Gummi dabei seine Verformbarkeit und damit seine maximale Belastbarkeit noch lange nicht erreicht. Eine eventuelle Überlast würde also zunächst einmal die Stahleinlage zerstören, obwohl das Gummi sehr viel weniger Zugspannung aufnehmen kann.

Aufgaben A.0.5 und A.0.6

0.1.2   Biegung (B)

0.1.2.1   Biegespannung (B)

Die vorangegangenen Betrachtungen orientierten sich am denkbar einfachsten Fall der reinen Zug- bzw. Druckbelastung. Bei der Aufforderung, eine Holzlatte bewusst zu zerstören, würde man aber wohl kaum den Versuch machen, an ihr zu ziehen, sondern man würde sie vielmehr biegen. An diesem einfachen Beispiel läßt sich bereits erkennen, dass in den meisten Fällen die Biegebelastung kritischer ist als die Zugbeanspruchung.

Das aus der Schulphysik bekannte Hebelgesetz macht bereits mit dem Begriff des Momentes bekannt: Der doppelarmige Hebel in der oberen Hälfte von Bild 0.7 ist dann im Gleichgewicht, wenn die Bedingung $F_1 \cdot h_1 = F_2 \cdot h_2$ erfüllt ist. Das Produkt aus Kraft und Hebelarm ist als Biegemoment darüber hinaus entscheidend für die Biegebelastung des Hebels und lässt sich oberhalb des Hebels graphisch auftragen, womit klar wird, dass am Gelenk des Hebels das größte Biegemoment vorliegt und damit die Belastung kritisch ist. Reduziert man in der unteren Bildhälfte die Problematik auf den rechten Teil des Hebels und ersetzt dabei das Gelenk durch eine feste Einspannung, so entsteht der „einseitig eingespannte Balken" als Modellfall der Biegebelastung.

Der Begriff „Balken" ist dabei nicht nur auf den Holzbalken beschränkt, sondern meint im Sinne der Mechanik alle Bauteile, die mit Biegung belastet werden können. Die maßgebende Schnittreaktion im Balken ist dann das Biegemoment M_b:

$$M_b = F \cdot h \qquad \text{Gl. 0.10}$$

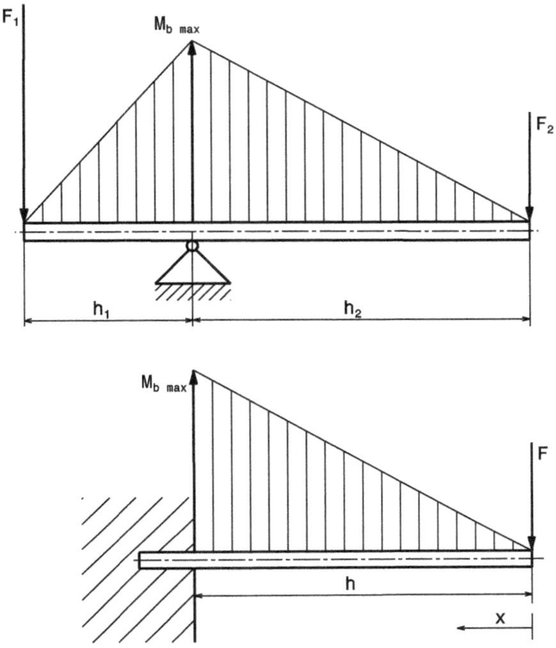

Bild 0.7: Biegebalken

In einer ersten Betrachtung wird in den Bildern 0.8 und 0.9 ein Balken mit symmetrischer Querschnittsfläche angenommen. Das Spannungs-Dehnungs-Diagramm dokumentiert, dass jede Belastung eine Verformung zur Folge hat. Während sich die Verformung eines Zugstab als Längenänderung äußert, kommt es beim Balken unter dem Einfluss des belastenden Biegemomentes zu einer Krümmung.

a. Absolute elastische Verformungen   Die Krümmung des Balkens lässt sich nach der linken Hälfte von Bild 0.8 an jedem beliebigen Punkt durch ein Kreisbogensegment mit dem an dieser Stelle vorliegenden Radius r beschreiben, woraus sich zunächst einmal folgende qualitative Schlussfolgerungen ableiten lassen: An der Oberkante des Balkens wird der Werkstoff gedehnt, weil die Ursprungslänge des unbelasteten Balkenelementes L_0 durch die Balkenkrümmung auf $L_0 + \Delta L$ vergrößert wird. An der Unterkante des Balkens wird der Werkstoff in ähnlicher Weise von L_0 auf $L_0 - \Delta L$ gestaucht. In der Mitte des Balkens wird der Werkstoff weder gedehnt noch gestaucht, so dass diese Linie als „neutrale Faser" bezeichnet wird.

Auf der Suche nach einem quantitativen Zusammenhang lässt sich die Länge des an beliebiger z-Koordinate platzierten Kreisbogens L mit dem in der neutralen Faser befindlichen Kreisbogen L_0 geometrisch ins Verhältnis setzen:

$$\frac{L}{L_0} = \frac{r+z}{r} \quad \Rightarrow \quad L = L_0 \cdot \frac{r+z}{r} \qquad\qquad \text{Gl. 0.11}$$

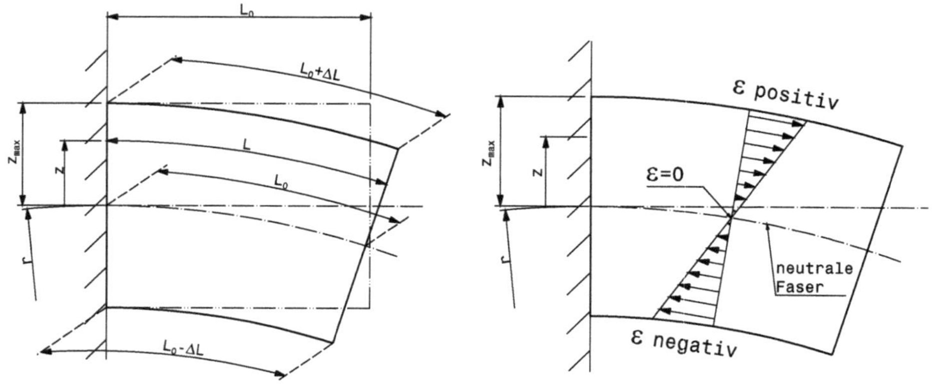

Bild 0.8: Absolute und relative Verformungen des Biegebalkens

b. Relative elastische Verformungen Die Verformung verhält sich proportional zum Abstand zur neutralen Faser: Ausgehend von der unverformten Länge der neutralen Faser tritt nach oben hin immer mehr Längung auf, bis die maximale Längung an der Balkenoberkante erreicht ist. Unterhalb der neutralen Faser erfährt der Werkstoff eine Stauchung, die an der Balkenunterkante maximal wird. Dadurch ergibt sich die in der rechten Hälfte von Bild 0.8 dargestellte dreieckförmige Verformungsverteilung $\varepsilon = f_{(z)}$. Setzt man für diesen Fall die relative Dehnung $\varepsilon = \Delta L / L_0$ (s. Gl. 0.2) an, so ergibt sich mit Gl. 0.11:

$$\varepsilon = \frac{L - L_0}{L_0} = \frac{L_0 \cdot \frac{r+z}{r} - L_0}{L_0} = \frac{z + r}{r} - 1 = \frac{z + r - r}{r} = \frac{z}{r} \qquad \text{Gl. 0.12}$$

Durch Kürzen von L_0 wird die Gleichung von der speziellen Länge des Balkenelementes unabhängig.

c. Spannungsverteilung Geht man nun davon aus, dass diese Verformungen noch im elastischen Bereich liegen, so resultiert daraus nach der Gesetzmäßigkeit der elastischen Verformung ($\sigma = E \cdot \varepsilon$) eine ebenfalls dreieckförmige Biegespannungsverteilung $\sigma = f_{(z)}$.

Damit lässt sich die Biegebeanspruchung mit der zuvor erörterten Zug- und Druckspannung nach der linken Hälfte von Bild 0.9 in Zusammenhang bringen. Da die Werkstoffdehnung und damit die Werkstoffbelastung an der Randfaser am größten ist, wird ein Zusammenhang für die dort auftretende Spannung in Form von $\sigma_{max} = f_{(M)}$ gesucht. Dazu wird in der dreieckförmigen Spannungsverteilung der Strahlensatz angesetzt:

$$\frac{\sigma_{max}}{\sigma} = \frac{z_{max}}{z} \quad \Rightarrow \quad \sigma = \sigma_{max} \cdot \frac{z}{z_{max}} \qquad \text{Gl. 0.13}$$

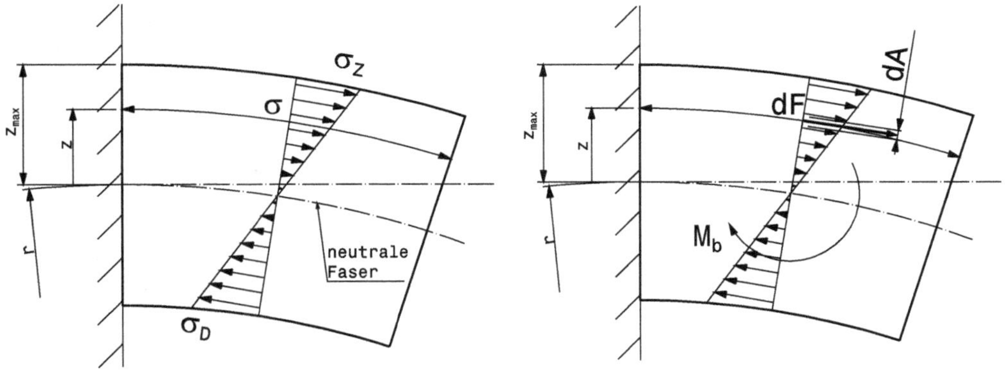

Bild 0.9: Spannungen und Momentengleichgewicht am Balkenquerschnitt

d. Momentengleichgewicht Die auftretenden Spannungen müssen mit dem in den Balken eingeleiteten Biegemoment M_b im Gleichgewicht stehen, welches nach der rechten Hälfte von Bild 0.9 in der neutralen Faser des Balkens angreift und sich an den einzelnen Spannungsanteilen mit dem dazugehörenden Hebelarm z abstützt:

$$M_b = \int\limits_{-z_{max}}^{z_{max}} dF \cdot z$$

Die Kraft dF lässt sich in Anlehnung an Gl. 0.1 als $dF = \sigma \cdot dA$ ausdrücken:

$$M_b = \int\limits_{-z_{max}}^{z_{max}} \sigma \cdot dA \cdot z \qquad\qquad \text{Gl. 0.14}$$

Führt man für σ den Ausdruck nach Gl. 0.13 ein, so ergibt sich:

$$M_b = \int\limits_{-z_{max}}^{z_{max}} \sigma_{max} \cdot \frac{z}{z_{max}} \cdot dA \cdot z = \frac{\sigma_{max}}{z_{max}} \cdot \int\limits_{-z_{max}}^{z_{max}} z^2 \cdot dA \qquad\qquad \text{Gl. 0.15}$$

Sowohl σ_{max} als auch z_{max} sind von der Integration nicht betroffen. Mit dieser Gleichung lässt sich nun die maximal im Balken auftretende Spannung σ_{max} ausdrücken:

$$\sigma_{max} = \frac{M_b}{\dfrac{\int\limits_{-z_{max}}^{z_{max}} z^2 \cdot dA}{z_{max}}} \qquad\qquad \text{Gl. 0.16}$$

Der Nennerausdruck dieser Gleichung hängt nur von der Geometrie des Balkenquerschnitts ab und wird als das „axiale oder äquatoriale Widerstandsmoment" W_{ax} bezeichnet. Damit gewinnt man einen übersichtlichen Ausdruck für die im Balken vorliegende Biegespannung:

$$\sigma_{b\,max} = \frac{M_b}{W_{ax}} \quad mit \quad W_{ax} = \frac{\int\limits_{-z_{max}}^{z_{max}} z^2 \cdot dA}{z_{max}} \qquad \text{Gl. 0.17}$$

So wie bei der Zug- und Druckspannungen nach Gl. 0.1 die Querschnittsfläche A im Nenner steht, so muss bei der Berechnung der Biegespannung durch das „axiale Widerstandsmoment" W_{ax} dividiert werden. Im Gegensatz zur Zug- und Druckbelastung ist aber bei der Biegung nicht nur die Größe der Querschnittsfläche maßgebend, sondern auch deren geometrische Anordnung. Die dadurch hervorgerufene Normalspannung σ wird dann auch nicht mehr als Zugspannung σ_Z an der Balkenoberseite bzw. Druckspannung σ_D an der Balkenunterseite, sondern einfach als Biegespannung σ_b bezeichnet.

Der in der Gegenüberstellung von Bild 0.10 oben abgebildete Zugstab weist an jeder Stelle die gleiche Spannung auf. Die Spannung im Biegebalken hingegen wächst nicht nur linear mit dem Hebelarm, sondern auch linear mit dem Abstand von der neutralen Faser. Die größte Spannung tritt in der Randfaser an der Einspannstelle auf. In Anlehnung an Gl. 0.4 lässt sich nun formulieren:

$$\sigma_b = \frac{M_b}{W_{ax}} \leqslant \sigma_{zul} \qquad \text{Gl. 0.18}$$

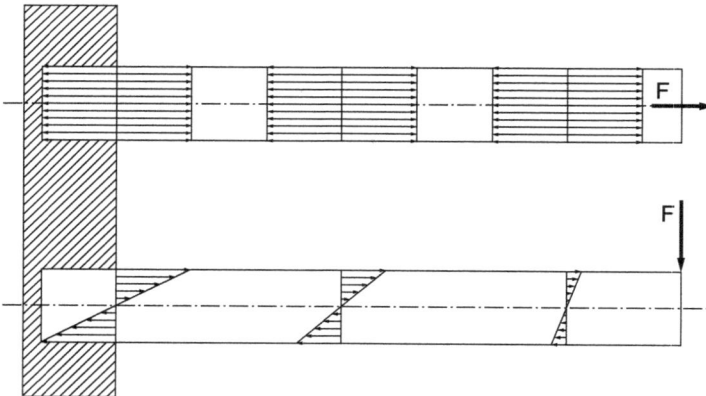

Bild 0.10: Biegespannungsverteilung entlang eines einseitig eingespannten Biegebalkens

Während diese Ungleichung nur das Standhalten oder das Versagen des Bauteils angibt, kann auch hier in Analogie zu Gl. 0.5 die Sicherheit S in einer differenzierteren Betrachtung als Quotient von zulässiger zu tatsächlicher Spannung formuliert werden:

$$S = \frac{\sigma_{zul}}{\sigma_b} \qquad\qquad \text{Gl. 0.19}$$

In Anlehnung an Gleichung 0.16 lässt sich aber nicht nur die maximale Biegespannung σ_b an der Randfaser, sondern auch die allgemein an irgendeiner Stelle des Balkenquerschnitts auftretende Spannung σ in Funktion des Abstandes von der neutralen Faser formulieren:

$$\sigma_{(z)} = \frac{M_b}{\int_{-z_{max}}^{z_{max}} z^2 \cdot dA} = \frac{M_b}{I_{ax}} \cdot z \quad \text{mit} \quad I_{ax} = \int_{-z_{max}}^{z_{max}} z^2 \cdot dA \qquad \text{Gl. 0.20}$$

I_{ax} wird als das „axiale oder äquatoriale Flächenmoment" bezeichnet. Nach Gleichung 0.19 lässt sich das axiale Widerstandsmoment W_{ax} und nach Gleichung 0.20 das axiale Flächenmoment für jeden beliebigen Balkenquerschnitt berechnen. Die Festigkeitslehre als Bestandteil des Lehrgebietes Mechanik geht dieser Fragestellung weiter nach.

0.1.2.2   Flächen- und Widerstandsmomente genormter Profile (B)

Genormte Walzprofile sind bezüglich ihrer Widerstands- und Flächenmomente tabelliert, so dass sich die rechnerische Auswertung der Gleichungen 0.17 und 0.20 erübrigt. Dabei ist allerdings zu beachten, dass bei Biegung um die y-Achse (also wenn die momentenerzeugende Kraft in z-Richtung angreift) I_{ax} als I_y und W_{ax} als W_y anzusetzen ist. Wird hingegen die Momentenbelastung um die z-Achse eingeleitet (also wenn die momentenerzeugende Kraft in y-Richtung angreift), so sind die entsprechenden z-Werte zu übernehmen.

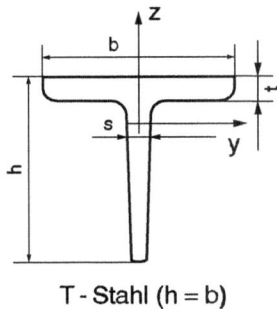

T - Stahl (h = b)

Bild 0.11: Rundkantiger, hochstegiger T-Stahl nach DIN 1024

Kurz-zei-chen	$h =$ b mm	$s = t$ mm	A mm^2	I_y [10^3] mm^4	W_y [10^3] mm^3	i_y mm	I_z [10^3] mm^4	W_z [10^3] mm^3	i_z mm
T20	20	3	112	3,80	0,27	5,8	2,00	0,20	4,2
T25	25	3,5	164	8,70	0,49	7,3	4,30	0,34	5,1
T30	30	4	226	17,20	0,80	8,7	8,70	0,58	6,2
T35	35	4,5	297	31,0	1,23	10,4	15,70	0,90	7,3
T40	40	5	377	52,8	1,84	11,8	25,80	1,29	8,3
T45	45	5,5	467	81,3	2,51	13,2	40,10	1,78	9,3
T50	50	6	566	121	3,36	14,6	60,6	2,42	10,3
T60	60	7	794	238	5,48	17,3	122,0	4,07	12,4
T70	70	8	1060	445	8,79	20,5	221,0	6,32	14,4
T80	80	9	1360	737	12,00	23,3	370,0	9,25	16,5

Kurzzeichen	h mm	b mm	t mm	A mm²	I_y [10^3] mm⁴	W_y [10^3] mm³	i_y mm	I_z [10^3] mm⁴	W_z [10^3] mm³	i_z mm
I 80	80	42	5,9	757	778	19,5	32,0	62,9	3,00	9,1
I 100	100	50	6,8	1060	1710	34,2	40,1	122	4,88	10,7
I 120	120	58	7,7	1420	3280	54,7	48,1	215	7,41	12,3
I 140	140	66	8,6	1820	5730	81,9	56,1	352	10,7	14,0
I 160	160	74	9,5	2280	9350	117	64,0	547	14,8	15,5
I 180	180	82	10,4	2790	14.500	161	72,0	813	19,8	17,1
I 200	200	90	11,3	3340	21.400	214	80,0	1170	26,0	18,0
I 220	220	98	12,2	3950	30.600	278	88,0	1620	33,1	20,2
I 240	240	106	13,1	4610	42.500	354	95,9	2210	41,7	22,0
I 260	260	113	14,1	5330	57.400	442	104	2880	51,0	23,2
I 280	280	119	15,2	6100	75.900	542	110	3640	61,2	24,5
I 300	300	125	16,2	6900	98.000	653	119	4510	72,2	25,6

Bild 0.12: Warmgewalzter I-Träger nach DIN 1025 T1   für h ≤ 240 mm: s = 0,03 h + 1,5 mm; für h ≥ 260 mm: s = 0,036 h

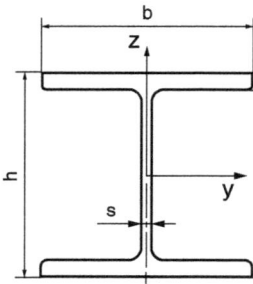

Kurzzeichen	h = b mm	s mm	t mm	A mm²	I_y [10^3] mm⁴	W_y [10^3] mm³	i_y mm	I_z [10^3] mm⁴	W_z [10^3] mm³	i_z mm
IPB 100	100	6	10	2600	4500	89,9	41,6	1670	33,5	25,3
IPB 120	120	6,5	11	3400	8640	144	50,4	3180	52,9	30,6
IPB 140	140	7	12	4300	15.100	216	59,3	5500	78,5	35,8
IPB 160	160	8	13	5430	24.900	311	67,8	8890	111	40,5
IPB 180	180	8,5	14	6530	38.300	426	76,6	13.600	151	45,7
IPB 200	200	9	15	7810	57.000	570	85,4	20.000	200	50,7
IPB 220	220	9,5	16	9100	80.900	736	94,3	28.400	258	55,9
IPB 240	240	10	17	10.600	112.600	938	103	39.200	327	60,8
IPB 260	260	10	17,5	11.800	149.200	1150	112	51.300	359	65,8
IPB 280	280	10,5	18	13.100	192.700	1380	121	65.900	471	70,9
IPB 300	300	11	19	14.900	251.700	1680	130	85.600	571	75,8

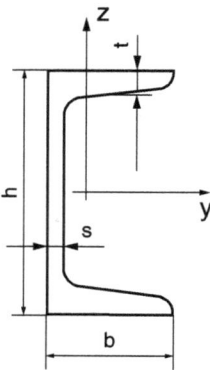

Bild 0.13: Warmgewalzter I-Träger (breiter I-Träger) nach DIN 1025 T2

Kurzzeichen	h mm	b mm	s mm	t mm	A mm²	I_y [10^3] mm⁴	W_y [10^3] mm³	i_y mm	I_z [10^3] mm⁴	W_z [10^3] mm³	i_z mm	e_z mm
U30x15	30	15	4	4,5	221	25,3	1,69	10,7	3,8	0,39	4,2	5,2
U30	30	33	5	7	544	63,9	4,26	10,8	53,3	2,68	9,9	13,1
U40x20	40	20	5	5,5	366	75,8	3,79	14,4	11,4	0,86	5,6	6,7
U40	40	35	5	7	621	141	7,05	15,0	66,8	3,08	10,4	13,3
U50x25	50	25	5	6	492	168	6,73	18,5	24,9	1,48	7,1	8,1
U50	50	38	5	7	712	264	10,6	19,2	91,2	3,75	11,3	13,7
U60	60	30	6	6	646	318	10,5	22,1	45,1	2,16	8,4	9,1
U65	65	42	5,5	7,5	903	575	17,7	25,2	141	5,07	12,5	14,2
U80	80	45	6	8	1100	1060	26,5	31,0	194	6,36	13,3	14,5
U100	100	50	6	8,5	1350	2060	41,2	39,1	293	8,49	14,7	15,5
U120	120	55	7	9	1700	3640	60,7	46,2	432	11,1	15,9	16,0
U140	140	60	7	10	2040	6050	86,4	54,5	627	14,8	17,5	17,5
U160	160	65	7,5	10,5	2400	9250	116	62,1	853	18,3	18,9	18,4
U180	180	70	8	11	2800	13.500	150	69,5	1140	22,4	20,2	19,2
U200	200	75	8,5	11,5	3220	19.100	191	77,0	1480	27,0	21,4	20,1

Bild 0.14: Warmgewalzter rundkantiger U-Stahl nach DIN 1026

Weitere Halbzeugprofile sind in den Normblättern [0.18 – 0.35] aufgeführt.

Biegung mit genormten Halbzeugen: Aufgaben A.0.7 und A.0.8
Suche nach der kritischen Stelle innerhalb eines Bauteils: Aufgabe A.0.9
Last ändert Kraftangriffspunkt: Aufgaben A.0.10 bis A.0.13

0.1.2.3 Axiales Flächenmoment und Widerstandsmoment eines Rechtecks (B)

Während die vorgenannten Normprofile vorwiegend im Stahlbau verwendet werden, werden die Gleichungen 0.17 und 0.20 für die Belange des Maschinenbaus erneut aufgegriffen. An dieser Stelle soll aber nur auf den Standardfall den rechteckigen Balkenquerschnitt nach Bild 0.15 exemplarisch eingegangen werden:

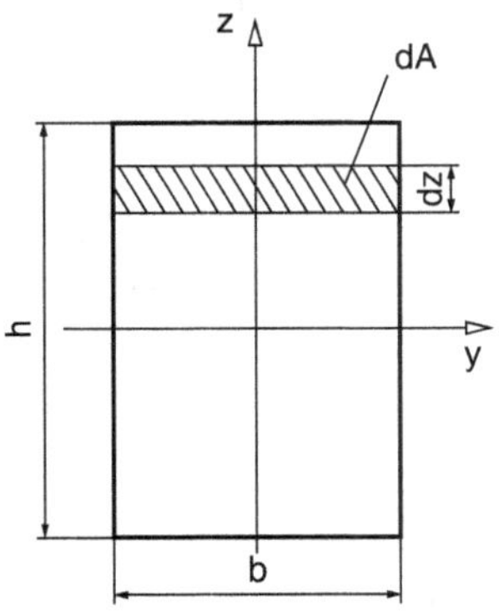

Da in diesem Fall die Balkenbreite b konstant ist, lassen sich die gleich weit von der neutralen Faser entfernt liegenden Flächenanteile dA einfach als Rechteckflächen ausdrücken:

$$dA = dz \cdot b$$

Der maximale Randfaserabstand entspricht dabei wegen der Querschnittsymmetrie genau der halben Balkenhöhe:

$$z_{max} = \frac{h}{2}$$

Bild 0.15: Rechteckförmiger Balkenquerschnitt

Damit ist das Integral des Flächenmomentes nach Gl. 0.20 einfach aufzulösen:

$$I_{ax} = \int_{-z_{max}}^{z_{max}} z^2 \cdot dA = \int_{-\frac{h}{2}}^{\frac{h}{2}} z^2 \cdot b \cdot dz = b \cdot \int_{-\frac{h}{2}}^{\frac{h}{2}} z^2 \cdot dz$$

$$I_{ax} = b \cdot \left[\frac{z^3}{3}\right]_{-\frac{h}{2}}^{\frac{h}{2}} = \frac{b}{3}\left[\left(\frac{h}{2}\right)^3 - \left(-\frac{h}{2}\right)^3\right] = \frac{b \cdot h^3}{12} \qquad \text{Gl. 0.21}$$

Das Widerstandsmoment ergibt sich nach Gl. 0.17 zu

$$W_{ax} = \frac{I_{ax}}{z_{max}} = \frac{\frac{b \cdot h^3}{12}}{\frac{h}{2}} = \frac{b \cdot h^2}{6} \qquad \text{Gl. 0.22}$$

An diesem Ausdruck wird auch ersichtlich, dass ein auf Biegung belasteter Balken mit rechteckförmigem Querschnitt vorteilhafterweise „hochkant" angeordnet wird. Dann geht die größere Rechteckseite als Höhe quadratisch, die kleinere Rechteckbreite aber nur linear in das Widerstandsmoment ein. Würde man das Rechteck nicht hochkant anordnen, sondern rechtwinklig dazu belasten, so würde die relativ geringe Breite zwar quadratisch eingehen, die sehr viel größere Höhe aber nur linear, so dass sich insgesamt ein geringeres Widerstandsmoment ergeben würde, was den Balken weniger belastungsfähig macht.

0.1.2.4 Axiales Flächenmoment und Widerstandsmoment weiterer Grundmuster (B)

Grundsätzlich lässt sich jeder beliebige Balkenquerschnitt nach Gl. 0.17 und 0.20 erfassen. Ist der Balken nicht rechteckig, so muss die Breite der Fläche dA in Funktion der Koordinate z formuliert werden, was die Auflösung des Integrals aber erheblich erschweren kann. So wie man die für die Zug- und Druckbelastung notwendige Berechnung der Querschnittsfläche auf eine Aufsummierung einiger bekannter Grundmuster (Rechteck, Dreieck, Kreis ...) zurückführen kann, so ist es für die Berechnung von Flächen- und Widerstandsmomenten vorteilhaft, mit den in Bild 0.16 aufgeführten Grundmustern zu operieren. Bei kreisförmigen Querschnitten ist die Unterscheidung nach der Belastungsrichtung wegen der Rotationssymmetrie gegenstandslos.

Wenn ein auf Biegung beanspruchter Kreisquerschnitt zu dimensionieren ist, lässt sich einerseits aus dem anliegenden Moment M_b die Biegespannung σ_b berechnen:

$$\sigma_b = \frac{M_b}{W_{ax}} = \frac{32 \cdot M_b}{\pi \cdot d^3} \quad \text{mit} \quad W_{ax} = \frac{\pi}{32} \cdot d^3 \qquad \qquad \text{Gl. 0.23}$$

Andererseits kann damit auch die Frage beantwortet werden, wie groß der Durchmesser d sein muss, damit er bei einer vorgegebenen zulässigen Spannung σ_{zul} der Biegebelastung M_b noch standhält. In diesem Falle wird Gl. 0.23 so umgestellt, dass sich der minimal erforderliche Durchmesser d_{min} als Funktion des Biegemomentes M_b und der zulässigen Spannung σ_{bzul} ergibt:

$$\sigma_{bzul} = \frac{32 \cdot M_b}{\pi \cdot d_{min}^3} \quad \Rightarrow \quad d_{min} = \sqrt[3]{\frac{32 \cdot M_b}{\pi \cdot \sigma_{bzul}}} \qquad \qquad \text{Gl. 0.24}$$

0.1.2.5 Axiales Flächenmoment und Widerstandsmoment zusammengesetzter Querschnitte (E)

Das Flächen- und Widerstandsmoment eines beliebigen Querschnitts setzt sich aus seinen einzelnen Bestandteilen zusammen. Das Flächenmoment eines zur Momentenrichtung symmetrischen Querschnitts lässt sich dabei in aller Regel als die Summe oder die Differenz einzelner

Querschnitt	I_{ax}	W_{ax}
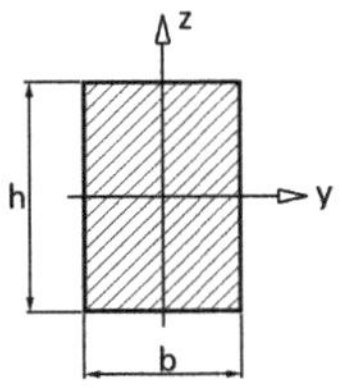	$I_y = \dfrac{b \cdot h^3}{12}$ $I_z = \dfrac{h \cdot b^3}{12}$	$W_y = \dfrac{b \cdot h^2}{6}$ $W_z = \dfrac{b^2 \cdot h}{6}$
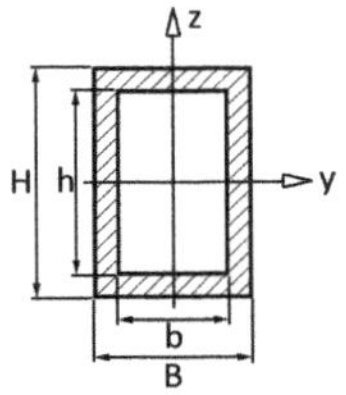	$I_y = \dfrac{B \cdot H^3 - b \cdot h^3}{12}$ $I_z = \dfrac{H \cdot B^3 - h \cdot b^3}{12}$	$W_y = \dfrac{B \cdot H^3 - b \cdot h^3}{6 \cdot H}$ $W_z = \dfrac{H \cdot B^3 - h \cdot b^3}{6 \cdot B}$
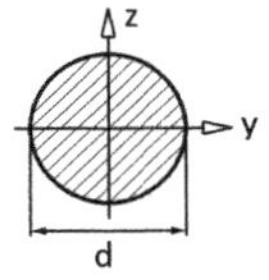	$I_y = I_z = \dfrac{\pi}{64} \cdot d^4$	$W_y = W_z = \dfrac{\pi}{32} \cdot d^3$
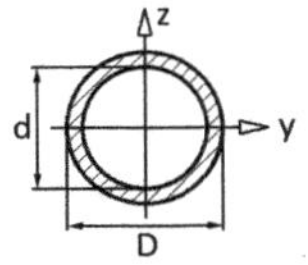	$I_y = I_z = \dfrac{\pi}{64} \cdot (D^4 - d^4)$	$W_y = W_z = \dfrac{\pi}{32} \cdot \dfrac{D^4 - d^4}{D}$

Bild 0.16: Grundmuster axialer Flächen- und Widerstandsmomente

Flächenmomentenanteile formulieren. Beispielsweise kann das Flächenmoment eines Rohres dadurch berechnet werden, dass vom Flächenmoment des Außendurchmessers das des Innendurchmessers abgezogen wird. Nach Bild 0.16 formuliert sich das axiale Flächenmoment eines kreisrunden Querschnitts zu

$$I_{ax} = \frac{\pi}{64} \cdot d^4$$

Bezeichnet man in einem Rohrquerschnitt den Außendurchmesser mit D und den Innendurchmesser mit d, so ergibt sich das axiale Flächenmoment des Rohres als Differenz der Flächenmomente des Außendurchmessers und des Innendurchmessers zu

$$I_{ax} = \frac{\pi}{64} \cdot (D^4 - d^4)$$

Daraus folgt für das Widerstandsmoment genau der Ausdruck, der in der letzten Zeile von Bild 0.16 aufgeführt ist:

$$W_{ax} = \frac{I_{ax}}{z_{max}} = \frac{\frac{\pi}{64} \cdot (D^4 - d^4)}{\frac{D}{2}} = \frac{\pi}{32} \cdot \frac{D^4 - d^4}{D}$$

Das Beispiel nach Bild 0.17 erlaubt eine weitergehende Betrachtung.

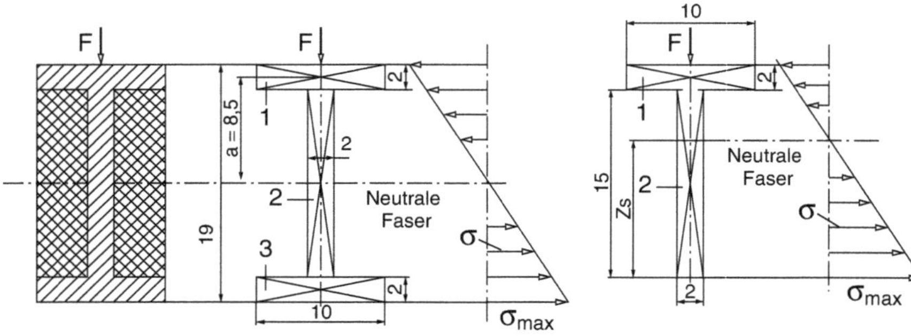

Bild 0.17: Neutrale Faser und Flächenmoment von I-Träger und T-Träger

Der in der linken Bildhälfte abgebildete I-Träger lässt sich in seinem gesamten Flächenmoment I_{ges} nach der links skizzierten Vorgehensweise als Differenz des außen umschriebenen aufsteigend schraffierten Rechtecks abzüglich der abfallend schraffierten Aussparungen ausdrücken. Die einfache Addition oder auch Subtraktion ist in diesem speziellen Beispiel möglich, weil sich beide Anteile auf eine gemeinsame neutrale Faser beziehen.

$$I_{axges} = \frac{b \cdot h^3}{12} = \frac{10 \cdot 19^3}{12} \, mm^4 - \frac{(10 - 2) \cdot (19 - 2 \cdot 2)^3}{12} \, mm^4 = 3.465{,}8 \, mm^4$$

$$\text{Gl. 0.25}$$

Eine weitere, allgemeingültige Möglichkeit berechnet das Gesamtflächenmoment als Summe der einzelnen Flächenträgheitsmomente (Darstellung Bild 0.17 Mitte), wozu zunächst formal angesetzt wird:

$$I_{ges} = I_1 + I_2 + I_3$$

Im vorliegenden Fall können die Flächenmomente der Einzelanteile aber nicht ohne weiteres ermittelt werden. Lediglich der Mittelsteg 2 erfüllt die Bedingung, dass dessen neutrale Faser mit der neutralen Faser des Gesamtquerschnitts übereinstimmt. Die Flächenmomente der Anteile 1 und 3 lassen sich zwar in ähnlicher Weise um die **eigene** Symmetrieachse beschreiben. Diesen Anteil nennt man den „**Eigenanteil**" I_e. Da aber die eigene Symmetrieachse um den Abstand a von der gemeinsamen neutralen Faser entfernt ist, gewinnt Gleichung 0.20 die erweiterte Form:

$$I_{ax} = \int_{-z_{max}}^{z_{max}} z^2 \cdot dA = I_e + z^2 \cdot \int dA = I_e + a^2 \cdot A \qquad \text{Gl. 0.26}$$

Den zweiten Anteil nennt man „**Steineranteil**". Das Flächenmoment um die eigene Achse muss also noch um den Anteil vergrößert werden, der sich als das Produkt der eigenen Fläche und dem Quadrat des jeweiligen Abstandes a ergibt. Das Flächenmoment bezüglich der gemeinsamen neutralen Faser setzt sich aus dem Eigenanteil und dem Steineranteil zusammen:

$$I = I_e + I_s \quad \text{wobei} \quad I_s = A \cdot a^2 \qquad \text{Gl. 0.27}$$

Unter Ausnutzung der Gleichheit der Anteile 1 und 3 lässt sich für das hier vorliegende Beispiel formulieren:

$$I_{ges} = 2 \cdot I_1 + I_2 = 2 \cdot (I_{1e} + I_{1s}) + I_2 \qquad \text{Gl. 0.28}$$

Die folgende Aufstellung soll dies am vorangegangenen Zahlenbeispiel verdeutlichen:

	Eigenanteil I_e	Steineranteil I_s
$I_1 = I_3$	$\frac{b \cdot h^3}{12} = \frac{10 \cdot 2^3}{12}$ mm^4 = 6,667 mm^4	$A \cdot a^2 = b \cdot h \cdot a^2 =$ $10 \cdot 2 \cdot 8,5^2$ mm^4 = 1445,000 mm^4
I_2	$\frac{b \cdot h^3}{12} = \frac{2 \cdot 15^3}{12}$ mm^4 = 562,500 mm^4	0 $\qquad$ weil a = 0
	$I_{ges} = 2 \cdot I_1 + I_2 = 2 \cdot (6{,}667 + 1445)$ mm^4 + 562,5 mm^4 = 3.465,8 mm^4	

Dieser Wert für I_{ax} ist identisch mit dem Wert aus Gl. 0.25. Vergleicht man die Größenordnung der Einzelanteile, so fällt auf, dass der Steineranteil häufig viel größer ist als der Eigenanteil. Daraus ist ersichtlich, dass die weiter außen liegenden Flächenanteile die Biegung viel wirksamer abstützen als die inneren. Insofern ist der oben angeführte Doppel-T-Träger in der skizzierten Einbaulage (hochkant) sehr gut geeignet, Biegung aufzunehmen. Das gesamte Widerstandsmoment errechnet sich schließlich zu:

$$W_{axges} = \frac{I_{axges}}{z_{max}} = \frac{3.465{,}8 \text{ mm}^4}{9{,}5 \text{ mm}} = 364{,}8 \text{ mm}^3 \qquad \text{Gl. 0.29}$$

Bei der Addition bzw. Subtraktion von Flächenmomentenanteilen ist also stets darauf zu achten, auf welche neutrale Faser sie sich beziehen. Weichen die Schwerpunktabstände der einzelnen Anteile von der gemeinsamen neutralen Faser ab, so ist stets der Steineranteil zu berücksichtigen.

Diese Vorgehensweise bezieht sich nur auf die Addition und Subtraktion von Flächenmomenten. Das direkte Zusammensetzen von Widerstandsmomenten hingegen unterliegt noch weiteren Einschränkungen. Es ist nur dann möglich, wenn die Randfaserabstände der einzelnen Anteile gleich sind (Gl. 0.17).

Dies ist beispielsweise in den folgenden Anordnungen der Fall, wobei es unerheblich ist, ob
die Querschnitte untereinander gleich (links) oder verschieden (rechts) sind:

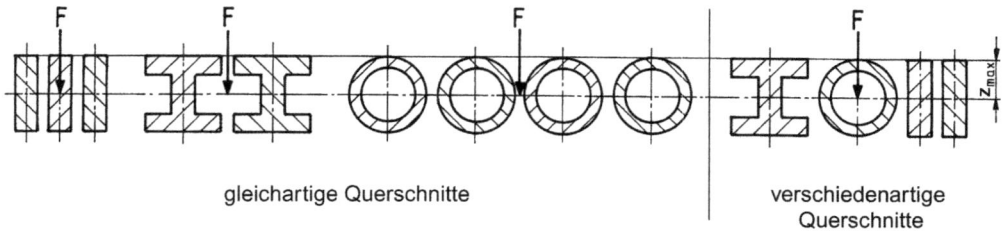

gleichartige Querschnitte   verschiedenartige
                                                    Querschnitte

Bild 0.18: Addition von Widerstandsmomenten mit gleichem Randfaserabstand

Eine Ausnahme kann nur dann gemacht werden, wenn die einzelnen Randfaserabstände zumindest näherungsweise gleich sind (beispielsweise bei einem dünnwandigen Rohr). Bei zu-
sammengesetzten Querschnitten muss also im allgemeinen Fall zunächst das gesamte Flächenmoment berechnet werden, woraus sich dann schließlich das Widerstandsmoment des
Querschnitts ergibt.

Aufgabe A.0.14

Im Beispiel von Bild 0.17 wurde die Betrachtung durch die Symmetrie des Querschnitts erleichtert: In diesem Fall ist die Lage der gemeinsamen neutralen Faser als Symmetrielinie des
Gesamtsystems ohne weiteres zu erkennen. Die Berechnung für nicht symmetrische Querschnitte erfordert jedoch zunächst einmal die Suche nach dieser neutralen Faser, wozu ein
einfacher T-Träger als Beispiel dienen möge. Zur Verdeutlichung einiger Analogien liegt es
nahe, den bereits in Bild 0.17 betrachteten Doppel-T-Träger in einen einfachen T-Träger mit
ähnlichen Abmessungen zu überführen (rechte Bildhälfte). Die neutrale Faser muss durch den
Flächenschwerpunkt des Gesamtsystems verlaufen, dessen Lage sich aus den einzelnen Flächenanteilen errechnen lässt. Zu diesem Zweck wird die Schwerpunktkoordinate z_s eingeführt,
deren Ursprung zwar an beliebiger Stelle angenommen werden kann, zur Vereinfachung der
Rechnung aber auf eine konstruktiv vorhandene Kante bezogen wird. Die Position der Schwerpunkte der Einzelanteile 1 und 2 befindet sich wegen der Rechteckform im Schnittpunkt der
angedeuteten Diagonalkreuze. Die Lage des Gesamtschwerpunktes z_{sges} errechnet sich zu

$$z_{sges} = \frac{\sum A \cdot z_s}{\sum A} = \frac{A_1 \cdot z_{s1} + A_2 \cdot z_{s2}}{A_1 + A_2} \qquad \text{Gl. 0.30}$$

$$z_{sges} = \frac{2\,\text{mm} \cdot 10\,\text{mm} \cdot \left(15\,\text{mm} + \frac{2\,\text{mm}}{2}\right) + 2\,\text{mm} \cdot 15\,\text{mm} \cdot \frac{15\,\text{mm}}{2}}{2\,\text{mm} \cdot 10\,\text{mm} + 2\,\text{mm} \cdot 15\,\text{mm}} = 10{,}9\,\text{mm}$$

An dieser Stelle liegt die neutrale Faser des Gesamtquerschnitts, auf die sich alle weiteren Berechnungen bezüglich Flächenmoment und Widerstandsmoment beziehen.

$$I_{ges} = \frac{b \cdot h^3}{12} + A \cdot a^2$$

$$I_{ges} = \frac{10\,mm \cdot (2\,mm)^3}{12} + 10\,mm \cdot 2\,mm \cdot (16\,mm - 10{,}9\,mm)^2$$

$$+ \frac{2\,mm \cdot (15\,mm)^3}{12} + 2\,mm \cdot 15\,mm \cdot (10{,}9\,mm - 7{,}5\,mm)^2$$

$$I_{ges} = 1.436\,mm^4$$

$$W_{ax} = \frac{I_{ax}}{z_{max}} = \frac{1.435\,mm^4}{10{,}9\,mm} = 131{,}8\,mm^3$$

Auch bei unsymmetrischer Lage der neutralen Faser nehmen die Werkstoffdehnung und damit die Spannung proportional zum Abstand zur neutralen Faser zu. Aus diesem Grunde liegen an den Randfasern unsymmetrischer Querschnitte stets unterschiedliche Spannungen vor (Bild 0.17 rechts). Dieser Sachverhalt erlaubt es manchmal, werkstoffkundliche Besonderheiten vorteilhaft auszunutzen: Beispielsweise erträgt Gusseisen viel leichter Druck als Zug. Der Querschnitt eines gusseisernen Biegebalkens wird deshalb vorteilhafterweise unsymmetrisch ausgebildet: Die neutrale Faser wird so platziert, dass auf der Zugseite die geringere Zugbelastbarkeit des Werkstoffs berücksichtigt wird, während auf der Druckseite die höhere Druckbelastbarkeit des Werkstoffs ausgenutzt wird.

> Aufgaben A.0.15 und A.0.16

0.1.2.6   Querschnittsoptimierung eines Biegebalkens (V)

Im Sinne des Leichtbaus soll mit einem möglichst leichten Biegebalken eine möglichst hohe Biegebelastung aufgenommen werden können. Mit einer möglichst geringen Konstruktionsmasse, d. h. mit einem möglichst geringen Flächeninhalt des Querschnitts soll also ein möglichst hohes W_{ax} erzielt werden. Zur Verdeutlichung dieses Sachverhalts sind in Tabelle 0.3 exemplarisch einige gebräuchliche Querschnittsformen gegenübergestellt, die allesamt einen Flächeninhalt von $50\,mm^2$ aufweisen, also gleiche Konstruktionsmasse erfordern. Die grau ausgefüllten Felder sind geometrisch nicht realisierbar.

Aus dieser Gegenüberstellung ergeben sich folgende Schlussfolgerungen:

- Eine Zugbelastung würde in sämtlichen Querschnitten die gleiche Zugspannung hervorrufen.
- Je nach Ausgestaltung des Querschnitts unterscheiden sie sich aber im axialen Widerstandsmoment und damit in der Biegebelastbarkeit deutlich.
- Weiterhin unterscheiden sie sich auch im axialen Flächenmoment, was entscheidenden Einfluss auf die Verformung des Biegebalkens hat (s. Biegefeder in Kap. 2.2.3.1).

Tabelle 0.3: Querschnittsoptimierung eines Biegebalkens

Querschnitt-form	Vollquerschnitt	s = 4 mm	s = 2 mm	s = 1 mm
Kreis	$I_{ax} = 199\,\text{mm}^4$ $W_{ax} = 50\,\text{mm}^3$		$I_{ax} = 421\,\text{mm}^4$ $W_{ax} = 85\,\text{mm}^3$	$I_{ax} = 1591\,\text{mm}^4$ $W_{ax} = 188\,\text{mm}^3$
Rechteck h = 4b	$I_{ax} = 833\,\text{mm}^4$ $W_{ax} = 118\,\text{mm}^3$			$I_{ax} = 2402\,\text{mm}^4$ $W_{ax} = 222\,\text{mm}^3$
Rechteck h = 2b	$I_{ax} = 417\,\text{mm}^4$ $W_{ax} = 83\,\text{mm}^3$		$I_{ax} = 567\,\text{mm}^4$ $W_{ax} = 103\,\text{mm}^3$	$I_{ax} = 2389\,\text{mm}^4$ $W_{ax} = 265\,\text{mm}^3$
Quadrat	$I_{ax} = 208\,\text{mm}^4$ $W_{ax} = 59\,\text{mm}^3$		$I_{ax} = 359\,\text{mm}^4$ $W_{ax} = 87\,\text{mm}^3$	$I_{ax} = 1310\,\text{mm}^4$ $W_{ax} = 194\,\text{mm}^3$

Querschnitt-form	Vollquerschnitt	s = 4 mm	s = 2 mm	s = 1 mm
Rechteck $h = b/2$	$I_{ax} = 104\,\text{mm}^4$ $W_{ax} = 42\,\text{mm}^3$		$I_{ax} = 151\,\text{mm}^4$ $W_{ax} = 55\,\text{mm}^3$	$I_{ax} = 636\,\text{mm}^4$ $W_{ax} = 141\,\text{mm}^3$
Rechteck $h = b/4$	$I_{ax} = 52\,\text{mm}^4$ $W_{ax} = 30\,\text{mm}^3$			$I_{ax} = 219\,\text{mm}^4$ $W_{ax} = 81\,\text{mm}^3$
I-Profil $h = b$ „hochkant"	$I_{ax} = 208\,\text{mm}^4$ $W_{ax} = 59\,\text{mm}^3$		$I_{ax} = 611\,\text{mm}^4$ $W_{ax} = 126\,\text{mm}^3$	$I_{ax} = 2615\,\text{mm}^4$ $W_{ax} = 302\,\text{mm}^3$
I-Profil $h = b$ „quer"	$I_{ax} = 208\,\text{mm}^4$ $W_{ax} = 59\,\text{mm}^3$		$I_{ax} = 308\,\text{mm}^4$ $W_{ax} = 64\,\text{mm}^3$	$I_{ax} = 869\,\text{mm}^4$ $W_{ax} = 100\,\text{mm}^3$
T-Profil $h = b$ „hochkant"	$I_{ax} = 208\,\text{mm}^4$ $W_{ax} = 59\,\text{mm}^3$	$I_{ax} = 261\,\text{mm}^4$ $W_{ax} = 54\,\text{mm}^3$	$I_{ax} = 828\,\text{mm}^4$ $W_{ax} = 88\,\text{mm}^3$	$I_{ax} = 3259\,\text{mm}^4$ $W_{ax} = 174\,\text{mm}^3$

Querschnitt-form	Vollquerschnitt	s = 4 mm	s = 2 mm	s = 1 mm
T-Profil h = b „quer"	$I_{ax} = 208\,mm^4$ $W_{ax} = 59\,mm^3$	$I_{ax} = 210\,mm^4$ $W_{ax} = 51\,mm^3$	$I_{ax} = 418\,mm^4$ $W_{ax} = 62\,mm^3$	$I_{ax} = 1384\,mm^4$ $W_{ax} = 109\,mm^3$
U-Profil h = b „hochkant"	$I_{ax} = 208\,mm^4$ $W_{ax} = 59\,mm^3$		$I_{ax} = 434\,mm^4$ $W_{ax} = 76\,mm^3$	$I_{ax} = 1578\,mm^4$ $W_{ax} = 141\,mm^3$
U-Profil h = b „quer"	$I_{ax} = 208\,mm^4$ $W_{ax} = 59\,mm^3$		$I_{ax} = 611\,mm^4$ $W_{ax} = 126\,mm^3$	$I_{ax} = 2615\,mm^4$ $W_{ax} = 302\,mm^3$
L-Profil h = b	$I_{ax} = 208\,mm^4$ $W_{ax} = 59\,mm^3$	$I_{ax} = 261\,mm^4$ $W_{ax} = 54\,mm^3$	$I_{ax} = 828\,mm^4$ $W_{ax} = 88\,mm^3$	$I_{ax} = 3259\,mm^4$ $W_{ax} = 174\,mm^3$

An dieser Stelle verdient die Biegebelastbarkeit (also W_{ax}) besondere Aufmerksamkeit:

- **Kreis**: Wird der Querschnitt nicht als Vollkreis (Zylinder), sondern als Kreisring (Rohr) angeordnet, so steigt W_{ax}: Je dünner die Wandstärke s, desto größer kann bei gleicher Fläche der Durchmesser ausgeführt werden und desto belastbarer wird das Rohr. Eine Wandstärke von 4 mm ist in diesem Fall geometrisch nicht möglich. Extrem dünne Wandstärken sind nicht sinnvoll, weil dann die Gefahr des „Beulens" besteht, was mit diesem Ansatz nicht erfasst werden kann.
- **Quadrat**: Eine ähnliche Tendenz lässt sich beobachten, wenn die Querschnittsfläche in quadratischer Form angeordnet ist: Mit abnehmender Wandstärke wird die Biegebelastbarkeit immer größer, wobei noch geringfügig höhere Werte erzielt werden als beim jeweiligen Kreisquerschnitt.
- **Rechteck**: Wird das Quadrat in ein Rechteck mit dem Seitenverhältnis 1:2 überführt und „hochkant" zur Lastrichtung angeordnet, so wird die Belastbarkeit wesentlich erhöht. Dieser Trend setzt sich fort, wenn das Rechteck im Seitenverhältnis 1:4 ausgeführt wird. Wird das Rechteck hingegen „flach" zur Belastungsrichtung ausgerichtet, so sinkt die Belastbarkeit.
- **I-Profil**: Wird der Flächeninhalt des Quadrats in ein I-Profil überführt, dessen Höhe und Breite gleich sind, so müssen zwei Fälle unterschieden werden: Ist das Profil „hochkant" angeordnet, so wird das axiale Widerstandsmoment deutlich erhöht, weil die Fläche an ihrer wirksamsten Stelle, also möglichst weit von der neutralen Faser entfernt angeordnet ist. Wird das Profil „quer" angeordnet, so ist die Steigerung weniger deutlich.
- **T-Profil**: Wird der Flächeninhalt des Quadrats in ein T-Profil überführt, dessen Höhe und Breite gleich sind, so sinkt das Widerstandsmoment mit steigendem Randfaserabstand bei sinkender Wandstärke zunächst sogar leicht ab (in diesem Fall ist eine Wandstärke 4 mm geometrisch möglich) und steigt erst bei einer Wandstärke von 1 mm deutlich an. Wird das Profil „hochkant" angeordnet, so ist der Zugewinn besonders deutlich.
- **U-Profil**: Wird der Flächeninhalt des Quadrats in ein U-Profil überführt, dessen Höhe und Breite gleich sind, so erfährt die Biegebelastbarkeit eine Steigerung, die besonders deutlich ausfällt, wenn die beiden äußeren Schenkel mit ihren hohen Flächenanteilen an der maximalen Randfaser angeordnet sind.
- **L-Profil**: Wird der Flächeninhalt des Quadrats in ein L-Profil überführt, so werden genau die gleichen Werte erzielt wie bei „hochkant" stehendem T-Profil, weil die Flächenverteilung bezüglich der neutralen Faser identisch ist. Da dessen Höhe und Breite gleich sind, würde eine um 90° versetzte Anordnung des Profils die gleichen Zahlenwerte ergeben.

Diese Zusammenstellung ließe sich noch um zusätzliche Parametervariationen erweitern. In der vorliegenden Form soll sie einen ersten Einblick in die Optimierungsaspekte des Leichtbaus geben.

Aufgabe A.0.17

0.1.2.7   Balken gleicher Biegefestigkeit (E)

Bei der Dimensionierung eines Biegebalkens wird zunächst die Stelle betrachtet, an der das größte Biegemoment zu erwarten ist. Für den einseitig eingespannten Balken mit kreisförmigem Querschnitt ergibt sich in der oberen Hälfte von Bild 0.19 die bereits aus Bild 0.10 bekannte Spannungsverteilung:

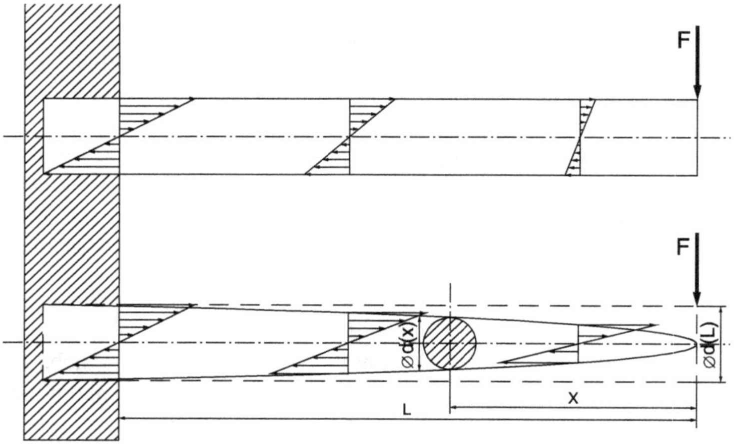

Bild 0.19: Balken gleicher Biegefestigkeit

Der Durchmesser d wird so dimensioniert, dass der Balken an seiner Einspannstelle nicht überlastet wird. Weist dieser Balken aber entlang seiner axialen Erstreckung einen gleichbleibenden Durchmesser auf, so ist er außerhalb des Ortes der größten Biegebeanspruchung überdimensioniert. Aus Gründen der Werkstoff- und Gewichtsersparnis kann es sinnvoll sein, den Durchmesser $d_{(x)}$ an jedem beliebigen Ort entlang der Balkenlänge x so zu dimensionieren, dass stets eine gleichbleibende Werkstoffbeanspruchung vorliegt. Zu dieser Optimierung wird das Biegemoment an beliebigem Ort des Balkens formuliert zu

$$\sigma_b = \frac{M_{b(x)}}{W_{ax(x)}} = \frac{F \cdot x}{\frac{\pi}{32} \cdot d_{(x)}^3} = \text{const.} \qquad\qquad \text{Gl. 0.31}$$

Wird diese Gleichung nach $d_{(x)}$ aufgelöst, so ergibt sich:

$$d_{(x)} = \sqrt[3]{\frac{32 \cdot M_b}{\pi \cdot \sigma_b}} = \sqrt[3]{\frac{32 \cdot F \cdot x}{\pi \cdot \sigma_b}} \qquad\qquad \text{Gl. 0.32}$$

Der diesbezüglich optimierte Balken nimmt also die Form einer rotationssymmetrischen kubischen Parabel an. In vielen Fällen folgt man aus konstruktiven und fertigungstechnischen Gründen nicht exakt dieser Kontur, sondern nähert sich ihr nur abschnittsweise an, in dem man zylindrische Abschnitte entsprechend aneinander reiht. Dabei muss aber sichergestellt werden, dass die Idealkontur des Körpers gleicher Biegefestigkeit an keiner Stelle unterschritten wird.

Aufgaben A.0.18 bis A.0.20

0.2   Tangentialspannung (B)

Nach Abschnitt 0.1 ist die Normalspannung dadurch gekennzeichnet, dass sie in Folge der sie hervorrufenden Kraft normal auf der Querschnittsfläche A steht. Wie aus der elementaren Festigkeitslehre bekannt ist, können aber die belastende Kraft und die Schnittfläche grundsätzlich einen beliebigen Winkel zueinander einnehmen, so dass als zweiter Modellfall die Spannung tangential zur Querschnittsfläche A betrachtet werden muss.

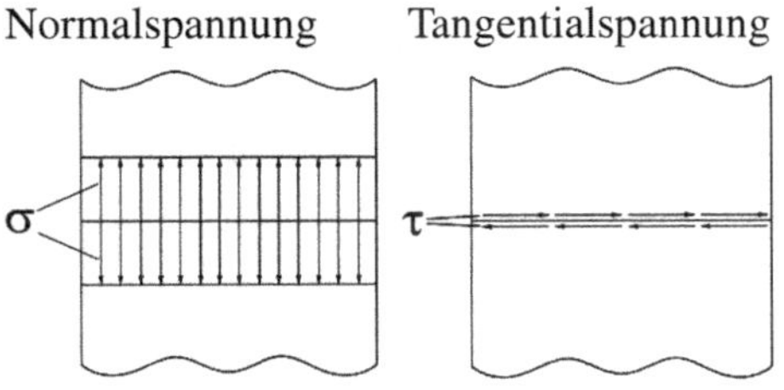

Normalspannung   Tangentialspannung

Bild 0.20: Gegenüberstellung Normal-/ Tangentialspannung

Analog zur Normalspannung σ wird die Tangentialspannung τ („Tau") formuliert zu

$$\tau = \frac{F}{A} \qquad\qquad\qquad\qquad \text{Gl. 0.33}$$

Im Gegensatz zur Normalspannung σ, die ja nach Zugspannung σ_Z und Druckspannung σ_D unterscheidet, ist hier eine Differenzierung nach Vorzeichen zunächst nicht angebracht. Je nach betrachteter Lage der Schnittebene lassen sich die Normalspannung σ und die Tangentialspannung τ ineinander überführen. Weiterhin wird hier von einer über dem Querschnitt gleichbleibenden Schubspannung ausgegangen, was nach der Festigkeistlehre differenzierter betrachtet werden müsste. Diese Überlegungen sollen jedoch der Lehrveranstaltung „Festigkeitslehre" vorbehalten bleiben.

0.2.1   Querkraftschub (B)

Der einfachste Fall der Tangentialspannung liegt dann vor, wenn ein Bauteil mit einer Querkraft belastet wird:

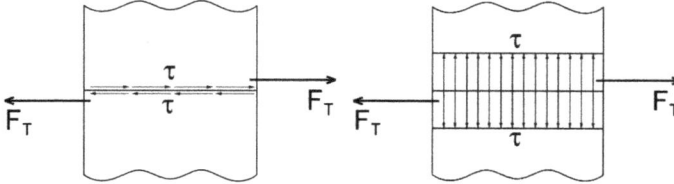

Bild 0.21: Darstellung der
Tangentialspannung

Die linke Darstellung ist sachlich zutreffender, da sie die Richtung der Schubspannung korrekt markiert. Daneben wird aber auch die rechte Darstellung praktiziert, bei der die Tangentialspannungsvektoren zwar wirklichkeitswidrig senkrecht zur Querschnittsfläche eingezeichnet sind, aber auf diese Weise lässt sich der Betrag der Tangentialspannung quantitativ übersichtlicher wiedergeben.

Im oben angedeuteten Fall wird die Tangentialspannung durch eine Querkraft Q hervorgerufen, das Bauteil wird mit „Querkraftschub" belastet. Diese Querkraftschubspannung in reiner Form ohne weitere Belastungsanteile tritt allerdings sehr selten auf, da in diesem Fall die Kraft genau in der betrachteten Schnittebene angreifen und genau in dieser Ebene als Reaktion auch wieder abgestützt werden müsste. Genau diesen Fall strebt man bei der Schere an:

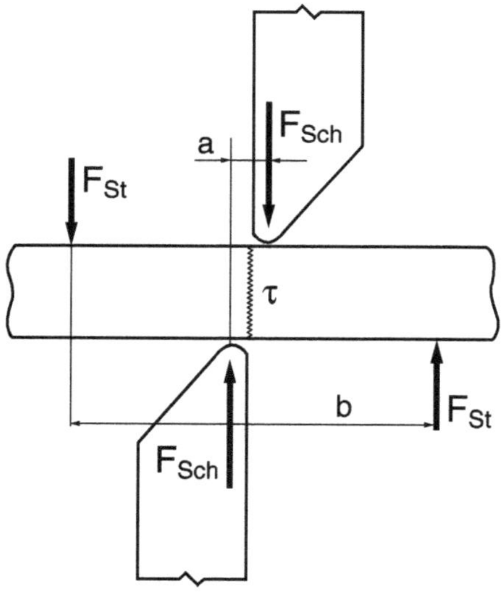

Bild 0.22: Querkraftschub an der Schere

Damit der Werkstoff möglichst gezielt durch Abscheren (also durch bewusstes Überschreiten einer zulässigen Schubspannung) getrennt werden kann, muss die Schnittkraft der beiden Schneiden F_{Sch} als „actio" auf der einen Seite und als „reactio" auf der anderen Seite möglichst in der gleichen Ebene eingeleitet werden. Um dieser Bedingung weitgehend zu entsprechen, muss eine Schere „scharf" sein. Diese Forderung lässt sich jedoch nie ganz erfüllen, da das Kräftepaar F_{Sch} stets einen gewissen Abstand a zueinander aufweist, der als Hebelarm wirkt. Dadurch wird ein Moment wirksam, welches zusätzlich als Stützkraft F_{St} über den Hebelarm b abgeleitet werden muss.

$$F_{Sch} \cdot a = F_{St} \cdot b$$

0.2.2 Werkstoffverhalten bei Schub (B)

Das Werkstoffverhalten bei Schubbeanspruchung lässt sich ähnlich wie im Falle der Normalspannungsbelastung durch ein Spannungs-Dehnungs-Diagramm beschreiben:

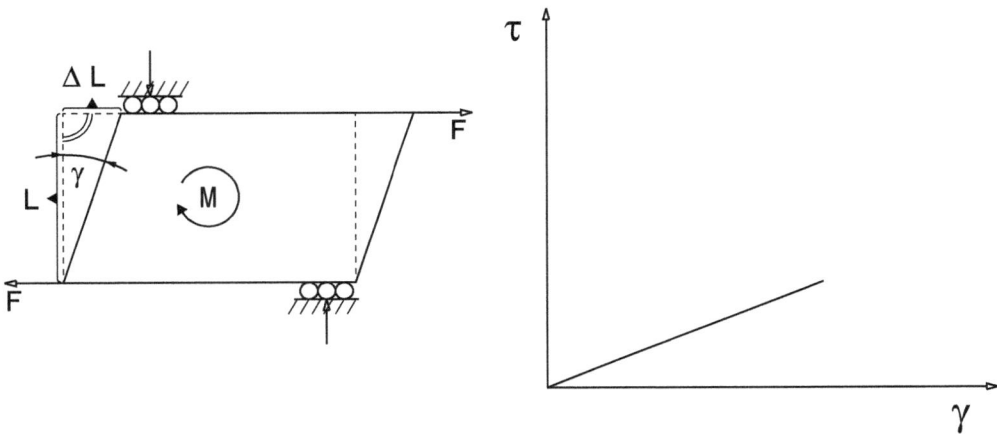

Bild 0.23: Werkstoffverhalten bei Querkraftschub

So wie jeder reale Körper unter Einfluss einer Normalkraft eine Verformung erfährt, so verformt er sich auch unter Einfluss einer Tangentialkraft. Um in diesem Fall eine elastische Verformung zu ermöglichen, muss das Kräftepaar einen gewissen Abstand zueinander aufweisen. Das dadurch entstehende Moment muss durch weitere Kräfte abgestützt werden, die senkrecht zur Schubspannung wirken und deshalb auf die Schubspannungsbetrachtung selber keinen Einfluss haben. Die Werkstoffverformung tritt in diesem Fall als Winkel γ auf:

$$\tan \gamma \approx \gamma = \frac{\Delta L}{L} \qquad \text{Gl. 0.34}$$

Während die Verformung bei Zugspannungsbelastung noch als $\varepsilon = \Delta L / L$ normiert werden musste, liegt hier die Verformung bereits als Winkel γ, also als normierte Größe vor. Die Proportionalitätskonstante zwischen der Tangentialspannung τ und der Verformung γ wird als der Schub- oder Gleitmodul G bezeichnet:

$$\tau = G \cdot \gamma \qquad \text{Gl. 0.35}$$

Der Zahlenwert von G ist für einige Werkstoffe in Tabelle 0.1 aufgeführt bzw. kann aus den einschlägigen Tabellenwerken entnommen werden. Wegen der erforderlichen Abstützung ist der Schubmodul G versuchstechnisch allerdings schwieriger zu ermitteln als der Elastizitätsmodul E. In den weitaus meisten Fällen reicht es jedoch völlig aus, für die hier verwendeten metallischen Werkstoffe eine Näherungsbeziehung zwischen Elastizitäts- und Schubmodul auszunutzen (näheres s. z. B. Assmann [0.2], Band 2, S. 41 ff):

$$G = \frac{E}{2 \cdot (1 + \nu)} \qquad \nu : \text{Querkontraktionszahl} \qquad \text{Gl. 0.36}$$

Für metallische Werkstoffe kann die Querkontraktionszahl mit $\nu = 0,3$ angesetzt werden, so dass der Schubmodul für viele Anwendungen des Maschinenbau näherungsweise aus dem Elastizitätsmodul ableiten lässt:

$$G \approx 0,385 \cdot E \qquad \text{Gl. 0.37}$$

Ähnlich wie für Zug- und Druckspannungen können auch für Schubspannungen zulässige Werkstoffkennwerte tabelliert werden, so dass für das Standhalten eines Bauteils analog zu Gl. 0.4 das Kriterium formuliert werden kann:

$$\tau_{tats} \leqslant \tau_{zul} \qquad \text{Gl. 0.38}$$

Auch für diesen Belastungsfall ist eine differenzierte Betrachtung möglich: Entsprechend Gl. 0.5 kann eine Sicherheit ermittelt werden, die die zulässige Spannung τ_{zul} zu der tatsächlich auftretenden Spannung τ_{tats} ins Verhältnis setzt:

$$S = \frac{\tau_{zul}}{\tau_{tats}} \qquad \text{Gl. 0.39}$$

Aufgabe A.0.21

0.2.3 Torsion (B)

0.2.3.1 Torsionsschub (B)

In Abschnitt 0.1.2.1 wurde demonstriert, dass die Momentenbelastung eines Balkens in Form von *Biegung* eine *Zug-* und *Druck*spannung in der Querschnittsfläche hervorruft. In vergleichbarer Weise ist es auch möglich, die Momentenbelastung eines Bauteils in Form von *Torsion* auf eine *Schub*spannung in der Querschnittsfläche zurückzuführen. Der folgende Erklärungsversuch möge diesen Zusammenhang verdeutlichen. Dazu sei zunächst einmal in Bild 0.24 ein Rohr betrachtet, welches mit einem Torsionsmoment belastet wird.

Die Wandstärke des Rohres t in der linken Darstellung sei gegenüber seinem mittleren Durchmesser D_m sehr klein. Unter dieser Annahme kann eine fiktive Querkraft Q formuliert werden,

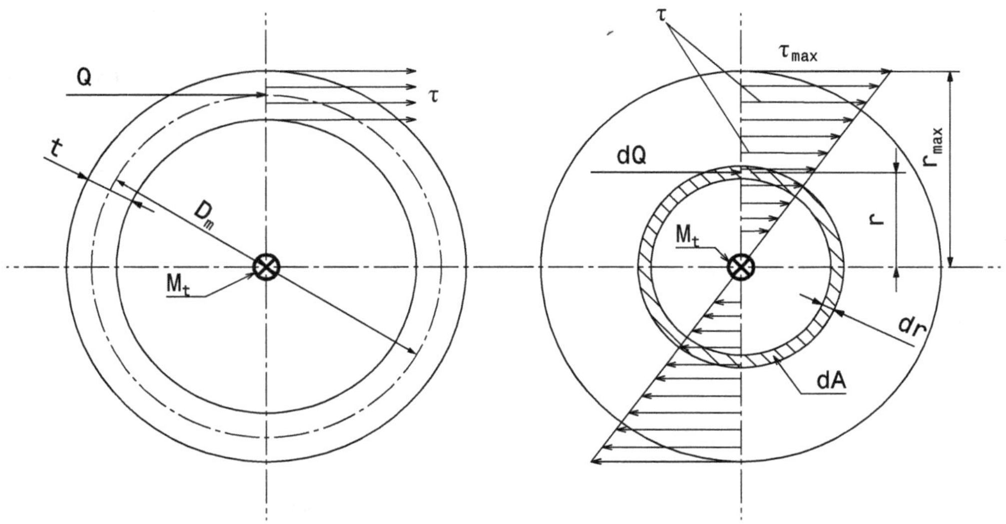

Bild 0.24: Torsionsschub

die sich aus dem Moment M_t und dem halben mittleren Rohrdurchmesser $D_m/2$ als Hebelarm ergibt:

$$M_t = Q \cdot \frac{D_m}{2} \quad \Rightarrow \quad Q = M_t \cdot \frac{2}{D_m} \qquad\qquad \text{Gl. 0.40}$$

Die Querkraft Q wird ihrerseits in der Querschnittsfläche der Rohrwandung A in Umfangrichtung als Schubspannung τ wirksam:

$$\tau_t = \frac{Q}{A} = \frac{2 \cdot M_t}{D_m \cdot A} \qquad\qquad \text{Gl. 0.41}$$

Da $t \ll D_m$ angenommen worden ist, lässt sich die Kreisringfläche ersatzweise als Rechteck beschreiben, dessen lange Seite der Umfang $D_m \cdot \pi$ und dessen kurze Seite die Wandstärke t ist. Mit $A = D_m \cdot \pi \cdot t$ erhält man:

$$\tau_t = \frac{2 \cdot M_t}{D_m^2 \cdot \pi \cdot t} \qquad\qquad \text{Gl. 0.42}$$

Diese einfache Formulierung wird nur möglich, weil aufgrund der dünnen Wandstärke des Rohres t eine konstante Schubspannung angenommen werden kann. Der Torsionsschub tritt hier ohne weitere Belastungsanteile auf, eine Abstützung wie beim Querkraftschub entfällt also. Betrachtet man analog dazu in der rechten Darstellung von Bild 0.24 einen vollen Kreisquerschnitt unter Torsionsbelastung, so ergibt sich eine Schubspannungsverteilung, die nicht konstant ist und deshalb eine Integration erfordert.

- Die Schubspannung τ ist am Außenrand des Rundstabes maximal, weil dort aufgrund der Verdrehung dem Rundstab eine maximale Verformung aufgezwungen wird.
- In der Mitte des Rundstabes liegt keinerlei Verformung (Drehzentrum) vor, es entsteht also auch keine Schubspannung.
- Da von innen nach außen die Verdrehverformung linear ansteigt, wird sich auch die dadurch hervorgerufene Schubspannung linear verhalten, wenn vorausgesetzt werden kann, dass die Verformungen im elastischen Bereich verbleiben.

Die oben angedeutete Schubspannungsverteilung ist hier für die Punkte auf der senkrechten Symmetrieachse skizziert, findet sich jedoch rotationssymmetrisch dazu in jedem anderen Radialschnitt wieder. Das angreifende Torsionsmoment M_t stützt sich auf die einzelnen Querkraftanteile dQ mit dem jeweils dazugehörenden Hebelarm r ab:

$$M_t = \int_0^{r_{max}} dQ_{(r)} \cdot r \qquad \text{Gl. 0.43}$$

Dabei ist dQ die Kraft, die sich als Schubspannung auf der dünnwandigen Kreisringfläche dA ergibt:

$$dQ_{(r)} = \tau_{(r)} \cdot dA \quad \Rightarrow \quad M_t = \int_0^{r_{max}} \tau_{(r)} \cdot dA \cdot r \qquad \text{Gl. 0.44}$$

Da die Werkstoffbelastung des Rundstabes an der Randfaser am größten ist, wird das Versagen des Bauteils von dort ausgehen. Für die Festigkeitsbetrachtung des Rundstabes ist also die Größe der am Außenrand auftretenden maximalen Schubspannung τ_{max} von besonderer Bedeutung. Zu deren Berechnung kann zunächst einmal in der dreieckförmigen Spannungsverteilung der Strahlensatz angesetzt werden:

$$\frac{\tau_{max}}{\tau_{(r)}} = \frac{r_{max}}{r} \quad \Rightarrow \quad \tau_{(r)} = \tau_{max} \cdot \frac{r}{r_{max}} \qquad \text{Gl. 0.45}$$

Führt man diesen Ausdruck für τ in Gl. 0.44 ein, so ergibt sich:

$$M_t = \int_0^{r_{max}} \tau_{max} \cdot \frac{r}{r_{max}} \cdot dA \cdot r = \frac{\tau_{max}}{r_{max}} \cdot \int_0^{r_{max}} r^2 \cdot dA \qquad \text{Gl. 0.46}$$

wobei sowohl τ_{max} als auch r_{max} nicht von der Integration betroffen sind. Mit dieser Gleichung lässt sich nun die maximal im Torsionsquerschnitt auftretende Torsionsspannung τ_{max} ausdrücken:

$$\tau_{max} = \frac{M_t}{\dfrac{\int_0^{r_{max}} r^2 \cdot dA}{r_{max}}} \qquad \text{Gl. 0.47}$$

Der Nennerausdruck hängt nur von der Geometrie des Rundstabquerschnitts ab und wird als das „polare Widerstandsmoment" W_{pol} bezeichnet:

$$\tau_{max} = \frac{M_t}{W_{pol}} \quad \text{mit} \quad W_{pol} = \frac{\int\limits_{0}^{r_{max}} r^2 \cdot dA}{r_{max}} \qquad \text{Gl. 0.48}$$

Das polare Widerstandsmoment W_{pol} lässt sich grundsätzlich für jeden beliebigen Torsionsquerschnitt ermitteln.

0.2.3.2   Widerstandsmoment bei Torsion (B)

Die Formulierung des polaren Widerstandsmomentes nach Gl. 0.48 ist für kreisförmige Querschnitte geeignet, weil diese sich einfach in Polarkoordinaten darstellen lassen. Da die Fläche des Kreisring $dA = 2 \cdot \pi \cdot r \cdot dr$ ist, kann das Integral des polaren Widerstandsmomentes fortgeschrieben werden:

$$W_{pol} = \frac{\int\limits_{0}^{r_{max}} r^2 \cdot 2 \cdot \pi \cdot r \cdot dr}{r_{max}} = \frac{2 \cdot \pi}{r_{max}} \cdot \int\limits_{0}^{r_{max}} r^3 \cdot dr$$

$$W_{pol} = \frac{2 \cdot \pi}{4 \cdot r_{max}} \cdot \left[r^4\right]_0^{r_{max}} = \frac{\pi}{2} \cdot r_{max}^3 = \frac{\pi}{2} \cdot \left(\frac{d}{2}\right)^3 = \frac{\pi}{16} \cdot d^3 \qquad \text{Gl. 0.49}$$

Die Beschreibung nicht kreisförmiger Querschnitte ist wesentlich umständlicher und soll der Lehrveranstaltung Festigkeitslehre vorbehalten bleiben. Das führt schließlich auf die allgemeingültige Formulierung des Torsionswiderstandsmomentes, welches mit dem Index „t" bezeichnet wird und die dann im weiteren Verlauf dieser Ausführungen genutzt werden soll. Ähnlich wie im Falle des axialen Widerstandsmomentes (Abschnitt 0.1.2.4) lassen sich auch hier einige Grundmuster nach Bild 0.25 tabellieren. Die Faktoren K_y und K_w sind vom Breiten/Höhenverhältnis des Rechtecks abhängig und lassen sich der folgenden Tabelle entnehmen:

$\frac{h}{b}$	1	1,5	2	3	4	6	8	10	∞
K_y	0,209	0,230	0,247	0,269	0,284	0,299	0,307	0,312	0,333
K_w	0,141	0,196	0,229	0,263	0,281	0,298	0,307	0,312	0,333

Während jedoch bei Biegebelastung nach Belastungs*richtung* differenziert werden muss, entfällt eine solche Unterscheidung im Falle der Torsionsbelastung. Für den allgemeinen Fall des Torsionsschubes muss Gl. 0.48 modifiziert werden zu

$$\tau_t = \frac{M_t}{W_t} \qquad \text{Gl. 0.50}$$

Querschnitt	I_t	W_t
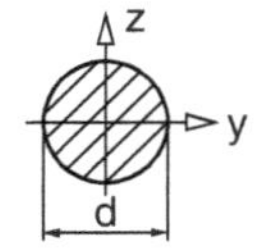	$I_t = \frac{\pi}{32} \cdot d^4$	$W_t = \frac{\pi}{16} \cdot d^3$
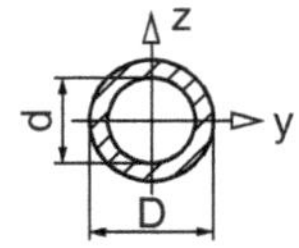	$I_t = \frac{\pi}{32} \cdot \left(D^4 - d^4\right)$	$W_t = \frac{\pi}{16} \cdot \frac{D^4 - d^4}{D}$
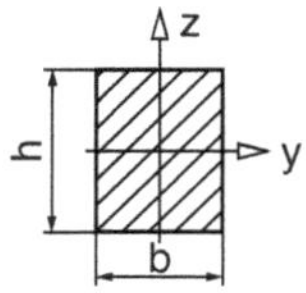	h: größere Rechteckseite b: kleinere Rechteckseite $I_{erst} = K_w \cdot h \cdot b^3$	h: größere Rechteckseite b: kleinere Rechteckseite $W_t = K_y \cdot h \cdot b^2$

Bild 0.25: Polare Flächen- und Widerstandsmomente

Mit dieser Gleichung

$$\tau_t = \frac{M_t}{W_t} = \frac{16 \cdot M_t}{\pi \cdot d^3} \leqslant \tau_{zul} \qquad \text{Gl. 0.51}$$

lässt sich einerseits bei bekanntem Torsionsmoment und vorgegebenem Wellendurchmesser die Torsionsspannung ermitteln. Andererseits stellt sich bei der Dimensionierung einer Welle aber auch häufig die Frage, wie groß der Wellendurchmesser d sein muss, damit bei vorgegebenem Torsionsmoment M_t die zulässige Schubspannung τ_{zul} nicht überschritten wird. Dazu wird die obige Gleichung nach dem Wellendurchmesser d aufgelöst, der dann mit d_{min} (erforderlicher Wellendurchmesser) indiziert wird:

$$d_{min} = \sqrt[3]{\frac{16 \cdot M_t}{\pi \cdot \tau_{zul}}} \qquad \text{Gl. 0.52}$$

Aufgabe A.0.22

0.2.3.3 Querschnittsoptimierung Torsion (V)

Die im Zusammenhang mit der Biegebelastung bereits diskutierte Fragestellung der Querschnittsoptimierung kann auch auf die Torsionsbelastung angewendet werden. Dazu wird das Widerstandsmoment für die einfach zu übersehenden Kreis- und Quadratquerschnitte unter Beibehaltung einer Querschnittsfläche von $50\,mm^2$ formuliert. Der dabei entstehende Kreis weist einen Durchmesser von $7{,}51\,mm$ und das Quadrat eine Kantenlänge von $7{,}07\,mm$ auf. Unter Beibehaltung der Querschnittsfläche wird nun der Kreis in einen Rohrquerschnitt und das Quadrat in einen Quadratrohrquerschnitt überführt. Bei abnehmender Wandstärke wird der maximale Randfaserabstand immer größer und damit wächst das Widerstandsmoment beträchtlich. Bild 0.26 stellt sowohl das axiale Widerstandsmoment als auch das Torsionswiderstandsmoment für den Rohr- und den Quadratrohrquerschnitt dar.

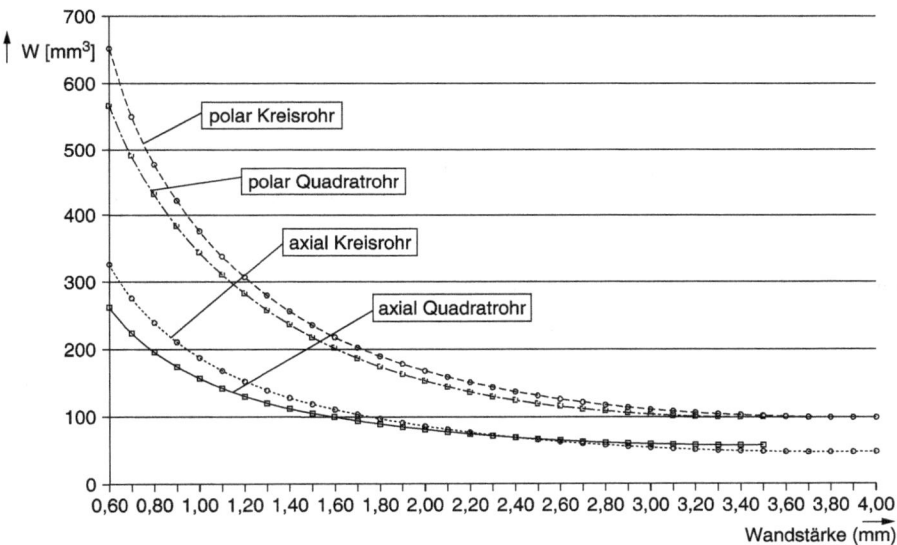

Bild 0.26: Widerstandsmoment von Rohr und Quadratrohr in Funktion der Wandstärke

Die Wandstärke kann nur so weit gesteigert werden, bis der Hohlquerschnitt in einen Vollquerschnitt übergeht. Dünne Wandstärken und die damit verbundenen größeren Außenabmessungen und größeren Randfaserabstände steigern das Widerstandsmoment und die Biege- und Torsionsbelastbarkeit. Die Wandstärke kann aber nicht beliebig verringert werden, weil dann die Gefahr des „Beulens" (lokales Einknicken der Wandung) zunimmt, was sich mit diesem Ansatz nicht beschreiben lässt.

Aufgaben A.0.23 bis A.0.25

0.3 Knickung (V)

Mit Gl. 0.1 wurde sowohl für Zug als auch für Druck die Bauteilbelastung als Normalspannung einheitlich als Quotient aus Kraft und Fläche ($\sigma = F/A$) formuliert. Die Gleichgewichtsbedingung zwischen „actio" Kraft F und „reactio" Spannung σ wurde dabei am idealen, homogenen, völlig geraden Stab angesetzt. Tatsächlich ist der technisch reale Stab jedoch einigen Unzulänglichkeiten ausgesetzt:

- Die Kraft kann aufgrund von konstruktions-, fertigungs- und montagebedingten Toleranzen nie genau zentrisch in den Stab eingeleitet werden.
- Der Werkstoff des Stabes ist nicht vollkommen homogen.

Die Wirkungslinien der von außen eingeleiteten Kraft einerseits und der sich daraufhin im Stab einstellenden Reaktion andererseits weichen also stets mehr oder weniger voneinander ab. Eine Unterscheidung nach Zug- und Druckspannung zeigt die Grenzen des oben aufgegriffenen Ansatzes auf:

- Bei **Zugbelastung** wird der Stab nicht nur elastisch gedehnt, sondern er wird dabei auch „glattgezogen": Er wird so deformiert, dass der oben aufgezeigte Fehler von selbst kleiner wird und deshalb keine entscheidende Rolle spielt. Besonders offensichtlich wird dieser Sachverhalt dann, wenn man ein Seil als Zugstab verwendet. Der oben zitierte Zugspannungsansatz ($\sigma_Z = F_Z/A$) trifft dann besonders gut zu.
- Bei der **Druckbelastung** von dicken, gedrungenen Stäben wird der Stab zwar elastisch gestaucht, aber die oben aufgezeigten Missstände machen sich dabei nicht nachteilig bemerkbar. Der einfache Druckspannungsansatz ($\sigma_D = F_D/A$) ist also weiterhin gültig. Bei der Belastung eines langen, schlanken Stabes treten jedoch weitere Probleme auf, weil es neben der hier unkritischen elastischen Verkürzung des Stabes auch zu einer seitlichen Auslenkung des Druckstabes kommt.

Dieser letztgenannte Sachverhalt kann zum Ausknicken des Stabes führen.

0.3.1 Elastische Knickung (V)

Zunächst wird nur die sog. „elastische Knickung" betrachtet. Eine meist notwendige Kontrolle, ob die Knickung elastischer und plastischer Natur ist, wird erst in einem weiteren Abschnitt vorgenommen. Ausgangspunkt der weiteren Betrachtung ist die Modellbetrachtung nach Bild 0.27.

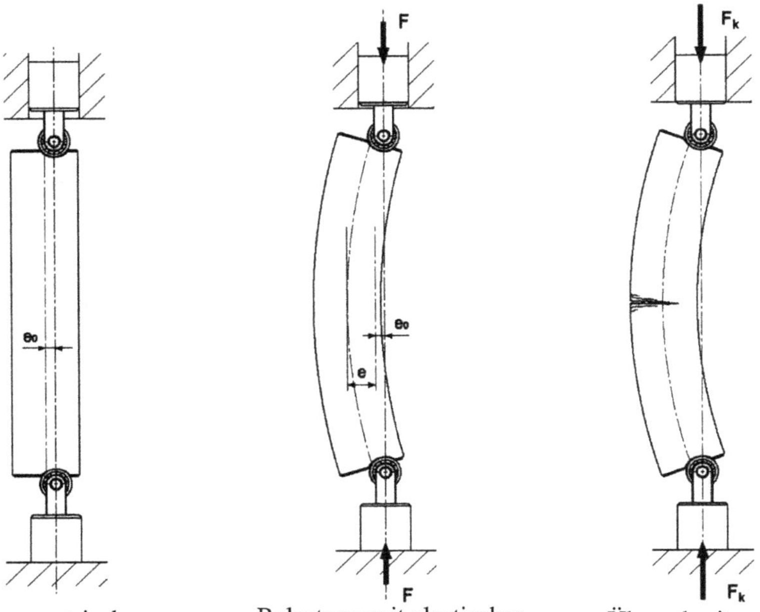

exzentrisch,   Belastung mit elastischer   Überschreiten der
unbelastet   Auslenkung   Knicklast

Bild 0.27: Ausknicken eines Stabes

Wegen der besseren Überschaubarkeit werden die beiden oben genannten Unzulänglichkeiten (Werkstoffinhomogenitäten und unvermeidliche exzentrische Lasteinleitung) bei dieser Betrachtung als modellhafte exzentrische Lasteinleitung zusammengefasst: Ein vollkommen gerader, völlig homogener Stab wird zunächst ohne Belastung bewusst mit einer geringfügigen Exzentrizität e_0 positioniert (links). Dabei wird sowohl oben als auch unten eine gelenkige Anbindung an die Umgebungskonstruktion vorgesehen. Wird nun eine axial gerichtete Belastung eingeleitet (mittleres Bilddrittel), so wird sich neben der elastischen Stauchung des Stabes die ursprüngliche Auslenkung e_0 um e auf e_{ges} vergrößern: $e_{ges} = e_0 + e$. In der Schnittebene in der Mitte des Stabes wird sich neben einer Druckbelastung ein entsprechendes Momentengleichgewicht einstellen:

$$M_b = F \cdot e_{ges} = F \cdot (e_0 + e) \hspace{4cm} \text{Gl. 0.53}$$

Eine Steigerung der Druckbelastung F wird eine Vergrößerung der Auslenkung e_{ges} zur Folge haben. Dieser zunächst lineare Zusammenhang lässt sich in Bild 0.28 als Gerade darstellen:

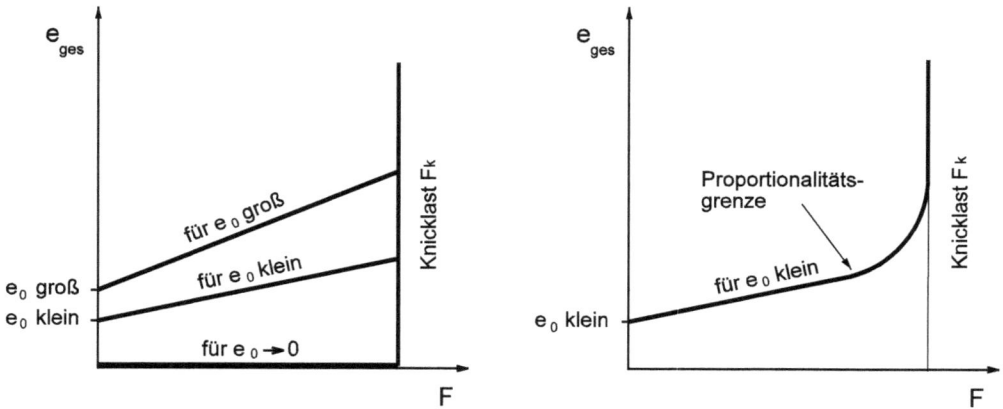

Bild 0.28: Auslenkung des Knickstabes bei elastischer (links) und plastischer (rechts) Knickung

Eine weitere Steigerung der Belastung führt schließlich dazu, dass der Stab durch Ausknicken (rechtes Drittel von Bild 0.27) zerstört wird. Die dafür aufzubringende Last wird mit „Knicklast" F_K bezeichnet, Belastungen größer als F_K kann der Stab nicht aufnehmen.

Wird die ursprünglich bewusst herbeigeführte Exzentrizität e_0 verkleinert, so ergibt sich ebenfalls für kleine Belastungen eine Linearität zwischen F und e_{ges}, die allerdings jetzt flacher verläuft (Bild 0.28 links). Bei weiterer Steigerung der Druckbelastung kommt es ebenfalls zum Knicken, allerdings ändert sich die Knicklast F_K dabei *nicht*, solange e_0 klein gegenüber e_{ges} ist. Wird die Ausgangsexzentrizität gänzlich eliminiert, wird sich zunächst überhaupt keine seitliche Auslenkung einstellen. Dieses Gleichgewicht ist jedoch im Sinne der Mechanik „labil": Die geringste, nie zu vermeidende Störung führt dazu, dass auch in diesem Fall die Knicklast F_K nicht überschritten werden kann, der Stab bricht vielmehr ohne vorherige elastische Auslenkung seitlich aus und wird dabei sofort ohne Vorwarnung zerstört. Für die Höhe der maximal ertragbaren Belastung ist also die Höhe der ursprünglich angebrachten Exzentrizität e_0 ohne Bedeutung, so lange sie klein gegenüber der Länge des Knickstabes ist. Bei dem Versuch, den Betrag der Knicklast F_K zu beziffern, lassen sich folgende Überlegungen anstellen:

- Die seitliche Auslenkung wird umso größer, je verformungswilliger der Werkstoff, also je geringer sein E-Modul ist. Da die seitliche Auslenkung e_{ges} aber als Momentenbelastung für die Zerstörung des Bauteils verantwortlich ist, kann ein proportionaler Zusammenhang zwischen Knicklast und dem Elastizitätsmodul des Werkstoffs gefolgert werden:

$$F_K \sim E$$

- Die Auslenkung eines Biegebalkens ist proportional zu seinem Flächenträgheitsmoment I_{ax}. Je größer das Flächenmoment ist, desto kleiner wird auch die Auslenkung des Knickstabes und desto größer wird die Kraft F_K, mit der er belastet werden kann:

$$F_K \sim I_{ax\,min}$$

Der in Bild 0.8 vorgestellte Biegebalken wird in Richtung der angreifenden Kraft verformt. Dazu muss das Flächenmoment in Richtung des angreifenden Momentes angesetzt werden (näheres s. Biegefeder, Kap. 2.2.3.1). Die Auslenkungsrichtung des Knickstabes ist aber nicht durch die Richtung einer Kraft oder eines Momentes vorgegeben, sondern sie wird sich vielmehr in Richtung des geringsten Flächenmomentes einstellen. Ein auf Druck belastetes Brett wird nicht etwa „hochkant", sondern senkrecht dazu, also in Richtung des geringsten Flächenmomentes ausknicken. Aus diesem Grunde ist für die Knicklast stets I_{min} maßgebend.

- Wird die Stablänge s verdoppelt, so verdoppelt sich zunächst wegen geometrischer Ähnlichkeit auch die Auslenkung e. Als Folge davon wird aber auch das Lastmoment an der ausgelenkten Stelle die doppelte Größe annehmen, wodurch sich die aus geometrischen Gründen bereits verdoppelte Auslenkung nochmals verdoppelt, also insgesamt vervierfacht. Die kritische Knicklast wird sich somit umgekehrt proportional zum Quadrat der Stablänge s verhalten:

$$F_K \sim \frac{1}{s^2}$$

Fasst man diese Beobachtungen zusammen, so ergibt sich insgesamt die folgende Proportionalität:

$$F_K \sim \frac{E \cdot I_{min}}{s^2}$$

Diese Proportionalität kann nach Euler für die oben zitierte Einspannbedingung (gelenkige Lasteinleitung an beiden Stabenden) zu der Gleichung

$$F_K = \frac{\pi^2 \cdot E \cdot I_{ax\,min}}{s^2} \qquad \text{Gl. 0.54}$$

ergänzt werden (Ableitungen s. z. B. [0.2]). Durch Division beider Gleichungsseiten durch die Querschnittfläche A gewinnt man aus der Knicklast F_K die Knickspannung σ_K:

$$\sigma_K = \frac{F_K}{A} = \frac{\pi^2 \cdot E \cdot I_{ax\,min}}{A \cdot s^2} = \pi^2 \cdot E \cdot \frac{I_{min}}{A} \cdot \frac{1}{s^2} \qquad \text{Gl. 0.55}$$

Dabei sind die einzelnen Terme bereits nach Einflussnahmen geordnet: Der Elastizitätsmodul E gibt den Werkstoffeinfluss wieder, $1/s^2$ markiert den Einfluss der Stablänge und die

Formgebung des Stabquerschnitts wird durch den Quotienten I_{min}/A charakterisiert. Dieser letztgenannte Ausdruck lässt sich formal mit i^2 gleichsetzen, wobei i als „Trägheitsradius" bezeichnet wird:

$$i^2 = \frac{I_{min}}{A} \quad \text{bzw.} \quad i = \sqrt{\frac{I_{min}}{A}} \quad \Rightarrow \quad I_{min} = A \cdot i^2 \qquad \text{Gl. 0.56}$$

Damit liegt die in Bild 0.29 skizzierte Deutung von i auf der Hand:

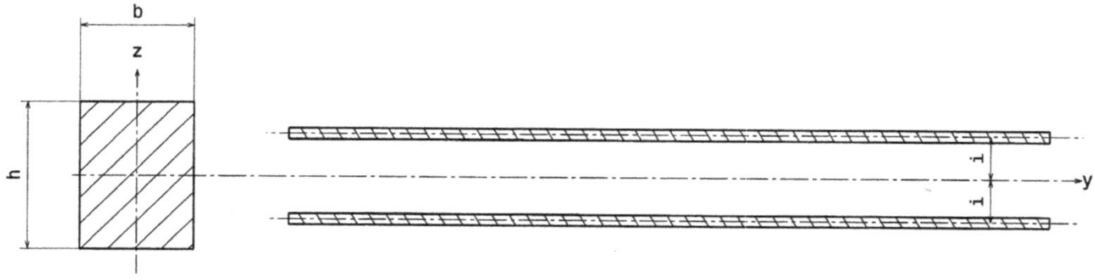

Bild 0.29: Trägheitsradius

Sowohl der einteilige linke als auch der zweiteilige rechte Stabquerschnitt beinhalten die gleiche Fläche A und weisen um die y-Achse das gleiche Flächenmoment I_{ax} auf. Während der linke quadratische Querschnitt ein Flächenmoment ausschließlich als „Eigenanteil" aufweist, bezieht der rechte Querschnitt das gleiche Flächenmoment fast ausschließlich aus dem Steineranteil, dessen Mittelpunktsabstand der Trägheitsradius i ist, der sich nicht nur für das hier skizzierte Rechteck, sondern auch ganz allgemein für jeden beliebigen Stabquerschnitt formulieren lässt. Die Werte für die normgerechten Walzprofile sind in den Tabellen des Abschnittes 0.1.2.2 aufgeführt. Mit dieser Definition lässt sich die Knickspannung nach Gl. 0.55 ausdrücken zu

$$\sigma_K = \pi^2 \cdot E \cdot \left(\frac{i}{s}\right)^2 \qquad \text{Gl. 0.57}$$

Dabei repräsentiert E den Werkstoff des Knickstabes und mit $(i/s)^2$ wird seine Geometrie beschrieben.

Um eine möglichst große Knickspannung aufnehmen zu können, sollte der Trägheitsradius also möglichst groß sein. Die Fläche A soll möglichst weit von der Stabachse entfernt angebracht werden, so dass ein möglichst großes $I_{ax\,min}$ entsteht. Kreisförmige Querschnitte haben den Vorteil, dass das Flächenmoment unabhängig von der Lastrichtung ist, der Stab kennt also keine bevorzugte Knickrichtung. Wird der Kreis zudem noch in einen Kreisring überführt, wird die vorhandene Fläche möglichst vorteilhaft im Sinne einer möglichst hohen Knickspannung ausgenutzt. Der Ausdruck s/i wird auch als „Schlankheitsgrad" λ bezeichnet:

$$\lambda = \frac{s}{i} = \frac{s}{\sqrt{\frac{I_{ax\,min}}{A}}} \qquad\qquad \text{Gl. 0.58}$$

Er enthält damit sämtliche geometrischen Parameter, die das Knickverhalten des Stabes beeinflussen. Mit dem Schlankheitsgrad λ gewinnt Gl. 0.57 eine Form, in der der Einfluss des Werkstoffes nur durch seinen Elastizitätsmodul vertreten ist und seine geometrische Gestaltung nur noch durch den Schlankheitsgrad λ beschrieben wird:

$$\sigma_K = \frac{\pi^2 \cdot E}{\lambda^2} \qquad\qquad \text{Gl. 0.59}$$

Trägt man die Knickspannung über diesen Schlankheitsgrad auf, ergibt sich eine quadratische Hyperbel:

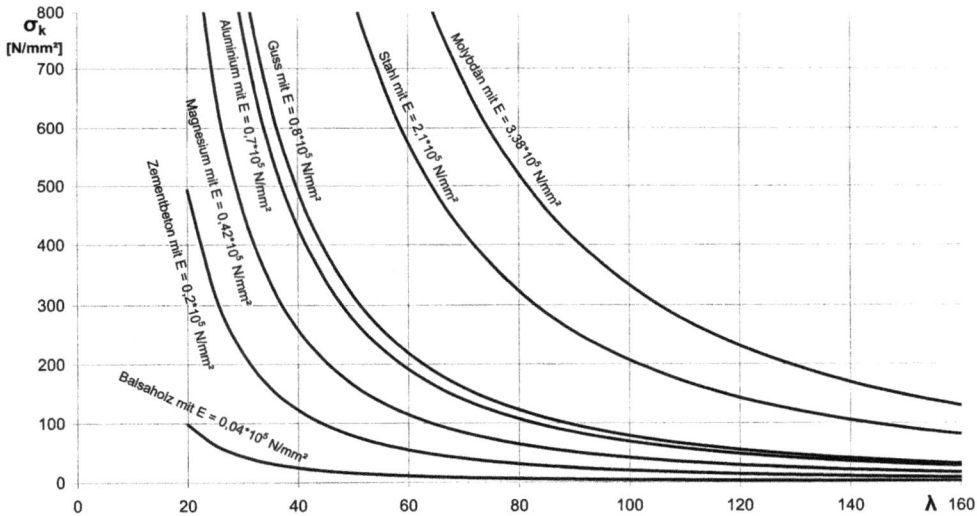

Bild 0.30: Knickspannung bei elastischer Knickung

Liegt rein elastische Knickung vor, so ist die Knickspannung σ_K unabhängig von der Festigkeit des Werkstoffs! Die mit obiger Gleichung formulierte Knickspannung σ_K kann nicht vollständig auf den Stab ausgeübt werden, weil nach wie vor die Druckspannung zu berücksichtigen ist und weil das Erreichen der Knickgrenze aus Sicherheitsgründen auf jeden Fall zu vermeide ist. Bei der Festlegung der tatsächlich zulässigen Spannung σ_{dzul} muss also noch ein Sicherheitsfaktor ν berücksichtigt werden, der im Bereich von $2 < \nu < 5$ gewählt wird:

$$\sigma_{dzul} = \frac{\sigma_K}{\nu} \qquad\qquad\qquad \text{Gl. 0.60}$$

Die tatsächlich zulässige Kraft, mit der der Knickstab belastet werden darf, ergibt sich in Erweiterung von Gl. 0.54 schließlich zu

$$F_{dzul} = \frac{\pi^2 \cdot E \cdot I_{ax\,min}}{\nu \cdot s^2} \qquad\qquad\qquad \text{Gl. 0.61}$$

Ist die belastende Kraft F gegeben und wird der Stab daraufhin dimensioniert, so kann diese Gleichung nach $I_{ax\,min}$ umgestellt werden:

$$I_{ax\,min} = \frac{F \cdot s^2 \cdot \nu}{\pi^2 \cdot E} \qquad\qquad\qquad \text{Gl. 0.62}$$

0.3.2   Plastische Knickung (V)

Bei allen voranstehenden Betrachtungen ist aber zu kontrollieren, ob die Voraussetzung der elastischen Knickung auch tatsächlich vorliegt. In manchen Fällen erfährt der Stab eine unerwünschte plastische Deformation, noch bevor die Knicklast überhaupt erreicht ist. Eine Erweiterung von Bild 0.28 um die rechte Bildhälfte ergibt ein qualitativ ähnliches Verformungsverhalten, aber bei der Steigerung der Druckbelastung wird die Auslenkung überproportional groß. In diesem Fall tritt vor Erreichen der Knicklast bereits eine plastische Deformation des Stabes ein, die Knicklast ist somit geringer als unter der Annahme der elastischen Knickung. Die oben aufgeführte Euler'sche Gleichung gilt aber nur für den Fall der rein elastischen Knickung, bei der die Proportionalitätsgrenze nicht in Erscheinung tritt.

$$\sigma_K = \frac{\pi^2 \cdot E}{\lambda^2} \leqslant \sigma_e \qquad\qquad\qquad \text{Gl. 0.63}$$

Die Gültigkeit der Eulergleichung setzt also einen langen, schlanken Stab voraus, was sich durch die Formulierung eines entsprechenden minimalen Schlankheitsgrades λ beschreiben lässt:

$$\lambda \geqslant \pi \cdot \sqrt{\frac{E}{\sigma_e}} \qquad \text{Bedingung für elastische Knickung}$$

$$\lambda \leqslant \pi \cdot \sqrt{\frac{E}{\sigma_e}} \qquad \text{Bedingung für plastische Knickung} \qquad \text{Gl. 0.64}$$

Alle Stahlsorten weisen annähernd den gleichen Elastizitätsmodul $E = 2,1 \cdot 10^5$ N/mm^2 auf. Für S 185 mit $\sigma_e \approx 190$ N/mm^2 liegt etwa für einen Schlankheitsgrad von $\lambda > 104$ elastische Knickung vor, für S 275 JR mit $\sigma_e \approx 270$ N/mm^2 ist diese Grenze bereits bei einem Schlankheitsgrad von $\lambda > 88$ erreicht. Wenn der Schlankheitsgrad kleiner als dieser Grenzwert ist, liegt plastische Knickung vor. Die folgende Darstellung nach [0.2] gibt diesen Zusammenhang für E 335 wieder:

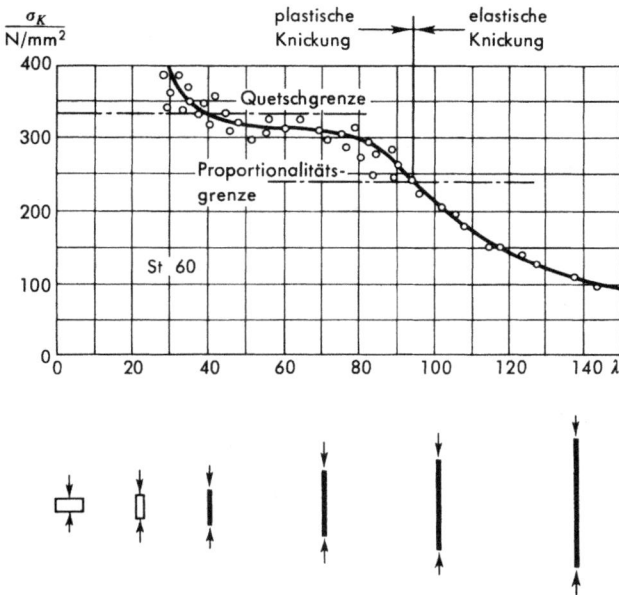

Bild 0.31: Knickspannung für E 335 (St60) (aus [0.2] Bd. 2)

Dabei lassen sich grundsätzlich drei Bereiche unterscheiden:

- Bei kurzen, dicken Stäben (kleines λ) besteht keine Knickgefahr, hier ist nur die reine Druckbelastung maßgebend (Quetschgrenze).
- Bei langen, schlanken Stäben tritt der oben beschriebene Fall der „elastischen Knickung" ein, der durch den hyperbelförmigen Verlauf der Knickspannung nach Euler beschrieben wird.
- Dazwischen kann es noch zu einer sog. plastischen Knickung kommen, die nach Tetmajer beschrieben wird.

Da ein analytischer Ansatz für die plastische Knickung kaum möglich ist, behilft man sich mit Versuchen und Messungen, deren Ergebnisse in eine rechnerische Funktion gefasst werden. Die folgende Tabelle gibt beispielhaft einige im Maschinenbau verwendete Werkstoffe wieder:

S 235 JR (St 37) $0 < \lambda < 60$: Quetschgrenze: $\sigma_K = 240\,\text{N/mm}^2$

$60 < \lambda < 104$: plastische Knickung: $\sigma_K = 310\,\text{N/mm}^2 - 1,14\,\text{N/mm}^2 \cdot \lambda$

$\lambda > 104$: elastische Knickung: $\sigma_K = \frac{\pi^2 \cdot E}{\lambda^2}$

E 335 (St 52) $0 < \lambda < 88$: plastische Knickung: $\sigma_K = 335\,\text{mathrmN/mm}^2 - 0,62\,\text{N/mm}^2 \cdot \lambda$

$\lambda > 88$: elastische Knickung: $\sigma_K = \frac{\pi^2 \cdot E}{\lambda^2}$

GG18 $0 < \lambda < 80$: plastische Knickung:

$\sigma_K = 776\,\text{N/mm}^2 - 12\,\text{N/mm}^2 \cdot \lambda + 0,053\,\text{N/mm}^2 \cdot \lambda^2$

$\lambda > 80$: elastische Knickung: $\sigma_K = \frac{\pi^2 \cdot E}{\lambda^2}$

In der folgenden Darstellung nach [0.2] ist die Knickspannung für einige im Maschinenbau übliche Werkstoffe grafisch gegenübergestellt:

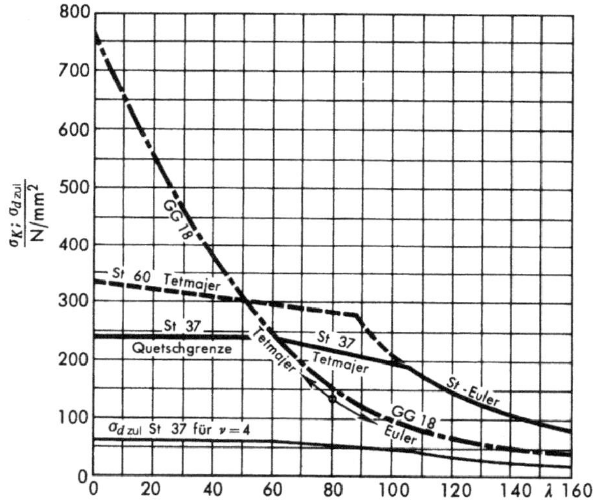

Bild 0.32: Knickspannung einiger Maschinenbauwerkstoffe (aus [0.2] Bd. 2)

Für GG ergibt sich dabei ein fließender Übergang zwischen elastischem und plastischem Bereich.

0.3.3 Einspannbedingungen (V)

Sämtliche vorangegangenen Betrachtungen gingen von standardisierten Einspannbedingungen aus: An beiden Stabenden wird die Kraft über ein Gelenk eingeleitet bzw. abgestützt (Fall 2 des nachstehenden Schemas). Tatsächlich sind jedoch auch noch weitere Einbaufälle möglich, die sich aber praktisch alle mit den weiteren drei Fällen identifizieren lassen oder zumindest zur sicheren Seite hin abschätzen lassen.

Fall 2 (Grundfall) beschreibt einen Bogen mit in der Mitte senkrechter Tangente. Fall 1 beschreibt ebenfalls einen Bogen, dessen senkrechte Tangente aber am unteren Balkenende durch

	Normalfall			
	1	2	3	4
Belastungsfall	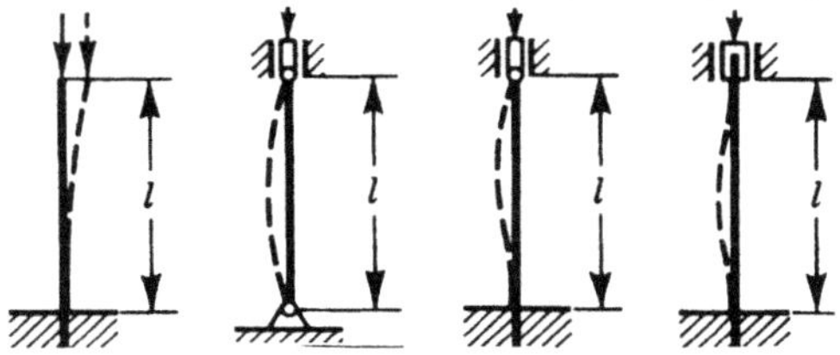			
Freie Knicklänge s	2l	l	0,7l	0,50l
Schlankheitegrad λ	$\frac{2l}{i}$	$\frac{l}{i}$	$\frac{0,7l}{i}$	$\frac{0,50l}{i}$

Bild 0.33: Einspannfälle Knickung (aus [0.2], Bd. 2)

die feste Einspannung erzwungen wird. Fall 1 lässt sich aus Fall 2 einfach durch Verdopplung der Knicklänge ableiten. Der Schlankheitgrad ist entsprechend zu verdoppeln. Fall 4 ergibt sich in entsprechend umgekehrter Weise und Fall 3 präsentiert sich als Mischfall zwischen den Fällen 2 und 4 mit einer freien Knicklänge, die dem 0,7-fachen der Konstruktionslänge entspricht.

Aufgaben A.0.26 und A.0.27

0.4   Anhang

0.4.1   Literatur

[0.1]   Agne, Klaus; Agne, Simon: Technische Mechanik in der Feinwerktechnik. Vieweg 1988

[0.2]   Assmann, Bruno; Selke, Peter: Technische Mechanik, Band 1–3. Oldenbourg 2006

[0.3]   Böge, Alfred: Formeln und Tabellen zur Mechanik und Festigkeitslehre, Band 1 und 2. Vieweg 1994

[0.4]   Dankert, H.; Dankert, J.: Technische Mechanik computerunterstützt. Teubner 1995

[0.5]   Dietman, H.: Einführung in die Elastizitäts- und Festigkeitslehre. Kroner 1992

[0.6]   DIN-Taschenbuch 69: Stahlhochbau. Beuth

[0.7]   Fink K.; Rohrbach, C.: Handbuch der Spannungs- und Dehnungsmessung. VDI-Verlag 1965

[0.8]   Gobrecht, Jürgen: Werkstoffkunde – Metalle, 3. Auflage Oldenbourg Verlag München

[0.9]   Gross; Hauger; Schnell: Technische Mechanik. Springer 2005

[0.10] Hänchen, R.: Neue Festigkeitsberechnung für den Maschinenbau. Hanser 1967

[0.11] Holzmann G.; Meyer H.; Schumpick G.: Technische Mechanik. Band 1: Statik. Teubner 1990

[0.12] Hütte: Taschenbuch der Stoffkunde. Berlin

[0.13] Issler, L.; Ruoß, H.; Häfele, P.: Festigkeitslehre – Grundlagen. Springer 1995

[0.14] NN: Werkstoffhandbuch Stahl und Eisen. Düsseldorf 1974

[0.15] NN: Werkstoffhandbuch Nichteisenmetalle. Düsseldorf 1960

[0.16] Oberbach: Kunststoffkennwerte für Konstrukteure. München 1974

[0.17] Rösler, J., Hardus, H., Bäker, M.: Mechanisches Verhalten der Werkstoffe. B.G. Teubner Verlag 2003

[0.18] Schweigerer S.: Festigkeitsberechnung im Dampfkessel-, Behälter- und Rohrleitungsbau. Springer 1978

0.4.2 Normen

[0.19] DIN 1013-1: Warmgewalzter Rundstahl für allgemeine Verwendung

[0.20] DIN 1013-2: Warmgewalzter Rundstahl für besondere Verwendung

[0.21] DIN 1014-1 und DIN 1014-2: Warmgewalzter Vierkantstahl

[0.22] DIN 1015: Warmgewalzter Sechskantstahl

[0.23] DIN EN 10048: Warmgewalzter Bandstahl

[0.24] DIN 1017-1: Warmgewalzter Flachstahl für allgemeine Verwendung

[0.25] DIN 1018: Warmgewalzter Halbrundstahl und Flachhalbrundstahl

[0.26] DIN 1022: Warmgewalzter gleichschenkliger scharfkantiger Winkelstahl (LS-Stahl)

[0.27] DIN EN 10055: Warmgewalzter gleichschenkliger T-Stahl mit gerundeten Kanten und Übergängen

[0.28] DIN 1025-1: Warmgewalzte I-Träger – schmale I-Träger

[0.29] DIN 1025-2: Warmgewalzte I-Träger – I-Träger, IPB-Reihe

[0.30] DIN 1025-3: Warmgewalzte I-Träger – breite Träger, leichte Ausführung

[0.31] DIN 1025-4: Warmgewalzte I-Träger – breite Träger, verstärkte Ausführung

[0.32] DIN 1025-5: Warmgewalzte I-Träger – mittelbreite I-Träger, IPE-Reihe

[0.33] DIN 1026: Warmgewalzter rundkantiger U-Stahl

[0.34] DIN 1027: Warmgewalzter rundkantiger Z-Stahl

[0.35] DIN 1028: Warmgewalzter gleichschenkliger rundkantiger Winkelstahl

[0.36] DIN 1029: Warmgewalzter ungleichschenkliger rundkantiger Winkelstahl

0.5　Aufgaben

Spannungs-Dehnungs-Diagramm

A.0.1　Verformung und Belastbarkeit (B)

Gegeben ist das nachfolgende Spannungs-Dehnungs-Diagramm, welches in der oberen Darstellung in seiner Gesamtheit und weiter unten im Bereich der Hooke'schen Geraden mit vergrößertem ε-Maßstab wiedergegeben ist.

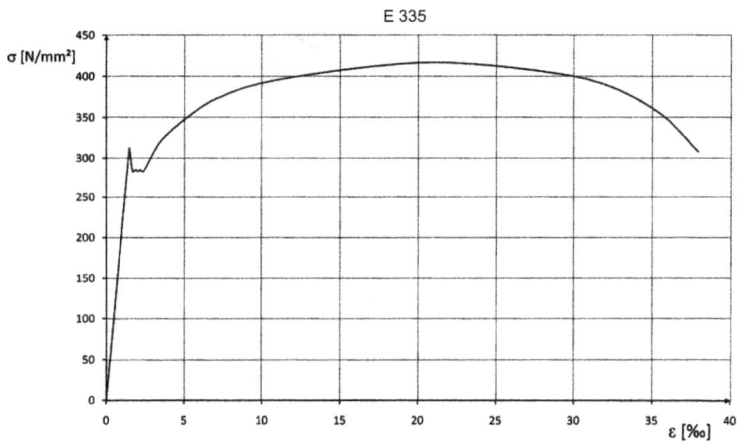

E 335

E 335

Der Zugstab hat eine Länge von 200 mm und einen Durchmesser von 10 mm. Die Probe wird mit einer Zugkraft von 10 kN, 20 kN und 30 kN belastet. Ermitteln Sie für diese Belastungen aus dem Diagramm die relativen und absoluten, elastischen und plastischen Verformungen:

Zugkraft	kN	10	20	30
Zugspannung	N/mm^2			
ε_{elast}	10^{-3}			
ε_{plast}	10^{-3}			
ΔL_{elast}	mm			
ΔL_{plast}	mm			

Wie groß ist der Elastizitätsmodul dieses Werkstoffs?	$E \ [N/mm^2]$	

Welche maximale Kraft F_{max}, kann diese Werkstoffprobe aufnehmen, wenn eine plastische Verformung	
ausgeschlossen werden soll?	zugelassen wird?
$F_{maxelast}[N] =$	$F_{maxplast}[N] =$

A.0.2   Werkstoffvergleich im Spannungs-Dehnungs-Diagramm (B)

Gegeben ist das nachfolgende Spannungs-Dehnungs-Diagramm für verschiedene Werkstoffe.

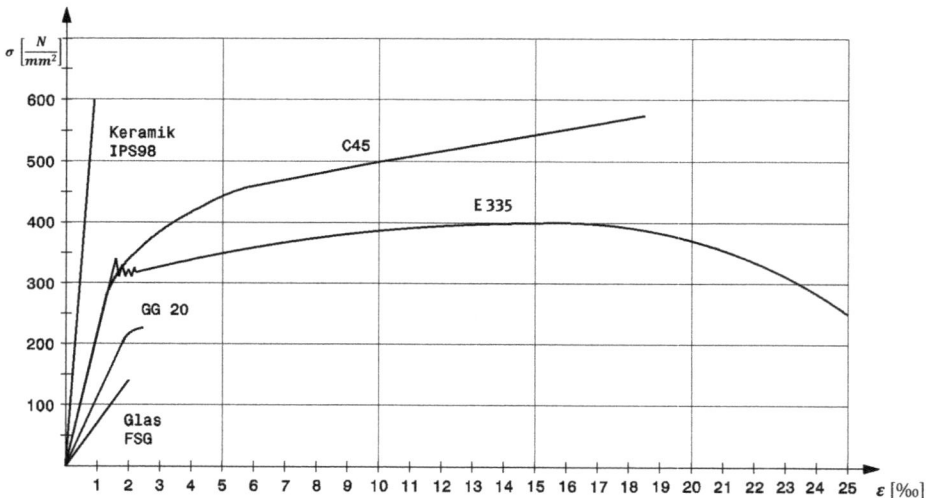

Die Werkstoffe sind anhand der unten aufgeführten Kenngrößen zu ordnen: Markieren Sie für jede dieser Kenngrößen den Werkstoff mit dem größten Zahlenwert mit einer 1, den mit dem zweitgrößten Kennwert mit einer 2 usw. bis hin zu dem Werkstoff mit dem kleinsten Zahlenwert, der eine 5 erhält.

	Keramik IPS98	C45	E 335	GG 20	Glas FSG
Elastizitätsmodul					
Streckgrenze					
Bruchlast					
plastische Dehnung beim Bruch					

Zugspannung

A.0.3   Zugspannung homogener Werkstoffe (B)

a) Eine runde, stabförmige Probe mit 10 mm Durchmesser wird aus E 335 gefertigt. Mit welcher Kraft darf sie in Längsrichtung maximal belastet werden, wenn eine plastische Verformung in jedem Fall ausgeschlossen werden soll?

b) Eine quadratische, stabförmige Probe mit 12 mm Kantenlänge besteht aus dem Werkstoff 42CrMo4 und wird mit einer Kraft von 60 kN in Längsrichtung belastet. Wie groß ist die Sicherheit?

A.0.4 Flaschenzug (B)

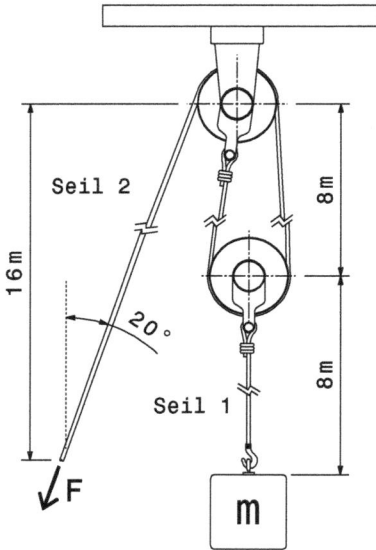

Der nebenstehende Flaschenzug wird mit zwei unterschiedlichen Seilen ausgeführt. Die Abmessungen der Rollen sind vernachlässigbar klein. In folgendem Schema sind zunächst die metallische Querschnittsfläche A und der Werkstoff mit seinem Elastizitätsmodul und seiner zulässigen Spannung angegeben.

- Welche maximale Last m_{max} kann mit dieser Anordnung angehoben werden, ohne dass eins der beiden Seile überlastet wird?
- Welche relative Dehnung ε und welche absolute Dehnung ΔL_{Seil} stellt sich dann in den beiden Seilen ein?
- Um welchen Betrag ΔL_{ges} muss das Seil 2 zusätzlich eingezogen werden, damit die belastungsbedingte elastische Verformung ausgeglichen wird?

	A	Werkstoff	E − Modul	σ_{zul}	m_{max}	ε	ΔL_{Seil}
	mm^2		N/mm^2	N/mm^2	kg	10^{-3}	mm
Seil 1	70	Stahl	$2,1 \cdot 10^5$	700			
Seil 2	120	Aluminium	$1,1 \cdot 10^5$	260			

ΔL_{ges}	mm	

Zugspannung Verbundwerkstoff

A.0.5 Seilaufhängung (E)

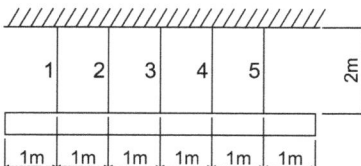

Ein massebehafteter Balken mit einer Streckenlast von 1 kN/m wird nach der links skizzierten, symmetrischen Anordnung mit 5 Seilen an einer Decke befestigt. Die Seile sind in verschiedenen Werkstoffen ausgeführt und weisen unterschiedliche Querschnittsflächen auf.

Berechnen Sie nach untenstehendem Schema die relative Verformung, die absolute Verformung sowie die Spannung und Kraft im jeweiligen Seil.

Werkstoff			Seil 1 Stahl	Seil 2 Kupfer	Seil 3 Aluminium	Seil 4 Kupfer	Seil 5 Stahl
Elastizitätsmodul	E	N/mm^2	$2{,}1 \cdot 10^5$	$1{,}25 \cdot 10^5$	$0{,}72 \cdot 10^5$	$1{,}25 \cdot 10^5$	$2{,}1 \cdot 10^5$
Querschnittsfläche	A	mm^2	10	20	30	20	10
relative Verformung	ε	10^{-3}					
absolute Verformung	ΔL	mm					
Spannung im Seil	σ	N/mm^2					
Seilkraft	S	N					

A.0.6   Fördergurt (V)

In einen Fördergurt („Förderband") aus Gummi nach untenstehender Skizze sind 171 Seile eingelegt, die jeweils einen Durchmesser von 9,3 mm aufweisen. Der Seilquerschnitt ist jedoch nur mit einem „Füllfaktor" von 0,6 mit Metall belegt, d. h. dass der Querschnitt nur zu 60 % mit Metall ausgefüllt ist. Der Stahlwerkstoff kann mit einer maximalen Spannung von 1.800 N/mm^2 belastet werden. Es kann davon ausgegangen werden, dass die Belastung des Gummis unkritisch ist. Es wird nur die Zugbelastung betrachtet, die zusätzliche Biegung beim Umlauf um die Rollen ist zu vernachlässigen.

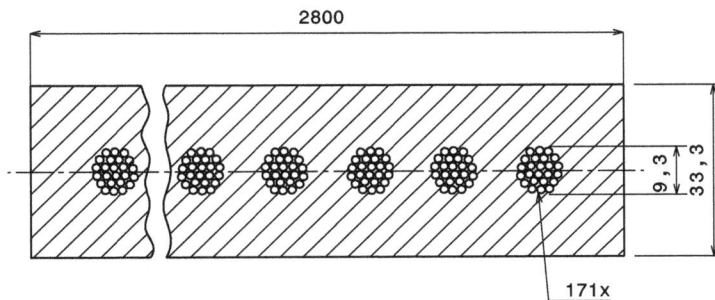

Elastizitätsmodul Stahlseil: $E_{Stahl} = 2{,}30 \cdot 10^5 \, N/mm^2$
Elastizitätsmodul Gummi: $E_{Gummi} = 3 \, N/mm^2$

	F_{max}	σ_{max}	ε	ΔL
	N	N/mm^2	–	mm
Stahl		1.800		
Gummi				
Gesamt				

a) Welche relative Verformung ε stellt sich ein, wenn der Fördergurt einer maximalen Zugbelastung ausgesetzt ist?

b) Welche Zugkraft kann der Fördergurt maximal übertragen? Unterscheiden Sie dabei nach den Anteilen, die vom Stahl und vom Gummi übertragen werden.

c) Mit welcher Zugspannung wird dabei das Gummi belastet?

d) Das Förderband ist 1 km lang. Welche Längenänderung ΔL muss aufgebracht werden, damit sich dieser Lastzustand einstellt?

Biegung mit genormten Halbzeugen

A.0.7   U-Profil nach Norm (B)

Ein warmgewalzter U-Stahl 40×20 nach DIN 1026 wird in der unten dargestellten Weise belastet.

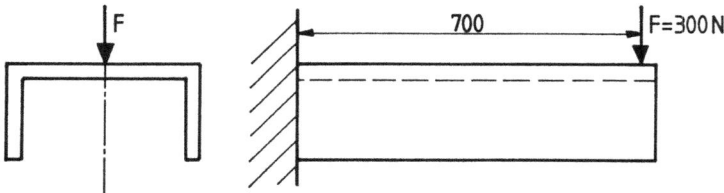

Wie groß ist die größte auftretende Biegespannung?	N/mm^2	
Wie groß ist die Sicherheit bezüglich dieser Biegespannung, wenn das Material S 355 JR verwendet wird?	–	

A.0.8   I-Profil (B)

Ein warmgewalzter I-Träger 120 nach DIN 1025 T1 aus dem Material S 275 JR wird in der unten dargestellten Weise belastet.

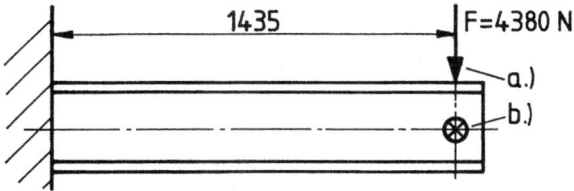

	… a. wirkt?	… b. wirkt?
Wie groß ist die auftretende Biegespannung, wenn die Kraft in Richtung …		
Wie groß ist die Sicherheit bezüglich dieser Biegespannung?		
Hält das Bauteil dieser Belastung stand?	○ ja ○ nein	○ ja ○ nein

Biegung, Suche nach der kritischen Stelle innerhalb eines Bauteils

A.0.9   Hubvorrichtung mit starrem Ausleger (B)

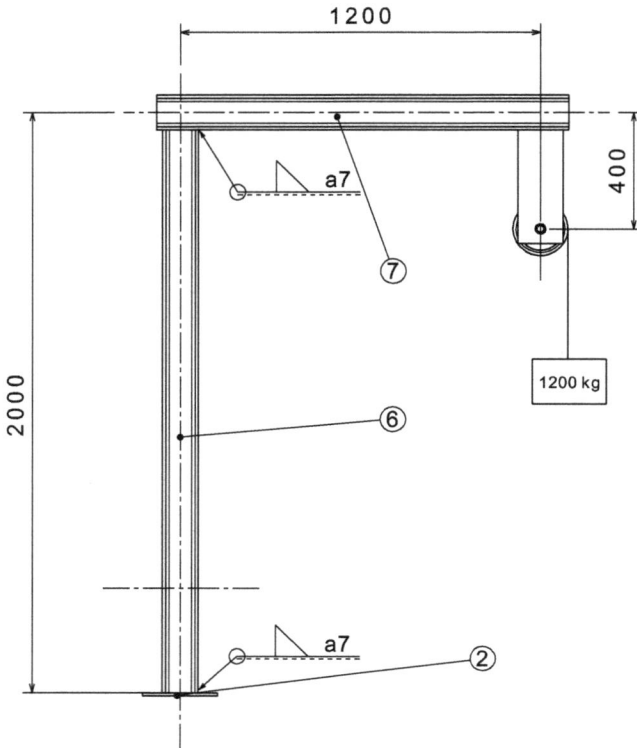

Mit der nebenstehend skizzierten Hubvorrichtung soll eine Last von maximal 1200 kg angehoben werden, wobei das Hubseil um 90° um die Seilrolle geschlungen und dann waagerecht weitergeführt wird.

Die zulässige Biegespannung beträgt $\sigma_{bzul} = 150\,N/mm^2$, wobei dieser Wert die Sicherheit bereits berücksichtigt.

Wie groß ist die an der Seilrolle angreifende resultierende Kraft?	N	
Tragen Sie graphisch die Größe des Biegemomentes über der gesamten Konstruktion auf! An welcher Stelle der Konstruktion tritt das größte Biegemoment auf?	–	
Berechnen Sie das größte Biegemoment!	Nm	
Wählen Sie ein genormtes I-Profil aus, welches das vorliegende Biegemoment aufnehmen kann.	–	

Biegung mit veränderlichem Kraftangriffspunkt

A.0.10 Hubvorrichtung mit höhenverstellbarem Ausleger (B)

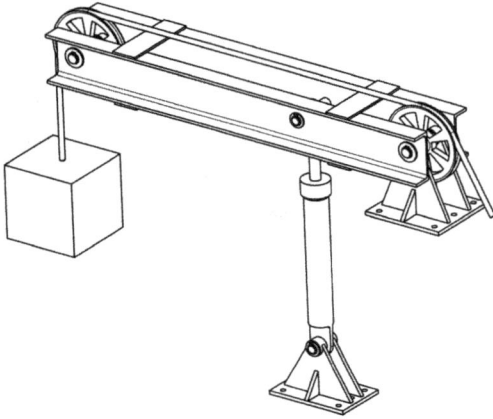

Mit der abgebildeten Hubvorrichtung soll eine maximale Masse von 2,2 t angehoben werden. Der Schwenkarm des Auslegers ist am rechten Ende drehbar am Gestell angelenkt. Das Hubseil wird über die beiden dargestellten Rollen geführt, wovon die rechte auf der gleichen Achse angebracht ist wie der schwenkbare Ausleger selber, der aus zwei warmgewalzten, rundkantigen U-Trägern nach DIN 1026 besteht. Der Ausleger kann durch einen Hydraulikzylinder aus der Horizontalen um 60° angehoben werden.

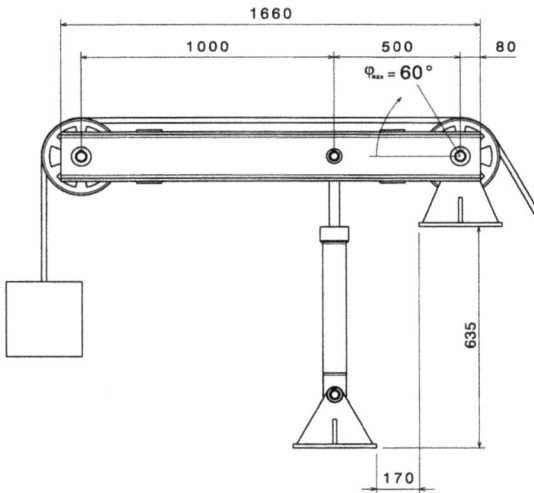

Die Festigkeit des Auslegers soll betrachtet werden. Dabei wird nur auf Biegung dimensioniert, wobei unter Berücksichtigung der gebotenen Sicherheiten eine Spannung von 60 N/mm² zugelassen werden kann.

In welcher Stellung erfährt der Ausleger seine höchste Biegebeanspruchung?	φ	°	
Wie groß ist in dieser Stellung das größte auf den Ausleger wirkende Biegemoment?	M_{bmax}	Nm	
Welches Widerstandsmoment müssen dann beide U-Träger gemeinsam mindestens aufweisen?	W_{axmin}	mm³	
Welcher U-Stahl (Kurzzeichen) muss dann verwendet werden?	–	–	

A.0.11   Hallenkran (E)

Diese Aufgabe erfordert Grundkenntnisse der Differentialrechnung!

Mit dem unten skizzierten einfachen Hallenkran sollen Lasten angehoben und in der Horizontalen verfahren werden können. Bei der folgenden Berechnung sind Eigengewichte zu vernachlässigen.

| Skizzieren Sie für eine beliebige Stellung der Katze qualitativ den Biegemomentenverlauf in der Kranbrücke. Ermitteln Sie rechnerisch die Stellung der Katze, für die das Biegemoment in der Kranbrücke am größten ist. | x_K | mm | |
| Es werden zwei schmale I-Träger I 220 aus S 275 (früher St 44) verwendet. Wie groß ist die maximale Last m, die dieser Kran anheben darf? | m_{max} | kg | |

A.0.12   Rollenlaufbahn (E)

An die unten dargestellte Rollenlaufbahn werden Lasten mit einer Masse von bis zu 1,5 t angehängt und in der Horizontalen verfahren.

Die Laufschiene wird als Profil IPB 120 nach DIN 1025 T2 ausgeführt. Für die Dimensionierung der Rollenlaufbahn können folgende Annahmen getroffen werden:

- Für die Festigkeit ist nur der Biegeanteil maßgebend und das Eigengewicht des Trägers ist zu vernachlässigen.
- Unter Berücksichtigung einer erforderlichen Sicherheit kann eine Biegespannung von $\sigma_{bzul} = 140\,\text{N/mm}^2$ zugelassen werden.
- Die Laufschiene wird abschnittsweise mit der Länge a an die Decke montiert, wobei die Befestigung als Gelenk angenommen werden kann.
- Es ist sichergestellt, dass sich nur jeweils eine einzige Laufkatze auf einem Laufbahnabschnitt befindet.

Kritische Laststellung: Welche Stellung der Katze x ist für die Belastung des horizontalen Trägers (Pos. 1) kritisch? Geben Sie x in Funktion der noch nicht berechneten Länge a an.	$x = f_{(a)}$	–	
Maximaler Laufbahnabschnitt: Wie weit dürfen die Befestigungspunkte des horizontalen Trägers (Pos. 1) für einen Laufbahnabschnitt a_{max} maximal auseinander liegen?	a_{max}	mm	
Bolzenbelastung: Wie groß ist die Biegespannung im Bolzen (Pos. 5), wenn sicherheitshalber an der Einspannstelle des Bolzens mit einem Bolzendurchmesser von 20 mm gerechnet werden soll?	σ_{bmax}	N/mm^2	

A.0.13 Brücke (V)

Diese Aufgabe erfordert Grundkenntnisse der Differentialrechnung!

Eine Brücke mit einer Spannweite von 5800 mm wird von einem Fahrzeug mit einem Gesamtgewicht von 720 kg befahren. Das Tragelement dieser Brücke besteht aus mehreren nebeneinander verlegten I-Trägern I80 nach DIN 1025 T1, die „hochkant" angeordnet sind. Die zulässige Spannung des Trägerwerkstoffs beträgt 120 N/mm^2 und es wird eine Sicherheit von $S = 2$ gefordert. Die Gesamtmasse des Fahrzeuges wird im Verhältnis 1:1,2 auf Vorder- und Hinterachse verteilt.

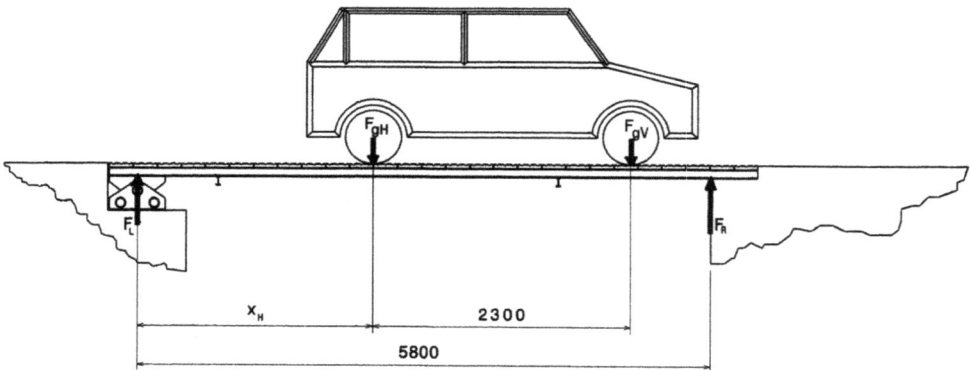

Für die Festigkeitsberechnung können folgende vereinfachenden Annahmen getroffen werden:

* Alle Träger werden gleichmäßig belastet.
* Das Eigengewicht der Brücke wird vernachlässigt.
* Für die Festigkeitsbetrachtung ist nur die Biegebelastung maßgebend

Die Festigkeit der Träger ist zu dimensionieren. Gehen Sie dazu folgendermaßen vor:

Bestimmen Sie die Achslast hinten und die Achslast vorne!	F_{gH} F_{gV}	N N	
Ermitteln Sie die Hinterachsstellung x_H, für die die Biegemomentenbelastung im Träger maximal ist.	x_H	mm	
Wie groß ist das maximale Biegemoment, welches den Träger belastet?	M_{bmax}	Nm	
Wie groß ist die Anzahl der Profile, die mindestens parallel nebeneinander angeordnet werden müssen, damit die Brücke der Belastung standhält?	n	–	

Biegung mit zusammengesetzten, symmetrischen Querschnitten

A.0.14   Unwuchtantrieb (B)

Der nebenstehend skizzierte senkrecht angeordnet Doppel-T-Träger wird an seinem unteren Ende auf einer Grundebene befestigt. Auf die Kopfplatte wird ein Motor montiert, auf dessen Welle eine Umwuchtmasse von 16 kg rotiert. Weitere Massewirkungen sind zu vernachlässigen. Der Motor rotiert mit $1.200\,\mathrm{min}^{-1}$.

Die Unwuchtmasse durchläuft bei einer Umdrehung nacheinander den oberen Scheitelpunkt (12-Uhr-Stellung), den rechten Punkt seiner Kreisbahn (3-Uhr-Stellung), den unteren Scheitelpunkt (6-Uhr-Stellung) und schließlich den linken Punkt seiner Kreisbahn (9-Uhr-Stellung). Dabei werden am Fußpunkt der Konstruktion jeweils Zug-, Druck- oder Biegespannungen hervorgerufen.

a) Wie groß sind diese Spannungen, wenn der Motor so montiert ist wie hier dargestellt?

b) Wie groß sind diese Spannungen, wenn der Motor um 90° versetzt montiert ist, die Unwuchtwirkung bei Biegung also in die Zeichenebene hinein wirkt?

Berechnen Sie zweckmäßigerweise zunächst die Querschnittsfläche A, das Flächenmoment und das Widerstandsmoment für Aufgabenteil a und b.

Ermitteln Sie nun die dadurch hervorgerufenen Spannungen:

		Aufgabenteil a	Aufgabenteil b
A	mm^2		
I$_{ax}$	mm^4		
W$_{ax}$	mm^3		

	Aufgabenteil a		Aufgabenteil b	
	σ_{ZD} [N/mm^2]	σ_b [N/mm^2]	σ_{ZD} [N/mm^2]	σ_b [N/mm^2]
12-Uhr-Stellung (oben)				
3-Uhr-Stellung (rechts)				
6-Uhr-Stellung (unten)				
9-Uhr-Stellung (links)				

Biegung mit zusammengesetzten, unsymmetrischen Querschnitten

A.0.15 Biegebelastung einseitig eingespannter, nicht genormter U-Träger (B)

Der unten skizzierte U-Träger wird in senkrechter Richtung mit einem Gewicht von 80 kg belastet.

Wie groß darf der Hebelarm L dieser Biegebelastung maximal werden, wenn im Träger eine Spannung von 120 N/mm^2 zugelassen ist?

A.0.16   Doppelseitig aufgestützter Biegebalken (B)

Gegeben ist ein (nicht genormter) U-Träger mit den angegebenen Abmessungen:

Der Träger wird beidseitig auf einer Spannweite von 1800 mm abgestützt und mittig mit einer Gewichtskraft belastet. Der Werkstoff darf mit einer maximalen Biegespannung von 145 N/mm^2 belastet werden. Wie groß darf dieses Gewicht maximal sein?

A.0.17   Gegenüberstellung axiale Widerstandsmomente (E)

Die 12 Querschnitte der folgenden Tabelle weisen alle einen Flächeninhalt von 2.000 mm^2 auf. Die daraus gefertigten Balken weisen also alle gleiches Volumen und damit gleiches Konstruktionsgewicht auf.

Berechnen Sie für alle Balkenquerschnitte sowohl das Flächenmoment als auch das Widerstandsmoment um die y-Achse. Platzieren Sie Ihre Ergebnisse in die Felder des untenstehenden Schemas, dessen Aufteilung der Anordnung in der obenstehenden Skizze entspricht. Alle Balken werden gleichermaßen mit einem Moment von 10 kNm belastet. Welche Biegespannung erfährt der Werkstoff?

			Voll-querschnitt	mitteldicke Wand-stärke	mitteldünne Wand-stärke	dünne Wand-stärke
quer	I_{axy}	mm^4				
	W_{axy}	mm^3				
	σ_b	N/mm^2				
Quadrat	I_{axy}	mm^4				
	W_{axy}	mm^3				
	σ_b	N/mm^2				
hochkant	I_{axy}	mm^4				
	W_{axy}	mm^3				
	σ_b	N/mm^2				

Balken gleicher Biegefestigkeit

A.0.18   Balken mit rechteckigem Querschnitt (E)

Gegeben ist der unten skizzierte Biegebalken, an dessen auskragendem Ende eine Last von 100 kg angebracht ist.

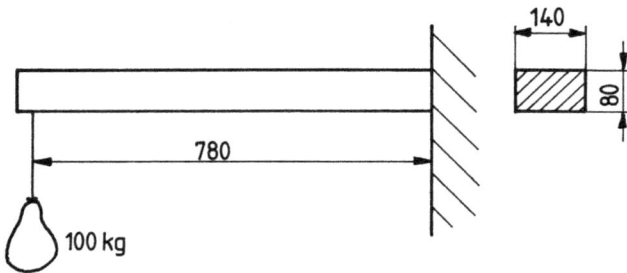

a) Wie groß ist die größte Biegespannung?
b) Wie müsste bei konstanter Balkenhöhe von 80 mm die Balken*breite* über der Kraglänge beschaffen sein, wenn der Balken als „Balken gleicher Biegefestigkeit" dimensioniert werden soll?
c) Wie müsste bei konstanter Balkenbreite von 140 mm die Balken*höhe* über der Kraglänge beschaffen sein, wenn der Balken als „Balken gleicher Biegefestigkeit" dimensioniert werden soll?

A.0.19   Doppel-T-Träger gleicher Biegefestigkeit (E)

Der unten dargestellte einseitig eingespannte Balken wird auf einem Hebelarm von 1480 mm mit einer Masse von 3,2 t belastet. Der Werkstoff darf mit einer maximalen Biegespannung $\sigma_{bzul} = 150\,N/mm^2$ beansprucht werden. Der Träger wird aus einem Halbzeug in Form eines I-Trägers nach DIN 1025 T2 gefertigt, dessen Querbleche zur Krafteinleitungsstelle hin so verjüngt werden, dass in erster grober Näherung ein Balken gleicher Biegefestigkeit entsteht.

Welche Höhe muss der Träger mindestens aufweisen?	h_{min}	mm	
Ab welchem Wert x_b dürfen die Querbleche gänzlich abgetrennt werden, so dass nur noch das hochkant stehende Blech übrigbleibt?	x_b	mm	
Welche Breite b_c müssen die Querbleche im Schnitt A-A (auf halbem Abstand zwischen Wand und Krafteinleitungsstelle) bei konstanter Biegefestigkeit aufweisen?	b_c	mm	

A.0.20   Riemen eines Ruderbootes

Ein Ruderer bewegt sein Boot in der Regel mit zwei Rudern vorwärts. Bei größeren Wettkampfbooten mit bis zu 8 Ruderern ist es jedoch effektiver, wenn jeder Sportler nur auf einer Seite mit einem einzelnen Ruder agiert, welches dann „Riemen" genannt wird.

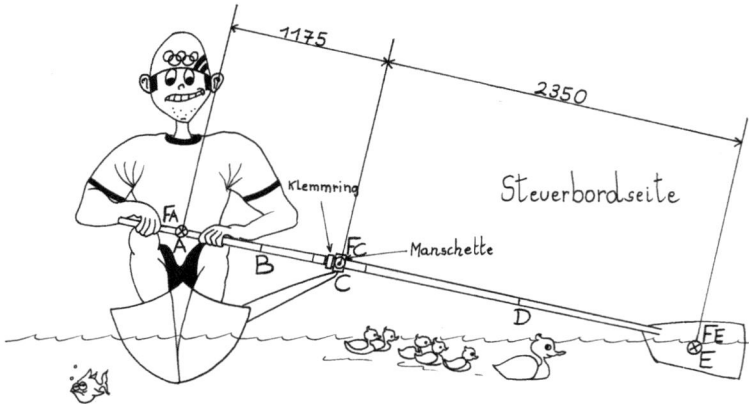

- Die höchste Biegebelastung des Riemens ist am Gelenk („Dolle") zu erwarten, wo der Schaft einen Durchmesser von 45 mm aufweist. In diesem Bereich ist der Schaft zum Schutz gegenüber der Dolle von einer Manschette umgeben, die bei dieser Festigkeitsbetrachtung aber keine Rolle spielt. Welches Biegemoment kann an dieser Stelle zugelassen werden, wenn das Holz mit einer Biegespannung von 60 N/mm^2 belastet werden darf (Spalte „Biegemoment", dritte Zeile)?
- Es kann angenommen werden, dass die von beiden Händen ausgehenden Kräfte als eine einzige gemeinsame Kraft F_A auf den Riemen wirkt. Welche Kräfte (F_A, F_C und F_E) stellen sich ein, wenn dieses maximal zulässige Biegemoment auch vollständig ausgenutzt wird (erste Spalte)?
- Im Punkt B (auf halbem Wege zwischen dem Angriffspunkt der Kraft F_A und dem Gelenk C) soll der Schaft im Sinne eines „Balkens gleicher Biegefestigkeit" mit der gleichen Biegespannung belastet werden. Welches Biegemoment liegt dort vor? Auf welches Maß kann der Durchmesser an dieser Stelle reduziert werden?
- Bei D (auf halbem Wege zwischen dem Angriffspunkt der Kraft F_E und dem Gelenk C) soll der Schaftdurchmesser ebenfalls minimiert werden. Welcher Durchmesser darf hier nicht unterschritten werden?

		Kraft	Biege-moment	Durch-messer	Biege-spannung
		N	Nm	mm	N/mm^2
Ersatzkraftangriffspunkt für beide Hände	A		———	———	———
auf halbem Wege zwischen Ersatzkraft-angriffspunkt Hand und Gelenk	B	———			60
Gelenk (Dolle)	C			45	60
auf halbem Wege zwischen Gelenk und Mittelpunkt des Ruderblatts	D	———			60
Mittelpunkt Ruderblatt	E		———	———	———

Schubspannung

A.0.21 Querkraftschub (B)

Aus einem Blechband (S 355 JR mit Schubstreckgrenze $\tau_{tS} = 190\,\text{N/mm}^2$) sollen fortlaufend Blechronden ausgestanzt werden, wozu der unten skizzierte „Locher" verwendet wird: Ein Blechband wird über eine gelochte Werkzeugmatritze geschoben und ein zylindrischer Werkzeugstempel stanzt die Blechronde aus.

Welche Kraft F ist für diesen Stanzvorgang erforderlich, wenn angenommen werden soll, dass das Dreifache der Streckgrenze aufgebracht werden muss, um den Stanzvorgang sicher auszuführen.

A.0.22 Torsionsschub (B)

Das unten dargestellte Rohr wird über einen Hebelarm auf Torsion belastet. Durch das Stützlager wird das Rohr von sämtlichen Biege- und Querkrafteinflüssen befreit.

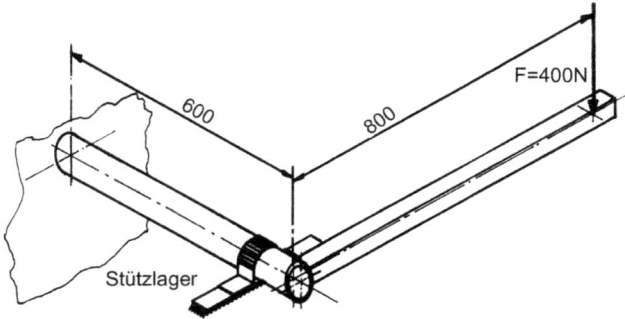

Wie groß ist die Torsionsspannung im Rohr, wenn der Rohraußendurchmesser 36 mm und der Rohrinnendurchmesser 30 mm beträgt?

A.0.23   Gegenüberstellung axiale Widerstandsmomente und Torsionswiderstandsmomente (E)

Die drei Kreis- bzw. Kreisringsquerschnitte der folgenden Tabelle sind alle mit einem Flächeninhalt von 2.000 mm² ausgestattet. Die daraus gefertigten Balken weisen also alle gleiches Volumen und damit gleiches Konstruktionsgewicht auf.

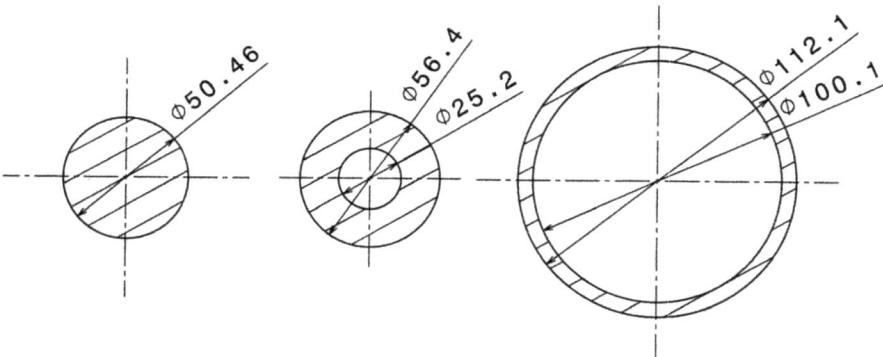

Berechnen Sie für alle Balkenquerschnitte sowohl die axialen als auch die polaren Widerstandsmomente. Platzieren Sie Ihre Ergebnisse in die Felder des untenstehenden Schemas, dessen Aufteilung der Anordnung in der oben stehenden Skizze entspricht. Alle Balken werden sowohl auf Biegung als auch auf Torsion gleichermaßen mit einem Moment von 10 kNm belastet. Welche Biegespannung bzw. Torsionsspannung erfährt der Werkstoff?

			Vollquerschnitt	dickwandiges Rohr	dünnwandiges Rohr
Biegung	W_{ax}	mm^3			
	σ_b	N/mm^2			
Torsion	W_t	mm^3			
	τ_t	N/mm^2			

A.0.24 Kreuzförmige Schraubschlüssel (B)

Vor allen Dingen für den Radwechsel von Kraftfahrzeugen wird häufig ein kreuzförmiger Schraubschlüssel verwendet, an dessen vier Enden unterschiedlich große glockenförmige „Nüsse" angeordnet sind. Das Anzugsmoment wird querkraftfrei über die beiden jeweils quer stehenden Stangen mit zwei entgegengesetzt gerichteten, aber betragsmäßig gleichgroßen Handkräften an gleichen Hebelarmen eingeleitet. Mit dem unten dargestellten Schraubschlüssel soll ein maximales Torsionsmoment von 2.000 Nm aufgebracht werden können.

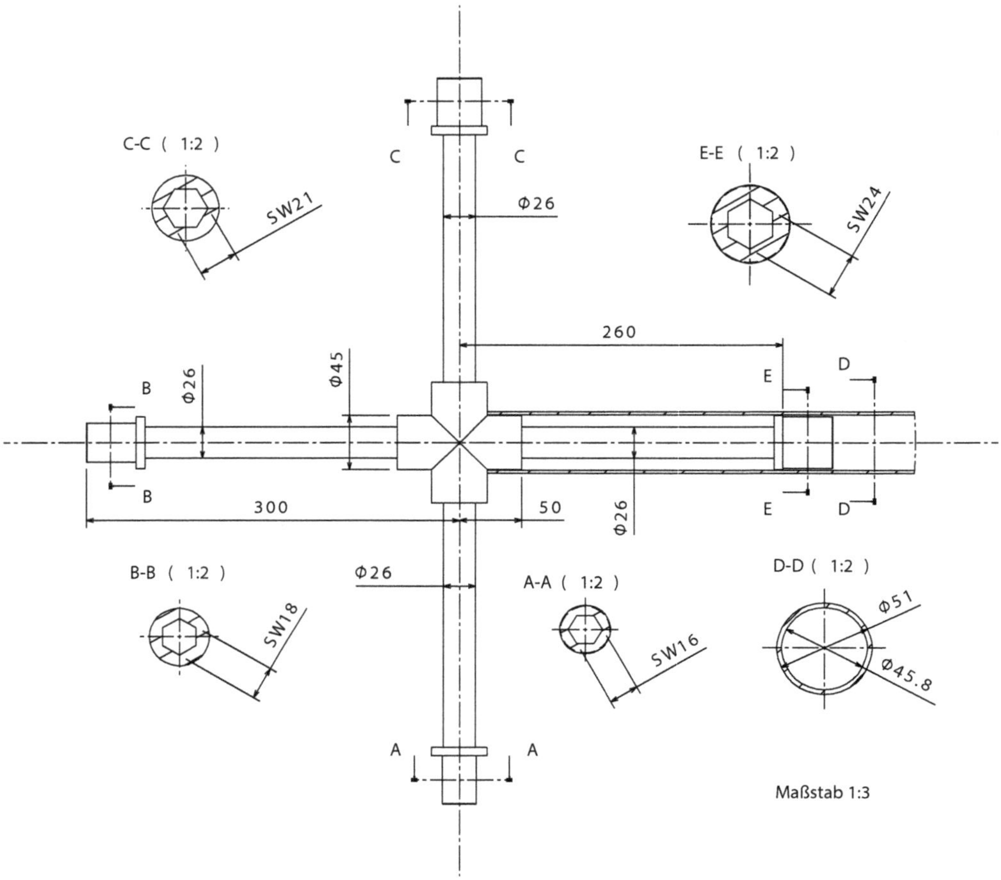

C-C (1:2)

SW21

Φ26

E-E (1:2)

SW24

260

Φ45

Φ26

B

B

300

50

Φ26

E

D

B-B (1:2)

SW18

Φ26

A-A (1:2)

SW16

D-D (1:2)

Φ51

Φ45.8

A   A

Maßstab 1:3

Wie groß ist das Torsionswiderstandsmoment des auf Torsion belasteten Abschnitts?	mm^3	
Wie hoch ist die maximale Torsionsspannung?	N/mm^2	
Wie groß ist das axiale Widerstandsmoment der auf Biegung belasteten Hebelarme?	mm^3	
Wie groß ist die maximale Biegespannung, wenn zunächst auf eine Verwendung des in der rechten Bildhälfte skizzierten Verlängerungsrohres verzichtet wird? Zur Vereinfachung der Berechnung kann der in Bildmitte angesetzte Abstand 50 mm zu Null gesetzt werden.	N/mm^2	

Es steht eine Handkraft von jeweils 500 N zur Verfügung. Aus diesem Grund wird je ein Verlängerungsrohr über die querstehenden Biegehebelarme gestülpt, welches sich sowohl auf dem Bund neben der Nuss als auch auf dem Außendurchmesser des Verbindungsstückes in der Bildmitte im Sinne der Mechanik „gelenkig" abstützt.

Welche maximale Biegemoment M_{bVR} entsteht dann im Verlängerungsrohr?	Nm	
Welches axiale Widerstandsmoment W_{axVR} weist dieses Verlängerungsrohr auf?	mm³	
Welche maximale Biegespannung σ_{bVR} entsteht dann im Verlängerungsrohr?	N/mm²	

A.0.25   Rennradlenker (E)

Ein klassischer Rennradlenker ist in seiner Belastung zu überprüfen, wobei zwei kritische Betriebszustände zu unterscheiden sind:

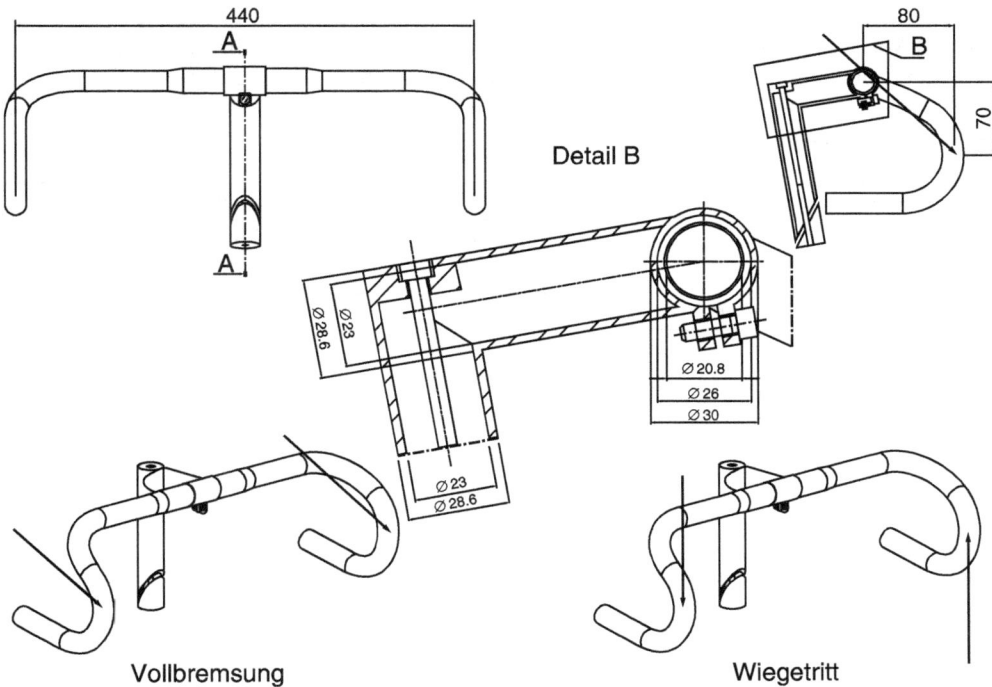

Detail B

Vollbremsung   Wiegetritt

Vollbremsung:

Bei Vollbremsung muss im ungünstigsten Fall davon ausgegangen werden, dass sowohl die gesamte Gewichtskraft als auch die gesamte Bremskraft des Fahrers am Lenker abgestützt wird. In diesem Fall wirkt an jeder Hälfte des Lenkerbügels an der bezeichneten Stelle eine Kraft von 550 N, die unter einem Winkel von 45° angreift. Berechnen Sie die Belastung an der kritischen Stelle des Lenkerbügels (Außendurchmesser 26,0 mm, Innendurchmesser 20,8 mm), die im Wesentlichen aus Biegung besteht!

M_{bmax}	Nm	
W_{ax}	mm^3	
σ_{bmax}	N/mm^2	

Wiegetritt:

Beim Wiegetritt geht der Fahrer aus dem Sattel, so dass die durch das Treten verursachten Kräfte nur am Lenker abgestützt werden können. Dabei wird im ungünstigsten Fall an der bereits zuvor bezeichneten Krafteinleitungsstelle eine parallel zum Steuerrohr gerichtete Kraft von 150 N eingeleitet, die an einem Lenkerende nach oben und am anderen Ende nach unten gerichtet ist. Die Belastung auf den Lenkerbügel ist geringer als die bei Vollbremsung, aber der Vorbau (Verbindungsstück zwischen Lenkerbügel und Steuerrohr, Außendurchmesser 28,6 mm, Innendurchmesser 23,0 mm) ist nun zu untersuchen, wobei die Belastung im waagerechten Teil des Vorbaus im Wesentlichen aus Torsion und im senkrechten Teil des Vorbaus aus Biegung besteht.

waagerechtes Teil des Vorbaus			senkrechtes Teil des Vorbaus		
M_{tmax}	Nm		M_{bmax}	Nm	
W_t	mm^3		W_{ax}	mm^3	
τ_{tmax}	N/mm^2		σ_{bmax}	N/mm^2	

Knickung

A.0.26   Dreibeiniger Tisch (V)

Ein dreibeiniges, tischförmiges Gebilde wird zentrisch mit einer Kraft belastet. Die Tischplatte ist in Form eines gleichseitigen Dreiecks ausgeführt.

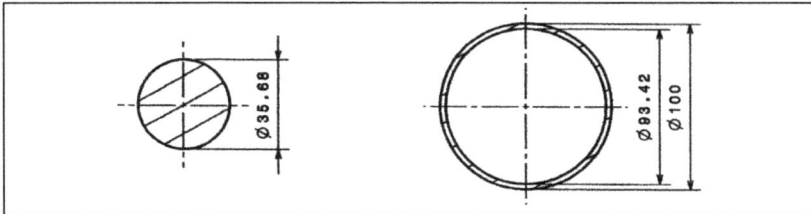

	Querschnittsfläche A [mm²] = Flächenmoment I_{ax} [mm⁴] =	Querschnittsfläche A [mm²] = Flächenmoment I_{ax} [mm⁴] =
	freie Knicklänge s [mm] = Schlankheitsgrad λ = ○ elastische oder ○ plastische Knickung? Knickspannung σ_K [N/mm²] = zulässige Tischbelastung F_{geszul} [N] =	freie Knicklänge s [mm] = Schlankheitsgrad λ = ○ elastische oder ○ plastische Knickung? Knickspannung σ_K [N/mm²] = zulässige Tischbelastung F_{geszul} [N] =
	freie Knicklänge s [mm] = Schlankheitsgrad λ = ○ elastische oder ○ plastische Knickung? Knickspannung σ_K [N/mm²] = zulässige Tischbelastung F_{geszul} [N] =	freie Knicklänge s [mm] = Schlankheitsgrad λ = ○ elastische oder ○ plastische Knickung? Knickspannung σ_K [N/mm²] = zulässige Tischbelastung F_{geszul} [N] =
	freie Knicklänge s [mm] = Schlankheitsgrad λ = ○ elastische oder ○ plastische Knickung? Knickspannung σ_K [N/mm²] = zulässige Tischbelastung F_{geszul} [N] =	freie Knicklänge s [mm] = Schlankheitsgrad λ = ○ elastische oder ○ plastische Knickung? Knickspannung σ_K [N/mm²] = zulässige Tischbelastung F_{geszul} [N] =

Die drei Tischbeine sollen entweder mit einem Stangenprofil kreisrunden Querschnitts (links) oder mit einem Rohr (rechts) bestückt werden. In dieser vergleichenden Gegenüberstellung sollen beide Querschnitte gleichen Flächeninhalt (gleiches Konstruktionsgewicht) aufweisen. Sämtliche Profile sind aus S 235 JR gefertigt. Die Tischbeine sind in der Tischplatte fest eingespannt. Reibkrafteinflüsse zwischen Tischbein und Untergrund werden sicherheitshalber vernachlässigt. Bei den drei unten aufgeführten Tischbeinlängen soll die zulässige Gesamttischbelastung F_{geszul} (jeweils letzte Zeile) ermittelt werden. Zur Dokumentation Ihrer Ergebnisse bedienen Sie sich zweckmäßigerweise des obenstehenden Schemas.

A.0.27 Triebwerk Dampflokomotive (V)

Der Dampfdruck einer Güterzugdampflokomotive wird gemäß der untenstehenden Skizze ausgehend vom Kolben auf die Kolbenstange und dann über den Kreuzkopf und die sogenannte Treibstange auf die Antriebsräder übertragen. Massenkräfte bleiben unberücksichtigt.

Sowohl die Kolbenstange als auch die Treibstange sind knickgefährdet. Sicherheitshalber wird angenommen, dass ein Dampfdruck von 12 bar in jeder beliebigen Kolbenstellung wirksam werden kann. Die Kolbenstange wird zwar durch den Kolben und die Dichtungen geführt, da diese Abstützung jedoch nicht eindeutig geklärt werden kann, soll sicherheitshalber eine gelenkige Anbindung der Kolbenstange am Kolben angenommen werden. Auch die Treibstange ist an beiden Ende gelenkig angebunden.

a) Wie groß ist die Längskraft, mit der der Dampfdruck die beiden Stangen im kritischen Fall auf Knickung beansprucht?

b) Berechnen Sie die in der untenstehenden Tabelle aufgeführten geometrischen Größen zur Beschreibung des Knickverhaltens:

	Querschnitt-fläche A [mm^2]	min. Flächenträg-heitsmoment I$_{ax}$ [mm^4]	Trägheits-radius i [mm]	Schlankheits-grad λ [–]
Kolbenstange				
Treibstange				

c) Sowohl Kolben- als auch Treibstange bestehen aus E 335. Welche Sicherheit gegen Aus-knicken liegt vor? Orientieren Sie sich bei der Berechnung zweckmäßigerweise an unten-stehendem Schema.

	Knickung elastisch oder plastisch?	Nennspannung [N/mm^2]	Knickspannung [N/mm^2]	Knick-sicherheit
Kolbenstange	◯ elastisch ◯ plastisch			
Treibstange	◯ elastisch ◯ plastisch			

1 Achsen, Wellen, Betriebsfestigkeit

In Erweiterung des Eingangskapitels ist das reale Bauteil in einer realen Maschine einem komplexen Belastungszustand ausgesetzt, der zuweilen nur mit erheblichem Aufwand erfasst werden kann. Die in Kapitel 0 praktizierte Vorgehensweise enthielt zunächst modellhafte Vereinfachungen, die zwar von der praktischen Wirklichkeit wegführten, aber den Aufwand zur Behandlung des Problems reduzierten und damit das Verständnis erleichterten. Im weiteren Verlauf des vorliegenden Kapitels entfallen diese Vereinfachungen schrittweise, so dass in zunehmendem Maße ein praxisgerechter Zustand erfasst werden kann. Eine vollkommene Übereinstimmung des Rechenmodells mit der praktischen Wirklichkeit ist aber meist nicht zu erreichen, da die Formulierung des Ansatzes zu komplex und der Rechenaufwand zu hoch wird. Die Aufgabe des praktisch tätigen Ingenieurs ist es häufig, mit möglichst geringem Aufwand ein möglichst präzises Ergebnis anzustreben.

Dieses Vorgehen erfordert nicht nur die Erweiterung der statischen zu einer dynamischen Belastung, sondern auch eine zunehmende Verknüpfung mit dem Fachgebiet „Werkstoffkunde", wobei eine Konzentration auf die im Maschinenbau vorrangig verwendeten metallischen Werkstoffe angebracht ist. Die Dynamik einer Belastung kann von sehr komplexer Natur sein. Um diese Problematik jedoch überschaubar zu halten, wird sie im Rahmen dieses Kapitels am Beispiel von Achsen und Wellen vertieft, weil diese Bauteile für den Maschinenbau von besonderer Bedeutung sind.

1.1 Überlagerung von Spannungszuständen (B)

Die folgende Zusammenstellung erinnert noch einmal an die in Kapitel 0 formulierten Spannungen:

	Normalspannung	Schubspannung
elementare Form	$\sigma_{ZD} = \frac{F}{A}$	$\tau_Q = \frac{F}{A}$
abgewandelte Form	$\sigma_b = \frac{M_b}{W_{ax}}$	$\tau_t = \frac{M_t}{W_t}$

Diese Betrachtungen beschränkten sich zunächst darauf, nur jeweils eine einzige Belastungs-

https://doi.org/10.1515/9783110746457-002

form zu untersuchen. Die dabei vorgestellten Beispiele wurden bewusst so angelegt, dass diese Lastannahmen auch modellhaft zutrafen. Die technische Realität sieht aber oft sehr viel komplexer aus, weil in den meisten Fällen mehrere verschiedene Belastungsformen gleichzeitig auf das Bauteil einwirken. Damit stellt sich die Frage, wie das Nebeneinander verschiedener Belastungsformen für den Festigkeitsnachweis zu bewerten ist.

Das Zusammenspiel mehrerer Spannungen ist besonders einfach zu überblicken, wenn es sich entweder um eine Zusammensetzung mehrerer Normalspannungen oder aber um eine Zusammensetzung mehrerer Tangentialspannungen handelt. Wie Bild 1.1 veranschaulicht, können in diesen Fällen die einzelnen Spannungsanteile einfach unter Berücksichtigung ihres Vorzeichens verrechnet werden.

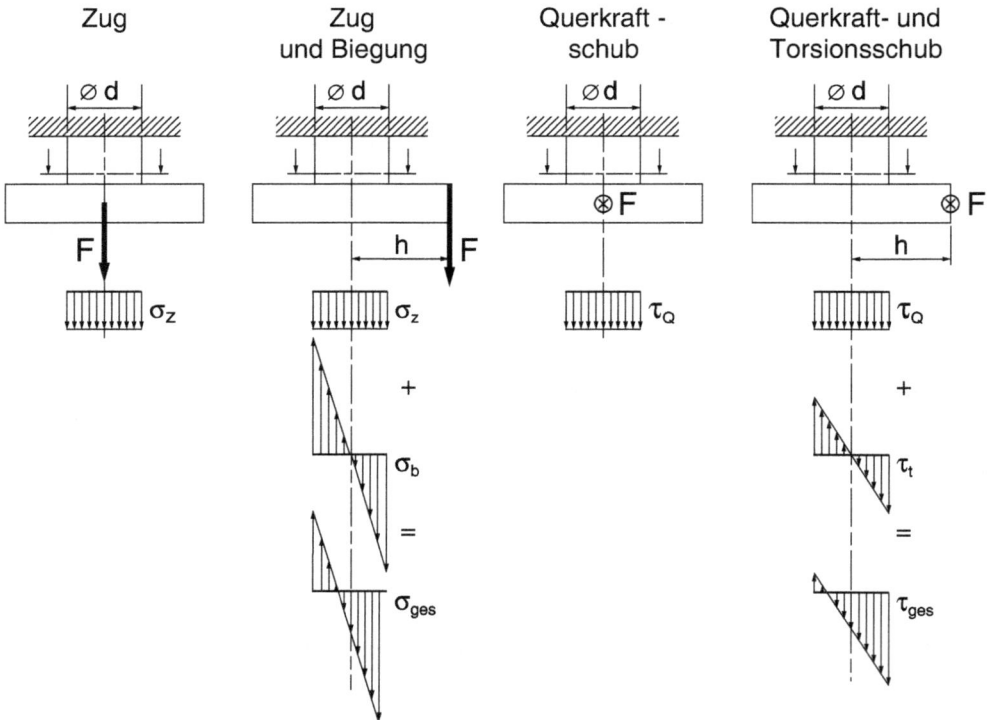

Bild 1.1: Überlagerung von Spannungszuständen

Im linken Beispiel wird ein in der Decke fest eingespannter Balken am unteren Ende mit einem Querbalken verbunden. Wird das Gebilde rein zentrisch auf Zug belastet, so hat der Querbalken keinerlei Bedeutung, im senkrechten Balken stellt sich die darunter skizzierte reine Zugspannung σ_Z ein. Wirkt die Kraft F jedoch nicht zentrisch, sondern wird sie am Querbalken als Hebelarm eingeleitet, so entsteht darüber hinaus ein Biegemoment, welches im senkrechten Balken eine zusätzliche Biegespannung hervorruft. Die Gesamtbelastung ergibt sich dann als Überlagerung von Zugspannung σ_Z und Biegespannung σ_b:

$$\sigma_{ges} = \sigma_b + \sigma_Z \leqslant \sigma_{zul}$$

bzw.

$$S = \frac{\sigma_{zul}}{\sigma_Z + \sigma_b} \qquad \text{Gl. 1.1}$$

Aus dieser Überlegung wird auch unmittelbar klar, dass auf der rechten Seite des senkrechten Balkens die höchste Beanspruchung vorliegt. Wird die Konstruktion überlastet, so wird das Bauteilversagen also von dieser Stelle seinen Ausgang nehmen.

Die gleiche Vorgehensweise lässt sich auch dann anwenden, wenn die Kraft F in die Zeichenebene hinein wirkt: Greift sie zentrisch an (links), so resultiert daraus eine über dem Querschnitt konstante Schubspannung τ_Q. Wenn die Kraft F am Querbalken eingeleitet wird, so wird ein zusätzliches Torsionsmoment hervorgerufen, welches sich im senkrechten Bauteil als Torsionsspannung τ_t abstützt. Die Gesamtbelastung lässt sich dann als Überlagerung von Torsionsschub τ_t und Querkraftschub τ_Q formulieren:

$$\tau_{ges} = \tau_t + \tau_Q \leqslant \tau_{zul}$$

bzw.

$$S = \frac{\tau_{zul}}{\tau_Q + \tau_t} \qquad \text{Gl. 1.2}$$

Auch in diesem Fall liegt die höchste Belastung auf der rechten Seite. Mit der Annahme eines sehr kurzen Torsionsstabes soll modellhaft sichergestellt werden, dass durch die belastende Kraft F bezüglich der Einspannung keine Biegebelastung auftritt. Die dadurch entstehende Normalspannung könnte mit den voranstehenden Überlegungen nicht in Einklang gebracht werden.

Aufgaben A.1.1 und A.1.2

Die zuvor aufgeführten Beispiele beschränken sich darauf, dass entweder nur Normalspannungen oder nur Tangentialspannungen vorliegen. Der allgemeine Fall besteht aber darin, dass das Bauteil gleichermaßen mit Normalspannungen und Tangentialspannungen belastet wird. Die dabei auftretenden einzelnen Spannungen lassen sich *nicht* ohne weiteres addieren, weil sie in verschiedene Richtungen wirken. In der Festigkeitslehre und in der Werkstoffkunde hat es deshalb immer wieder Versuche gegeben, aus den einzelnen Spannungsanteilen σ und τ nach bestimmten Ansätzen eine sog. „Vergleichsspannung" zu formulieren, die so angelegt ist, dass ihre Werkstoffbeanspruchung gleichbedeutend ist mit dem zuvor beschriebenen Normalspannungszustand. Aus diesem Grund wird die Vergleichsspannung ebenfalls mit σ bezeichnet, obwohl sie neben den Normalspannungen auch Tangentialspannungen erfasst. Diese Kennzeichnung wurde gewählt, weil in den meisten Fällen die Normalspannung den größeren Belastungsanteil einbringt.

Zu diesem Zweck wurden eine Reihe von Festigkeitshypothesen entwickelt, die auf die besonderen werkstoffkundlichen Eigenschaften des verwendeten Materials Rücksicht nehmen. Auf dieses Problem soll jedoch an dieser Stelle nicht vertiefend eingegangen werden. Für die im weiteren Verlauf noch zu diskutierenden Anwendungsfälle hat sich vor allen Dingen die sog. **„Gestaltänderungsenergie-Hypothese"** bewährt, die für die im Maschinenbau verwendeten Stahlwerkstoffe in der relativ einfachen Formulierung mündet:

$$\sigma_V = \sqrt{\sigma_{ges}^2 + 3 \cdot \tau_{ges}^2} \le \sigma_{zul} \quad \text{(Stahl)} \qquad \qquad \text{Gl. 1.3}$$

Dabei setzen sich die Einzelkomponenten σ_{ges} und τ_{ges} jeweils aus den einachsigen Überlagerungen nach der vorstehenden Überlegung zusammen:

$$\sigma_{ges} = \sigma_b + \sigma_{ZD} \quad \text{und} \quad \tau_{ges} = \tau_t + \tau_Q \qquad \qquad \text{Gl. 1.4}$$

Die nach dieser Hypothese errechnete Vergleichsspannung lässt sich in anschaulicher, aber nicht ganz wissenschaftlicher Weise in einem rechtwinkligen Dreieck darstellen, in dem die Normalspannung σ_{ges} und die Tangentialspannung τ_{ges} die Katheten und die Vergleichsspannung die Hypotenuse nach dem Satz des Pythagoras sind. Da aber Stahlwerkstoffe gegenüber Schub weniger belastbar sind, muss die Tangentialspannung mit dem „Gewichtungsfaktor" (in diesem Falle $\sqrt{3}$) versehen werden.

Für Schweißwerkstoffe hingegen gilt eine ähnliche Formulierung, die allerdings berücksichtigt, dass dieses Material gegenüber Schubbelastung weniger empfindlich ist:

$$\sigma_V = \sqrt{\sigma_{ges}^2 + \alpha_0 \cdot \tau_{ges}^2} \le \sigma_{zul} \quad \text{(Schweißwerkstoff)} \qquad \qquad \text{Gl. 1.5}$$

Der „Gewichtungsfaktor" α_0 wird für statische Last mit 1 und für dynamische Belastung mit 2 angenommen. Weitere Aspekte der Festigkeit von Schweißverbindungen werden im Kapitel 3 (Verbindungstechniken und Verbindungselemente) aufgegriffen werden.

Weitergehende Erörterungen zur Formulierung der Vergleichsspannung sollen der Werkstoffkunde und der Festigkeitslehre vorbehalten bleiben (z. B. Kapitel 8 und 9 von [1.5]).

Aufgaben A.1.3 bis A.1.8

1.2 Zeitlich veränderliche Belastung (B)

Alle bisherigen Betrachtungen bezogen sich auf den „quasistatischen Belastungszustand": Die Belastung (Kraft, Moment) und die daraus resultierenden Spannungen (σ und τ) ändern sich nicht bzw. so langsam, dass dies für die Bauteilbelastung ohne Bedeutung ist. Der zeitliche Verlauf dieser Belastung lässt sich in Bild 1.2 als horizontale Gerade darstellen:

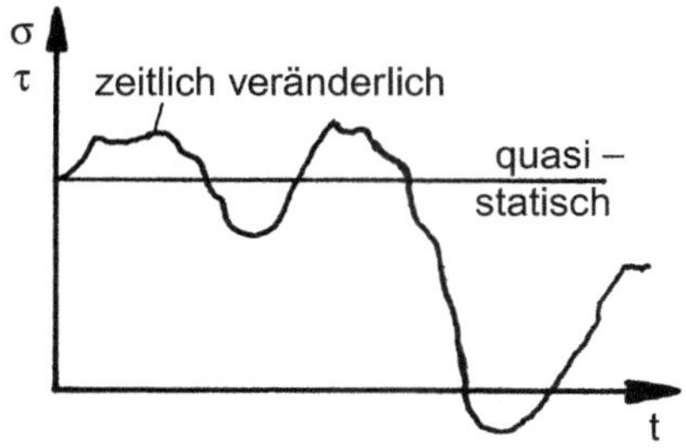

Bild 1.2: Quasistatischer und zeitlich sich verändernder Belastungsverlauf

Sowohl die Kräfte und Momente als auch die Spannungen zeigen dabei qualitativ den gleichen konstanten Verlauf. Der Fall der quasistatischen Belastung tritt im praktischen Maschinenbau allerdings eher selten auf, denn schließlich ist die Bewegung und die damit verbundene Last-änderung das kennzeichnende Merkmal einer jeden Maschine. Die die Maschine und deren Komponenten belastenden Kräfte und Momente werden vielmehr im allgemeinen Fall zeitlich *nicht* konstante Spannungszustände hervorrufen. Aber selbst bei zeitlich sich verändernder Belastung behalten alle bisherigen Betrachtungen und Berechnungen für die Normalspannungen σ aufgrund von Längskräften und Biegemomenten und für die Schubspannungen τ aufgrund von Querkräften und Torsionsmomenten weiterhin ihre Gültigkeit. Es muss allerdings in einer erweiterten Betrachtung die zeitliche Veränderung der Belastung berücksichtigt werden. Der in Bild 1.2 dargestellte zeitlich sich verändernde Belastungsverlauf ist nicht ohne weiteres zu beschreiben, so dass man auch hier zunächst nach modellhaften Vereinfachungen sucht. Es lässt sich eine Kennzahl κ formulieren, die als Quotient aus der unteren und der oberen Belastung definiert ist:

$$\kappa = \frac{F_u}{F_o} = \frac{M_{bu}}{M_{bo}} = \frac{M_{tu}}{M_{to}} = \frac{\sigma_u}{\sigma_o} = \frac{\tau_u}{\tau_o} \qquad\qquad \text{Gl. 1.6}$$

Dabei bezeichnet der Index „u" jeweils den unteren und der Index „o" den oberen Belastungswert. Für den Fall der rein statischen Belastung sind Zähler und Nenner gleich und damit ist $\kappa = 1$. Werkstoffkundliche Beobachtungen zeigen, dass zumindest für die im Maschinenbau verwendeten Metalle eine einheitliche Betrachtung der Belastungsfunktion als modellhafte dynamische Sinusfunktion mit einem überlagerten statischen Anteil ausreicht und in seinem zeitlichen Verlauf nicht weiter differenziert werden braucht, auch wenn der tatsächlich auftretende Belastungsverlauf nicht sinusförmig ist, sondern komplexere Anteile enthält. Weiterhin sind die dabei auftretenden Belastungsgeschwindigkeiten bzw. die damit angenommen modellhaften Frequenzen von untergeordneter Bedeutung. Bei der weiteren Schematisierung der dynamischen Belastung lassen sich die Modellfälle nach Bild 1.3 unterscheiden.

In der Zusammenstellung von Bild 1.3 wird κ als Verhältnismäßigkeit der Normalspannungen σ betrachtet, aber grundsätzlich lässt sich der Wert von κ auch als Quotient der Schubspannungen τ, der Kräfte F oder der Momente M erfassen.

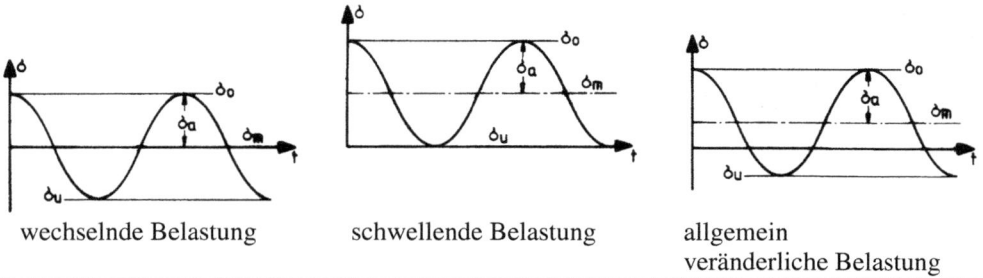

wechselnde Belastung   schwellende Belastung   allgemein
                                                veränderliche Belastung

Die wechselnde Belastung entspricht in ihrem modellhaften Verlauf einer Sinusfunktion, die mit der Angabe einer Ausschlagsspannung σ_a als Amplitude eindeutig beschrieben werden kann. In diesem speziellen Fall ist die Mittelspannung σ_m null:

$$\sigma_m = 0$$

Wahlweise kann dieser Sachverhalt auch durch die Angabe der Oberspannung σ_o und der Unterspannung σ_u beschrieben werden, die hier jedoch genausogroß sind wie die Ausschlagsspannung σ_a:

$$\sigma_o = \sigma_a$$
$$\sigma_u = -\sigma_a$$

In diesem Fall ist

$$\kappa = \frac{\sigma_u}{\sigma_o} = -1$$

Die schwellende Belastung pendelt zwischen einem Maximalwert σ_o und einem Minimalwert $\sigma_u = 0$. Daraus ergibt sich eine Sinusfunktion mit dem Mittelwert σ_m:

$$\sigma_m = \frac{\sigma_o}{2} \quad \text{und} \quad \sigma_a = \sigma_m$$
$$\sigma_o = 2 \cdot \sigma_m$$

Dieser Fall wird als „Zugschwellbelastung" bezeichnet. In diesem Fall ist

$$\kappa = \frac{\sigma_u}{\sigma_o} = 0$$

Die schwellende Belastung kann auch ausschließlich als Druckspannung vorliegen. In diesem Fall ist

$$\sigma_o = 0$$
$$\sigma_m = -\sigma_a$$
$$\sigma_u = -2 \cdot \sigma_a$$

Der etwas allgemeinere Fall stellt sich als Sinusfunktion dar, deren Mittelwert σ_m eine beliebige Lage einnimmt und von der Ausschlagspannung σ_a überlagert wird. Dieser Belastungsverlauf lässt sich dann kennzeichnen entweder durch:

$$\sigma_o = \sigma_m + \sigma_a$$

und

$$\sigma_u = \sigma_m - \sigma_a$$

oder wahlweise durch:

$$\sigma_m = \frac{\sigma_o + \sigma_u}{2}$$

und

$$\sigma_a = \frac{\sigma_o - \sigma_u}{2}$$

So lange σ_m im positiven Bereich verbleibt, nimmt κ einen Wert zwischen -1 und 1 an:

$$-1 \leqslant \kappa = \frac{\sigma_u}{\sigma_o} \leqslant 1$$

Bild 1.3: Modellfälle zeitlich sich verändernder Belastungen

1.3 Darstellung des Belastungszustandes im Smith-Diagramm (B)

Den Festigkeitsnachweis für statische Belastung der Form $\sigma_{tats} \lesssim \sigma_{zul}$ bzw. $\tau_{tats} \lesssim \tau_{zul}$ könnte man graphisch als „eindimensionales Problem" auf dem Zahlenstrahl darstellen. Diese Aussage an sich ist trivial, soll aber beim Verständnis der folgenden Erweiterung helfen: Wenn sich die Belastung aus statischem und dynamischem Anteil zusammensetzt, so liegt ein „zweidimensionales" Problem vor, welches im vorliegenden Abschnitt zunächst einmal in der zweidimensionalen Ebene dargestellt werden soll. In einem weiteren Schritt (Abschnitt 1.5.3) wird dann in dieser zweidimensionalen Ebene das werkstoffkundlich zulässige Gebiet abgesteckt. In der Gegenüberstellung des zweidimensionalen Belastungszustandes gegenüber der zweidimensional zulässigen Belastung kann dann schließlich der Sicherheitsnachweis geführt werden (Abschnitt 1.6).

Die Dynamik eines jeden Belastungsverlaufs lässt sich in Diagrammform eindeutig darstellen, in dem die zeitlich veränderliche Spannung σ über der zeitlich *un*veränderlichen Spannung σ_m aufgetragen wird:

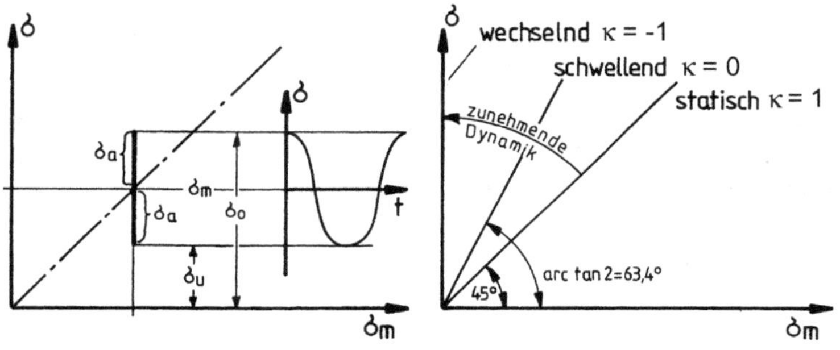

Bild 1.4: Smith-Diagramm schematisch

Die statische Belastung als einfachster Belastungsfall findet sich dann auf der Winkelhalbierenden des Diagramms wider ($\sigma = \sigma_o = \sigma_m = \sigma_u$; $\sigma_a = 0$). Je größer die statische Belastung wird, desto mehr bewegt sich der Lastpunkt auf der Winkelhalbierenden aufwärts. Bei zeitlich sich verändernder Belastung kann eine Mittelspannung σ_m als zeitlich konstanter Wert formuliert werden, der sich auch hier auf der Winkelhalbierenden wiederfindet. Die aktuelle Spannung σ pendelt aber um diesen Mittelwert herum auf der Senkrechten zwischen σ_o und σ_u, der Lastzustand stellt sich als Strecke zwischen σ_o und σ_u dar. Da jedoch sowohl σ_o als auch σ_u zur σ_m-Achse den gleichen Abstand aufweisen, kann der Lastzustand auch durch die bloße Lage des Punktes σ_o eindeutig gekennzeichnet werden. Diese Darstellung des dynamischen Lastzustandes wird Smith-Diagramm genannt. In diesem Diagramm lassen sich natürlich auch die bereits diskutierten Modellfälle darstellen (Bild 1.4, rechter Bildteil):

- Jeder statische Lastzustand liegt auf der Winkelhalbierenden, weil kein σ_a-Anteil vorhanden ist: $\sigma = \sigma_m$. In diesem Fall ist $\kappa = \sigma_u/\sigma_o = 1$.
- Wechselnde Belastungen finden sich auf der senkrechten σ-Achse wider, weil ein σ_m-Anteil nicht vorhanden ist. In diesem Fall ist $\kappa = \sigma_u/\sigma_o = -1$.

- Schwellende Belastungen finden sich auf einer Geraden wieder, die die Steigung 2 aufweist (Steigungswinkel $= \arctan 2 = 63{,}4°$). In diesem Fall ist $\kappa = \sigma_u/\sigma_o = 0$.

Grundsätzlich gilt, dass die Dynamik des Betriebszustandes mit zunehmender Steigung der κ-Geraden ansteigt und dass die Belastung mit der Entfernung vom Koordinatenursprung zunimmt. Das Smith-Diagramm ist für alle weiteren Betrachtungen von überragender Bedeutung, weil sich damit nicht nur die Bauteilbelastungen, sondern auch die werkstoffkundlich zulässigen Beanspruchungen in besonders anschaulicher Weise darstellen lassen (s. Kap. 1.5).

1.4   Belastung von Achsen und Wellen (B)

Kennzeichnendes Merkmal einer Maschine ist die Bewegung, die in vielen Fällen als Rotation von Achsen und Wellen auftritt. Deren Auslegung ist also ein besonders wichtiges und häufiges Problem des Maschinenbaus. Die Differenzierung nach „Achse" und „Welle" hat entscheidende Auswirkung auf deren Dimensionierung:

- **Wellen** übertragen ein Torsionsmoment und drehen sich dabei (Beispiel: Motor treibt Pumpe oder Getriebe an).
- **Achsen** übertragen im Gegensatz dazu kein Torsionsmoment, wobei es unerheblich ist, ob sich die Achse dreht oder nicht (Beispiel: Lagerung Seilrolle).

Achsen und Wellen müssen gelagert werden. Lager sind zwar erst Gegenstand von Kapitel 5 in Band 2, für die Belastung von Achsen und Wellen müssen jedoch bereits hier einige grundsätzliche Betrachtungen zum Lastübertragungsverhalten von Lagern angestellt werden.

1.4.1   Lagerung von Achsen (B)

Bild 1.5 führt in die Fragestellung der Belastung von Achsen ein, wobei beispielhaft eine Rolle betrachtet wird, mit der eine radiale Kraft F übertragen werden soll. Die Lager sind einfache Gleitlager, die jeweils aus einer Buchse aus Gleitlagermaterial bestehen, die in ihre Umgebungkonstruktion eingepreßt worden sind und gegenüber der Achse eine Drehbewegung ermöglichen. Die Kraft wird in jedem Fall durch die hier skizzierte Flächenpressung p_q übertragen.

Wird die Lagerung zwischen Achse und Rolle angebracht, so dreht sich die Achse nicht (obere Bildzeile). Wird in der linken Bildspalte die Achse an beiden Enden mit dem Gestell verbunden, so ergibt sich die sog. „beidseitige Lagerung". Wird die Achse aber einseitig an die Umgebung angebunden, so liegt eine sog. „fliegende Lagerung" (rechte Bildspalte) vor. Bezüglich ihrer Dimensionierung kann die Achse in beiden Fällen als Biegebalken betrachtet werden. Die Biegebelastung ist zwar im Falle der beidseitigen Lagerung wegen der doppelseitigen Abstützung erheblich geringer, aber die fliegende Lagerung bietet den Vorteil der vereinfachten Montage und erleichtert die Austauschbarkeit der Rolle. Die „feste Einspannung" der Achse ist als Modellfall der Mechanik hier trotz der ungleichmäßigen Flächenpressung in der Regel

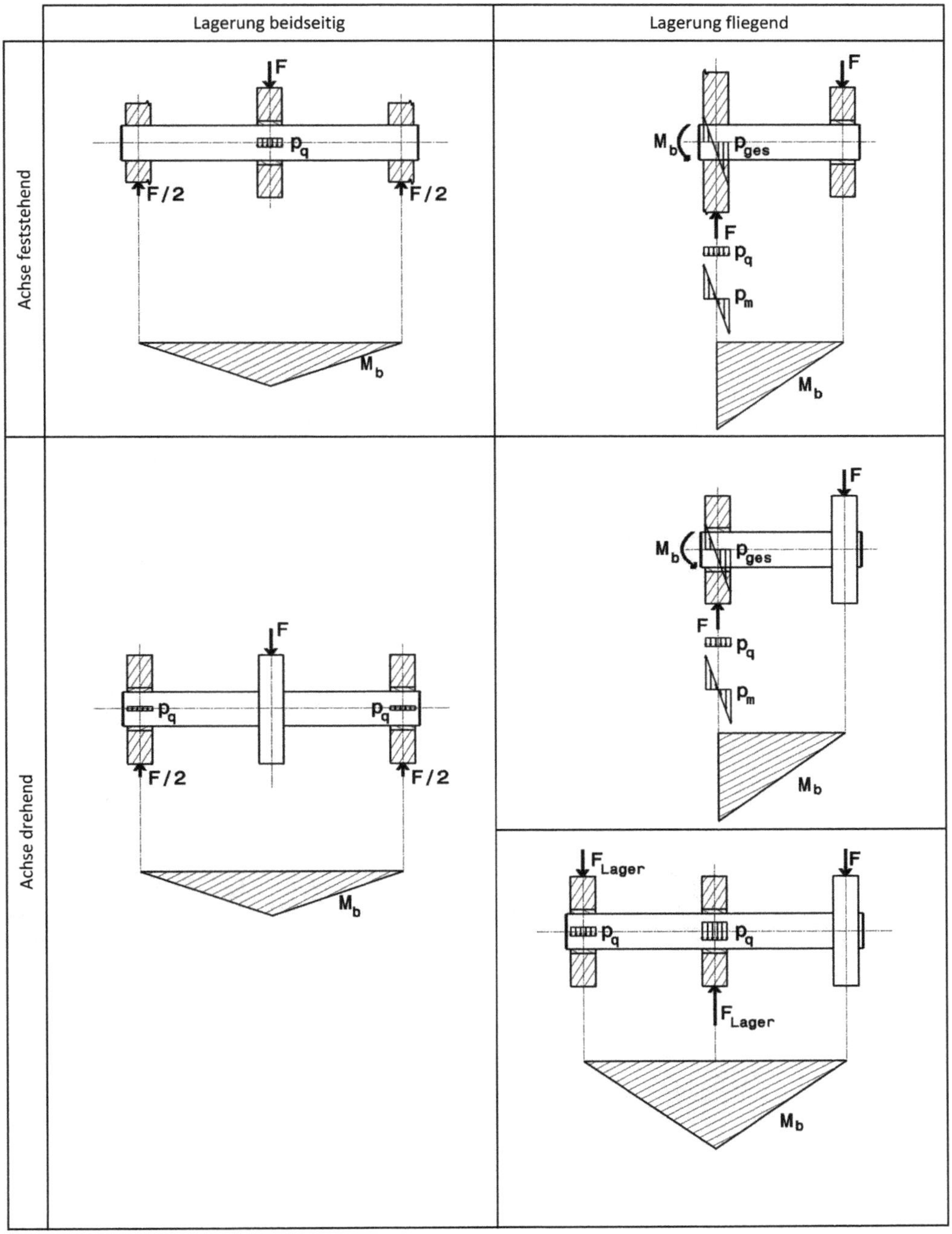

Bild 1.5: Lagerung von Achsen

unproblematisch (näheres dazu in Kap. 3.2). Neben der Pressung p_q ist wegen des abzustützenden Biegemomentes auch noch eine deutlich höherere Pressung p_m zu übertragen.

Die beidseitige Lagerung kann auch so modifiziert werden, daß die Rolle fest auf der Achse angebracht wird, wobei die Drehbewegung dann zwischen der Achse und dem Gestell stattfindet (Darstellung unten links). Bei gleichgroßen Lagern und symmetrischer Anordnung würde sich die Flächenpressung p_q halbieren.

Der Versuch, die fliegende Lagerung in ähnlicher Weise mit einer sich drehenden Achse zu kombinieren (mittlere Detailskizze rechts), wirft jedoch Probleme auf: Das Lager müsste bei seiner Drehung auch noch die im Fall darüber skizzierte hohe Flächenpressung abstützen können. Auch bei allen anderen Lagern (z. B. Wälzlagern) tritt die Lastüberhöhung in ähnlicher Form auf und ist deshalb zu vermeiden. Die Lagerung darf also nur dann mit einem einzigen Lager bestückt werden, wenn sichergestellt ist, daß kein nennenswertes Biegemoment im Lager übertragen wird.

Dieses Problem kann aber durch die paarweise Anordnung von zwei Lagern gelöst werden (Detailskizze unten rechts), die einen Abstand zueinander aufweisen und damit den Hebelarm bereitstellen, auf dem das Biegemoment abgestützt werden kann. Dabei wird jedoch sowohl das die Achse belastende Biegemoment als auch die Radialkraft auf das Lager größer als bei der beidseitigen Lagerung.

1.4.2   Lagerung von Wellen (B)

Bei der Betrachtung der Belastung von Wellen können die zuvor angestellten Überlegungen in ähnlicher Form übernommen werden. Die für Wellen typische zusätzliche Torsionsbelastung macht allerdings noch einige weitere Überlegungen erforderlich:

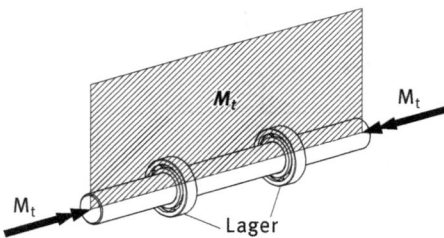

Wird das durch die Welle übertragene Torsionsmoment sowohl querkraftfrei eingeleitet als auch wieder querkraftfrei abgeleitet, so wird zwar die Welle auf ihrer gesamten Länge durch das Torsionsmoment belastet, es treten aber keine weiteren Belastungen auf. Die Lager dienen in diesem Falle nur zur Führung der Welle, nehmen keine Kraft auf und können ggf. weggelassen werden (beispielsweise Mittelteil einer Gelenkwelle).

Bild 1.6: Welle Momenteneinleitung querkraftfrei – querkraftfrei

Torsionsmomente werden durch Elemente der Antriebstechnik (Zahnräder, Riemenscheiben, Kupplungen usw.) in die Welle eingeleitet, wodurch zusätzliche Belastungen in der Welle hervorgerufen werden. Das hier abgebildete Kettenrad beispielsweise bringt das Torsionsmoment als Produkt aus Kettenkraft und Kettenradradius als Hebelarm ein. Die Kettenkraft belastet die Welle als „drehbaren Biegebalken" wie im zuvor betrachteten Fall der drehbaren, fliegend gelagerten Achse. Der Biegebalken muss an den Lagerstellen abgestützt werden, was die Lager mit einer Kraft belastet.

Wird das Kettenrad zwischen die beiden Lager platziert, so ergeben sich ähnliche Konsequenzen, allerdings wird die Welle wie ein doppelseitig aufgestützter Biegebalken belastet.

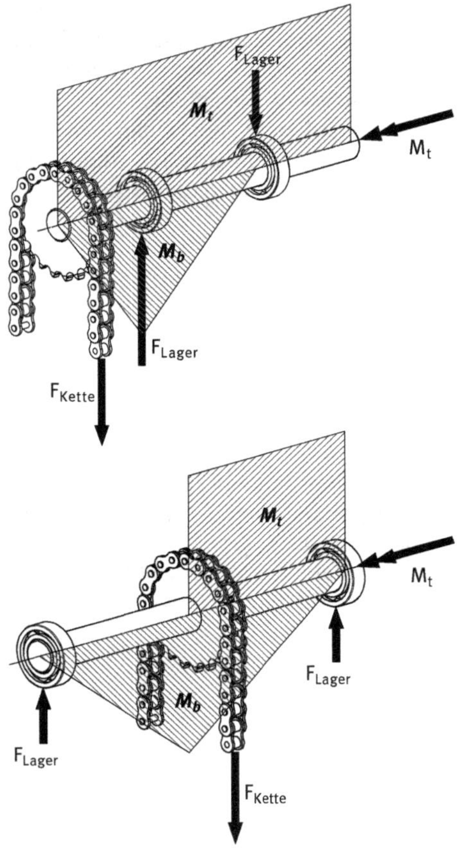

Bild 1.7: Welle Momenteneinleitung querkraftbehaftet – querkraftfrei

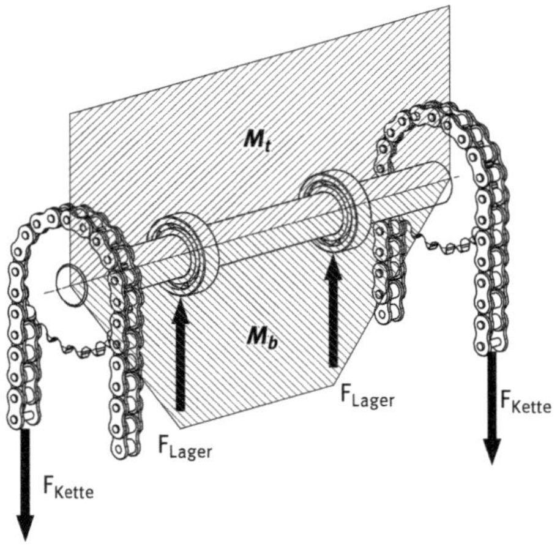

Wird das Torsionsmoment sowohl querkraft-behaftet eingeleitet als auch querkraftbehaftet abgeleitet und werden beide Krafteinlei-tungsstellen fliegend ausgeführt, so ergibt sich die nebenstehende Belastung. Da hier vereinfachend eine symmetrische Anordnung angenommen wurde, ist auch die Biegemomen-tenverteilung symmetrisch.

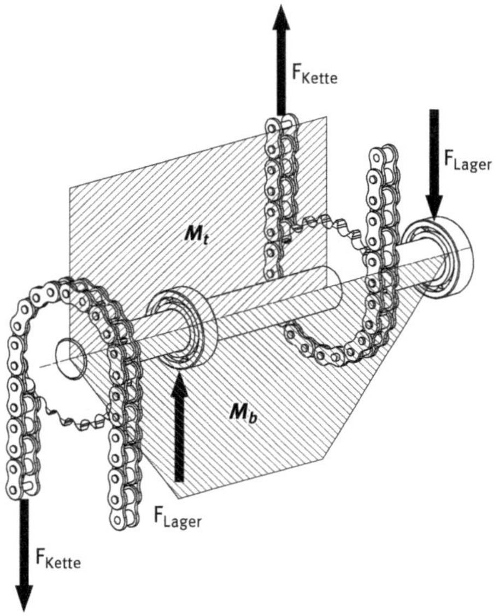

Wird das Torsionsmoment querkraftbehaftet über eine fliegende Lagerung eingeleitet und querkraftbehaftet über eine beidseitig abge-stützte Lagerung abgeleitet, so erfährt die Welle die nebenstehend skizzierte Lastverteilung.

Bild 1.8: Welle Momenteneinleitung querkraftbehaftet – querkraftbehaftet

Neben den hier skizzierten Lagerungen sind auch weitere Kombinationen von fliegender und beidseitiger Lagerung möglich. Zusätzliche Varianten ergeben sich, wenn die Welle über mehr als zwei Momenteneinleitungs- bzw. -ableitungsstellen verfügt. In den hier dargestellten Beispielen wirken alle Kräfte in einer Ebene. Im allgemeinen Fall greifen die Kräfte nicht nur in einer gemeinsamen Ebene an, so dass eine räumliche Betrachtung erforderlich wird. In diesen Fällen ist es dann meist übersichtlicher, die wirkenden Kräfte komponentenweise in zwei zueinander senkrechte Ebenen zu zerlegen.

Eine differenzierte Analyse dieser Zusammenhänge ist sowohl für die Dimensionierung der Lager als auch für die Festigkeitsberechnung der Welle erforderlich. Auch wenn die Welle ein Torsionsmoment überträgt, so ist in vielen Fällen ihre Biegebeanspruchung dominant.

Das einzelne Lager kann in aller Regel kein Biegemoment übertragen. Schließt die Umgebungskonstruktion und die Lasteinleitung eine Biegemomentenbelastung an der Lagerstelle aus, so wird die Lösung besonders einfach (Abschnitt 1.4.3). Muss hingegen im allgemeinen Fall ein Biegemoment übertragen werden, so sind zwei Lager erforderlich, die im Abstand untereinander den Hebelarm zur Verfügung stellen, auf dem das Biegemoment abgestützt werden kann (Abschnitt 1.4.4).

Diese einfache Modellüberlegung kann in dieser Form aber noch nicht technische Realität werden, weil noch zwei weitere wesentliche Probleme zu berücksichtigen sind:

- Auch wenn keine Axialkräfte auftreten, so muss die Welle relativ zum Gehäuse axial geführt werden. Dies bringt fertigungs- bzw. montagetechnische Probleme mit sich, da zwar axial festgelegt werden muss, die einzelnen Lager aber untereinander nicht axial verklemmt werden dürfen. Dieses Problem wird dadurch verschärft, dass Welle und Gehäuse i. a. unterschiedliche Wärmeausdehnungen erfahren.
- Bei Auftreten von Axialkräften soll das System nicht statisch überbestimmt sein. Es muss vielmehr durch konstruktive Maßnahmen festgelegt werden, welches der beiden Lager die Axialkraft überträgt.

Zur weiteren Diskussion dieses Sachverhaltes ist es angebracht, neben dem zuvor aufgeführten radialen Rillenkugellager noch einige weitere einfache Lagerbauformen zu betrachten (s. Bild 1.9).

Es gibt zwar noch eine ganze Reihe weiterer Bauformen von Wälzlagern (s. Band 2, Kap. 5.2.2) und neben Gleit- und Wälzlagern noch weitere Lagerungsarten, die grundsätzliche Unterscheidung nach Radiallager, Axiallager und kombiniertem Radial-/Axiallager bleibt jedoch stets erhalten.

radial	axial	radial und axial
Gleitlager radial	**Gleitlager axial**	**Gleitlager radial und axial**
Ein einfaches Gleitlager in Form einer auf der Innenseite spielbehafteten und außen in der Umgebungskonstruktion eingepressten Hülse kann nur Radialkräfte übertragen.	Eine plane Anordnung der kreisringförmigen Kontaktfläche erlaubt nur eine Übertragung von Axialkraft, die angesetzte kurze Hülse dient nur zur eindeutigen Fixierung.	Die Kombination der beiden links aufgeführten Konstruktionen erlaubt die Übertragung von Radial- und Axialkraft.
Wälzlager radial	**Wälzlager axial**	**Wälzlager radial und axial**
Dieses Kugellager kann nur Radialkraft übertragen, da der Außenring mit Spiel in das Gehäuse eingefügt und axial nicht abgestützt ist.	Das Axialrillenkugellager kann nur Axialkraft übertragen, weil Radialkräfte die Kugeln aus ihrer Laufrille herausheben würden.	Wird der Innenring axial auf der Welle und der Außenring axial im Gehäuse abgestützt, so können sowohl Radial- als auch Axialkräfte übertragen werden.

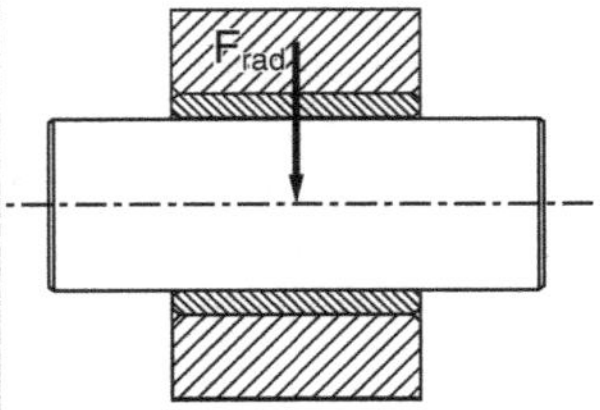

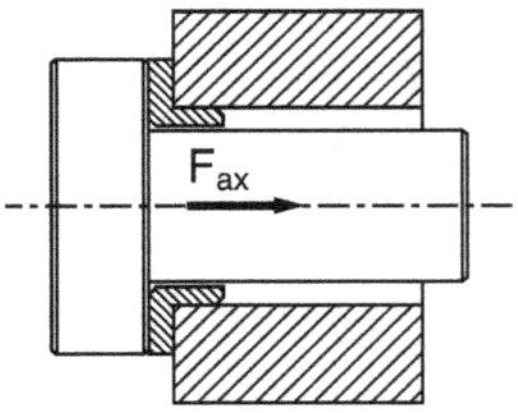

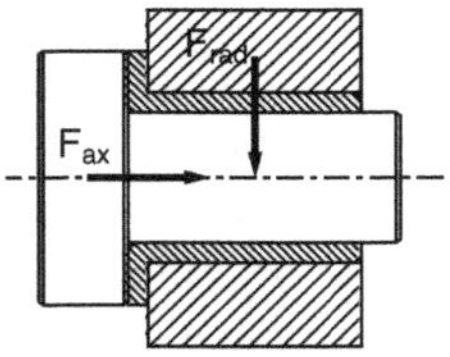

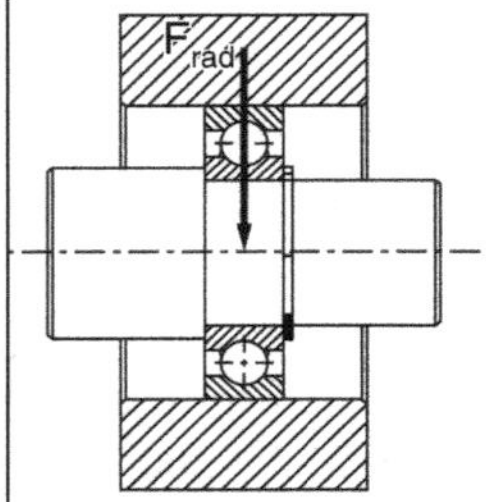

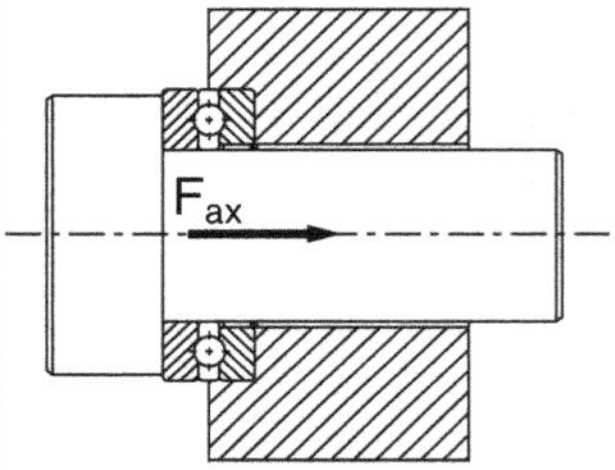

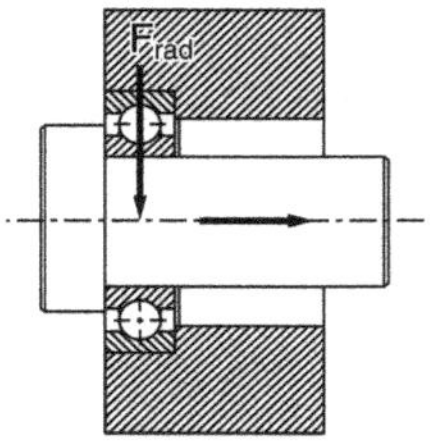

(Gleitlager / Wälzlager)

Bild 1.9: Kraftübertragung durch verschiedene Lagerbauformen

1.4.3   Lagerung mit einem einzigen Lager (B)

Ein einzelnes Lager kann nur dann für sich alleine als funktionsfähige Lagerung verwendet werden, wenn eine Biegemomentenbelastung ausgeschlossen ist. Dies trifft bei Rillenkugellagern dann zu, wenn sichergestellt ist, dass die von außen eingeleitete Kraft nur in der durch die Kugeln aufgespannten Ebene wirkt. Dieser Fall liegt beispielsweise bei der Lagerung einer Riemenspannrolle vor (s. Bild 1.10).

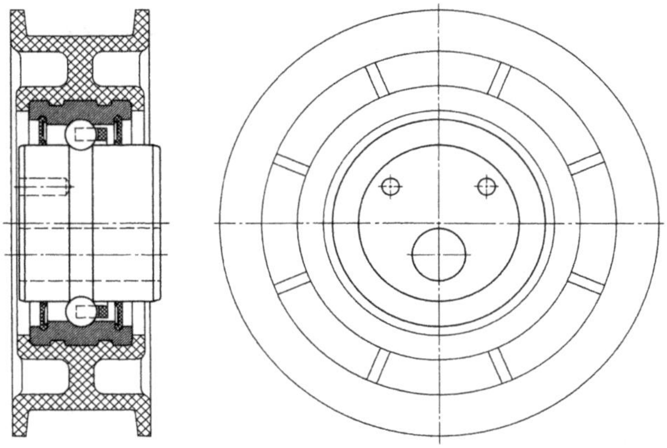

Bild 1.10: Riemenspannrolle

Diese Spannrolle besteht aus einem Achsstummel mit eingearbeiteten Laufbahnen, dem Kugelkranz und dem Außenring mit aufgespritzter Riemenscheibe aus Kunststoff. Die Bohrung für die Schraube zur Befestigung der Achse am Maschinengestell ist exzentrisch angeordnet, so dass sich die Riemenspannung durch Drehen des Achsstummels um seine Schraubbefestigung variieren lässt. Weiterhin können viele Seilrollen der Fördertechnik ähnlich gelagert werden: Durch die Lage des Seils ist die Wirkungslinie der auf die Lagerung wirkenden Kraft bekannt. Das einzelne Lager muss nur noch genau in dieser Krafteinleitungsebene angeordnet werden, um ein Biegemoment auszuschliessen.

1.4.4   Fest-Los-Lagerung (B)

Die klassische Bauform einer Wälzlagerung mit zwei Wälzlagern zur Aufnahme von Kräften und eines zusätzlichen Biegemomentes ist die sog. Fest-Los-Lagerung, die in Bild 1.11 in modellhaft einfacher Version dargestellt ist.

In allen aufgeführten Konstruktionsbeispielen nehmen beide Lager entsprechend den konstruktiv vorgegebenen Abständen und den damit verbundenen Hebelarmen Radialkräfte auf. Im Fall a wird die in die Welle eingeleitete Axialkraft ausschließlich vom linken Festlager aufgenommen, weil der Lagerinnenring axial fest mit der Welle und der Lageraußenring fest mit dem Gehäuse verbunden sind. Das rechts angeordnete Loslager ist zwar ebenfalls fest mit der Welle verbunden, aber aufgrund des Schiebesitzes im Gehäuse weicht es jeglicher Axialbelastung aus und überbrückt Montage- und Fertigungsfehler. Im Fall b ist der aus den gleichen Gründen angestrebte Schiebesitz zwischen Innenring und Welle angeordnet. Bei den Fällen c und d ist das rechte Lager ebenfalls Loslager, weil die hier verwendeten Rollen- bzw. Nadellager aufgrund ihrer Konstruktion jeglicher Axialkraft ausweichen, obwohl der Innenring fest mit der Welle und der Außenring fest mit dem Gehäuse verbunden ist. Die axiale Festlegung der Lagerringe wird hier einheitlich mit Wellenabsätzen und Sicherungsringen ausgeführt. Weitere Konstruktionsvarianten werden unter Lagerungen (Kapitel 5, Band 2) vorgestellt.

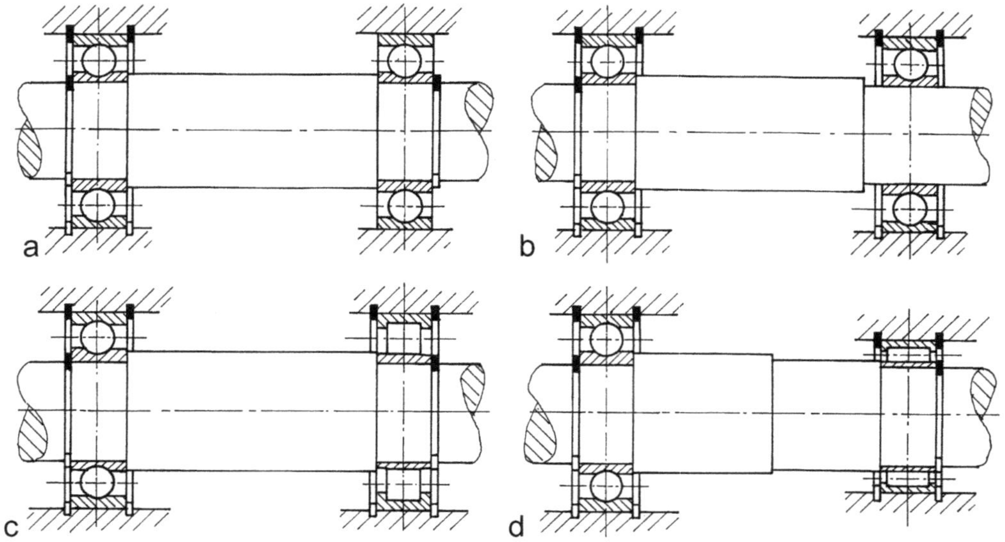

Bild 1.11: Fest-Los-Lagerungen

1.4.5   Umlaufbiegung (B)

Wegen ihrer Drehung ändert sich die Stellung einer Achse oder Welle relativ zu ihrer Umgebung ständig. Nach Bild 1.12 führt dies dazu, dass ihre relative Lage zur Belastung dabei entweder erhalten bleibt oder sich ebenfalls ändert:

Ausgangspunkt ist in beiden Fällen die mittlere Bildspalte mit gleicher, aus zwei Kugellagern bestehender Lagerung.

- Im unteren Fall wird die Biegebelastung durch eine Unwucht hervorgerufen, die mit der Achse umläuft, so dass sich die relative Lage der Belastung zur Achse *nicht* ändert: In der Randfaser 1 herrscht stets Zug, bei 3 stets Druck und die Punkte 2 und 4 liegen stets in der neutralen Faser. Der in der rechten Bildspalte dargestellte zeitliche Verlauf der Spannung erübrigt sich eigentlich, weil die Belastung statisch ist.
- Im oberen Fall hingegen wird die Belastung durch die Kraft F hervorgerufen, die ihre Lage im Raum nicht ändert. Dieser Fall tritt nicht nur bei dem hier angedeuteten Laufrolle auf, sondern liegt beispielsweise auch bei einem Riementrieb oder einem Zahnrad vor. Punkt 1 erfährt in genau dieser Stellung Druck und Punkt 3 Zug, während 2 und 4 in der neutralen Faser liegen. Da sich diese Punkte aber durch die Drehung der Achse relativ zur raumfesten Kraft ständig verlagern, ruft das (an sich konstante) Biegemoment eine dynamische Biegespannung hervor. Bei dieser Art von Belastung, bei der sich dieses dynamische Lastspiel bei jeder Umdrehung vollzieht, spricht man von „Umlaufbiegung".

Eine ähnliche Differenzierung ist auch bei der Querkraftbelastung angebracht: Im unteren Fall ruft die Kraft einen Querkraftschub hervor, der relativ zur Achse in die gleiche Richtung weist

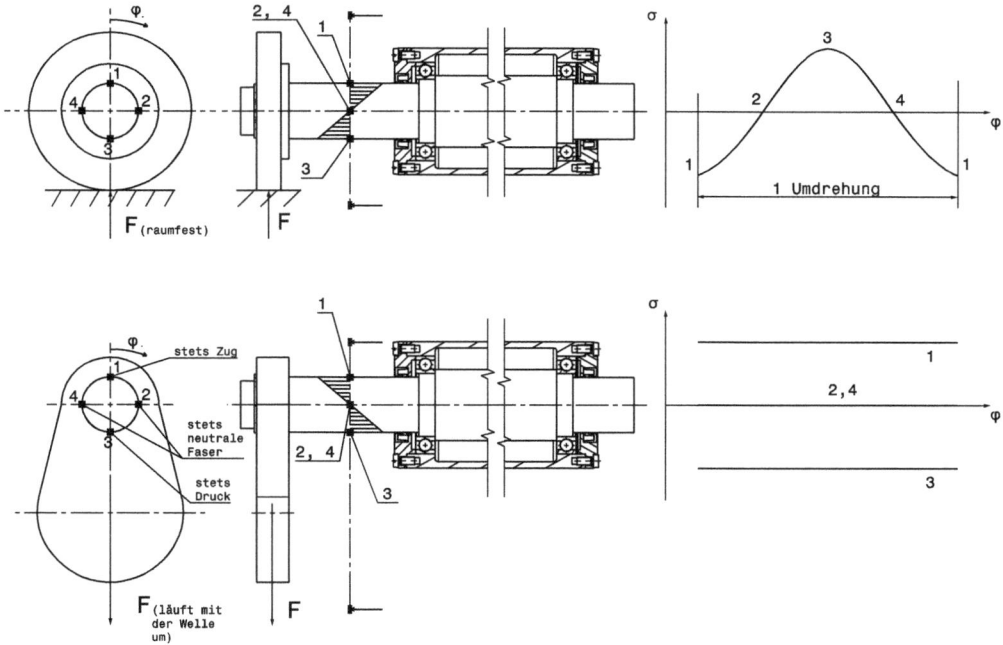

Bild 1.12: Achse bei Biegung und Umlaufbiegung

und damit statisch wirkt. Im oberen Fall ändert die raumfeste Querkraft aber gegenüber der sich drehenden Achse ständig die Richtung, so dass der Querkraftschub eine dynamische Wirkung hat. Diese Gegenüberstellung kann jedoch zunächst nur als modellhaft gelten. Im praktischen Anwendungsfall müssen in der Regel noch weitere Differenzierungen getroffen werden.

Aufgaben A.1.9 bis A.1.15

1.4.6   Achsen und Wellen gleicher Biegefestigkeit (E)

Bereits im Abschnitt 0.1.2.7 wurde der Balken gleicher Biegefestigkeit betrachtet. Auch Wellen und Achsen lassen sich als „drehbare Balken gleicher Biegefestigkeit" ausführen.

Am Umfang der Kettenräder werden Kettenzugkräfte F_{Kl} und F_{Kr} in der in Bild 1.13 angedeuteten Weise nach unten eingeleitet. Neben der Torsionsbelastung ergibt sich gemeinsam mit den in den Lagern hervorgerufenen Reaktionskräften F_{Ll} und F_{Lr} entlang der Welle eine Biegemomentenverteilung, die ihr Maximum am rechten Lager erfährt. Würde man daraus eine Welle konstanten Durchmessers dimensionieren, so ergäbe sich der in Bild 1.14 dargestellte Zylinder.

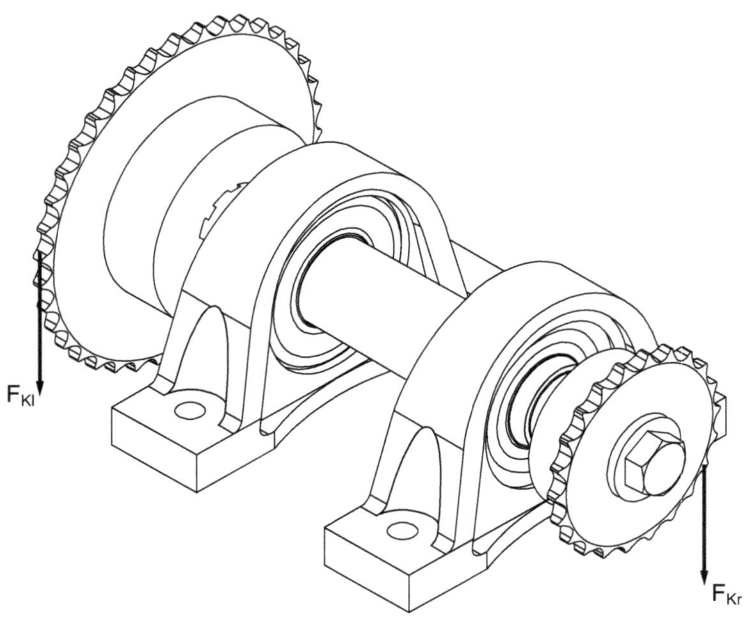

Bild 1.13: Kettenradwelle

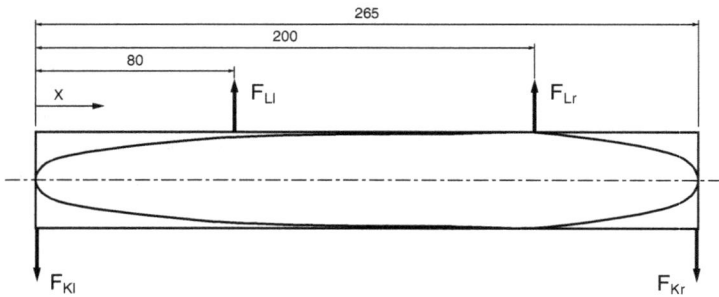

Bild 1.14: Welle gleicher Biegefestigkeit

Wird jedoch die Welle an jedem Ort x nur mit dem jeweils minimal erforderlichen Wellen-durchmesser $d_{(x)}$ ausgeführt, so ergibt sich der dargestellte zigarrenförmige Rotationskörper als Welle gleicher Biegefestigkeit. Die ausgeführte Welle kann aber dieser festigkeitsmäßig optimalen Kontur aus fertigungstechnischen und konstruktiven Gründen nicht exakt folgen, sondern wird meist stufenförmig mit zylindrischen Abschnitten wie in Bild 1.15 ausgeführt. Es muss allerdings sichergestellt sein, dass durch die ausgeführte Konstruktion an keiner Stelle die Form des Idealkörpers unterschritten wird.

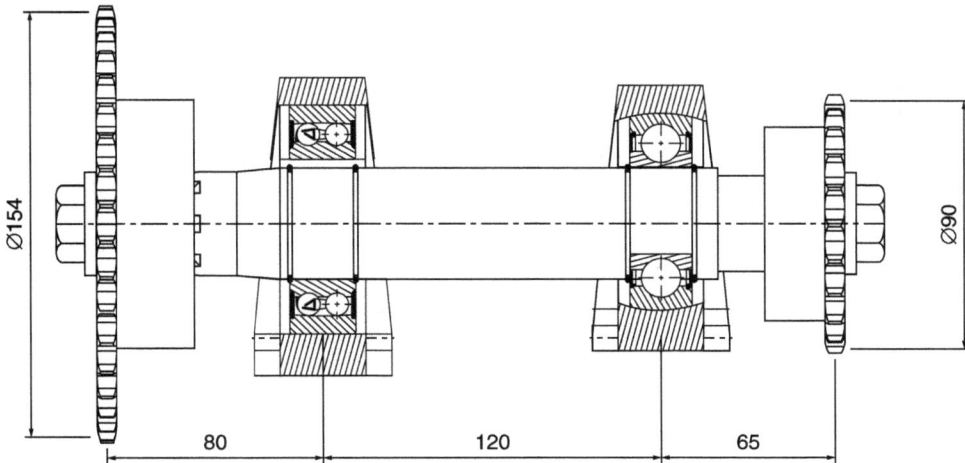

Bild 1.15: Konstruktiv ausgeführte Kettenradwelle

Die obige Betrachtung beschränkt sich auf die Biegebelastung als dominanten Belastungsanteil. Im allgemeinen Fall kommen jedoch noch weitere Belastungen hinzu, die ggf. in einer endgültigen Dimensionierung zu berücksichtigen sind.

1.5 Werkstoffkundlich zulässige Belastung bei zeitlich veränderlicher Beanspruchung (E)

Wird ein Bauteil dynamisch belastet, so stellt sich wie bei quasistatischer Belastung die entscheidende Frage, ob das Bauteil dieser Belastung standhält oder nicht. Bei dynamischer Belastung ist der Festigkeitsnachweis jedoch komplexer als bei quasistatischer Belastung, weil der Parameter Zeit bzw. Lastwechselzahl bei der Festlegung der zulässigen Werkstoffbeanspruchung mit berücksichtigt werden muss. Auch unterhalb der Streckgrenze liegende Belastungen führen zu Schäden durch Anrissbildung und Rissfortschritt und schließlich zum Versagen des Bauteils. Diese Beobachtung macht deutlich, dass auch in diesem Bereich im Werkstoff mikroplastische Vorgänge ablaufen, die schließlich durch Anhäufung der schädigenden Wirkung eines jeden Lastspiels das Versagen des Bauteils durch Werkstoffermüdung herbeiführen.

1.5.1   Betriebsfestigkeit (E)

Die Werkstoffkunde macht bei dynamischer Bauteilbelastung zunächst einmal folgende wichtige Beobachtungen:

- Liegt ein hohes Lastniveau (Kraft, Moment, Spannung) vor, so versagt das Bauteil nach einer relativ geringen Lastwechselzahl. Ein Absenken des Lastniveaus steigert die Lastwechselzahl, bei der das Bauteil versagt.
- Wird das Lastniveau unter einen gewissen Wert abgesenkt, versagt das Bauteil überhaupt nicht mehr, es „hält ewig".
- Die Werkstoffkunde beobachtet, dass das Versagen des Bauteils nicht eine Funktion der Betriebsdauer ist, sondern vielmehr von der Anzahl der aufgebrachten Lastwechsel abhängt.

Diese Beobachtungen lassen sich im sog. „Wöhlerdiagramm", Bild 1.16 anschaulich zusammenfassen.

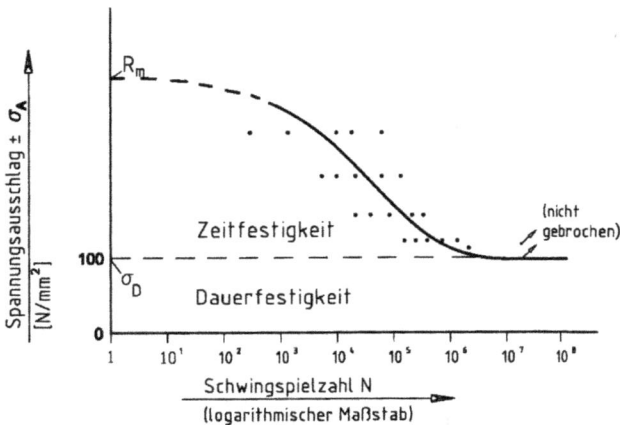

Bild 1.16: Wöhlerdiagramm nach [1.12]

Bei hohem Lastniveau versagt das Bauteil nach einer gewissen Lastwechselzahl (hier „Schwingspielzahl"), die Gebrauchsdauer ist damit eine Frage der Zeit. Trägt man die Lastwechselzahl N logarithmisch auf, so bildet sich der linke Bereich als abfallender Kurvenzug ab. Dieser funktionale Zusammenhang zwischen Last und Lastwechselzahl wird „Zeitfestigkeitsbereich" genannt. Da im rechten Bereich der Kurve das Bauteil dauernd der Belastung standhält, wird er als „Dauerfestigkeitsbereich" bezeichnet. Die Zeitfestigkeit und die Dauerfestigkeit ergeben zusammen die Betriebsfestigkeit. Die Versuchsbeobachtungen zeigen weiterhin, dass bei Stahlwerkstoffen ungeachtet seiner Festigkeitswerte der Übergang von der Zeitfestigkeit zur Dauerfestigkeit bei etwa $2 \cdot 10^6 \ldots 10^7$ Lastwechseln liegt. Bei Nichteisenmetallen und deren Legierungen sowie bei austenitischen Stählen kann eine Dauerfestigkeit nicht beobachtet werden, so dass auch bei Lastwechselzahlen von mehr als 10^7 noch mit einem Bauteilversagen zu rechnen ist.

Wöhlerlinien können sowohl für Normalspannung als auch für Schubspannung und für jede beliebige Zusammensetzung von statischer und dynamischer Belastung versuchstechnisch erstellt werden. In der Praxis genügt es jedoch, das Wöhlerdiagramm für die schwellende und die wechselnde Belastung zu ermitteln. Die statische Belastung als weiterer Modellfall ist ja ohnehin von der Lastwechselzahl unabhängig.

Aufgabe A.1.16

1.5.2   Betriebsfestigkeitskennwerte (E)

Da Maschinen vielfach eine Lastwechselzahl von $2 \cdot 10^6$ Lastwechseln überdauern sollen, werden sie und damit deren Bauteile meist dauerfest ausgelegt, so dass vor allen Dingen die zulässigen Werte für den Betriebsfestigkeitsbereich interessieren. Für spezielle Anwendungen kann eine Dimensionierung im Zeitfestigkeitsbereich sinnvoll sein, was aber nicht Gegenstand der vorliegenden Betrachtungen ist. Betriebsfestigkeitswerte werden versuchstechnisch ermittelt und in Tabellen zusammengestellt. Für die weiteren Betrachtungen werden vor allen Dingen folgende Materialkennwerte benötigt:

Lastaufbringung	Zug/Druck	Biegung	(Torsions-)Schub
statisch $\kappa = +1$	Zugstreckgrenze σ_{zS}	Biegestreckgrenze σ_{bS}	Torsionsstreckgrenze τ_{tS}
schwellend $\kappa = 0$	Zugschwellfestigkeit σ_{zSch}	Biegeschwellfestigkeit σ_{bSch}	Torsionsschwellfestigkeit τ_{tSch}
wechselnd $\kappa = -1$	Zugwechselfestigkeit σ_{zW}	Biegewechselfestigkeit σ_{bW}	Torsionswechselfestigkeit τ_{tW}

Praktisch auftretende Lastfälle weisen zwar ein beliebiges $-1 \leqslant \kappa \leqslant 1$ auf, aber die weiteren Betrachtungen zeigen, dass sich jeder allgemeine Praxisfall mit den oben aufgeführten Materialkennwerten eingrenzen lässt. Aus umfangreichen Versuchen wurden die folgenden Materialkennwerte gewonnen. Alle Werte sind in $[\text{N/mm}^2]$ bzw. in [MPa] angegeben.

Tabelle 1.1: Betriebsfestigkeitskennwerte unlegierte Baustähle; (3 mm < Nenndicke < 100 mm für Zugfestigkeit); (Nenndicke < 16 mm für Mindeststreckgrenze); Werkstoffbezeichnung nach EN 10027-1 und CR 10260; Werkstoffnummer nach EN 10027-2

Baustähle nach DIN EN 10025-2:2004		R_m	R_{eH}	Zug/Druck			Biegung			(Torsions-)Schub		
Werkstoff-bezeichnung	Werkstoff-nummer	R_m	R_{eH}	σ_{zS}	σ_{zSch}	σ_{zW}	σ_{bS}	σ_{bSch}	σ_{bW}	τ_{tS}	τ_{tSch}	τ_{tW}
S 185	1.0035	290–510	185	220	220	160	300	280	170	130	130	100
S 235 JR	1.0038	360–510	235	240	240	170	340	320	190	140	140	110
S 275 JR	1.0044	420–500	275	270	270	190	380	380	220	150	150	130
E 295	1.0050	470–610	295	320	320	220	450	400	250	180	180	150
S 355 JR	1.0570	490–630	355	340	340	240	450	400	270	190	190	160
E 335	1.0060	570–710	335	380	380	260	540	530	320	220	220	180
E 360	1.0070	670–830	360	450	450	320	620	620	370	260	260	200

Tabelle 1.2: Betriebsfestigkeitskennwerte Vergütungsstähle im vergüteten Zustand (+QT) nach DIN EN 10083-2:1996 (Maßgebliche Querschnitte d oder Flacherzeugnisse einer Dicke t von d < 16 mm oder t < 8 mm)

Vergütungsstähle		R_m	R_e	Zug/Druck			Biegung			(Torsions-)Schub		
Kurz-name	Nummer	R_m	R_e	σ_{zS}	σ_{zSch}	σ_{zW}	σ_{bS}	σ_{bSch}	σ_{bW}	τ_{tS}	τ_{tSch}	τ_{tW}
C22	1.0402	500–650	340	300	280	210	410	350	250	170	160	140
C35	1.0501	630–780	430	350	330	250	450	450	300	190	190	160
C45	1.0503	700–850	490	390	390	290	530	530	350	210	210	170
C60	1.0601	850–1000	580	450	450	340	600	600	400	260	260	200

Tabelle 1.3: Betriebsfestigkeitskennwerte Vergütungsstähle (legierte Stähle) vergüteten Zustand (+QT); (Maßgebliche Querschnitte d oder Flacherzeugnisse einer Dicke t von d < 16 mm oder t < 8 mm)

Vergütungsstähle nach DIN EN 10083-3:2006		R_m	R_e	Zug/Druck			Biegung			(Torsions-)Schub		
Kurzname	Nummer	R_m	R_e	σ_{zS}	σ_{zSch}	σ_{zW}	σ_{bS}	σ_{bSch}	σ_{bW}	τ_{tS}	τ_{tSch}	τ_{tW}
25CrMo4	1.7218	900–1100	700	450	450	320	600	600	350	260	260	200
20MnB5	1.5530	900–1050	700	450	450	320	630	600	350	260	260	200
38MnB5	1.5532	1050–1250	900	450	450	320	630	600	350	260	260	200
27MnCrB5-2	1.7182	1000–1250	800	550	550	360	700	680	400	320	320	230
39MnCrB6-2	1.7189	1100–1350	900	550	550	360	700	680	400	320	320	230
42CrMo4	1.7225	1100–1300	900	550	550	360	800	690	400	320	320	230
50CrMo4	1.7228	1100–1300	900	700	700	400	1000	770	450	400	400	260
34CrNiMo6	1.6582	1200–1400	1000	800	780	450	1100	880	500	460	460	290
38Cr2	1.7003	800–950	550	900	790	450	1260	850	500	470	470	290
30CrNiMo8	1.6580	1250–1450	1050	900	850	500	1260	960	550	500	500	320

Tabelle 1.4: Betriebsfestigkeitskennwerte Einsatzstahl

Einsatzstähle nach DIN 17210		Zug/Druck			Biegung			(Torsions-)Schub		
	R_m	σ_{zS}	σ_{zSch}	σ_{zW}	σ_{bS}	σ_{bSch}	σ_{bW}	τ_{tS}	τ_{tSch}	τ_{tW}
C10, Ck10	420–520	250	250	190	350	350	220	150	150	130
C15, Ck15	500–620	300	300	230	420	420	250	180	180	150
15Cr3	600–850	400	400	270		520	300		250	170
16MnCr5	800–1100	600	600	360	840	670	400	350	350	230
20MnCr5	1000–1300	700	700	450	1000	850	500	410	410	300
18CrNi8	1200–1450	800	800	530	1100	1040	600	460	460	350

Tabelle 1.5: Betriebsfestigkeitskennwerte Federstahl (Durchmesser < 16 mm) im vergüteten Zustand (+QT)

Federstahl nach DIN EN 10089-04:2003				Zug/Druck			Biegung			(Torsions-)Schub		
Kurzname	Nummer	R_m	$R_{p0,2}$	σ_{zS}	σ_{zSch}	σ_{zW}	σ_{bS}	σ_{bSch}	σ_{bW}	τ_{tS}	τ_{tSch}	τ_{tW}
56Si7	1.5026	–	1200 – 1700	1100	700	430		1000	560		480	350
51CrV4	1.8159	1100–1300	900	1200	750	470		1100	620		530	390
67SiCr5	1.7103			1350	800	490		1150	640		550	400

Tabelle 1.6: Betriebsfestigkeitskennwerte Gusseisen mit Lamellengraphit (getrennt gegossene Probestücke, Wand von 10 mm bis 300 mm)

Gusseisen nach DIN EN 1561:1997			Zug/Druck			Biegung			(Torsions-)Schub		
Kurzzeichen	Nummer	R_m	σ_{zS}	σ_{zSch}	σ_{zW}	σ_{bS}	σ_{bSch}	σ_{bW}	τ_{tS}	τ_{tSch}	τ_{tW}
EN-GJL-150	EN-JL 1020	150–250		65	40	240	110	70		90	70
EN-GJL-200	EN-JL-1030	200–300		80	50	300	140	90		110	80
EN-GJL-250	EN-JL-1040	250–350		100	60	360	175	110		130	90
EN-GJL-300	EN-JL-1050	300–400		110	70	420	200	130		150	100
EN-GJL-350	EN-JL-1060	350–450		130	80	450	230	150		180	120

Tabelle 1.7: Betriebsfestigkeitskennwerte Temperguss (bezogen auf Durchmesser der Probe 12 mm)

Temperguss nach DIN EN 1562-08:1997			Zug/Druck			Biegung			(Torsions-)Schub		
Kurzzeichen	Nummer	R_m	σ_{zS}	σ_{zSch}	σ_{zW}	σ_{bS}	σ_{bSch}	σ_{bW}	τ_{tS}	τ_{tSch}	τ_{tW}
EN-GJMW-350-4	EN-JM1010	350		180	100		250	140		130	100
EN-GJMW-400-5	EN-JM1030	400		200	140	280	330	200	180	280	120
EN-GJMW-350-10	EN-JM1130	350		150	80	280	220	120	190	180	100
EN-GJMW-450-6	EN-JM1140	450		220	160	360	370	220	220	210	130

Tabelle 1.8: Betriebsfestigkeitskennwerte Gusseisen mit Kugelgraphit (getrennt gegossene Probestücke)

Gusseisen mit Kugelgraphit nach DIN EN 1563		R_m	Zug/Druck			Biegung			(Torsions-)Schub		
Kurzzeichen	Nummer	R_m	σ_{zS}	σ_{zSch}	σ_{zW}	σ_{bS}	σ_{bSch}	σ_{bW}	τ_{tS}	τ_{tSch}	τ_{tW}
EN-GJS-350-22-LT	EN-JS1015	350	250	200	110	300	300	190	200	170	100
EN-GJS-400-15	EN-JS1030	400	280	230	130	400	350	210	230	200	120
EN-GJS-500-7	EN-JS1050	500	350	260	150	500	430	250	300	250	150
EN-GJS-600-3	EN-JS1060	600	420	320	180	600	510	300	350	290	170
EN-GJS-700-2	EN-JS1070	700	500	380	210	690	600	350	400	340	200

Tabelle 1.9: Betriebsfestigkeitskennwerte Stahlguss (Probendicke < 100 mm)

Stahlguss DIN EN 10293-06:2005		R_m	$R_{p0,2}$	Zug/Druck			Biegung			(Torsions-)Schub		
Name	Nummer	R_m	$R_{p0,2}$	σ_{zS}	σ_{zSch}	σ_{zW}	σ_{bS}	σ_{bSch}	σ_{bW}	τ_{tS}	τ_{tSch}	τ_{tW}
GE-200	1.0420	380–530	200	180	180	130	260	260	160	110	110	95
GE-240	1.0446	450–600	240	220	220	150	300	300	190	130	130	110
GS-300	1.0556	520–670	300	250	250	180	350	350	220	150	150	130
G24Mn6	1.1118	700–800	550	360	360	210	500	500	260	210	210	140

1.5.3 Darstellung der zulässigen Bauteilbelastung im Smith-Diagramm (E)

Für den Festigkeitsnachweis eines Bauteils müssen die tatsächlich auftretenden Spannungen mit den oben genannten zulässigen Spannungen verglichen werden. Eine einfache Gegenüberstellung $\sigma_{vorh} \leq \sigma_{zul}$ ist hier allerdings nicht möglich, weil i. a. eine Überlagerung von statischer und dynamischer Belastung vorliegt. Da das Smith-Diagramm nach Bild 1.4 eine Differenzierung nach statischem und dynamischem Anteil ermöglicht, liegt es nahe, den Sicherheitsnachweis mit Hilfe dieses Diagramms zu führen. Wahlweise können auch andere Darstellungen wie z. B. das Haigh-Diagramm (s. 1.7) genutzt werden. Zunächst muss geklärt werden, welcher Werkstoff vorliegt, und ob Zug/Druck, Biegung oder Schub als vorwiegend bzw. kritisch zu betrachten sind. Dabei interessieren die drei für die vorherrschende Belastungsart maßgebenden Werkstoffkennwerte Streckgrenze, Schwellfestigkeit und Wechselfestigkeit nach den Tabellen 1.1 – 1.9.

Für das folgende Beispiel sei angenommen, dass die Biegebelastung dominant ist und dass der Werkstoff 50CrMo4 verwendet wird. Damit sind die folgenden drei Werkstoffkennwerte aus Tab. 1.3 maßgebend:

50CrMo4	$\sigma_{bS} = 1000\,\mathrm{N/mm^2}$	$\sigma_{bSch} = 770\,\mathrm{N/mm^2}$	$\sigma_{bW} = 450\,\mathrm{N/mm^2}$

Daraus ergibt die grafische Konstruktion des Smith-Diagramms nach Bild 1.17.

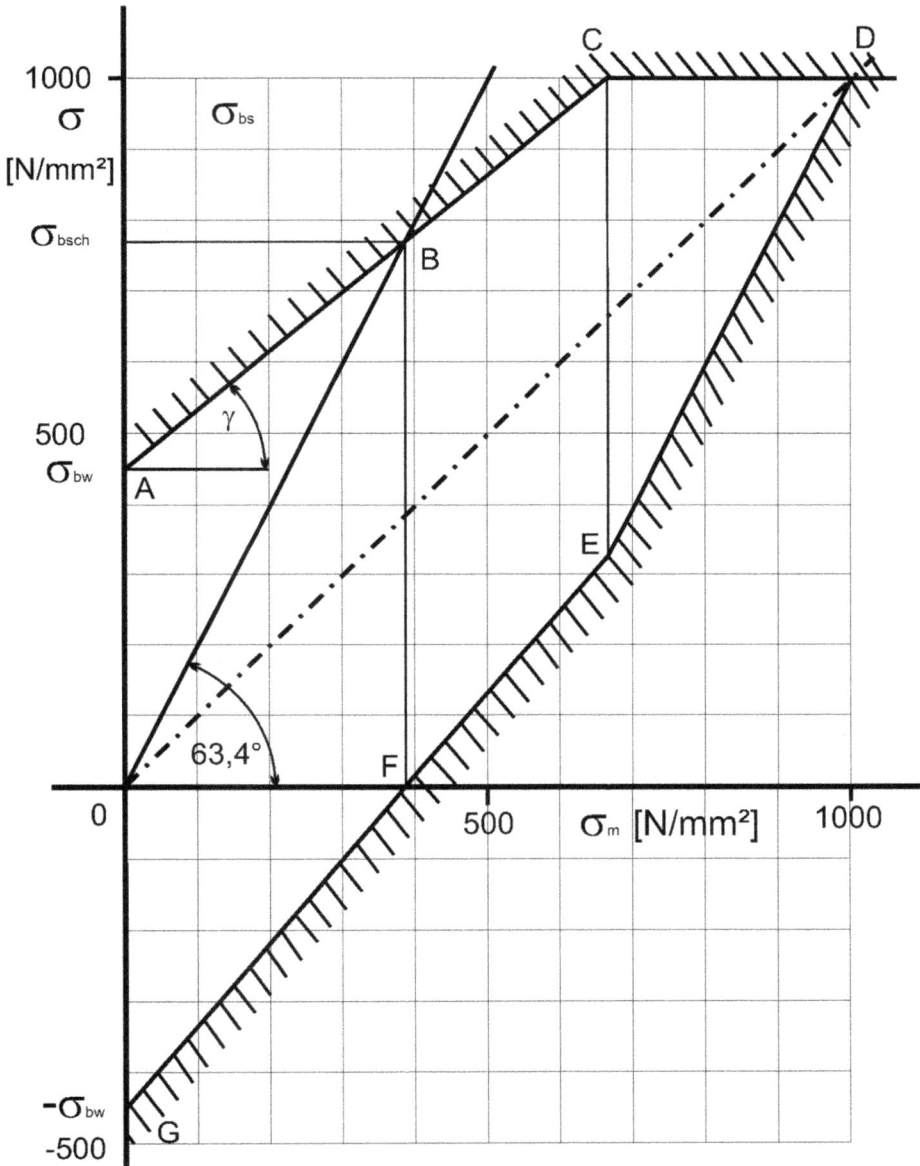

Bild 1.17: Smith-Diagramm Werkstoffprobe

- Die Streckgrenze (hier $\sigma_{bS} = 1000\,\mathrm{N/mm^2}$) wird zunächst auf der Geraden mit 45° Steigung bei D aufgetragen und repräsentiert damit sowohl die Belastbarkeit hinsichtlich der Mittelspannung σ_m als auch der Gesamtspannung σ, weil dieser Werkstoffkennwert keinerlei dynamischen Anteil enthält.
- Die Wechselfestigkeit (hier $\sigma_{bW} = 450\,\mathrm{N/mm^2}$) wird als senkrechter Wert bei $\sigma_m = 0$ markiert, also dort, wo die Mittelspannung null ist. Die Wechselfestigkeit wird zunächst sowohl nach oben (Punkt A des Diagramms) als auch nach unten (Punkt G) aufgetragen, weil bei wechselnder Belastung die Amplitude sowohl einen positiven Maximalwert als auch einen negativen Minimalwert erreicht.
- Die Schwellfestigkeit (hier $\sigma_{bSch} = 770\,\mathrm{N/mm^2}$) wird als senkrechter Wert $\overline{BF}$ aufgetragen, wobei der waagerechte Wert $\overline{OF} = \sigma_{bSch}/2$ ist. Damit befindet sich der Punkt B auf einer Geraden mit der Steigung $\arctan 2 = 63{,}4°$ ($\kappa = 0$).

Die zuvor genannten und aufgetragenen Werkstoffkennwerte geben zunächst nur die Belastbarkeitsgrenze für rein statischen Betrieb ($\kappa = 1$) bei D, bei rein schwellendem Betrieb ($\kappa = 0$) bei B bzw. F und bei rein wechselnden Betrieb ($\kappa = -1$) bei A bzw. G an. Zur Erfassung von Belastungen mit beliebigem κ werden die Zwischenbereiche graphisch ergänzt: Die Punkte A über B werden miteinander verbunden, wobei diese Verbindungslinie über B hinaus verlängert und bei C mit einer bei D angelegten waagerechten Linie zum Schnitt gebracht wird. In ähnlicher Weise werden die Punkte G über F verbunden und diese Linie über F hinaus bis E verlängert, wobei C und E auf einer gemeinsamen Senkrechten liegen müssen. Durch den Kurvenzug von A nach G wird schließlich das Gebiet abgegrenzt, in dem sich der Betriebspunkt für ein beliebiges Mischverhältnis von statischer und dynamischer Belastung befinden muss, wenn das betrachtete Bauteil dauerfest sein soll.

Bei der graphischen Konstruktion des Betriebsfestigkeitsschaubildes lassen sich noch einige zeichnerische Vereinfachungen praktizieren:

- Der tatsächliche Lastpunkt wandert während eines Lastspiels bei konstantem σ_m (Abzissenwert) auf und ab, wobei der obere und der untere Lastpunkt gleichweit von der Winkelhalbierenden entfernt sind. Bei einer Überlastung wird also die obere Begrenzungslinie ABCD und die untere Begrenzungslinie GFED des dauerfesten Gebietes gleichzeitig erreicht. Da beide Aussagen die gleiche Informationen ergeben, braucht nur die obere Grenzlinie gezeichnet zu werden, so dass auf die Darstellung der unteren Grenzlinie verzichtet werden kann. Bei dieser Vorgehensweise wird also kein ganzes Lastspiel zwischen σ_o und σ_u, sondern nur noch die Oberspannung σ_o betrachtet. Daher wird die senkrechte Achse nicht mehr mit σ, sondern mit σ_o bezeichnet.
- Der Steigungswinkel der Linie von A nach B (in Bild 1.17 mit γ bezeichnet) weist für metallische Werkstoffe meist einen Wert von etwa 40° auf. Fehlt der Wert für die Schwellfestigkeit (im vorliegenden Beispiel $\sigma_{bSch} = 770\,\mathrm{N/mm^2}$), so kann das Betriebsfestigkeitsschaubild ersatzweise mit $\gamma = 40°$ konstruiert werden. Diese Näherungslösung führt jedoch zuweilen zu kleinen Ungenauigkeiten.

Im obigen Beispiel wurde exemplarisch ein auf Biegung beanspruchtes Bauteil betrachtet. In genau der gleichen Weise lassen sich auch die Modellfälle Zug/Druck bzw. Schub- und Torsionsbelastung unter Berücksichtigung der jeweils gegebenen Materialkennwerte behandeln. Wird eine Vergleichsspannung σ_v gebildet, so ist in vielen praktischen Fällen die Biegung vorherrschend, so dass für diesen Fall das Betriebsfestigkeitsschaubild für die zulässigen Biegewerte zu erstellen ist. Das Betriebsfestigkeitsschaubild nach Bild 1.17 ist nur vorläufig, da es an die standardisierten Randbedingungen der Werkstoffkunde gebunden ist, wobei vorausgesetzt wurde, dass das Bauteil

- eine streng zylindrische Form mit dem konstanten Durchmesser von 10 mm aufweist
- eine glatte, polierte Oberfläche hat.

Für eine Anwendung dieses Diagramms an realen Konstruktionen werden also in den folgenden Abschnitten noch Verkleinerungen des zulässigen Gebietes im Betriebsfestigkeitsschaubild erforderlich.

1.5.3.1 Erste Verkleinerung durch Größeneinfluss (E)

Im praktischen Biegeversuch stellte sich heraus, dass trotz der Formulierung der Biegebelastung als Biegespannung eine Berücksichtigung der Bauteilgröße für die Festlegung der ertragbaren Spannung erforderlich wird: Die Werkstoffkunde hat beobachtet, dass größere Bauteile nur eine geringere Biegespannungen ertragen können. Dieser Sachverhalt wird durch die Einführung eines sog. Größenbeiwertes b_G berücksichtigt. Bild 1.18 führt diesen Einfluss exemplarisch für kreisrunde Querschnitte mit dem Durchmesser d aus:

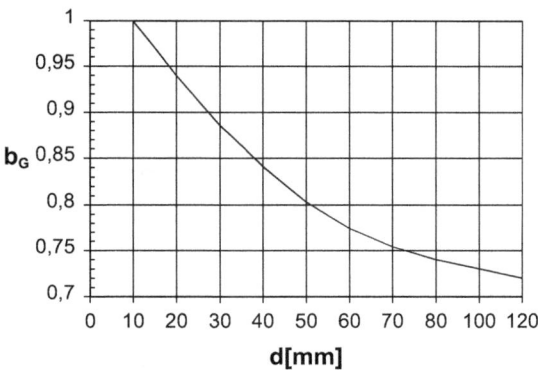

Bild 1.18: Größenbeiwert b_G

Für andere als kreisrunde Querschnitte kann näherungsweise angenommen werden:

- bei Biegung für Quadrat: Kantenlänge $\cong$ d,
- bei Biegung für Rechteck: in Biegeebene (Biegerichtung) liegende Kantenlänge $\cong$ d,
- bei Torsion (s. u.) für Quadrat und Rechteck: Flächendiagonale $\cong$ d.

Der Größeneinfluss bleibt unberücksichtigt, also der Größenbeiwert ist $b_G = 1$ bei

- einfacher Zug- und Druckbeanspruchung,
- gewalzten, geschmiedeten oder gegossenen Bauteilen.

Führt man das o. g. Beispiel weiter aus und nimmt für das betrachtete Bauteil einen Durchmesser von 20 mm an, so ergibt sich aus Bild 1.18 ein Größenbeiwert $b_G = 0,94$, um den alle

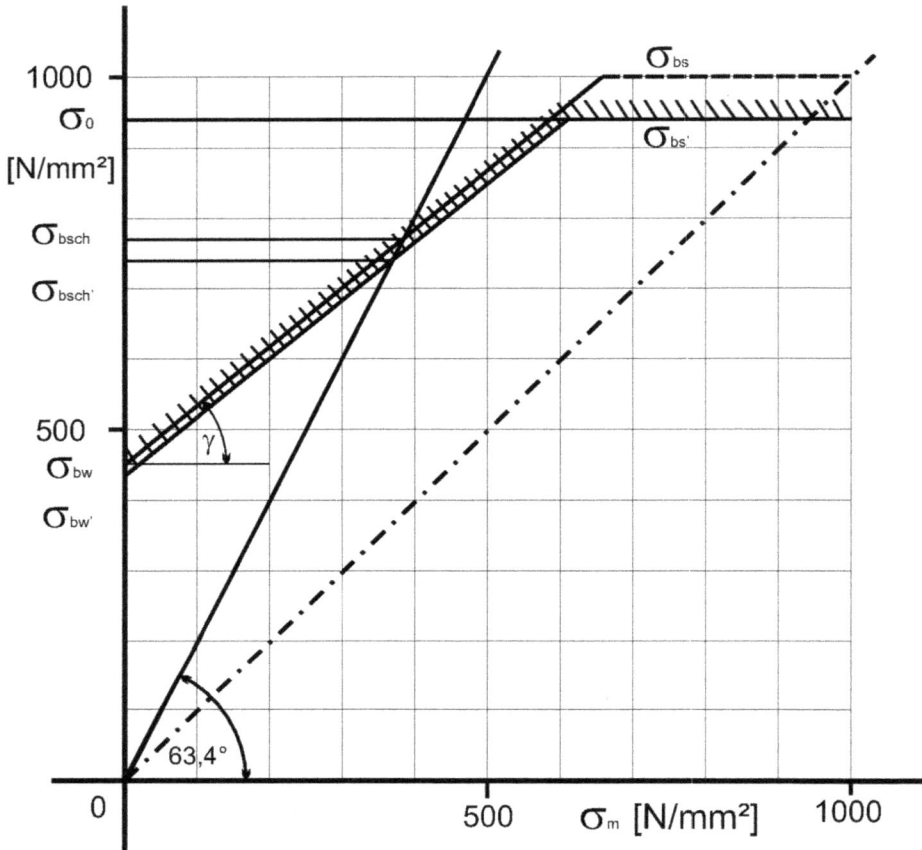

Bild 1.19: Smith-Diagramm erste Verkleinerung

drei Materialkennwerte von 50CrMo4 verkleinert werden müssen. Damit gewinnt man Werte mit ähnlicher Indizierung, die allerdings mit dem Index „Strich" (') gekennzeichnet sind:

$$\sigma'_{bS} = b_G \cdot \sigma_{bS} = 0{,}94 \cdot 1000\,\text{N/mm}^2 = 940\,\text{N/mm}^2 \qquad \text{Gl. 1.7}$$

$$\sigma'_{bSch} = b_G \cdot \sigma_{bSch} = 0{,}94 \cdot 770\,\text{N/mm}^2 = 724\,\text{N/mm}^2 \qquad \text{Gl. 1.8}$$

$$\sigma'_{bW} = b_G \cdot \sigma_{bW} = 0{,}94 \cdot 450\,\text{N/mm}^2 = 423\,\text{N/mm}^2 \qquad \text{Gl. 1.9}$$

Das in Bild 1.17 abgesteckte Gebiet wird nun mit diesen Werten verkleinert widergegeben, wobei sich Bild 1.19 aus oben genannten Gründen auf die obere Begrenzungslinie beschränkt.

1.5.3.2   Zweite Verkleinerung durch Kerbwirkungszahl und Oberflächenbeiwert (E)

Zu den weiteren vereinfachenden Annahmen gehörte auch, dass das Bauteil eine polierte und völlig regelmäßige Begrenzungsfläche in Form eines idealen Kreiszylinders aufweist. Auch diese Voraussetzungen sind in der Praxis kaum gegeben und müssen durch eine weitere Verkleinerung des zulässigen Gebietes berücksichtigt werden. Wie aus der Werkstoffkunde bekannt ist, wird die Festigkeit eines Bauteils durch Unregelmäßigkeiten in seiner Gestalt z. T. ganz erheblich geschwächt, wobei diese Abweichungen von der Idealgeometrie pauschal als „Kerbe" bezeichnet werden. Dabei ist dieser Ausdruck nicht nur im engeren Sinne als bewusst oder zufällig eingebrachte Ritze oder Riefe, sondern als jede Abweichung von einer idealen zylindrischen Probenform zu verstehen. Bei der idealen Probe mit zylindrischer Begrenzungsfläche kann eine homogene Spannungsverteilung angenommen werden. Wird die Begrenzungsfläche uneben, weist sie also „Kerben" auf, so wird diese homogene Spannungsverteilung z. T. erheblich gestört. Wie die Gegenüberstellung von Bild 1.20 deutlich macht, sind die Auswirkungen einer Kerbe bei statischer und dynamischer Belastung allerdings grundverschieden:

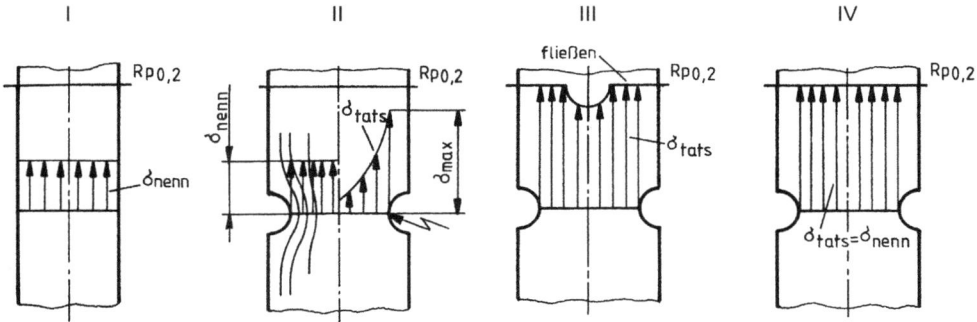

Bild 1.20: Kerbwirkung

I. Ausgangspunkt für die weiteren Überlegungen sei der bereits zuvor erwähnte Zugstab. Wird der Zugstab belastet, so stellt sich eine homogene Spannungsverteilung ein.

$$\sigma_{nenn} = \frac{F}{A}$$

Unter diesen modellhaften Bedingungen braucht also nicht nach „tatsächlicher Spannung" und „Nennspannung" unterschieden zu werden.

II. Wird ein gekerbter Stab betrachtet, der an der dünnsten Stelle die gleiche Querschnittsfläche aufweist wie der ungekerbte, so ergibt sich im Kerbgrund wegen der Mehrachsigkeit des Spannungszustandes eine Spannungsüberhöhung, die im elastischen Bereich mit der sog. Formzahl α_k erfasst wird:

$$\alpha_k = \frac{\sigma_{max}}{\sigma_{nenn}}$$

Die Größe der Formzahl α_k kann sowohl *versuchstechnisch* (Reißlackverfahren, Dehnungsmessstreifen, Spannungsoptik) als auch *theoretisch* (rechnerisch mit Hilfe der Finite-Elemente-Methode) bestimmt werden.

III. Bei weiterhin steigender Last wird in den Bereichen größter Spannung die Streckgrenze erreicht. Das Bauteil versagt jedoch noch nicht sofort, weil der Werkstoff bei Überschreiten der Streckgrenze zu fließen beginnt und damit der Spannungsüberhöhung ausweicht. Dabei werden weiter innen liegende Bereiche zunehmend an der Lastübertragung beteiligt, durch das Fließen wird die Spannung gleichmäßiger verteilt. Diese modellhafte Betrachtung setzt allerdings voraus, dass der Werkstoff ideal fließfähig ist und auch die Zeit zum Fließen hat.

IV. Bei weiterer Lasterhöhung fließen zunehmend weiter innen liegende Bereiche des Zugstabes, bis schließlich die gesamte Querschnittsfläche bis an die Streckgrenze belastet wird. Wird die Last noch weiter gesteigert, so wird das Bauteil versagen. Im Augenblick des Versagens stellt sich also eine Spannungsverteilung wie im ungekerbten Stab ein (Fall I).

Für die Bauteildimensionierung ergeben sich daraus folgende Konsequenzen:

- Bei allmählicher, also quasistatischer Lastaufbringung hat die Kerbwirkung keinen Einfluss auf die zulässige Belastung. Die Belastbarkeit des Bauteils ist identisch mit der des ungekerbten Stabes.

- Bei dynamischer Belastung stellt sich der gleiche Sachverhalt allerdings völlig anders dar: Der zeitliche Verlauf der Belastung lässt ein Fließen des Werkstoffs nur bedingt zu. Es wird sich also qualitativ eine Spannungsverteilung einstellen, wie sie bei der Erläuterung der Formziffer α_k (Fall II) skizziert worden ist.

Werkstoffkundliche Beobachtungen zeigen jedoch, dass sich im allgemeinen Fall eine Kerbe im Bauteil nicht so verheerend auswirkt, wie es die Größe der Formzahl α_k erwarten lässt. Die dann eintretende praktische Spannungserhöhung wird durch die Kerbwirkungszahl β_k beschrieben:

$$\beta_k = \frac{\sigma_{Aglatt}}{\sigma_{Agekerbt}}$$

Dabei steht σ_A für die zulässige Ausschlagsspannung, da nur der dynamische Belastungsanteil betroffen ist. Wegen des eingeschränkten Fließverhaltens ist β_K einerseits größer als 1, andererseits aber auch immer kleiner als α_k:

$$1 \leqslant \beta_k \leqslant \alpha_k$$

Im Gegensatz zur Formzahl α_k lässt sich die Kerbwirkungszahl β_k nur versuchstechnisch ermitteln. Die Kerbwirkungszahl β_K ist für die verschiedensten Bauteilgeometrien und Werkstoffe tabelliert, im Folgenden sind nur einige Beipiele angegeben. Dabei muss in bestimmten Fällen nach β_{kb} für Biegung und β_{kt} für Torsion unterschieden werden.

Tabelle 1.10: Kerbwirkungszahl β_k für Seeger-Ring-Einstiche sowie Keil- und Kerbzahnwellen

Einstiche für Seeger-Ringe bei $R_m = 600\,\text{N}/\text{mm}^2$ und $d = 20\,\text{mm}$: $\beta_k = 1{,}6$
Einstiche für Seeger-Ringe bei $R_m = 600\,\text{N}/\text{mm}^2$ und $d = 40\,\text{mm}$: $\beta_k = 1{,}9$
Keilwellen: $\beta_k = 3-5$
Kerbzahnwellen: $\beta_k = 2-2{,}5$

Tabelle 1.11: Kerbwirkungszahl β_{kb} für Biegung von Wellen mit Absätzen

Form A   Form B   Form C   Form D   Form E   Form F

Form	r/d	Wellenwerkstoff mit R_m [N/mm^2]			
		400–600	800	1000	1200
	0,00	2,2–2,7	3,40	3,50	4,50
	0,05	1,7–1,8	2,10	2,30	2,80
A–C	0,10	1,50	1,70	1,80	2,10
	0,15	1,40	1,50	1,60	1,70
	0,20	1,30	1,35	1,40	1,60
	0,25	1,25	1,30	1,35	1,50
	0,10	1,36	1,64	1,68	1,72
	0,20	1,22	1,40	1,42	1,45
D	0,30	1,18	1,32	1,34	1,36
	0,40	1,13	1,24	1,26	1,27
	0,60	1,10	1,16	1,17	1,18
E, F		1,10	1,20	1,30	1,40

Die Werte für die Formen A bis D gelten für ein Durchmesserverhältnis von $D/d = 2$. Für andere Durchmesserverhältnisse muss noch eine Korrektur eingeführt werden:

$$\beta_{kb} = 1 + c_1 \cdot (\beta_{kb(D/d=2)} - 1)$$

wobei der Beiwert c_1 folgender Tabelle zu entnehmen ist:

D/d	2,0	1,8	1,6	1,5	1,4	1,3	1,2	1,0
c_1	1,00	0,95	0,85	0,78	0,70	0,58	0,44	0,00

Diese Werte gelten für ein Durchmesserverhältnis von $D/d = 1{,}4$. Für andere Durchmesserverhältnisse muss noch eine Korrektur eingeführt werden:

$$\beta_{kt} = 1 + c_2 \cdot (\beta_{kt(D/d=1{,}4)} - 1)$$

Tabelle 1.12: Kerbwirkungszahl β_{kt} für Wellenabsätze bei Torsion (d: kleiner Wellen-$\varnothing$; D (großer Wellen-$\varnothing$) = $1{,}4 \cdot$ d; r: Ausrundungsradius in der Kehle)

r/d	0,025	0,050	0,075	0,100	0,150	0,200	0,250	0,300
$R_m = 600$	1,60	1,40	1,27	1,20	1,12	1,08	1,08	1,08
$R_m = 1000$	1,76	1,51	1,35	1,26	1,17	1,13	1,12	1,12

wobei der Beiwert c_2 folgender Tabelle zu entnehmen ist:

D/d	1,40	1,35	1,30	1,25	1,20	1,15	1,10	1,00
c_2	1,00	0,98	0,93	0,90	0,80	0,68	0,50	0,00

Tabelle 1.13: Kerbwirkungszahl β_{kb} bei Biegung von Wellen mit Querbohrungen (d: $\varnothing$ der Querbohrung; D: $\varnothing$ der Welle)

d/D	$R_m = 400$	$R_m = 500$	$R_m = 1000$
0,1	1,40	1,50	1,55
0,2	1,45	1,60	1,65
0,3	1,40	1,55	1,70
0,4	1,35	1,50	1,65
0,6	1,25	1,35	1,45

Tabelle 1.14: Kerbwirkungszahl β_k bei Biegung und Torsion von Wellen mit eingefräster Längsnut

R_m [N/mm^2]		300	400	500	600	700	800
β_{kb}	Scheibenfräser	1,40	1,45	1,50	1,55	1,58	1,62
	Fingerfräser	1,60	1,70	1,80	1,90	2,00	2,10
β_{kt}	Scheibenfräser		1,30		1,40		1,60
	Fingerfräser		1,50		1,70		2,00

Die Kerbwirkungszahl β_k steigt mit zunehmender Werkstofffestigkeit an, weil hochfeste Werkstoffe weniger fließfähig sind. Die höhere Grundfestigkeit eines Werkstoffs geht also teilweise wieder durch die höhere Kerbwirkungszahl verloren.

Bei aller zerstörerischen Auswirkung der Kerbwirkung kann die Kerbe aber auch fertigungstechnisch genutzt werden: Beim Zerteilen einer Glasscheibe wird nicht etwa ein Säge- oder Schleifvorgang angewendet, sondern die Scheibe wird mit einem harten Gegenstand geritzt, also bewusst mit einer winzigen Kerbe versehen. So kann die Glasscheibe mit ihrem ausgeprägt spröden Werkstoffverhalten durch eine gezielte Biegebelastung an genau dieser Linie getrennt werden.

Neben der „makroskopischen Kerbe", die die Abweichung der Bauteilgeometrie vom idealen zylindrischen Stab erfasst, macht sich an der Oberfläche eine „Mikrokerbe" als Abweichung von der idealen polierten Probe bemerkbar, die durch den Oberflächenbeiwert b_O nach Bild 1.21 beschrieben wird. In der Historie der Werkstoffkunde wurde b_O als Faktor (kleiner als 1) und β_k als Divisor (größer als 1) formuliert. Insgesamt ergibt sich also für die Berücksichtigung des makroskopischen und des mikroskopischen Kerbeinflusses:

$$\sigma_{azul} = \sigma_A \cdot \frac{b_O}{\beta_k} \qquad \text{Gl. 1.10}$$

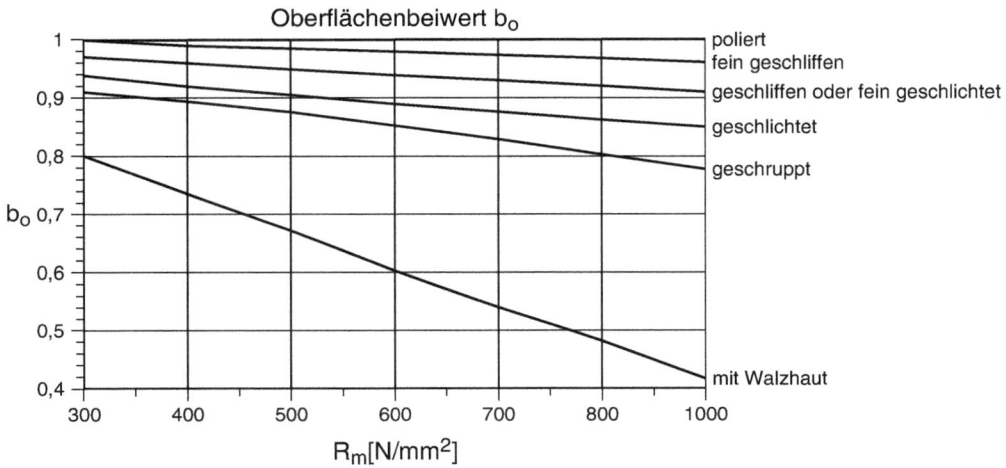

Bild 1.21: Oberflächenbeiwert b_O

Aus diesem Diagramm lassen sich zwei Feststellungen ableiten:

- Die Bauteilschwächung wird um so intensiver, je grober die Bearbeitung und damit die Oberfläche ist.
- Eine höhere Grundfestigkeit macht zwar den Werkstoff belastbarer, führt aber zu einer geringeren Fließfähigkeit und damit zu einer steigenden Beeinträchtigung durch die Mikrokerbe.

Das wegen des Größenbeiwertes b_G in Bild 1.19 bereits verkleinerte Betriebsfestigkeitsschaubild muss also wegen der beiden Kerbeinflüsse einer *zweiten Reduktion* unterzogen werden. Dabei ist allerdings zu berücksichtigen, dass diese Verkleinerung aus oben genannten Gründen nur den dynamischen Belastungsanteil betrifft. Mit dieser zweiten Reduktion gewinnt man die sog. Gestaltdauerfestigkeitswerte, die mit einem „G" indiziert werden (Bild 1.22).

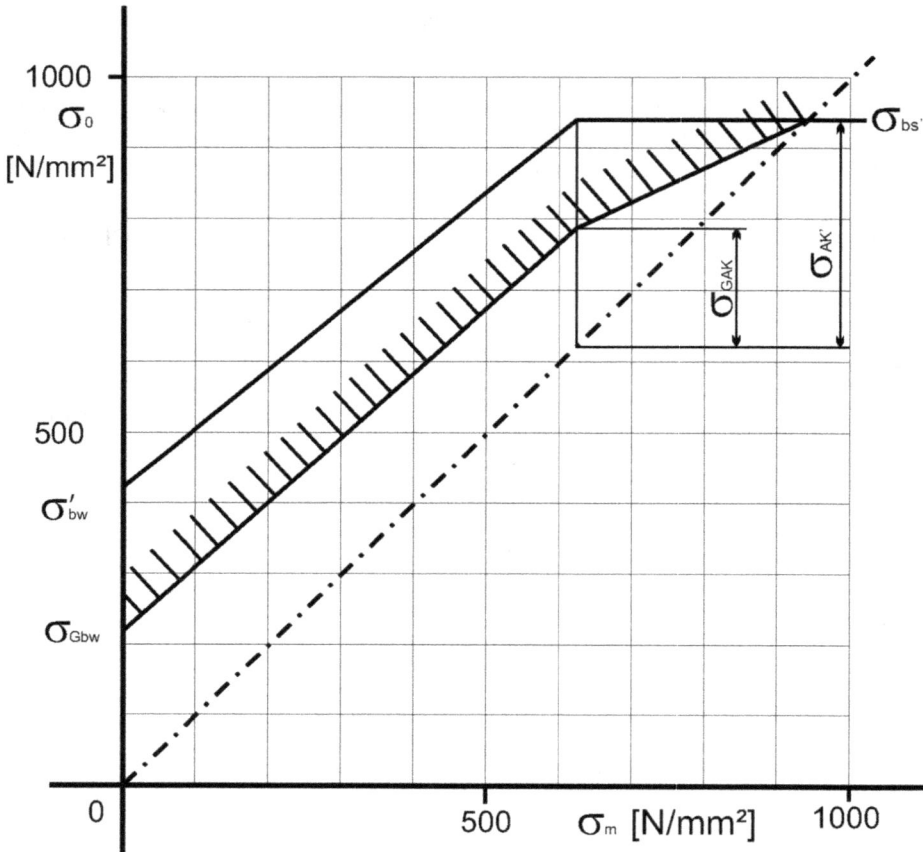

Bild 1.22: Smith-Diagramm nach der zweiten Verkleinerung

- Der Wert für σ'_{bW} wird von der Verkleinerung voll erfasst, weil an dieser Stelle nur dynamische Beanspruchung vorliegt.

$$\sigma_{GbW} = \frac{b_O}{\beta_k} \cdot \sigma'_{bW} \qquad\qquad\qquad \text{Gl. 1.11}$$

- Der Wert für σ'_{bS} wird von der Verkleinerung überhaupt nicht beeinflusst, da die Belastung rein statisch ist.
- Zur Vervollständigung der zweiten Verkleinerung bietet sich der Punkt an, an dem der Kurvenzug der ersten Verkleinerung einen Knick aufweist. An dieser Stelle wird der dynamische Anteil σ'_{AK} auf σ_{GAK} verkleinert:

$$\sigma_{GAK} = \frac{b_O}{\beta_k} \cdot \sigma'_{AK} \qquad\qquad\qquad \text{Gl. 1.12}$$

Der für die Rechnung notwendige Wert σ'_{AK} ist in der bisherigen Berechnung noch nicht aufgetaucht und muss aus der ersten Reduktion des Diagramms abgelesen werden (hier $320\,\mathrm{N/mm^2}$). Zur weiteren Verfolgung des begonnenen Zahlenbeispiels seien folgende Annahmen getroffen:

$$\beta_k = 1{,}5 \quad \text{und} \quad b_O = 0{,}78 \quad \text{(geschruppt)}$$

$$\sigma_{GbW} = \frac{b_O}{\beta_k} \cdot \sigma'_{bW} = \frac{0{,}78}{1{,}5} \cdot 423\,\mathrm{N/mm^2} = 220\,\mathrm{N/mm^2} \qquad \text{Gl. 1.13}$$

$$\sigma_{GAK} = \frac{b_O}{\beta_k} \cdot \sigma'_{AK} = \frac{0{,}78}{1{,}5} \cdot 320\,\mathrm{N/mm^2} = 166\,\mathrm{N/mm^2} \qquad \text{Gl. 1.14}$$

Der nach der zweiten Reduktion entstandene Kurvenzug wird als „Gestaltdauerfestigkeitsschaubild" bezeichnet. Es macht auf anschauliche Weise deutlich, wie stark die zunächst sehr hohe Festigkeit der idealen Probe im realen Fall geschwächt wird.

1.6   Festigkeitsnachweis im Smith-Diagramm (E)

Stellt man die Aussagen der beiden vorangegangenen Abschnitte zusammen, so lässt sich der Festigkeitsnachweis bei zeitlich veränderlicher Belastung folgendermaßen formulieren: Das Bauteil ist dann dauerfest, wenn der in Abschnitt 1.3 ermittelte Lastpunkt innerhalb des in Abschnitt 1.5 ermittelten Gebietes der zulässigen Spannung liegt. Diese Vorgehensweise lässt sich mit den folgenden beiden Spezialfällen in Zusammenhang bringen:

- Ist die Belastung rein statisch, so wird der Zahlenwert der zulässigen Spannung aus den Werkstofftabellen übernommen und ggf. um den Größenbeiwert b_G reduziert. Der Festigkeitsnachweis ist als „eindimensionales" Problem ($\sigma_{tats} \lesssim \sigma_{zul}$) auf der Winkelhalbierenden des Smith-Diagramms darstellbar. Die Konstruktion des Diagramms ist dann überflüssig wie bei den Übungsbeispielen von Kapitel 0.
- Ist die Belastung rein dynamisch (wechselnd), so wird die zulässige Spannung als Zahlenwert aus den Werkstofftabellen entnommen und um die Kerbwirkungszahl β_K, den Oberflächenbeiwert b_O und ggf. um den Größenbeiwert b_G reduziert. Dieser spezielle Festigkeitsnachweis lässt sich ebenfalls als „eindimensionales" Problem ($\sigma_{tats} \lesssim \sigma_{zul}$) auf der senkrechten Achse des Smith-Diagramms darstellen. Die Konstruktion des Diagramms wäre auch in diesem Fall überflüssig.

Liegt jedoch eine beliebige Zusammensetzung von statischer und dynamischer Belastung vor, so wird eine „zweidimensionale" Betrachtung erforderlich, die im vorliegenden Fall mit dem Smith-Diagramm ausgeführt wird: Das Bauteil ist dann dauerfest, wenn der Lastpunkt innerhalb des abgegrenzten Gebietes liegt. In Ergänzung dazu wird im Abschnitt 1.7 auch das Haigh-Diagramm vorgestellt.

Mit der einfachen Feststellung „Bauteil ist dauerfest" oder „nicht dauerfest" gibt man sich in der Regel jedoch nicht zufrieden, sondern strebt vielmehr die Formulierung eines Sicherheitsfaktors als Quotient aus zulässiger zu tatsächlicher Spannung an. Zu diesem Zweck wird

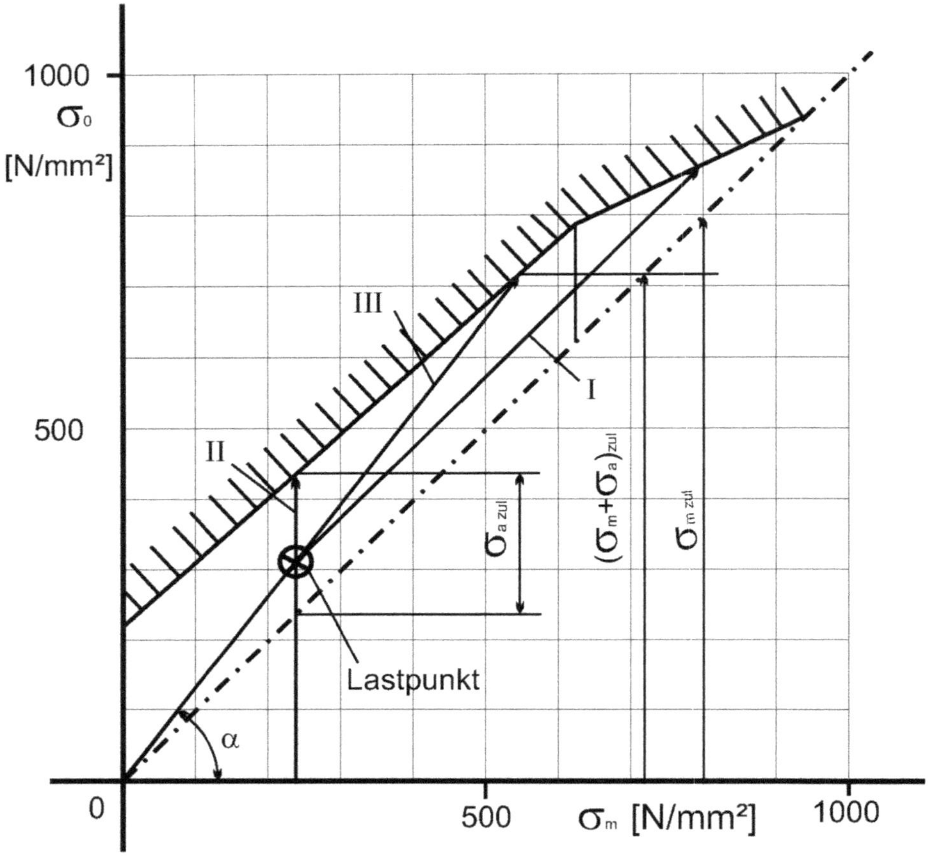

Bild 1.23: Sicherheitsnachweis im Smith-Diagramm

nochmals das oben erläuterte Beispiel betrachtet, wobei Bild 1.23 wegen der Übersichtlichkeit nur die Konstellation nach der zweiten Reduktion eingezeichnet ist.

Zur Formulierung der Sicherheit muss nun die Frage geklärt werden, in welche Richtung die Überlast den Betriebspunkt verlagert. Dazu wird die von außen auf das Bauteil wirkende Belastung näher analysiert. Der Einfachheit halber wird nach Bild 1.24 ein Fall angenommen, bei dem die Belastung praktisch nur aus Biegung besteht:

Die Festigkeit dieses Biegebalkens wird wie zuvor an der Einspannstelle überprüft, weil dort das höchste Biegemoment vorliegt. Die Belastung wird am freien Ende des Biegebalkens durch einen auf dem Biegebalken befestigten Motor eingeleitet, der eine Unwuchtmasse an-

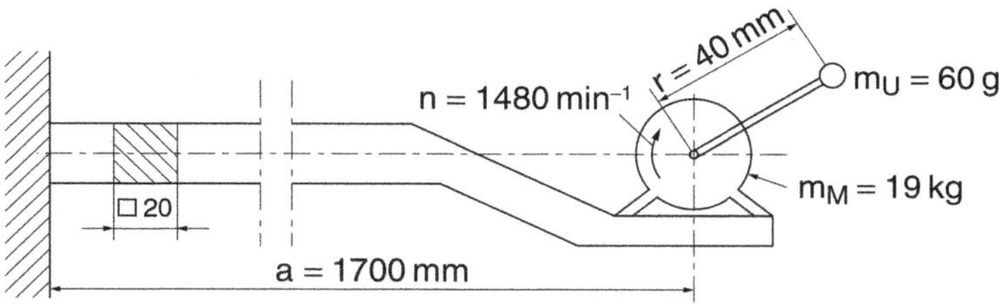

Bild 1.24: Dynamisch belasteter Biegebalken.

treibt. Das axiale Widerstandsmoment an der Einspannstelle beträgt nach Gl. 0.22

$$W_{ax} = \frac{b \cdot h^2}{6} = \frac{(20\,mm)^3}{6} = 1333\,mm^3$$

Die statische Biegespannung an der Einspannstelle wird praktisch ausschließlich durch das Motorgewicht hervorgerufen, weil die Unwuchtmasse als vernachlässigbar klein betrachtet werden kann:

$$\sigma_{bstat} = \frac{M_{bstat}}{W_{ax}} = \frac{m_M \cdot g \cdot a}{W_{ax}} = \frac{19\,kg \cdot 9{,}81\frac{m}{s^2} \cdot 1700\,mm}{1333\,mm^3} = 238\,N/mm^2$$

Die dynamische Biegespannung an der Einspannstelle wird durch die Unwuchtmasse hervorgerufen, die mit $\omega = 2 \cdot \pi \cdot n = 155\,s^{-1}$ rotiert:

$$\sigma_{bdyn} = \frac{M_{bdyn}}{W_{ax}} = \frac{m_U \cdot r \cdot \omega^2 \cdot a}{W_{ax}} = \frac{0{,}060\,kg \cdot 0{,}04\,m \cdot \left(155\,s^{-1}\right)^2 \cdot 1700\,mm}{1333\,mm^3} = 74\,N/mm^2$$

Zur Festlegung der Sicherheit gilt weiterhin die allgemeingültige Formulierung:

$$S = \frac{\sigma_{zul}}{\sigma_{tats}}$$

Für das Erreichen der Grenzkurve in Bild 1.23 sind verschiedene Modellfälle denkbar, die sich durch eine verschiedenartige Verlagerung des Lastpunktes im Betriebsfestigkeitsschaubild ausdrücken:

	Überlast durch	σ_{stat}	σ_{dyn}
I	größere Motormasse m_M	steigt mit m_M (linear)	unverändert
II	größere Unwuchtmasse m_U	unverändert	steigt mit m_U (linear)
	größeren Unwuchtradius r	unverändert	steigt mit r (linear)
	höhere Winkelgeschwindigkeit ω	unverändert	steigt mit ω (quadratisch)
III	größeren Hebelarm a	steigt mit a (linear)	steigt mit a (linear)

Entsprechend der speziellen Überlastannahme bewegt sich der Lastpunkt im Smith-Diagramm in eine ganz bestimmte Richtung und verlässt dabei das „zulässige" Gebiet an einer für den

Überlastfall charakteristischen Stelle. Für die Berechnung der Sicherheit ergeben sich also unterschiedliche Zahlenwerte, die von der jeweiligen Überlastannahme abhängen.

I. Der Betriebspunkt wandert auf einer Parallelen zur Winkelhalbierenden (dynamische Belastung bleibt konstant und statische Belastung steigt) nach rechts oben und verlässt in diesem Beispiel bei (abgelesenen) $875\,N/mm^2$ das „erlaubte" Gebiet. Die dabei vorliegende zulässige statische Spannung beträgt $\sigma_{statzul} = 800\,N/mm^2$. Die ohne Überlast vorliegende Mittelspannung $\sigma_{stat} = 238\,N/mm^2$ darf also bis $\sigma_{statzul} = 800\,N/mm^2$ gesteigert werden, erst darüber hinaus ist die Betriebsfestigkeit nicht mehr gegeben. Die Sicherheit formuliert sich also zu

$$S_I = \frac{\sigma_{statzul}}{\sigma_{stat}} = \frac{800\,N/mm^2}{238\,N/mm^2} = 3{,}36 \qquad\qquad \text{Gl. 1.15}$$

II. Der Betriebspunkt wandert senkrecht nach oben (statische Belastung konstant, dynamische Belastung steigt) und verlässt in diesem Beispiel bei (abgelesenen) $430\,N/mm^2$ das „erlaubte" Gebiet. Die dabei vorliegende zulässige dynamische Spannung beträgt $\sigma_{dynzul} = 195\,N/mm^2$. Die ohne Überlast vorliegende Mittelspannung $\sigma_{dyn} = 74\,N/mm^2$ darf also bis $\sigma_{dynzul} = 195\,N/mm^2$ gesteigert werden, erst darüber hinaus ist die Betriebsfestigkeit nicht mehr gegeben. Die Sicherheit formuliert sich also zu

$$S_{II} = \frac{\sigma_{dynzul}}{\sigma_{dyn}} = \frac{195\,N/mm^2}{74\,N/mm^2} = 2{,}64 \qquad\qquad \text{Gl. 1.16}$$

III. Der Betriebspunkt bewegt sich auf einem Leitstrahl, der den Lastpunkt mit dem Koordinatenursprung verbindet, weiter vom Koordinatenursprung weg (statische und dynamische Belastung steigen in gleichem Maße, $\kappa = \text{const.}$) und verlässt in diesem Beispiel bei (abgelesenen) $725\,N/mm^2$ das „zulässige" Gebiet. Die ohne Überlast vorliegende Spannung $\sigma_{stat} + \sigma_{dyn} = 238\,N/mm^2 + 74\,N/mm^2 = 312\,N/mm^2$ darf also bis $(\sigma_{stat} + \sigma_{dyn})_{zul} = 725\,N/mm^2$ gesteigert werden, erst darüber hinaus ist die Betriebsfestigkeit nicht mehr gegeben. Die Sicherheit formuliert sich damit zu

$$S_{III} = \frac{(\sigma_{stat} + \sigma_{dyn})_{zul}}{\sigma_{stat} + \sigma_{dyn}} = \frac{725\,N/mm^2}{(238 + 74)\,N/mm^2} = 2{,}32 \qquad\qquad \text{Gl. 1.17}$$

Der Zahlenwert der Sicherheit hängt besonders in diesem Fall von der Zeichengenauigkeit ab. Aus diesem Grunde ist es meist hilfreich, den Steigungswinkel des Leitstrahls α ganz einfach rechnerisch zu ermitteln:

$$\alpha = \arctan \frac{\sigma_{stat} + \sigma_{dyn}}{\sigma_{stat}} \qquad\qquad \text{Gl. 1.18}$$

$$\text{hier:} \quad \alpha = \arctan \frac{238\,N/mm^2 + 74\,N/mm^2}{238\,N/mm^2} = 52{,}7°$$

Soweit dieses einführende Beispiel. Die in der Praxis auftretenden Überlastfälle sind aber normalerweise nicht so leicht zu differenzieren. In vielen Fällen müssen Überlastannahmen genauer analysiert werden (s. Übungsbeispiele). Im allgemeinen Fall liegt nicht nur Biegung vor, sondern es müssen sowohl für die statische als auch für die dynamische Belastung Vergleichsspannungen formuliert werden.

Aufgaben A.1.17 bis A.1.23

1.7 Festigkeitsnachweis im Haigh-Diagramm (V)

Der Betriebsfestigkeitsnachweis kann auch mit Hilfe des sog. Haigh-Diagramms durchgeführt werden. Die Ergebnisse sind identisch mit dem Betriebsfestigkeitsnachweis nach Smith, allerdings ist die Darstellung anders: Während das Smith-Diagramm die Gesamtspannung (also die Summe von statischer und dynamischer Spannung) über der statischen Spannung aufträgt, gibt das Haigh-Diagramm ausschließlich die dynamische Spannung über der statischen Spannung wieder.

Die Darstellung des Smith-Diagramms nach Bild 1.17 würde mit gleichen Werkstoffkenndaten nach Haigh die Form nach Bild 1.25 annehmen:

Die waagerechte Achse entspricht nun der Achse $\kappa = 1$ und die senkrechte Achse bildet alle Lastzustände $\kappa = -1$ ab. Auf der Winkelhalbierenden sind statischer und dynamischer Anteil gleich, so dass hier die Schwellwerte mit $\kappa = 0$ zu finden sind.

- Die **Streckgrenze** (hier $\sigma_{bS} = 1.000\,\text{N/mm}^2$) wird bei D auf der waagerechten σ_m-Achse aufgetragen. Hier liegt keine dynamische Belastung vor.
- Die **Wechselfestigkeit** (hier $\sigma_{bW} = 450\,\text{N/mm}^2$) wird bei A auf der senkrechten σ_a-Achse aufgetragen. Hier liegt keine statische Belastung vor.
- Die **Schwellfestigkeit** (hier $\sigma_{bSch} = 770\,\text{N/mm}^2$) bedeutet, dass $\sigma_m = \frac{\sigma_{bSch}}{2}$ und $\sigma_a = \frac{\sigma_{bSch}}{2}$ zugelassen werden kann (Punkt B).

Die Verbindungslinie von A nach B wird über B hinaus verlängert und mit der bei D angelegten Diagonalen zum Schnitt gebracht, wodurch der Punkt C entsteht. Die Lastzustände unterhalb des Kurvenzuges ABCD sind für die standardisierte Werkstoffprobe dauerfest.

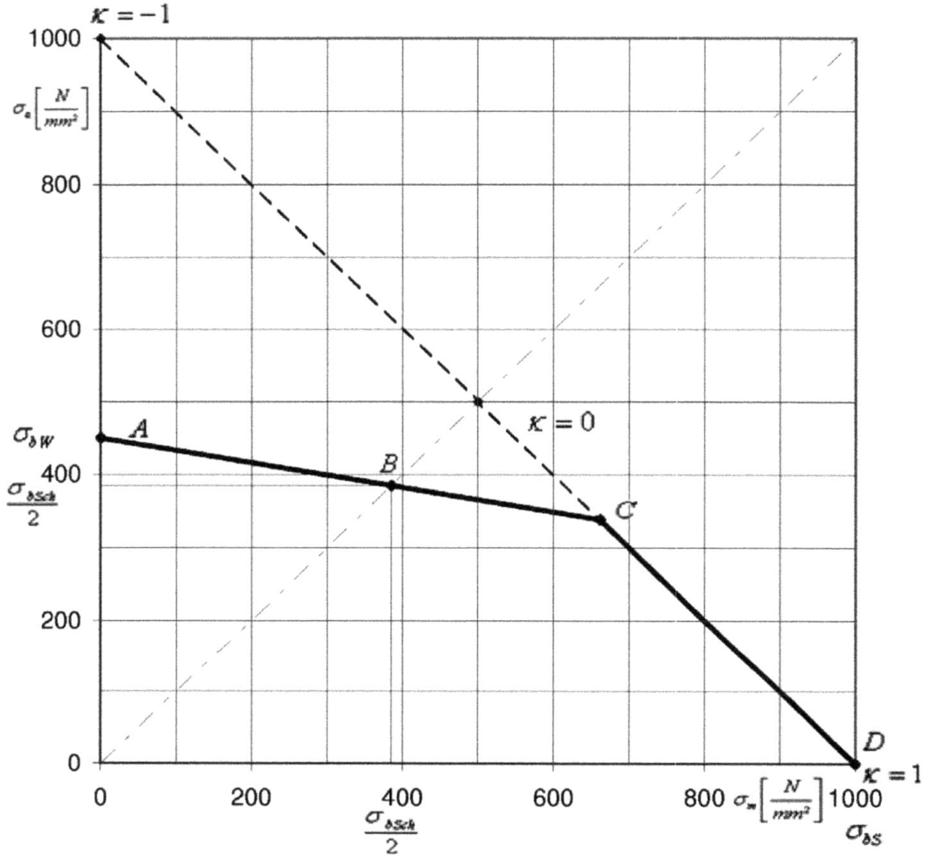

Bild 1.25: Haigh-Diagramm Werkstoffprobe

1.7.1   Erste Verkleinerung durch Größeneinfluss

Die im Abschnitt 1.5.3.1 praktizierte erste Verkleinerung, die die spezielle Größe des Bauteils berücksichtigt, wird auch hier nach den Gleichungen 1.7–1.9 berechnet und hat eine lineare Verkleinerung des Betriebsfestigkeitsgebietes nach Bild 1.26 zur Folge.

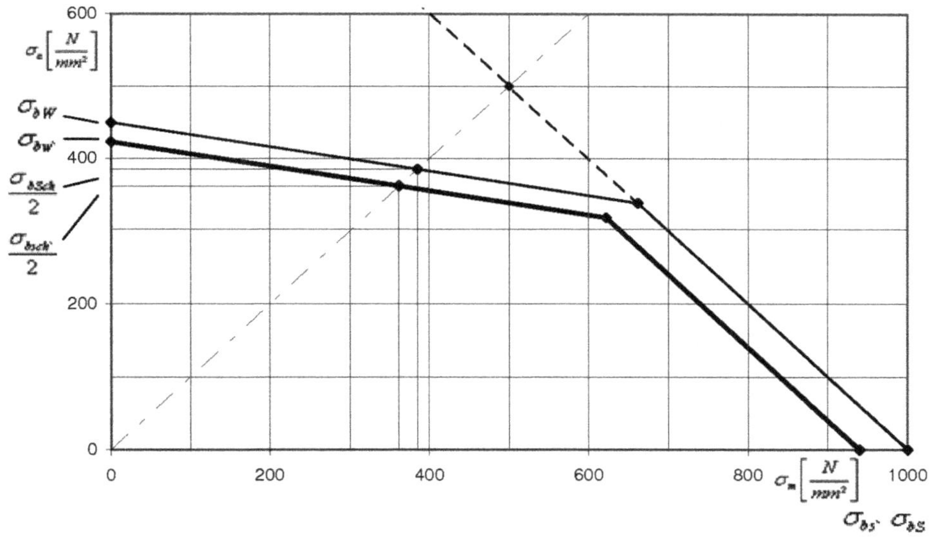

Bild 1.26: Haigh-Diagramm erste Verkleinerung

1.7.2 Zweite Verkleinerung durch Kerbwirkungszahl und Oberflächenbeiwert

Die im Abschnitt 1.5.3.2 durchgeführte zweite Verkleinerung, die das Betriebsfestigkeits-schaubild um die Kerbwirkungszahl und den Oberflächenbeiwert reduziert, wird auch hier nach den Gleichungen 1.13–1.14 berechnet in Bild 1.27 ausgeführt. Da dabei nur der dynamische Anteil berücksichtigt wird, bleiben die Werte auf der σ_m-Achse erhalten.

1.7.3 Sicherheitsnachweis im Haigh-Diagramm

Der für das Smith-Diagramm in Bild 1.23 vorgestellte Sicherheitsnachweis wird für das Haigh-Diagramm nach Bild 1.28 vollzogen:

I. Für den Fall, dass die Überlast durch eine Steigerung der statischen Belastung zustande kommt, bewegt sich der Lastpunkt auf einer Parallele zur σ_m-Achse.

II. Wenn die Überlast ausschließlich durch eine Steigerung des dynamischen Anteils zustande kommt, so bewegt sich der Lastpunkt auf einer Senkrechten nach oben.

III. Werden bei der Überlast sowohl der statische als auch der dynamische Anteil vergrößert, so bewegt sich der Lastpunkt auf einer Leitstrahl, der den Koordinatenursprung mit dem aktu-ellen Lastpunkt verbindet ($\kappa = $ const.). In diesem Fall ergibt sich allerdings der Winkel α,

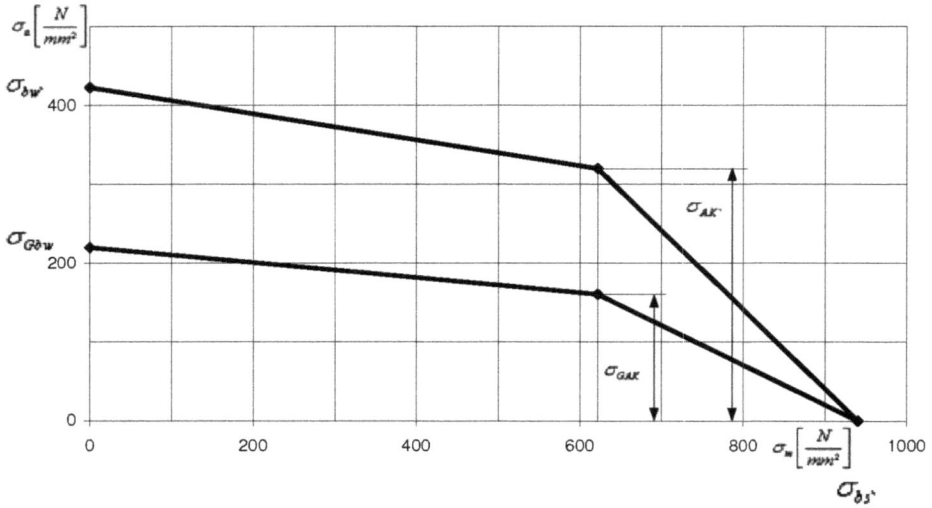

Bild 1.27: Haigh-Diagramm zweite Verkleinerung

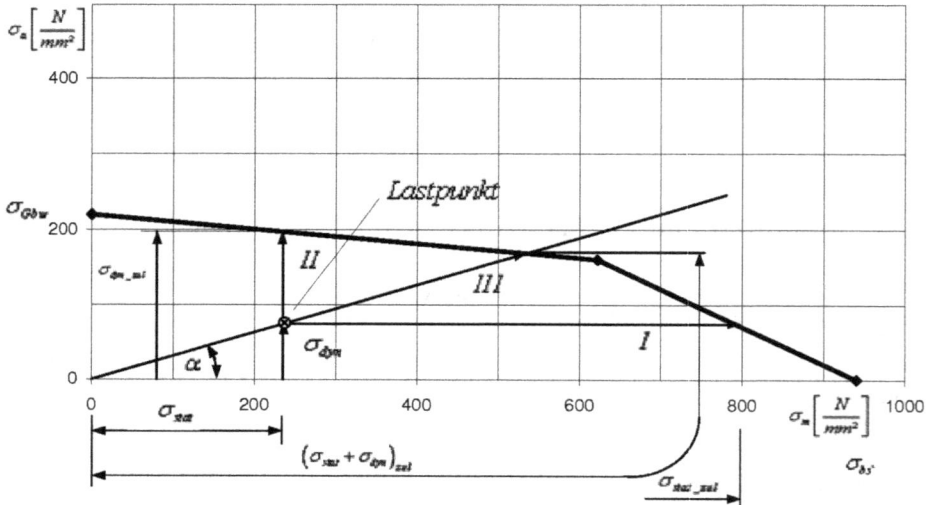

Bild 1.28: Sicherheitsnachweis im Haigh-Diagramm

unter dem der Leitstrahl relativ zur Waagerechten ansteigt, zu:

$$\alpha = \arctan \frac{\sigma_{dyn}}{\sigma_{stat}} \quad \text{hier:} \quad \alpha = \arctan \frac{74\,\text{N/mm}^2}{238\,\text{N/mm}^2} = 17{,}3° \qquad \text{Gl. 1.19}$$

Der Wert $(\sigma_{stat} + \sigma_{dyn})_{zul}$ wird hier als Summe des statischen Spannung (auf der x-Achse) und der dynamischen Spannung (auf der y-Achse) bis zur Betriebsfestigkeitsgrenze bei Punkt III abgelesen.

Die so gewonnenen Zahlenwerte für zulässige Spannungen und Sicherheiten sind identisch mit den Werten von Abschnitt 1.6. Das Haigh-Diagramm nutzt die Zeichenfläche besser aus und erhöht die Zeichengenauigkeit. Dies ist besonders vorteilhaft bei hoher Kerbwirkung, z. B. bei Schrauben (s. Bild 4.12 und 4.13).

Aufgaben: Grundsätzlich können die Aufgaben A.1.17 bis A.1.23 auch mit Hilfe des Festigkeitsnachweises nach Haigh gelöst werden, wobei sich für die Sicherheit die gleichen Zahlenwert ergeben.

1.8 Vordimensionierung (V)

Die bisher geschilderte Vorgehensweise hatte zum Ziel, ein Bauteil, welches in seinen Abmessungen bereits festgelegt ist, auf Festigkeit zu untersuchen. In der Praxis tritt aber häufig das Problem auf, dass die Bauteilabmessungen erst in Folge von bekannten Belastungen festgelegt werden müssen. Da sich die oben angegebenen Gleichungen aber bezüglich dieser Fragestellung nicht ohne weiteres umstellen lassen, müsste in einem ersten Schritt die Dimensionierung des Bauteils „erraten" werden, um dann in einem Festigkeitsnachweis zu ermitteln, ob diese Dimensionierung auch ausreicht. Auf diese Weise wären dann mehrere aufeinanderfolgende Festigkeitsnachweise mit jeweils korrigierten Abmessungen erforderlich, um ein Bauteil endgültig dauerfest auszulegen. Die Bauteildimensionierung wird damit zum iterativen Prozess, der einen gewissen rechnerischen Aufwand erfordert.

Um diesen Aufwand zu reduzieren, werden die Abmessungen des Bauteils in einem ersten Iterationsschritt unter stark vereinfachenden Annahmen provisorisch festgelegt. Diese sog. *Vordimensionierung* vollzieht sich folgendermaßen: Die tatsächliche Spannung σ_{vorh} bzw. τ_{vorh} im Bauteil wird auf die vorherrschende Beanspruchungsart reduziert, wobei sich entsprechend der zu erwartenden vorherrschenden Belastungsart eine der vier folgenden Gleichungen der elementaren Festigkeitslehre ansetzen lässt:

bei vorherrschender Zug-/Druckbelastung $\quad\sigma_{ZD} = \dfrac{F_{ZD}}{A} \qquad A \geqslant \dfrac{F_{ZD}}{\sigma_{ZDzul}}$

bei vorherrschender Biegebelastung $\quad\sigma_b = \dfrac{M_b}{W_{ax}} \qquad W_{ax} \geqslant \dfrac{M_b}{\sigma_{bzul}}$

bei vorherrschender Querkraftbelastung $\quad\tau_Q = \dfrac{Q}{A} \qquad A \geqslant \dfrac{Q}{\tau_{zul}}$

bei vorherrschender Torsionsbelastung $\quad\tau_t = \dfrac{M_t}{W_t} \qquad W_t \geqslant \dfrac{M_t}{\tau_{zul}}$

Unter Ausnutzung der jeweils letztgenannten Gleichung ergibt sich dann vorläufig entweder eine erforderliche Querschnittsfläche A oder ein erforderliches Widerstandsmoment W_{ax} bzw. W_t. Die Entscheidung, nach welcher der vier o. g. Gleichungen die Vordimensionierung vorzunehmen ist, orientiert sich an artverwandten Dimensionierungsproblemen. Bei Getriebewellen beispielsweise ist die vorherrschende Belastungsart die Biegebelastung.

Die zulässige Spannung σ_{zul} bzw. τ_{zul} hängt ab von

- dem verwendeten Werkstoff mit seinen bereits oben aufgeführten Materialkennwerten (z. B. σ_{bS}, σ_{bSch} und σ_{bW} für Biegung),
- der vorherrschenden Belastungsart (Zug/Druck, Biegung oder Torsion),
- dem zeitlichen Belastungsverlauf, wobei nach „vorwiegend wechselnd" ($-1{,}0 \leqslant \kappa < -0{,}5$), „vorwiegend schwellend" ($-0{,}5 \leqslant \kappa \leqslant 0{,}75$) und „vorwiegend statisch" ($0{,}75 < \kappa \leqslant 1$) unterschieden wird.

Die Werkstoffkennwerte werden sowohl für den statischen als auch für den dynamischen Lastverlauf um den Faktor b_G/S verkleinert. Bei dynamischer Belastung wird zusätzlich um den Quotienten b_O/β_k reduziert. Die schwellende Belastung wird in diesem Zusammenhang als Mischfall zwischen statischer und wechselnder Belastung betrachtet. Damit drückt sich die zulässige Spannung wie folgt aus:

	vorwiegend wechselnd: $-1{,}0 \leqslant \kappa < -0{,}5$	vorwiegend schwellend: $-0{,}5 \leqslant \kappa \leqslant 0{,}75$	vorwiegend statisch: $0{,}75 < \kappa \leqslant 1$
vorwiegend Zug/Druck	$\sigma_{zul} = \frac{b_G}{S} \cdot \frac{b_O}{\beta_k} \cdot \sigma_{ZW}$	$\sigma_{zul} = \frac{b_G}{S} \cdot \left(\frac{1}{2} + \frac{1}{2} \cdot \frac{b_O}{\beta_k}\right) \cdot \sigma_{ZSch}$	$\sigma_{zul} = \frac{b_G}{S} \cdot \sigma_{ZS}$
vorwiegend Biegung	$\sigma_{zul} = \frac{b_G}{S} \cdot \frac{b_O}{\beta_k} \cdot \sigma_{bW}$	$\sigma_{zul} = \frac{b_G}{S} \cdot \left(\frac{1}{2} + \frac{1}{2} \cdot \frac{b_O}{\beta_k}\right) \cdot \sigma_{bSch}$	$\sigma_{zul} = \frac{b_G}{S} \cdot \sigma_{bS}$
vorwiegend Schub	$\tau_{zul} = \frac{b_G}{S} \cdot \frac{b_O}{\beta_k} \cdot \tau_{tW}$	$\tau_{zul} = \frac{b_G}{S} \cdot \left(\frac{1}{2} + \frac{1}{2} \cdot \frac{b_O}{\beta_k}\right) \cdot \tau_{tSch}$	$\tau_{zul} = \frac{b_G}{S} \cdot \tau_{tS}$

Mit Hilfe dieser Angaben kann leicht eine erste Dimensionierung als Vordimensionierung vorgenommen werden. Die so gewonnenen Maßangaben sind dann Ausgangspunkt für einen vollständigen Betriebsfestigkeitsnachweis mit Hilfe des Smith- oder Haigh-Diagramms. Unter Umständen ergibt sich daraus die Notwendigkeit, die Dimensionierung nochmals zu korrigieren, so dass ein weiterer Festigkeitsnachweis erforderlich wird.

1.9   Anhang

1.9.1   Literatur

[1.1]   Agne, Klaus; Agne, Simon: Technische Mechanik in der Feinwerktechnik. Vieweg 1988

[1.2]   Assmann, Bruno; Selke, Peter: Technische Mechanik, Band 1–3. Oldenbourg 2006

[1.3]   Biederbick, K.: Kunststoffe kurz und bündig. Würzburg 1970

[1.4]   Böge, Alfred: Formeln und Tabellen zur Mechanik und Festigkeitslehre, Band 1 und 2. Vieweg 1994

[1.5]   Buxbaum, O.: Betriebsfestigkeit. Stahleisenverlag 1986

[1.6]   Dankert, H.; Dankert, J.: Technische Mechanik computerunterstützt. Teubner 1995

[1.7]   Dietman, H.: Einführung in die Elastizitäts- und Festigkeitslehre. Kroner 1992

[1.8]   DIN-Taschenbuch 69: Stahlhochbau. Beuth

[1.9]   Domke, W.: Werkstoffkunde und Werkstoffprüfung. Essen 1982

[1.10] Fink K.; Rohrbach, C.: Handbuch der Spannungs- und Dehnungsmessung. VDI-Verlag 1965

[1.11] Fronius, S.: Antriebselemente. VEB-Verlag 1982

[1.12] Gobrecht, J.: Werkstofftechnik – Metalle. 3. Auflage, Oldenbourg Verlag 2009

[1.13] Gross; Hauger; Schnell: Technische Mechanik. Springer 2005

[1.14] Haibach, E.: Betriebsfestigkeit – Verfahren und Daten zur Bauteilberechnung. VDI-Verlag 1989

[1.15] Hänchen, R.: Neue Festigkeitsberechnung für den Maschinenbau. Hanser 1967

[1.16] Holzmann G.; Meyer H.; Schumpick G.: Technische Mechanik. Band 1–3. Teubner 1990

[1.17] Hütte: Taschenbuch der Stoffkunde. Berlin

[1.18] Issler, L.; Ruoß, H.; Häfele, P.: Festigkeitslehre – Grundlagen. Springer 1995

[1.19] Neuber, H.: Kerbspannungslehre. Verlag 1988

[1.20] NN: Werkstoffhandbuch Stahl und Eisen. Düsseldorf 1974

[1.21] NN: Werkstoffhandbuch Nichteisenmetalle. Düsseldorf 1960

[1.22] Oberbach: Kunststoffkennwerte für Konstrukteure. München 1974

[1.23] Schmidt, F.: Berechnung und Gestaltung von Wellen. Konstruktionsbücher Band 10. Springer 1967

[1.24] Schmitt-Thomas, Karlheinz G.: Metallkunde für das Maschinenwesen. Springer

[1.25] Schweigerer S.: Festigkeitsberechnung im Dampfkessel-, Behälter- und Rohrleitungsbau. Springer 1978

[1.26] Tauscher, H.: Berechnung der Betriebsfestigkeit. Leipzig 1964
[1.27] VDI-Richtlinie 2227: Festigkeit bei wiederholter Beanspruchung; Zeit- und Betriebs-festigkeit metallischer Werkstoffe, insbesondere von Stählen. VDI-Verlag
[1.28] Zammert, W.U.: Betriebsfestigkeitsberechnung. Vieweg 1985

1.9.2   Normen

[1.29] DIN 1651: Automatenstähle
[1.30] DIN 1681: Stahlguß für allgemeine Verwendungszwecke
[1.31] DIN 1691: Gußeisen mit Lamellengraphit (Grauguß)
[1.32] DIN 1692: Temperguß; Begriffe; Eigenschaften
[1.33] DIN 1693 T1: Gußeisen mit Kugelgraphit; Werkstoffsorten, unlegiert und niedrigle-giert
[1.34] DIN 1693 T2: Gußeisen mit Kugelgraphit; unlegiert und niedriglegiert; Eigenschaften im angegossenen Probestück
[1.35] DIN 1694: Austenitisches Gußeisen
[1.36] DIN 1712: Aluminium
[1.37] DIN 1725: Aluminiumlegierungen; Knetlegierungen
[1.38] DIN 1729: Magnesiumlegierungen
[1.39] DIN 4114: Stahlbau; Stabilitätsfälle (Knickung, Kippung, Beulung), Berechnungs-grundlagen, Vorschriften
[1.40] DIN 7728: Kunststoffe
[1.41] DIN 17006: Eisen und Stahl; Systematische Benennung, Stahlguß, Grauguß, Hartguß, Temperguß
[1.42] DIN 17007: Werkstoffnummern
[1.43] DIN 17100: Allgemeine Baustähle, Gütenormen
[1.44] DIN 17111: Kohlenstoffarme, unlegierte Stähle für Schrauben, Muttern und Niete
[1.45] DIN E 17200: Vergütungsstähle
[1.46] DIN 17210: Einsatzstähle
[1.47] DIN 17221 und 17222: Federstahl
[1.48] DIN 17240: Warmfeste und hochwarmfeste Werkstoffe für Schrauben und Muttern
[1.49] DIN 17245: Warmfester ferritischer Stahlguß
[1.50] DIN 17445: Nichtrostender Stahlguß
[1.51] DIN 50100, DIN 50113, DIN 50142: Wöhlerdiagramme, Smithdiagramme
[1.52] DIN 50103 T1: Prüfung metallischer Werkstoffe; Härteprüfung nach Rockwell; Ver-fahren C, A, B, F
[1.53] DIN 50106: Prüfung metallischer Werkstoffe; Druckversuch
[1.54] DIN 50115: Prüfung metallischer Werkstoffe; Kerbschlagbiegeversuch
[1.55] DIN 50118: Prüfung metallischer Werkstoffe; Zugstandversuch unter Zugbeanspru-chung
[1.56] DIN 50133: Prüfung metallischer Werkstoffe; Härteprüfung nach Vickers; Bereich HV 5 bis HV 100
[1.57] DIN 50141: Prüfung metallischer Werkstoffe; Scherversuch
[1.58] DIN 50145: Prüfung metallischer Werkstoffe; Zugversuch

[1.59] DIN 50150: Prüfung von Stahl und Stahlguß; Umwertungstabelle für Vickershärte, Brinellhärte, Rockwellhärte und Zugfestigkeit

[1.60} DIN 50551: Prüfung metallischer Werkstoffe; Härteprüfung nach Brinell

1.10   Aufgaben

Zusammengesetzte Spannungen

A.1.1   Transporteinrichtung mit Laufkatze (B)

Grundgestell: Die unten dargestellte Transporteinrichtung besteht aus einem senkrecht und einem waagereecht angeordneten Träger, die jeweils aus dem Halbzeug IPB100 nach DIN 1025 T2 gefertigt worden sind. An der Öse der horizontal beweglichen Laufkatze können Massen bis 2,5 t angehängt und in der Horizontalen verfahren werden. Das Eigengewicht der Konstruktion bleibt unberücksichtigt.

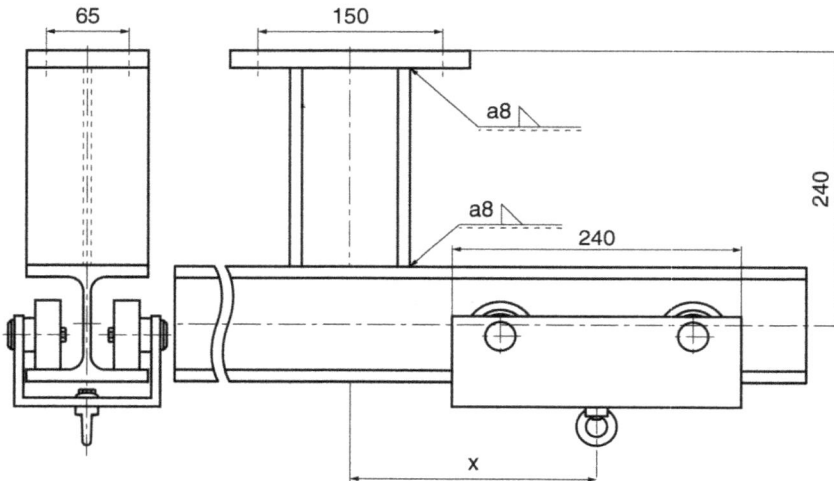

Der senkrecht angeordnete Träger soll bezüglich seiner Festigkeit betrachtet werden. Klären Sie zunächst, an welcher Stelle er am höchsten belastet wird.

○ höchste Belastung am oberen Ende des Trägers
○ höchste Belastung am unteren Ende des Trägers
○ das obere und untere Ende des Trägers erfahren die gleiche Belastung

Berechnen Sie die Spannungen an der festigkeitsmäßig kritischen Stelle für die unten aufgeführten, von der Mittellinie aus gezählten Verfahrwege.

	für x = 0	für x = 200 mm	für x = 400 mm
σ_Z [N/mm^2]			
σ_b [N/mm^2]			
σ_{ges} [N/mm^2]			

Wie groß darf der Verfahrweg x maximal werden, wenn für den Werkstoff eine maximale Normalspannung von 150 N/mm^2 zugelassen wird?

Laufkatze: Die Transportvorrichtung wird mit einer Laufkatze betrieben, die im Folgenden detaillierter betrachtet werden soll:

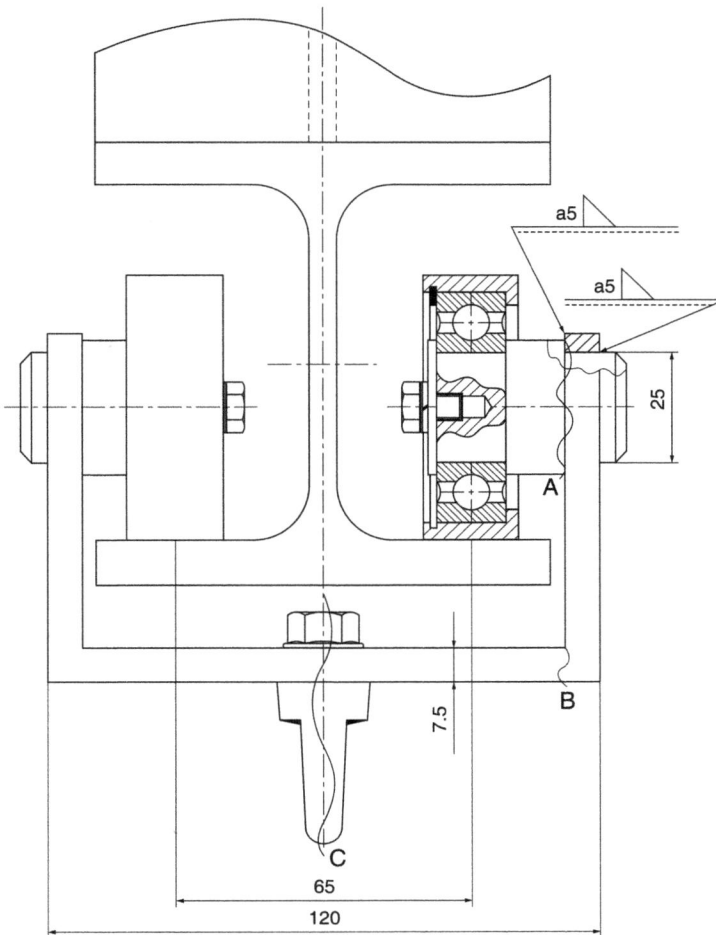

Diese Laufkatze ist an drei Stellen in ihrer Festigkeit zu überprüfen: Wie groß ist die Biegespannung (jeweils in N/mm^2) ...

... an der Einspannstelle des Bolzens (Stelle A)?	
... an der rechten unteren Ecke der U-förmigen Gestellkonstruktion (Stelle B)?	
... in der Mitte der U-förmigen Gestellkonstruktion (Stelle C)?	

A.1.2   Kranhaken (E)

Mit dem untenstehenden Kranhaken wird eine Last von 500 kg angehoben. Im schraffierten, T-förmigen Querschnitt ist die höchste Belastung zu erwarten.

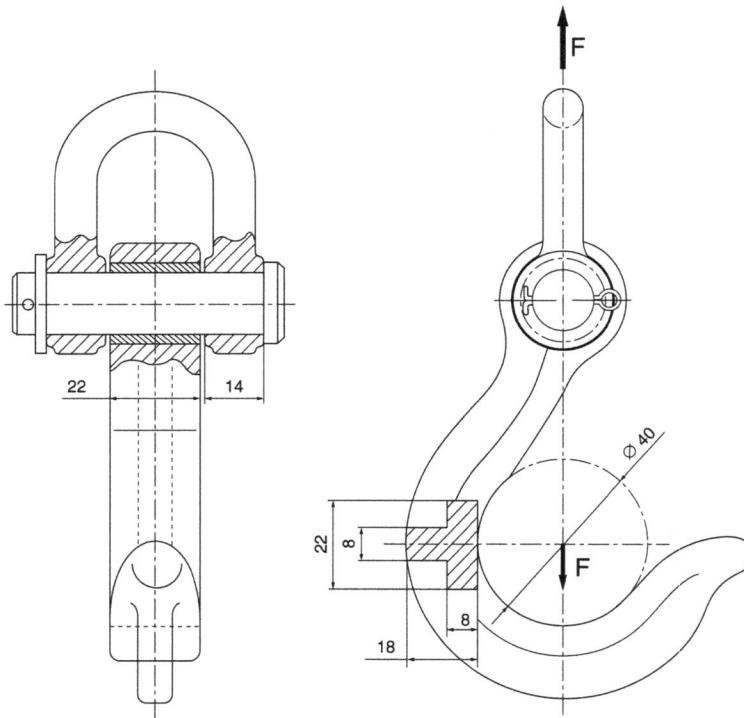

Ermitteln Sie zunächst die Querschnittsfläche A und das Flächenmoment I_{ax}!

Berechnen Sie die Spannungen an der linken und rechten Randfaser im schraffierten Querschnitt!

	linke Randfaser	rechte Randfaser
Zug-/Druckspannung σ_{ZD} [N/mm^2]		
Biegespannung σ_b [N/mm^2]		
gesamte Normalspannung σ_{ges} [N/mm^2]		

Quasistatische Vergleichsspannung

A.1.3   Kragarm mit doppeltem U-Träger (B)

Mit der unten skizzierten Vorrichtung wird eine Last von 760 kg angehoben. Der auskragende Tragarm besteht aus zwei U-Trägern U120 nach DIN 1026.

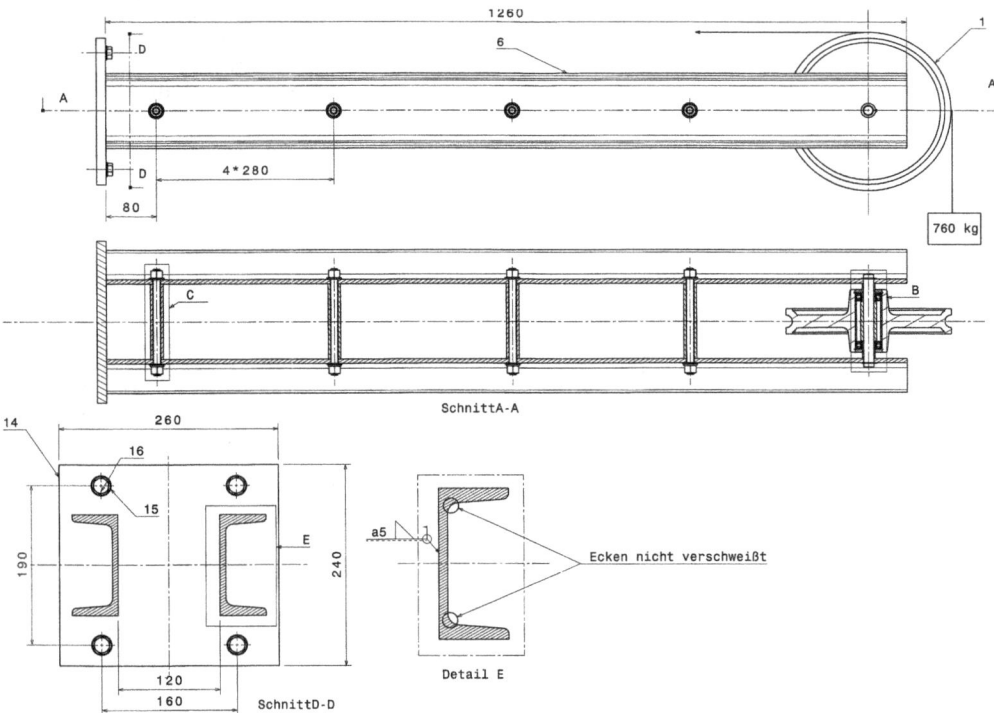

Wo tritt die größte Belastung im Kragbalken auf?	○ an der Seilrollenlagerung ○ in Balkenmitte ○ an der Wandbefestigung	
Welche Zug-/Druckspannung liegt an dieser Stelle vor?	N/mm^2	
Wie groß ist die Schubspannung an dieser Stelle?	N/mm^2	
Berechnen Sie die Biegespannung an dieser Stelle!	N/mm^2	
Wie groß ist die Vergleichsspannung an dieser Stelle?	N/mm^2	

A.1.4   Aufhängevorrichtung (B)

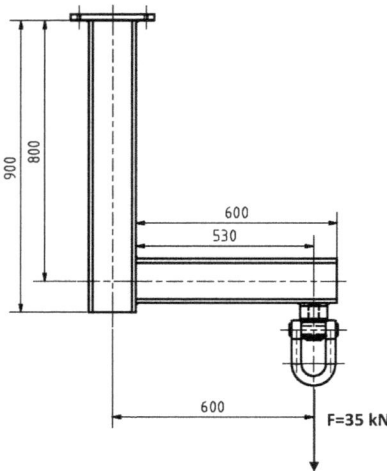

Die nebenstehend dargestellte Aufhängevorrichtung besteht aus zwei Profilen IPB 140 nach DIN 1025 T2 und wird mit einer maximalen Kraft von 35 kN belastet. Es wird der Werkstoff S 185 verwendet.

Ermitteln Sie die Spannungen an den unten aufgeführten Stellen. Berechnen Sie zunächst die Zug-, Schub- und Biegespannung und schließlich die Vergleichsspannung.

	Zug- spannung σ_Z [N/mm²]	Schub- spannung τ_Q [N/mm²]	Biege- spannung σ_b [N/mm²]	Vergleichs- spannung σ_v [N/mm²]
waagerechter Balken unmittelbar links neben der Lasteinleitungsstelle				
waagerechter Balken, linkes Ende				
senkrechter Balken unmittelbar oberhalb der Verbindung mit dem waagerechten Balken				
senkrechter Balken, oberes Ende				

Wie groß ist die Sicherheit bei quasistatischer Belastung?	

A.1.5   Schraubzwinge (B)

Die unten stehende Schraubzwinge ist auf Belastbarkeit zu untersuchen. Dabei wird nach dem waagrechten Teil und dem senkrechte Teil unterschieden und vorausgesetzt, dass die Verbindung zwischen beiden unkritisch ist.

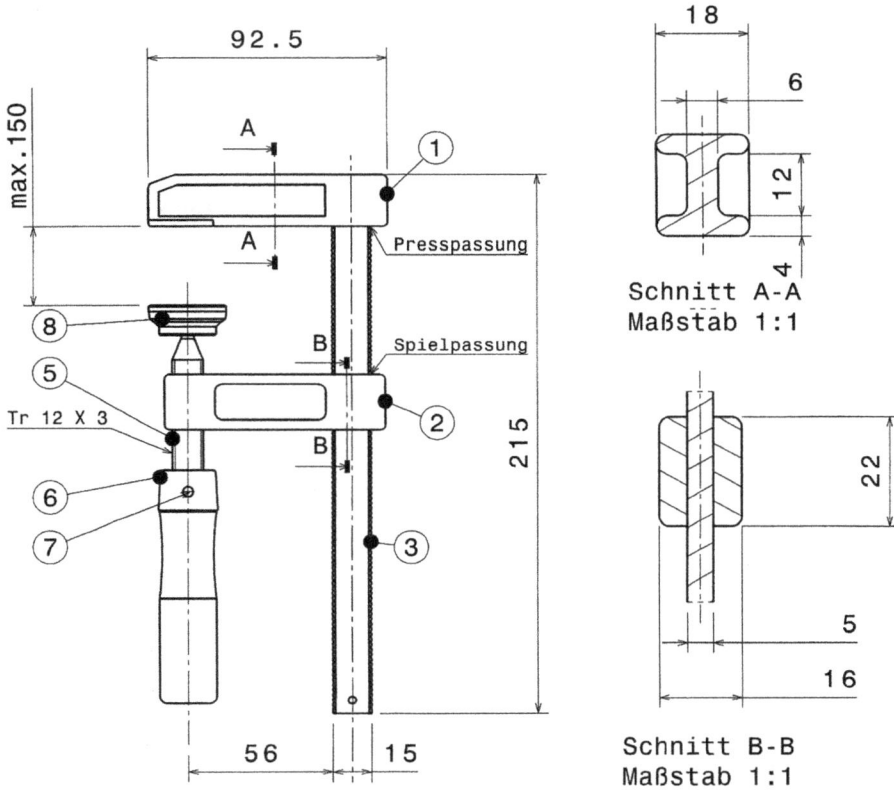

Schnitt A-A
Maßstab 1:1

Schnitt B-B
Maßstab 1:1

- Berechnen Sie zunächst die an der Klemmstelle zulässige Kraft F_{zul} in Abhängigkeit der Belastbarkeit des waagerechten Teils (Guss). Berücksichtigen Sie dabei, dass der Hebelarm nur bis zum Ende des I-förmigen Abschnitts reicht. Die Gussradien sind zu vernachlässigen.
- Der Werkstoff des senkrechtes Teils (Stahl) soll bezüglich seiner zulässigen Spannung so ausgewählt werden, dass die gleiche Kraft aufgenommen werden kann.

		waagerechtes Teil	senkrechtes Teil
σ_{zul}	N/mm^2	80	
I_{ax}	mm^4		———————
W_{ax}	mm^3		
M_{bzul}	Nm		
F_{zul}	N		

A.1.6   Bohrrohr für Erdbohrungen (B)

Das nebenstehende Gerät wird im Tiefbau zum Einbringen von Erdbohrungen benutzt. Die Bohrlöcher werden beim Hochziehen des Bohrgestänges mit Beton aufgefüllt. Diese Betonsäule dient als Fundament für den Hochbau (z. B. für den Brückenbau). Werden eine Reihe solcher Säulen nebeneinander angeordnet, so entsteht eine geschlossene Wand, mit der auf der einen Seite ein benachbartes Gebäude abstützt wird, während auf der anderen Seite eine Baugrube ausgehoben werden kann. Das Bohrgestänge besteht aus einem außenliegenden Rohr und einer innenliegenden Förderschnecke, die beide unten stirnseitig mit Schneiden bestückt sind. Rohr und Schnecke werden abschnittsweise mit Kupplungen zusammengesetzt und gegenläufig angetrieben. Das außenliegende Rohr kann sowohl einwandig (Bild links und Aufgabenteil 1) als auch doppelwandig (Bild unten und Aufgabenteil 2) ausgeführt werden. Benutzen Sie zur Dokumentation Ihrer Ergebnisse das untenstehende Schema.

Einwandiges Rohr: In einem ersten Fall wird ein einwandiges Rohr mit einem Außendurchmesser D und einem Innendurchmesser d verwendet, welches mit einem Torsionsmoment M_t und einer Druckkraft F_D belastet wird. Berechnen Sie die Querschnittsfläche A, das polare Widerstandsmoment W_{pol}, die Druckspannung σ_D, die Torsionsspannung τ_t und die Vergleichsspannung σ_V.

Doppelwandiges Rohr: In einem zweiten Anwendungsfall wird ein doppelwandiges Rohr verwendet, bei dem nach Außendurchmesser des Außenrohres D_a, Innendurchmesser des Außenrohres d_a, Außendurchmesser des Innenrohres D_i und Innendurchmesser des Innenrohres d_i unterschieden wird. In den Raum zwischen den beiden Rohren ist ein wendelförmiger Rundstab eingebracht, der die beiden Rohrwandungen auf Distanz hält, aber ansonsten auf das Festigkeitsverhalten keinen Einfluss nimmt. Berechnen Sie auch für diesen Fall die in der unteren Tabellenhälfte aufgeführten Kenngrößen.

		einwandiges Rohr	doppelwandiges Rohr		
M_t	kNm	360	585	kNm	M_t
F_D	kN	300	490	kN	F_D
D	mm	368	600	mm	D_a
d	mm	333	576	mm	d_a
		—	536	mm	D_i
		—	520	mm	d_i
A	mm^2			mm^2	A
W_t	mm^3			mm^3	W_t
σ_D	N/mm^2			N/mm^2	σ_D
τ_t	N/mm^2			N/mm^2	τ_t
σ_V	N/mm^2			N/mm^2	σ_V

A.1.7   Hydrantenschlüssel (B)

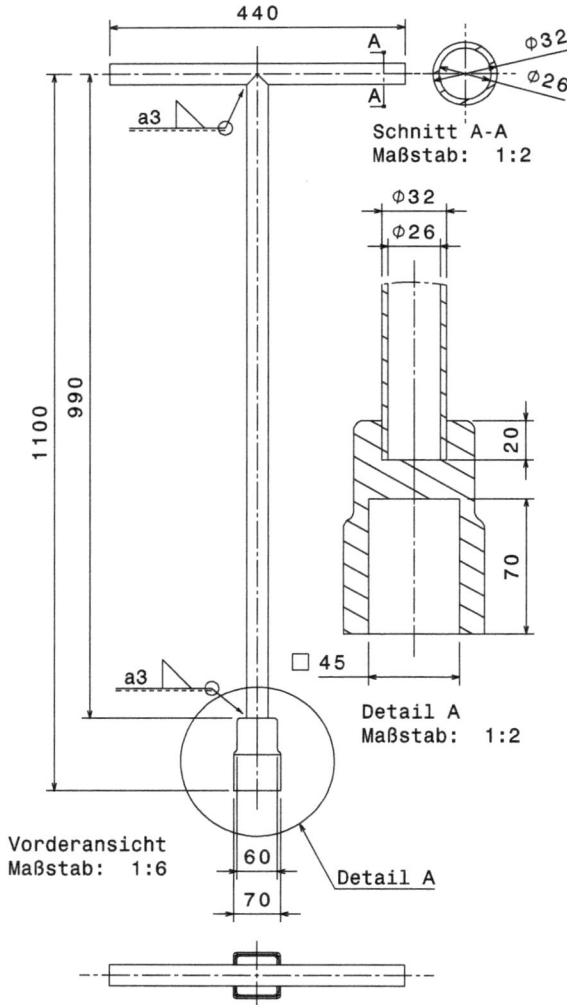

440

A

Φ32
Φ26

Schnitt A-A
Maßstab: 1:2

a3

1100

990

Φ32
Φ26

20

70

□ 45

a3

Detail A
Maßstab: 1:2

Vorderansicht
Maßstab: 1:6

60

70

Detail A

Der nebenstehend abgebildete Schlüssel wird dazu benutzt, das Ventil eines Unterflurhydranten zu öffnen und zu schließen. Der Hohlvierkant am unteren Ende des T-förmigen Schlüssels wird auf den Zapfen quadratischen Querschnitts aufgesteckt, so dass dieser verdreht werden kann.

In einer ersten Betrachtung soll das Torsionsmoment querkraftfrei einleitet werden. Dazu bringt der Bediener mit beiden Händen an den gegenüber liegenden Hebelenden gleich große, entgegengesetzt gerichtete Handkräfte ein. Welches maximale Torsionsmoment ist zulässig, wenn der Werkstoff einen Torsionsschub von $50\,\text{N/mm}^2$ ertragen kann.	Nm	
Welche Handkraft ist erforderlich, wenn angenommen wird, dass diese ganz am Ende des Hebels eingeleitet wird?	N	
Wie groß ist dann die Biegespannung im waagerechten Teil des Schlüssels?	$\frac{\text{N}}{\text{mm}^2}$	
Welche Vergleichsspannung würde im senkrechten Teil des Schlüssels entstehen, wenn der Bediener das gleiche Torsionsmoment durch die Einleitung einer einzigen Handkraft an einem einzigen Hebelende aufbringen würde?	$\frac{\text{N}}{\text{mm}^2}$	

A.1.8   Türklinke (B)

Die nachfolgende Darstellung zeigt eine handelsübliche Türklinke: Das Moment zum Öffnen der Tür wird über einen der beiden Handgriffe 1 eingeleitet und von dort aus auf einen innenliegenden Vierkant 2 übertragen, der in den hier nicht dargestellten Schließmechanismus eingreift. Handgriff 1 und Vierkant 2 sind an jeder Seite mit einer Madenschraube 3 reibschlüssig gesichert. Bei missbräuchlicher Anwendung muss davon ausgegangen werden, dass am äußeren Ende des Handgriffs eine Kraft von 400 N senkrecht nach unten aufgebracht wird. An Stelle 3 kann eine feste Einspannung im Sinn der Mechanik angenommen werden. Die Festigkeit kann an folgenden Stellen kritisch werden:

1. Handgriff mit vollem Durchmesser
2. Handgriff mit Außendurchmesser und innenliegender quadratischer Aussparung
3. Quadratischer Vierkant

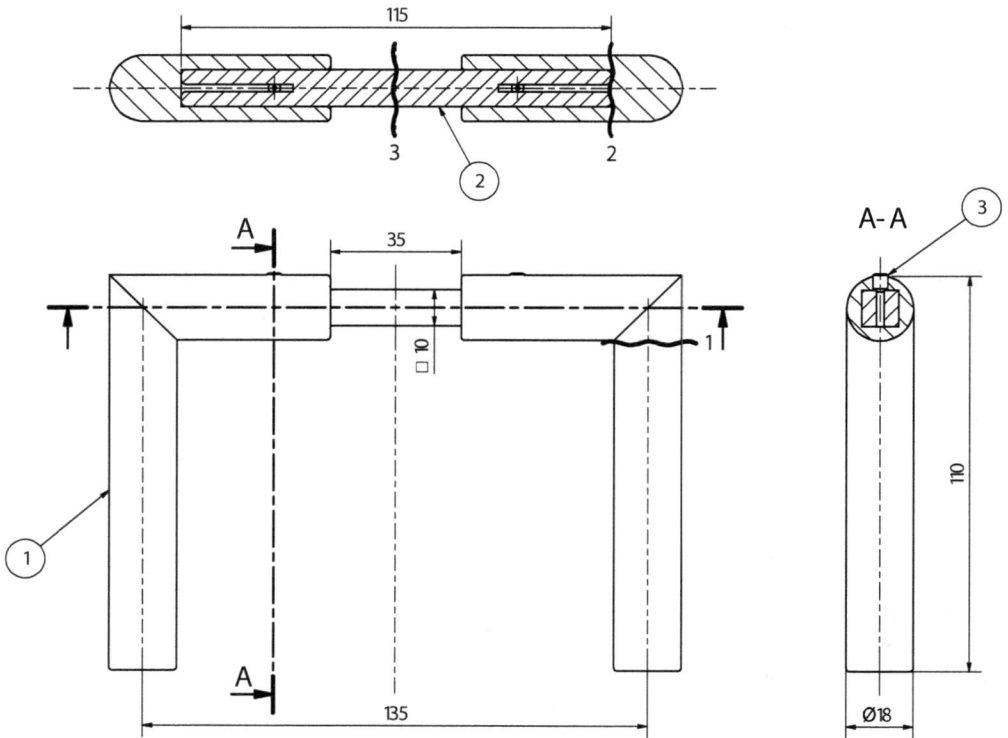

Ermitteln Sie an allen drei Stellen die Vergleichsspannung.

Stelle	L	Q	M_b	M_t	σ_{ZD}	τ_Q	σ_b	τ_t	σ_V
	N	N	Nm	Nm	$\frac{N}{mm^2}$	$\frac{N}{mm^2}$	$\frac{N}{mm^2}$	$\frac{N}{mm^2}$	$\frac{N}{mm^2}$
1									
2									
3									

Unterscheidung statische – dynamische Spannung

A.1.9   Wagenachse (B)

Gegeben ist die unten skizzierte Achse eines Wagens. Der Wagen wiegt 325 kg und es kann angenommen werden, dass sich diese Last auf alle vier Räder gleichmäßig verteilt.

feste Achse   rotierende Achse

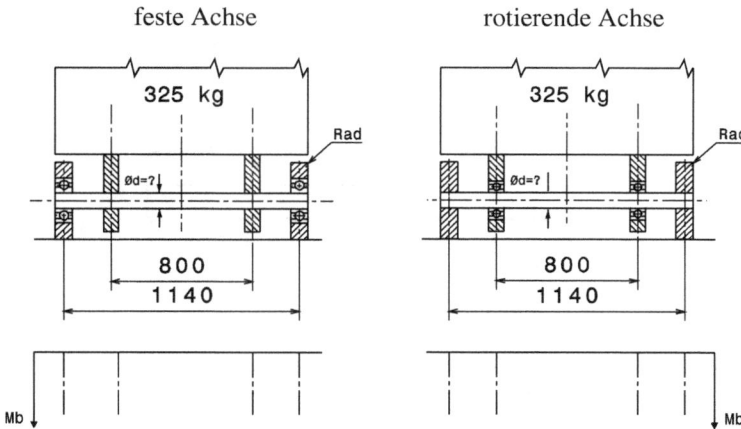

Der Achsenwerkstoff kann mit einer statischen Biegespannung von $\sigma_{zulstat} = 120\,N/mm^2$ und dynamischen Biegespannung von $\sigma_{zuldyn} = 60\,N/mm^2$ belastet werden. Skizzieren Sie zunächst im Schema unterhalb des Bildes qualitativ die Biegemomentenfläche entlang der Wagenachse.

Berechnen Sie das größte Biegemoment in der Achse!	M_{bmax}	Nm	
Wie groß muss der Achsendurchmesser …			
… im linken Fall mindestens sein, wenn die Achse relativ zum Wagen keine Drehung ausführt und die Räder auf der Achse gelagert sind?	d	mm	
… im rechten Fall mindestens sein, wenn die Achse am Wagen gelagert ist und die Räder mit der Achse umlaufen?	d	mm	

A.1.10 Belastung einer Achse in Abhängigkeit von der Lagerung (B)

Die unten stehenden vier Varianten einer Achse unterschieden sich zwar durch die Lagerung, sind aber allesamt aus dem gleichen Werkstoff gefertigt, der unter Berücksichtigung aller Konstruktionsparameter eine statische Biegespannung von $100\,N/mm^2$ und eine dynamische Biegespannung von $70\,N/mm^2$ zulässt. Der Querkraftschub ist zu vernachlässigen.

- Stellen Sie zunächst für jede der vier Varianten fest, ob die Biegespannung statisch oder dynamisch ist.
- Berechnen Sie weiterhin das zulässige Biegemoment an der kritischen Stelle.
- Ermitteln Sie schließlich die jeweils maximale Kraft, die auf die sich drehende Laufrolle ausgeübt werden kann.

1

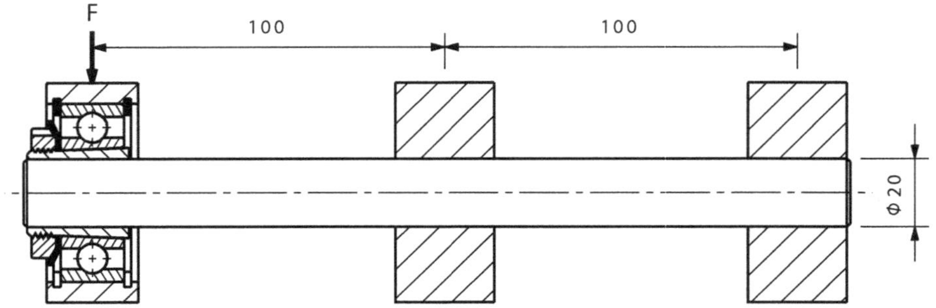

2

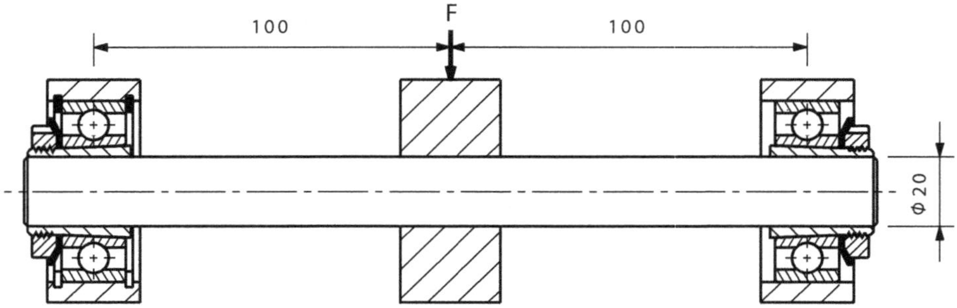

3

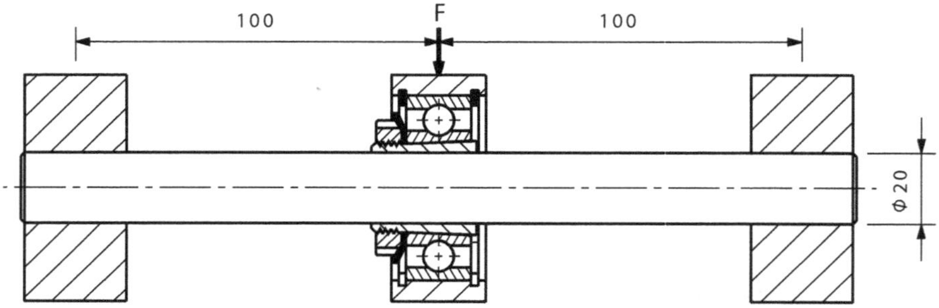

4

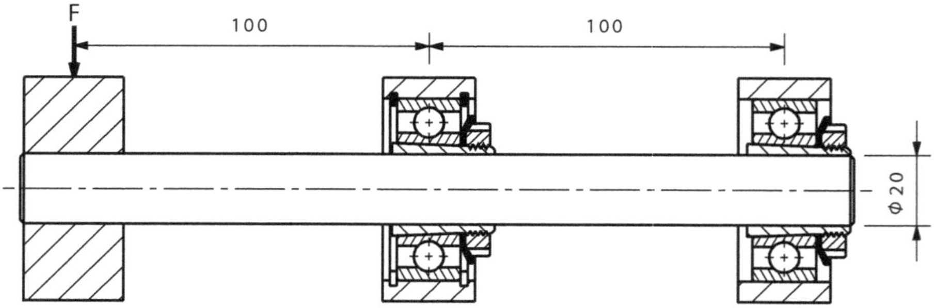

	statisch?	dynamisch?	M_{bzul} [Nm]	F_{zul} [N]
Variante 1	○	○		
Variante 2	○	○		
Variante 3	○	○		
Variante 4	○	○		

A.1.11   Belastung von Achsen und Wellen (B)

Nachfolgend ist eine fliegende Anordnung einer Achse bzw. Welle skizziert, die auf sechs verschiedene Arten (Aufgabenteile a–f) belastet wird. Da die Welle bzw. Achse einen gleichbleibenden Durchmesser von 20 mm aufweist, ist deren Festigkeit im Bereich des vorderen Lagers kritisch. An dieser Stelle sind die vorliegenden Spannungen zu ermitteln.

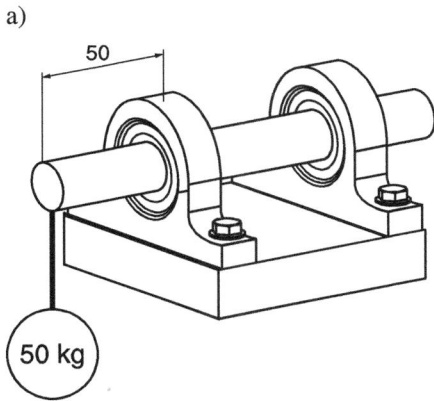

a)

b)

a) Die stillstehende Achse wird am vorderen Ende mit einer Masse von 50 kg belastet. Klären Sie zunächst, welche der im folgenden Schema aufgeführten Belastungen tatsächlich vorliegen und welche nicht. Wie hoch sind die auftretenden Belastungen und die daraus resultierenden Spannungen? Errechnen Sie schließlich die Vergeichsspannung!

L [N] =	σ_{ZD} [N/mm^2] =
Q [N] =	τ_Q [N/mm^2] =
M_b [Nm] =	σ_b [N/mm^2] =
M_t [Nm] =	τ_t [N/mm^2] =
	σ_v [N/mm^2] =

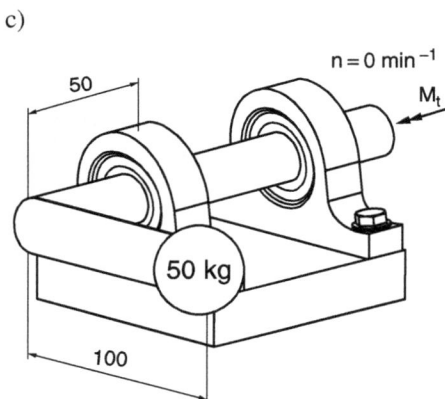

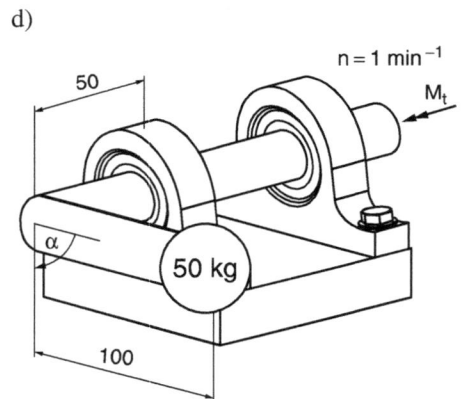

b) Die stillstehende Welle wird an einem doppelarmigen Hebel mit einer Masse von 50 kg über den dargestellten Seilmechanismus belastet. Welche Belastungen treten nun auf? Wie hoch sind die tatsächlich vorliegenden Belastungen und welche Spannungen werden dadurch verursacht?

L [N] =	σ_{ZD} [N/mm^2] =
Q [N] =	τ_Q [N/mm^2] =
M_b [Nm] =	σ_b [N/mm^2] =
M_t [Nm] =	τ_t [N/mm^2] =
	σ_v [N/mm^2] =

c)

d)

c) Die weiterhin stillstehende Welle wird an einem einarmigen Hebel mit einer Masse von 50 kg belastet. Ermitteln Sie ebenfalls die vorliegenden Belastungen und die daraus resultierenden Spannungen!

L [N] =	σ_{ZD} [N/mm^2] =
Q [N] =	τ_Q [N/mm^2] =
M_b [Nm] =	σ_b [N/mm^2] =
M_t [Nm] =	τ_t [N/mm^2] =
	σ_v [N/mm^2] =

d) Die bereits unter c) betrachtete Anordnung wird nun in eine Drehung versetzt, die sich allerdings so langsam vollzieht, dass weiterhin von einer quasistatischen Belastung ausgegangen werden kann. Die durch die Drehung verursachte Laständerung macht es erforderlich, die Belastung und die daraus resultierenden Spannungen in Funktion des Winkels α zu betrachten. Nutzen Sie zur Darstellung der Ergebnisse das unten aufgeführte Schema:

	$\alpha = 0°$	$\alpha = 90°$	$\alpha = 180°$	$\alpha = 270°$
Q [N]				
τ_Q [N/mm^2]				
M_b [Nm]				
σ_b [N/mm^2]				
M_t [Nm]				
τ_t [N/mm^2]				
σ_V [N/mm^2]				

e)

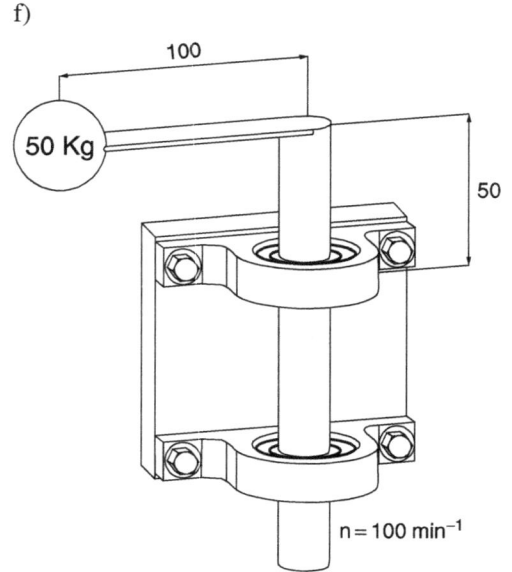

f)

e) Die Belastung wird nunmehr durch eine Zahnriemenscheibe eingeleitet, wobei die Zugtrumkraft 490,5 N beträgt und die Leertrumkraft vernachlässigt werden kann. Durch die
   schnelle Drehung der Welle wird eine Unterscheidung nach statischer und dynamischer
   Belastung erforderlich. Ermitteln Sie nach untenstehendem Schema die Belastungen und
   die daraus resultierenden statischen und dynamischen Spannungen und formulieren Sie
   schließlich für beide Anteile eine Vergleichsspannung!

		statisch [N/mm²]	dynamisch [N/mm²]
L [N] $=$		$\sigma_{ZDstat} =$	$\sigma_{ZDdyn} =$
Q [N] $=$		$\tau_{Qstat} =$	$\tau_{Qdyn} =$
M_b [Nm] $=$		$\sigma_{bstat} =$	$\sigma_{bdyn} =$
M_t [Nm] $=$		$\tau_{tstat} =$	$\tau_{tdyn} =$
		$\sigma_{vstat} =$	$\sigma_{vdyn} =$

f) Wird die Achse mit dem einarmigen Hebel aus Beispiel c) senkrecht angeordnet und mit
   einer Drehzahl von n = 100 min^{-1} betrieben, so tritt eine Zentrifugalkraft auf. Ermitteln
   Sie auch für diesen Fall die Belastungen und die daraus resultierenden statischen und dynamischen Spannungen sowie die Vergleichsspannungen!

	statisch [N/mm^2]	dynamisch [N/mm^2]
L [N] =	σ_{ZDstat} =	σ_{ZDdyn} =
Q [N] =	τ_{Qstat} =	τ_{Qdyn} =
M$_b$ [Nm] =	σ_{bstat} =	σ_{bdyn} =
M$_t$ [Nm] =	τ_{tstat} =	τ_{tdyn} =
	σ_{vstat} =	σ_{vdyn} =

A.1.12   Welle Kettentrieb (B)

Gegeben ist der unten dargestellte Kettentrieb, mit dem ein Torsionsmoment von 150 Nm übertragen wird.

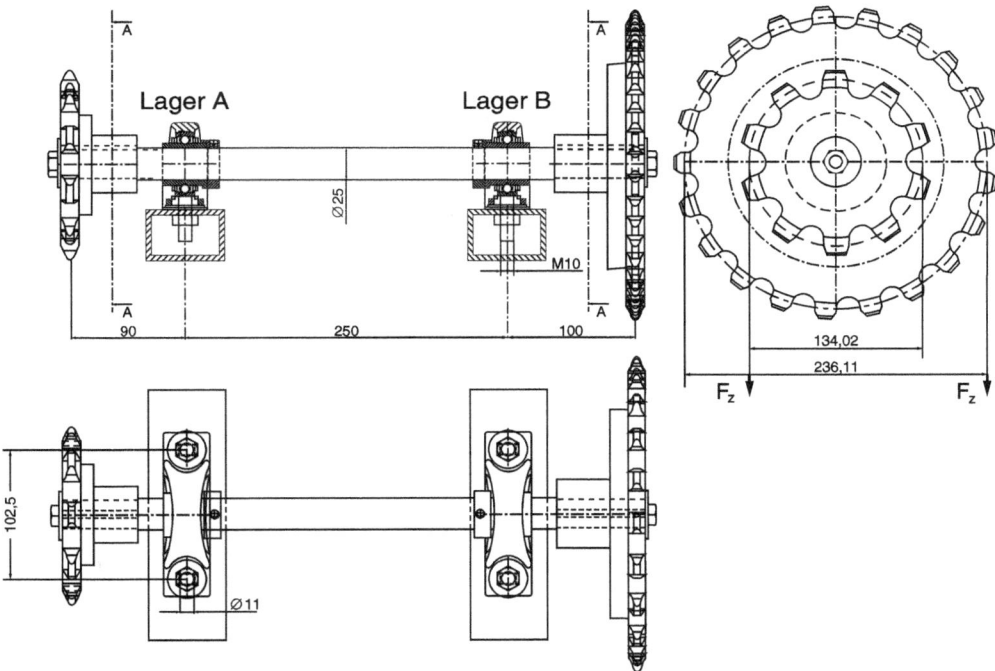

Alle Kettenkräfte sind nach unten gerichtet und greifen an den hier bezeichneten Wirkradien der Kettenräder an. Es kann angenommen werden, dass nur im Zugtrum der Kette eine Kraft vorliegt, während der Leertrum ohne Belastung ist. Die kritische Belastung ist an einer der beiden Lagerstellen zu erwarten. Versuchen Sie zunächst abzuklären, an welcher der beiden Lagerstellen A oder B die größere Belastung auftritt. Sollte Ihnen dies gelingen, so brauchen Sie nur eins der beiden unten aufgeführten Schemata zu bearbeiten, andernfalls sind beide Schemata auszufüllen.

Stelle A	statisch [N/mm²]	dynamisch [N/mm²]
L [N] =	$\sigma_{ZDstat} =$	$\sigma_{ZDdyn} =$
Q [N] =	$\tau_{Qstat} =$	$\tau_{Qdyn} =$
M_b [Nm] =	$\sigma_{bstat} =$	$\sigma_{bdyn} =$
M_t [Nm] =	$\tau_{tstat} =$	$\tau_{tdyn} =$
	$\sigma_{vstat} =$	$\sigma_{vdyn} =$

Stelle B	statisch [N/mm²]	dynamisch [N/mm²]
L [N] =	$\sigma_{ZDstat} =$	$\sigma_{ZDdyn} =$
Q [N] =	$\tau_{Qstat} =$	$\tau_{Qdyn} =$
M_b [Nm] =	$\sigma_{bstat} =$	$\sigma_{bdyn} =$
M_t [Nm] =	$\tau_{tstat} =$	$\tau_{tdyn} =$
	$\sigma_{vstat} =$	$\sigma_{vdyn} =$

A.1.13   Unwuchtantrieb mit Riemenscheibe (E)

Die unten skizzierte Welle rotiert mit $1.500\,\text{min}^{-1}$ und wird auf einem Abstand von 500 mm fliegend gelagert. An ihrem auskragenden Ende ist in der dargestellten Weise eine Unwucht mit einer Masse von 1 kg angebracht. Der Antrieb erfolgt über die dazwischen liegende Riemenscheibe. Der Umschlingungswinkel des Riementriebes beträgt 180°, so dass Zug- und Leertrumkraft in die gleiche Richtung weisen. Da der Riementrieb nach einer Beschleunigungsphase im Leerlauf betrieben wird, kann angenommen werden, dass Zugtrumkraft und Leertrumkraft gleich groß sind und jeweils 500 N betragen. Der Wellendurchmesser an der kritischen Stelle beträgt 30 mm.

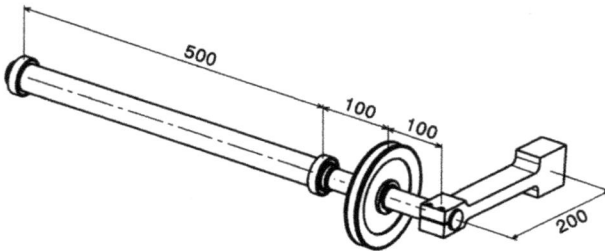

Kreuzen Sie an, an welcher Stelle die Welle ihr größtes Biegemoment erfährt!

○ am linken Lager
○ am rechten Lager
○ an der Riemenscheibe
○ in der Ebene der Unwucht

Ermitteln Sie an der kritischen Stelle die Belastungen und Spannungen. Unterscheiden Sie dabei nach den Belastungen, die durch die Zentrifugalkraft hervorgerufen werden und solchen, die auf den Riemenzug zurückzuführen sind.

		statisch [N/mm^2]	dynamisch [N/mm^2]
Zentrifugalkraft	Q [N] =	$\tau_{Qstat} =$	$\tau_{Qdyn} =$
	M_b [Nm] =	$\sigma_{bstat} =$	$\sigma_{bdyn} =$
Riemenzug	Q [N] =	$\tau_{Qstat} =$	$\tau_{Qdyn} =$
	M_b [Nm] =	$\sigma_{bstat} =$	$\sigma_{bdyn} =$
		$\sigma_{vstat} =$	$\sigma_{vdyn} =$

A.1.14   Tretkurbel Fahrrad (E)

Die Belastung der unten abgebildeten Fahrradtretkurbel soll berechnet werden.

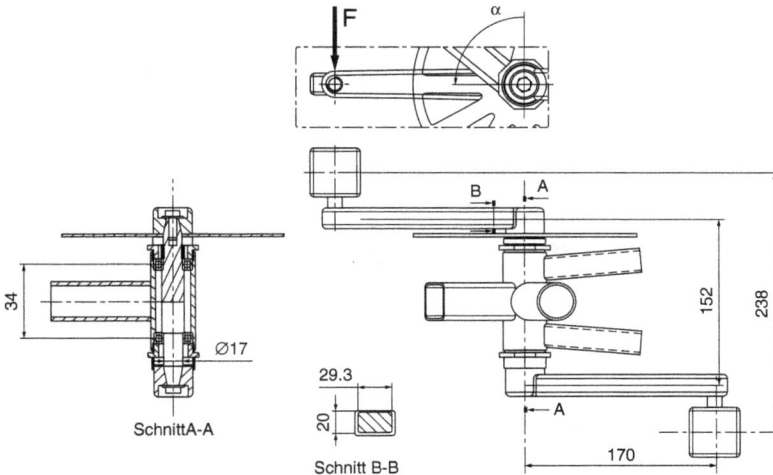

Es kann vorausgesetzt werden, dass der Radfahrer während der Abwärtsbewegung ($\alpha = 0°$ bis $\alpha = 180°$) das Pedal mit seinem gesamten Körpergewicht von 100 kg belastet und während der Aufwärtsbewegung ($\alpha = 180°$ bis $\alpha = 360°$) das Pedal vollständig entlastet. Sicherheitshalber ist anzunehmen, dass im gefährdeten Schnitt B die volle Tretkurbellänge als Hebelarm wirksam wird. Die Ausrundungen im Querschnitt B können vernachlässigt werden.

Ermitteln Sie für die unten angegebenen Winkelstellungen der Tretkurbel die im Schnitt B vorliegende Längskraft L [N], die Querkraft Q [N], das Biegemoment M_b [Nm] sowie das Torsionsmoment M_t [Nm]. Berechnen Sie die sich daraus ergebenden Spannungen [N/mm^2] und ermitteln Sie schließlich die Vergleichsspannung [N/mm^2].

kurz nach $\alpha = 0°$		bei $\alpha = 90°$		kurz vor $\alpha = 180°$	
L =	$\sigma_{ZD} =$	L =	$\sigma_{ZD} =$	L =	$\sigma_{ZD} =$
Q =	$\tau_Q =$	Q =	$\tau_Q =$	Q =	$\tau_Q =$
$M_b =$	$\sigma_b =$	$M_b =$	$\sigma_b =$	$M_b =$	$\sigma_b =$
$M_t =$	$\tau_t =$	$M_t =$	$\tau_t =$	$M_t =$	$\tau_t =$
	$\sigma_V =$		$\sigma_V =$		$\sigma_V =$

A.1.15   Kurbelwelle, fliegend gelagert (E)

Mit der unten abgebildeten Kurbel wird eine senkrecht nach unten gerichtete Kraft von 1.000 N in ein Torsionsmoment in der Welle umgesetzt. Es kann angenommen werden, dass diese Kraft nur während der gesamten Abwärtsbewegung ausgeübt wird, während die Aufwärtsbewegung kraftlos erfolgt.

Welche Spannungen liegen in der Welle im Bereich des Lagersitzes (Ø15r6) vor?

	statisch [N/mm^2]	dynamisch [N/mm^2]
L [N] =	σ_{ZDstat} =	σ_{ZDdyn} =
Q [N] =	τ_{Qstat} =	τ_{Qdyn} =
M_b [Nm] =	σ_{bstat} =	σ_{bdyn} =
M_t [Nm] =	τ_{tstat} =	τ_{tdyn} =
	σ_{vstat} =	σ_{vdyn} =

Betriebsfestigkeit

A.1.16   Wöhlerkurve (E)

Der Baustahl S 355 JR wird bezüglich seiner Gebrauchsdauer betrachtet. Bei einer Versuchs-reihe mit polierten Proben ohne jede Kerbe und mit einem Durchmesser von 10 mm wird fest-gestellt, dass die Proben, die mit einer Biegewechselspannung von 650 N/mm^2 belastet wer-den, im Mittelwert nach 1000 Lastwechseln versagen. Die Grenzlastspielzahl liegt bei $2 \cdot 10^6$ Lastwechseln und es kann angenommen werden, dass die Steigung der Zeitfestigkeitsgerade für alle hier vorliegenden Belastungsarten gleich ist.

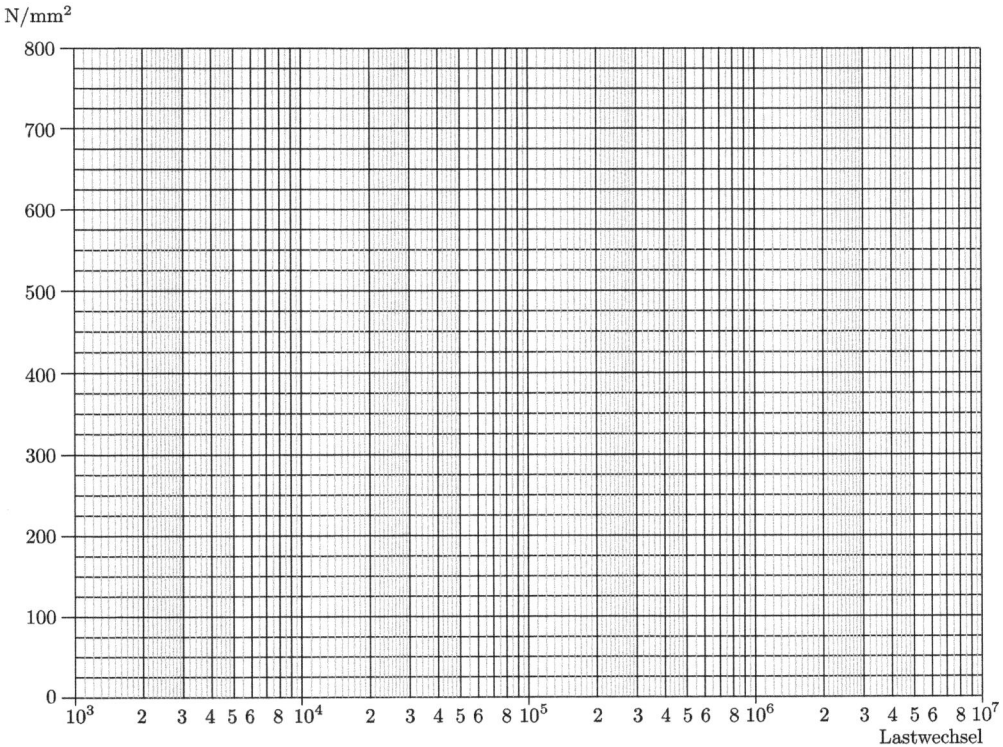

Ermitteln Sie die voraussichtlich ertragbare Lastwechselzahl für die in der untenstehenden Tabelle aufgeführten Belastungen. Markieren Sie ggf., ob das Bauteil dauerfest ist.

	$200\,\mathrm{N/mm^2}$	$300\,\mathrm{N/mm^2}$	$400\,\mathrm{N/mm^2}$	$500\,\mathrm{N/mm^2}$	$600\,\mathrm{N/mm^2}$
Biegung wechselnd					
Biegung schwellend					
Zug wechselnd					
Zug schwellend					

Betriebsfestigkeitsnachweis

A.1.17   Smith-Diagramm (E)

Eine auf Biegung belastete Werkstoffprobe aus S 355 JR soll bezüglich ihrer Betriebsfestigkeit untersucht werden. Das Bauteil wird mit $\sigma_{bstat} = 200\,\mathrm{N/mm^2}$ und $\sigma_{bdyn} = 50\,\mathrm{N/mm^2}$ belastet. Zeichnen Sie den Lastpunkt L in das untenstehende Smith-Diagramm ein!

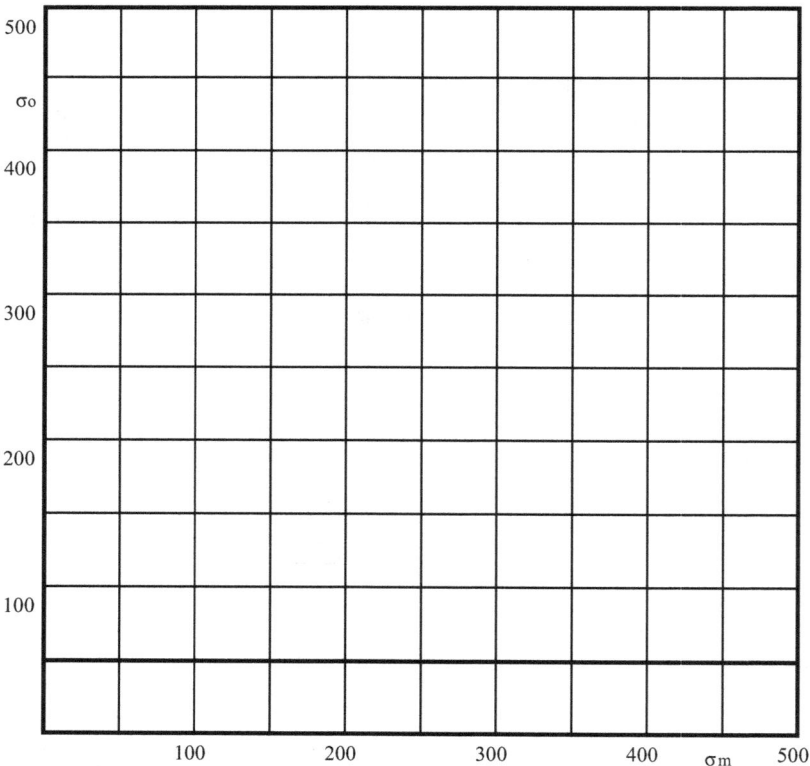

Zeichnen Sie für die folgenden Betrachtungen das maßstäbliche Betriebsfestigkeitsschaubild!

Wie groß ist die Sicherheit gegenüber Dauerbruch für eine standardisierte Werkstoffprobe?	$\varnothing 10\,mm$ $b_O = 1$ $\beta_k = 1$	$S_I =$ $S_{II} =$ $S_{III} =$
Wie groß sind die Sicherheiten, wenn eine Probe von 50 mm Durchmesser untersucht wird?	$\varnothing 50\,mm$ $b_O = 1$ $\beta_k = 1$	$S_I =$ $S_{II} =$ $S_{III} =$
Wie groß sind die Sicherheiten, wenn eine Probe von 50 mm Durchmesser untersucht wird und wenn eine reale Oberfläche und eine Kerbwirkung angenommen wird?	$\varnothing 50\,mm$ $b_O = 0,8$ $\beta_k = 2,5$	$S_I =$ $S_{II} =$ $S_{III} =$

Sicherheit S_I: Die Überlast wird bei konstanter dynamischer Last durch eine Überhöhung der statischen Last verursacht.

Sicherheit S_{II}: Die Überlast wird bei konstanter statischer Last durch eine Überhöhung der dynamischen Last verursacht.

Sicherheit S_{III}: Die Überlast wird durch eine gleich große Überhöhung von statischer und dynamischer Last verursacht.

A.1.18 Kettengetriebene Hubtrommel (E)

Die nachfolgend dargestellte Hubtrommel wird über das Kettenrad am rechten Wellenende angetrieben. Es kann angenommen werden, dass am Kettentrieb nur eine Zugtrumkraft wirksam wird und die Leertrumkraft vernachlässigt werden kann. Am Hubseil wird eine maximale Last von 1.600 kg befördert.

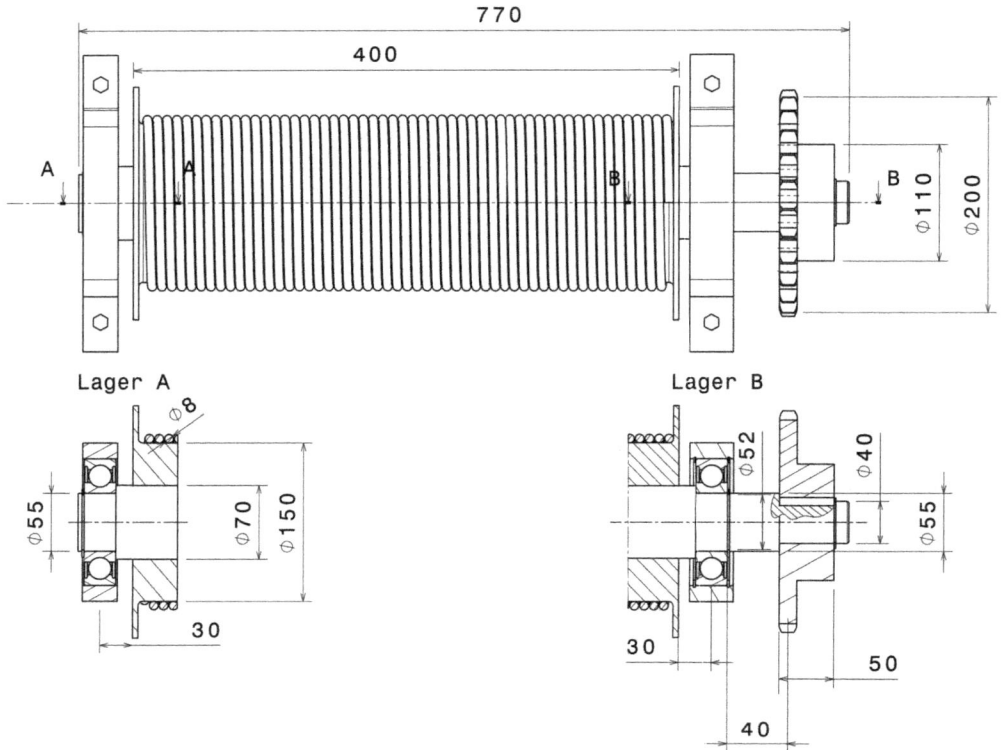

Beschleunigungsvorgänge können in dieser Betrachtung vernachlässigt werden. Die festigkeitsmäßig kritische Stelle ist an der Seegerringnut rechts neben dem rechten Lager (Ø52) zu erwarten. Ermitteln Sie sämtliche an dieser Stelle vorliegenden Schnittreaktionen (Kräfte und Momente)! Berechnen Sie die sich daraus ergebenden Spannungen und unterscheiden Sie, ob sie statisch oder dynamisch wirksam werden. Ermitteln Sie die statische und dynamische Vergleichsspannungen. Bedienen Sie sich zur Dokumentation der Ergebnisse des umseitigen Schemas.

	statisch	dynamisch
L [N] =	σ_{ZDstat} [N/mm²] =	σ_{ZDdyn} [N/mm²] =
Q [N] =	τ_{Qstat} [N/mm²] =	τ_{Qdyn} [N/mm²] =
M_b [Nm] =	σ_{bstat} [N/mm²] =	σ_{bdyn} [N/mm²] =
M_t [Nm] =	τ_{tstat} [N/mm²] =	τ_{tdyn} [N/mm²] =
	σ_{vstat} [N/mm²] =	σ_{vdyn} [N/mm²] =

Es wird der Stahl C45 verwendet, an der gefährdeten Stelle ist die Oberfläche geschlichtet und die Kerbwirkungszahl β_k beträgt 1,8. Ermitteln Sie mit Hilfe des Betriebsfestigkeitsschaubildes folgende Daten (jeweils in N/mm^2):

σ_{bW}		σ_{bSch}		σ_{bS}	
σ'_{bW}		σ'_{bSch}		σ'_{bS}	
σ_{GbW}		σ'_{AK}		σ_{GAK}	

Welche Sicherheit muss ermittelt werden?	◯ statische Belastung steigt, dynamische Belastung bleibt konstant ◯ statische Belastung bleibt konstant, dynamische Belastung steigt ◯ statische und dynamische Belastung steigen

Wie groß ist die Sicherheit gegenüber Dauerbruch?	

A.1.19   Getriebewelle (E)

Mit der untenstehend dargestellten Getriebewelle wird eine Leistung von 3,6 kW bei einer Drehzahl von 2.200 min^{-1} übertragen. Das Torsionsmoment wird am rechten Ende über das Reibrad mit dem Reibwert 0,2 eingeleitet und am Zahnrad zwischen den beiden Lagern abgestützt. Es kann angenommen werden, dass stets genau so viel Anpresskraft aufgebracht wird, wie zur Aufrechterhaltung des Reibschlusses erforderlich ist.

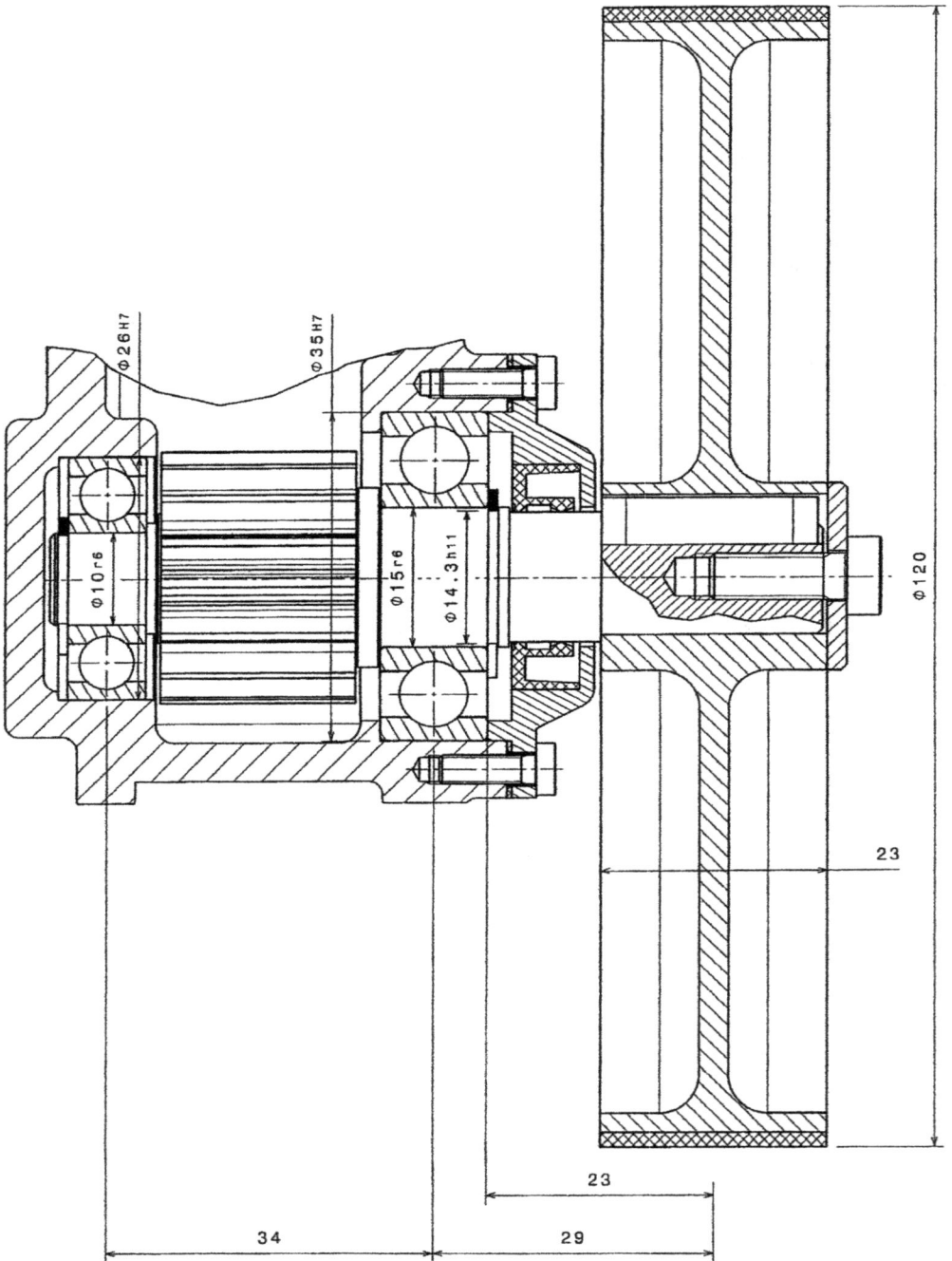

Die Welle ist am rechten Seegerringeinstich rechts neben dem rechten Lager gefährdet, so dass für diese Stelle ein Betriebsfestigkeitsnachweis durchgeführt werden muss. Ermitteln Sie zunächst alle Belastungen (Kräfte und Momente) und Spannungen nach untenstehendem Schema. Unterscheiden Sie nach statischem und dynamischem Anteil und berechnen Sie die jeweilige Vergleichsspannung.

	statisch [N/mm^2]	dynamisch [N/mm^2]
L [N] =	σ_{ZDstat} =	σ_{ZDdyn} =
Q [N] =	τ_{Qstat} =	τ_{Qdyn} =
M$_b$ [Nm] =	σ_{bstat} =	σ_{bdyn} =
M$_t$ [Nm] =	τ_{tstat} =	τ_{tdyn} =
	σ_{vstat} =	σ_{vdyn} =

Die Welle besteht aus dem Werkstoff C45. Der Oberflächenbeiwert beträgt 0,8 und die Kerbwirkungszahl 1,8. Ermitteln Sie mit Hilfe eines Dauerfestigkeitsschaubildes folgende Daten:

σ_{bW}		σ_{bSch}		σ_{bS}	
σ'_{bW}		σ'_{bSch}		σ'_{bS}	
σ_{GbW}		σ'_{AK}		σ_{GAK}	

Welche Sicherheit muss ermittelt werden?	○ statische Belastung steigt, dynamische Belastung bleibt konstant ○ statische Belastung bleibt konstant, dynamische Belastung steigt ○ statische und dynamische Belastung steigen

Wie groß ist die Sicherheit gegenüber Dauerbruch?	–	
Welche maximale Leistung kann unter Beibehaltung der Drehzahl dauerfest übertragen werden?	kW	

A.1.20   Gurtförderer (E)

Die untenstehende Skizze zeigt die Antriebstrommel eines Gurtförderers (Förderbandes):

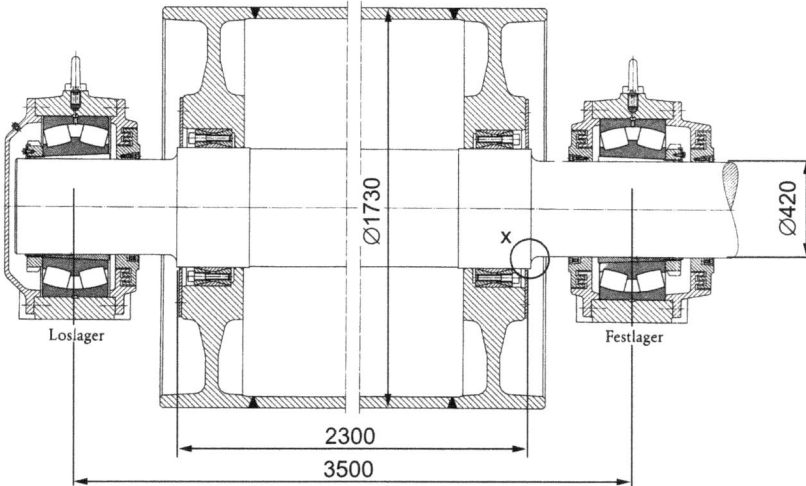

Durch den Zug des Förderbandes (Vorspannung und Betriebskraft) wird auf die Trommel eine zentrische Last von 272 kN ausgeübt. Die am rechten Wellenende eingebrachte Leistung beträgt 430 kW. Das Förderband wird mit einer Geschwindigkeit von 5,2 m/s bewegt.

An der Stelle X ist der Betriebsfestigkeitsnachweis zu führen. Zur Sicherstellung von Zwischenergebnissen füllen Sie bitte die folgende Tabelle aus:

	statisch [N/mm^2]	dynamisch [N/mm^2]
L [N] =	σ_{ZDstat} =	σ_{ZDdyn} =
Q [N] =	τ_{Qstat} =	τ_{Qdyn} =
M$_b$ [Nm] =	σ_{bstat} =	σ_{bdyn} =
M$_t$ [Nm] =	τ_{tstat} =	τ_{tdyn} =
	σ_{vstat} =	σ_{vdyn} =

Der Wellenwerkstoff ist S 235 JR, der Größeneinfluss beträgt $b_G = 0,7$, die Kerbwirkungszahl $\beta_{kb} = 1,3$, die Oberfläche ist geschruppt. Zeichnen Sie das dazugehörende Betriebsfestigkeitsschaubild! Wie groß ist ...

σ_{bw}		σ_{bSch}		σ_{bS}	
σ'_{bW}		σ'_{bSch}		σ'_{bS}	
σ_{GbW}		σ'_{AK}		σ_{GAK}	

Welche Sicherheit muss ermittelt werden, wenn die Überlast dadurch herbeigeführt wird, dass bei konstanter Vorspannung des Fördergurtes dem Antriebsmotor zunehmend mehr Leistung abverlangt wird?	○ statische Belastung steigt, dynamische Belastung bleibt konstant ○ statische Belastung bleibt konstant, dynamische Belastung steigt ○ statische und dynamische Belastung steigen

Wie groß ist die Sicherheit gegenüber Dauerbruch?	

A.1.21 Kettenförderer (E)

Gegeben ist die unten skizzierte Antriebswelle eines Kettenförderers, die auf Betriebsfestigkeit zu untersuchen ist. Der Kettenförderer besteht aus einer Endlosgliederkette, auf die einzelne becherförmige Behälter montiert sind. Es kann angenommen werden, dass diese Behälter in einem hier nicht dargestellten unteren Umkehrpunkt aufgefüllt und an der hier dargestellten obenliegenden Antriebswelle entleert werden.

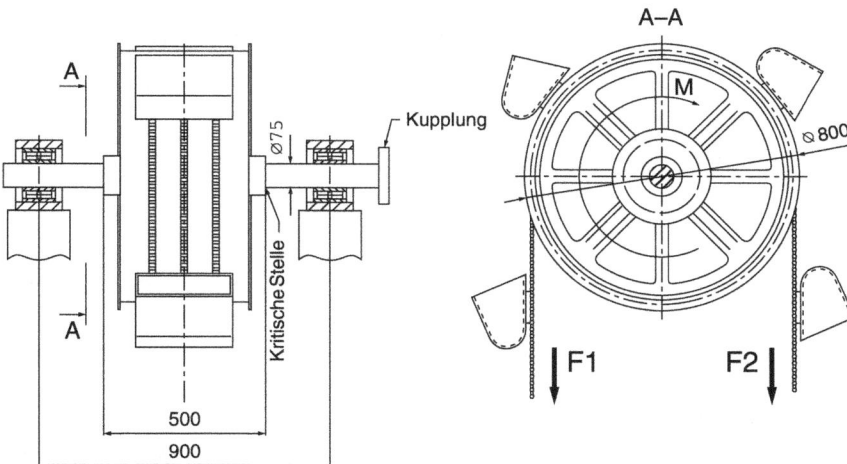

Das Gewicht der Förderkette mitsamt den Behältern beträgt 1,6 t, in die sich aufwärts bewegende Behältern wird ein Fördergut mit einer Gesamtmasse von 240 kg eingefüllt. Die daraus für die Antriebswelle resultierenden Belastungen können als zeitlich konstant angenommen werden. Die Vorspannung der Förderkette ist ohne Einfluss auf die Festigkeitsbetrachtung. Der Antrieb wird von rechts quer- und längskraftfrei über eine Kupplung eingeleitet. Der Betriebsfestigkeitsnachweis ist an der mit X bezeichneten Stelle zu führen, an der eine Kerbwirkungszahl $\beta = 1,9$ vorliegt. Die Welle besteht aus Stahl 42CrMo4 und ist geschlichtet. Klären Sie zunächst die an dieser Stelle vorliegende Belastung anhand des folgenden Schemas:

	statisch [N/mm^2]	dynamisch [N/mm^2]
L [N] =	σ_{ZDstat} =	σ_{ZDdyn} =
Q [N] =	τ_{Qstat} =	τ_{Qdyn} =
M$_b$ [Nm] =	σ_{bstat} =	σ_{bdyn} =
M$_t$ [Nm] =	τ_{tstat} =	τ_{tdyn} =
	σ_{vstat} =	σ_{vdyn} =

Zeichnen Sie das Betriebsfestigkeitsschaubild! Wie groß ist …

σ_{bw}		σ_{bSch}		σ_{bS}	
σ'_{bW}		σ'_{bSch}		σ'_{bS}	
σ_{GbW}		σ'_{AK}		σ_{GAK}	

Welche Sicherheit muss ermittelt werden, wenn die Überlastung durch eine Überfüllung der Transportbehälter herbeigeführt wird?	○ statische Belastung steigt, dynamische Belastung bleibt konstant ○ statische Belastung bleibt konstant, dynamische Belastung steigt ○ statische und dynamische Belastung steigen

Wie groß ist die Sicherheit gegenüber Dauerbruch?	–	
Zur Vermeidung des Überlastfalles wird die Kupplung als Sicherheitskupplung ausgeführt. Bei welchem Moment muss die Kupplung durchrutschen, damit eine Schädigung der Welle ausgeschlossen ist?	Nm	

A.1.22 Trommelwelle Haushaltswaschmaschine (E)

Die links unten skizzierte Trommel einer Haushaltswaschmaschine wird von der Frontseite (im Bild rechts) befüllt. Die in der rechten Bildhälfte dargestellte Trommelwelle ist fliegend in zwei Rillenkugellagern gelagert. Am linken Ende der Trommelwelle ist die Riemenscheibe für den Antrieb befestigt.

Masse der Trommel: 5,5 kg

Masse des Füllgutes (nasse Wäsche): 6,5 kg

Unwuchtradius des Füllgutes: 130 mm

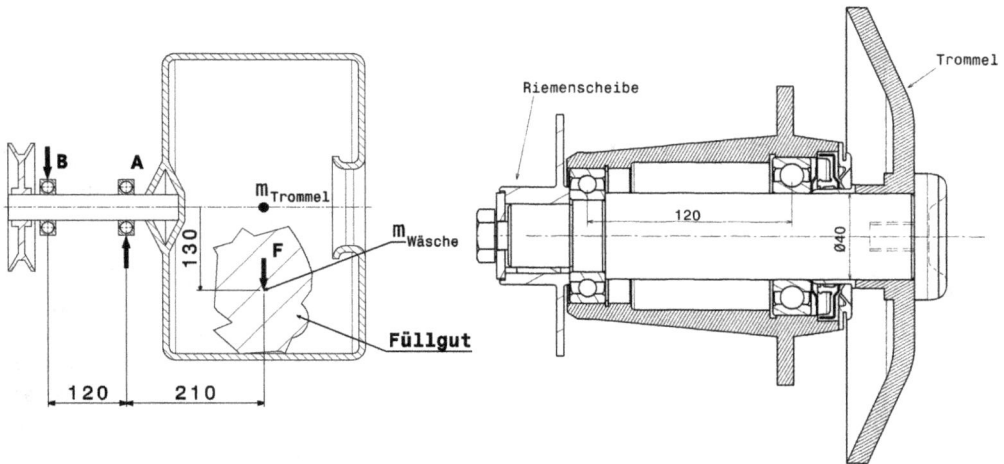

Die höchste Belastung der Trommelwelle ist am Lager A zu erwarten, so dass an dieser Stelle die Festigkeit zu untersuchen ist. Dazu können folgende Annahmen getroffen werden:

- Der von der linken Seite eingeleitete Riemenzug ist vernachlässigbar klein.
- Querkrafteinflüsse brauchen nicht berücksichtigt zu werden.
- Beschleunigungsmomente spielen ebenfalls keine Rolle.
- Die Wirkungslinien der Massewirkungen können bei F angenommen werden.

Die größte Wellenbelastung tritt ein, wenn die Maschine mit $600\,\mathrm{min^{-1}}$ schleudert. Der Wellenwerkstoff sei C45. Die Kerbwirkungszahl ist $\beta_k = 1,9$, die Welle ist geschlichtet.

Berechnen Sie das Biegemoment in [Nm], welches die Welle ... ... statisch belastet ... und dynamisch belastet.	
Berechnen Sie die an dieser Stelle vorliegende statische Spannung in [N/mm^2] und dynamische Spannung in [N/mm^2]!	
Wie groß ist die Sicherheit gegen Dauerbruch, wenn eine Überlastung durch ... ... das Einfüllen einer größeren Wäschemenge herbeigeführt wird? ... eine überhöhte Schleuderdrehzahl herbeigeführt wird?	

A.1.23   Radsatzlagerung Rangierlokomotive (E)

Die nebenstehende Skizze zeigt prinzipiell die „außengelagerte" Radsatzlagerung einer dieselhydraulischen Rangierlokomotive. Das Dienstgewicht der Lokomotive beträgt 45 t, welches sich gleichmäßig auf alle sechs Räder verteilt. Wegen der Fahrdynamik muss jedoch angenommen werden, dass die tatsächliche Belastung 30 % über dem so errechneten Nennwert liegt.

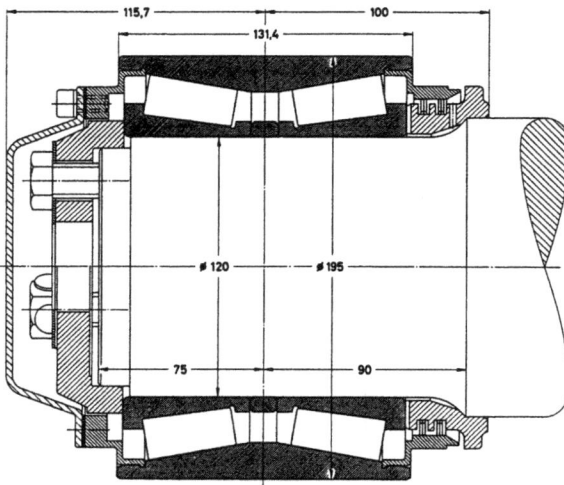

Die nebenstehende Zeichnung gibt die wesentlichen konstruktiven Details einer solchen Lagerung wieder. Die Radsatzwelle soll im Bereich der Ausrundung des Wellenzapfens auf Betriebsfestigkeit überprüft werden. An der nachzurechnenden Stelle ist die Oberfläche geschruppt und die Kerbwirkungszahl $\beta_k = 1,3$.

Prüfen Sie unter diesen vereinfachenden Annahmen, welche Sicherheit gegen Dauerbruch vorliegt, wenn die Welle aus S 235 JR gefertigt ist.	
Es wird eine Sicherheit von S = 2,5 gefordert. Suchen Sie aus der Tabelle 1.1 einen Werkstoff aus, der diese Forderung möglichst knapp erfüllt.	

2 Federn

Aus der Werkstoffkunde und den „Grundlagen der Festigkeitslehre" (Bild 0.4) ist das Spannungs-Dehnungs-Diagramm als die fundamentale Aussage zur Werkstoffverformung bekannt (linke Bildhälfte):

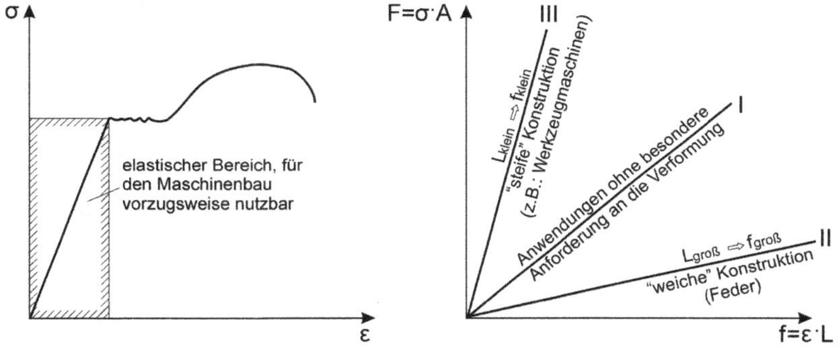

Bild 2.1: Elastische Werkstoffdeformation als Grundlage für Federn

In den meisten Fällen werden in der Technik Anwendungen angestrebt, die im elastischen Bereich verbleiben, weil plastische Verformungen in aller Regel die Funktion des Bauteils beeinträchtigen und meist zu dessen Zerstörung führen. Während die linke Darstellung von Bild 2.1 das Werkstoffverhalten unabhängig von seinen konstruktiven Abmessungen wiedergibt, lässt sich die Hooke'sche Gerade für ein konkret dimensioniertes Bauteil in der rechte Bildhälfte auch als Funktion der Zugkraft $F = \sigma \cdot A$ über der Längenausdehnung $f = \varepsilon \cdot L$ darstellen. Grundsätzlich muss jedes Bauteil als deformierbarer Körper angesehen werden, dessen Verformungsverhalten sich in dieser Weise zum Ausdruck bringen lässt. Diesbezüglich können in einer ersten groben Einteilung drei Bereiche differenziert werden:

I.   Bei den in Kapitel 0 und 1 betrachteten Fällen ging es vor allen Dingen um die Frage, ob ein das Bauteil den auftretenden Belastungen standhält oder nicht. Die Höhe der elastischen Verformungen spielte keine besondere Rolle, die Steigung der Geraden war also ohne Bedeutung für die Funktion des Bauteils.

II. Sollen die Verformungen möglichst groß, die Hook'sche Gerade also möglichst flach sein, so liegt eine Feder vor. Dies lässt sich im Fall des Zugstabes beispielsweise durch eine möglichst große Länge L des Bauteils verwirklichen. Prinzipiell verformt sich jedes Bauteil unter Last, aber wenn diese Verformung durch diese oder andere konstruktive Maßnahmen besonders gefördert wird, so ist das Bauteil eine Feder.

https://doi.org/10.1515/9783110746457-003

III. In manchen Fällen (z. B. Werkzeugmaschinenbau, Präzisionsmaschinenbau) sind selbst elastische Verformungen unerwünscht. Verformt sich beispielsweise eine Welle unter der anliegenden Belastung, so wird dadurch die Geometrie des Zahneingriffs beeinträchtigt. Würde sich eine Schleifmaschine unter dem Einfluss der Bearbeitungskraft verformen, so wäre das Arbeitsergebnis ungenau. In solchen Fällen wird versucht, die elastischen Verformungen durch entsprechende konstruktive Maßnahmen möglichst zu minimieren, es wird also eine möglichst steile Hooke'sche Gerade angestrebt. Für den modellhaft einfachen Fall des Zugstabes würde dies bedeuten, dass sich die Verformungen beispielsweise durch eine möglichst geringe Länge L des Bauteils minimieren ließen.

Federn finden in der Technik vielfältige Anwendungen, wozu die folgende Auflistung einige Beispiele angibt:

- Sollen Kräfte gemessen werden, so lässt sich deren Betrag unter Ausnutzung der Federwirkung einfach als Deformation ablesen (z. B. Federwaage).
- Soll andererseits eine definierte Kraft aufgebracht werden, so kann der Zusammenhang zwischen Belastung und Verformung in umgekehrter Weise ausgenutzt werden (z. B. Kupplungseinrückkraft, Ventilkraft). Bei einem mit Torsionsfeder ausgestatteten Drehmomentenschlüssel tritt die Belastung als Torsionsmoment und die Verformung als Winkeländerung auf.
- Soll eine Last bei statischer Überbestimmtheit übertragen werden, so lässt sich durch Anbringung federnder Zwischenelemente die Lastverteilung gezielt optimieren. Ein ungefederter vierrädriger Wagen beispielsweise würde seine Last bei unebenem Untergrund nur mit drei Rädern übertragen können. Werden die Räder jedoch mit Federn ausgestattet, so können sie alle zur Lastübertragung herangezogen werden. Eine Fahrzeugfederung hat also nicht nur etwas mit Komfort, sondern auch mit optimaler Lastübertragung zu tun.
- Wenn es darum geht, zerstörerische Energien „unschädlich" zu machen, so kann die überschüssige Energie von einer Feder aufgenommen (z. B. Pufferfeder) und durch weitere Maßnahmen („Dämpfung") als Wärme überführt werden.
- Weiterhin können Federn auch die Aufgabe übernehmen, die in ihnen gespeicherte Energie zu einem anderen Zeitpunkt wieder abzugeben und übernehmen dabei die Funktion eines Energiespeichers (z. B. Uhrfeder, Federmotor eines Spielzeuges). Dabei kann die Energie bei einer anderen Geschwindigkeit wieder entnommen werden: Wenn mit Pfeil und Bogen geschossen wird, dann dient der Bogen als federnder Energiespeicher, der mit geringer Geschwindigkeit gespannt wird. Die Entnahme der Energie vollzieht sich dann bei sehr viel höherer Geschwindigkeit, so wie sie für den Schuss vorteilhaft ist.
- Durch gezielte Kopplung von Federn und Massen entstehen schwingungsfähige Systeme mit definierten Schwingfrequenzen (z. B. Rüttler, Schwingsiebe, Förderer).

Da grundsätzlich jedes reale Bauteil als deformierbarer Körper betrachtet werden muss, treffen alle Aussagen des vorliegenden Kapitels nicht nur für Federn zu, sondern sind auch für alle anderen elastischen Verformungsanalysen anwendbar, wobei möglicherweise die rechnerische Beschreibung des Problems entsprechend anzupassen ist. Beispielsweise muss auch die Schraube (Kap. 4) häufig als (sehr steife) Zugfeder betrachtet werden, wenn die Belastung der Schraube geklärt werden soll. In Kapitel 8 von Band 3 (Verformung und Verspannung) wird dieser Sachverhalt weiter ausgeführt.

2.1 Grundbegriffe (B)

2.1.1 Federsteifigkeit (B)

Ungeachtet ihrer speziellen Bauform ist die oben bereits betrachtete Steigung der Hooke'schen Geraden die wichtigste Kenngröße der Feder. Sie wird Steifigkeit c genannt und ergibt sich im Falle eines linearen Verlaufs als Quotient aus Belastung und Verformung:

$$c = \frac{F}{f} \qquad \text{Federsteifigkeit} \qquad\qquad \text{Gl. 2.1}$$

Die Steifigkeit c lehnt sich in dieser Definition an den aus der Werkstoffkunde bekannten Zusammenhang $E = \sigma/\varepsilon$ an. In anderen Publikationen wird sie auch als „Federrate R" bezeichnet. Zuweilen ist es vorteilhafter, den Kehrwert der Steifigkeit als „Nachgiebigkeit" δ zu bemühen:

$$\delta = \frac{f}{F} \qquad \text{Federnachgiebigkeit} \qquad\qquad \text{Gl. 2.2}$$

Die Vielzahl der auf das Verformungsverhalten einwirkenden Parameter kann in drei Gruppen geordnet werden:

- Federwerkstoff
- Konstruktive Abmessungen
- Art der Belastung der Feder

Der werkstoffspezifische Einfluss drückt sich bei Normalspannungsbelastung durch den Elastizitätsmodul E und bei Schubspannungsbelastung durch den Schubmodul G aus. Die folgende Tabelle spezifiziert diese Kennwerte auf die wichtigsten metallischen Federwerkstoffe und ordnet sie nach steigender Verformungswilligkeit, also fallendem Elastizitätsmodul:

Werkstoff	E [N/mm^2]	G [N/mm^2]
Federstahldraht (patentiert gezogen) DIN 17223 T1	206.000	81.500
Stähle nach DIN 17221	206.000	78.500
Federstahldraht (unlegiert) DIN 17223 T2 (FD und VD)	200.000	79.500
Nichtrostende Stähle DIN 17224 X7CrNiAl177	195.000	73.000
Nichtrostende Stähle DIN 17224 X12CrNi177	185.000	70.000
Nichtrostende Stähle DIN 17224 X5CrNiMo1810	180.000	68.000
Kupfer-Kobalt-Beryllium-Leg. CuCoBe nach DIN 17682	130.000	48.000
Kupfer-Beryllium-Leg. CuBe2 nach DIN 17682	120.000	47.000
Zinnbronze CuSn6F95 nach DIN 17682 federhart gezogen	115.000	42.000
Kupfer-Zink-Leg. CuZn 36 F70 DIN 17682 federhart gezogen	110.000	39.000

2.1.1.1   Steifigkeit einer Modellfeder (B)

Um einen Überblick über die beiden anderen Einflussgrößen zu gewinnen, wird in der folgenden modellhaften Betrachtung ein einheitlicher zylindrischer Körper drei verschiedenen Belastungen ausgesetzt, wobei versucht wird, die dabei auftretende Steifigkeit durch eine Gleichung zu beschreiben:

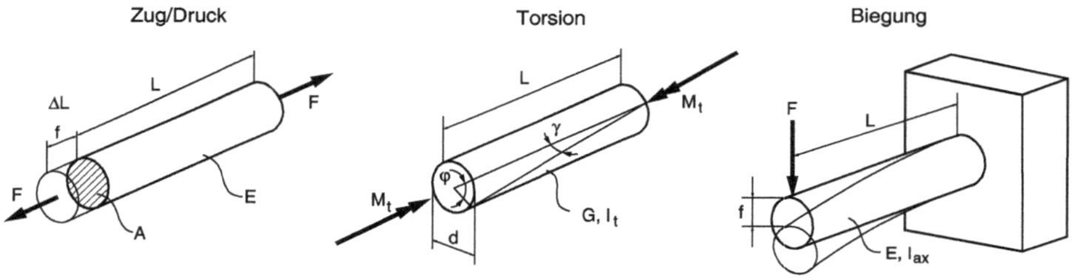

Bild 2.2: Modellfeder als Zug-/Druck-, Torsions- und Biegefeder

Zug-/Drucksteifigkeit   Die **Zugfeder** kann ganz einfach mit dem Zugversuch der Werkstoffkunde in Zusammenhang gebracht werden. Ihre diesbezügliche Zugsteifigkeit c_Z lässt sich rechnerisch beschreiben, wenn man zunächst $\sigma = E \cdot \varepsilon$ ansetzt und dabei die Spannung durch $\sigma = F/A$ und die Dehnung durch $\varepsilon = \Delta L/L$ ausdrückt:

$$\frac{F}{A} = E \cdot \frac{\Delta L}{L}$$

Die Längenänderung ΔL steht hier für den Federweg f. Durch Umstellen der Gleichung erhält man

$$\frac{F}{f} = E \cdot \frac{A}{L} \quad \Rightarrow \quad c_Z = E \cdot \frac{A}{L} \qquad\qquad \text{Gl. 2.3}$$

Die linke Gleichungsseite mit ihrem Quotienten F/f beschreibt bereits explizit die Zugsteifigkeit c_Z. Die gleiche Formulierung gilt grundsätzlich auch dann, wenn der Körper auf Druck belastet wird. Realistische Zahlenwerte von E, A und L ergeben für eine solche stabförmige Zugfeder jedoch eine sehr hohe Steifigkeit. Die Querschnittsfläche A darf ein gewisses Mindestmaß nicht unterschreiten, da sonst die zulässige Spannung überschritten wird. Die Feder muss also sehr lang ausgeführt werden und ist deshalb konstruktiv schlecht anzuordnen. Aus diesem Grunde werden häufig modifizierte Bauformen angewendet (s. Bild 2.9.).

In ähnlicher Weise lässt sich in Anlehnung an Bild 0.23 auch die Verformung eines auf Schub belasteten Modellkörpers durch eine Schubsteifigkeit ausdrücken:

$$c_{Schub} = G \cdot \frac{A}{L} \qquad\qquad\qquad\qquad Gl. \ 2.4$$

Dieser Fall ist allerdings technisch irrelevant, dient aber später (Kap. 2.6.1) als Referenz bei Vergleichsbetrachtungen hinsichtlich des Arbeitsspeichervermögens.

Torsionssteifigkeit Der gleiche zylindrische Körper kann auch tordiert werden. Während Gl. 2.1 für „translatorische" Federn verwendet werden (translatorische Kraft ruft translatorische Verformung hervor), liegt hier eine Torsionsfeder vor: Die rotatorische Belastung in Form eines Torsionsmomentes M_t ruft eine rotatorische Verformung in Form eines Verdrehwinkels φ hervor. In Erweiterung zu Gl. 2.1 wird hier die Federsteifigkeit als Verdrehsteifigkeit c_T definiert:

$$c_T = \frac{M_t}{\varphi} \qquad\qquad\qquad\qquad Gl. \ 2.5$$

Zur rechnerischen Beschreibung der Torsionssteifigkeit mit Werkstoff- und Konstruktionsdaten werden die Gleichungen 0.48 und 0.35 der elementaren Festigkeitslehre gleich gesetzt:

$$\tau = \frac{M_t}{W_t} \quad und \quad \tau = G \cdot \gamma \quad \Rightarrow \quad \frac{M_t}{W_t} = G \cdot \gamma$$

Durch die Verdrehung verlagert sich ein Punkt am Umfang der vorderen Stirnfläche um einen Kreisbogenabschnitt u, der von der Achse des Zylinders unter dem Verdrehwinkel φ und von der Einspannstelle unter dem Scherwinkel γ gesehen wird. Wenn beide Winkel in Bogenmaß ausgedrückt werden, lässt sich die folgende geometrische Beziehung formulieren:

$$\gamma \cdot L = \varphi \cdot \frac{d}{2} \quad \Rightarrow \quad \gamma = \frac{\varphi \cdot d}{2 \cdot L}$$

Durch Einsetzen dieses Ausdrucks in die obige Gleichung erhält man:

$$\frac{M_t}{W_t} = G \cdot \frac{\varphi \cdot d}{2 \cdot L}$$

Durch Umstellen der Gleichung wird die Torsionssteifigkeit c_T explizit ausgedrückt:

$$\frac{M_t}{\varphi} = G \cdot \frac{W_t \cdot d}{2 \cdot L}$$

Setzt man nun noch für $W_t = 2 \cdot I_t/d$ ein, so vereinfacht sich der Ausdruck zu:

$$c_T = \frac{M_t}{\varphi} = G \cdot \frac{I_t}{L} \qquad\qquad\qquad \text{Gl. 2.6}$$

Bei Benutzung dieser Gleichung ist allerdings stets zu berücksichtigen, dass der Winkel φ in Bogenmaß einzusetzen ist. Daraus ergibt sich die Dimension der Torsionssteifigkeit c_T in [Nm]. Begreift man die Torsionssteifigkeit als Belastung in [Nm] pro Winkel in Bogenmass, so lässt sich für den an sich dimensionslosen Winkel auch das Bogenmass [rad] einführen, so dass sich die Steifigkeit als [Nm/rad] ergibt.

Biegesteifigkeit In einer dritten Betrachtung wird der gleiche zylindrische Körper auf **Biegung** belastet. Die Kraft F verursacht in diesem Fall eine Verformung f senkrecht zur Balkenachse. Nach der elementaren Festigkeitslehre (z. B. [2.1, Kap. 4]) lässt sich die Durchbiegung f eines einseitig eingespannten Balkens der Länge L beschreiben durch

$$f = \frac{L^3}{3 \cdot I_{ax} \cdot E} \cdot F \qquad\qquad\qquad \text{Gl. 2.7}$$

Durch Umstellung ergibt sich die Biegesteifigkeit c_B zu

$$c_B = \frac{F}{f} = E \cdot \frac{3 \cdot I_{ax}}{L^3} \qquad\qquad\qquad \text{Gl. 2.8}$$

2.1.1.2   Federkennlinie (B)

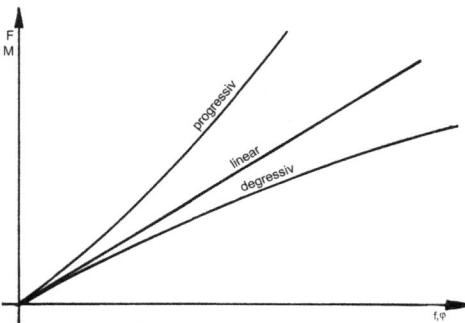

Bild 2.3: Steifigkeitskennlinien

Die obige Grundsatzbetrachtung ging davon aus, dass zwischen Kraft und Verformung ein linearer Zusammenhang besteht, was für viele technische, besonders für die metallischen Federn auch tatsächlich zutrifft und eine lineare Steifigkeitskennlinie zur Folge hat. In diesem Fall lässt sich die Steifigkeit durch einen einzigen Zahlenwert angeben. Der allgemeine Fall liegt jedoch dann vor, wenn der Zusammenhang zwischen Kraft und Verformung nicht linear ist. Man spricht dann von einer „degressiven" bzw. von einer „progressiven" Kennlinie.

Die Steifigkeit einer nicht-linearen Kennlinie kann nicht durch einen einzigen Zahlenwert angegeben werden, sondern muss durch einen entsprechenden Kurvenzug beschrieben werden. Die Formulierung der Steifigkeit muss dann punktweise bzw. differentiell erfolgen:

$$c = \frac{\Delta F}{\Delta f} = \frac{dF}{df} \qquad\qquad Gl. 2.9$$

In den meisten Fällen werden solche Federkennlinien graphisch durch ein Diagramm beschrieben. Nur selten gelingt es, die nichtlineare Steifigkeit mit sinnvollem Aufwand in Form einer mathematischen Funktion geschlossen darzustellen.

2.1.1.3   Zusammenschalten mehrerer Federn (B)

Vielfach wird eine Feder nicht einzeln eingesetzt, sondern mit anderen Federn kombiniert, wobei sich die Forderung ergibt, das Verformungsverhalten der gesamten Federkombination durch eine einzige Gesamtsteifigkeit c_{ges} zu beschreiben. Dabei gibt es grundsätzlich nur zwei verschiedene Anordnungsmöglichkeiten. In den folgenden Darstellungen wird die einzelne Feder symbolisch als Schraubenfeder dargestellt, die Betrachtung betrifft aber sämtliche Federbauformen.

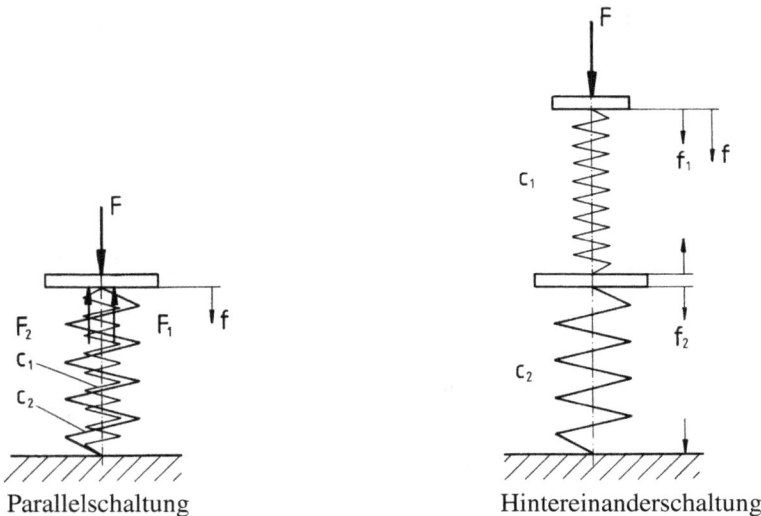

Parallelschaltung

Hintereinanderschaltung

Bild 2.4: Schaltungsarten von Federn

Kennzeichnend für die Parallelschaltung ist der Umstand, dass sich die Gesamtkraft F auf mehrere Federn aufteilt und dass die Federwege gleich sind:

$$F = F_1 + F_2 \quad und \quad f_1 = f_2 = f$$

Bei einer Hintereinanderschaltung addieren sich die Federwege, während die Federkräfte gleich groß sind:

$$f_{ges} = f_1 + f_2 \quad und \quad F = F_1 = F_2$$

Versucht man, für die Kombination dieser beiden Federn c_1 und c_2 eine Gesamtsteifigkeit c_{PS} zu formulieren, so muss angesetzt werden:

$$c_{PS} = \frac{F}{f} = \frac{F_1 + F_2}{f} = \frac{F_1}{f} + \frac{F_2}{f}$$

$$c_{PS} = c_1 + c_2$$

Die Gesamtsteifigkeit ergibt sich also denkbar einfach aus der Summe der Einzelsteifigkeiten. Dieser Zusammenhang gilt natürlich auch dann, wenn die einzelnen Steifigkeiten unterschiedliche Größe haben. Es können auch weitere Federn parallel geschaltet werden, die Gesamtsteifigkeit ergibt sich stets als Summe der Einzelsteifigkeiten von n Federn.

Das Verformungsverhalten von Verbundwerkstoffen (Kap. 0.1.1.4) ist schließlich eine Parallelschaltung der beteiligten Einzelwerkstoffe.

Die gesuchte Gesamtsteifigkeit c_{HS} formuliert sich zu:

$$c_{HS} = \frac{F}{f_{ges}} = \frac{F}{f_1 + f_2}$$

Mit $f_1 = F/c_1$ und $f_2 = F/c_2$ wird dann

$$c_{HS} = \frac{F}{\frac{F}{c_1} + \frac{F}{c_2}} = \frac{1}{\frac{1}{c_1} + \frac{1}{c_2}} \quad \text{oder}$$

$$\frac{1}{c_{HS}} = \frac{1}{c_1} + \frac{1}{c_2}$$

Die Gesamtnachgiebigkeit ergibt sich in diesem Fall also aus der Summe der Einzelnachgiebigkeiten. Dieser Zusammenhang gilt natürlich auch dann, wenn die einzelnen Steifigkeiten unterschiedliche Größe haben. Es können auch weitere Federn hintereinander geschaltet werden, die Gesamtnachgiebigkeit ergibt sich stets als Summe der Einzelnachgiebigkeiten von n Federn.

Zusammenfassend ergibt sich das folgende Schema:

	Parallelschaltung	Hintereinanderschaltung
Federverformung	gleiche Wege (translatorisch) gleiche Winkel (rotatorisch)	Addition Wege (translatorisch) Addition Winkel (rotatorisch)
Federbelastung	Addition der Kräfte (translatorisch) Addition der Momente (rotatorisch)	gleiche Kräfte (translatorisch) gleiche Momente (rotatorisch)
Gesamtfeder	Gesamt**steifigkeit** ergibt sich als die Summe der Einzelsteifigkeiten $$c_{PS} = c_1 + c_2 + c_3 + \ldots + c_n$$ Gl. 2.10	Gesamt**nachgiebigkeit** ergibt sich als die Summe der Einzelnachgiebigkeiten $$\frac{1}{c_{HS}} = \frac{1}{c_1} + \frac{1}{c_2} + \frac{1}{c_3} + \ldots + \frac{1}{c_n}$$ bzw. $$\delta_{HS} = \delta_1 + \delta_2 + \delta_3 + \ldots + \delta_n$$ Gl. 2.11

Auch andere Energiespeicher können in Parallel- oder Hintereinanderschaltung angeordnet werden (z. B. Induktivitäten und Kapazitäten in der Elektrotechnik). Die daraus abgeleiteten Gleichungen weisen alle eine ähnliche Systematik auf.

Alle denkbaren Zusammenstellungen von Federn können durch ein möglicherweise vielfältiges Zusammenspiel von Parallel- und Hintereinanderschaltungen beschrieben werden. Darüber hinaus lassen sich alle Kombinationen elastisch deformierbarer Körper auf eine u. U. sehr komplexe Kombination von Parallel- und Hintereinanderschaltungen einzelner Steifigkeiten zurückführen. Unter Ausnutzung der obigen Zusammenhänge ist es dann möglich, eine beliebige Anordnung von Federn formal als eine einzige Feder mit der Gesamtsteifigkeit c_{ges} zu betrachten.

Die folgenden beiden Beispiele sind so angelegt, dass ausgehend von linearen Einzelsteifigkeiten eine Gesamtsteifigkeit zustande kommt, die zwar auch abschnittsweise linear ist, insgesamt aber einen progressiven (Bild 2.5) bzw. degressiven (Bild 2.6) Verlauf nimmt.

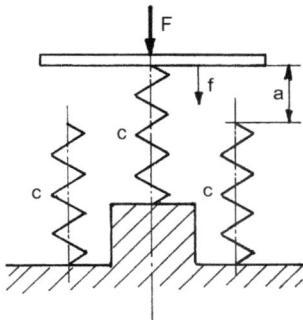

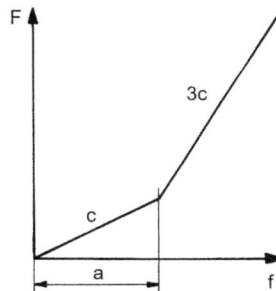

Bild 2.5: Progressive Gesamtsteifigkeit aus linearen Einzelsteifigkeiten

Für Bild 2.5 gilt:

- Innerhalb des Abschnittes a ist nur die mittlere Feder im Eingriff, die Gesamtsteifigkeit c_{ges} beruht also lediglich auf der Einzelsteifigkeit der mittleren Feder: $c_{ges} = c$.
- Nach Überbrückung des Federweges a kommen auch die beiden seitlichen Federn in Eingriff, es liegt also eine Parallelschaltung von drei Federn vor. In diesem Bereich beträgt die Gesamtsteifigkeit $c_{ges} = 3 \cdot c$.

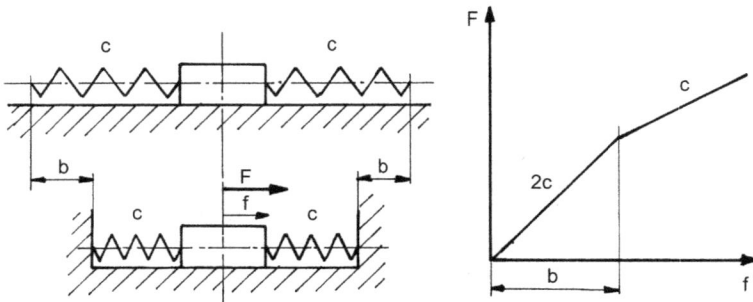

Bild 2.6: Degressive Gesamtsteifigkeit aus linearen Einzelsteifigkeiten

Für Bild 2.6 gilt:

- An beiden Seiten eines horizontal verschiebbaren Blocks wird je eine Feder angebracht, die aufgrund ihrer Anordnung nur Druckkräfte aufnehmen kann, beim Versuch der Einleitung von Zugkräften aber abhebt (linke Bildhälfte oben). Dieses System wird zwischen die beiden senkrechten Wände montiert (unten), wobei jede der beiden Federn um den Betrag b vorgespannt werden muss (unten). Bezüglich dieser Vorspannung liegt eine Hintereinanderschaltung von Federn vor, da beide Federn mit der gleichen Vorspannkraft belastet werden und die beiden Vorspannwege b sich zu einem gesamten Vorspannweg summieren. In diesem Zustand wirkt allerdings zunächst von außen keine Kraft F auf das System.
- Von dieser lastlosen Mittelstellung aus wird der Federweg f gezählt. Greift nun eine äußere Kraft F an, so sind bezüglich dieser Belastung die beiden Federn im Gegensatz zur Vorspannung parallel geschaltet, weil sie gleiche Federwege aufnehmen. Die Gesamtsteifigkeit ergibt sich als Summe der Einzelsteifigkeiten: $c_{ges} = 2 \cdot c$.
- Hat der Federweg f die Wegstrecke b überbrückt, so ist die linke Druckfeder völlig entspannt. Man könnte sie sogar entfernen, ohne das System dadurch zu beeinträchtigen. Die darüber hinaus vorliegende Gesamtsteifigkeit reduziert sich also auf die Steifigkeit einer einzelnen Feder: $c_{ges} = c$.

2.1.2   Federungsarbeit (B)

Zu den wesentlichen Aufgaben einer Feder gehört die Speicherung mechanischer Arbeit. Aus den Grundlagen der Mechanik ist die translatorische Arbeit W_{trans} als Produkt aus Kraft F und Weg s bzw. die rotatorische Arbeit W_{rot} als Produkt aus Moment M und Verdrehwinkel φ bekannt:

$$W_{trans} = F \cdot s \quad \text{bzw.} \quad W_{rot} = M \cdot \varphi \qquad \qquad \text{Gl. 2.12}$$

Diese einfache Formulierung setzt jedoch voraus, dass die Kraft F während des gesamten Weges s bzw. das Moment M während des gesamten Verdrehwinkels φ konstant ist. Diese Arbeit kann als schraffierte Rechteckfläche im linken Drittel von Bild 2.7 verstanden werden (hier nur für Translation):

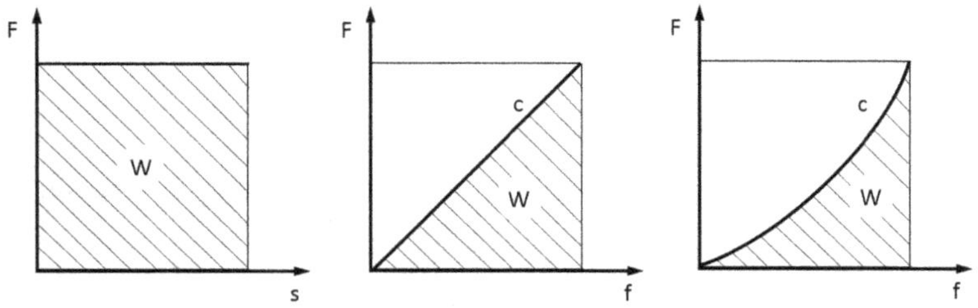

Bild 2.7: Graphische Darstellung von Arbeit und Federarbeit

Diese Darstellung an sich ist zwar trivial, erleichtert aber das Verständnis der Federarbeit in den beiden anderen Bilddritteln. Da die Kraft einer Feder nicht konstant ist, sondern mit zunehmendem Federweg f anwächst, lässt sich die in einer Feder gespeicherte Arbeit für die lineare Federkennlinie im mittleren Bilddrittel als die unterhalb der Federkennlinie liegende Dreieckfläche (halbe Rechteckfläche) verstehen:

$$W_{trans} = \frac{F \cdot f}{2} \quad \text{bzw.} \quad W_{rot} = \frac{M_t \cdot \varphi}{2} \qquad \text{Gl. 2.13}$$

Damit wird auch erkennbar, dass ein möglichst großer Federweg für das Arbeitsspeichervermögen einer Feder vorteilhaft ist, während sich mit steifen Federn kaum Arbeit speichern lässt. Ist die Federkennlinie nicht linear (rechtes Bilddrittel), so muss auf die integrale Formulierung zurückgegriffen werden:

$$W_{trans} = \int F_{(f)} \cdot df \quad \text{bzw.} \quad W_{rot} = \int M_{(\varphi)} \cdot d\varphi \qquad \text{Gl. 2.14}$$

Dabei muss vorausgesetzt werden, dass die Federkennlinie auch als mathematische Funktion bekannt ist, was in der Praxis aber nur selten der Fall ist.

Die Nutzung der Gleichungen 2.13 müssen sowohl die Belastung als auch die Verformung bekannt sein. Beide Größen sind jedoch über die Steifigkeit gekoppelt, so dass sich auch formulieren lässt:

$$c = \frac{F}{f} \quad \Rightarrow \quad F = c \cdot f$$

eingesetzt in Gl. 2.14

$$W_{trans} = \frac{F^2}{2 \cdot c} \qquad \text{Gl. 2.15}$$

$$c = \frac{F}{f} \quad \Rightarrow \quad f = \frac{F}{c}$$

eingesetzt in Gl. 2.14

$$W_{trans} = \frac{c}{2} \cdot f^2 \qquad\qquad \text{Gl. 2.16}$$

Auf ähnliche Weise gewinnt man für die rotatorische Federarbeit die folgenden Ausdrücke:

$$W_{rot} = \frac{M_t^2}{2 \cdot c_T} \qquad\qquad \text{Gl. 2.17}$$

und

$$W_{rot} = \frac{c_T}{2} \cdot \varphi^2 \qquad\qquad \text{Gl. 2.18}$$

2.1.3   Belastbarkeit von Federn (B)

Da Federn bewusst Verformungen zulassen sollen, wird meist eine eher geringe Steifigkeit angestrebt, sie werden also möglichst „dünn" und „schlank" dimensioniert (geringe Querschnittsfläche A, geringes Flächenmoment I_t und I_{ax}). Wie aber bereits im Bild 2.1 klar wurde, ist die Länge der Hooke'schen Geraden begrenzt, es ist also wie bei jedem anderen Bauteil auch der Aspekt der Belastbarkeit zu berücksichtigen: Die Feder muss so dimensioniert werden, dass die vorliegenden Belastungen tatsächlich ohne Schädigung oder gar Zerstörung aufgenommen werden können. Dies führt zu der Forderung nach einer eher großzügigen Dimensionierung (große Querschnittsfläche A, hohes Widerstandsmoment W_t und W_{ax}). Eine Überdimensionierung ist aber meist nicht sinnvoll, da dadurch die Feder in ihrer Verformungswilligkeit behindert wird und zu hart wird.

Die Forderungen nach geringer Steifigkeit einerseits und ausreichender Belastbarkeit andererseits stellen einen Widerspruch dar, dem nur durch Verwendung hochwertiger Werkstoffe begegnet werden kann: Die optimale Feder wird aus einem hochbelastbaren Werkstoff hergestellt und ist eher knapp dimensioniert. Die Festigkeitswerte von Federwerkstoffen hängen stark von der verwendeten Federbauform ab, so dass Werkstoffkennwerte erst weiter unten angegeben werden. Prinzipiell sind jedoch auch bei Federn die entsprechenden im Kapitel 0 aufgeführten Festigkeitsansätze zu berücksichtigen.

Werden mehrere Federn miteinander kombiniert, so muss die Frage der Belastbarkeit differenzierter betrachtet werden, wobei auch hier die Unterscheidung nach Parallel- und Hintereinanderschaltung gemäß Bild 2.8 hilfreich ist. In beiden Fällen wird eine härtere, höher belastbare Feder 1 und eine weichere, weniger belastbare Feder 2 gegenüber gestellt.

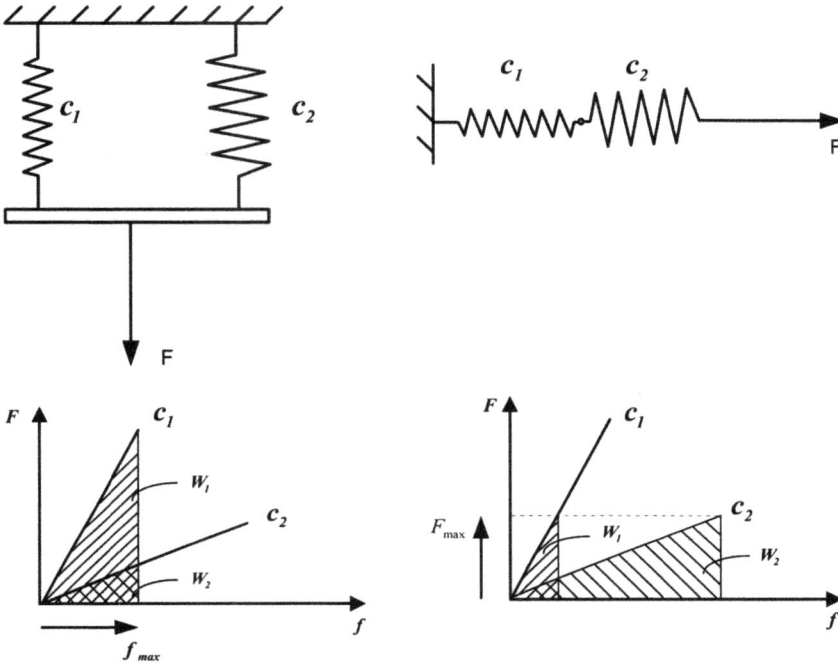

Bild 2.8: Belastbarkeit von parallel- und hintereinandergeschalteten Federn

Parallel geschaltete Federn:

Wird die hier dargestellte Anordnung durch eine gemeinsame Kraft F belastet, so werden beide Federn um den gleichen Federweg verformt. Dabei wird Feder 1 nach der unteren Bildhälfte als erste an ihre Belastungsgrenze herangeführt. Während Feder 1 also voll beansprucht werden kann und dabei auch bezüglich ihres Arbeitsspeichervermögens W_1 voll ausgenutzt wird, kann Feder 2 wegen des begrenzten gemeinsamen Federweges weder in ihrer Belastbarkeit noch in ihrem Arbeitsspeichervermögen ausgenutzt werden.

Hintereinander geschaltete Federn:

Werden die gleichen Federn hintereinandergeschaltet, so kann diese Anordnung nur so weit belastet werden, wie es die Feder mit der geringeren Belastbarkeit zulässt, die dann aber auch bezüglich ihres Arbeitsspeichermögens W_2 vollständig ausgenutzt wird. Die andere Feder wird dann wegen der begrenzten gemeinsamen Kraft sowohl hinsichtlich ihrer Belastbarkeit als auch ihres Arbeitsspeichermögens W_1 unterfordert.

Aufgaben A.2.1 bis A.2.3

2.1.4   Federreibung (Hysterese) (B)

Alle bisherigen Betrachtungen gingen von einer reibungsfreien Feder aus. Tatsächlich treten jedoch bei jeder realen Feder Reibeinflüsse auf, die sich an der Modellvorstellung von Bild 2.9 darstellen lassen. Eine reibungsfreie, auf Zug und Druck belastbare Schraubenfeder wird waagerecht angeordnet. Während ihr linkes Ende mit dem festen Gestell verbunden ist, wird rechts eine Masse angelenkt, die aufgrund ihrer Gewichtskraft die Normalkraft F_N auf den Untergrund ausübt. Mit der Kraft F_{ges} wird das System nun in horizontaler Richtung so langsam bewegt, dass Massenkräfte keine Rolle spielen. Liegt zwischen Masse und Unterlage keine Reibung vor, so besteht zwischen der Auslenkung f und der in das System einzubringenden Gesamtkraft F_{ges} ein Zusammenhang, der sich wie zuvor durch die Steifigkeit c_{Feder} ausdrücken lässt:

$$F_{ges} = c \cdot f$$

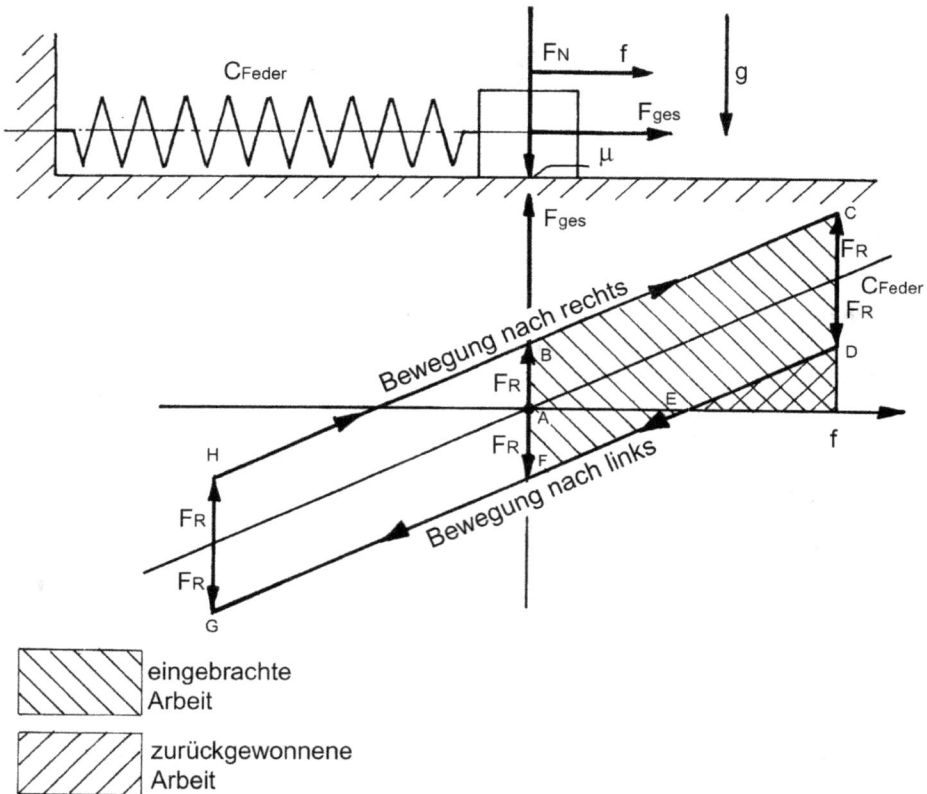

eingebrachte
Arbeit

zurückgewonnene
Arbeit

Bild 2.9: Reibungsbehaftete Feder

Wird jedoch zwischen Masse und Unterlage Reibung wirksam, so setzt sich die von außen in das Federsystem einzuleitende Kraft F_{ges} stets aus der Summe aus der zuvor betrachteten Federkraft F_F und der Reibkraft F_R zusammen:

$$F_{ges} = c \cdot f + F_R$$

Der Einfachheit halber wird hier nicht nach Haftreibung und Gleitreibung unterschieden (weiteres s. Band 3, Kap. 9.1). Wird das System ausgehend von der ungespannten Lage bei A nach rechts ausgelenkt, so muss erst die Reibkraft F_R überwunden werden, bevor sich die Feder bei B zu verformen beginnt. Da sich die Gesamtkraft bei der weiteren Federdehnung aus (hier konstanter) Reibkraft und Federkraft zusammensetzt, vollzieht sich die Belastung auf einer Geraden, die parallel zur reibungsfreien Steifigkeitskennlinie liegt. Wird die Bewegung des Systems bei C gestoppt und die in das System eingeleitete Gesamtkraft wieder reduziert, so bewegt sich das System zunächst nicht, weil es von der Reibung daran gehindert wird. Erst wenn die nun in umgekehrter, der ursprünglichen Bewegung entgegengesetzt gerichtete Reibkraft überwunden wird, gerät das System bei D wieder in Bewegung. Wird die von außen eingeleitete Gesamtkraft völlig zurückgenommen, so stoppt die Rückfederung allerdings bei E. Um das System bei F wieder in die Ausgangslage A zurück zu befördern, muss die Gesamtkraft nach links angelegt werden.

Wird die Feder über den Punkt F hinaus zusammengedrückt, so kann diese Stauchung bei G wieder umgekehrt werden. Eine Rückbewegung tritt aber erst dann wieder ein, wenn bei H die nunmehr wieder nach links wirkende Reibkraft überwunden ist. Der Vorgang bleibt bei I wieder stehen, wenn nicht erneut durch Umkehr der Gesamtkraft die Ausgangslage angesteuert wird.

Im Federdiagramm muss also im allgemeinen Fall nach einer Belastungs- und einer Entlastungskennlinie unterschieden werden: Für die *Belastung* der Feder ist der obere, für die *Entlastung* der untere Kurvenzug maßgebend. In diesem Modellfall sind sowohl die Belastungs- als auch die Entlastungskurve bezüglich ihrer Kraft jeweils um den Ordinatenwert F_R von der idealen, reibungsfreien Steifigkeitskennlinie entfernt.

Für die Federungsarbeit ergeben sich daraus beispielhaft für ein Lastspiel über ABCDEFA folgende Konsequenzen:

- Die von der Feder aufgenommene Arbeit erscheint hier als Fläche unter der Belastungskurve (abfallend schraffiert).
- Die von der Feder abgegebene Arbeit wird durch die Fläche unter der Entlastungskurve repräsentiert (aufsteigend schraffiert).
- Die als Differenz dazwischen liegende Fläche stellt die Arbeit dar, die im Gesamtsystem in Wärme umgesetzt wird.

Diese Umsetzung von mechanischer Arbeit in Wärme wird auch als „**Reibungshysterese**" bezeichnet und lässt sich im Federdiagramm stets als ein geschlossener Kurvenzug darstellen, der die in Wärme umgesetzte Arbeit in einer Rechtsdrehung umfährt. Entsprechend dem speziellen Anwendungsfall können sich für die Hysterese der Feder höchst unterschiedliche Anforderungen ergeben.

- Die Federhysterese ist *unerwünscht*, wenn die in der Feder gespeicherte Arbeit später wieder genutzt werden soll (Beispiel Uhrfeder). In diesen Fällen wird bei der Konstruktion der Feder darauf geachtet, sämtliche Hystereseeinflüsse soweit wie möglich zurückzudrängen.
- Die Federhysterese ist jedoch *erwünscht*, wenn die Feder nicht nur Stöße aufnehmen soll, sondern auch die dabei aufgenommene Arbeit dem System entziehen soll. In solchen Fällen werden parallel zur Feder reibungsbehaftete Elemente vorgesehen bzw. in das Gesamtsystem integriert (z. B. Eisenbahnpuffer, Absatz 2.2.3.6).

In Erweiterung der hier vorgestellten Modellvorstellung ist die Reibkraft nicht immer konstant, sondern kann sich beispielsweise auch proportional zur Federkraft verhalten. Auf die konstruktive Realisierung wird in den folgenden Abschnitten noch näher eingegangen.

2.2 Die wichtigsten Bauformen metallischer Federn (B)

Der eingangs angesprochene zylindrische Körper als Zugfeder, Biegefeder und Torsionsfeder ergab jeweils einen Ansatz für die rechnerische Beschreibung dieser Feder. Diese zunächst nur modellhafte Betrachtung soll nun für einige technisch reale Federn erweitert werden. Bild 2.10 skizziert die wichtigsten Federbauformen und nimmt eine systematische Einteilung nach Zug- bzw. Druckbeanspruchung, Torsionsbeanspruchung und Biegebeanspruchung vor. Weiterhin wird unterschieden, ob die Feder reibungsfrei bzw. reibungsarm ist (mittleres Bilddrittel) oder die Feder einen erheblichen Reibungsanteil aufweist (unteres Bilddrittel).

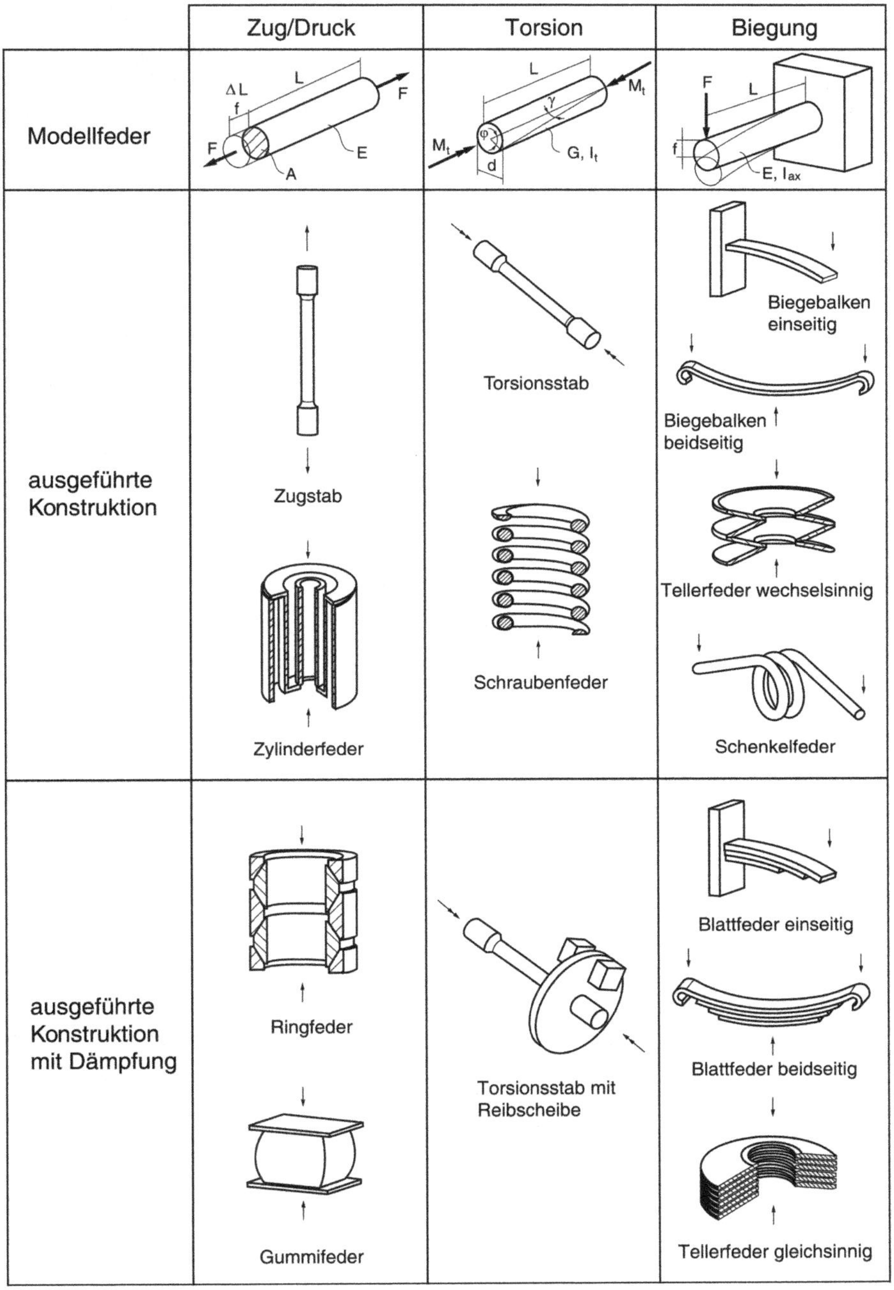
Zug/Druck
Torsion
Biegung
Modellfeder
ΔL
L
f
F
F
E
A
L
M_t
M_t
φ
γ
d
G, I_t
F
L
f
E, I_{ax}
ausgeführte Konstruktion
Zugstab
Zylinderfeder
Torsionsstab
Schraubenfeder
Biegebalken einseitig
Biegebalken beidseitig
Tellerfeder wechselsinnig
Schenkelfeder
ausgeführte Konstruktion mit Dämpfung
Ringfeder
Gummifeder
Torsionsstab mit Reibscheibe
Blattfeder einseitig
Blattfeder beidseitig
Tellerfeder gleichsinnig

Bild 2.10: Einteilung und Bauformen metallischer Federn

Bei der weiteren Differenzierung nach Bauformen wird offensichtlich, dass es eine zunächst unüberschaubar große Vielfalt von verschiedenen Konstruktionsvarianten gibt. Im Rahmen der folgenden Zusammenstellung ist eine Konzentration auf einige charakteristische Bauformen angebracht. Dabei werden vor allen Dingen jene Konstruktionsvarianten betrachtet, die für das grundsätzliche Verständnis des gesamten Sachgebietes besonders förderlich sind.

2.2.1   Zugstabfeder

Das in Abschnitt 2.1.3 angesprochene Zusammenspiel zwischen Belastbarkeit und Steifigkeit kann für die Zugstabfeder nach Bild 2.11 veranschaulicht werden.

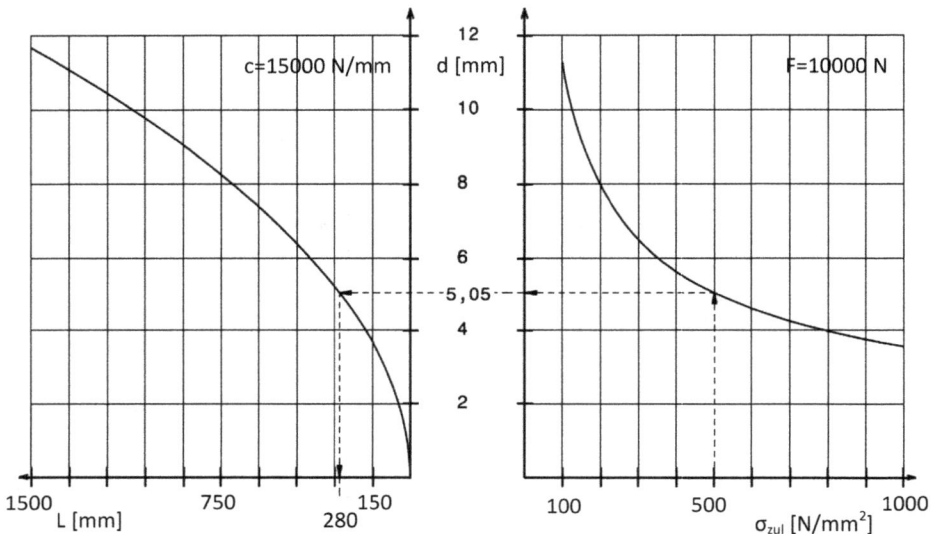

Bild 2.11: Zusammenspiel Belastbarkeit – Steifigkeit einer Zugstabfeder

Die im rechten Quadranten dargestellte Belastbarkeit betrachtet die Zugstabfeder nur als einen Zugstab, dessen Festigkeit gewährleistet werden muss. Dazu wird Gl. 0.1 für einen kreisrunden Querschnitt mit dem Durchmesser d spezifiziert:

$$\sigma = \frac{F}{A} = \frac{F}{\frac{\pi}{4} \cdot d^2} = \frac{4 \cdot F}{\pi \cdot d^2} \quad \rightarrow \quad d_{min} = \sqrt{\frac{4 \cdot F}{\pi \cdot \sigma_{zul}}} \qquad \text{Gl. 2.19}$$

Der für die Übertragung einer Kraft erforderliche Stabdurchmesser d_{min} kann durch Umstellen dieser Gleichung ausgedrückt werden. Soll eine Kraft von beispielsweise 10.000 N übertragen werden, so ergibt sich der erforderliche Stabdurchmesser in Funktion der zulässigen Spannung als Hyperbel:

$$d_{min} = \sqrt{\frac{4 \cdot 10.000\,N}{\pi} \cdot \frac{1}{\sqrt{\sigma_{zul}}}} = 112,8 \sqrt{N} \cdot \frac{1}{\sqrt{\sigma_{zul}}}$$

Wird beispielsweise ein Werkstoff mit einer zulässigen Spannung von $500\,N/mm^2$ verwendet, so muss der Durchmesser mindestens 5,04 mm betragen. Der rechte Quadrant von Bild 2.11 macht auch klar, dass höher belastbare Werkstoffe einen kleineren Durchmesser zulassen, während weniger belastbare Werkstoffe sehr viel mehr Querschnitt erfordern. Wird diese zulässige Spannung ausgenutzt und der minimal mögliche Durchmesser auch tatsächlich ausgeführt, so kann eine geforderte Steifigkeit nach Gl. 2.3 nur noch durch eine Anpassung der Federlänge realisiert werden.

$$c_Z = E \cdot \frac{A}{L} = E \cdot \frac{\pi \cdot d^2}{4 \cdot L} \quad \rightarrow \quad L = E \cdot \frac{\pi \cdot d^2}{4 \cdot c_Z} \qquad \text{Gl. 2.20}$$

Wenn hier beispielhaft eine Steifigkeit von 15.000 N/mm ausgeführt werden soll, so ergibt sich für L eine quadratische Abhängigkeit von d, was im linken Quadranten von Bild 2.11 dargestellt ist:

$$L = 210.000 \frac{N}{mm^2} \cdot \frac{\pi}{4 \cdot 15.000 \frac{N}{mm}} \cdot d^2 = 11,00 \cdot \frac{1}{mm} \cdot d^2$$

Bei dem durch die Belastbarkeit bereits festgelegten Durchmesser von 5,04 mm wird also eine Federlänge von von 280 mm erforderlich. Das Zusammenspiel der beiden Quadranten demonstriert auch, dass hochwertige Werkstoffe („Federstahl") sehr kompakte Federn ergeben, während Werkstoffe geringer Festigkeit zu sehr großen und schweren Federn führen. Der Begriff „Federwerkstoff" hat **nichts** mit der Verformungswilligkeit des Werkstoffs zu tun, sondern kennzeichnet nur seine besonders hohe Belastbarkeit. Diese Gegenüberstellung macht aber auch klar, dass im Sinne einer kompakten Konstruktion Feder vorwiegend an der Grenze ihrer Werkstoffbelastbarkeit betrieben werden sollten. Aus diesem Grunde werden Federwerkstoffe häufig bei sehr knapper Sicherheit und zuweilen auch im Zeitfestigkeitsbereich betrieben.

2.2.2 Drehstabfeder (B)

Wenn es um die Belastbarkeit geht, dann ist die Drehstabfeder lediglich eine Welle, die ein Torsionsmoment zu übertragen hat, wobei deren Länge nicht von Interesse ist. Dieser Zusammenhang wurde bereits mit Gl. 0.48 geklärt:

$$M_{tmax} = \tau_{zul} \cdot W_t = \tau_{zul} \cdot \frac{\pi \cdot d^3}{16} \quad \rightarrow \quad d_{min} = \sqrt[3]{\frac{16 \cdot M_t}{\pi \cdot \tau_{zul}}}$$

Soll beispielsweise ein Moment von 150 Nm übertragen werden, so ergibt sich der erforderliche Stabdurchmesser als Funktion der zulässigen Schubspannung als Hyperbel dritten Grades:

$$d_{min} = \sqrt[3]{\frac{16 \cdot 150\,\text{Nm}}{\pi}} \cdot \frac{1}{\sqrt[3]{\tau_{zul}}} = 91{,}42 \sqrt[3]{\text{Nmm}} \cdot \frac{1}{\sqrt[3]{\tau_{zul}}}$$

Wird beispielsweise ein Werkstoff mit einer zulässigen Spannung von 500 N/mm² verwendet, so muss der Durchmesser mindestens 11,5 mm betragen. Der rechte Quadrant von Bild 2.12 lässt auch erkennen, dass höher belastbare Werkstoffe einen kleineren Durchmesser zulassen, während weniger belastbare Werkstoffe einen sehr viel dickeren Federstab erfordern.

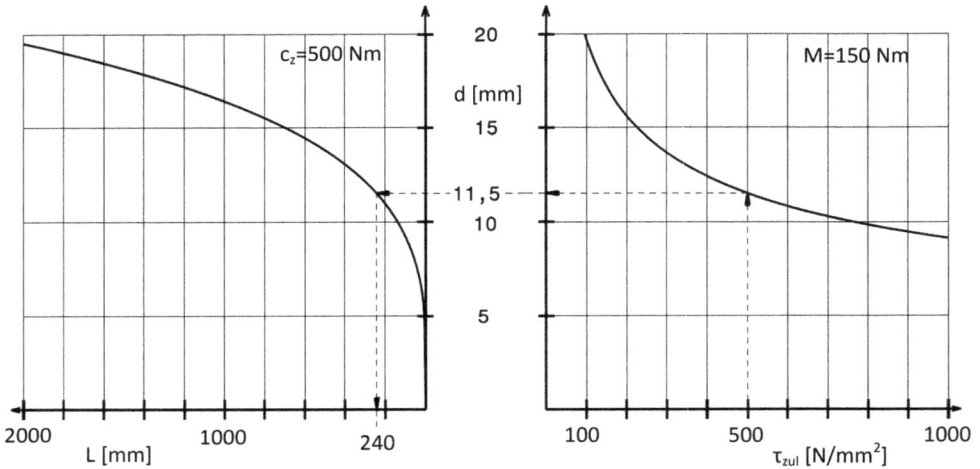

Bild 2.12: Zusammenspiel Belastbarkeit – Steifigkeit einer Drehstabfeder

Wird diese Werkstofffestigkeit ausgenutzt und der minimal mögliche Durchmesser auch tatsächlich ausgeführt, so kann eine geforderte Steifigkeit nach Gl. 2.6 nur noch durch eine Anpassung der Federlänge realisiert werden.

$$c_T = \frac{M_t}{\varphi} = G \cdot \frac{I_t}{L} = G \cdot \frac{\pi \cdot d^4}{32 \cdot L} \quad \rightarrow \quad L = G \cdot \frac{\pi \cdot d^4}{32 \cdot c_T} \qquad \text{Gl. 2.21}$$

Wenn hier beispielhaft eine Steifigkeit von 500 Nm ausgeführt werden soll, so ergibt sich für L eine Abhängigkeit von d in der vierten Potenz, was im linken Quadranten von Bild 2.12 als Parabel dargestellt ist:

$$L = 70.000 \frac{N}{mm^2} \cdot \frac{\pi}{32 \cdot 500 Nm} \cdot d^4 = 0,01374 \frac{1}{mm^3} \cdot d^4$$

Bei dem durch die Belastbarkeit bereits festgelegten Durchmesser von 11,5 mm wird also eine Federlänge von von 240 mm erforderlich. Auch hier führen höherwertige Werkstoff zu sehr viel kompakteren und minderwertige Werkstoffe zu sehr großen und schweren Federn mit den gleichen Konsequenzen wie in Bild 2.11.

Ein besonderes Problem bei der Verwendung von Drehstabfedern besteht darin, das Torsionsmoment in den Drehstab einzuleiten. In der Regel greift man auf besonders hochwertige und kerbunempfindliche Welle-Nabe-Verbindungen (s. Kap. 6) zurück, Bild 2.13 gibt in der linken Hälfte zwei Beispiele an:

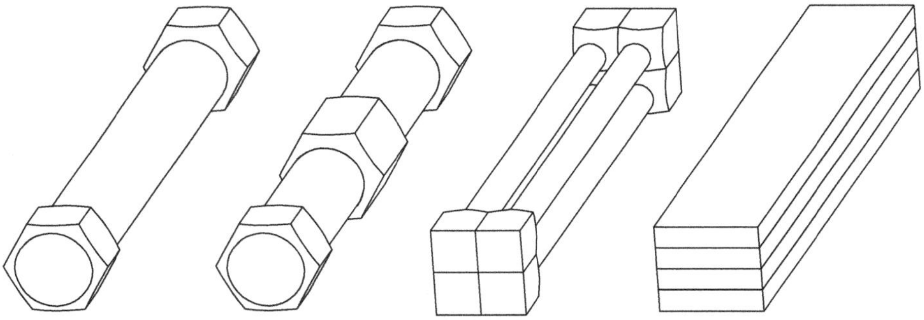

Bild 2.13: Drehstabfedern und Drehstabbündel

Der fließende Übergang zwischen Feder und Einspannung wirft allerdings das Problem auf, dass die für die Verformung maßgebende Länge der Drehstabfeder nicht ohne weiteres zu erkennen ist und mit einer detaillierten Betrachtung ermittelt werden müsste. Dieser Aufwand ist aber nur erforderlich, wenn die Steifigkeit mit hoher Genauigkeit ermittelt werden muss. Wie Bild 2.13 in der rechten Hälfte zeigt, können Drehstabfedern auch zu einem Bündel zusammengefasst werden, was in erster grober Näherung einer Parallelschaltung der einzelnen Federstäbe entspricht. Durch die Reibung der einzelnen Flachstäbe untereinander kommt es zu einer Hysterese. Bild 2.14 zeigt die Hinterradfederung eines Kraftfahrzeuges, welche mit Drehstabfedern ausgerüstet ist.

Bild 2.14: Drehstabfeder mit einstellbarer Drehmomentenstütze nach [2.6]

Die Drehstabfeder ist unten links im Bild angelenkt und verläuft diagonal durch das Bild. Die durch das Rad eingeleitete Belastung wirkt über einen Hebelarm als Torsion auf den Drehstab. Ein in der Nähe des Hebels angebrachtes Gelenk nimmt die Querkräfte auf, so dass die Drehstabfeder selbst kein nennenswertes Biegemoment erfährt. Mit der einstellbaren Drehmomentenstütze unten links im Bild kann die Vorspannung der Feder variiert werden. Das schräg senkrecht im Bild stehende Bauteil ist ein Dämpfer (näheres s. Kap. 2.3).

Aufgaben A.2.4 bis A.2.8

2.2.3   Schraubenfeder als Zug-/Druckfeder (B)

Eine auf Zug bzw. Druck beanspruchte Schraubenfeder entsteht dadurch, dass die zuvor vorgestellte Drehstabfeder schraubenförmig gewendelt wird:

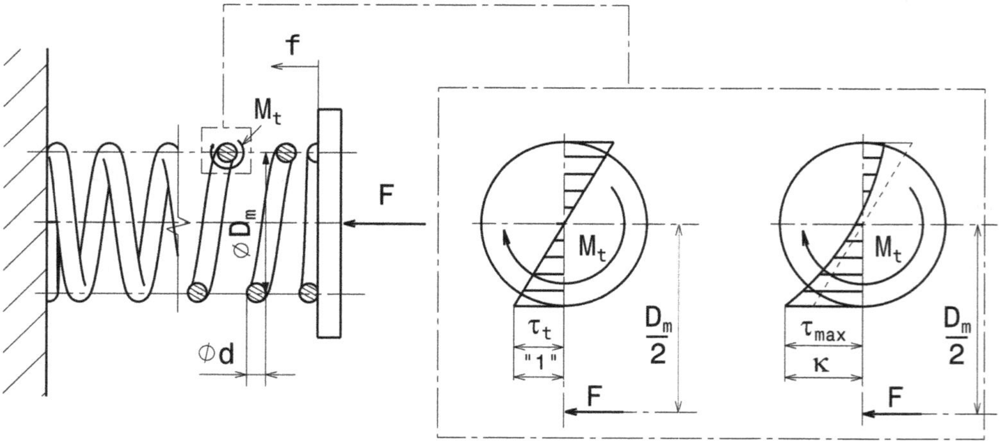

Bild 2.15: Schraubenförmig gewendelte Feder als Zug-/Druckfeder

2.2.3.1 Belastbarkeit (B)

Die zentrisch auf die Feder wirkende Kraft F belastet den Federdraht an jeder beliebigen Schnittstelle mit dem Torsionsmoment M_t, wobei der halbe mittlere Windungsdurchmesser $D_m/2$ als Hebelarm wirksam wird (mittleres Detail von Bild 2.15):

$$M_t = F \cdot \frac{D_m}{2} \hspace{6cm} \text{Gl. 2.22}$$

Für die Festigkeitsbetrachtung der Feder wird deshalb angesetzt:

$$\tau_t = \frac{M_t}{W_t} \quad \text{mit} \quad W_t = \frac{\pi \cdot d^3}{16} \quad \text{d : Drahtdurchmesser}$$

$$\tau_t = \frac{16 \cdot M_t}{\pi \cdot d^3} = \frac{8 \cdot F \cdot D_m}{\pi \cdot d^3} \hspace{4cm} \text{Gl. 2.23}$$

Dieser ideale Torsionsspannungsansatz trifft die Realität jedoch nicht genau, da die Kraft F einen zusätzlichen Querkraftschub in Längsrichtung der Feder hervorruft und wegen der Drahtkrümmung an der Innenseite eine Lastüberhöhung auftritt. Bild 2.15 stellt diesen Sachverhalt im rechten Detail zunächst einmal graphisch dar. Um diesen Einfluss im Dimensionierungsansatz zu berücksichtigen, muss die oben berechnete Torsionsspannung mit einem sog. „Wahl'schen Faktor" K multipliziert werden:

$$\tau_{max} = \tau_t \cdot K = \frac{8 \cdot F \cdot D_m}{\pi \cdot d^3} \cdot K \hspace{3cm} \text{Gl. 2.24}$$

Für den Faktor K gibt die Literatur mehrere Gleichungen an, deren Zahlenergebnisse sich aber kaum voneinander unterscheiden:

$$K = 1 + \frac{5}{4} \cdot \frac{d}{D_m} + \frac{7}{8} \cdot \left(\frac{d}{D_m}\right)^2 + \left(\frac{d}{D_m}\right)^3 \hspace{2cm} \text{Gl. 2.25}$$

Der in dieser Gleichung mehrfach auftretende Quotient D_m/d wird auch als „Wicklungsverhältnis" w bezeichnet. Dadurch vereinfacht sich die Berechnung von K formal zu:

$$K = 1 + \frac{5}{4} \cdot \frac{1}{w} + \frac{7}{8} \cdot \left(\frac{1}{w}\right)^2 + \left(\frac{1}{w}\right)^3 \quad \text{mit} \quad w = \frac{D_m}{d} \hspace{1cm} \text{Gl. 2.26}$$

Die graphische Darstellung dieser Gleichung entsprechend Bild 2.16 macht die quantitative Abhängigkeit von K deutlich:

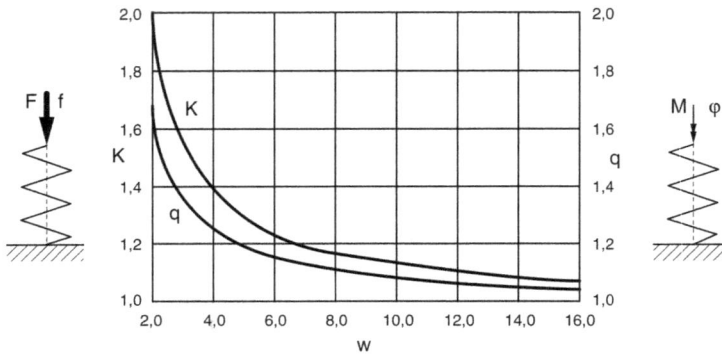

Bild 2.16: Überhöhungsfaktoren K und q für schraubenförmig gewendelte Federn

Dabei ist zunächst nur der Kurvenzug für K von Interesse. Der Faktor K strebt für große Wicklungsverhältnisse gegen 1 (nahezu ideale Torsionsspannungsverteilung), für kleiner werdende Wicklungsverhältnisse wird er zunehmend größer, weil der Querkrafteinfluss und die Drahtkrümmung an Bedeutung gewinnen. Durch Umstellung von Gleichung 2.24 kann dann die Belastbarkeit der Feder formuliert werden:

$$F_{max} = \frac{\pi \cdot d^3}{K \cdot 8 \cdot D_m} \cdot \tau_{zul} \qquad\qquad \text{Gl. 2.27}$$

Bei vorgegebener Belastung F_{max} und vorgegebenem Werkstoff mit zulässiger Schubspannung τ_{zul} kann die Feder durch Anpassung des Drahtdurchmessers oder des Windungsdurchmessers dimensioniert werden:

$$d_{min} = \sqrt[3]{\frac{F_{max} \cdot K \cdot 8 \cdot D_m}{\pi \cdot \tau_{zul}}} \qquad\qquad \text{Gl. 2.28}$$

oder

$$D_{m\,max} = \frac{\pi \cdot d^3}{K \cdot 8 \cdot F_{max}} \cdot \tau_{zul} \qquad\qquad \text{Gl. 2.29}$$

In beiden Fällen ist der Faktor K zunächst unbekannt und es wäre rechnerisch sehr aufwendig, ihn nach Gl. 2.25/26 einzuführen. In solchen Fällen setzt man vorläufig den Faktor K = 1, und mit den daraus sich provisorisch ergebenden Federabmessungen können dann das endgültige Wicklungsverhältnis und der endgültige Faktor K iterativ ermittelt werden.

Schraubenfedern werden in vielen Fällen dynamisch beansprucht, so dass eine Abschätzung gegenüber einem statischen und dynamischen Schubspannungsgrenzwert notwendig wird. Ähnlich wie bei Drehstabfedern lassen sich auch für Schraubenfedern die Materialkenndaten durch ein Wöhlerdiagramm und durch ein Smith-Diagramm wiedergeben (hier beispielhaft für den Werkstoff nach DIN 17221, kugelgestrahlt und „gesetzt" (s. Abschnitt 2.2.7) mit geschälter und geschliffener Oberfläche):

N = 2 · 10⁵
N > 2 · 10⁶ } P_ü = 90 [%]

Abmessungsbereich: d = 10 – 16 mm
                    w ≈ 10

Oberfläche: spanend bearbeitet,
                    verfestigungsgestrahlt

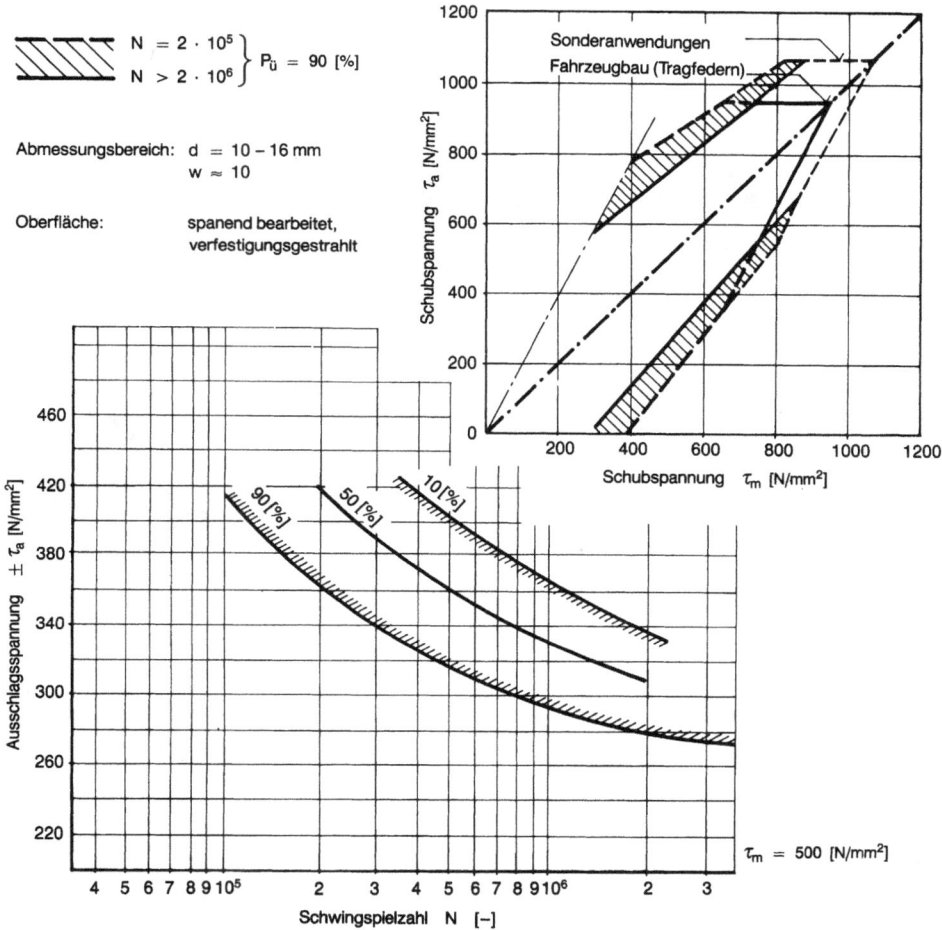

Bild 2.17: Wöhlerkurve und Smith-Diagramm einer warmgeformten Schraubendruckfeder (nach [2.6])

2.2.3.2   Steifigkeit (B)

Auch die Steifigkeit kann in Analogie zur Drehstabfeder nach Gl. 2.6 formuliert werden:

$$c_T = \frac{M_t}{\varphi} = G \cdot \frac{I_t}{L} \qquad \text{mit} \qquad I_t = \frac{\pi \cdot d^4}{32}$$

Für das Torsionsmoment lässt sich auch wie in Gl. 2.22 der Ausdruck $M_t = F \cdot D_m / 2$ einführen. Die Verformung der Drehstabfeder φ äußert sich hier als Längenänderung der Feder f. Der geometrische Zusammenhang beider Größen lässt sich mit Bild 2.18 klären:

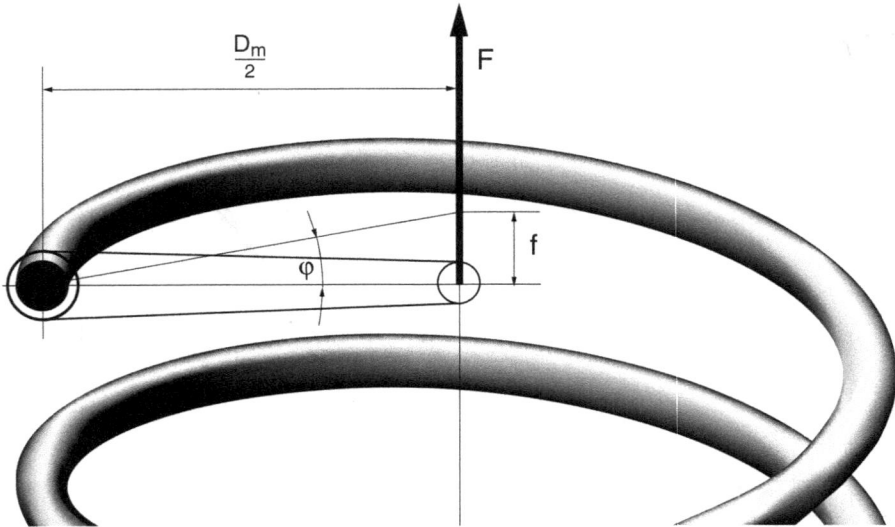

Bild 2.18: Verformungen an der schraubenförmig gewendelten Zug-/Druckfeder

$$f = \varphi \cdot \frac{D_m}{2} \quad \Rightarrow \quad \varphi = \frac{f}{\frac{D_m}{2}} = \frac{2 \cdot f}{D_m} \qquad\qquad \text{Gl. 2.30}$$

Die Länge des gewundenen Federstabes L ergibt sich aus dem Umfang der kreisförmigen Wendel auf dem Windungsdurchmesser D_m:

$$L = \pi \cdot D_m \cdot i_w \qquad\qquad \text{Gl. 2.31}$$

wobei i_w die Anzahl der federnden Windungen bedeutet.

Werden die Gleichungen 2.22, 2.30 und 2.31 in Gleichung 2.6 eingesetzt, so wird das Verformungsverhalten der schraubenförmig gewendelten Zug-/Druckfeder beschrieben:

$$\frac{F \cdot \frac{D_m}{2}}{\frac{2 \cdot f}{D_m}} = G \cdot \frac{\frac{\pi \cdot d^4}{32}}{\pi \cdot D_m \cdot i_w} \quad \Rightarrow \quad \frac{F \cdot D_m^2}{4 \cdot f} = G \cdot \frac{\pi \cdot d^4}{32 \cdot \pi \cdot D_m \cdot i_w}$$

Dieser Ausdruck enthält bereits implizit den Ausdruck F/f als Gesamtsteifigkeit c der Schraubenfeder. Stellt man die Gleichung entsprechend um, so folgt für die Steifigkeit c:

$$c = \frac{F}{f} = G \cdot \frac{d^4}{8 \cdot D_m^3 \cdot i_w} \qquad\qquad \text{Gl. 2.32}$$

Da besonders bei Druckfedern die an der Umgebungskonstruktion anliegenden Windungen nicht federn können, muss die rechnerische Anzahl der federnden Windungen um zwei weitere Windungen erhöht werden, so dass sich die Anzahl der gesamten Windungszahl i_{ges} ergibt zu:

$$i_{ges} = i_w + 2$$

Die Dimensionierung einer Schraubenfeder geht praktischerweise zunächst von der Belastbarkeit aus: Der Drahtdurchmesser d und der Windungsdurchmesser D_m werden nach Gl. 2.24 bis 2.27 so bemessen, dass keine unzulässig hohen Schubspannungen auftreten und damit die Belastbarkeit der Feder gewährleistet ist. Die gewünschte Steifigkeit wird dann durch eine entsprechende Anzahl von federnden Windungen realisiert, wobei die Belastbarkeit nicht mehr beeinträchtigt wird. Für diese Vorgehensweise ist es vorteilhaft, die Gl. 2.31 nach der Anzahl der federnden Windungen i_w aufzulösen:

$$i_w = G \cdot \frac{d^4}{8 \cdot D_m^3 \cdot c} \qquad\qquad \text{Gl. 2.33}$$

Das Verhalten der Feder bezüglich Belastbarkeit und Steifigkeit lässt sich nach Bild 2.19 übersichtlich zusammenfassen.

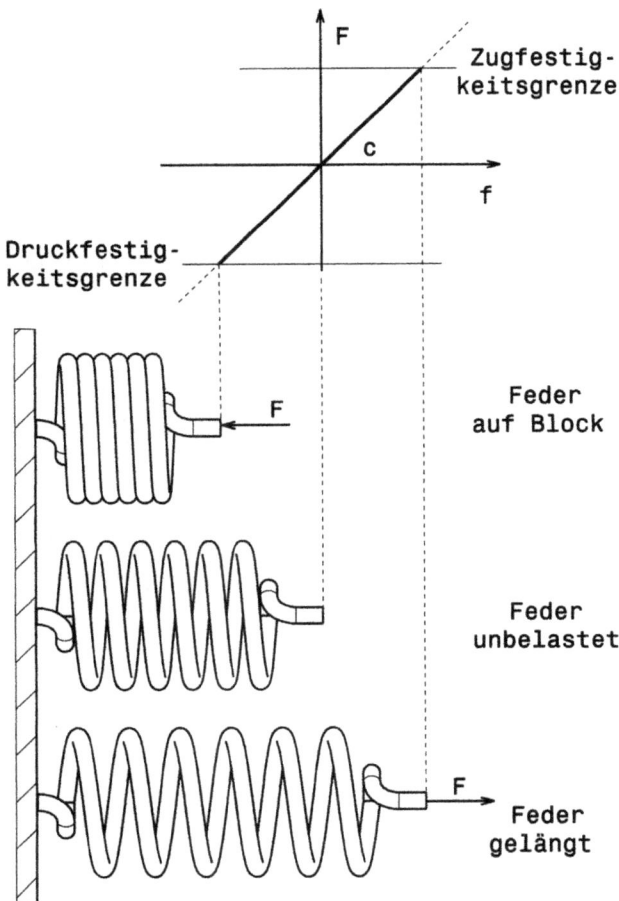

Bild 2.19: Steifigkeit und Belastbarkeit einer Schraubenfeder

Durch die zulässige Schubspannung des Federwerkstoffs ist im Zugbereich der Feder die Zugfestigkeitsgrenze und in ihrem Druckbereich die Druckfestigkeitsgrenze vorgegeben. Im Druckbereich kann die Feder aber so konstruiert werden, dass vor Erreichen der Festigkeitsgrenze die Blocklänge erreicht wird, d. h. dass die Feder so weit zusammengedrückt wird, dass die Windungen aufeinander liegen und eine weitere Verformung und damit eine Überlastung des Federwerkstoffs nicht möglich sind. Die oben dargestellte Feder ist sowohl auf Druck als auch auf Zug belastbar, was in der Praxis eher selten ist. Praktisch werden Federn entweder als reine Zugfeder mit Öse zur Krafteinleitung oder aber als reine Druckfeder mit aufeinanderliegenden, angeschliffenen Endwindungen ausgeführt.

2.2.3.3 Parametervariation Schraubenfeder (E)

Bei dem Versuch, das Zusammenspiel zwischen Belastbarkeit und Steifigkeit in Anlehnung an die Bilder 2.11 und 2.12 darzustellen, ergibt sich das Problem, dass die schraubenförmig gewendelte Feder einen zusätzlichen Parameter aufweist. Wird der Windungsdurchmesser vorgegeben, so hat Gl. 2.28 bereits den erforderlichen Drahtdurchmesser formuliert:

$$d_{min} = \sqrt[3]{\frac{F_{max} \cdot K \cdot 8 \cdot D_m}{\pi \cdot \tau_{zul}}}$$

Im weiteren Verlauf der Betrachtung wird zur Reduzierung des Rechenaufwandes der Faktor K einheitlich zu 1 gesetzt. Soll beispielsweise ein maximale Kraft von 15 N übertragen werden, so ergibt sich der erforderliche Drahtdurchmesser als Hyperbel:

$$\text{für } D_m = 5\,\text{mm}: \quad d_{min} = \sqrt[3]{\frac{15\,\text{N} \cdot 1 \cdot 8 \cdot D_m}{\pi}} \cdot \frac{1}{\sqrt[3]{\tau_{zul}}} = 5{,}759\sqrt{\text{Nmm}} \cdot \frac{1}{\sqrt[3]{\tau_{zul}}}$$

$$\text{für } D_m = 10\,\text{mm}: \quad d_{min} = \sqrt[3]{\frac{15\,\text{N} \cdot 1 \cdot 8 \cdot D_m}{\pi}} \cdot \frac{1}{\sqrt[3]{\tau_{zul}}} = 7{,}256\sqrt{\text{Nmm}} \cdot \frac{1}{\sqrt[3]{\tau_{zul}}}$$

Bild 2.20 führt im rechten Quadranten die Darstellung beispielhaft sowohl für den Windungsdurchmesser 5 mm als auch 10 mm aus. Wird ein Werkstoff mit einer zulässigen Spannung von 500 N/mm² verwendet, so muss der Drahtdurchmesser mindestens 0,72 mm bzw. 0,91 mm betragen. Diese Werte sinken mit der Belastbarkeit des Werkstoffs deutlich ab und nehmen für weniger belastbare Werkstoffe zu.

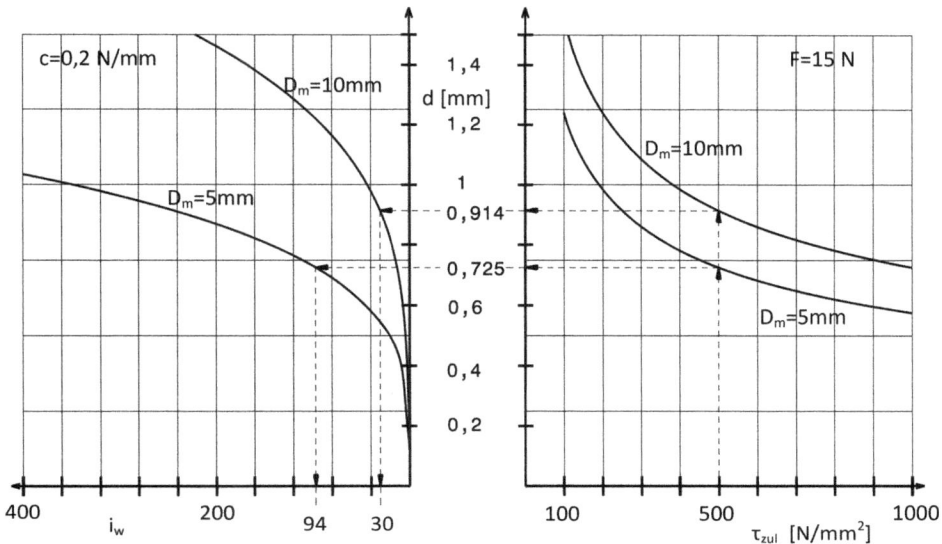

Bild 2.20: Zusammenspiel Belastbarkeit – Steifigkeit einer schraubenförmige gewendelten Feder

Wird diese Werkstofffestigkeit ausgenutzt und der minimal mögliche Drahtdurchmesser auch tatsächlich ausgeführt, so kann eine beispielhaft geforderte Steifigkeit von 0,2 N/mm nach Gl. 2.33 nur noch durch eine Anpassung der Anzahl der federnden Windungen umgesetzt werden.

$$i_w = G \cdot \frac{d^4}{8 \cdot D_m^3 \cdot c} \quad \text{hier:} \quad i_w = 70.000 \frac{N}{mm^2} \cdot \frac{1}{8 \cdot D_m^3 \cdot 0,2 \frac{N}{mm}} \cdot d^4$$

$$\text{für } D_m = 5\,mm: \quad i_w = \frac{350}{mm^4} \cdot d^4 \quad \text{für} \quad D_m = 10\,mm: \quad i_w = \frac{43,75}{mm^4} \cdot d^4$$

Es ergibt sich für die Anzahl der federnden Windungen eine Abhängigkeit von d in der vierten Potenz, was im linken Quadranten von Bild 2.20 als Parabel dargestellt ist. Bei dem durch die Belastbarkeit bereits festgelegten Drahtdurchmesser von 0,72 mm bzw. 0,91 mm werden also 30 bzw. 94 federnde Windungen erforderlich. Ein höherwertiger Werkstoff hätte die Anzahl der federnden Windungen deutlich reduziert und bei einem minderwerten Werkstoff vervielfacht.

Aufgaben A.2.9 bis A.2.17

2.2.3.4   Knickgefährdung (V)

Werden lange, schlanke Schraubendruckfedern nicht geführt, so besteht Knickgefahr. In Anlehnung an die Knickberechnung aus Kapitel 0.3 kann hier eine Kurve angegeben werden, die
den Bereich der Knicksicherheit von dem der Knickgefahr abgrenzt.

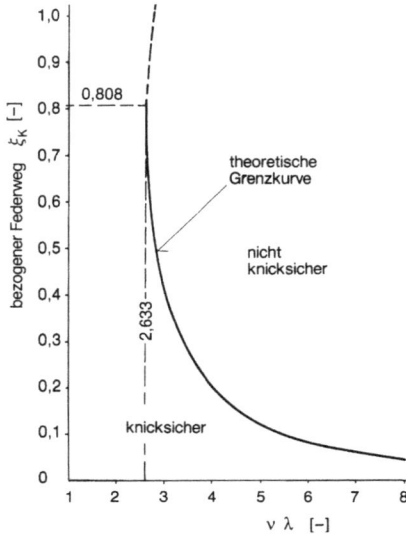

$$\xi_K = \frac{f}{L_0} \qquad\qquad \text{Gl. 2.34}$$

$$\lambda = \frac{L_0}{D_m} \qquad\qquad \text{Gl. 2.35}$$

f: Federweg
L_0: Länge der ungespannten Feder

Bild 2.21: Knickgrenze Schraubendruckfedern nach [2.6]

Schraubendruckfedern sind mit steigendem Federweg und abnehmendem Windungsdurchmesser zunehmend knickgefährdet. Aus dieser Darstellung geht hervor, dass eine Schraubendruckfeder mit $\nu \cdot \lambda < 2{,}633$ auf jeden Fall knicksicher ist. Der Abszissenwert berücksichtigt
die Art und Weise, wie die Feder an die Umgebungskonstruktion angebunden ist. Dazu wird
der Beiwert ν formuliert:

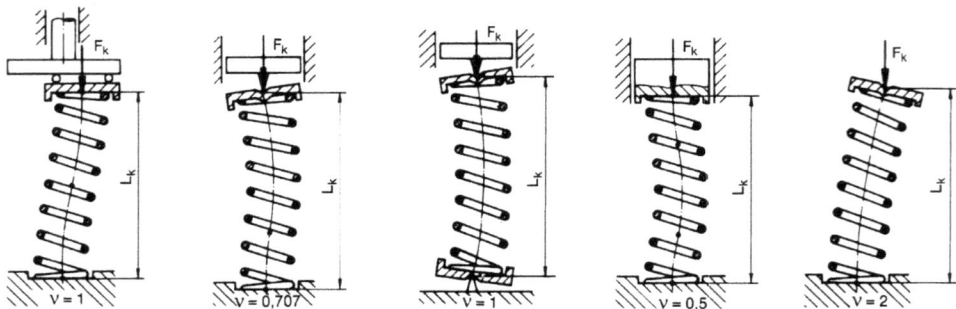

Bild 2.22: Beiwert ν für die Knickgefährdung von Schraubendruckfedern nach [2.6]

2.2.4   Biegefeder (B)

2.2.4.1   Biegefeder einzeln (B)

Die in Bild 2.2 vorgestellte einfache Biegefeder wird in der ersten Spalte von Bild 2.23 als erste Ausführungsform erneut aufgegriffen und weiter differenziert. In allen drei Fällen ist der Biegebalken auf der linken Seite fest eingespannt.

Belastung, Spannung	Das Biegemoment ist das Produkt aus konstanter Kraft und linear anwachsendem Hebelarm, woraus sich die dargestellte dreieckförmige Biegemomentenverteilung ergibt. Da der Balken auf seiner ganzen Lange einen konstanten Querschnitt aufweist, ist die Biegespannungsverteilung ebenfalls dreieckförmig.	Am Ende des Biegebalkens wird ein dazu senkrechter, starrer, gleichlanger Hebelarm angeordnet. Wird an dessen Ende die gleiche Kraft eingeleitet, so wird der Biegebalken auf seiner ganzen Länge mit einem konstanten Biegemoment belastet, die Biegespannungsverteilung ist dann ebenfalls konstant.	Wird der Biegebalken wie im Ausgangsbeispiel an seinem Ende mit einer Kraft belastet, so ergibt sich eine dreieckförmige Biegemomentenbelastung wie in der linken Spalte. Wird der Biegebalken aber als Balken gleicher Biegefestigkeit ausgeführt, so ist die Biegespannungsverteilung konstant.
Balkenkrümmung	Die Krümmungsradius verhält sich umgekehrt proportional zur Spannung: An der Einspannung ist die Spannung groß, der Krümmungsradius ist klein. Weiter nach rechts wird die Spannung zunehmend kleiner und damit der Krümmungsradius größer. Am rechten Balkenende ist der Krümmungsradius unendlich groß.	Der an der Einspannung vorliegende minimale Krümmungsradius wird entlang der gesamten Balkenlänge beibehalten. Die Krümmung des gesamten Balkens ist deshalb kreisbogenförmig. Der Federweg f ist also trotz gleicher Beschaffenheit der Feder und gleicher belastender Kraft größer als im vorherigen Fall.	Da der Balken als Balken gleicher Biegefestigkeit ausgeführt ist, liegt auch hier überall gleiche Krümmung vor. Der Federweg f ist genau so groß wie der im vorherigen Fall, die Feder selbst beansprucht aber nur die Hälfte der Masse des ersten Falls.

	Kraft am rechten Balkenende	konstantes Moment entlang des gesamten Balkens	Kraft am rechten Ende des Balkens gleicher Biegefestigkeit
Seitenansicht			
Draufsicht			
Moment	M_b	M_b	M_b
Spannung	σ_b	σ_b	σ_b
Balkenkrümmung			

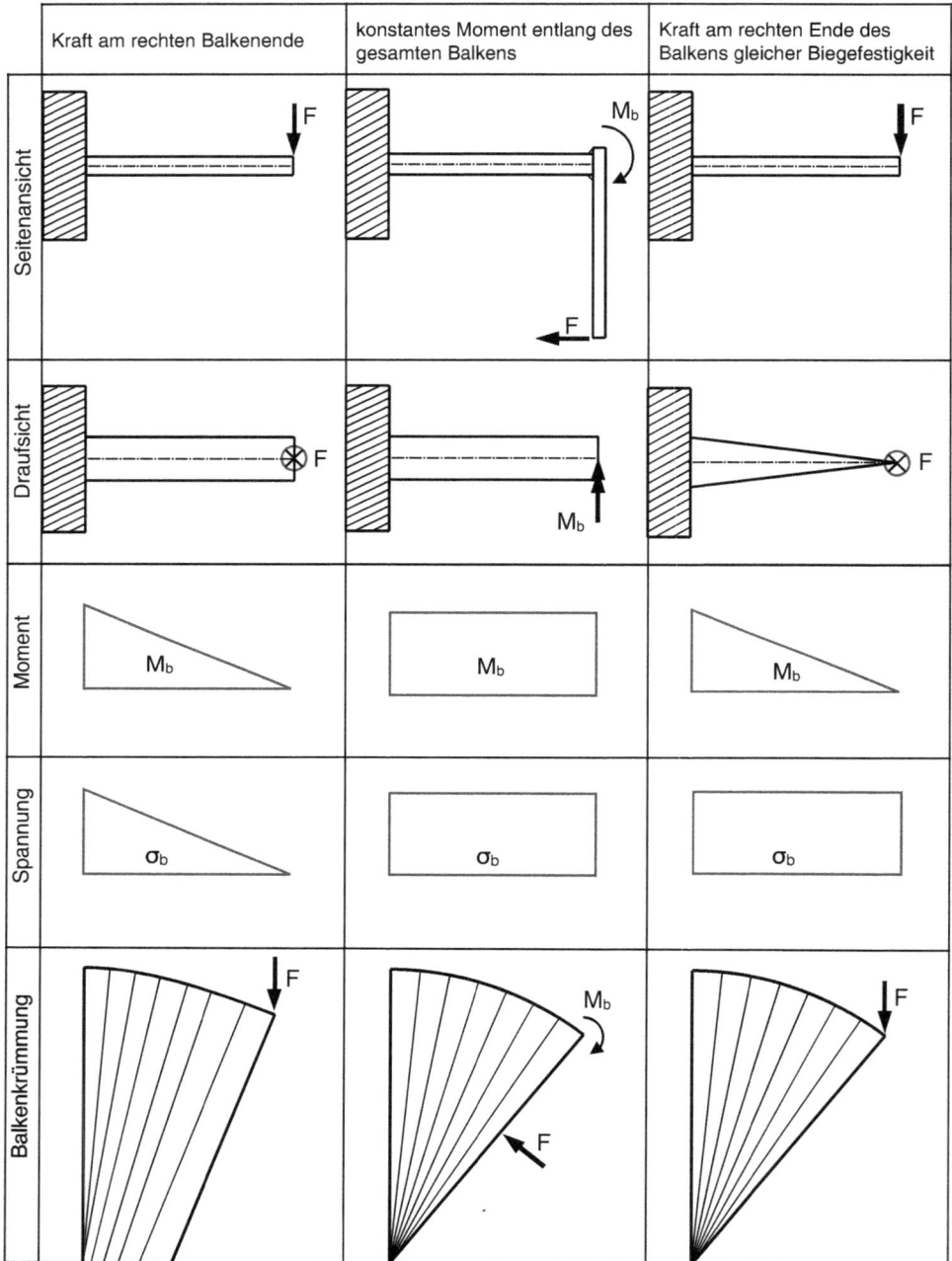

Bild 2.23: Belastung und Verformung Biegebalken

Die Belastung führt zunächst einmal zu einem Federweg f am rechten Federende nach den drei oberen Gleichungen des folgenden Schemas. Die weiteren Gleichungen spezifizieren diesen Zusammenhang für den rechteckförmigen Balkenquerschnitt unter Zuhilfenahme von I_{ax} nach der Tabelle aus Bild 0.16:

Federweg	$f = \frac{1}{3} \cdot \frac{L^3}{I_{ax} \cdot E} \cdot F$ $f = \frac{1}{3} \cdot \frac{L^3}{\frac{b \cdot h^3}{12} \cdot E} \cdot F$ $f = 4 \cdot \frac{L^3}{b \cdot h^3 \cdot E} \cdot F$ Gl. 2.36	$f = \frac{1}{2} \cdot \frac{L^2}{I_{ax} \cdot E} \cdot M$ $f = \frac{1}{2} \cdot \frac{L^2}{\frac{b \cdot h^3}{12} \cdot E} \cdot M$ $f = 6 \cdot \frac{L^2}{b \cdot h^3 \cdot E} \cdot M$ Gl. 2.37	$f = \frac{1}{2} \cdot \frac{L^3}{I_{ax} \cdot E} \cdot F$ $f = \frac{1}{2} \cdot \frac{L^3}{\frac{b \cdot h^3}{12} \cdot E} \cdot F$ $f = 6 \cdot \frac{L^3}{b \cdot h^3 \cdot E} \cdot F$ Gl. 2.38

Neben dem Federweg f tritt am Federende auch eine Neigung f′ auf. Neigung bedeutet hier sowohl Ableitung („Steigung") im Sinne der Mathematik als auch Steigungswinkel in Bogenmaß (für die hier vorliegenden kleinen Winkel sind der Winkel und dessen Tangens gleich). Auch hier wird der Zusammenhang zunächst für ein allgemeines I_{ax} notiert und dann für den Recheckquerschnitt spezifiziert.

Neigung	$f' = \frac{1}{2} \cdot \frac{L^2}{I_{ax} \cdot E} \cdot F$ $f' = \frac{1}{2} \cdot \frac{L^2}{\frac{b \cdot h^3}{12} \cdot E} \cdot F$ $f' = 6 \cdot \frac{L^2}{b \cdot h^3 \cdot E} \cdot F$ Gl. 2.39	$f' = \frac{L}{I_{ax} \cdot E} \cdot M$ $f' = \frac{L}{\frac{b \cdot h^3}{12} \cdot E} \cdot M$ $f' = 12 \cdot \frac{L}{b \cdot h^3 \cdot E} \cdot M$ Gl. 2.40	$f' = \frac{L^2}{I_{ax} \cdot E} \cdot F$ $f' = \frac{L^2}{\frac{b \cdot h^3}{12} \cdot E} \cdot F$ $f' = 12 \cdot \frac{L^2}{b \cdot h^3 \cdot E} \cdot F$ Gl. 2.41

Die Belastbarkeit der Feder drückt sich im linken und rechten Fall durch eine maximal ertragbare Kraft aus, wofür zunächst einmal Gl. 0.17 anzusetzen ist, die dann für einen recheckförmigen Querschnitts mit W_{ax} nach Bild 0.16 zu spezifizieren und schließlich nach der maximal ertragbaren Kraft aufzulösen ist. Die Betrachtung der Belastbarkeit im mittleren Fall nimmt den gleichen Ausgang, fragt aber nach dem maximal ertragbaren Moment:

Belastbarkeit	$\sigma_b = \dfrac{M_b}{W_{ax}}$ $\sigma_b = \dfrac{F \cdot L}{\frac{b \cdot h^2}{6}}$ $\dfrac{6 \cdot F_{max} \cdot L}{b \cdot h^2} = \sigma_{zul}$ $F_{max} = \sigma_{zul} \cdot \dfrac{b \cdot h^2}{6 \cdot L}$ Gl. 2.42	$\sigma_b = \dfrac{M_b}{W_{ax}}$ $\sigma_b = \dfrac{M_b}{\frac{b \cdot h^2}{6}}$ $\dfrac{6 \cdot M_{b\,max}}{b \cdot h^2} = \sigma_{zul}$ $M_{b\,max} = \sigma_{zul} \cdot \dfrac{b \cdot h^2}{6}$ Gl. 2.43	wie erster Fall: $F_{max} = \sigma_{zul} \cdot \dfrac{b \cdot h^2}{6 \cdot L}$ Gl. 2.44

Wenn die von der Feder aufnehmbare Arbeit formuliert werden soll, dann werden zunächst die grundsätzlichen Gleichungen nach 2.1.3 angesetzt, wobei die beiden äußeren Federn als „translatorische" Federn (Federkraft verursacht Federweg) aufzufassen sind, während die mittlere als „rotatorische" Feder (Federmoment verursacht Federwinkel) betrachtet werden kann. Die Federverformungen werden in Funktion der Belastung und schließlich die Belastbarkeit in Funktion der zulässigen Spannung ausgedrückt:

Federarbeit	$W_{trans} = \dfrac{F_{max} \cdot f_{max}}{2}$ mit Gl. 2.36 $= \dfrac{F_{max} \cdot \frac{4 \cdot L^3}{b \cdot h^3 \cdot E} \cdot F_{max}}{2}$ $= 2 \cdot \dfrac{L^3}{b \cdot h^3 \cdot E} \cdot F_{max}^2$ mit Gl. 2.42 $= \dfrac{2 \cdot L^3}{b \cdot h^3 \cdot E} \cdot \left(\sigma_{zul} \cdot \dfrac{b \cdot h^2}{6 \cdot L} \right)^2$ $= \dfrac{2 \cdot L^3 \cdot b^2 \cdot h^4}{b \cdot h^3 \cdot E \cdot 36 \cdot L^2} \cdot \sigma_{zul}^2$ $= \dfrac{1}{18} \cdot \dfrac{L \cdot b \cdot h}{E} \cdot \sigma_{zul}^2$ Gl. 2.45	$W_{rot} = \dfrac{M_{max} \cdot \varphi_{max}}{2}$ $\varphi_{max} = f'_{max}$ mit Gl. 2.40 $= \dfrac{M_{max} \cdot \frac{12 \cdot L}{b \cdot h^3 \cdot E} \cdot M_{max}}{2}$ $= 6 \cdot \dfrac{L}{b \cdot h^3 \cdot E} \cdot M_{b\,max}^2$ mit Gl. 2.43 $= \dfrac{6 \cdot L}{b \cdot h^3 \cdot E} \cdot \left(\sigma_{zul} \cdot \dfrac{b \cdot h^2}{6} \right)^2$ $= \dfrac{6 \cdot L \cdot b^2 \cdot h^4}{b \cdot h^3 \cdot E \cdot 36} \cdot \sigma_{zul}^2$ $= \dfrac{1}{6} \cdot \dfrac{L \cdot b \cdot h}{E} \cdot \sigma_{zul}^2$ Gl. 2.46	$W_{trans} = \dfrac{F_{max} \cdot f_{max}}{2}$ mit Gl. 2.38 $= \dfrac{F_{max} \cdot \frac{6 \cdot L^3}{b \cdot h^3 \cdot E} \cdot F_{max}}{2}$ $= 3 \cdot \dfrac{L^3}{b \cdot h^3 \cdot E} \cdot F_{max}^2$ mit Gl. 2.44 $= \dfrac{3 \cdot L^3}{b \cdot h^3 \cdot E} \cdot \left(\sigma_{zul} \cdot \dfrac{b \cdot h^2}{6 \cdot L} \right)^2$ $= \dfrac{3 \cdot L^3 \cdot b^2 \cdot h^4}{b \cdot h^3 \cdot E \cdot 36 \cdot L^2} \cdot \sigma_{zul}^2$ $= \dfrac{1}{12} \cdot \dfrac{L \cdot b \cdot h}{E} \cdot \sigma_{zul}^2$ Gl. 2.47

Diese Gegenüberstellung erlaubt folgende Schlussfolgerungen:

- Die mittlere Feder kann drei Mal so viel Arbeit aufnehmen wie die linke Feder, weil ihre Belastbarkeit als Biegebalken nicht nur am Einspannquerschnitt, sondern entlang ihrer gesamten Länge voll ausgenutzt wird und dadurch mehr Verformung zustande kommt.
- Die rechte Feder kann wesentlich mehr Arbeit aufnehmen als die linke Feder, weil sich ein „Balken gleicher Biegefestigkeit" (s. Bild 0.19) durch das Weglassen von festigkeitsmässig nicht erforderlichem Material wesentlich mehr verformt. Außerdem wird durch diese Maßnahme die Masse der Feder halbiert, so dass das spezifische Arbeitsspeichervermögen gesteigert wird.

Diese für die Biegefeder wichtigen Schlußfolgerungen werden im Abschnitt 2.6.1 zu einer sog. Formnutzzahl erweitert, mit der dann alle Federbauformen untereinander verglichen werden können.

In der technischen Praxis hat eine dreiecksförmige Feder wie im rechten Drittel von Bild 2.23 allerdings kaum Bedeutung. Nach Bild 2.24 kann diese Dreiecksfeder jedoch in Streifen geschnitten und zu einer Blattfeder zusammengeschichtet werden:

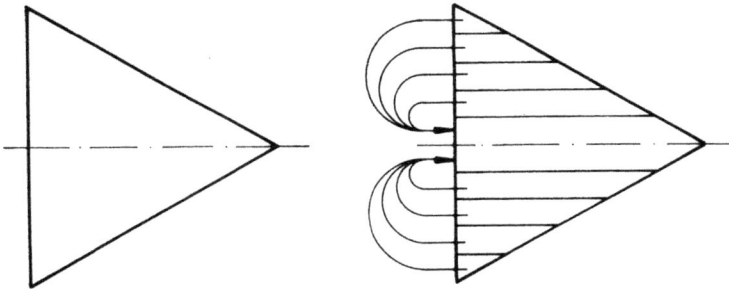

Bild 2.24: Dreiecksfeder wird zur Blattfeder

Bezüglich ihres Verformungsverhaltens erfordert die geschichtete Blattfeder also zunächst die gleiche rechnerische Modellbildung wie die Dreiecksfeder. Allerdings reiben die einzelnen Schichten der Blattfeder bei Verformung aneinander, wodurch es zu Reibungsverlusten und zu der damit verbundenen Federhysterese kommt. Die Blattfeder setzt folglich im Gegensatz zur Dreiecksfeder gezielt Bewegungsenergie in Wärme um und praktiziert damit eine Hysterese, die technisch genutzt werden kann. In der technischen Realität ist die Dreiecksfeder jedoch nicht praktikabel, da am rechten Ende keine Querschnittsfläche zur Übertragung des Querkraftschubes zur Verfügung steht. Wird die Feder so geformt, dass auch an dieser Stelle genügend Querschnittsfläche vorhanden ist, so entsteht die Trapezfeder, die in Bild 2.25 gleich in Parallelanordnung genutzt wird: Die linke und rechte Hälfte dieser Feder können jeweils als einzelne Trapezfeder betrachtet werden, die dann im Gesamtverbund miteinander parallel geschaltet sind. Dadurch wird das Problem der festen Einspannung umgangen.

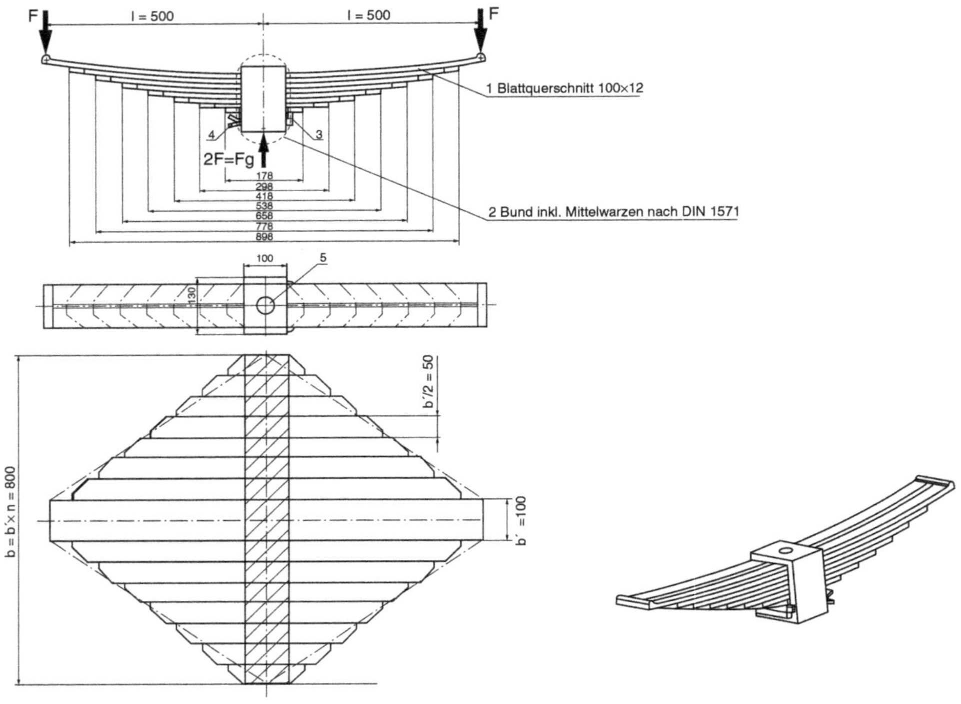

Bild 2.25: Trapezfeder als Blattfedern

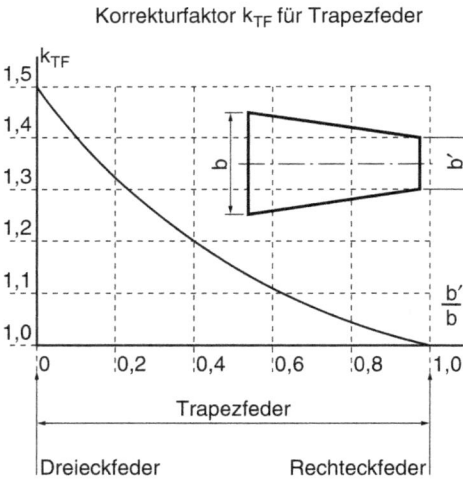

Korrekturfaktor k_{TF} für Trapezfeder

Bild 2.26: Korrekturfaktor k_{TF} für Trapezfeder

Trapezfeder, rechteckförmige und dreieckförmige Blattfeder unterscheiden sich *nicht* hinsichtlich ihrer Belastbarkeit, wenn am Einspannquerschnitt gleiche Abmessungen vorliegen. In ihrem Verformungsverhalten ist die Trapezfeder mit ihrem Federweg f_{TF} und ihrer Steifigkeit c_{TF} zwischen rechteckförmiger und dreieckförmiger Blattfeder anzusiedeln. In diesem Fall sind zunächst die Verformung bzw. die Steifigkeit für die Rechteckfeder zu berechnen und dann mit dem Beiwert k_{Tr} nach nebenstehendem Diagramm zu korrigieren.

Federweg: $f_{TF} = k_{TF} \cdot f_{RF}$ Gl. 2.48

Steifigkeit: $c_{TF} = \dfrac{c_{RF}}{k_{TF}}$ Gl. 2.49

Während die rechte Hälfte von Bild 2.27 die oben angeführte Bauform der Dreieckfeder noch einmal aufgreift, ließe sich der „Körper konstanter Biegefestigkeit" auch bei konstanter Breite und entsprechend angepasster Höhe nach der linken Hälfte von Bild 2.27 realisieren. Diese Variante wird beispielsweise für die Gestaltung eines Schwimmbadsprungbretts praktiziert, stellt aber fertigungstechnisch besondere Anforderungen.

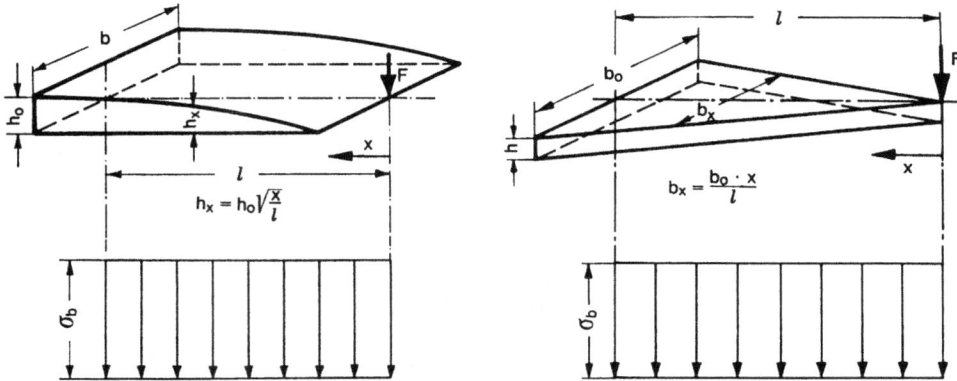

Bild 2.27: Blattfedern als Biegebalken konstanter Biegefestigkeit

Bei dynamischer Beanspruchung zeigt auch die Belastbarkeit von Blattfederwerkstoffen eine ausgeprägte Differenzierung nach Zeitfestigkeit und Dauerfestigkeit, was in Bild 2.28 beispielhaft dokumentiert ist:

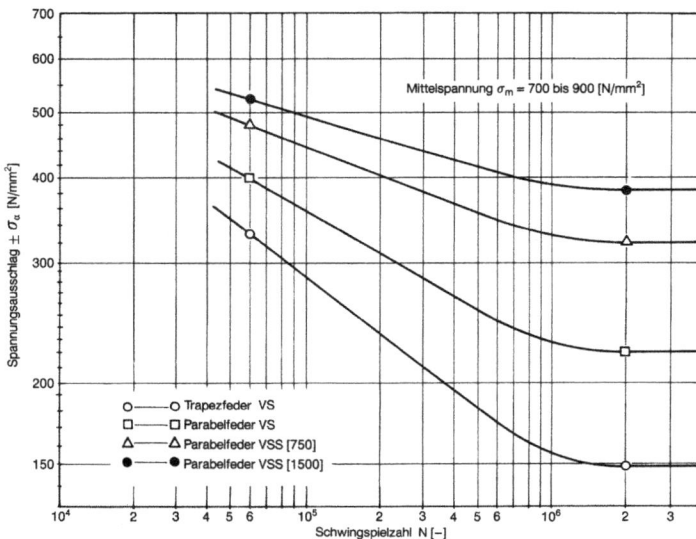

Bild 2.28: Wöhlerkurve für Blattfedern (nach [2.6])

2.2.4.2   Biegefeder parallel und hintereinander geschaltet (E)

Bild 2.29 gibt beispielhaft einige Anordnungen von Blattfedern an, die sich direkt aus dem „einseitig eingespannten Biegelken" ableiten lassen. Unterhalb des Bildes sind die Steifigkeit, die Belastbarkeit und die speicherbare Arbeit der einzelnen Konstruktionsvarianten gegenüber gestellt.

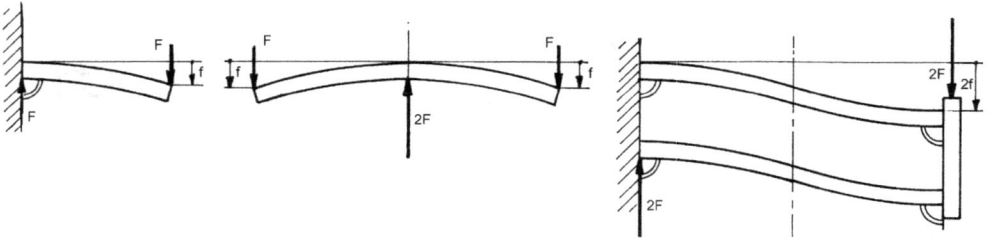

Der als Ausgangsfall dienende Biegebalken mit c_{BB} und F_{BB} ist in der technischen Realität wegen der „festen Einspannung" konstruktiv nicht unproblematisch.	Wird dieser Biegebalken jedoch in doppelter Länge ausgeführt, so kann das Gesamtsystem mittig mit der zweifachen Kraft belastet werden und es entsteht eine Doppelanordnung von zwei parallelgeschalteten, „einseitig eingespannten Biegebalken", ohne dass dabei die feste Einspannung konstruktiv ausgeführt werden muss.	Wird der doppelt lange Biegebalken an beiden Seiten fest eingespannt und in doppelter Ausführung parallel angeordnet, so bleibt die Krafteinleitung auf der rechten Seite stets parallel zur linken Wand. Dadurch entsteht eine Anordnung von vier „einseitig eingespannten Balken".
c_{BB}	$c_{ges} = 2 \cdot c_{BB}$ Multiplikation mit 2, weil linke und rechte Balkenhälfte in Parallelschaltung	$c_{ges} = 2 \cdot \frac{c_{BB}}{2} = c_{BB}$ Division durch 2, weil linke und rechte Balkenhälfte in Hintereinanderschaltung Multiplikation mit 2, weil oberer und unterer Balken in Parallelschaltung
F_{BB}	$F_{ges} = 2 \cdot F_{BB}$	$F_{ges} = 2 \cdot F_{BB}$
$W_{BB} = \dfrac{F_{BB}^2}{2 \cdot c_{BB}}$	$W_{ges} = \dfrac{F_{ges}^2}{2 \cdot c_{ges}} = \dfrac{(2F_{BB})^2}{2 \cdot 2 \cdot c_{BB}} = \dfrac{F_{BB}^2}{c_{BB}}$ $W_{ges} = 2 \cdot W_{BB}$	$W_{ges} = \dfrac{F_{ges}^2}{2 \cdot c_{ges}} = \dfrac{(2F_{BB})^2}{2 c_{BB}} = \dfrac{4 F_{BB}^2}{2 c_{BB}}$ $W_{ges} = 4 \cdot W_{BB}$

Bild 2.29: Zusammenschaltung mehrerer Blattfedern

Bild 2.30 zeigt beispielhaft eine konstruktive Ausführung des mittleren Modellfalls von Bild 2.29 in Kombination mit der zuvor vorgestellten Trapezfeder. Dieser Anwendungsfall aus der Fahrzeugtechnik ist noch um Dämpfer (s. Abschnitt 2.3) erweitert.

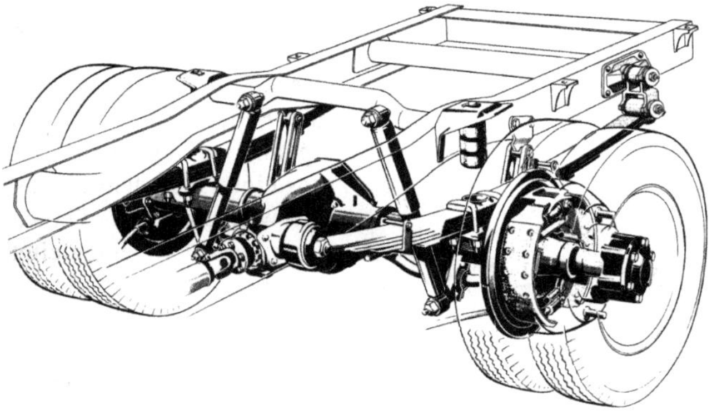

Bild 2.30: Blattfedern zur Federung eines Kraftfahrzeuges (nach [2.6])

Aufgaben A.2.18 bis A.2.24

2.2.4.3   Schenkelfeder mit starren Schenkeln (E)

Wie die Schraubenfeder besteht auch die Schenkelfeder aus einem schraubenförmig gewendelten Federdraht. Die Lasteinleitung, die Materialbeanspruchung und die Verformung sind jedoch völlig verschieden. Die folgende Gegenüberstellung macht diese Unterschiedlichkeit deutlich:

Schraubenfeder als Zug-/Druckfeder		Unterscheidungs-merkmale	Schenkelfeder als Drehfeder	
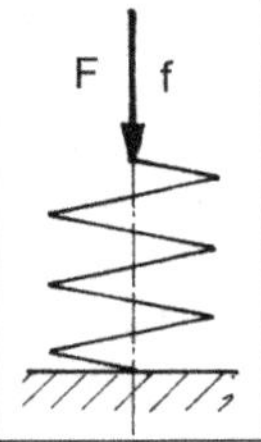	Zug-/Druckkraft F	Lasteinleitung als	Torsionsmoment M_t	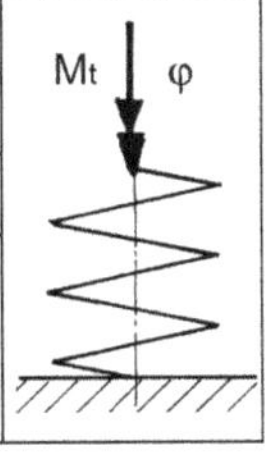
	Federweg f	Verformung	Verdrehwinkel φ	
	Torsionsschub τ_t	Materialbelastung	Biegespannung σ_b	
	Ösen bzw. angelegte Enden zur Krafteinleitung	Konstruktion	Schenkel zur Momenteneinleitung	

Bild 2.31: Unterscheidungsmerkmale Schraubenfeder – Schenkelfeder

Schenkelfedern werden häufig dazu benutzt, Hebel, Deckel oder Klappen mit einer definierten Kraft in einer Endlage festzuhalten. Bild 2.32 zeigt einen typischen Einbaufall und Bild 2.33 veranschaulicht die Beanspruchung der Schenkelfeder.

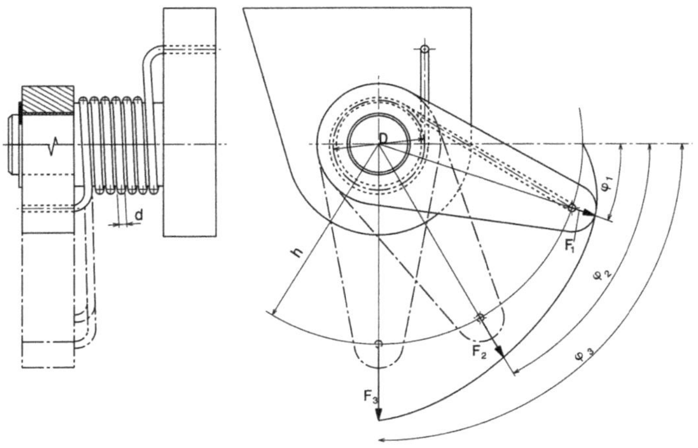

Wird der Hebel bewegt oder die Klappe bzw. der Deckel geöffnet, so wird die Feder zunehmend gespannt, so dass die Kraft ansteigt. Nach dem Loslassen wird eine Schließbewegung selbsttätig eingeleitet. Einer der beiden Schenkel wird mit dem festen Gestell verbunden, während der andere Schenkel mit einer gewissen Vorspannung am beweglichen Teil eingehängt wird. Die Anzahl der federnden Windungen soll 2 nicht unterschreiten.

Bild 2.32: Einbaubeispiel Schenkelfeder

Es werden zunächst die folgenden modellhaften Vereinfachungen getroffen:

- Die am Schenkel mit der Länge h angreifende Kraft F lässt sich in ihrer Wirkung durch das Moment $M_b = F \cdot h$ ersetzen (oberes Bilddrittel).
- Die rechnerische Beschreibung der Feder wird vereinfacht, wenn man den gewundenen Bereich des Federdrahts modellhaft durch einen abgewickelten Biegebalken ersetzt (mittleres und unteres Bilddrittel). Im hier waagerecht dargestellten Bereich des Federdrahtes wird dann das Moment $M_b = F \cdot h$ auf seiner gesamten Länge in voller Höhe wirksam, was einem rechteckförmigen Biegemomenteverlauf entspricht. Dadurch wird eine Verformungsanalyse nach Gleichung 2.40 möglich.
- Darüber hinaus werden die aus der Wendel tangential herausragenden geraden Schenkel wie „einseitig eingespannte" Biegebalken belastet, was mit einem dreieckförmigen Biegemomentenverlauf beschrieben wird.
- Bei der folgenden rechnerischen Beschreibung wird zunächst nur die Federung der Windungen betrachtet und die der Schenkel vernachlässigt. Diese Annahme trifft bei nicht zu geringer Anzahl an federnden Windungen zu. Abschnitt 8.1 (Band 3) widmet sich der exakten Analyse.

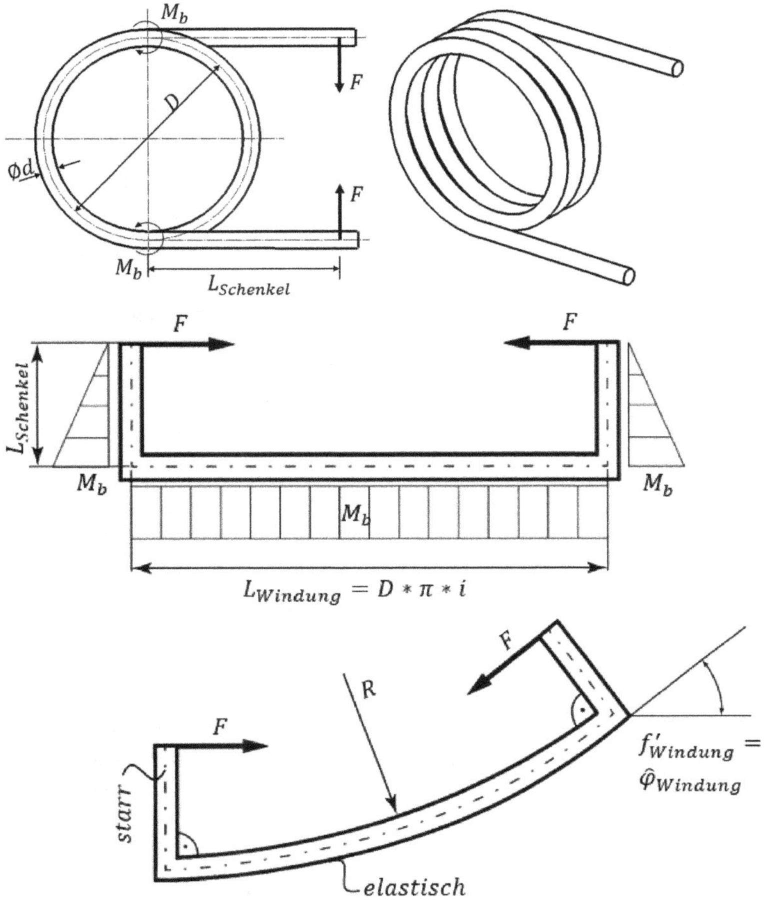

Bild 2.33: Belastung Schenkelfeder

Zur Überprüfung der **Belastbarkeit** der Feder wird zunächst nur die Biegespannung σ_b formuliert, wobei ein Federdraht mit kreisrundem Querschnitt angenommen wird:

$$\sigma_b = q \cdot \frac{M_b}{W_{ax}} = q \cdot \frac{F \cdot h}{\frac{\pi \cdot d^3}{32}} \leq \sigma_{bzul} \qquad \text{Gl. 2.50}$$

Der Faktor q berücksichtigt die durch die räumliche Anordnung der Windungen bedingte Ungleichmäßigkeit der Spannungsverteilung sowie die Überlagerung der Biegung durch Zug- und Druckspannung und ist damit im weiteren Sinne vergleichbar mit dem Wahl'schen Faktor K der auf Zug oder Druck belasteten Schraubenfedern (Gl. 2.24). Er berechnet sich zu

$$q = \frac{w + 0{,}07}{w - 0{,}75} \quad \text{mit} \quad w = \frac{D}{d} \qquad\qquad\qquad\qquad \text{Gl. 2.51}$$

Ähnlich wie bei Schraubenfedern ist nach DIN 2088 auch bei Schenkelfedern ein Wicklungsverhältnis $w = D/d$ definiert, welches nicht kleiner als 4 und nicht größer als 20 sein soll. Der Faktor q hat tendenziell einen ähnlichen Verlauf wie der Wahl'sche Faktor K bei auf Zug oder Druck beanspruchten Schraubenfedern (Gl. 2.25–27) und ist ihm deshalb auch in Bild 2.16 gegenübergestellt. Das Festigkeitskriterium ist dann erfüllt, wenn die tatsächlich eingeleitete Biegespannung σ_b kleiner ist als die zulässige Biegespannung σ_{bzul}. Wegen der Stabilität sollen Schenkelfedern nur so belastet werden, dass sich die Windungen bei Belastung zunehmend verengen, nicht aber aufweiten.

Zur Formulierung der **Steifigkeit** wird die Schenkelfeder in ihrer Modellvorstellung von Bild 2.33 als Biegefeder betrachtet, die entlang ihrer gesamten Länge mit einem konstanten Biegemoment belastet wird, wofür in Gleichung 2.40 bereits der folgende Ausdruck verwendet worden ist:

$$f' = \frac{L}{I_{ax} \cdot E} \cdot M \quad \text{hier} \quad \varphi = \frac{L}{I_{ax} \cdot E} \cdot M \qquad\qquad \text{Gl. 2.52}$$

Die in dieser Gleichung aufgeführte Neigung f' am Balkenende ist gleichbedeutend mit dem Verdrehwinkel φ (in Bogenmaß), den die Schenkelfeder bei Belastung mit dem Moment M als Torsionsmoment erfährt. Die Steifigkeit der Feder ergibt sich durch Umstellen dieser Gleichung:

$$\frac{M}{\varphi} = \frac{I_{ax} \cdot E}{L} = c_T \qquad\qquad\qquad\qquad\qquad \text{Gl. 2.53}$$

Für Federdrähte mit dem meist verwendeten kreisrunden Querschnitt mit $I_{ax} = \pi \cdot d^4/64$ kann diese Gleichung spezifiziert werden zu

$$c_T = \frac{M}{\varphi} = E \cdot \frac{\pi \cdot d^4}{64 \cdot L} \qquad\qquad\qquad\qquad \text{Gl. 2.54}$$

Die Balkenlänge L ergibt sich als Kreisumfang von i „abgewickelten" Windungen:

$$L = D \cdot \pi \cdot i \qquad\qquad\qquad\qquad\qquad\qquad \text{Gl. 2.55}$$

Dadurch erhält die Federsteifigkeit die Form

$$c_T = E \cdot \frac{d^4}{64 \cdot D \cdot i} \qquad \text{Gl. 2.56}$$

Ähnlich wie bei zylindrischen Schraubenfedern geht man auch bei der Dimensionierung der Schenkelfeder meist folgendermaßen vor: Zunächst werden der Windungsdurchmesser D und der Drahtdurchmesser d unter Berücksichtigung der Belastbarkeit und der zulässigen Werkstoffbelastung nach Gl. 2.50 festgelegt. Anschließend wird die gewünschte Steifigkeit durch eine entsprechende Anzahl an federnden Windungen realisiert. Dazu wird Gl. 2.56 nach i umgestellt:

$$i = E \cdot \frac{d^4}{c_T \cdot 64 \cdot D} \qquad \text{Gl. 2.57}$$

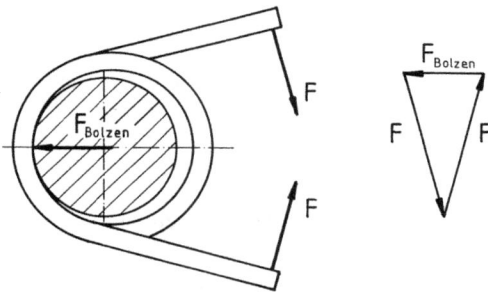

Bild 2.34: Schenkelfeder und Führungsbolzen.

In Bild 2.33 wurde vereinfachend angenommen, dass die an den beiden Schenkelenden angreifenden Kräfte auf einer gemeinsamen Wirkungslinie liegen. Dies trifft im allgemeinen Fall jedoch nicht zu, so dass die Schenkelfeder gegenüber einem Führungsbolzen abgestützt werden muss. Diese zusätzliche Reaktion hat aber normalerweise keinen Einfluss auf die oben angestellten Betrachtungen bezüglich Belastbarkeit und Steifigkeit der Feder.

Um unnötige Kräfte zwischen Feder und Führungsbolzen zu vermeiden, sollen die die Feder belastenden Kräfte möglichst senkrecht zum Schenkel eingeleitet werden.

In Anlehnung an die Bilder 2.11, 2.12 und 2.20 verdeutlicht Bild 2.35 den Zusammenhang von Belastbarkeit und Steifigkeit einer Schenkelfeder:

Im rechten Quadranten klärt Gl. 2.50 den erforderlichen Drahtdurchmesser für ein beispielhaftes Moment von 5 Nm in Form einer Hyperbel dritten Grades, wobei der Faktor q der Übersichtlichkeit halber zu 1 gesetzt wird.

$$d_{min} = \sqrt[3]{\frac{32 \cdot M_b}{\pi \cdot \sigma_{zul}}} = \sqrt[3]{\frac{32 \cdot 5.000 \, \text{Nmm}}{\pi}} \cdot \frac{1}{\sqrt[3]{\sigma_{zul}}}$$

$$d_{min} = 37,07 \cdot \sqrt[3]{\text{Nmm}} \cdot \frac{1}{\sqrt[3]{\sigma_{zul}}} \qquad \text{Gl. 2.58}$$

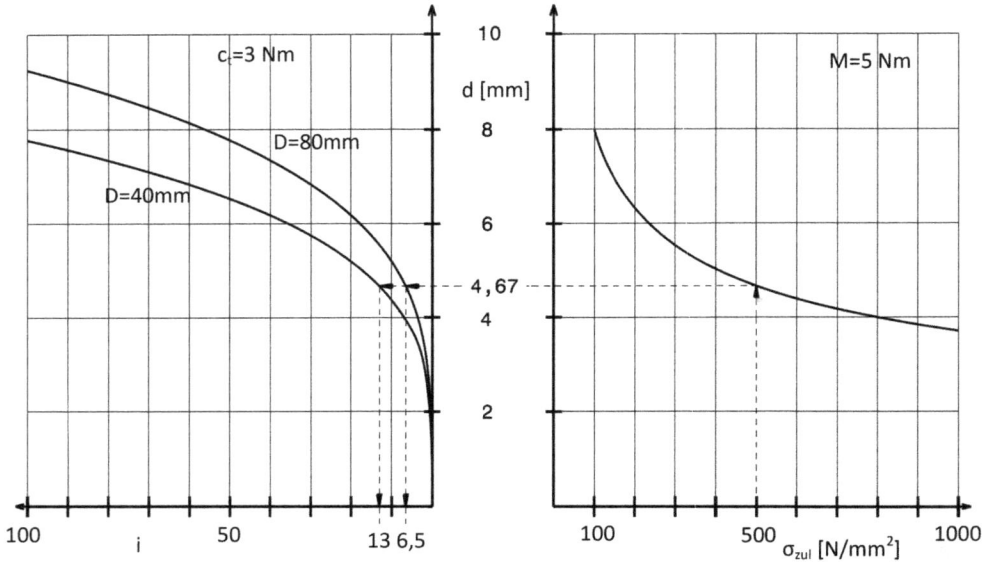

Bild 2.35: Zusammenspiel Belastbarkeit – Steifigkeit Schenkelfeder

Für die Steifigkeitsbetrachtung ist der Windungsdurchmesser zunächst freibleibend und wird hier beispielhaft zu 40 und 80 mm gesetzt. Mit Hilfe von Gl. 2.57 wird dann die erforderliche Windungszahl i für eine geforderte Steifigkeit von 3 Nm ermittelt, wodurch eine Parabel 4. Grades zustande kommt:

$$\text{für } D = 40\,\text{mm: } i = E \cdot \frac{d^4}{c_T \cdot 64 \cdot D} = \frac{210.000\frac{N}{mm^2}}{3\,\text{Nm} \cdot 64 \cdot 40\,\text{mm}} \cdot d^4 = 0{,}0273\frac{1}{mm^4} \cdot d^4$$

$$\text{für } D = 80\,\text{mm: } i = E \cdot \frac{d^4}{c_T \cdot 64 \cdot D} = \frac{210.000\frac{N}{mm^2}}{3\text{Nm} \cdot 64 \cdot 80\,\text{mm}} \cdot d^4 = 0{,}0137\frac{1}{mm^4} \cdot d^4 \quad \text{Gl. 2.59}$$

Auch hier wird deutlich, dass die Federabmessungen deutlich reduziert werden können, wenn ein hochwertiger Werkstoff verwendet wird.

Aufgaben A.2.25 bis A.2.28

2.2.5   Ringfeder (E)

Wie die Bezeichnung schon besagt, bestehen die bereits im Zusammenahng mit Bild 2.10 erwähnten Ringfedern aus ringförmigen Einzelelementen: Entsprechend Bild 2.36 werden abwechselnd ein etwas kleinerer Innenring mit beidseitig kegeliger Außenmantelfläche und ein etwas größerer Außenring mit entsprechend kegeliger Innenfläche zusammengefügt:

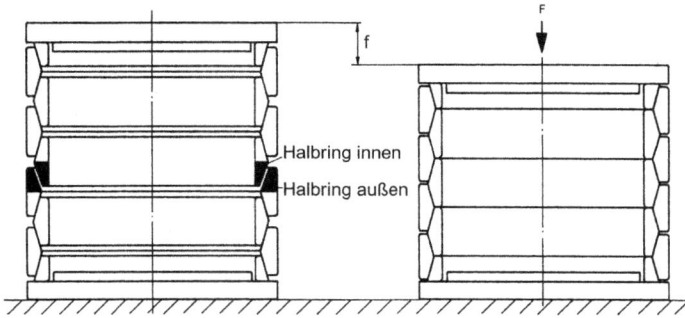

Bild 2.36: Ringfedersäule bestehend aus 16 Halbringen

Eine Ringfeder kann wie eine Schraubendruckfeder nur zentrisch auf Druck belastet werden, wobei je zwei benachbarte Ringe an den kegeligen Kontaktflächen ineinandergleiten. Die *Außenringe* werden dabei gedehnt, also in Tangentialrichtung *auf Zug* belastet und die *innenliegenden Ringe* gestaucht, also in Tangentialrichtung auf *Druck* beansprucht. Sowohl für die Belastung als auch für die Verformung genügt die Betrachtung eines einzelnen „Halbringes". Die Steifigkeit der gesamten Ringfedersäule ergibt sich dann als Hintereinanderschaltung aller Halbringe. Die bei Bild 2.10 nur qualitativ angedeutete Reibung und die damit verbundene Federhysterese lässt sich im Falle der Ringfeder durch einen relativ überschaubaren Ansatz beschreiben. Diese Zusammenhänge werden jedoch leichter verständlich, wenn zunächst der theoretisch reibungsfreie Fall betrachtet wird.

2.2.5.1   Ansatz reibungsfrei (E)

Die Reibungsfreiheit wird modellhaft dadurch angedeutet, dass an der kegeligen Kontaktfläche fiktive Rollen angenommen werden (obere Hälfte von Bild 2.37):

Dabei bedeuten:

α: Kegelsteigungswinkel
F_N: an der Kontaktfläche zwischen den beiden Ringen normal wirkende Kraft
F_{ax}:   axial auf die Feder einwirkende Kraft
F_{rad}: die den Außenring radial nach außen bzw. den Innenring radial nach innen belastende Kraft

Zwischen F_{ax} und der normal auf der Kontaktfläche zwischen den Ringen stehende Kraft F_N lässt sich folgende Winkelbeziehung formulieren:

$$\sin\alpha = \frac{F_{ax}}{F_N} \quad \Rightarrow \quad F_N = \frac{F_{ax}}{\sin\alpha} \qquad\qquad \text{Gl. 2.60}$$

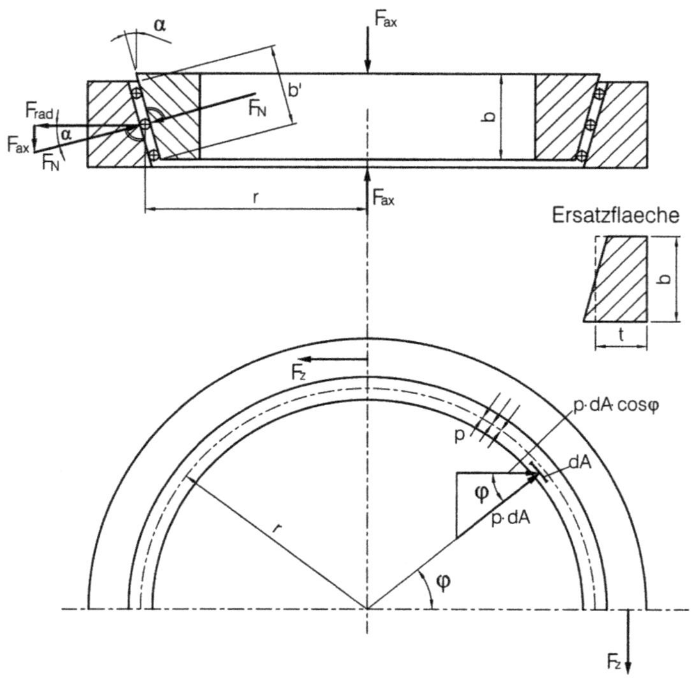

Bild 2.37: Einzelelement Ringfeder, reibungsfrei

Erstes Belastbarkeitskriterium: Flächenpressung   Die Kraft F_N wirkt als Flächenpressung auf der gesamten Kontaktfläche zwischen einem jeweils benachbarten Innen- und Außenring.

$$p = \frac{F_N}{A} = \frac{\frac{F_{ax}}{\sin\alpha}}{2 \cdot \pi \cdot r \cdot b'} \qquad\qquad \text{Gl. 2.61}$$

b' steht für die Breite der Kontaktfläche zwischen jeweils zwei benachbarten Ringen. Da bei maximaler Last der Innenring fast vollständig in den Außenring eintaucht, kann b' mit der tatsächlichen axialen Erstreckung des Ringes in Zusammenhang gebracht werden:

$$\cos\alpha = \frac{b}{b'} \qquad \Rightarrow \qquad b' = \frac{b}{\cos\alpha} \qquad\qquad \text{Gl. 2.62}$$

Wird dieser Ausdruck in Gl. 2.61 eingesetzt, so ergibt sich

$$p = \frac{F_{ax} \cdot \cos\alpha}{\sin\alpha \cdot 2 \cdot \pi \cdot r \cdot b} = \frac{F_{ax}}{2 \cdot \pi \cdot r \cdot b \cdot \tan\alpha} \leq p_{zul} \qquad\qquad \text{Gl. 2.63}$$

bzw.

$$F_{axzul} = 2 \cdot \pi \cdot r \cdot b \cdot \tan\alpha \cdot p_{zul} \qquad\qquad \text{Gl. 2.64}$$

Die dabei auftretende Flächenpressung p darf die zulässige Flächenpressung p_{zul} nicht überschreiten.

Zweites Belastbarkeitskriterium: Ringspannung Weiterhin kann der Außenring durch Zugspannung bzw. der Innenring durch Druckspannung überlastet werden. Stellvertretend für beide Fälle wird hier die Zugbeanspruchung des äußeren Halbringes untersucht. Zu diesem Zweck wird der einzelne Halbring in der Draufsicht (untere Hälfte von Bild 2.37) betrachtet und ein Kräftegleichgewicht in x-Richtung für den ersten Quadranten angesetzt ($\sum F_x = 0$). Die im Halbring wirkende Zugkraft F_Z formuliert sich dann zu

$$F_Z = \int_{\varphi=0}^{\varphi=90°} p \cdot dA \cdot \cos\varphi \quad \text{mit} \quad dA = r \cdot d\varphi \cdot b$$

$$F_Z = \int_{\varphi=0}^{\varphi=90°} p \cdot r \cdot d\varphi \cdot b \cdot \cos\varphi = p \cdot r \cdot b \cdot \int_{\varphi=0}^{\varphi=90°} \cos\varphi \cdot d\varphi = p \cdot r \cdot b \cdot [\sin\varphi]_{\varphi=0}^{\varphi=90°} = p \cdot r \cdot b$$

$$\text{Gl. 2.65}$$

Die für die Belastbarkeit maßgebende Zugspannung im Ring kann als homogene Zugspannungsverteilung angenommen werden, weil $t \ll r$ weitgehend erfüllt ist. Wenn man die Querschnittsfläche des Halbrings als Rechteck mit dem Flächeninhalt $b \cdot t$ formuliert (siehe Detail von Bild 2.37), so ergibt sich die Spannung im äußeren Halbring σ_Z zu

$$\sigma_Z = \frac{F_Z}{t \cdot b} = \frac{p \cdot b \cdot r}{t \cdot b} = p \cdot \frac{r}{t} \qquad \text{Gl. 2.66}$$

Ersetzt man p durch die äußere Federbelastung F_{ax} nach Gl. 2.63, so gewinnt man

$$\sigma_Z = \frac{F_{ax}}{2 \cdot \pi \cdot r \cdot b \cdot \tan\alpha} \cdot \frac{r}{t} = \frac{F_{ax}}{2 \cdot \pi \cdot b \cdot t \cdot \tan\alpha} \qquad \text{Gl. 2.67}$$

bzw.

$$F_{axzul} = 2 \cdot \pi \cdot b \cdot t \cdot \tan\alpha \cdot \sigma_{zul} \qquad \text{Gl. 2.68}$$

Für die im inneren Halbring wirkende Druckspannung σ_D lässt sich in ähnlicher Weise formulieren:

$$\sigma_D = \frac{F_{ax}}{2 \cdot \pi \cdot b \cdot t \cdot \tan\alpha} \qquad \text{Gl. 2.69}$$

Steifigkeit Da die Halbringe auf Zug und Druck belastet werden, wird zur Beschreibung des Verformungsverhaltens der Feder (Steifigkeitskriterium) auch der elementare Zusammenhang für zug- bzw. druckspannungsbedingte Verformung nach Gl. 0.3 angesetzt:

$$\sigma = E \cdot \varepsilon$$

Die in den Halbringen wirkenden Zug- und Druckspannungen sind bereits aus den Gl. 2.67 und 2.69 bekannt. Somit folgt mit dem obigen Ausdruck für σ_Z bzw σ_D:

$$\frac{F_{ax}}{2 \cdot \pi \cdot b \cdot t \cdot \tan \alpha} = E \cdot \varepsilon \qquad \qquad \text{Gl. 2.70}$$

Die dimensionslose Verformung ε bezieht sich auf einen beliebigen Längenabschnitt, wird aber hier zweckmässigerweise auf einen vollständigen Umfang eines Ringes bezogen:

$$\varepsilon = \frac{\Delta L}{L} = \frac{2 \cdot \pi \cdot \Delta r}{2 \cdot \pi \cdot r} = \frac{\Delta r}{r}$$

Damit gilt ε gleichermaßen für die relative radiale Deformation. Wird dieser Sachverhalt in Gl. 2.70 eingesetzt, so folgt

$$\frac{F_{ax}}{2 \cdot \pi \cdot b \cdot t \cdot \tan \alpha} = E \cdot \frac{\Delta r}{r}$$

Durch Umstellen der Gleichung ergibt sich ein vorläufiger Ausdruck für die Steifigkeit:

$$\frac{F_{ax}}{\Delta r} = E \cdot \frac{2 \cdot \pi \cdot b \cdot t \cdot \tan \alpha}{r} \qquad \qquad \text{Gl. 2.71}$$

Das übliche Verständnis der Federsteifigkeit verlangt aber nach einem Zusammenhang zwischen der axial wirkenden Kraft F_{ax} und der axialen Verschiebung f_{ax}. Die Radienänderung Δr lässt sich aber nach Bild 2.38 unmittelbar mit der axialen Verschiebung f_{ax} in Zusammenhang bringen:

$$\tan \alpha = \frac{\Delta r}{f_{ax}} \quad \Rightarrow \quad \Delta r = f_{ax} \cdot \tan \alpha$$

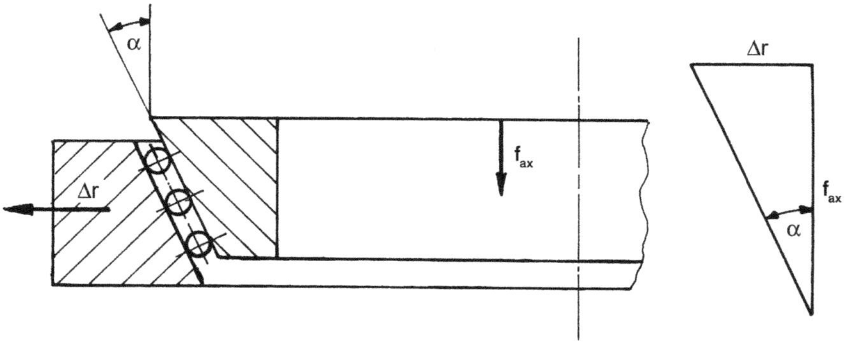

Bild 2.38: Verformungen am Halbring

Setzt man diesen Ausdruck in Gl. 2.71 ein, so ergibt sich die Steifigkeit eines einzelnen Halbrings zu

$$c = \frac{F_{ax}}{f_{ax}} = E \cdot \frac{2 \cdot \pi \cdot b \cdot t}{r} \cdot \tan \alpha \cdot \tan \alpha \quad \text{(für reibungsfreien Halbring)} \qquad \text{Gl. 2.72}$$

Die beiden Ausdrücke $\tan \alpha$ bleiben an dieser Stelle aus Gründen, die weiter unten aufgeführt werden, noch als getrennte Faktoren erhalten. Diese Formulierung der Steifigkeit bezieht sich auf einen einzelnen Halbring, die Steifigkeit der gesamten Federsäule muss dann als Hintereinanderschaltung aller vorhandenen Halbringe gesehen werden.

2.2.5.2   Ansatz reibungsbehaftet (E)

Bild 2.9 führte modellhaft in die reibungsbehaftete Feder ein, in dem neben der eigentlichen Feder ein externes Reibungsglied angeordnet wurde. Eine reale Feder hingegen vereinigt im allgemeinen Fall beide Funktionen, was die Betrachtung deutlich erschwert. Bei einer Ringfeder lässt sich die Reibung allerdings mit den Ansätzen der elementaren Mechanik überschaubar beschreiben.

Die im Zusammenhang mit Bild 2.37 angestellten Betrachtungen beziehen sich auf den reibungsfreien Fall, der in der mittleren Spalte von Bild 2.39 noch einmal aufgegriffen wird. Die in der oberen Bildhälfte aufgezeigte Analogie zur klassischen Schulphysik verdeutlicht, dass im reibungsfreien Fall unabhängig vom Bewegungszustand nur eine Normalkraft übertragen wird, die sich in ihrer Anwendung bei der Ringfeder in der unteren Bildhälfte als Vektorsumme aus F_{rad} und F_{ax} darstellt.

Tatsächlich treten jedoch Reibeinflüsse auf, die die Kräftewirkungen ganz erheblich beeinflussen. Bereits der Grundlagenversuch der Physik (obere Bildhälfte) hat gezeigt, dass beim reibungsbehafteten Verschieben einer Masse auf der Unterlage eine Reibkraft F_R wirksam wird, die stets der Bewegung entgegengesetzt gerichtet ist. Dieser Sachverhalt lässt sich entweder mit dem Reibwert $\mu = F_R/F_N$ oder auch mit dem Reibwinkel $\rho = \arctan \mu$ beschreiben. Die letzte Formulierung ist hier vorteilhafter, weil sie verdeutlicht, dass die Resultierende der übertragenen Kraft gegenüber der Flächennormalen stets um den Reibwinkel ρ geneigt ist. Auch an der Kontaktfläche zweier Halbringe einer Ringfeder in der unteren Bildhälfte weist die Wirkungslinie der an den Kegelflächen übertragenen Kraft gegenüber der Flächennormalen den Winkel ρ auf, wobei die Neigungsrichtung stets der Bewegung entgegengesetzt gerichtet ist.

- Bei *Be*lastung (linkes Bilddrittel) tritt die Kraftresultierende also nicht unter dem Winkel α, sondern unter dem Winkel $\alpha + \rho$ auf (gilt näherungsweise für nicht allzu große Winkel). Bei gleichbleibender Materialbeanspruchung (gleichgroßer Radialkraft F_{rad}) kann also eine größere Axialkraft F_{ax} aufgebracht werden als im reibungsfreien Fall.
- Bei *Ent*lastung (rechtes Bilddrittel) muss die Kraftresultierende unter dem Winkel $\alpha - \rho$ auftreten. Aus ähnlichen Gründen wie zuvor kommt eine Entlastungsbewegung nur dann zustande, wenn die Axialkraft F_{ax} auf einen kleineren Wert zurückgenommen wird als im reibungsfreien Fall.

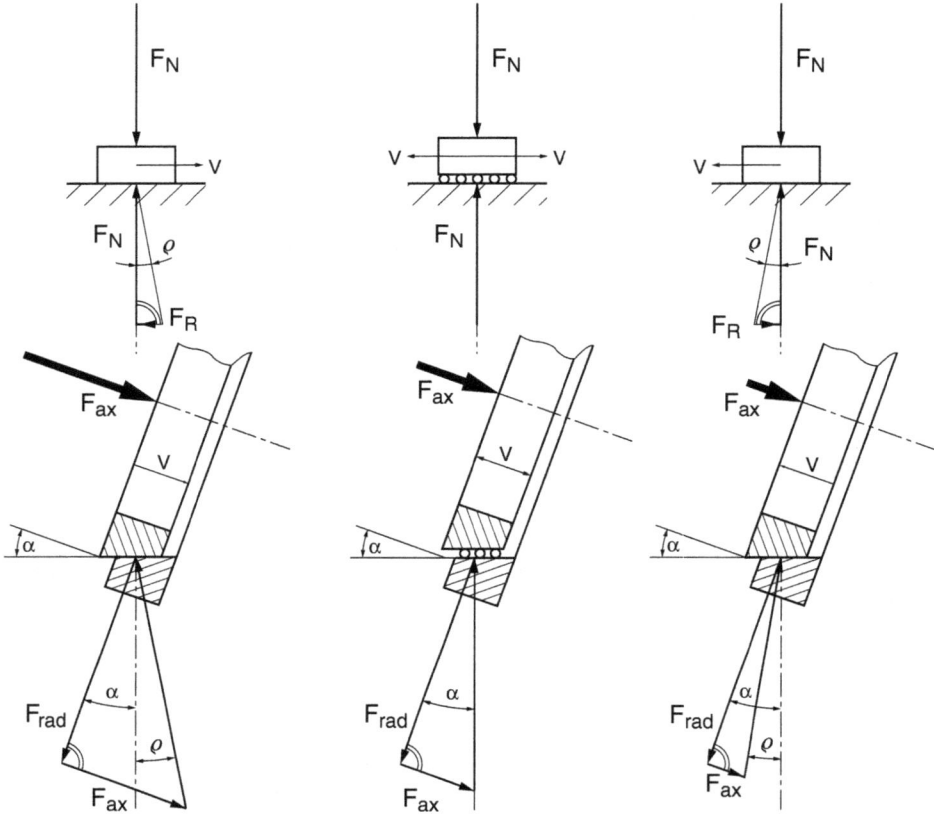

Bild 2.39: Ringfeder, reibungsbehaftet

- Bei realer, reibungsbehafteter Belastung wird der in der linken Spalte aufgeführte Belastungszustand hervorgerufen. Bei der anschließenden, reibungsbehafteten Entlastung (rechte Spalte) wird die Axialkraft deutlich kleiner. Bei der Überprüfung der Festigkeit ist also stets der Belastungsfall maßgebend.

Die für den reibungsfreien Fall oben hergeleiteten Gleichungen behalten also auch für den reibungsbehafteten Fall ihre Gültigkeit, wenn α durch $\alpha + \rho$ für Belastung bzw. $\alpha - \rho$ für Entlastung ersetzt wird. Für die festigkeitsmäßig kritische *Be*lastung gilt also in Erweiterung zu Gl. 2.64:

$$p = \frac{F_{ax}}{\tan(\alpha + \rho) \cdot 2 \cdot \pi \cdot r \cdot b} \leq p_{zul} \qquad\qquad \text{Gl. 2.73}$$

bzw.

$$F_{axzul} = 2 \cdot \pi \cdot r \cdot b \cdot \tan(\alpha + \rho) \cdot p_{zul} \qquad\qquad \text{Gl. 2.74}$$

Die im äußeren Halbring wirkende Zugspannung σ_Z und die im inneren Halbring wirkende Druckspannung σ_D formulieren sich dann in Ergänzung zu Gl. 2.67:

$$\sigma_Z = \frac{F_{ax}}{2 \cdot \pi \cdot b \cdot t \cdot \tan(\alpha + \rho)} \leqslant \sigma_{Zzul} \qquad\qquad \text{Gl. 2.75}$$

bzw.

$$F_{axzul} = 2 \cdot \pi \cdot b \cdot t \cdot \tan(\alpha + \rho) \cdot \sigma_{Zzul} \qquad\qquad \text{Gl. 2.76}$$

und

$$\sigma_D = \frac{F_{ax}}{2 \cdot \pi \cdot b \cdot t \cdot \tan(\alpha + \rho)} \leqslant \sigma_{Dzul} \qquad\qquad \text{Gl. 2.77}$$

bzw.

$$F_{axzul} = 2 \cdot \pi \cdot b \cdot t \cdot \tan(\alpha + \rho) \cdot \sigma_{Dzul} \qquad\qquad \text{Gl. 2.78}$$

Mit diesen Gleichungen wird die Belastbarkeit der reibungsbehafteten Ringfeder geklärt. Die Materialbeanspruchung (sowohl die Pressung als auch die Spannung) wird durch die Reibung reduziert, weil dadurch Kraft verlorengeht, bevor das Material tatsächlich belastet werden kann. Die Materialbeanspruchung im reibungsbehafteten Fall ist also kleiner als im reibungsfreien Fall. Der geometrische Zusammenhang $\tan \alpha = \Delta r / f_{ax}$ bleibt von der Reibung unberührt, es gilt weiterhin: $\Delta r = f_{ax} \cdot \tan \alpha$. Die reibungsbehaftete Steifigkeit eines einzelnen Federelementes formuliert sich also in Anlehnung an Gl. 2.72 zu

$$c = \frac{F_{ax}}{f_{ax}} = E \cdot \frac{2 \cdot \pi \cdot b \cdot t}{r} \cdot \tan(\alpha \pm \rho) \cdot \tan \alpha \quad \text{(für reibungsbehafteten Halbring)}$$

Das *Plus*zeichen gilt für die *Be*lastung, das *Minus*zeichen für die *Ent*lastung der Feder, für den reibungsfreien Fall ist $\rho = 0$. Für den Halbring lassen sich also insgesamt drei Steifigkeitskennlinien formulieren:

$$c = E \cdot \frac{2 \cdot \pi \cdot b \cdot t}{r} \cdot \tan(\alpha + \rho) \cdot \tan \alpha \quad \text{für Belastung} \qquad \text{Gl. 2.79}$$

$$c = E \cdot \frac{2 \cdot \pi \cdot b \cdot t}{r} \cdot \tan \alpha \cdot \tan \alpha \quad \text{reibungsfrei} \qquad \text{Gl. 2.72}$$

$$c = E \cdot \frac{2 \cdot \pi \cdot b \cdot t}{r} \cdot \tan(\alpha - \rho) \cdot \tan \alpha \quad \text{für Entlastung} \qquad \text{Gl. 2.80}$$

Bild 2.40 beschreibt den Einfluss von Neigungswinkel α und Reibungswinkel ρ auf die Steifigkeit und die Belastbarkeit einer Ringfeder. In diesem Zahlenbeispiel beträgt $b = 19\,\text{mm}$, $t = 10\,\text{mm}$ und $r = 84,6\,\text{mm}$ sowie $\sigma_{zul} = 460\,\text{N/mm}^2$.

- Mit zunehmendem Steigungswinkel α wird die Belastbarkeit der Feder gesteigert.
- Die Erhöhung des Reibwertes μ vergrößert die Reibarbeit. Für die hier in Frage kommenden Stahlwerkstoffe ist dieser Reibwert aber nur durch die Art der Schmierung beeinflussbar.

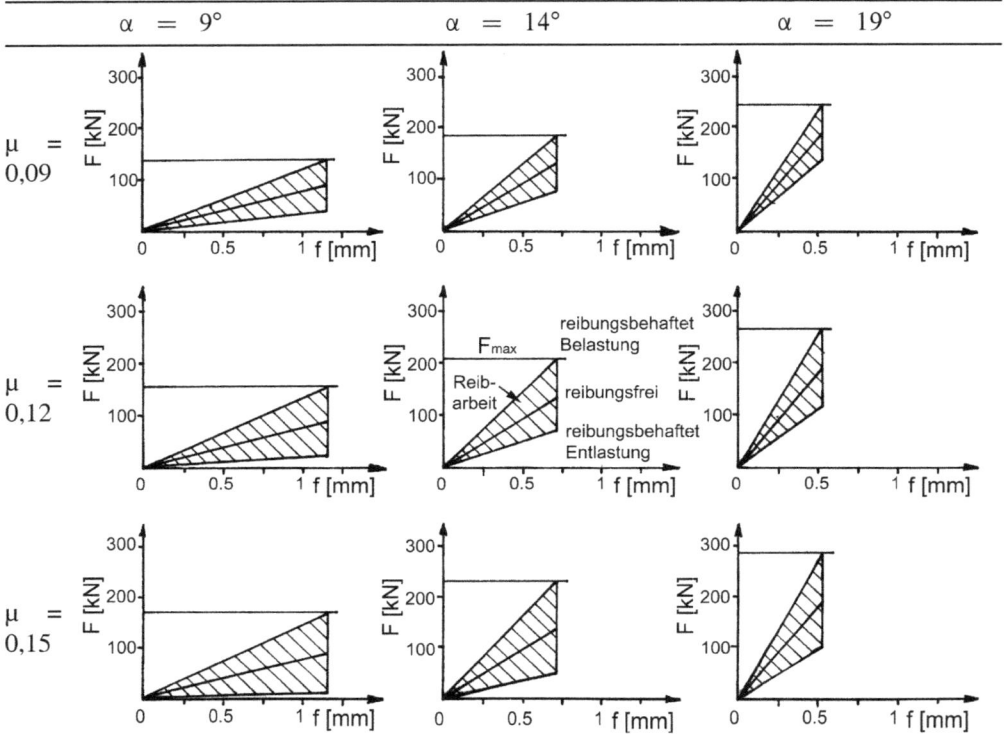

Bild 2.40: Parametervariation Ringfeder

- Eine grössere Reibzahl μ erhöht die Belastbarkeit der Feder.
- Durch Reduzierung des Steigungswinkels α kann der Hystereseanteil gezielt gesteigert werden.
- Die Hysterese kann aber nicht beliebig erhöht werden, da $\alpha - \rho$ immer positiv bleiben muss. Es muss also die Bedingung

$$\alpha > \rho \qquad\qquad\qquad\qquad\qquad\qquad\qquad\qquad \text{Gl. 2.81}$$

noch mit Sicherheit und trotz aller Reibwertschwankungen erfüllt sein, da andernfalls keine rückstellende Axialkraft wirksam werden würde und die Feder im belasteten Zustand klemmen und bei Entlastung nicht wieder zurückfedern würde. Eine „Selbsthemmung" muss unter allen Umständen vermieden werden.

Bild 2.41: Steifigkeitskennlinie Ringfeder

Wird eine Ringfeder mit F_1 belastet, so stellt sich dabei ein Federweg s_1 ein. Anschließend kann die Kraft bis auf F_2 reduziert werden, ohne dass sich die Feder bewegt. Erst bei weiterer Reduzierung der Kraft auf F_3 geht der Federweg um s_2 zurück. Bei einer erneuten Belastung bewegt sich die Feder zunächst nicht, erst bei Überschreiten von F_4 nimmt der Federweg wieder zu. Wird der hier skizzierte maximale Federweg überschritten, so steigt die Kraft sprunghaft an, weil die Feder „auf Block fährt", zwei benachbarte Ringe liegen axial aufeinander.

Ein typisches Beispiel für die Anwendung von Ringfedern ist die Federung des Eisenbahnpuffers.

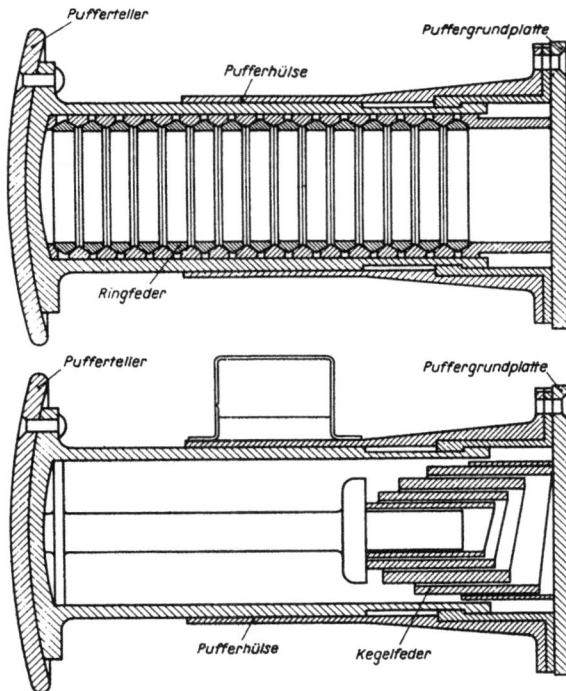

Bild 2.42: Eisenbahnpuffer mit Ringfeder (oben) und mit Kegelfeder (unten)

Während der Puffer mit Ringfeder die bei der Belastung eingebrachte Arbeit zum großen Teil in Wärme umsetzt, fehlt der Hystereseeinfluss beim Puffer älterer Bauart mit Kegelfeder: Die Fahrzeuge werden beim Entspannen der Feder kräftig auseinander geschoben.

> Aufgabe A.2.29

2.2.6   Tellerfeder (E)

Tellerfedern haben eine ähnliche Form wie Unterlegscheiben, sind allerdings nicht völlig eben, sondern leicht kegelig gewölbt. Eine axial gerichtete Federkraft flacht diese Wölbung wieder ab.

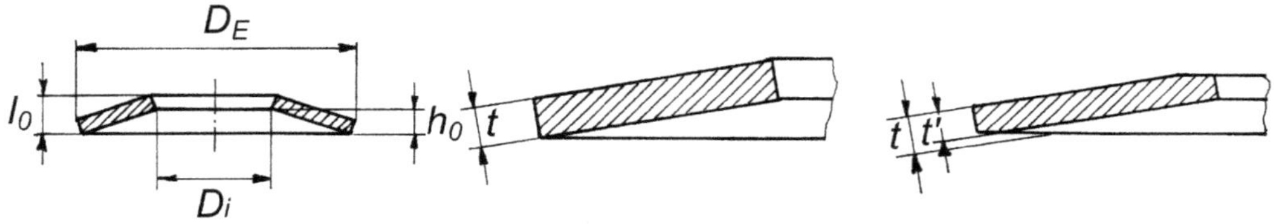

Bild 2.43: Tellerfeder

Die Feder weist aufgrund ihrer Fertigung zunächst einen rechteckförmigen Querschnitt auf (Bild 2.43, links und Mitte), zuweilen werden die Auflageflächen zur Reduzierung der Flächenpressung abgeflacht (Bild 2.43, rechts). Die Feder wird vorwiegend auf Biegung beansprucht, zusätzlich treten aber auch Zug und Druck auf. Dabei verhalten sich Spannungen und Dehnungen im allgemeinen Fall nicht proportional zueinander, die Steifigkeit ist also nicht linear.

Die Tellerfeder weist folgende vorteilhafte Besonderheiten auf:

- Sie ist wegen ihrer einfachen Fertigung sehr preisgünstig.
- Wenn die konstruktiven Umgebungsbedingungen so ausgebildet sind, dass die Feder nicht über die Planlage hinaus deformiert werden kann, so ist auch sichergestellt, dass sie nicht überlastet werden kann.
- Aufgrund ihrer Bauform führt eine Tellerfeder kleine Federwege aus und kann große Kräfte aufnehmen, sie ist also relativ steif.

Der besondere Vorteil der Tellerfeder liegt in ihrer vielfältigen Kombinationsmöglichkeit von Parallel- und Hintereinanderschaltung:

- Gleichsinniges Aufeinanderstapeln zu „Paketen" (Bild 2.45, Fall b) ergibt eine Parallelschaltung mit entsprechend vielfacher Steifigkeit. Da die einzelnen Federteller untereinander eine Relativbewegung ausführen, macht sich eine Reibung als Federhysterese bemerkbar, die u. U. bewusst ausgenutzt werden kann. Ähnlich wie bei der Ringfeder verhält sich die Reibung proportional zur Belastung und kann durch die Oberflächenbeschaffenheit und Schmierung in gewissen Grenzen beeinflusst werden.

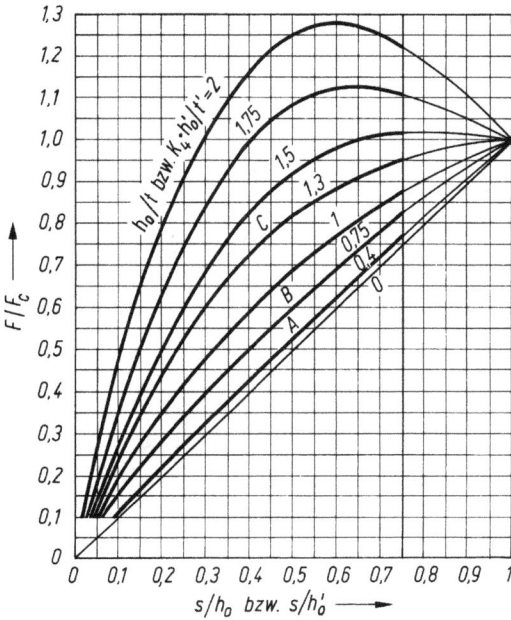

F:	Belastung der Feder
F_C:	Belastung der Feder bei Planlage (flachgedrückte Feder)
s:	Federweg
h_0:	Innenhöhe des unbelasteten Federtellers
t:	Nenndicke des Federtellers
A, B, C:	Bauformen nach DIN 2093

Die Federkennlinie endet in jedem Fall dort, wo der Federteller völlig flach gedrückt ist (s = h_0 bzw. s/h_0 = 1). In dieser Stellung ist die normierte Kraft F/F_C = 1. Ist die anfängliche Wölbung des Federtellers h_0 sehr klein, so liegt näherungsweise ein einachsiger Biegespannungszustand vor und die Kennlinie ist nahezu linear. Mit zunehmender Wölbung des Federtellers h_0 wird die Kennlinie degressiv.

Bild 2.44: Steifigkeitskennlinie Tellerfeder

a) Einzelfeder

b) Parallelschaltung

c) Vierfachhintereinanderschaltung von a

d) Vierfachhintereinanderschaltung von b

Bild 2.45: Einige Kombinationsmöglichkeiten von Tellerfedern

- Gegensinniges Aufeinanderstapeln zu „Säulen" (Bild 2.45, Fall c) bedeutet eine Hintereinanderschaltung und reduziert die Steifigkeit einer Einzelfeder entsprechend.
- Darüber hinaus können aber auch Federpakete mit ungleicher Einzelsteifigkeit zu einer Säule zusammengefügt werden (Bild 2.46). Auf diese Weise erhält man eine abschnittsweise nahezu lineare, insgesamt jedoch progressive Gesamtfedersteifigkeit.

Meist werden die Federn innen durch einen Bolzen geführt. Nach Bild 2.47 können Tellerfedern auch zur Vorspannung von Wälzlagerungen benutzt werden.

Eine Fräse für Holz wird mit 4 kW bei einer Drehzahl von maximal 12.000 min^{-1} betrieben. Durch die Umgebungskonstruktion wird das rechte Lager zum Festlager und das linke zum

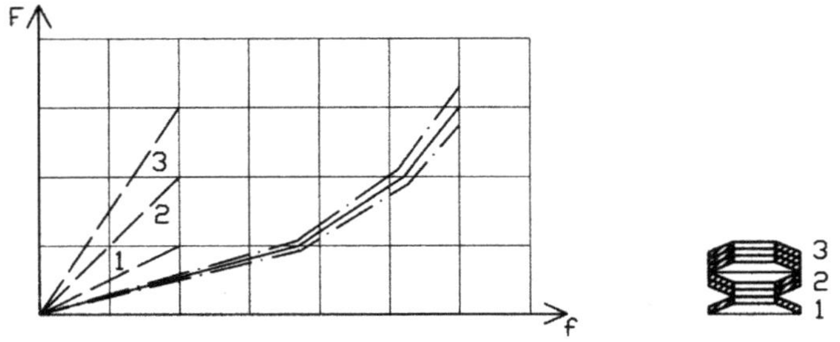

Bild 2.46: Tellerfedersäule mit progressiver Gesamtsteifigkeit

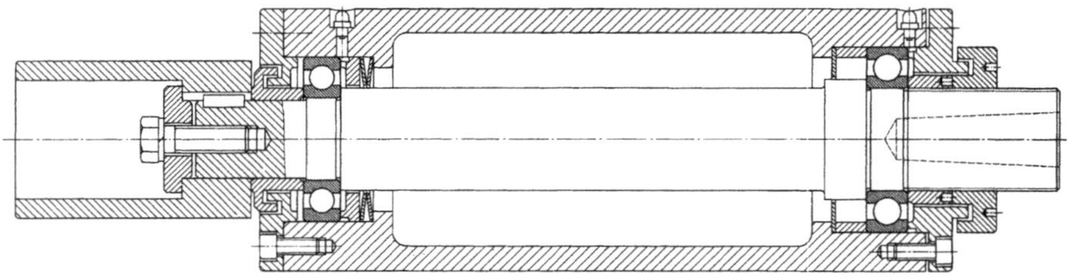

Bild 2.47: Wälzlagerung, mit Tellerfedern vorgespannt nach FAG

Loslager. Zwei Tellerfedern spannen das Loslager mit 500 N vor. Damit werden ein spielfreier Lauf und eine hohe Steifigkeit des Spindelsystems erreicht (s. Kapitel 5, Band 2). Ferner wird durch die Federvorspannung gewährleistet, dass beide Lager auch im Leerlauf zumindest geringfügig belastet werden. In einem unbelasteten, schnell drehenden Lager würde ansonsten die Gefahr bestehen, dass die Kugeln nicht nur abrollen, sondern auch eine verschleißfördernde Gleitbewegung ausführen.

Aufgabe A.2.30

2.2.7   Teilplastische Verformung metallischer Federn (V)

Bereits im Zusammenhang mit Bild 0.4 wurde das Werkstoffverhalten beim Überschreiten der Streckgrenze beschrieben. Bild 2.48 greift diesen Sachverhalt erneut auf und spezifiziert ihn in der ersten Bildzeile für typische Federwerkstoffe.

Solche Werkstoffe weisen zwar eine möglichst lange Hook'schen Gerade auf, ihnen fehlt aber eine ausgeprägte Streckgrenze, so dass sie nahezu stetig vom elastischen in den teilplastischen Bereich übergehen (s. auch [0.8], S. 27). In der linken Bildspalte ist dieser Sachverhalt für Normalspannungsbelastung und rechts für Schubspannungsbelastung dokumentiert. Soll die Belastung im rein elastischen Bereich verbleiben, so darf vom Ausgangszustand (Punkt 0) aus nur bis zum Ende der Hook'schen Gerade (Punkt 1) belastet werden, was in der zweiten

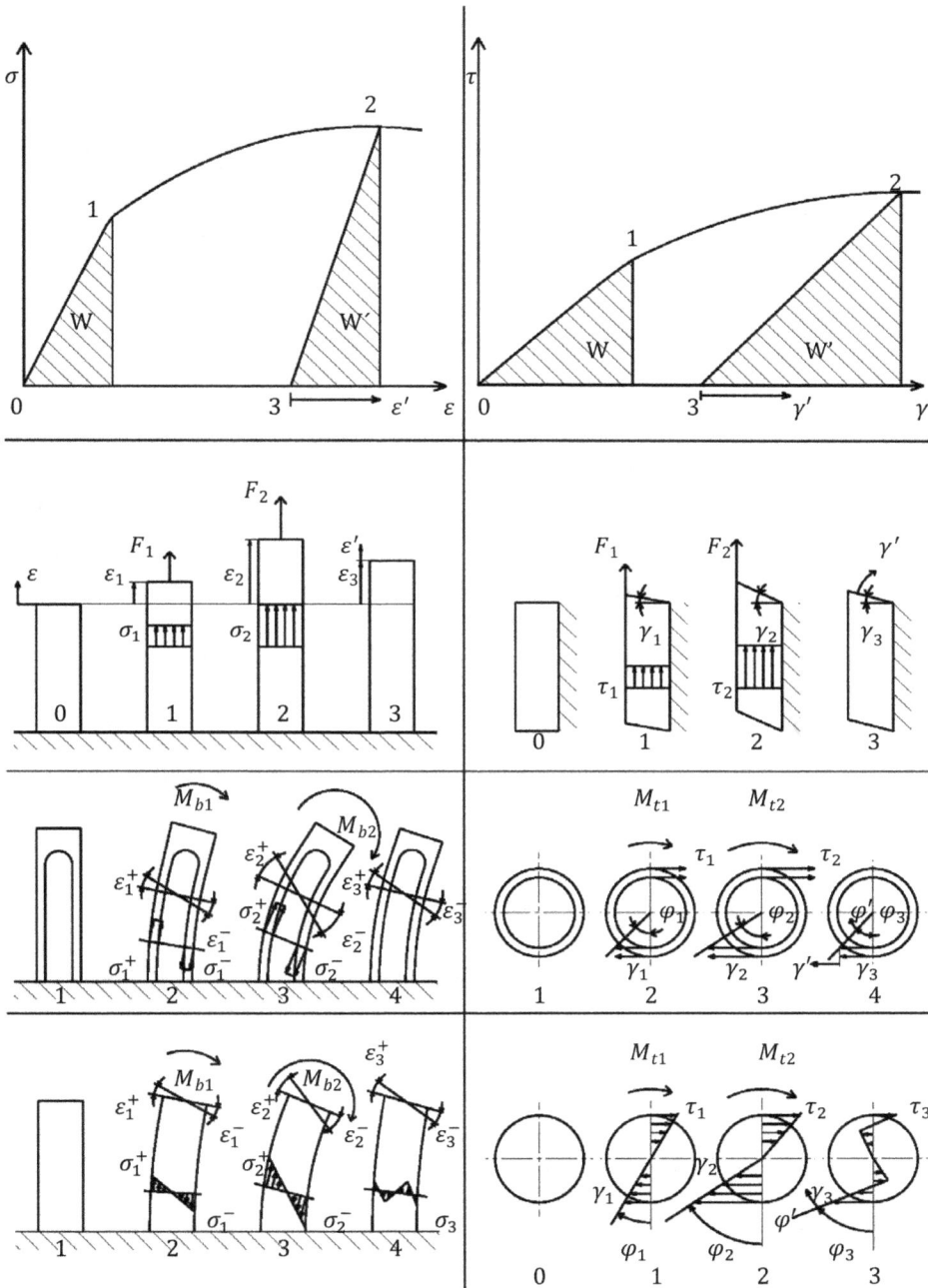

Bild 2.48: Plastisch-elastische Verformung eines Federkörpers

Bildzeile an einem modellhaften Körper dargestellt ist. Wird über die Streckgrenze hinaus bis zum Punkt 2 belastet, so führt die anschließende Entlastung bis zum Punkt 3 zurück. Bei erneuter Belastung zeigt sich ein elastisches Spannungs-Dehnungs-Verhalten, welches bei Punkt 3 beginnt und sich bis Punkt 2 erstreckt, also die gleiche Steigung aufweist wie zuvor. Dieses neue Spannungs-Dehnungs-Verhalten kann mit der Verformung ε' (für Normalspannung) bzw. γ' (für Schubspannung) gekennzeichnet werden. Dieser Sachverhalt kann bei Federn in mehrfacher Hinsicht vorteilhaft genutzt werden:

- Die Feder kann im elastischen Bereich größere Kräfte aufnehmen.
- Es können größere Federwege zugelassen werden.
- Das Arbeitsspeichervermögen $W = \frac{F \cdot f}{2}$ wird deutlich gesteigert: $W' > W$

Dieses gezielte einmalige Belasten bis weit in den plastischen Bereich hinein kann bei der Fertigung der Feder praktiziert werden und wird „Vorsetzen" oder auch „Vorrecken" genannt. Bei diesem Vorgang muss allerdings darauf geachtet werden, dass die plastische Verformung nicht bis in den Einschnürungsbereich (s. Bild 0.2 rechts) vorangetrieben wird, weil dies lokal unzulässige Verformungen und eine Mehrachsigkeit des Spannungszustandes zur Folge hätte. Die Zug- oder Schubfeder erlaubt zwar eine modellhaft einfache Darstellung dieses Vorganges, aber schließlich sind diese Federn kaum realisierbar. Wie die folgenden Ausführungen zeigen werden, ist diese Vorgehensweise aber prinzipiell bei allen metallischen Federn anwendbar, erfordert dann aber eine differenzierte Betrachtung.

Zum leichteren Verständnis dieses Sachverhaltes wird in der dritten Bildzeile der linken Spalte zunächst einmal eine modellhafte Biegefeder vorgestellt, die im Verformungsbereich lediglich aus zwei dünnen äußeren Randfasern besteht. Eine Biegebelastung dieser Feder würde in der linken Randfaser eine Zugbelastung und rechts eine Druckbelastung hervorrufen. Während die dazu gehörende relative Verformungen ε (links positiv, rechts negativ) bei Punkt 1 (elastischer Bereich) noch relativ klein ist, wird sie für den plastischen Bereich 2 deutlich größer. Wird anschließend das belastende Moment aufgehoben, so federt der geringe elastische Verformungsanteil zurück, während die verbleibende plastische Verformung zu einer kreisbogenförmigen Verformung des Biegebalkens bei Punkt 3 führt. Wird ausgehend von Punkt 3 eine erneute Belastung eingeleitet, so kann Belastung und Verformung wieder bis Punkt 2 gesteigert werden. Auf dem Weg von 3 nach 2 ist deutlich mehr Arbeit speicherbar als auf dem Weg von 0 nach 1.

Da an der kritischen Stelle die Randfaser eine plastische Verformung aufweist, wäre eine umgekehrt gerichtete Biegebelastung festigkeitsmäßig problematisch. Soll ein Biegebalken bewusst zerstört werden, dann erreicht man das ja vorteilhafterweise dadurch, dass man ihn wechselweise über die Streckgrenze hinaus verbiegt und diesen Vorgang dann mehrmals bei wechselnder Richtung wiederholt.

Die vierte Bildzeile präsentiert schließlich eine reale Biegefeder mit Vollquerschnitt. Dieser Fall lässt sich aus dem darüberstehenden Modellfall ableiten, wobei aber zu berücksichtigen ist, dass die relative Verformung mit dem Abstand zur neutralen Faser zunimmt. Im elastischen Bereich von 0 nach 1 verhält sich die Spannung noch linear zur Verformung, aber darüber hinaus steigt von 1 nach 2 die Spannung nur noch degressiv mit der Verformung an. Wird nach Erreichen des Punktes 2 wieder entlastet, so federt der Biegebalken zwar wieder zurück, aber diese Rückverformung wird durch den irreversiblen plastischen Anteil der Verformung behindert. Bei vollständiger Entlastung ist kein Biegemoment mehr wirksam, es muss gelten:

$$M_b = 0 = \int_{-z_{max}}^{z_{max}} \sigma_{(z)} \cdot z \cdot dA \quad \text{(vergleiche auch Gl. 0.14)} \qquad \text{Gl. 2.82}$$

Auch für diese Biegefeder ist auf dem Weg von 3 nach 2 deutlich mehr Arbeit speicherbar als auf dem Weg von 0 nach 1.

Die Darstellungen in der rechten Bildspalte gelten entsprechend für die Schubbelastung. Da der Schubmodul G deutlich kleiner ist als der Elastizitätsmodul E, verläuft die Hook'sche Gerade deutlich flacher, was die speicherbare Arbeit steigert. Dieser Vorteil wird aber dadurch relativiert, dass die Belastbarkeit auf Schubspannung in aller Regel geringer ist als die auf Normalspannung. In der zweiten Zeile wird modellhaft ein Körper auf Querkraftschub belastet und es kann eine relative Verformung in Gestalt des Winkels γ beobachtet werden. Geht die Belastung über den Punkt 1 hinaus, so bleibt nach der Entlastung eine Verformungswinkel γ_3 bestehen, so dass bei einer erneuten Belastung von dort aus für weitere Belastungen ein neuer Winkel γ' gezählt werden kann.

Wird in der dritten Bildzeile ein dünnwandiges Rohr auf Torsion belastet, so tritt in der Wandung des Rohres eine Schubspannung τ auf, die die Mantellinie des Rohres um den Winkel γ auslenkt. Von der Stirnseite des Rohres ist diese Verformung als Verdrehwinkel des Rohres φ zu sehen (s. auch Bild 2.2 und 2.9). Auch hier ist der Zusammenhang zwischen Belastung und Verformung im Bereich zwischen 0 und 1 linear und von 1 nach 2 degressiv. Wird von 2 nach 3 entlastet, so bleibt eine plastische Verformung bei 3 zurück, von wo aus bei erneuter Belastung eine neue Verformung γ' bzw. φ' gezählt werden kann. Von dort aus kann dann wieder deutlich mehr Arbeit gespeichert werden.

Die vierte Bildzeile betrachtet die Verformung eines vollzylindrischen Körpers mit ähnlichen Zusammenhängen wie zuvor. Wird vom Lastpunkt 2 entlastet, so muss in Analogie zu Gl. 2.82 die Bedingung

$$M_t = 0 = \int_{-r_{max}}^{r_{max}} \tau_{(r)} \cdot r \cdot dA \quad \text{(vergleiche auch Gl. 0.44)} \qquad \text{Gl. 2.83}$$

erfüllt sein. Auch hier kommt es an der kritischen Stelle der Randfaser zu einer plastischen Vorschädigung, was eine umgekehrt gerichtete Torsionsbelastung festigkeitsmäßig problematisch macht. Im späteren Betrieb stellt sich dann je nach anliegendem Torsionsmoment eine Torsionsspannungsverteilung zwischen 2 und 3 ein. Eine ähnliche Vorgehensweise kann auch bei Schraubenfedern angewendet werden, die sich ja bekanntlich bezüglich ihres Belastungsverhaltens von der Torsionsstabfeder ableitet.

2.3 Feder und Dämpfer (V)

Bisher wurden ausschließlich die an der Feder angreifende Federkraft F_{Feder} und die möglicherweise zusätzlich wirkende Reibkraft F_{Reib} betrachtet. Die Coulomb'sche Reibkraft ist normalkraftproportional, wird durch die Reibzahl μ beschrieben und ist unabhängig von der Geschwindigkeit. Damit sind die beiden ersten Zeilen des nachfolgenden Schemas belegt.

auslenkungsproportionale Federkraft	$F_{Feder} = c \cdot f$	Feder	Energie mechanisch nutzbar
Coulomb'sche Reibungskraft, normalkraftproportional (bewegungshemmend)	$F_{Reib} = \mu \cdot F_N$	Reibungs-dämpfer	mechanische Energie wird in Wärme umgesetzt
geschwindigkeitsproportionale Dämpfungskraft (bewegungshemmend)	$F_D = \beta \cdot v$	Flüssig-keits-dämpfer	

Versucht man jedoch, ein auf der Wasseroberfläche schwimmendes Stück Holz horizontal zu bewegen, so wächst der Widerstand dieser Bewegung linear mit der Geschwindigkeit an. In ähnlicher Weise kann auch an einer Feder eine geschwindigkeitsproportionale Dämpfungskraft F_D wirken. Sie ist bei den bisher aufgeführten Federn jedoch aufgrund der werkstoffkundlichen Eigenschaften von Metallen vernachlässigbar gering. Zuweilen wird eine solche Kraft jedoch durch einen parallel zur Feder angeordneten „Flüssigkeitsdämpfer" bewusst hervorgerufen, was sich modellhaft an einem flüssigkeitsgefüllten Zylinder-Kolben-System links oben in Bild 2.49 erläutern lässt.

Der Kolben ist gegenüber der Zylinderwand und die Kolbenstange gegenüber dem Zylinderdeckel abgedichtet. Wird die Kolbenstange mit dem daran befestigten Kolben bewegt, so wird ein Flüssigkeitsaustausch zwischen rechter und linker Kammer erzwungen. Je nach Konstruktion wird die Flüssigkeit entweder den Weg über Bohrungen im Kolben (obere Darstellung) oder über einen außenliegenden Verbindungskanal (untere Darstellung) nehmen. In beiden Fällen wird die Bewegung des Kolbens aber durch einen Strömungswiderstand behindert, der nicht nur von der Drosselwirkung, sondern auch von der Kolbengeschwindigkeit abhängt. In dieser Betrachtung wird modellhaft angenommen, dass der Kolben mit einer sinusförmigen Wegfunktion bewegt wird, so wie sie unten in Bild 2.49 dargestellt ist.

- Ist die Bewegung schnell, so ist der Strömungswiderstand und damit die Dämpferkraft groß. Ist die Bewegung hingegen langsam, so ist der Strömungswiderstand gering und damit die Dämpferkraft klein. Im Grenzfall (Geschwindigkeit = null) ist überhaupt keine Dämpfung zu überwinden. Je größer die Geschwindigkeit, desto größer die Dämpferkraft: Die Flüssigkeitsdämpfung ist im Gegensatz zur Reibungsdämpfung *geschwindigkeitsproportional*.
- In jedem Fall hat der als sinusförmig angenommene Bewegungsablauf Umkehrpunkte. Da dort die Geschwindigkeit null ist, entsteht an dieser Stelle auch keine Dämpferkraft.
- Ähnlich wie bei der Coulomb'schen Federreibung entsteht auch in diesem Fall im Laufe eines Bewegungsspiels eine Hystereseschleife (mittleres Bilddrittel, vgl. auch Bild 2.7).

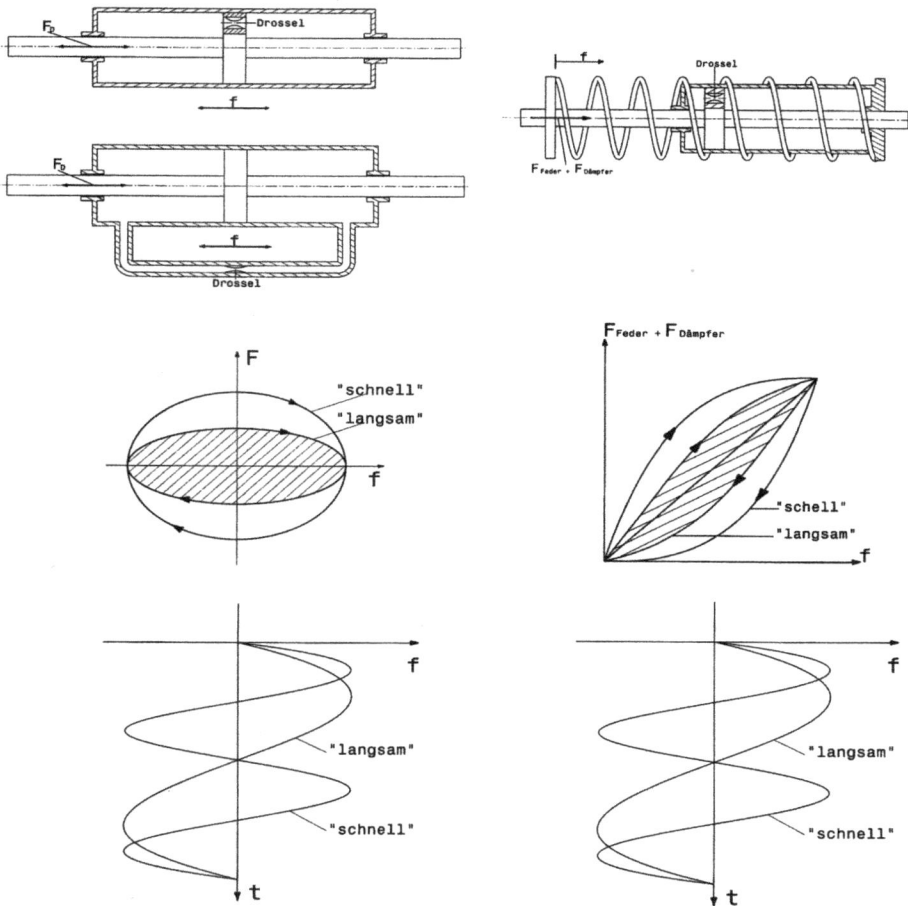

Bild 2.49: Flüssigkeitsdämpfer

Die darin eingeschlossene Fläche ist als die Arbeit zu sehen, die dem mechanischen System entzogen und als Wärme abgeführt wird (hier schraffiert dargestellt für „langsame" Bewegung).

Wird dieser Flüssigkeitsdämpfer mit einer Feder parallel geschaltet, so ergibt sich eine Zusammenstellung nach der rechten Spalte von Bild 2.49: Bei einer sehr langsamen, sinusförmigen Kolbenbewegung macht sich nur die Feder bemerkbar, die Federkennlinie ist also fast hysteresefrei und weist die bekannte Linearität auf. Bei zunehmender Kolbengeschwindigkeit wird die ursprünglich konstante Federsteifigkeit von einer wachsenden Hystereseschleife umgeben, die auf die Dämpfung zurückzuführen ist. Dieses Verhalten ist besonders im Fahrzeugbau erwünscht: Bei niedrigfrequenter Anregung sollen zur Steigerung des Fahrkomforts bei Kraftänderungen große Federwege zugelassen werden. Mit steigender Dynamik muss dem

System allerdings zunehmend mehr Bewegungsenergie entzogen werden, was sich durch die Vergrößerung der Hystereseschleife quasi von selbst ergibt. Bild 2.50 zeigt schematisch den Unterschied der im Kraftfahrzeugbau verwendeten Einrohr- und Zweirohrstoßdämpfer.

Einrohrstoßdämpfer:
Am unteren Ende der Kolbenstange 1 befindet sich der Kolben 2 mit den darin integrierten Drosselelementen. Beim Einfahren der Kolbenstange 1 strömt das unter dem Kolben befindliche Öl durch die Drosselelemente in den Raum oberhalb des Kolbens. Unterhalb des beweglichen Trennkolbens 3 befindet sich ein Gaspolster 4 (Stickstoff unter einem Druck bis 25 bar), welches beim Herunterfahren des Kolbens zusammengedrückt wird, um das bei der Abwärtsbewegung zusätzlich eintauchende Volumen der Kolbenstange auszugleichen. Dabei wirkt das Gaspolster 4 als hintereinander geschaltete, vorgespannte Gasfeder, die das Öl unter Druck setzt und damit eine Ölverschäumung verhindert.

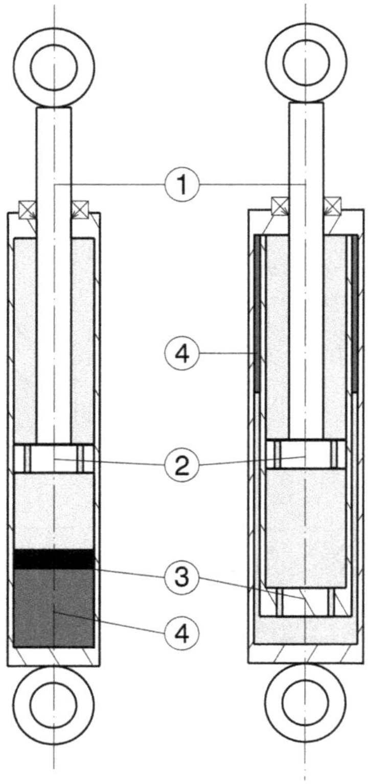

Zweirohrstoßdämpfer:
Beim Zweirohrdämpfer wird der Trennkolben durch einen festen Abschlussdeckel 3 mit weiteren Drosselelementen ersetzt. Dadurch kann das Öl in den Zwischenraum zwischen dem inneren und äußeren Zylinder strömen, in dessen oberem Abschnitt sich das Gaspolster 4 (Luft bei einem Druck von 6–8 bar) befindet, welches eine ähnliche Funktion übernimmt wie links. Damit wird der Trennkolben überflüssig, was zu einer geringen Bauhöhe führt. Der Zweirohrdämpfer muss aber seine senkrechte Position weitgehend beibehalten.

Bild 2.50: Kraftfahrzeugstoßdämpfer schematisch

Bild 2.51 zeigt schließlich den Einrohrdämpfer in einer beispielhaften konstruktiven Ausführung.

Eine Feder ist eigentlich nur dann eine Feder, wenn die auslenkungsproportionale Kraft die dominierende Rolle spielt. Die weiteren zu Beginn des vorliegenden Abschnitts 2.3 aufgeführten Kräfte sind *keine* Federkräfte. Diese an sich sehr klare Terminologie wird leider nicht immer konsequent eingehalten, was zuweilen zu Verwirrungen führen kann.

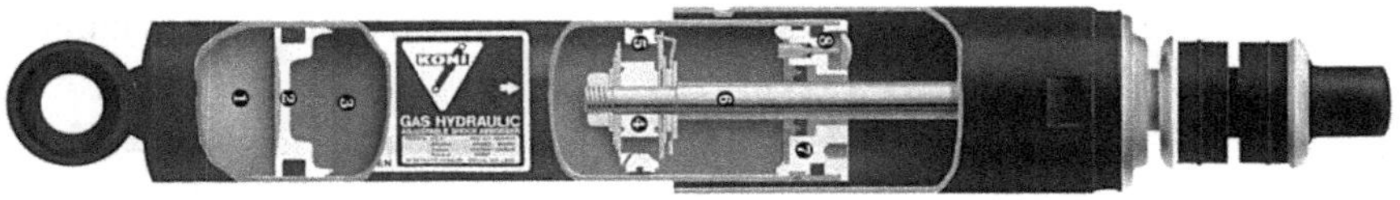

1	Gasraum	2	beweglicher Trennkolben
3	Ölraum	4	Arbeitskolben
5	Führungsring	6	Kolbenstange
7	Dichtungs- und Führungselement	8	Nachstellbolzen

Bild 2.51: Einrohrdämpfer

2.4 Feder als Bestandteil eines schwingungsfähigen Systems (V)

Um die Feder als Bestandteil eines schwingungsfähigen Systems zu verstehen, ist ein kleiner Exkurs in die Dynamik angebracht, der sich hier aber auf den Modellfall des Einmassenschwingers beschränkt. Die spezielle Literatur der Kinetik (z. B. [2.2], Kapitel 9) vertieft diesen Sachverhalt. Zur Einführung in die Problematik sei die folgende Anordnung betrachtet:

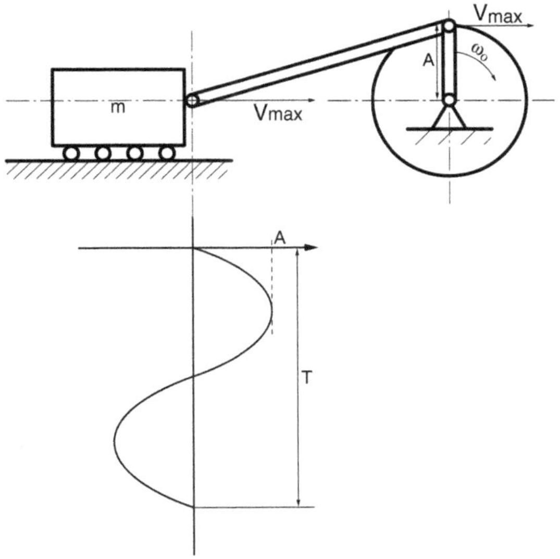

Eine Masse wird horizontal reibungsfrei geführt, was hier durch Rollen angedeutet wird. Wird diese Masse in der dargestellten Weise mit einem Kurbelmechanismus verbunden und ist die Koppelstange ausreichend lang gegenüber dem Kurbelradius A, so führt die Masse eine sinusförmige Bewegung aus. Beim Durchfahren des oberen und unteren Scheitelpunktes liegt die maximale Geschwindigkeit v_{max} vor, die sich nach Gl. 2.84 mit der Winkelgeschwindigkeit des Kurbeltriebs ω in Verbindung bringen lässt.

$$v_{max} = \omega \cdot A \quad \text{bzw.} \quad \omega = \frac{v_{max}}{A}$$
$$\text{Gl. 2.84}$$

Bild 2.52: Harmonische, translatorische Bewegung einer Masse

Die Zeitdauer T dieses zyklisch sich wiederholenden Vorganges lässt sich ausdrücken durch

$$\omega = \frac{\text{Winkel}}{\text{Zeit}} \qquad \text{hier:} \qquad \omega = \frac{\text{eine Umdrehung}}{\text{Periodendauer}} = \frac{2 \cdot \pi}{T} \qquad\qquad \text{Gl. 2.85}$$

Der gleiche sinusförmige Bewegungsablauf lässt sich allerdings auch durch eine Kopplung von Masse und Feder nach Bild 2.53 (links) hervorrufen:

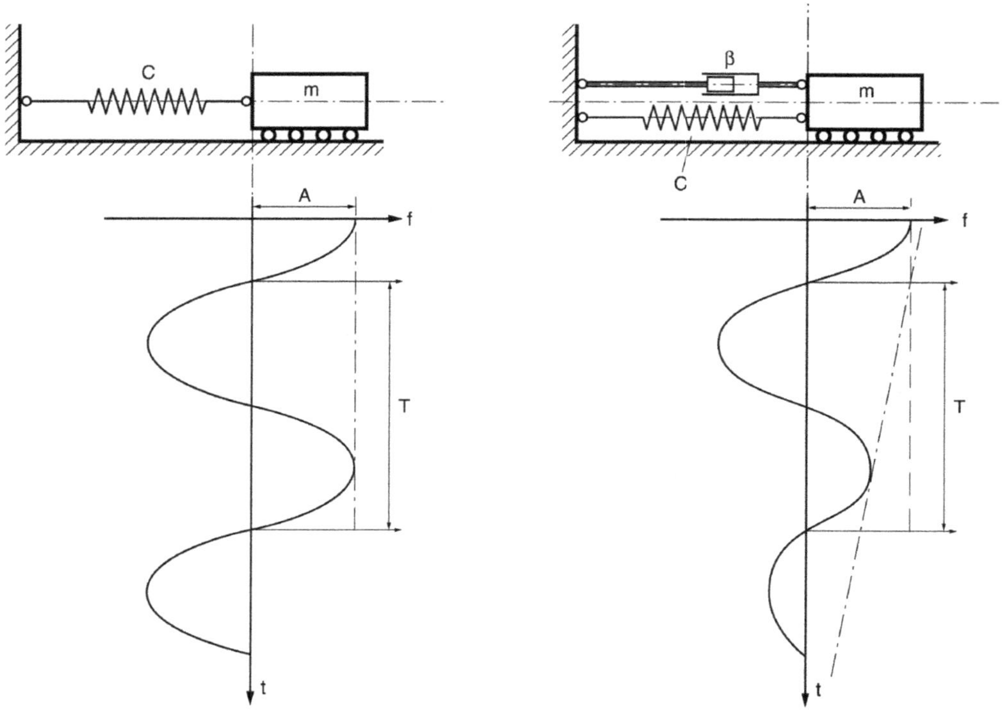

Bild 2.53: Ungedämpfte freie Schwingung (links) und gedämpfte freie Schwingung (rechts)

Die Gesamtmasse m wird über eine Feder mit der Steifigkeit c an das feste Maschinengestell angebunden. In der ungespannten Lage tritt an der Feder weder eine Verformung noch eine Kraft auf. Wird die Feder aus der ungespannten Lage um den Federweg A ausgelenkt und aus dieser Lage wieder losgelassen, so führt sie eine Schwingung mit der Amplitude A um die ungespannte Lage mit der „Eigenfrequenz" ω_0 aus, die für das dynamische Verhalten des Systems von entscheidender Bedeutung ist. Zur Ermittlung von ω_0 wird die in diesem System gespeicherte Energie in zwei konkreten Stellungen miteinander verglichen:

Im Umkehrpunkt der Schwingung liegt die Energie ausschließlich als in der Feder gespeicherte Arbeit W vor, die als potentielle Energie des System E_{pot} formuliert werden kann:

$$W = \frac{F \cdot f}{2} = \frac{F \cdot A}{2} = \frac{c \cdot A^2}{2} = E_{pot}$$

Beim Nulldurchgang durch die ungespannte Ausgangslage liegt die Energie ausschließlich in kinetischer Form vor, wobei die Geschwindigkeit der Masse den Maximalwert v_{max} annimmt:

$$E_{kin} = \frac{1}{2} \cdot m \cdot v_{max}^2$$

Wenn keine Reibung vorliegt, dann müssen nach dem Energieerhaltungssatz beide Energien gleich groß sein, so dass folgt:

$$E_{kin} = E_{pot} \qquad \Rightarrow \qquad \frac{1}{2} \cdot m \cdot v_{max}^2 = \frac{c \cdot A^2}{2}$$

$$\left(\frac{v_{max}}{A}\right)^2 = \frac{c}{m} \qquad \Rightarrow \qquad \frac{v_{max}}{A} = \sqrt{\frac{c}{m}}$$

Wie bereits in Gl. 2.84 ausgeführt wurde, lässt sich der Quotient v_{max}/A als eine Frequenz deuten, die hier als „**Eigen**frequenz" ω_0 (eigentlich „**Eigen**winkelgeschwindigkeit") bezeichnet wird, weil sie diesem System mit der hier vorliegende Steifigkeit und Masse **eigen** ist:

$$\omega_0 = \sqrt{\frac{c}{m}} \qquad \text{Eigenfrequenz} \qquad\qquad \text{Gl. 2.86}$$

Der Fall der ungedämpften, freien Schwingung (Bild 2.53 links) kann jedoch nur als idealer reibungsfreier Modellfall gelten. Die praktische Beobachtung zeigt, dass die Schwingung unter Beibehaltung der Periodendauer T mehr oder weniger schnell abklingt (Bild 2.53 rechts). Die dem zugrunde liegende Hysterese ist hier modellhaft als parallelgeschalteter Dämpfer angedeutet, kann aber ihre Ursache auch in Coulomb'scher Reibung haben. Für die technische Anwendung ergeben sich daraus die beiden Konstellationen nach Bild 2.54 und Bild 2.55:

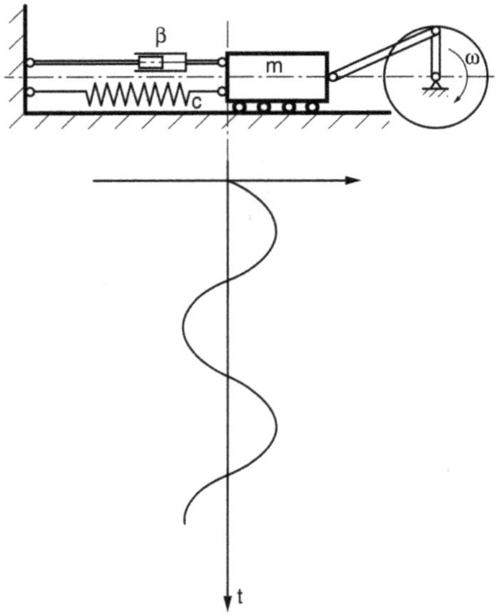

Bild 2.54: „Nützliche" Anwendung.

Bild 2.55: „Zerstörerische" Anwendung.

Soll bewusst eine harmonische Schwingung ausgeführt werden, so ist das System der ungedämpften freien Schwingung als Idealfall anzustreben.

Zur Vermeidung von Energieverlusten und zur Aufrechterhaltung der Amplitude ist die Dämpfung möglichst zu vermeiden.

Um die real auftretenden Dämpfungsverluste zu kompensieren, wird das System in der oben dargestellten Weise mit einem Kurbeltrieb gekoppelt, wobei die Erregerfrequenz ω mit der Eigenfrequenz ω_0 des Systems übereinstimmen muss.

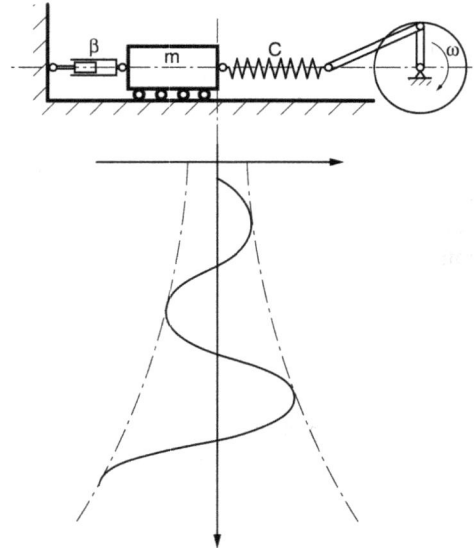

Liegt jedoch ein Feder-Masse-System vor, welches über die Feder dynamisch angeregt wird und stimmt die Eigenfrequenz ω_0 mit der Erregerfrequenz ω überein, so wird dem System ständig Energie zugeführt, so dass die Schwingungsamplitude ständig ansteigt, bis schließlich die Feder über ihre Belastbarkeit hinaus beansprucht und zerstört wird.

Die Dämpfung ist in diesem Falle erwünscht, da sie dem System Bewegungsenergie entzieht. Die Dämpfung muss mindestens so groß sein, dass sich die Amplitude nicht vergrößert.

Um eine Zerstörung zu verhindern, sollten die Erregerfrequenz ω und die Eigenfrequenz ω_0 so modifiziert werden, dass sie möglichst weit auseinander liegen.

Als Beispiel für den in Bild 2.54 aufgeführten Fall der „nützlichen Anwendung" sei die Anordnung von Bild 2.56 betrachtet, die dazu dient, in der industriellen Produktion Brot zu schneiden.

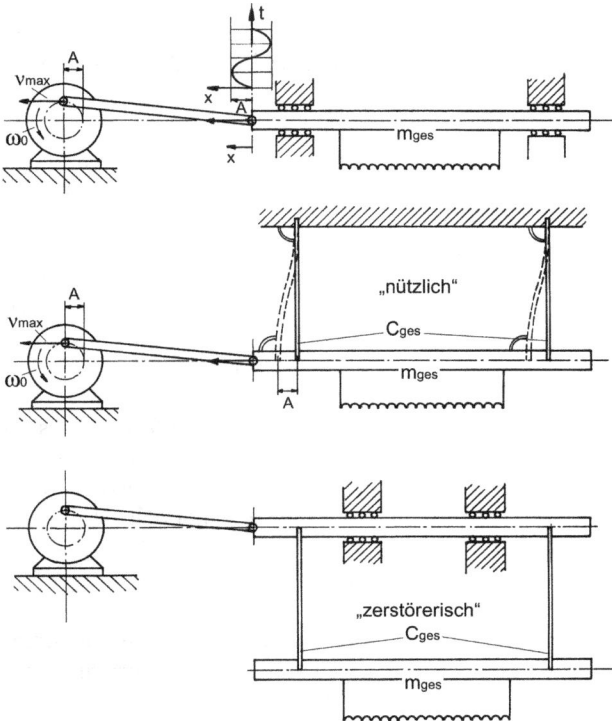

Bild 2.56: Blattfeder als Bestandteil eines schwingungsfähigen Systems

Bei der im ersten Bilddrittel skizzierten Version wird das Messer in einer Linearführung angeordnet und die zum Schneiden erforderliche Bewegung in Horizontalrichtung über den links angedeuteten Exzentermechanismus eingeleitet. Bei höheren Geschwindigkeiten bzw. Drehzahlen wird diese Betriebsweise jedoch zunehmend problematisch, weil dann die durch die Masse m_{ges} bedingten Massenkräfte immer größer werden.

Wird das System jedoch in der im mittleren Bilddrittel skizzierten Weise betrieben, so wird die Schwingungsfähigkeit des Feder-Masse-Systems vorteilhaft ausgenutzt. Die zyklisch sich wiederholende Energiewandlung zwischen Federenergie und Bewegungsenergie des Messers ist jedoch nur dann möglich, wenn sich der Motor mit einer Frequenz dreht, die der Eigenfrequenz des Feder-Masse-Systems entspricht. Weiterhin ist zu berücksichtigen, dass im praktischen Betrieb Reibungsverluste auftreten und eine Leistung zum Betrieb des Schneidprozesses erforderlich ist. Beide Leistungsanteile sind vom Antriebsmotor in das System einzubringen.

Würde man jedoch die oberen Enden der Blattfedern mit dem Antrieb entsprechend der unteren Darstellung von Bild 2.56 koppeln, so würde bei Stillstand des Antriebes das System ebenfalls mit der Eigenkreisfrequenz ω_0 schwingen können. Würde der Antrieb zusätzlich mit der gleichen Frequenz in Betrieb genommen werden, so würde sich die Schwingungsamplitude A wegen der vom Antrieb zugeführten Energie ständig vergrößern und das System schließlich zerstören. Diese Anordnung ist also für den hier vorgestellten Betrieb einer Brotschneidemaschine nicht nur unbrauchbar, sondern sogar zerstörerisch.

Tatsächlich sind solche zerstörerischen Konstellationen in der Praxis zuweilen unvermeidlich. Dazu sei eine Fahrzeugfederung betrachtet, die in Bild 2.57 modellhaft auf die wesentlichen Bauteile reduziert wird:

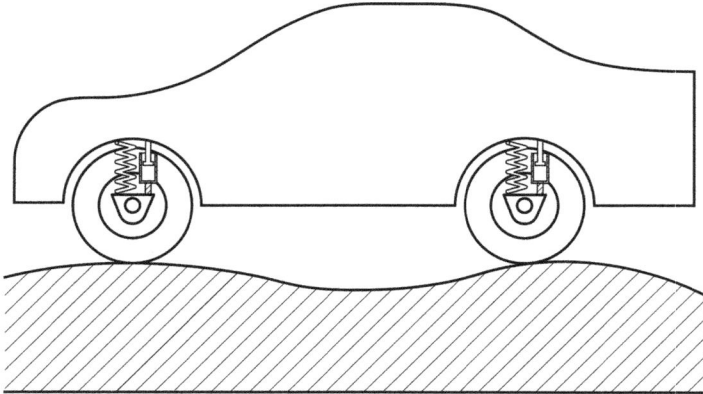

Die reale Fahrbahn weist Unregelmäßigkeiten auf, die hier modellhaft als Sinusfunktion angenommen werden. Aus Gründen der gleichmäßigen Abstützung der Gewichtskraft und des Fahrkomforts müssen die Räder über Federn an die Fahrzeugmasse angekoppelt werden.

Bild 2.57: Fahrzeugfederung schematisch

Da sich die Erregerfrequenz ω infolge der Fahrbahnbeschaffenheit und der Fahrgeschwindigkeit ständig ändert, muss mit dem Fall gerechnet werden, dass sie mit der Eigenfrequenz ω_0 des Systems zusammentrifft. Um dabei kein Aufschaukeln des Systems und die damit verbundene Zerstörung zu riskieren, müssen parallel zur Feder Dämpfer angebracht werden. Dies erledigt die Blattfeder durch die integrierte Coulomb'sche Reibung quasi automatisch, bei der Verwendung von Schraubenfedern werden externe Flüssigkeitsdämpfer eingesetzt.

Die Gegenüberstellung nach Bild 2.58 macht deutlich, dass nicht nur eine translatorisch wirkende Feder (hier Schraubenfeder als Zug-/Druckfeder) gegenüber einer translatorisch bewegten Masse ein schwingungsfähiges System nach obiger Betrachtung ergibt. In ähnlicher Weise muss auch eine rotatorische Feder (hier Drehstabfeder) und die sich auf einem Hebelarm befindliche Masse als ein schwingungsfähiges System aufgefasst werden:

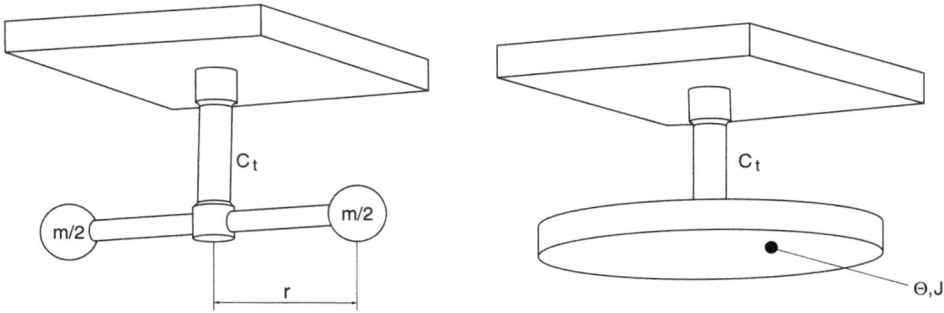

Bild 2.58: Schwingungsfähiges System mit rotatorischer Feder

Wird das linke System um einen Winkel φ_A ausgelenkt, so wird nach Gl. 2.18 in der Drehstabfeder eine Arbeit gespeichert:

$$W_{rot} = \frac{c_t}{2} \cdot \varphi_A^2 \qquad\qquad \text{Gl. 2.87}$$

Die kinetische Energie des Systems beim Nulldurchgang lässt sich wie zuvor beschreiben mit

$$W_{kin} = \frac{1}{2} \cdot m \cdot v_{max}^2$$

Die Geschwindigkeit v_{max} lässt sich als Winkelgeschwindigkeit ausdrücken:

$$v_{max} = \dot{\varphi} \cdot r \qquad \Rightarrow \qquad W_{kin} = \frac{1}{2} \cdot m \cdot \dot{\varphi}^2 \cdot r^2 \qquad\qquad \text{Gl. 2.88}$$

Durch Gleichsetzen von Gl. 2.87 und 2.88 folgt:

$$\frac{c_t}{2} \cdot \varphi_A^2 = \frac{1}{2} \cdot m \cdot \dot{\varphi}^2 \cdot r^2 \qquad \Rightarrow \qquad \left(\frac{\dot{\varphi}}{\varphi_A}\right)^2 = \frac{c_t}{m \cdot r^2} \qquad\qquad \text{Gl. 2.89}$$

Dabei ergibt sich die Eigenfrequenz zu:

$$\omega_0 = \sqrt{\frac{c_t}{r^2 \cdot m}} \qquad \text{für diskrete Massen} \qquad\qquad \text{Gl. 2.90}$$

Diese Formulierung gilt aber nur für den Fall, dass die diskrete Masse m auf einem Radius r angeordnet ist. Ist die Masse aber über einen Radienbereich verteilt, so muss integriert werden, was zur Definition des Massenträgheitsmomentes θ führt:

$$\omega_0 = \sqrt{\frac{c_t}{\theta}} \qquad \text{für beliebige Massenverteilung} \qquad\qquad \text{Gl. 2.91}$$

Weitere Ausführungen dazu finden sich in der Literatur zu Dynamik (z. B. [2.2], Band 3). Auch in diesem Fall muss nach anzustrebender „nützlicher" Anwendung einerseits und zu

vermeidender „zerstörerischer" Anwendung andererseits unterschieden werden. Eine zerstörerische Anwendung liegt beispielsweise dann vor, wenn eine Welle (als Torsionsfeder) mit einer
Kupplungsscheibe (als Massenträgheit) gekoppelt ist. In einem solchen Fall ist die Kenntnis
der Eigenfrequenz für die Dimensionierung eines schwingungsfähigen Systems von besonderer Bedeutung.

Aufgabe A.2.31

2.5 Einige Bauformen nicht-metallischer Federn (V)

Bei nicht-metallischen Federn ist die Unterscheidung von Feder und Dämpfer nicht immer
einfach, weil der Werkstoff der Feder gleichzeitig dämpfende Eigenschaften aufweist. Damit
lassen sich aber häufig Feder-Dämpfer-Kombinationen verwirklichen, ohne dass der Dämpfer
konstruktiv ausgeführt werden muss.

2.5.1 Gasfeder (V)

In einer technischen Gasfeder wirken sowohl Feder- als auch Dämpfungskräfte. Zur besseren
Übersichtlichkeit wird hier zunächst eine unrealistische Modellvorstellung einer Gasfeder als
Feder ohne Dämpfungskomponente vorgestellt. Dazu sei ein mit (kompressiblem) Gas gefüll-
tes Zylinder-Kolben-System nach Bild 2.59 betrachtet:

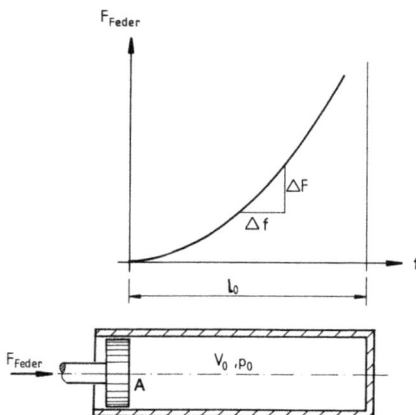

Bild 2.59: Gasfeder Modellvorstellung

Wenn zunächst nur die Federwirkung des eingeschlossenen Gases betrachtet wird, so stützt sich die auf die Kolbenstange wirkende Kraft als Federkraft F_{Feder} auf die unter dem Druck p stehende Fläche A ab:

$$F_{Feder} = p \cdot A \hspace{6cm} \text{Gl. 2.92}$$

Das Verhalten des Gases im abgeschlossenen Zylinder kann durch die Gasgleichung $(p \cdot V)^n = const.$ beschrieben werden. Für die isotherme Zustandsänderung kann der Polytropenexponent $n = 1$ gesetzt werden, so dass sich die einfache Beziehung ergibt:

$$p \cdot V = const.$$

oder bezogen auf den mit 0 indizierten Ausgangszustand:

$$p_0 \cdot V_0 = p \cdot V \quad \Rightarrow \quad p = \frac{p_0 \cdot V_0}{V} \hspace{4cm} \text{Gl. 2.93}$$

Wird die Länge der drucklosen Gassäule mit L_0 bezeichnet, so ergibt sich das aktuelle Volumen als Produkt aus der Kolbenfläche A und der aktuellen Länge der Gassäule $L = L_0 - f$ zu:

$$V = A \cdot L = A \cdot (L_0 - f)$$

Daraus folgt für die Kolbenfläche A:

$$A = \frac{V}{L_0 - f} \hspace{6cm} \text{Gl. 2.94}$$

Setzt man Gl. 2.93 und Gl. 2.94 in Gl. 2.92 ein, so ergibt sich:

$$F_{Feder} = p \cdot A = \frac{p_0 \cdot V_0}{V} \cdot \frac{V}{L_0 - f} = \frac{p_0 \cdot V_0}{L_0 - f} \hspace{3cm} \text{Gl. 2.95}$$

Bei der Konstruktion der Gasfeder werden V_0, p_0 und L_0 festgelegt und können fortan als Konstanten betrachtet werden. Daraus wird ersichtlich, dass die Steifigkeit einer Gasfeder nicht wie gewohnt als $c = F/f$ formuliert werden kann, sie ist also nicht linear. Zwischen dem Federweg f und der Federkraft F_{Feder} besteht vielmehr ein hyperbolischer Zusammenhang der Form $y = b/(a - x)$, der in der oberen Hälfte von Bild 2.59 skizziert ist. Die Steifigkeit dieser Gasfeder ist also stark progressiv und steigt in ihrer rechten Endlage sogar auf unendliche Werte an. Diese Modellvorstellung des luftgefüllten Zylinder-Kolben-Systems findet in modifizierter Form als Luftfederung im Fahrzeugbau nach Bild 2.60 Verwendung.

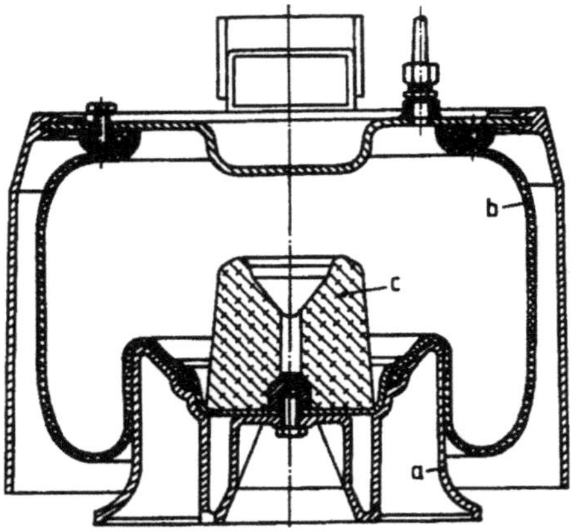

a) Abrollstempel
b) Rollbalg
c) Gummihohlfeder als Endanschlag und Federelement bei Ausfall der Druckluftversorgung

Da sich bei zunehmender Einfederung die Querschnittsfläche des Rollbalges vergrößert, ergibt sich eine weitere Steigerung der Progressivität der Federkennlinie, was im Fahrzeugbau durchaus erwünscht ist. Durch Variation des Luftdrucks kann weiterhin das Niveau reguliert werden.

Bild 2.60: Rollfederbalg MAN Standardlinienbus

Auch der Fahrzeugreifen ist zunächst nichts anderes als eine Luftfeder, deren rechnerische Beschreibung allerdings sehr viel aufwendiger ist.

In Erweiterung von Bild 2.59 zeigen die folgenden Bilder das Verhalten einer technisch ausgeführten Gasfeder, wobei die realen Einflüsse von Feder, Dämpfer und Reibungsglied sukzessiv zusammengeführt werden.

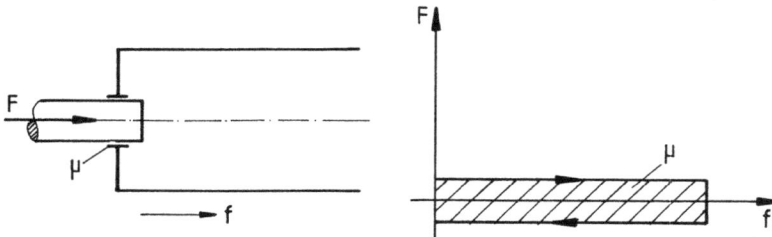

Bild 2.61: Dichtungsreibung

Zunächst wird nur der Reibeinfluss betrachtet: Die rechte Zylinderseite ist noch offen und an der Kolbenstangendichtung entsteht eine Festkörperreibung, die sich als rechteckförmige Hystereseschleife äußert, die *nicht* von der Kolbengeschwindigkeit abhängt.

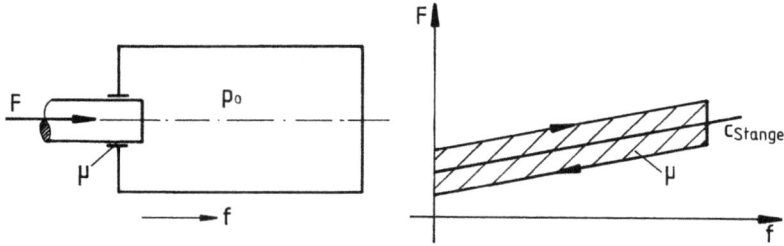

Bild 2.62: Gasfeder mit Dichtungsreibung

Bild 2.62 verschließt den Zylinder auf der rechten Seite, wobei das eingeschlossene Volumen unter Druck gesetzt, also mit p_0 vorgespannt wird. Wird nun die Kolbenstange eingeschoben, so wird das eingeschlossene Gas weiterhin verdichtet. Wegen der vergleichsweise geringen Verdichtung durch die einfahrende Kolbenstange ergibt sich allerdings eine sehr flache Kennlinie mit geringer Steifigkeit c_{Stange}, die in diesem Bereich als linear angenommen werden kann.

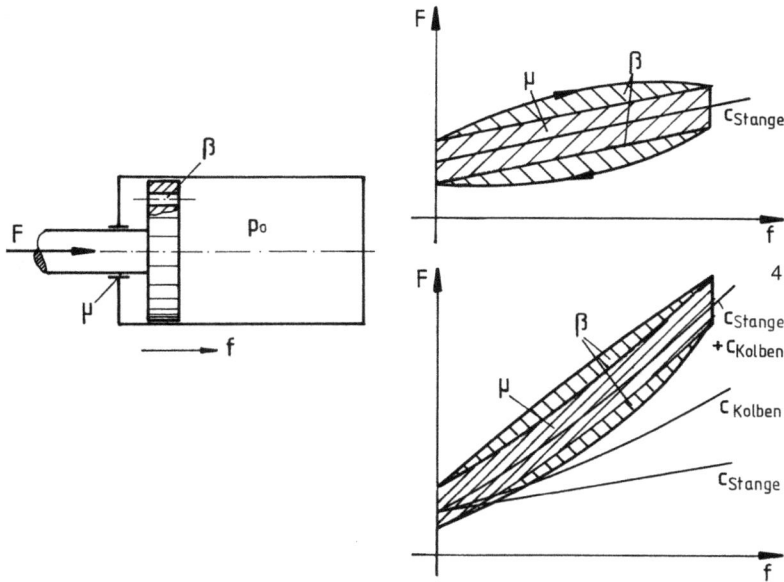

Bild 2.63: Gasfeder mit Dichtungsreibung und Dämpfung

In einem weiteren Schritt dieser Überlegung wird in Bild 2.63 am rechten Ende der Kolbenstange der Kolben angebracht. Wird die Kolbenstange bewegt, so lässt die im Kolben eingebrachte Bohrung das Gas in die jeweils gegenüberliegende Kammer strömen. Bei langsamer
Kolbengeschwindigkeit kann das Gas nahezu ungehindert strömen, der Kolben zeigt kaum
Wirkung (Bild 2.63 oben rechts). Wird der Kolben allerdings zunehmend schneller bewegt,
treten zwei Effekte auf (Bild 2.63 unten rechts):

- Das Gas wird durch den Drosseleffekt am Strömen in die gegenüberliegende Kammer gehindert, es macht sich die in Abschnitt 2.3 beschriebene Dämpfung zunehmend bemerkbar.
- Weiterhin übt das am Strömen gehinderte Gas vorübergehend eine zusätzliche Federwirkung aus, die wegen des großen verdichteten Volumens stark progressiv werden kann und
  die dann abklingt, wenn der Strömvorgang beendet ist. Sowohl die durch den Kolben bedingte Steifigkeit c_{Kolben} als auch der Dämpfungseinfluss steigen mit der Belastungsgeschwindigkeit an.

Nach Bild 2.64 (Werksbild Stabilus) kann die Dämpferwirkung richtungsabhängig realisiert
werden. Dabei wird der Strömvorgang durch Variation von Drosselwirkungen mehr oder weniger behindert oder auch freigegeben.

a) Bewegt sich der Kolben nach rechts, so liegt die Dichtung links an und das Gas nimmt den
   hier gezeigten Weg.
b) Bewegt sich der Kolben nach links, so liegt die Dichtung rechts an und das Gas nimmt
   einen anderen Weg mit einem anderen Strömungswiderstand.

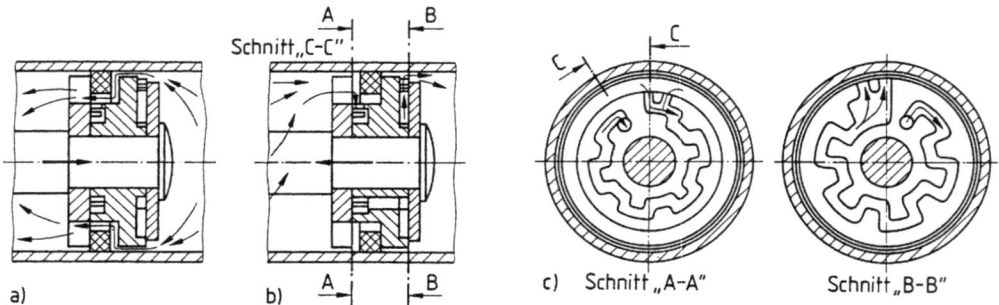

Bild 2.64: Dämpferkolben einer Gasfeder

Dieser Effekt wird beispielsweise gezielt ausgenutzt, wenn die Gasfeder der Heckklappe eines
Kraftfahrzeuges beim Schließen einen geringen, beim Öffnen jedoch einen hohen Bewegungs-
widerstand aufweisen soll.

2.5.2 Gummifeder (V)

Gummiwerkstoffe zeigen ein etwas anderes Verformungsverhalten als metallische Werkstoffe. Dazu sei zunächst nur das rein statische Verformungsverhalten betrachtet:

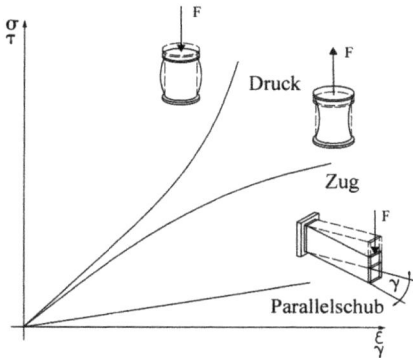

Bild 2.65: Verformungsverhalten Gummi

- Bei Druck baucht der Federkörper wegen der hohen elastischen Verformungen und wegen der Inkompressibilität des Werkstoffs sehr stark aus, was eine deutliche Vergrößerung der kraftübertragenden Fläche zur Folge hat und damit zur Progressivität der Kennlinie führt.
- Bei Zugbelastung ist der Effekt genau umgekehrt, was eine degressive Kennlinie zur Folge hat.
- Bei Schubbelastung tritt keine Veränderung der kraftübertragenden Fläche ein, das Verformungsverhalten ist weitgehend linear. Da der Schubmodul auch hier deutlich kleiner ist als der Elastizitätsmodul, ist die Schubsteifigkeit deutlich geringer.

Bild 2.66 stellt einige Anwendungsfälle und deren Berechnungsgrundlagen zusammengestellt. Die hier aufgeführten Elastizitäts- und Schubmodule sind form- und materialabhängig.

Das Vorhandensein viskoelastischer Eigenschaften und der damit verbundenen materialimmanenten Dämpfung wird besonders deutlich, wenn man ein Gummielement nach Bild 2.67 einer sinusförmigen Verformung unterwirft.

Federkonstruktion und Belastungsart	Belastbarkeit	Steifigkeit

Zylindrische Druckfeder

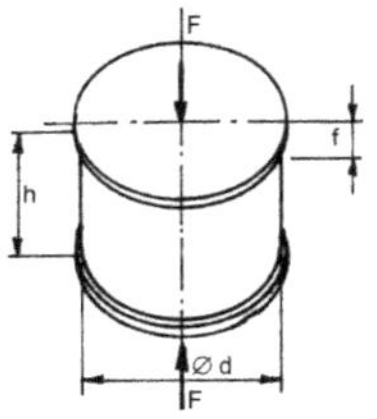

$$\sigma_D = \frac{F}{A}$$

$$A = \frac{\pi \cdot d^2}{4}$$

$$c = E \cdot \frac{A}{h}$$

Scheibenfeder auf Querkraftschub

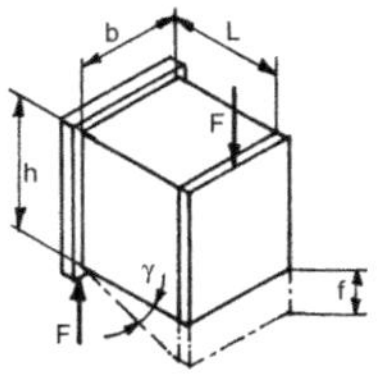

$$\tau = \frac{F}{A}$$

$$A = b \cdot h$$

$$c = G \cdot \frac{A}{L}$$

gültig für

$$\gamma = \frac{f}{L} \leqslant 20°$$

Hülsenfeder auf Querkraftschub

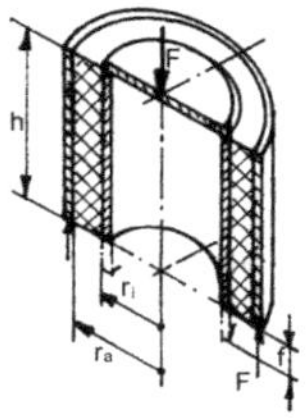

$$\tau = \frac{F}{2 \cdot \pi \cdot r_i \cdot h}$$

$$c = G \cdot \frac{2 \cdot \pi \cdot h}{\ln \frac{r_a}{r_i}}$$

Scheibenfeder auf Torsionsschub

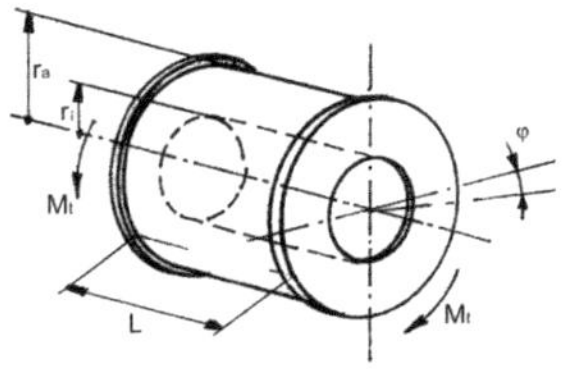

$$\tau_t = \frac{2 \cdot M_t \cdot r_a}{\pi \cdot \left(r_a^4 - r_i^4\right)}$$

$$c_t = G \cdot \frac{\pi \cdot \left(r_a^4 - r_i^4\right)}{2 \cdot L}$$

gültig für

$$\varphi \leqslant 20°$$

Hülsenfeder auf Torsionsschub

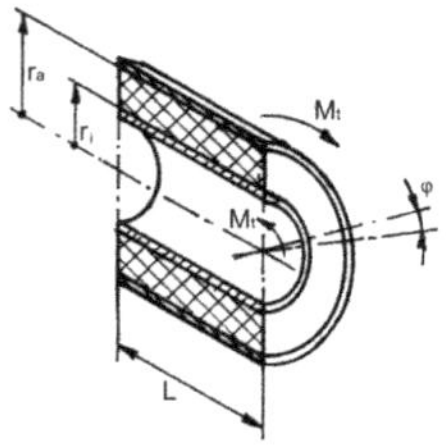

$$\tau_t = \frac{M_t}{2 \cdot \pi \cdot r_i^2 \cdot L}$$

$$c_t = G \cdot \frac{4 \cdot \pi \cdot L}{\frac{1}{r_i^2} - \frac{1}{r_a^2}}$$

gültig für

$$\varphi \leqslant 40°$$

Bild 2.66: Belastbarkeit und Steifigkeit einiger Gummifedern

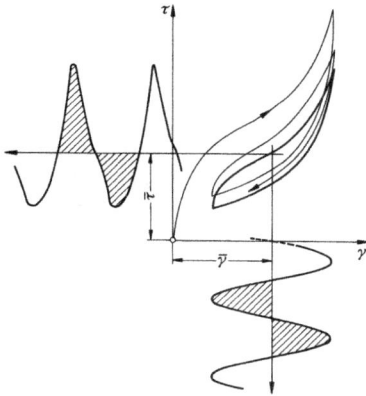

Ein Gummielement wird zunächst in einem ersten Verformungszyklus mit $\overline{\gamma}$ und anschließend mit einer sinusförmigen Verformungsfunktion $\gamma = f_{(t)}$ (unten) zwangsweise verformt. Dabei wird der links skizzierte zeitliche Schubspannungsverlauf $\tau = f_{(t)}$ registriert. Stellt man beide Verläufe gegenüber, so ergibt sich die rechts oben aufgezeichnete Hystereseschleife. Die elastischen und dämpfenden Eigenschaften lassen sich je nach Mischung und Füllstoffanteil in gewissen Grenzen variieren. Das Vorhandensein einer Hystereseschleife ist ein Indikator für die materialimmanente Dämpfung. Die Form und die Größe der Hystereseschleife ist von der Belastungsgeschwindigkeit bzw. der Belastungsfrequenz abhängig.

Bild 2.67: Hystereseschleife eines Gummielementes

Die Bezifferung des Schub- und Elastizitätsmoduls in Bild 2.66 ist problematisch, weil im Gegensatz zu Metallen keine festen Werte angegeben werden können ($G = 0,3\ldots1,0\,\text{N/mm}^2$, $E = 2\ldots10\,\text{N/mm}^2$). Diese „Material"-Kennwerte sind eben nicht nur material-, sondern auch form- und geschwindigkeits- bzw. frequenzabhängig. Zuweilen wird für Gummifedern auch eine sog. „dynamische" Steifigkeit angegeben, die nicht nur die eigentliche Federsteifigkeit sondern auch die Auswirkungen der begleitenden Dämpfung umfasst und deshalb nur für eine bestimmte Belastungsgeschwindigkeit bzw. Belastungsfrequenz gilt. Dabei wird allerdings nicht mehr deutlich, dass die auf das Bauteil ausgeübte Kraft letztlich die Summe aus Feder- und Dämpferkraft ist.

Gummifedern lassen sich besonders dort vorteilhaft einsetzen, wo aus maschinendynamischen Gründen eine Kombination von Feder und Dämpfer gefordert wird, ohne dass der Dämpfer selbst konstruktiv ausgeführt werden soll. Wird beispielsweise das Gehäuse eines Dieselmotors an die Umgebung angekoppelt, so muss neben der Federung auch eine Dämpfung gefordert werden, um diesem schwingenden System Energie zu entziehen und damit ein unkontrolliertes Aufschwingen zu verhindern:

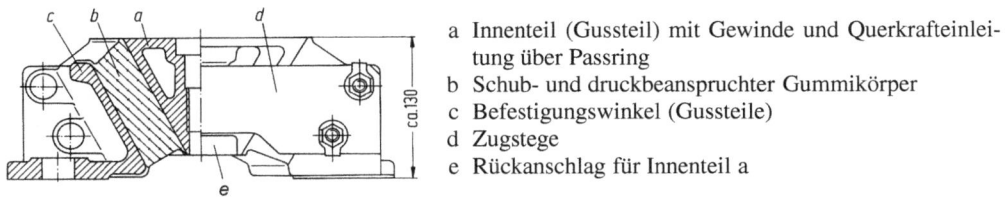

a Innenteil (Gussteil) mit Gewinde und Querkrafteinleitung über Passring

b Schub- und druckbeanspruchter Gummikörper

c Befestigungswinkel (Gussteile)

d Zugstege

e Rückanschlag für Innenteil a

Bild 2.68: Gummifeder für Lokomotiv- und Schiffsdieselmotoren

2.6   Federbauformen und Federwerkstoffe im Vergleich (E)

Während bei den bisherigen Betrachtungen die spezielle Federbauform vorgegeben war, soll in einer abschließenden Gegenüberstellung versucht werden, die einzelnen Bauformen miteinander zu vergleichen, um Aspekte für die Auswahl optimaler Federkonstruktionen zu gewinnen. Eine Bewertung von Federwerkstoffen ergänzt diese Betrachtung und schließlich wird nach der Feder mit dem maximalen Arbeitsaufnahmevermögen gefragt.

2.6.1   Formnutzzahl (E)

Die Gegenüberstellung von Zugstab und Biegebalken in Bild 0.10 hat bereits gezeigt, dass alle Volumenelemente eines Zugstabes die gleiche Spannung erfahren und demzufolge allesamt bis zur maximal zulässigen Spannung belastet werden können, womit das Arbeitsspeichervermögen der Feder vollständig ausgenutzt werden kann. Beim Biegebalken hingegen gilt dies nur für das Volumenelement in der Randfaser an der Einspannstelle, während die weiter innen und weiter zum Kraftangriffspunkt liegenden Volumenanteile weniger belastet werden. Weiterhin wurde am Beispiel der Biegefeder (Abschnitt 2.2.3) festgestellt, dass je nach Formgebung das Werkstoffvolumen die Biegefeder mehr oder weniger sinnvoll zur Aufnahme von Federarbeit ausgenutzt werden kann. Dabei wurde beispielhaft ausgeführt, dass eine dreieckförmige Biegefeder dreimal so viel Arbeit aufnehmen kann wie eine rechteckförmige Biegefeder gleichen Volumens. Im Hinblick auf eine optimale Formgebung der Feder geht es nun darum, diese Einzelbeobachtung zu verallgemeinern.

Da das Arbeitsspeichervermögen der Zugstabfeder vollständig ausgenutzt wird, arbeitet diese Feder mit dem optimale Wirkungsgrad 1, die sog. **Formnutzzahl** η_W ist in diesem Falle genau 1. Die Formnutzzahl einer beliebigen Federkonstruktion lässt sich allgemein als Quotient der in der konstruktiv ausgeführten Feder real speicherbaren Arbeit W_{real} zu der ideal im Werkstoffvolumen speicherbaren Arbeit W_{ideal} der Zugstabfeder formulieren:

$$\eta_W = \frac{W_{real}}{W_{ideal}} \qquad\qquad \text{Gl. 2.96}$$

Die Fachliteratur benutzt dafür auch die Begriffe „Gestaltnutzwert" und „Volumennutzungsgrad". Die Formnutzzahl der Biegefeder bezieht also die speicherbare Arbeit der Biegefeder auf die speicherbare Arbeit der Zugstabfeder:

Die im idealen Zugstab speicherbare Arbeit W_{ideal} errechnet sich nach Gl. 2.15 zu

Für den einseitig eingespannten Biegebalken als Rechteckfeder formuliert sich die real speicherbare Arbeit W_{real} in ähnlicher Weise zu

$$W_{ideal} = \frac{F_{zul} \cdot f_{max}}{2} = \frac{F_{zul}^2}{2 \cdot c_Z} \quad \text{Gl. 2.97}$$

$$W_{real} = \frac{F_{zul} \cdot f_{max}}{2} = \frac{F_{zul}^2}{2 \cdot c_B} \quad \text{Gl. 2.101}$$

Die jeweiligen Zähler sind eine Frage der Belastbarkeit.

Nach Gl. 0.1 formuliert sich die Spannung für einen rechteckigen Querschnitt mit der Breite b und der Höhe h zu

Die Biegespannung im rechteckförmigen Biegebalken ergibt sich nach Gl. 0.17 und Bild 0.16 zu

$$\sigma = \frac{F_Z}{A} = \frac{F_Z}{b \cdot h}$$

$$\sigma_b = \frac{M_b}{W_{ax}} = \frac{F \cdot L}{\frac{b \cdot h^2}{6}} = \frac{6 \cdot F \cdot L}{b \cdot h^2}$$

Für die Belastbarkeit folgt dann

so dass sich dessen Belastbarkeit ausdrücken lässt durch

$$F_{zul} = \sigma_{zul} \cdot b \cdot h \qquad \text{Gl. 2.98}$$

$$F_{zul} = \frac{b \cdot h^2}{6 \cdot L} \cdot \sigma_{zul} \qquad \text{Gl. 2.102}$$

Die Nenner der Gleichungen 2.97 und 2.101 betreffen die Steifigkeit.

Die Steifigkeit einer Zugstabfeder mit Rechteckquerschnitt ergibt sich nach Gl. 2.3 zu

Die Steifigkeit eines einseitig eingespannten Balkens, der am freien Ende mit einer einzelnen Kraft belastet wird, ist nach Gl. 2.8

$$c_Z = E \cdot \frac{A}{L} = E \cdot \frac{b \cdot h}{L} \qquad \text{Gl. 2.99}$$

$$c_B = E \cdot \frac{3 \cdot I_{ax}}{L^3}$$

und für den Rechteckquerschnitt

$$c_B = E \cdot \frac{3 \cdot \frac{b \cdot h^3}{12}}{L^3} = E \cdot \frac{b \cdot h^3}{4 \cdot L^3} \quad \text{Gl. 2.103}$$

Setzt man die Gl. 2.98 und 2.99 in Gl. 2.97 ein, so ergibt sich

Werden die Gl. 2.102 und 2.103 in Gl. 2.101 eingeführt, so folgt

$$W_{ideal} = \frac{(\sigma_{zul} \cdot b \cdot h)^2}{2 \cdot E \cdot \frac{b \cdot h}{L}} = \frac{b \cdot h \cdot L}{2} \cdot \frac{\sigma_{zul}^2}{E}$$

$$W_{real} = \frac{\left(\frac{b \cdot h^2}{6 \cdot L} \cdot \sigma_{zul}\right)^2}{2 \cdot E \cdot \frac{b \cdot h^3}{4 \cdot L^3}}$$

$$W_{real} = \frac{b^2 \cdot h^4 \cdot 4 \cdot L^3}{6^2 \cdot L^2 \cdot 2 \cdot b \cdot h^3} \cdot \frac{\sigma_{zul}^2}{E}$$

$$W_{real} = \frac{b \cdot h \cdot L}{18} \cdot \frac{\sigma_{zul}^2}{E}$$

Da das Produkt $b \cdot h \cdot L$ als das Quadervolumen der Feder betrachtet werden kann, verkürzt sich der Ausdruck zu

$$W_{ideal} = \frac{V}{2} \cdot \frac{\sigma_{zul}^2}{E} \qquad \text{Gl. 2.100}$$

$$W_{real} = \frac{V}{18} \cdot \frac{\sigma_{zul}^2}{E} \qquad \text{Gl. 2.104}$$

Werden die Gl. 2.100 und 2.104 in die Definition von Gl. 2.96 eingesetzt, so ergibt sich

$$\eta_W = \frac{W_{real}}{W_{ideal}} = \frac{\frac{V}{18} \cdot \frac{\sigma_{zul}^2}{E}}{\frac{V}{2} \cdot \frac{\sigma_{zul}^2}{E}} = \frac{1}{9} \qquad\qquad\qquad\qquad\qquad \text{Gl. 2.105}$$

Dieser Quotient drückt die Arbeitsspeicherfähigkeit nur von der Form und der Belastungsart der Feder aus und ist von den Werkstoffkenndaten unabhängig. Die rechteckförmige Biegefeder kann also nur ein Neuntel der Arbeit aufnehmen, die in einer gleich großen Zugstabfeder gespeichert werden könnte.

Mit der schubspannungsbelasteten Feder kann in ähnlicher Weise verfahren werden.

In einem schubbelasteten Quader tritt an jeder beliebigen Stelle des Werkstoffvolumens die gleiche Schubspannung auf. Die speicherbare Arbeit W_{ideal} errechnet sich nach Gl. 2.15 zu

$$W_{ideal} = \frac{F_{zul} \cdot f_{max}}{2} = \frac{F_{zul}^2}{2 \cdot c_{Schub}} \qquad \text{Gl. 2.106}$$

Formuliert man die Schubbelastung für einen Rechteckquerschnitt nach Gl. 0.33, so ergibt sich

$$\tau = \frac{F_{zul}}{A} = \frac{F_{zul}}{b \cdot h}$$

so dass sich dessen Belastbarkeit ergibt zu

$$F_{zul} = \tau_{zul} \cdot b \cdot h \qquad \text{Gl. 2.107}$$

Die Steifigkeit einer Schubfeder nach Gl. 2.4 für den Rechteckquerschnitt zu

$$c_{Schub} = G \cdot \frac{A}{L} = G \cdot \frac{b \cdot h}{L} \qquad \text{Gl. 2.108}$$

Für eine Drehstabfeder mit kreisförmigem Querschnitt formuliert sich die real speicherbare Arbeit W_{real} nach Gl. 2.17 zu

$$W_{real} = \frac{M_{tzul} \cdot \varphi_{max}}{2} = \frac{M_{tzul}^2}{2 \cdot c_t} \qquad \text{Gl. 2.110}$$

Der Torsionsschub im kreisförmigen Querschnitt ergibt sich nach Gl. 0.48 und Bild 0.25 zu

$$\tau_t = \frac{M_t}{W_t} = \frac{M_t}{\frac{\pi}{16} \cdot d^3} = \frac{16 \cdot M_t}{\pi \cdot d^3}$$

so dass sich dessen (Momenten-)Belastbarkeit ausdrücken lässt durch

$$M_{tzul} = \frac{\pi \cdot d^3}{16} \cdot \tau_{zul} \qquad \text{Gl. 2.111}$$

Die Steifigkeit einer Drehstabfeder ist nach Gl. 2.6

$$c_t = G \cdot \frac{I_t}{L}$$

und für den Kreisquerschnitt

$$c_t = G \cdot \frac{\frac{\pi}{32} \cdot d^4}{L} = G \cdot \frac{\pi \cdot d^4}{32 \cdot L} \qquad \text{Gl. 2.112}$$

Setzt man die Gl. 2.107 und 2.108 in Gl. 2.106 ein, so ergibt sich

$$W_{ideal} = \frac{(\tau_{zul} \cdot b \cdot h)^2}{2 \cdot G \cdot \frac{b \cdot h}{L}} = \frac{b \cdot h \cdot L}{2} \cdot \frac{\tau_{zul}^2}{G}$$

Werden die Gl. 2.111 und 2.112 in Gl. 2.110 eingeführt, so ergibt sich

$$W_{real} = \frac{\left(\frac{\pi \cdot d^3}{16} \cdot \tau_{zul}\right)^2}{2 \cdot G \cdot \frac{\pi \cdot d^4}{32 \cdot L}}$$

$$W_{real} = \frac{\pi^2 \cdot d^6 \cdot 32 \cdot L}{16^2 \cdot 2 \cdot \pi \cdot d^4} \cdot \frac{\tau_{zul}^2}{G}$$

$$W_{real} = \frac{\pi \cdot d^2 \cdot L}{4} \cdot \frac{1}{4} \cdot \frac{\tau_{zul}^2}{G}$$

Auch hier kann das Produkt b · h · L als das Quadervolumen der Feder betrachtet werden:

Das Federvolumen ergibt sich hier als das Volumen des zylindrischen Federkörpers:

$$W_{ideal} = \frac{V}{2} \cdot \frac{\tau_{zul}^2}{G} \qquad \text{Gl. 2.109}$$

$$W_{real} = \frac{V}{4} \cdot \frac{\tau_{zul}^2}{G} \qquad \text{Gl. 2.113}$$

Werden die Gl. 2.109 und 2.113 in die Definition nach Gl. 2.96 eingesetzt, so ergibt sich

$$\eta_W = \frac{W_{real}}{W_{ideal}} = \frac{\frac{V}{4} \cdot \frac{\tau_{zul}^2}{G}}{\frac{V}{2} \cdot \frac{\tau_{zul}^2}{G}} = \frac{1}{2} \qquad\qquad\qquad \text{Gl. 2.114}$$

Die Drehstabfeder nimmt also immerhin die Hälfte der Arbeit auf, die in einer gleich großen Schubfeder gespeichert werden könnte.

Die oben ermittelten Formnutzzahlen sind in Bild 2.69 zusammengefasst und um einige weitere gebräuchliche Federbauformen erweitert:

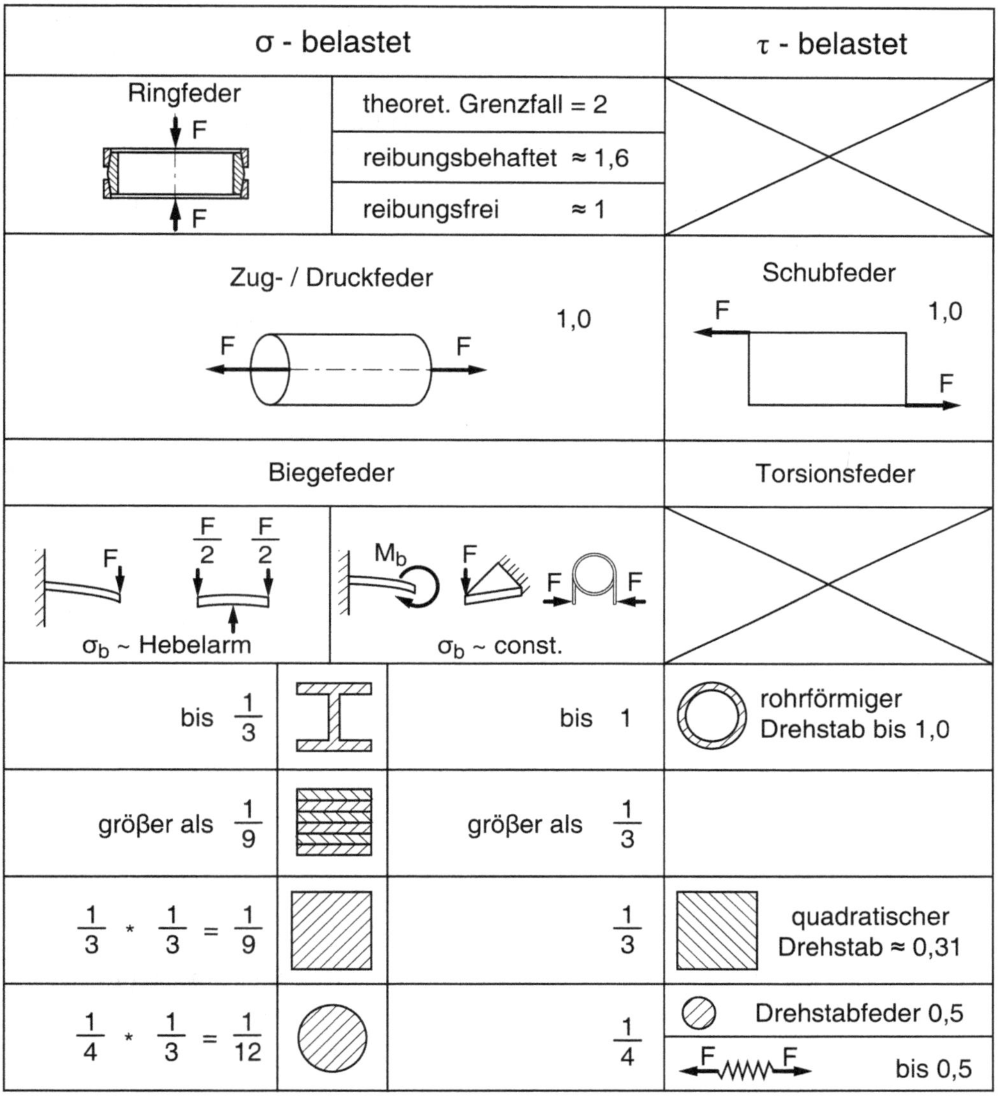
σ - belastet
τ - belastet
Ringfeder
F
F
theoret. Grenzfall = 2
reibungsbehaftet ≈ 1,6
reibungsfrei ≈ 1
Zug- / Druckfeder
F
F
1,0
Schubfeder
F
1,0
F
Biegefeder
Torsionsfeder
F
F/2 F/2
σb ~ Hebelarm
Mb
F
F F
σb ~ const.
bis 1/3
bis 1
rohrförmiger Drehstab bis 1,0
größer als 1/9
größer als 1/3
1/3 * 1/3 = 1/9
1/3
quadratischer Drehstab ≈ 0,31
1/4 * 1/3 = 1/12
1/4
Drehstabfeder 0,5
F F
bis 0,5

Bild 2.69: Formnutzzahlen einiger Federbauarten

Ausgangspunkt dieser Betrachtungen ist in der zweiten Zeile des Bildes der Modellfall der normalspannungsbelasteten Feder als Zug-/Druckfeder (links) und der schubspannungsbelasteten Feder als Schubfeder (rechts) mit jeweils der Formnutzzahl 1.

Da sich die Schraubenfeder nach den Überlegungen von Kap. 2.2.2 direkt aus der Drehstabfeder ableitet, wäre auch hier die Formnutzzahl von $1/2$ zu erwarten (unten rechts). Dies gilt jedoch nur für den Fall, dass die Feder tatsächlich nur mit Torsionsschub belastet wird. Da aber nach Gl. 2.24 noch weitere Belastungsanteile hinzu kommen, muss eine differenzierte Betrachtung angestellt werden:

$$\eta_w = \frac{W_{real}}{W_{ideal}} = \frac{\frac{F_{max}^2}{2 \cdot c}}{\frac{V}{2 \cdot G} \cdot \tau_{zul}^2} \qquad \text{mit Gl. 2.15 und 2.109}$$

Das an der Verformung beteiligte Volumen der Feder V ergibt sich als das Zylindervolumen des Federdrahtes in Form eines schlanken, langen Zylinders mit der Drahtquerschnittfläche als Grundfläche und der Zylinderhöhe als dem mit der Windungsanzahl multiplizierten Umfang des Windungsdurchmessers:

$$V = \frac{\pi}{4} \cdot d^2 \cdot D_m \cdot \pi \cdot i_w \qquad \text{Gl. 2.115}$$

Wird weiterhin die Belastbarkeit der Feder nach Gl. 2.27 und die Steifigkeit nach Gl. 2.32 ausgedrückt, so folgt für die Formnutzzahl

$$\eta_w = \frac{\frac{\left(\frac{\pi \cdot d^3}{K \cdot 8 \cdot D_m} \cdot \tau_{zul} \right)^2}{2 \cdot \frac{G \cdot d^4}{8 \cdot D_m^3 \cdot i_w}}}{\frac{\frac{\pi}{4} \cdot d^2 \cdot D_m \cdot \pi \cdot i_w}{2 \cdot G} \cdot \tau_{zul}^2}$$

$$\eta_w = \frac{\pi^2 \cdot d^6 \cdot \tau_{zul}^2 \cdot 8 \cdot D_m^3 \cdot i_w \cdot 4 \cdot 2 \cdot G}{K^2 \cdot 8^2 \cdot D_m^2 \cdot 2 \cdot G \cdot d^4 \cdot \pi^2 \cdot d^2 \cdot D_m \cdot i_w \cdot \tau_{zul}^2} = \frac{1}{2} \cdot \frac{1}{K^2} \qquad \text{Gl. 2.116}$$

Der Faktor $1/2$ war nach Gl. 2.114 zu erwarten. Die obige Betrachtung hat darüber hinaus gezeigt, dass der Wahl'sche Faktor K diesen Wert quadratisch verkleinert.

In ähnlicher Weise kann mit der Schenkelfeder verfahren werden:

$$\eta_w = \frac{W_{real}}{W_{ideal}} = \frac{\frac{M_{max}^2}{2 \cdot c}}{\frac{V}{2 \cdot E} \cdot \sigma_{zul}^2} \qquad \text{mit Gl. 2.17 und 2.100}$$

Wird die Belastbarkeit der Feder in Anlehnung an Gl. 2.50, die Steifigkeit nach Gl. 2.56 und das Volumen nach Gl. 2.115 eingeführt, so folgt für die Formnutzzahl

$$\eta_w = \frac{\dfrac{\left(\frac{\pi \cdot d^3}{32 \cdot q} \cdot \sigma_{zul}\right)^2}{2 \cdot \frac{E \cdot d^4}{64 \cdot D \cdot i_w}}}{\dfrac{\frac{\pi}{4} \cdot d^2 \cdot D \cdot \pi \cdot i_w}{2 \cdot E} \cdot \sigma_{zul}^2}$$

$$\eta_w = \frac{\pi^2 \cdot d^6 \cdot \sigma_{zul}^2 \cdot 64 \cdot D \cdot i_w \cdot 4 \cdot 2 \cdot E}{q^2 \cdot 32^2 \cdot 2 \cdot E \cdot d^4 \cdot \pi^2 \cdot d^2 \cdot D \cdot i_w \cdot \sigma_{zul}^2} = \frac{1}{4} \cdot \frac{1}{q^2} \qquad \text{Gl. 2.117}$$

Der Faktor $1/4$ war nach Bild 2.69 (Mitte unten) zu erwarten, wird allerdings um den Faktor q quadratisch verkleinert.

Bei Biegefedern wird sinnvollerweise nach Federn unterschieden, bei denen sich die Biegespannung σ_b proportional zum krafteinleitenden Hebelarm verhält (linke Spalte), und solchen, bei denen an jeder Stelle der Randfaser eine gleich große Biegespannung vorliegt (rechte Spalte mit beispielhaften Anwendungen als Biegemoment am Ende eines Biegebalkens, Körper gleicher Biegefestigkeit oder Schenkelfeder). Bei allen diesen Biegefedern wird hier zeilenweise nach der Querschnittsgeometrie unterschieden. Bei Schichtung der Blattfeder in mehrere Lagen kann aufgrund der Reibung mehr Arbeit in die Feder eingeleitet werden, was die Formnutzzahl erhöht. Würde man die (reibungsfreie) Blattfeder an den besonders günstigen Modellfall der Zug-Druckfeder heranführen wollen, so muss das zur Konstruktion verfügbare Volumen möglichst auf die maximale Randfaser konzentriert werden, was sich durch einen I-Querschnitt mit besonders dünnem Verbindungssteg verwirklichen ließe. Ein Kreisquerschnitt kehrt diesen Trend um und führt zu einer Verringerung der Formnutzzahl. Die (an dieser Stelle nicht weiter ausgeführten) Berechnungen zeigen weiterhin, dass für die linke Spalte die Formnutzzahl stets nur ein Drittel des Wertes der rechten Spalte beträgt.

Die Ringfeder in der ersten Bildzeile nimmt in diesem Zusammenhang eine Sonderstellung ein. Sie weist zwar als Zug-/Druckfeder für den (unrealistischen) reibungsfreien Fall eine Formnutzzahl von genau 1 auf, aber die real auftretende Reibung nimmt erheblich Einfluss darauf. Dazu wird sowohl die reale als auch die ideale Arbeit in Erweiterung von Gl. 2.16 formuliert:

$$W_{real} = \frac{c_{Belastung}}{2} \cdot f^2 \quad \text{und} \quad W_{ideal} = \frac{c_{reibungsfrei}}{2} \cdot f^2$$

Mit Gl. 2.96 wird die Formnutzzahl dann unabhängig vom Federweg:

$$\eta_w = \frac{W_{real}}{W_{ideal}} = \frac{\frac{c_{Belastung}}{2} \cdot f^2}{\frac{c_{reibungsfrei}}{2} \cdot f^2} = \frac{c_{Belastung}}{c_{reibungsfrei}}$$

Setzt man die Steifigkeiten nach Gl. 2.79 und Gl. 2.72 ein, so ist die Formnutzzahl nur noch eine Funktion von Steigungs- und Reibwinkel:

$$\eta_w = \frac{E \cdot \frac{2 \cdot \pi \cdot b \cdot t}{r} \cdot \tan(\alpha + \rho) \cdot \tan\alpha}{E \cdot \frac{2 \cdot \pi \cdot b \cdot t}{r} \cdot \tan\alpha \cdot \tan\alpha} = \frac{\tan(\alpha + \rho)}{\tan\alpha} \qquad \text{Gl. 2.118}$$

Für den theoretischen Grenzfall der Selbsthemmung ($\alpha = \rho$) ergibt sich eine Formnutzzahl von 2. Wegen der Unsicherheit des Reibwinkels muss der Steigungswinkel aber stets deutlich größer als der Reibwinkel gewählt werden, was für praktisch ausgeführte Konstruktionen zu einer Formnutzzahl von ca. 1,6 führt. Der über den Wert von 1 hinausgehende Anteil der Formnutzzahl gibt an, wie viel Arbeit durch Reibung in Wärme umgewandelt wird.

Technisch relevante schubspannungsbelastete Federn erlauben keine Steigerung der Formnutzzahl über den Wert 1 hinaus (oben rechts). Würde man den Drehstab rohrförmig ausbilden, kann damit die Formnutzzahl bei besonders dünner Wandstärke bis auf den theoretischen Wert von 1 gesteigert werden, weil dann fast das gesamte Werkstoffvolumen an der Randfaser angeordnet ist und dort mit dem vollen werkstoffkundlich zulässigen Schub belastet werden kann. Wird der Querschnitt hingegen quadratisch ausgebildet, so sinkt die Formnutzzahl auf etwa 0,31.

Aufgaben A.2.32 bis A.2.36

2.6.2   Werkstoffeignung (V)

Die Diskussion um die *Form*nutzzahl konzentrierte sich auf die *Form*gebung der Feder. Dieselben Gleichungen können jedoch auch für eine Bewertung des Werkstoffs herangezogen werden. Die folgende Betrachtung zielt darauf ab, die Arbeitsspeicherfähigkeit eines Federwerkstoffs auszuweisen. Auch hier ist die Differenzierung nach Normalspannung einerseits und Schubspannung andererseits angebracht:

$$\text{aus Gl. 2.100: } W_{ideal} = \frac{\sigma_{zul}^2}{2 \cdot E} \cdot V \quad \Rightarrow \quad \frac{W_{ideal}}{V} = \frac{\sigma_{zul}^2}{2 \cdot E} \qquad \text{Gl. 2.119}$$

$$\text{aus Gl. 2.109: } W_{ideal} = \frac{\tau_{zul}^2}{2 \cdot G} \cdot V \quad \Rightarrow \quad \frac{W_{ideal}}{V} = \frac{\tau_{zul}^2}{2 \cdot G} \qquad \text{Gl. 2.120}$$

Die Gleichungen wurden in der oben aufgeführten Form umgestellt, weil nun angegeben werden soll, wieviel Arbeit sich idealerweise im Werkstoff ungeachtet der Form der Feder speichern lässt. In den Ausdrücken $\sigma_{zul}^2/2E$ bzw. $\tau_{zul}^2/2G$ sind lediglich Werkstoffkenndaten enthalten. Der optimale Federwerkstoff muss also eine möglichst hohe Spannung aufnehmen können (Stahl wäre optimal), sollte aber gleichzeitig einen möglichst geringen E-Modul aufweisen (Gummi wäre optimal). Dazu ist die Gegenüberstellung einiger beispielhafter Werkstoffe bei quasistatischer Belastung hilfreich:

Werkstoff	Normalspannung			Tangentialspannung		
	σ_{zul}	E	$\frac{W_{ideal}}{V}$	τ_{zul}	G	$\frac{W_{ideal}}{V}$
	$\frac{N}{mm^2}$	$\frac{N}{mm^2}$	$\frac{Nmm}{mm^3}$	$\frac{N}{mm^2}$	$\frac{N}{mm^2}$	$\frac{Nmm}{mm^3}$
Federstahl	1.100	206.000	2,937	1.250	71.500	10,927
Baustahl St70	450	210.000	0,482	260	71.500	0,473
Guss GGG70	500	80.000	1,563	400	27.000	2,963
CuZn37	265	110.000	0,319	190	35.000	0,516
CuSn6	460	115.000	0,920	300	41.000	1,098
CuNi18Zn20	390	140.000	0,543	260	42.000	0,805
Gummi „hart"	3,2	20	0,256	2,0	1,1	1,818
Gummi „weich"	0,7	4,5	0,054	0,4	0,5	0,160

Diese Übersicht macht deutlich, weshalb Stahl trotz seiner hohen werkstoffbedingten Steifigkeit der ideale Federwerkstoff ist: Die hohe Belastbarkeit σ_{zul} bzw. τ_{zul} geht quadratisch ein! Baustahl ist aus diesem Grunde als Federwerkstoff ebenso ungeeignet wie Guss. Gummiwerkstoffe schneiden in dieser Gegenüberstellung ebenfalls ziemlich schlecht ab. Ihre Verwendung kommt nur dann in Frage, wenn die Dämpfungseigenschaften des Werkstoffs vorteilhaft ausgenutzt werden können. In diesem Fall sollten aber vorwiegend harte Gummisorten verwendet werden. Gummi ist auch dann sinnvoll einzusetzen, wenn das Federgewicht und nicht wie oben aufgeführt das Federvolumen möglichst gering gehalten werden soll (z. B. Fahrzeugbau). Aus dieser Betrachtung geht auch hervor, dass bei Belastung mit Tangentialspannung in aller Regel mehr Arbeit aufgenommen werden kann als bei Normalspannungsbelastung. Dadurch werden Drehstabfedern und Schraubenfedern favorisiert, auch wenn deren Formnutzzahl mit 0,5 deutlich unter dem Idealwert von 1,0 liegt.

Wie die folgende Gegenüberstellung zeigt, ist die Feder ein eher schlechter Energiespeicher: Der Hydrospeicher ist diesbezüglich vergleichbar mit den besten Federwerkstoffen. Die mechanische Schwungscheibe speichert aber bereits das Vielfache davon. Der Blei-Akku als klassischer Energiespeicher der Elektrotechnik ist dem besten Federwerkstoff bereits um den Faktor 20 überlegen und wird dabei von den modernen Energiespeichern der Elektrotechnik noch deutlich übertroffen. Unschlagbar sind die Brennstoffe für Verbrennungsmotoren. Zu Vergleichszwecken wird die volumenbezogene Energie sowohl in der für Federn typischen Einheit Nmm/mm^3 als auch in Joule/mm^3 und in kWh/ltr. angegeben.

	$\dfrac{W_{ideal}}{V}$		
	$\dfrac{Nmm}{mm^3}$	$\dfrac{J}{mm^3}$	$\dfrac{kWh}{ltr.}$
Federstahl bei Zug-/Druckbelastung	max. 3	max. 0,003	max. 0,00083
Federstahl bei Schubbelastung	max. 11	max. 0,011	max. 0,0031
Hydrospeicher	max. 11	max. 0,011	max. 0,0031
Schwungscheibe	max. 50	max. 0,050	max. 0,014
Blei-Akku	ca. 250	ca. 0,25	ca. 0,070
NiMH-Akku	ca. 1.000	ca. 1,0	ca. 0,28
Lithium-Ionen-Akku	ca. 1.800	ca. 1,8	ca. 0,50
Benzin	ca. 33.000	ca. 33,0	ca. 9,2

Diese Gegenüberstellung berücksichtigt noch nicht die Umsetzung der gespeicherten Energie in die tatsächlich mechanisch nutzbare Energie. Zu diesem Zweck muss der Federkennwert mit der Formnutzzahl als „Arbeitswirkungsgrad" multipliziert werden, während die Kennwerte der anderen Energiespeicher mit dem Wirkungsgrad des jeweiligen Antriebsmotors multipliziert werden müssen, der beim Elektromotor und beim Hydrospeicher sehr günstig, beim Verbrennungsmotor aber eher gering ist.

Aufgaben A.2.37 und A.2.38

2.6.3 Die Feder mit dem maximalen Arbeitsaufnahmevermögen (V)

Die Feder mit dem maximalen Arbeitsaufnahmevermögen ergibt sich aus der gegenüberstellenden Betrachtung der beiden vorangegangenen Abschnitte. Gleichung 2.96 lässt sich umstellen nach

$$W_{real} = \eta_W \cdot W_{ideal} \qquad\qquad \text{Gl. 2.121}$$

Bezieht man diese Gleichung auf das Federvolumen, so gewinnt man mit

$$\frac{W_{real}}{V} = \eta_W \cdot \frac{W_{ideal}}{V} \qquad\qquad \text{Gl. 2.122}$$

einen Ausdruck, der die von einer realen Feder aufnehmbare Arbeit als einfaches Produkt der Formnutzzahl (Kapitel 2.6.1) und des Werkstoffs (Kapitel 2.6.2) darstellt. Die Auftragung der Formnutzzahl auf der senkrechten Achse und von W_{ideal}/V auf der waagerechten Achse von Bild 2.70 macht die Arbeitsaufnahme der Feder als Produkt dieser beiden Größen, also als Rechteckfläche deutlich.

Sowohl für die Formnutzzahl als auch für den Quotienten W_{ideal}/V sind einige Beispiele aus den vorangehenden beiden Kapiteln aufgeführt, wobei bei letzterem Parameter entsprechend

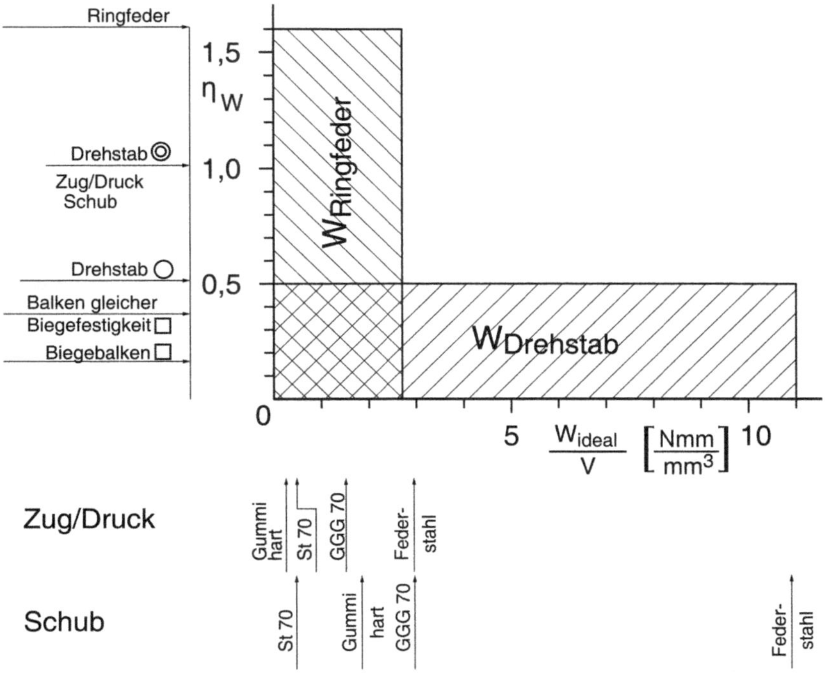

Bild 2.70: Arbeitsaufnahmevermögen von Federn

der Differenzierung nach der Tabelle aus Abschnitt 2.6.2 nach Normalspannungsbelastung und Schubspannungsbelastung unterschieden wird. Grundsätzlich lassen sich zwar alle möglichen Kombinationen zwischen beliebiger Formnutzzahl und beliebigem Quotienten W_{ideal}/V darstellen, aber sowohl konstruktiv als auch fertigungstechnisch ist nicht jede Kombination sinnvoll. In Bild 2.70 sind zwei besonders vorteilhafte Kombinationen beispielhaft dargestellt:

- Führt man die Feder als Drehstabfeder (oder daraus abgeleitet als schraubenförmig gewendelte Zug- oder Druckfeder) aus, so ist deren Formnutzzahl mit 0,5 nicht optimal, aber wenn man den hoch schubspannungsbelastbaren Federstahl verwendet, ergibt sich eine relativ große Arbeitsfläche $W_{Drehstab}$. Bei Verwendung anderer Werkstoffe wäre die Arbeitsfläche viel kleiner gewesen. Diese Konstruktion ist dann besonders vorteilhaft, wenn die gespeicherte Arbeit bei der Entlastung mechanisch genutzt werden soll.

- Führt man eine Feder als Ringfeder aus, so ist deren Formnutzzahl unschlagbar groß, aber der Werkstoff muss mit Zug- bzw. Druckspannung belastet werden. Selbst Federstahl hat dabei einen deutlich kleineren Kennwert als bei Schubspannungsbelastung, aber das Produkt aus diesen beiden Rechteckseiten ergibt eine große Arbeitsfläche. Die Konstruktion ist dann besonders vorteilhaft, wenn die gespeicherte Arbeit mechanisch „unschädlich" gemacht und in Wärme umgesetzt werden soll.

Aufgaben A.2.39 und A.2.40

2.7   Anhang

2.7.1   Literatur

[2.1]   Assmann, Bruno; Selke, Peter: Technische Mechanik. Band 2: Festigkeitslehre. Olden-
        bourg 2005
[2.2]   Assmann, Bruno; Selke, Peter: Technische Mechanik. Band 3: Kinematik und Kinetik
        Oldenbourg 2004
[2.3]   Brügemann, G.: Schrauben- und Tellerfedern im Werkzeug- und Maschinenbau. Fach-
        buchverlag Leipzig 1953
[2.4]   Damerow, E.: Grundlagen der praktischen Federprüfung. Essen 1953
[2.5]   DIN-Taschenbuch 29: Federn. Beuth 1991
[2.6]   Fischer, F.; Vondracek, H.: Warmgeformte Federn. Hoesch Hohenlimburg AG 1987
[2.7]   Göbel, E.F.: Gummifedern. Berechnung und Gestaltung. Springer 1969
[2.8]   Groß, S.; Lehr, E.: Die Federn, ihre Gestaltung und Berechnung. Berlin-Düsseldorf
        1938
[2.9]   Groß, S.; Lehr, E.: Berechnung und Gestaltung von Metallfedern. Berlin-Göttingen-
        Heidelberg 1960
[2.10] Meissner, M.; Wanke, K.: Handbuch Federn. Berechnung und Gestaltung im Maschi-
        nen- und Gerätebau. Verlag Technik 1993
[2.11] VDI-Richtlinie 3361: Zylindrische Druckfedern aus runden oder flachrunden Drähten
        und Stäben für Stanzwerkzeuge. VDI-Verlag 1964
[2.12] VDI-Richtlinie 3362: Gummifedern für Stanzwerkzeuge. VDI-Verlag 1964
[2.13] Wolf, W.A.: Die Schraubenfedern. Essen 1966

2.7.2   Normen

[2.14] DIN 1777: Federbänder aus Kupfer-Knetlegierungen
[2.15] DIN 2076: Runder Federdraht; Maße, Gewichte, zulässige Abweichungen
[2.16] DIN 2088: Zylindrische Schraubendruckfedern aus runden Drähten und Stäben; Be-
        rechnung, Konstruktion von Drehfedern (Schenkelfedern)
[2.17] DIN 2089 T1: Zylindrische Schraubendruckfedern aus runden Drähten und Stäben;
        Berechnung und Konstruktion
[2.18] DIN 2089 T2: Zylindrische Schraubenfedern aus runden Drähten und Stäben; Berech-
        nung und Konstruktion von Zugfedern
[2.19] DIN 2090: Zylindrische Schraubendruckfedern aus Flachstahl; Berechnung
[2.20] DIN 2091: Drehstabfedern mit rundem Querschnitt; Berechnung und Konstruktion
[2.21] DIN 2092: Tellerfedern; Berechnung
[2.22] DIN 2093: Tellerfedern; Maße, Werkstoff, Eigenschaften
[2.23] DIN 2094: Blattfedern für Straßenfahrzeuge; Anforderungen
[2.24] DIN 2095: Zylindrische Schraubenfedern aus runden Drähten; Gütevorschriften für
        kaltgeformte Druckfedern

[2.25] DIN 2096 T1: Zylindrische Schraubendruckfedern aus runden Drähten und Stäben;
        Güteanforderungen bei warmgeformten Druckfedern
[2.26] DIN 2096 T2: Zylindrische Schraubendruckfedern aus runden Stäben; Güteanforde-
        rungen für die Großserienfertigung
[2.27] DIN 2097: Zylindrische Schraubenfedern aus runden Drähten; Gütevorschriften für
        kaltgeformte Zugfedern
[2.28] DIN 2098 T1: Zylindrische Schraubenfedern aus runden Drähten; Baugrößen für kalt-
        geformte Druckfedernab 0,5 mm Drahtdurchmesser
[2.29] DIN E 2099 T1: Zylindrische Schraubenfedern aus runden Drähten und Stäben; Anga-
        ben für Druckfedern, Vordruck
[2.30] DIN E 2096 T2: Zylindrische Schraubenfedern aus runden Drähten; Angaben für Zug-
        federn, Vordruck
[2.31] DIN ISO 2162: Technische Zeichnungen; Darstellung von Federn
[2.32] DIN 5544: Parabelfedern für Schienenfahrzeuge
[2.33] DIN 17221: Warmgewalzte Stähle für vergütbare Federn
[2.34] DIN 17222: Kaltgewalzte Stahlbänder für Federn
[2.35] DIN 17223: Runder Federstahldraht
[2.36] DIN 17224: Federdraht und Federband aus nicht rostenden Stählen
[2.37] DIN 17682: Runde Federdrähte aus Kupfer-Knetlegierungen
[2.38] DIN 53504: Prüfungen von Kautschuk und Elastomeren; Bestimmung von Reißfestig-
        keit, Zugfestigkeit, Reißdehnung und Spannungswerten im Zugversuch
[2.39] DIN 53505: Prüfungen von Kautschuk und Elastomeren und Kunststoffen; Härteprü-
        fung nach Shore A und Shore B
[2.40] DIN 53313: Prüfungen von Kautschuk und Elastomeren; Bestimmung der viskoelasti-
        schen Eigenschaften von Elastomeren bei erzwungenen Schwingungen außerhalb der
        Resonanz

2.8   Aufgaben

Ersatzfedersteifigkeiten

A.2.1   Drei Schraubendruckfedern (B)

Drei Schraubendruckfedern unterschiedlicher Steifigkeit werden in den folgenden beiden Anordnungen zusammengestellt:

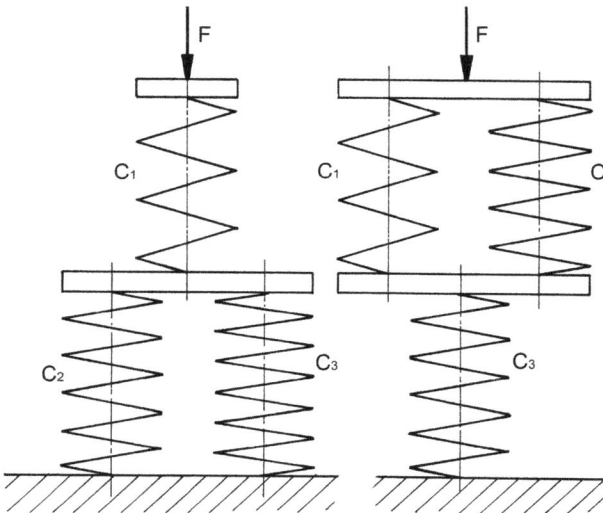

Die Einzelfedersteifigkeiten sind:
$c_1 = 6\,\text{N/mm}$
$c_2 = 12\,\text{N/mm}$
$c_3 = 4\,\text{N/mm}.$

Berechnen Sie die Gesamtfedersteifigkeit $c_{\text{ges links}}$ der linken Federkombination und die Gesamtfedersteifigkeit $c_{\text{ges rechts}}$ der rechten Federkombination.

$c_{\text{ges links}}\,[\text{N/mm}] =$
$c_{\text{ges rechts}}\,[\text{N/mm}] =$

A.2.2   Gesamtsteifigkeit Schraubenzugfeder (B)

Eine Schraubenzugfeder hat eine lineare Steifigkeit von $200\,\text{N/mm}$. Es stehen mehrere Federn zur Erzielung verschiedener Gesamtsteifigkeiten zur Verfügung. Um die Festigkeit des Federsystems optimal auszunutzen, soll die Belastung aller Federn gleich sein.

a) Skizzieren Sie, wie zwei Federn zusammengeschaltet werden müssen, damit eine Gesamtsteifigkeit von $400\,\text{N/mm}$ entsteht.
b) Skizzieren Sie, wie drei Federn zusammengeschaltet werden müssen, damit eine Gesamtsteifigkeit von $600\,\text{N/mm}$ entsteht.
c) Skizzieren Sie, wie zwei Federn zusammengeschaltet werden müssen, damit eine Gesamtsteifigkeit von $100\,\text{N/mm}$ entsteht.
d) Skizzieren Sie, wie vier Federn zusammengeschaltet werden müssen, damit eine Gesamtsteifigkeit von $50\,\text{N/mm}$ entsteht.

e) Skizzieren Sie, wie sechs Federn zusammengeschaltet werden müssen, damit eine Gesamt-steifigkeit von 300 N/mm entsteht.

f) Skizzieren Sie, wie sechs Federn zusammengeschaltet werden müssen, damit eine Gesamt-steifigkeit von 133,3 N/mm entsteht.

A.2.3 Beidseitige Einspannung (E)

Zwei untereinander gleichartige Federn werden in der unten skizzierten Weise zwischen einen beweglichen Block und eine jeweils benachbarte Wand montiert. An dem beweglichen Block greift eine Betriebskraft F_B an, wodurch eine Auslenkung f des Gesamtsystems hervorgerufen wird, die aber stets kleiner als 20 mm bleibt.

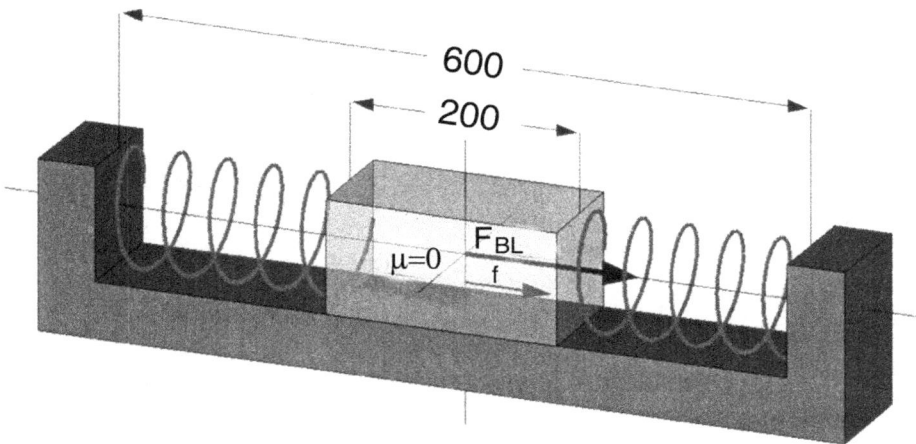

Für diese Konstruktion stehen verschiedene Federtypen zur Auswahl. Bestimmen Sie jeweils die Gesamtsteifigkeit des Systems.

	unverformte Federlänge	Steifigkeit einer einzelnen Feder	Steifigkeit des Gesamtsystems
Druckfeder	200 mm	10 N/mm	
Zug-/Druckfeder	200 mm	10 N/mm	
Druckfeder	220 mm	10 N/mm	

Federbauformen

Drehstabfeder

A.2.4 Drehstabfeder, Variation von Steifigkeit und Belastbarkeit (B)

Es ist eine Drehstabfeder mit folgenden Werkstoffdaten gegeben:

zul. Schubspannung τ_{zul}	$400\,\text{N/mm}^2$
Schubmodul G	$70.000\,\text{N/mm}^2$
Dichte ρ	$7{,}84\,\text{g/cm}^3$

Zur Dokumentierung der Ergebnisse benutzen Sie bitte das nachstehende Schema:

	b. gleiche Belastbarkeit doppelte Steifigkeit	a. Ausgangsfall	c. doppelte Belastbarkeit gleiche Steifigkeit
Federstabdurch- messer d [mm]		22	
verformbare Federlänge L [mm]		372	
Federsteifigkeit c_t [Nm]			
Belastbarkeit M_{tmax} [Nm]			
speicherbare Arbeit W_{max} [Nm]			
Federmasse m [g]			

a) Zunächst wird die Feder a. mit 22 mm Federstabdurchmesser und 372 mm Federlänge ausgeführt (mittlere Spalte in obenstehendem Schema). Berechnen Sie die Steifigkeit, die Belastbarkeit, die speicherbare Arbeit und Masse dieser Konstruktion, vervollständigen Sie also die mittlere Spalte. Bei der Ermittlung der Federmasse ist nur die verformte Federlänge L zu berücksichtigen.

b) Eine weitere Feder b. soll unter Beibehaltung der Werkstoffparameter und unter Ausnutzung der zulässigen Schubspannung mit doppelter Steifigkeit ausgeführt werden. Ermitteln Sie sämtliche dazu erforderlichen Federdaten und füllen Sie die linke Spalte vollständig aus.

c) Eine weitere Feder c. soll unter Beibehaltung der Werkstoffparameter und unter Ausnutzung der zulässigen Schubspannung mit doppelter Belastbarkeit ausgeführt werden. Ermitteln Sie sämtliche dazu erforderlichen Federdaten und füllen Sie die rechte Spalte vollständig aus.

A.2.5   Variation der Momenteneinleitungsstelle (E)

Eine Drehstabfeder wird an beiden Seiten mit jeweils einer Welle-Nabe-Verbindung an die Umgebung angebunden. Der Schubmodul des Federwerkstoffs beträgt $G = 70.000\,\text{N/mm}^2$. Über eine Scheibe mit zwei gegenüberliegend tangential ablaufenden Seilen wird ein Torsionsmoment in die Feder eingeleitet, wobei die Feder weder mit Querkräften noch mit Biegemomenten belastet wird.

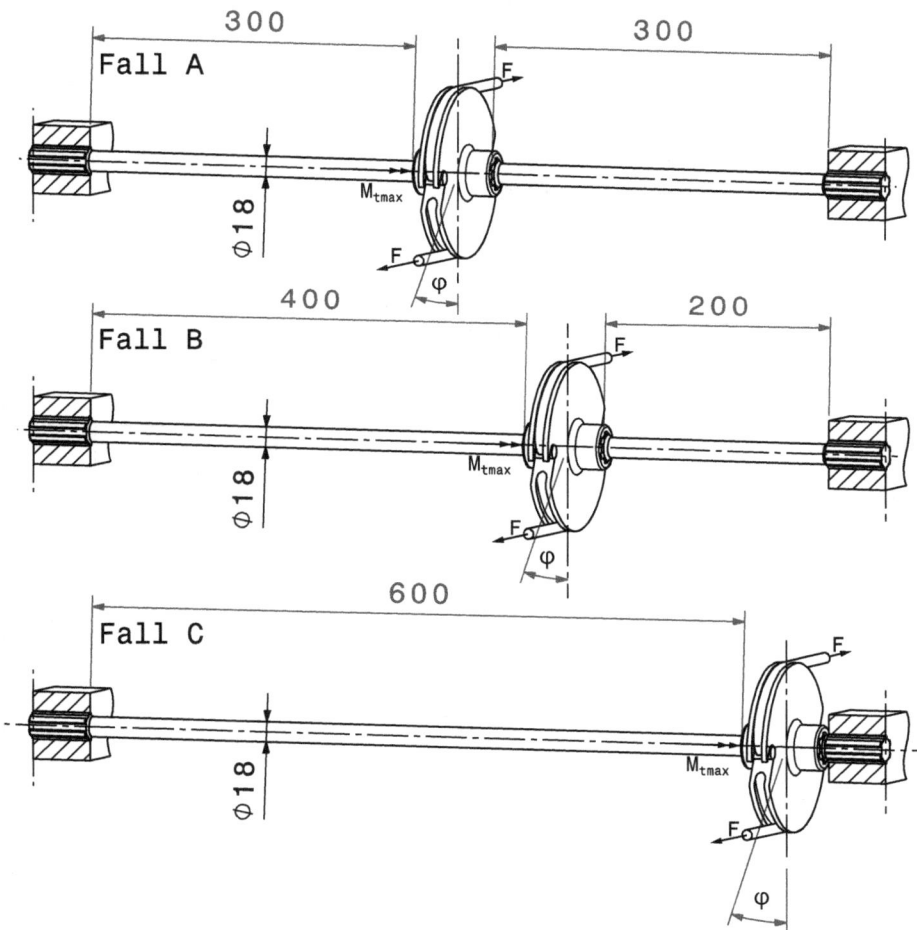

Die Schubspannung im Federwerkstoff darf einen Wert von 540 N/mm^2 nicht überschreiten. Zur Dokumentation Ihrer Ergebnisse bedienen Sie sich des untenstehenden Schemas. Gesucht werden die Werte für das Gesamtsystem, wobei es u. U. sinnvoll sein kann, zuvor die Zahlenwerte für die beiden Einzelsysteme zu ermitteln.

a) Im Fall A wird die momenteneinleitende Scheibe wie dargestellt genau mittig zwischen den beiden festen Einspannungen angebracht, wobei sowohl für die rechte als auch für die linke Feder jeweils eine freie Verdrehlänge von $L_L = L_R = 300\,mm$ entsteht. Wie groß ist in diesem Fall die Torsionssteifigkeit des Gesamtsystems c_{Tges} und mit welchem maximalen Moment M_{tmax} darf das System belastet werden? Welche Arbeiten können die beiden Teilfedern und das Gesamtsystem speichern?

b) Im Fall B wird die momenteneinleitende Scheibe so montiert, dass eine freie Verdrehlänge von $L_L = 400\,mm$ und $L_R = 200\,mm$ entsteht. Wie groß ist in diesem Fall die Torsionssteifigkeit des Gesamtsystems und mit welchem maximalen Moment darf das System belastet werden? Berechnen Sie die speicherbaren Arbeiten.

c) Im Fall C wird der Hebel in unmittelbarer Nähe der rechten Wand montiert ($L_L = 600\,mm$ und $L_R = 0\,mm$). Berechnen Sie die gleichen Werte wie zuvor.

	Fall A			Fall B			Fall C		
	links	rechts	gesamt	links	rechts	gesamt	links	rechts	gesamt
Federlänge [mm]	300	300	600	400	200	600	600	0	600
maximales Lastmoment M_{tmax} [Nm]									
Torsions-steifigkeit c_T [Nm]									
Verdrehwinkel φ_{max} [°] bei Volllast									
speicherbare Arbeit W_{max} [Nm]									

A.2.6   Drei rohrförmige Federn (B)

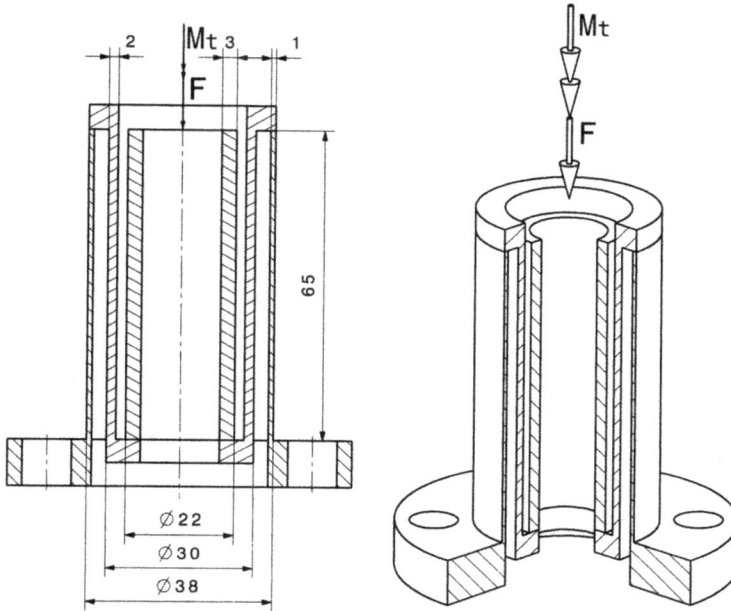

Gegeben ist die obenstehende Federkonstruktion, die aus drei ineinandergeschachtelten Rohren besteht. Die Belastung wird von oben in das innere Rohr eingeleitet, welches am unteren Ende mit dem mittleren Rohr verbunden ist. Dieses mittlere Rohr ist an seinem oberen Ende mit dem äußeren Rohr verbunden, welches die Belastung an seinem unteren Ende gegenüber der hier nicht dargestellten Umgebungskonstruktion abstützt.

$$E = 210.000\,\text{N/mm}^2 \qquad \sigma_{zul} = 820\,\text{N/mm}^2$$
$$G = 70.000\,\text{N/mm}^2 \qquad \tau_{zul} = 700\,\text{N/mm}^2$$

Wird die Belastung als Kraft F eingeleitet, so wird die Konstruktion als Zug-/Druckfeder beansprucht, wird die Belastung als Torsionsmoment M_t eingeleitet, so wird aus der Konstruktion eine Drehstabfeder. Ermitteln Sie für beide Fälle die unten aufgeführten Kenngrößen der Feder.

	Zug-/Druckfeder	Drehstabfeder
Belastbarkeit inneres Rohr	F_{maxi} [N] =	M_{tmaxi} [Nm] =
Belastbarkeit mittleres Rohr	F_{maxm} [N] =	M_{tmaxm} [Nm] =
Belastbarkeit äußeres Rohr	F_{maxa} [N] =	M_{tmaxa} [Nm] =
Gesamtbelastbarkeit	F_{maxges} [N] =	$M_{tmaxges}$ [Nm] =
Steifigkeit inneres Rohr	c_i [N/µm] =	c_{ti} [Nm] =
Steifigkeit mittleres Rohr	c_m [N/µm] =	c_{tm} [Nm] =
Steifigkeit äußeres Rohr	c_a [N/µm] =	c_{ta} [Nm] =
Gesamtsteifigkeit	c_{ges} [N/µm] =	c_{tges} [Nm] =
max. speicherbare Arbeit	W_{max} [Nm] =	W_{max} [Nm] =

A.2.7 Drehstabfeder, Variation der Werkstofffestigkeit (B)

Eine Drehstabfeder soll mit einem maximalen Torsionsmoment von 1.000 Nm belastet werden können und eine Steifigkeit von 2.500 Nm aufweisen. Es wird ein Stahlwerkstoff mit einem Schubmodul von 70.000 N/mm² verwendet. Die folgende Betrachtung soll den Einfluss der Werkstoffbelastbarkeit klären. Notieren Sie alle Rechenergebnisse grundsätzlich mit einer dreistelligen Genauigkeit.

Berechnen Sie für die angegebenen Werkstofffestigkeiten zunächst den erforderlichen Durchmesser des Federstabes d sowie seine Länge L. Ermitteln Sie dann das an der Verformung beteiligte Volumen V und die entsprechende Masse der Feder m (spezifisches Gewicht 7,84 g/cm³). Notieren Sie abschließend die von der Feder aufnehmbare Arbeit W.

τ_{zul} [N/mm²]	d [mm]	L [mm]	V [10^3mm³]	m [kg]	W [Nm]
100					
200					
400					
800					

A.2.8 Zwei rohrförmige Drehstabfedern (E)

Gegeben ist die untenstehend skizzierte Federkonstruktion, die aus zwei rohrförmigen Drehstabfedern besteht. Das Torsionsmoment wird von rechts in die innere Drehstabfeder eingeleitet, welche am linken Ende über eine Keilwelle mit der äußeren Drehstabfeder verbunden ist, die sich ihrerseits am rechten Ende über eine weitere Keilwelle an der Umgebungskonstruktion abstützt.

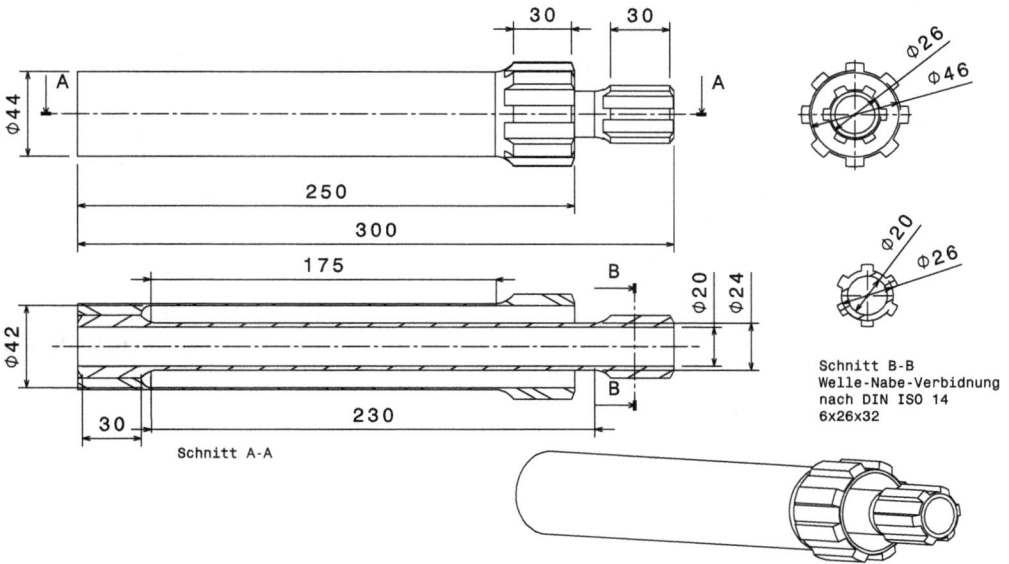

$$E = 210.000\,\text{N/mm}^2 \qquad \sigma_{zul} = 900\,\text{N/mm}^2$$
$$G = 70.000\,\text{N/mm}^2 \qquad \tau_{zul} = 720\,\text{N/mm}^2$$

Ermitteln Sie sowohl für die beiden Einzelfedern als auch für die Gesamtkonstruktion die Belastbarkeit, die Steifigkeit und die speicherbare Arbeit.

			innere Rohrfeder	äußere Rohrfeder	Gesamtsystem
Belastbarkeit	M_{tmax}	Nm			
Steifigkeit	c_t	Nm			
speicherbare Arbeit	W_{max}	Nm			

Schraubenfeder als Zug-/Druckfeder

A.2.9   Schraubenfeder, Windungszahl und Festigkeit (B)

Der Werkstoff einer kaltgeformten Schraubendruckfeder mit einem Drahtdurchmesser $d = 4\,mm$ und einem mittleren Windungsdurchmesser $D_m = 32\,mm$ weist folgende Daten auf:

$$\tau_{zul} = 800\,N/mm^2 \qquad G = 70.000\,N/mm^2$$

$$\sigma_{zul} = 1\,000\,N/mm^2 \quad E = 210.000\,N/mm^2$$

Es sollen zwei Federn mit einer Steifigkeit von $c = 5\,N/mm$ und $c = 10\,N/mm$ dimensioniert werden. Ermitteln Sie, mit welcher maximalen Kraft F_{max} die Federn belastet werden dürfen und mit welcher Anzahl an federnden Windungen sie ausgestattet werden müssen.

	Feder 1	Feder 2
c [N/mm]	5	10
F_{max} [N]		
i_w		

A.2.10   Schraubenzugfeder unter Volllast und Teillast (B)

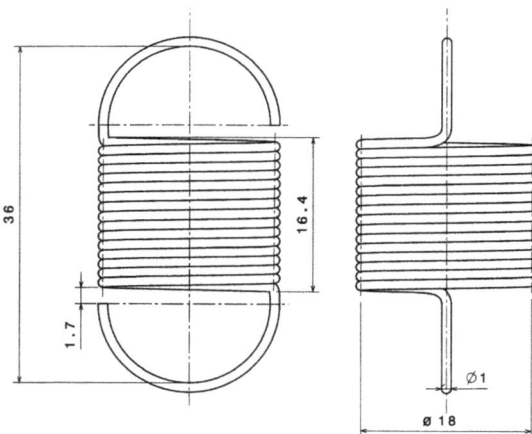

Die nebenstehende Feder besteht aus Stahl und weist folgende Werkstoffdaten auf:

$$E = 210.000\,N/mm^2$$
$$G = 85.000\,N/mm^2$$

$$\sigma_{zul} = 640\,N/mm^2$$
$$\tau_{zul} = 560\,N/mm^2$$

a) Welche maximale Zugkraft kann in die Feder eingeleitet werden? Wie groß sind dann der Federweg f und die in der Feder gespeicherte Arbeit W?

b) Um welchen Federweg lenkt sich die Feder aus, wenn sie mit 10 N belastet wird? Welche Arbeit wird dann gespeichert?

c) Die Feder wird um 20 mm ausgelenkt. Welche Kraft stellt sich ein und welche Arbeit wird gespeichert?

d) In der Feder wird eine Arbeit von 300 Nmm gespeichert. Welche Kraft F ist dazu erforderlich und welcher Federweg f stellt sich ein?

	Aufgabenteil a	Aufgabenteil b	Aufgabenteil c	Aufgabenteil d
	Volllast	Teillast mit	Teillast mit	Teillast mit
F [N]		10		
f [mm]			20	
W [Nmm]				300

A.2.11   Federwaage (E)

Es ist eine Schraubenzugfeder für eine Federwaage auszulegen.

- Die Feder soll sich pro 1 N Belastung um 2 mm dehnen.
- Mit der Federwaage soll eine maximale Kraft von 50 N gemessen werden können.

Der verwendete Werkstoff weist einen Schubmodul von 70.000 N/mm² auf und darf mit einer zulässigen Schubspannung 700 N/mm² belastet werden. Es stehen Federdrähte mit einem Durchmesser von 1,2 mm, 1,4 mm, 1,6 mm und 1,8 mm zur Verfügung.

d	D_m	K	i_w
1,2			
1,4			
1,6			
1,8			

a) Ermitteln Sie für alle vier Drahtdurchmesser den mittleren Windungsdurchmesser D_m so, dass die Werkstoffbelastbarkeit so weit wie möglich ausgenutzt wird. Runden Sie den errechneten Wert auf volle Millimeter und dokumentieren Sie den Wahl'schen Faktor!

b) Mit wie vielen federnden Windungen i_w muss dann die Feder jeweils ausgestattet werden?

A.2.12   Sicherheitsventil Dampflokomotive (E)

Sicherheitsventile sollen Druckbehälter vor unzulässig hohem Druck schützen. Sie werden so konzipiert, dass sie sich beim Überschreiten eines Maximal-Druckes automatisch öffnen. Das untenstehende Bild zeigt das Sicherheitsventil einer Dampflokomotive nach der Bauart Ramsbottom.

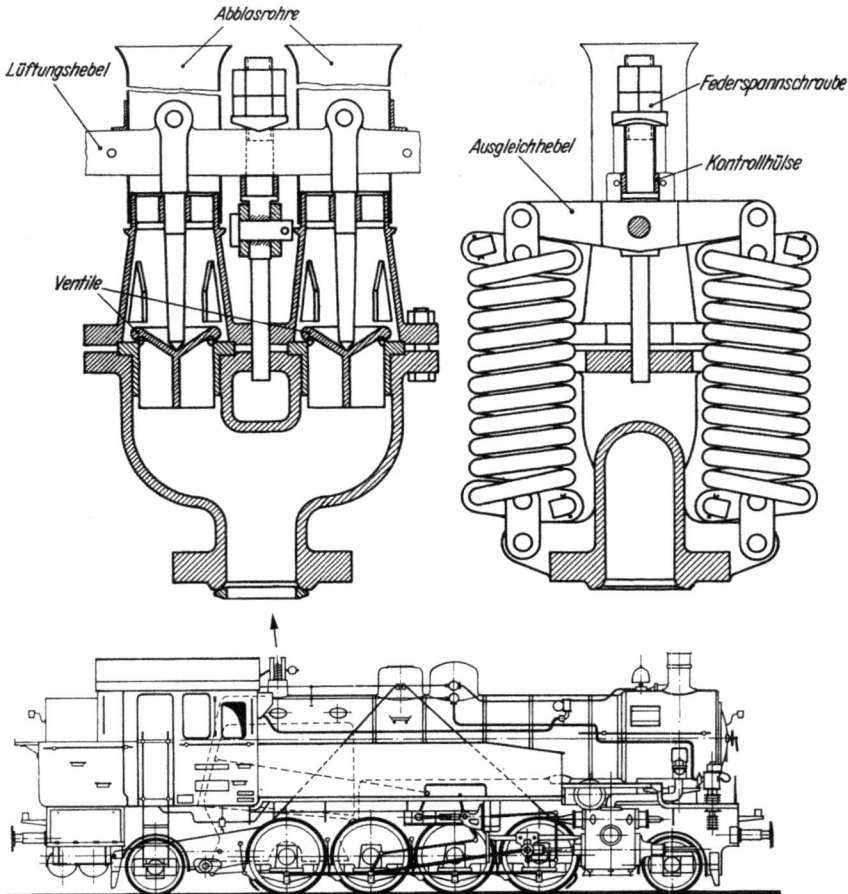

Von einem gemeinsamen Gehäuseunterteil zweigen zwei Kanäle zu den beiden Ventilsitzen ab. Die oberhalb der Ventile aufgesetzten Gehäuseoberteile dienen gleichzeitig zur Führung des abgelassenen Dampfes und als Schalldämpfer. Die auf den Ventilen in der Mitte aufsitzenden Druckstifte stützen sich im Lüftungshebel ab, der über die Federspannschraube und den Ausgleichshebel von den beiden am Gehäuseunterteil befestigten Ventilfedern nach unten gezogen wird. Dadurch werden die Ventile so lange auf ihrem Sitz gehalten, bis der auf ihnen lastende Dampfdruck die Federkraft, die auf Kesselhöchstdruck eingestellt ist, übersteigt.

Kesselüberdruck, bei dem das Ventil öffnen soll: 12 bar
Ventilhub: 3 mm
Ventilsitzdurchmesser: 70 mm
Anzahl der federnden Windungen i_w: 10
mittlerer Windungsdurchmesser D_m: 80 mm
Schubmodul G: 70.000 N/mm^2
Windungsverhältnis w: 5

Wie groß ist die Steifigkeit einer einzelnen Feder?	c_{einzel}	N/mm	
Um welchen Weg muss die Feder vorgespannt werden, damit das Ventil tatsächlich bei einem Kesselüberdruck von 12 bar öffnet?	f_V	mm	
Bei welchem Kesselüberdruck ist das Ventil ganz geöffnet?	p_{max}	bar	
Welche maximale Schubspannung tritt im Federdraht auf?	τ_{max}	N/mm^2	

A.2.13   Fallhammer (E)

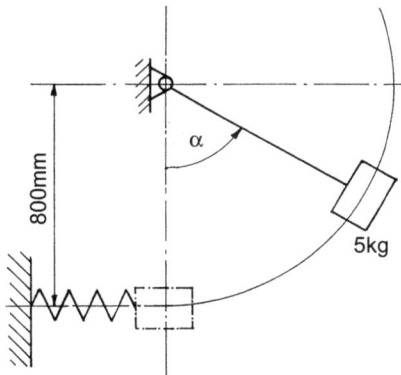

Die nebenstehende Skizze stellt einen Fallhammer dar, dessen Masse von 5 kg auf einer Stange von 800 mm Länge montiert ist. Der Hammer wird durch Drehen angehoben und aus einer gewissen Winkelendstellung α wieder fallengelassen. Im unteren Totpunkt wird der Schlag durch eine Schraubenfeder aufgefangen. Im Bereich der Federzusammendrückung kann die Bewegung des Hammers als geradlinig angesehen werden.

Der Federwerkstoff weist einen Schubmodul von $G = 70.000$ N/mm^2 auf und darf mit einer Schubspannung von $\tau_{zul} = 520$ N/mm^2 belastet werden. Der mittlere Windungsdurchmesser beträgt $D_m = 30$ mm und es sind $i_w = 24$ federnde Windungen vorgesehen.

Es stehen die Federdrahtdurchmesser d = 6 mm, 8 mm und 10 mm zur Verfügung. Berechnen Sie, aus welcher maximalen Winkelendstellung α der Hammer jeweils fallengelassen werden kann und welche maximale Federauslenkung f_{max} dabei zustande kommt. Zur übersichtlichen Dokumentierung der Ergebnisse bedienen Sie sich des untenstehenden Schemas.

Federdrahtdurchmesser d	mm	6	8	10
Wahl'scher Faktor K	–			
maximale Federkraft F_{max}	N			
Federsteifigkeit c	N/mm			
maximaler Federweg f_{max}	mm			
speicherbare Federarbeit W	Nm			
Winkelendstellung α	°			

A.2.14 Abfederung Krankatze (E)

Die Katze eines Kranes mit einer Gesamtmasse von 890 kg ist an ihrer Stirnseite mit zwei federnden Puffern ausgestattet. Die Schraubenfedern haben 17 federnde Windungen, der Drahtdurchmesser beträgt 20 mm, der mittlere Windungsdurchmesser 100 mm. Der Schubmodul des Federwerkstoffs wird mit 70.000 N/mm^2 angegeben. Die Katze prallt bei ausgeschaltetem Motor mit einer Geschwindigkeit von 2 m/s gegen einen festen Anschlag.

Welche Arbeit muss die einzelne Feder beim Aufprall aufnehmen?	W_{Feder}	Nm	
Berechnen Sie die Steifigkeit der oben beschriebenen Feder!	c	N/mm	
Mit welcher Kraft wird die Feder während des Stoßes belastet?	F_{Feder}	N	
Welche Schubspannung wird in der Feder hervorgerufen?	τ_{max}	N/mm^2	

A.2.15 Zwei Schraubendruckfedern in Parallel- und Hintereinanderschaltung (V)

Die beiden folgenden Federn werden aus dem gleichen Werkstoff gefertigt ($\tau_{zul} = 500$ N/mm^2, $G = 80.000$ N/mm^2). Berechnen Sie zunächst deren Belastbarkeit und Steifigkeit sowie den Federweg bei maximaler Belastung und die speicherbare Arbeit.

			Feder 1	Feder 2
Drahtdurchmesser	d	mm	4	4
Windungsdurchmesser	D_m	mm	55	40
Anzahl der federende Windungen	i	–	11,5	11,5
Wahl'scher Faktor	K	–		
Belastbarkeit	F_{max}	N		
Steifigkeit	c	N/mm		
Federweg bei Volllast	f_{max}	mm		
speicherbare Arbeit	W_{max}	Nm		

Diese Federn werden in beiden nachfolgend dargestellten Konstruktionen verwendet. Berechnen Sie die gleichen Kenndaten für die Kombination der beiden Federn und unterscheiden Sie dabei nach oberer und unterer Konstruktion.

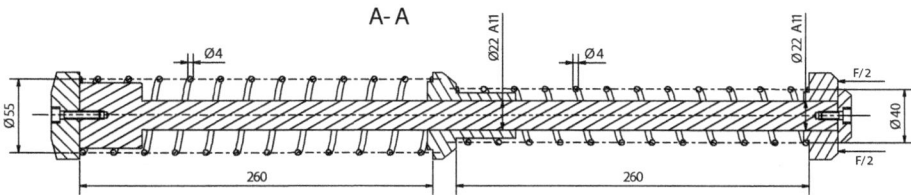

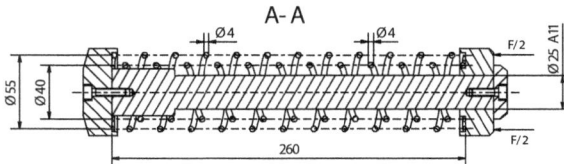

			oben	unten
Kraft auf Feder 1	F_1	N		
Kraft auf Feder 2	F_2	N		
Gesamtbelastbarkeit	F_{ges}	N		
Federweg Feder 1	f_1	mm		
Federweg Feder 2	f_2	mm		
Gesamtfederweg	f_{ges}	mm		
Gesamtsteifigkeit	c_{ges}	N/mm		
insgesamt speicherbare Arbeit	W_{max}	Nm		

A.2.16 Schraubenzugfeder, Variation von Steifigkeit und Belastbarkeit (E)

Es ist eine Schraubenzugfeder mit folgenden Werkstoffdaten gegeben:

zul. Schubspannung τ_{zul} $400\,\text{N/mm}^2$
Schubmodul G $70.000\,\text{N/mm}^2$
Dichte ρ $7{,}84\,\text{g/cm}^3$

Zur Dokumentation der Ergebnisse benutzen Sie bitte das nachstehende Schema:

	gleiche Belastbarkeit doppelte Steifigkeit		Ausgangs-fall	doppelte Belastbarkeit gleiche Steifigkeit	
	c.	b.	a.	d.	e.
Federdrahtdurch-messer d [mm]		2	2	2	
Windungsdurch-messer D_m [mm]	18		18		18
Anzahl federnde Windungen i_w			22		
Federsteifigkeit c [N/mm]					
Federbelastbarkeit F_{max} [N]					
speicherbare Ar-beit W_{max} [Nm]					
Federmasse m [g]					

a) Zunächst wird die Feder a. mit 2 mm Federdrahtdurchmesser, 18 mm mittlerem Windungsdurchmesser und 22 federnden Windungen ausgeführt (Ausgangsfall im obigen Schema). Berechnen Sie zunächst Steifigkeit, Belastbarkeit, speicherbare Arbeit und Masse dieser Feder, vervollständigen Sie also die mittlere Spalte. Bei der Ermittlung der Federmasse berücksichtigen Sie nur die Anzahl der federnden Windungen.

b) Eine weitere Feder b. soll unter Beibehaltung der Werkstoffparameter mit doppelter Steifigkeit ausgeführt werden, wobei der Federdrahtdurchmesser beizubehalten ist und die zulässige Schubspannung vollständig ausgenutzt wird. Ermitteln Sie sämtliche dazu erforderlichen Federdaten.

c) Eine weitere Feder c. soll auf ähnliche Weise mit doppelter Steifigkeit ausgeführt werden, wobei der Windungsdurchmesser beizubehalten ist. Ermitteln Sie sämtliche dazu erforderlichen Federdaten und füllen Sie die Spalte c. vollständig aus.

d) Eine weitere Feder d. soll gegenüber dem Ausgangsfall a. die doppelte Belastbarkeit aufweisen, wobei der Federdrahtdurchmesser beibehalten wird. Ermitteln Sie sämtliche dazu erforderlichen Federdaten und füllen Sie die Spalte d. vollständig aus.

e) Eine weitere Feder e. soll in ähnlicher Weise mit doppelter Belastbarkeit ausgeführt werden, wobei der Windungsdurchmesser beibehalten wird. Ermitteln Sie sämtliche dazu erforderlichen Federdaten und füllen Sie die Spalte e. vollständig aus.

A.2.17 Vier schraubenförmig gewendelte Zug-/Druckfedern (E)

Eine schraubenförmig gewendelte Zug-/Druckfeder weist folgende Konstruktionsdaten auf:

$$d = 3{,}6 \, mm \quad D_m = 43{,}2 \, mm \quad i_W = 4 \quad G = 70.000 \, N/mm^2 \quad \tau_{zul} = 620 \, N/mm^2$$

Wie groß ist die Belastbarkeit dieser einzelnen Feder?	$F_{maxeinzeln}$	N	
Wie groß ist die Steifigkeit dieser einzelnen Feder?	$c_{einzeln}$	N/mm	
Welcher Federweg stellt sich bei maximaler Belastung ein?	$f_{maxeinzeln}$	mm	

Vier dieser Federn werden nach untenstehender Skizze ohne Vorspannung zwischen zwei festen Wänden angeordnet. Die Federn sind untereinander und an den beiden Wänden so angeordnet, dass sowohl Zug- als auch Druckkräfte übertragen werden können.

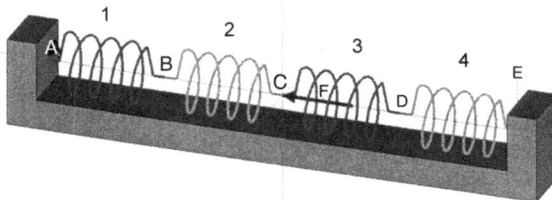

Welche Steifigkeit und welche Belastbarkeit ergibt sich für das Gesamtsystem, wenn eine horizontal gerichtete Kraft an den Punkten A, B, C, D oder E eingeleitet wird. Für die Berechnung der Gesamtsteifigkeit kann es sinnvoll sein, die Verformungen der einzelnen Federn zu ermitteln.

	A	B	C	D	E
c_{ges} [N/mm]					
f_{1max} [mm]					
f_{2max} [mm]					
f_{3max} [mm]					
f_{4max} [mm]					
F_{gesmax} [N]					

Biegefeder

A.2.18 Zimmermannssäge (E)

Das metallische Sägeblatt der unten abgebildeten traditionellen Zimmermannssäge muss für den Sägeprozess vorgespannt werden. Zu diesem Zweck wird es in einen Rahmen gefasst, der aus zwei hölzernen seitlichen Schenkeln besteht, die ihrerseits in ihrer Mitte gelenkig mit einem mittleren hölzernen Druckstab verbunden sind. Der Begriff „Gelenk" deutet nicht etwa auf eine Drehbewegung hin, sondern legt lediglich fest, dass an dieser Stelle kein Moment vom senkrechten Schenkel auf den mittleren Druckstab übertragen wird. Die Vorspannung wird durch einen metallischen Zugstab als obere Rahmenseite eingeleitet, der seinerseits aus einer Gewindestange besteht, die an beiden Enden eine Flügelmutter trägt. Für die hölzernen Bestandteile wird Buchenholz ($\sigma_{bzul} = 90\,\text{N/mm}^2$, $E = 14.000\,\text{N/mm}^2$) verwendet.

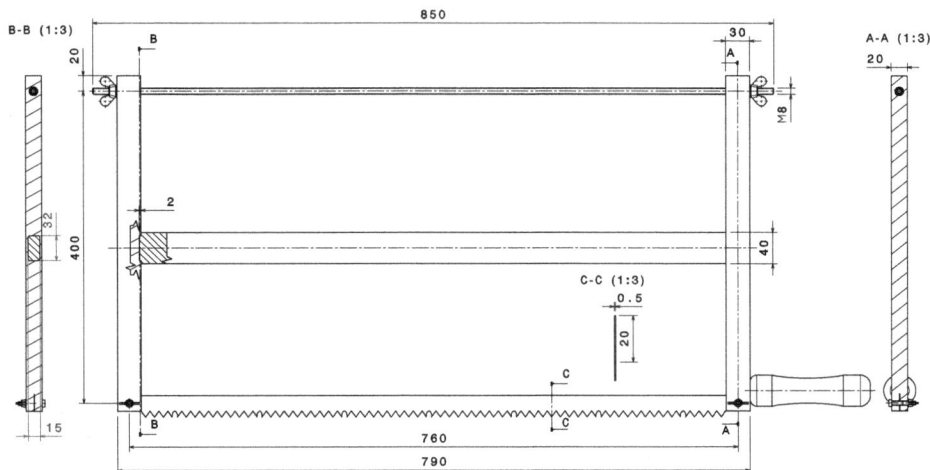

Mit welchem maximalen Biegemoment können die senkrechten Schenkel belastet werden, wenn deren Werkstofffestigkeit vollständig ausgenutzt werden soll?	Nm	
Welche maximale Zugkraft kann daraufhin in das Sägeblatt eingeleitet werden?	N	
Welche Druckkraft erfährt dabei der mittlere Druckstab?	N	

Diese Belastung hat Verformungen aller kraftübertragenden Teile zur Folge. Ermitteln Sie zunächst in der vorletzten Spalte des untenstehenden Schemas die Einzelverformungen!

		Federweg einzeln am Objekt	dadurch bedingter Verstellweg an der Flügelmutter
Sägeblatt	μm		
Gewindespindel	μm		
Druckstab	μm		
„halber" seitlicher Schenkel als Modellfall des „einseitig eingespannten Biegebalkens"	μm		
Summe	μm	——————	

Ermitteln Sie schließlich in der letzten Spalte des Schemas den anteiligen Federweg, der dadurch insgesamt an der Flügelmutter eingeleitet werden muss.

| Bei jeder Umdrehung der Flügelmutter wird ein Axialweg von 1,25 mm zurück gelegt. Wie viele Umdrehungen müssen dann an der Flügelmutter von der ersten Festkörperberührung bis zum endgültigen Vorspannungszustand ausgeführt werden? | – | |

A.2.19   Blattfeder (E)

Die Blattfeder nach folgender Darstellung ist aus dem Werkstoff 54SiCr6 gefertigt, der bei einem Elastizitätsmodul von $E = 206.000 \, N/mm^2$ eine Biegespannung $\sigma_b = 1130 \, N/mm^2$ zulässt.

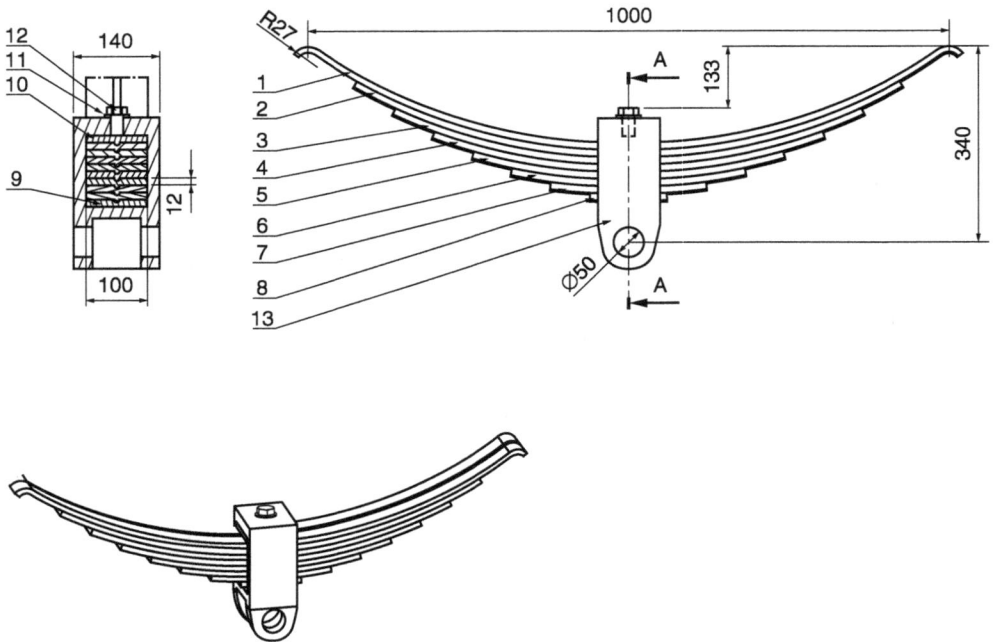

Die Reibeinflüsse der Feder sind bei dieser Betrachtung zu vernachlässigen. Die durch die Verformung bedingte Veränderung der Hebelarme kann vernachlässigt werden.

Mit welcher größten Masse kann diese Gesamtfeder statisch belastet werden?	m_{max}	kg	
Wie groß ist die Steifigkeit dieser Gesamtfeder für den Fall, dass die Blattfeder als dreieckförmiger Biegebalken beschrieben werden kann?	c_{ges}	$\frac{N}{mm}$	
Wie groß ist die Steifigkeit dieser Gesamtfeder für den Fall, dass die Blattfeder als trapezförmiger Biegebalken beschrieben werden kann?	c_{ges}	$\frac{N}{mm}$	

A.2.20   Aluminiumleiter

Leitern sind im praktischen Betrieb einer komplexen Belastung ausgesetzt, die aber im Wesentlichen aus Biegung besteht. Zur Prüfung werden sie jedoch einer einfachen, definierten Biegebelastung ausgesetzt: Einteilige Leitern werden mit ihren beiden Enden in horizontaler Lage auf zwei Böcke aufgelegt. Eine mittig aufgebrachte Gewichtskraft von 80 kg muss ohne Schäden aufgenommen werden können. Die unten dargestellte Leiter besteht aus Aluminium ($E = 70.000\,N/mm^2$).

Wie groß ist das Widerstandsmoment eines einzelnen Leiterholms im Bereich des Durchbruchs, der die Leitersprosse aufnimmt?	mm^3	
Wie groß ist das Biegemoment, welches in der Leiter durch die Prüflast hervorgerufen wird?	Nm	
Wie groß ist die maximale Biegespannung, die sich bei der Prüfbelastung in den Leiterholmen einstellt, wenn angenommen wird, dass die Leiter im Bereich des Durchbruchs für die Sprossen in ihrer Festigkeit gefährdet ist?	$\frac{N}{mm^2}$	
Wie groß ist das Flächenmoment eines einzelnen Leiterholms im ungeschwächten Querschnitt?	mm^4	
Wie groß ist die Durchbiegung der Leiter an der Stelle der Lasteinleitung, wenn vereinfachend angenommen werden kann, dass die Leiterholme im Wesentlichen aus ungeschwächtem Querschnitt bestehen?	mm	

A.2.21   Stielkloben

Ein Stielkloben ist eine Art Miniaturschraubstock, der nicht an der Werkbank angebracht ist, sondern mit einem Stiel ausgestattet ist, so dass er in der Hand gehalten werden kann, um kleine Werkstücke (z. B. Angelhaken) zu bearbeiten

Stielkloben werden u. a. von Feinwerkmechanikern, Uhrmachern, Goldschmieden und Modellbauern benutzt. Die Schließbewegung des hier abgebildeten Stielklobens wird über eine Doppelanordnung von zwei gleichen Biegefedern ermöglicht, die hier näherungsweise als quaderförmige Biegebalken mit gleichbleibendem Querschnitt aufgefasst werden können. Es kann hier angenommen werden, dass die Biegefeder nur so weit verformt wird, bis die Spannkanten am vorderen Enden des Stielklobens anliegen. Der Stiel ist hohl gebohrt und da auch die Schraube über eine Querbohrung verfügt, können dünne, drahtförmige Werkstücke durch den Griff und die Schraube zugeführt werden. Der Schraubenkopf verfügt über eine Verdrehsicherung, so dass er beim Schließen der Flügelmutter nicht festgehalten werden muss.

Werkstoffkenndaten: $\sigma_{bzul} = 1.100\,\mathrm{N/mm^2}$ $E = 205.000\,\mathrm{N/mm^2}$

Wie groß ist die Kraft, die maximal mit der Schraube aufgebracht werden darf?	N	
Wie groß ist bei Aufbringung dieser Kraft der Federweg einer einzelnen Biegefeder auf der Linie der Schraubenachse?	mm	
Wie groß ist bei Aufbringung dieser Kraft die Neigung einer einzelnen Biegefeder auf der Linie der Schraubenachse?	rad	
Wie groß ist der gesamte Verformungsweg an der vorderen Kante einer einzelnen Spannbacke unter Berücksichtigung der Neigung der Biegefeder auf der Linie der Schraubenachse?	mm	
Wie groß darf der maximale Abstand der vorderen Kanten der beiden Spannbacken im ungespannten Zustand untereinander sein, wenn die Biegefedern durch das Spannen nicht plastisch verformt werden dürfen?	mm	

A.2.22   Tischführung mit Blattfedern

Ein Arbeitstisch (oben links im Bild) soll geringfügige Bewegungen in der Horizontalen ausführen können und wird deshalb mit vier Stützen an das darunter liegende Fundament angebunden. Die Stützen sind als Biegefedern ausgebildet und an beiden Enden fest eingespannt. Die horizontale Bewegung wird durch eine Stellschraube eingeleitet, die sich mit ihrem Gewinde in einer senkrechten Wand abstützt. Der Werkstoff verfügt über einen Elastizitätsmodul von $206.000\,\mathrm{N/mm^2}$ und kann mit einer Biegespannung von $1.100\,\mathrm{N/mm^2}$ belastet werden.

Um die Analyse von Verformung und Belastung auf den einseitig eingespannten Biegebalken zurückführen zu können, wird die einzelne Tischstütze in zwei „halbe" Biegebalken zerlegt. Füllen Sie unter dieser Maßgabe das folgende Ergebnisschema aus:

		„halber" Biegebalken	einzelne Tischstütze	gesamter Arbeitstisch
Wie groß ist die Steifigkeit gegenüber einer horizontal gerichteten Kraft?	N/mm			
Mit welcher maximalen, horizontal gerichteten Kraft darf belastet werden?	N			
Wie groß ist der maximale Federweg?	mm			

A.2.23 Laubsäge (E)

Mit einer Laubsäge werden dünne, plattenförmige Werkstoffe aus Holz, Kunststoff oder auch Metall zerteilt, wobei auch Kurvenschnitte ausgeführt werden können. Die Säge besteht aus einem U-förmigen, elastischen Bügel (1) aus Stahl, in dessen offene Seite das Sägeblatt (4) mit zwei Schrauben (3) festgeklemmt wird. Mit dem hölzernen Handgriff (2) wird beim Schnitt eine in Sägeblattrichtung gerichtete Kraft eingeleitet, die maximal 20 N betragen kann. Da diese Kraft das Sägeblatt wegen der Knickgefahr in keinem Fall auf Druck belasten darf, muss das Sägeblatt mit 60 N auf Zug vorgespannt werden.

Der U-förmige Bügel wird in drei Biegebalken aufgeteilt. Diese Annahme trifft näherungsweise auch dann zu, wenn die drei Biegebalken über Biegeradien ineinander übergehen.

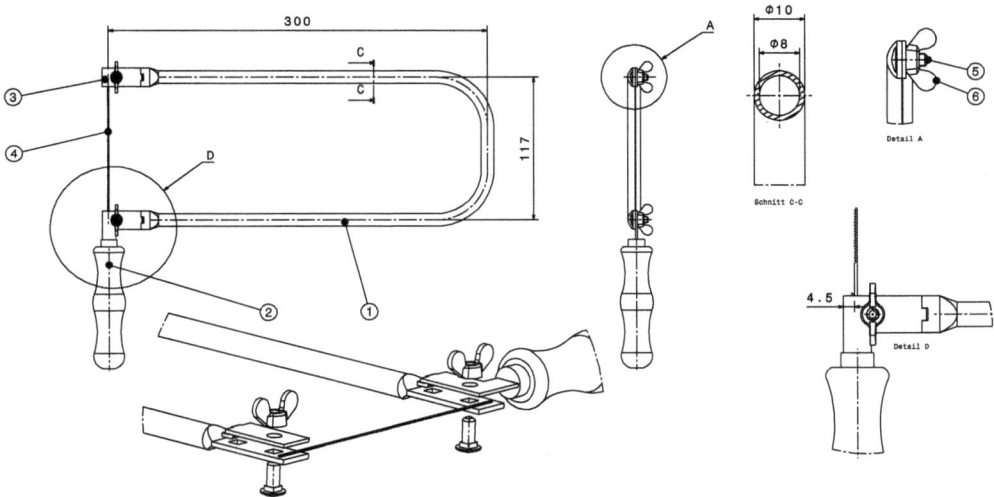

Spannungen

Welche Spannungen werden durch das Spannen des Sägeblattes in den U-förmigen Bügel der Säge eingeleitet? Berechnen Sie zunächst an den unten angegebenen Stellen die Zug-/ Druckspannung σ_{ZD}, den Querkraftschub τ_Q, die Biegespannung σ_b und schließlich die Vergleichsspannung σ_V. Berechnen Sie auch die vernachlässigbar kleinen Spannungsanteile. Geben Sie alle Werte in N/mm^2 an.

	σ_{ZD}	τ_Q	σ_b	σ_V
waagerechter Schenkel, linkes Ende rechts neben dem Sägeblatt				
waagerechter Schenkel, rechtes Ende				
senkrechter Schenkel				

Verformung

Die Vorspannung wird durch die Elastizität des U-förmigen Bügels aufgebracht, womit der Bügel zur Biegefeder wird. Um welchen Federweg muss der Bügel am Sägeblatt vor dem Anziehen der Klemmschrauben verformt werden, damit die erforderliche Vorspannung auch tatsächlich aufgebracht wird? Notieren Sie zunächst die verformbare Länge der anteiligen Feder und ermitteln Sie dann die Verformungsanteile der einzelnen Schenkel.

	verformbare Länge des Schenkels	Federweg an der Einspannstelle des Sägeblattes
durch einen einzelnen waagerechten Schenkel bedingter Verformungsanteil		
durch den senkrechten Schenkel bedingter Verformungsanteil		
Gesamtverformung	————	

A.2.24 Biegefeder, Variation von Steifigkeit und Belastbarkeit (V)

Es ist eine Biegefeder mit folgenden Werkstoffdaten gegeben:

zul. Biegespannung σ_{zul} $760\,\text{N/mm}^2$
Elastizitätsmodul E $206.000\,\text{N/mm}^2$
Dichte ρ $7,84\,\text{g/cm}^3$

Zur Dokumentation der Ergebnisse benutzen Sie bitte das nachstehende Schema:

	b. gleiche Belastbarkeit doppelte Steifigkeit	a. Ausgangsfall	c. doppelte Belastbarkeit gleiche Steifigkeit
Federbalkendurchmesser d [mm]		18	
Federbalkenlänge L [mm]		282	
Biegesteifigkeit c_B [N/mm]			
Belastbarkeit F_{max} [N]			
speicherbare Arbeit W_{max} [Nm]			
Federmasse m [g]			

a) Zunächst wird die Feder a. mit 18 mm Federbalkendurchmesser und 282 mm Federbalken-länge ausgeführt (mittlere Spalte in obenstehendem Schema). Berechnen Sie zunächst die Biegesteifigkeit, die Belastbarkeit, die speicherbare Arbeit und Masse dieser Konstruktion, vervollständigen Sie also die mittlere Spalte. Bei der Ermittlung der Federmasse ist nur die verformte Federlänge L zu berücksichtigen.

b) Eine weitere Feder b. soll unter Beibehaltung der Werkstoffparameter und unter Ausnutzung der zulässigen Biegespannung mit doppelter Steifigkeit ausgeführt werden. Ermitteln Sie sämtliche dazu erforderlichen Federdaten und füllen Sie die linke Spalte vollständig aus.

c) Eine weitere Feder c. soll unter Beibehaltung der Werkstoffparameter und unter Ausnutzung der zulässigen Biegespannung mit doppelter Belastbarkeit ausgeführt werden. Ermitteln Sie sämtliche dazu erforderlichen Federdaten und füllen Sie die rechte Spalte vollständig aus.

A.2.25   Schenkelfeder, Belastbarkeit und Steifigkeit (E)

Eine Schenkelfeder (Drehfeder) hat einen mittleren Windungsdurchmesser von 22 mm bei einem Federdrahtdurchmesser von 2 mm. Die zulässige Spannung des Federwerkstoffs beträgt $\sigma_{bzul} = 950\,\text{N/mm}^2$, der Elastizitätsmodul E $= 210.000\,\text{N/mm}^2$.

Mit welchem Moment darf die Feder maximal belastet werden?	M_{max}	Nmm	
Wie viele Windungen muss die Feder aufweisen, damit sie bei diesem maximalen Drehmoment einen Verdrehwinkel von 120° einnimmt?	i	–	

A.2.26   Wäscheklammer (E)

Eine Wäscheklammer ist mit einer Schenkelfeder bestückt, deren Werkstoff einen Elastizitätsmodul von E $= 210.000\,\text{N/mm}^2$ und eine zulässige Spannung von $\sigma_{zul} = 1.200\,\text{N/mm}^2$ aufweist.

Die Verformung der Schenkel ist zu vernachlässigen. Berechnen Sie zunächst die Belastbarkeit und Steifigkeit der Feder!

M_{tmax}	Nmm		c	Nmm	

Die Feder wird optimal vorgespannt, d. h. dass im geöffneten Zustand die Belastbarkeit vollständig ausgenutzt wird. Welche Winkel und Momente stellen sich dann ein?

		vor der Montage	Wäscheklammer schließt und hält die Wäsche	Wäscheklammer wird geöffnet und mit den Fingern in Endstellung bewegt
φ	°	0		
M	Nmm	0		

		Welche Normalkraft übt die Wäscheklammer im geschlossenen Zustand auf die Wäsche aus?	Welche Kraft muss mit den Fingern aufgebracht werden, um die Wäscheklammer vollständig zu öffnen?
F	N		

A.2.27   Mausefalle (E)

Die unten dargestellte Mausefalle ist mit einer Schenkelfeder ausgestattet. Der Federdraht ist aus Stahl und kann mit einer maximalen Biegespannung von $2400\,\text{N/mm}^2$ belastet werden.

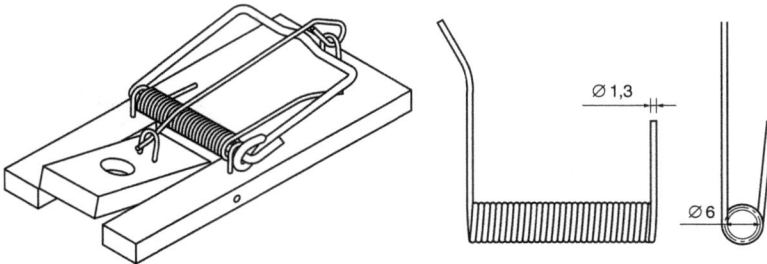

Das äußere Ende des Schlagbügels beschreibt einen Radius von $40\,\text{mm}$. Reibungseinflüsse und dynamische Effekte bleiben bei dieser Betrachtung ebenso unberücksichtigt wie die Verformung der aus der Feder herausragenden Schenkel.

		vor der Montage	vordere Endstellung	hintere Endstellung
Moment um Federachse M	Nmm	0		
Kraft am Schlagbügel F	N	0	7	
Steifigkeit c_t	Nmm			
Anzahl der federnden Windungen i	–			

a) Die Feder wird so vorgespannt, dass in der hier dargestellten hinteren Endlage die Belastbarkeit des Federwerkstoffs vollständig ausgenutzt wird. Wie groß ist dann das um die Federachse wirkende Moment? Wie groß ist in der hinteren Endlage die am Schlagbügel der Mausefalle wirkende Kraft?

b) Die Falle wird ausgelöst und klappt in die vordere Endstellung. In dieser Stellung soll am Schlagbügel noch eine Kraft von 7 N wirksam werden. Mit wie vielen federnden Windungen muss die Feder ausgestattet werden?

A.2.28   Schenkelfeder, Variation von Steifigkeit und Belastbarkeit (V)

Es ist eine Schenkelfeder mit folgenden Werkstoffdaten gegeben:

zulässige Biegespannung σ_{zul}	$1.000\,\text{N/mm}^2$
Elstizitätsmodul E	$2{,}1 \cdot 10^5\,\text{N/mm}^2$
Dichte ρ	$7{,}84\,\text{g/cm}^3$

Zur Vereinfachung der Berechnung wird der q-Faktor einheitlich zu 1 gesetzt.

Zur Dokumentierung der Ergebnisse benutzen Sie bitte das nachstehende Schema:

	gleiche Belastbarkeit doppelte Steifigkeit		Ausgangsfall	doppelte Belastbarkeit gleiche Steifigkeit	
	c.	b.	a.	d.	e.
Federdurchmesser d [mm]	3	3	3		
Windungsdurch-messer D [mm]		25	25	25	
Anzahl federnde Windungen i_w	10		10		10
Federsteifigkeit c_t [Nm]					
Federbelastbarkeit M_{max} [Nm]					
speicherbare Arbeit W_{max} [Nm]					
Federmasse m_F [g]					

a) Zunächst wird die Feder a. mit den vorgegebenen Daten (Federdrahtdurchmesser, Windungsdurchmesser, federnde Windungen) ausgeführt (Ausgangsfall im obenstehenden Schema). Berechnen Sie die Steifigkeit, die Belastbarkeit, die speicherbare Arbeit und die Masse dieser Feder, vervollständigen Sie also die mittlere Spalte. Bei der Ermittlung der Federmasse berücksichtigen Sie nur die Anzahl der federnden Windungen.
b) Eine weitere Feder b. soll unter Beibehaltung der Werkstoffparameter mit doppelter Steifigkeit ausgeführt werden, wobei der Windungsdurchmesser beizubehalten ist und die zulässige Biegespannung vollständig ausgenutzt wird. Ermitteln Sie sämtliche dazu erforderlichen Federdaten. Berücksichtigen Sie dabei, dass bei gleicher Belastbarkeit der Federdrahtdurchmesser beibehalten werden muss.
c) Eine weitere Feder c. soll auf ähnliche Weise unter Ausnutzung der zulässigen Biegespannung mit doppelter Steifigkeit ausgeführt werden, wobei die Anzahl der federnden Windungen beizubehalten ist. Ermitteln Sie sämtliche dazu erforderlichen Federdaten und füllen Sie die Spalte c. vollständig aus. Berücksichtigen Sie dabei, dass bei gleicher Belastbarkeit der Federdrahtdurchmesser beibehalten werden muss.
d) Eine weitere Feder d. soll gegenüber dem Ausgangsfall a. die doppelte Belastbarkeit aufweisen, wobei der Windungsdurchmesser beibehalten wird. Ermitteln Sie sämtliche dazu erforderlichen Federdaten und füllen Sie die Spalte d. vollständig aus. Berücksichtigen Sie dabei, dass bei doppelter Belastbarkeit der Federdrahtdurchmesser vergrößert werden muss.

e) Eine weitere Feder e. soll in ähnlicher Weise mit doppelter Belastbarkeit ausgeführt werden, wobei die Anzahl der federnden Windungen beibehalten wird. Ermitteln Sie sämtliche
dazu erforderlichen Federdaten und füllen Sie die Spalte e. vollständig aus. Berücksichtigen Sie dabei, dass bei doppelter Belastbarkeit der Federdrahtdurchmesser vergrößert werden muss.

Weitere Federn

A.2.29   Ringfeder (E)

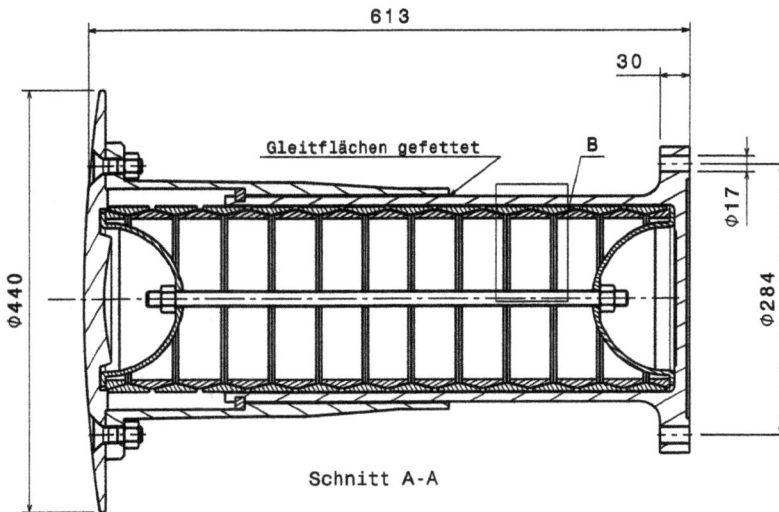

Schnitt A-A

Die für die Dimensionierung wesentlichen Details des oben abgebildeten Eisenbahnpuffers sind
aus neben stehender Detaildarstellung zu entnehmen. An den Kontaktflächen zwischen den Innen-
und Außenringen aus Stahl kann
eine Pressung von $60\,\text{N/mm}^2$ zugelassen werden und es wird ein
Reibwert von $\mu = 0{,}15$ wirksam. Der Ringwerkstoff kann mit
einer Spannung von $450\,\text{N/mm}^2$
belastet werden. Benutzen Sie zur
Dokumentierung Ihrer Ergebnisse
das unten stehende Schema.

Detail B

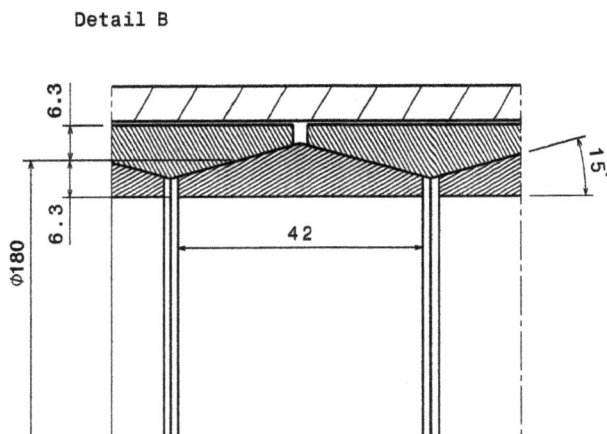

Ermitteln Sie zunächst die Breite des Halbringes b,	b	mm	
seine radiale Erstreckung t,	t	mm	
die Anzahl der Halbringe z	z	–	
sowie den Reibwinkel ρ.	ρ	°	
Berechnen Sie für den hypothetischen reibungsfreien Fall die Steifigkeit für den einzelnen Halbring.	$c_{Halbring}$	$\frac{N}{mm}$	
Wie groß ist die Steifigkeit für die gesamte Pufferfeder für den reibungsfreien Fall?	c_{gesamt}	$\frac{N}{mm}$	
Wie groß ist die Steifigkeit der gesamten Feder für den reibungsbehafteten Fall bei Belastung und Entlastung?	c_{Bel} c_{Entl}	$\frac{N}{mm}$	
Wie groß ist die Kraft, die maximal auf die Feder einwirken darf?	F_{max}	N	
Welcher Federweg liegt dann vor?	f_{max}	mm	
Welche Arbeit kann die Feder maximal aufnehmen und welche Arbeit gibt sie bei Entlastung wieder ab?	W_{max} W_{ab}	Nm	

A.2.30   Tellerfeder (B)

Untenstehende Skizze zeigt das Stellglied einer Regeleinrichtung: Mit dem Druck p wird Kraft auf einen Kolben mit der Fläche A ausgeübt, die sich ihrerseits auf eine Federschaltung abstützt. Die Ausgangsstellung des Kolbens wird mit einer Schraube M12 · 1,25 fixiert. Diese Schraube bewegt sich pro Umdrehung um 1,25 mm in axialer Richtung.

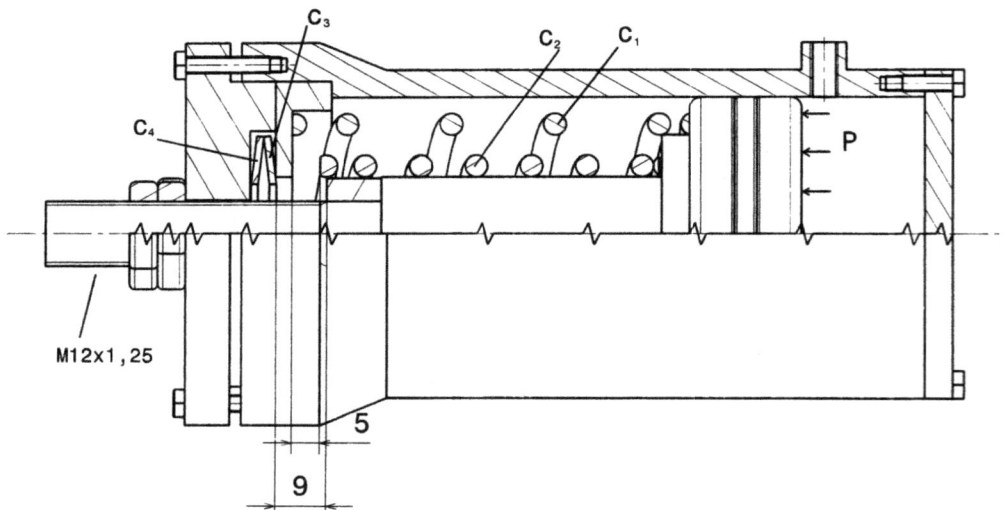

Mit dieser Anordnung wird in der dargestellten Schraubenstellung folgende Steifigkeitskennlinie realisiert:

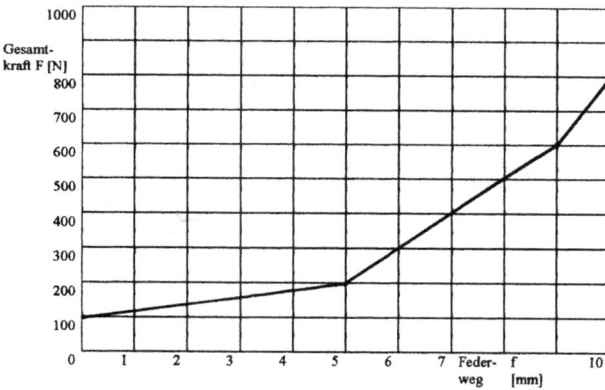

a) Ermitteln Sie die Steifigkeiten der einzelnen Federn c_1, c_2, c_3 und c_4.
b) Wenn die Schraube um vier weitere Umdrehungen eingeschraubt wird, so ergibt sich eine neue Ausgangsstellung für das Federsystem. Zeichnen Sie in das obige Diagramm für diese neue Ausgangsstellung die dann vorliegende Federkennlinie ein.

A.2.31   Feder als Bestandteil eines schwingungsfähigen Systems (E)

Die untenstehende Skizze zeigt die wesentlichen Komponenten einer industriell genutzten Brotschneidemaschine:

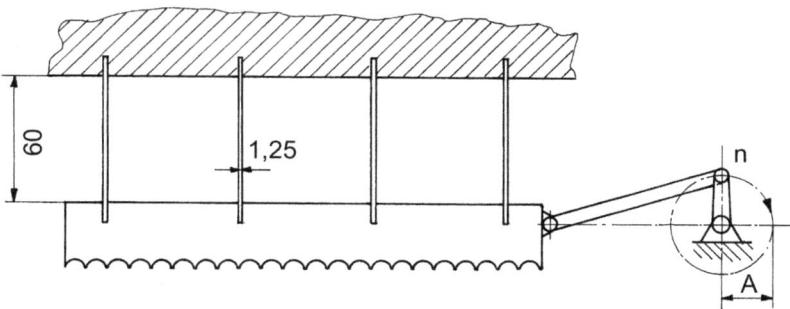

Das 320 g schwere Messer wird mit dem Maschinengestell über vier Blattfedern (1,25 mm dick, 20 mm breit, $E = 2,1 \cdot 10^5 \, \text{N/mm}^2$, $\sigma_{bW} = 400 \, \text{N/mm}^2$) verbunden, die Biegefedern sind sowohl im Gestell als auch am Messer fest eingespannt. Damit werden zwei Aufgaben übernommen:

- Das Messer wird ohne bewegliche Teile geführt.
- Die Messermasse bildet mit den Federn ein schwingungsfähiges System, das im Resonanzbereich betrieben wird.

Wie groß ist die Gesamtfedersteifigkeit des Systems?	c_{ges}	N/mm
Mit welcher Drehzahl muss der rechts angedeutete Exzentermechanismus betrieben werden, damit sich das System tatsächlich in der Resonanz befindet?	n_{an}	min^{-1}
Mit welcher maximal Amplitude darf das System betrieben werden?	A_{max}	mm

Formnutzzahl

A.2.32   Formnutzzahl Schraubenfeder (E)

Eine Schraubenfeder weist folgende Konstruktionsdaten auf:

Federdrahtdurchmesser	$d = 2\,mm$
zulässige Schubspannung	$\tau_{zul} = 760\,N/mm^2$
zulässige Normalspannung	$\sigma_{zul} = 960\,N/mm^2$
Schubmodul	$G = 85.000\,N/mm^2$
Elastizitätsmodul	$E = 205.000\,N/mm^2$
Anzahl der federnden Windungen	$i = 18$

a) Die Feder wird als Zug-/Druckfeder beansprucht. Wie groß ist deren Formnutzzahl η_W für die ausgewiesenen Windungsdurchmesser? Ermitteln Sie sinnvollerweise zunächst die unten aufgeführten Zwischenergebnisse.

b) Die Feder wird als Schenkelfeder beansprucht. Wie groß ist deren Formnutzzahl η_W für die ausgewiesenen Windungsdurchmesser? Ermitteln Sie sinnvollerweise zunächst die unten aufgeführten Zwischenergebnisse.

		Zug-/Druckfeder		Schenkelfeder			
		$D_m =$ 8 mm	$D_m =$ 16 mm	$D_m =$ 16 mm	$D_m =$ 8 mm		
K							q
F_{max}	N					Nm	M_{max}
c	N/mm					Nmm	c_t
V	mm^3					mm^3	V
W_{ideal}	Nm					Nm	W_{ideal}
W_{real}	Nm					Nm	W_{real}
η_W	–					–	η_W

A.2.33   Drehstabfeder – rohrförmige Feder (E)

Die untenstehend skizzierte Federkonstruktion besteht aus einer Drehstabfeder, die von einer rohrförmigen Feder umgeben ist. Das Torsionsmoment wird bei A über eine hier nicht weiter dargestellte Welle-Nabe-Verbindung in die Drehstabfeder eingeleitet, welche bei C mit dem Rohr verbunden ist. Diese Rohrfeder stützt sich bei B an der Umgebungskonstruktion ab.

Rohr	E360	$G = 70.000\,\text{N/mm}^2$	$\tau_{zul} = 260\,\text{N/mm}^2$
Drehstab	30CrNiMo8	$G = 70.000\,\text{N/mm}^2$	$\tau_{zul} = 500\,\text{N/mm}^2$

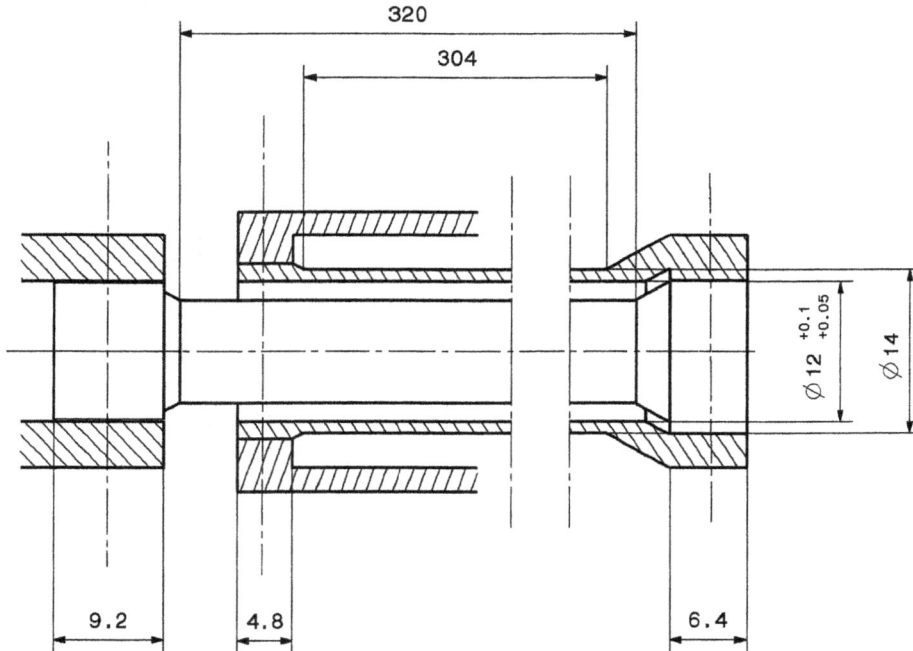

a) Mit welchem maximalen Moment M_{tmax} kann die Rohrfeder belastet werden?
b) Dimensionieren Sie den Außendurchmesser der Drehstabfeder d_a so, dass die Drehstabfeder mit dem gleichen maximalen Moment belastet werden kann wie die Rohrfeder.
c) Berechnen Sie die Steifigkeit beider Einzelfedern und die des Gesamtsystems.
d) Ermitteln Sie die Formnutzzahl η_W für die beiden Federn und für das Gesamtsystem. Bestimmen Sie sinnvollerweise zuvor die jeweils maximal speicherbare Arbeit W_{real} und die im Werkstoffvolumen ideal speicherbare Arbeit W_{ideal}.

		Drehstabfeder	Rohrfeder	Gesamtsystem
Innendurchmesser	d_i [mm]	0	12	———————
Außendurchmesser	d_a [mm]		14	———————
Belastbarkeit	M_{tmax} [Nm]			
Steifigkeit	c_t [Nm]			
maximal speicherbare Arbeit	W_{real} [Nm]			
ideal speicherbare Arbeit	W_{ideal} [Nm]			
Formnutzzahl	η_W			

A.2.34 Formnutzzahl Ringfeder (E)

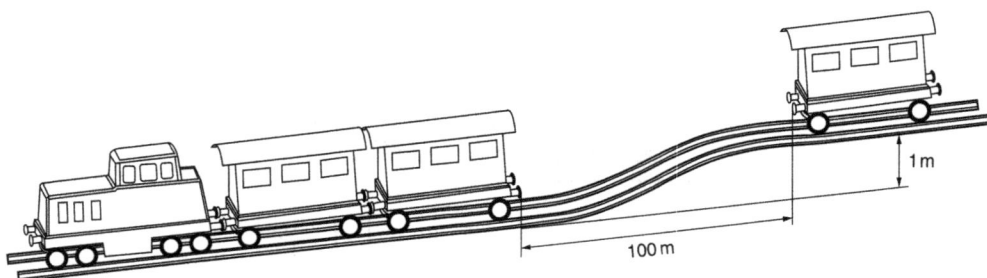

Ein Waggon mit einer Gesamtmasse von 15 t rollt nach oben stehender Skizze beim Rangieren antriebslos von einen 1 m hohen „Ablaufberg" herunter. Dieser Rollvorgang über eine Strecke von 100 m unterliegt dem Rollreibungsbeiwert von $\mu_{RR} = 0,003$. Anschließend fährt der Waggon auf einen stehenden Zug auf, dessen letzter Waggon stirnseitig ebenfalls mit zwei federnden Puffern ausgestattet ist. Sicherheitshalber wird angenommen, dass sich dieser letzte Waggon des stehenden Zuges während des Aufpralls nicht bewegt.

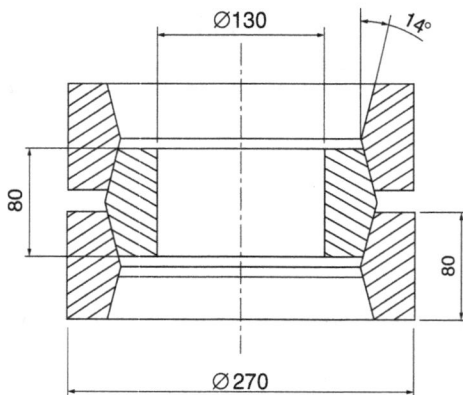

Welche Energie wird beim Aufprall von *einem einzelnen* Puffer aufgenommen?	E_{Puffer}	Nm	
Die Feder wird als Ringfeder aus Stahl mit den obenstehend skizzierten Ringen ausgestattet. Zwischen Innen- und Außenring der Feder wird ein Reibwert von $\mu = 0,12$ wirksam. Vereinfachend kann für Innen- und Außenring der gleiche mittlere Ringdurchmesser angesetzt werden. Wie groß ist das Volumen eines einzelnen Halbringes?	$V_{Halbring}$	mm^3	
Wie groß ist die Formnutzzahl der Feder?	η_W	–	
Der Federwerkstoff darf mit einer Zug-/Druckspannung von maximal 600 N/mm^2 belastet werden. Es kann angenommen werden, dass die zulässige Flächenpressung der Ringe untereinander nicht überschritten wird. Welche Arbeit kann ein Halbring aufnehmen?	$W_{Halbring}$	Nm	
Mit wie vielen Halbringen muss die Feder ausgestattet werden?	$z_{Halbring}$	–	
Wie groß ist dann die maximal auf die Feder einwirkende Kraft?	F_{max}	kN	
Welcher gesamte Federweg stellt sich dabei ein?	f_{max}	mm	

A.2.35 Zugstabfeder und Schraubenzugfeder (E)

Ein Federwerkstoff weist folgende Werkstoffkenndaten auf:

$$\sigma_{zul} = 700\,\text{N/mm}^2 \qquad \tau_{zul} = 480\,\text{N/mm}^2$$
$$E = 210.000\,\text{N/mm}^2 \quad G = 82.000\,\text{N/mm}^2$$

Mit diesem Werkstoff soll sowohl eine Zugstabfeder (linke Spalte) mit kreisrundem Querschnitt als auch eine schraubenförmig gewendelte Zugfeder (rechte Spalte) ausgeführt werden. Beide Federn sollen mit einer Kraft von 10.000 N belastet werden können und sollen eine Steifigkeit von 20 N/mm aufweisen.

Hinweis: Die Zugstabfeder hat eine konstruktiv unrealistische Länge.

Zugstabfeder		schraubenförmig gewendelte Feder	
Wie groß muss der Stabdurchmesser d [mm] mindestens sein?		Wie groß muss der Drahtdurchmesser d [mm] mindestens sein, wenn ein Windungsverhältnis $D_m/d = 10$ ausgeführt wird?	
Welche Länge L [mm] muss die Feder dann aufweisen?		Wie viele federnde Windungen muss die Feder dann aufweisen?	
Wie groß ist die Federmasse [kg]?		Wie groß ist die Federmasse [kg]?	
Wie groß ist die Formnutzzahl η_W?		Wie groß ist die Formnutzzahl η_W?	

A.2.36   Drehstabfeder und Schenkelfeder (E)

Ein Federwerkstoff weist folgende Werkstoffkenndaten auf:

$$\sigma_{zul} = 700\,\text{N/mm}^2 \qquad \tau_{zul} = 480\,\text{N/mm}^2$$
$$E = 210.000\,\text{N/mm}^2 \quad G = 82.000\,\text{N/mm}^2$$

Mit diesem Werkstoff soll sowohl eine Drehstabfeder (linke Spalte) mit kreisrundem Querschnitt als auch eine Schenkelfeder (rechte Spalte) ausgeführt werden. Beide Federn sollen mit einem Moment von 500 Nm belastet werden können und sollen eine Steifigkeit von 200 Nm aufweisen.

Drehstabfeder		Schenkelfeder	
Wie groß muss der Stabdurchmesser d [mm] mindestens sein?		Wie groß muss der Drahtdurchmesser d [mm] mindestens sein, wenn ein Windungsverhältnis $D_m/d = 10$ ausgeführt wird?	
Welche Länge L [mm] muss die Feder dann aufweisen?		Wie viele federnde Windungen muss die Feder dann aufweisen?	
Wie groß ist die Federmasse [kg]?		Wie groß ist die Federmasse [kg]?	
Wie groß ist die real speicherbare Arbeit [Nm]?		Wie groß ist die real speicherbare Arbeit [Nm]?	
Wie groß ist die ideal speicherbare Arbeit [Nm]?		Wie groß ist die ideal speicherbare Arbeit [Nm]?	
Wie groß ist die Formnutzzahl η_W?		Wie groß ist die Formnutzzahl η_W?	

Werkstoffeignung

A.2.37 Werkstoffvariation Schraubenzugfeder (V)

Eine Schraubenzugfeder weist folgende Daten auf:

Federdrahtdurchmesser:	$d = 2\,\text{mm}$
mittlerer Windungsdurchmesser:	$D_m = 12\,\text{mm}$
Anzahl der federnden Windungen:	$i_W = 6$

Die Feder kann wahlweise mit den Werkstoffen E360, CuZn37 oder Federstahl ausgeführt werden. Berechnen Sie für eine gegenüberstellende Betrachtung die Steifigkeit, die maximale Belastung, die speicherbare Arbeit und die Formnutzzahl aller drei Varianten. Zur Darstellung der Ergebnisse bedienen Sie sich des folgenden Schemas:

		Baustahl E360	CuZn37	Federstahl
zul. Schubspannung τ_{zul}	N/mm^2	260	190	1.250
Schubmodul G	N/mm^2	71.500	35.000	71.500
maximale Belastung F_{max}	N			
Steifigkeit c	N/mm			
speicherbare Arbeit W_{ideal}	Nmm			
speicherbare Arbeit W_{real}	Nmm			
Formnutzzahl η_W	–			
Werkstoffkenntwert $\frac{W_{ideal}}{V}$	$\frac{\text{Nmm}}{\text{mm}^3}$			

Berechnen Sie abschließend den Werkstoffkennwert W_{ideal}/V.

A.2.38 Werkstoffvariation Schenkelfeder (V)

Eine Feder mit ähnlichen konstruktiven Abmessungen wie zuvor (Federdrahtdurchmesser $d = 2\,\text{mm}$, mittlerer Windungsdurchmesser $D = 12\,\text{mm}$, Anzahl der federnden Windungen $i = 6$) wird als Schenkelfeder ausgebildet. Die Feder kann wahlweise mit den Werkstoffen E360, CuZn37 oder Federstahl ausgeführt werden. Berechnen Sie für eine gegenüberstellende Betrachtung die Steifigkeit, die maximale Belastung, die speicherbare Arbeit und die Formnutzzahl aller drei Varianten. Zur Darstellung der Ergebnisse bedienen Sie sich des folgenden Schemas:

		Baustahl E360	CuZn37	Federstahl
zul. Normalspannung σ_{zul}	N/mm^2	450	265	1.370
Elastizitätsmodul E	N/mm^2	210.000	110.000	206.000
maximale Belastung M_{max}	Nm			
Steifigkeit c_t	Nmm			
speicherbare Arbeit W_{ideal}	Nmm			
speicherbare Arbeit W_{real}	Nmm			
Formnutzzahl η_W	–			
Werkstoffkennwert $\frac{W_{ideal}}{V}$	$\frac{Nmm}{mm^3}$			

Berechnen Sie abschließend den Werkstoffkennwert W_{ideal}/V.

Gegenüberstellung Federbauformen

A.2.39   Qualitative Gegenüberstellung (E)

In der folgenden Skizze sind qualitativ die Kraft-Weg-Diagramme einiger Federn in Kombination mit Reibungsdämpfern und Flüssigkeitsdämpfern zusammengestellt:

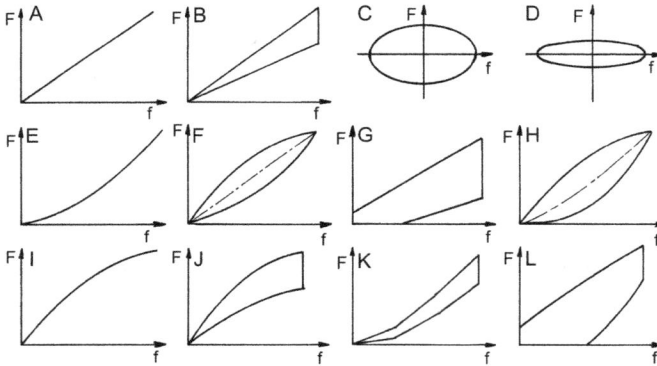

Ordnen Sie die in der folgenden Liste aufgeführten Maschinenelemente durch Ankreuzen den Diagrammen zu:

	A	B	C	D	E	F	G	H	I	J	K	L
Blattfeder, einschichtig												
Blattfeder mehrschichtig, nicht vorgespannt												
Blattfeder mehrschichtig, vorgespannt												
Dämpfer bei langsamer Sinusschwingung												
Dämpfer bei schneller Sinusschwingung												
Drehstabfeder, einlagig												
Drehstabfeder, mehrlagig												
Drehfeder (Schenkelfeder)												
Gummidruckfeder, sinusförmig belastet												
Luftfeder, ideal und reibungsfrei												
Luftfeder mit Reibungs- und Flüssigkeitsdämpfer												
Ringfeder, nicht vorgespannt												
Ringfeder, vorgespannt												
Schraubendruckfeder												
Schraubendruckfeder mit Flüssigkeitsdämpfer												
Schraubenzugfeder												
Tellerfeder, einzeln												
Tellerfeder, mehrfach geschichtet												
Tellerfedersäule												

A.2.40   Identifizierung des Federwerkstoffs (E)

Der Werkstoff von vier Federn soll anhand des Verformungsverhaltens und des damit verbundenen Elastizitäts- oder Schubmoduls identifiziert werden. Es kommen die folgenden Werkstoffe in Frage:

Werkstoff	E N/mm^2	G N/mm^2	σ_{zul} N/mm^2	τ_{zul} N/mm^2
Wolfram	400.000	158.000	300	200
Molybdän	338.000	134.000	600	500
Stahl	210.000	83.000	500	400
Kupfer	125.000	49.000	300	200
Titan	115.000	45.000	400	300
Aluminium	72.000	28.000	200	150
Magnesium	42.000	17.000	150	100

Die vier folgenden Einzelaufgaben können unabhängig voneinander gelöst werden. Markieren Sie den Federwerkstoff durch Ankreuzen und tragen Sie die Belastbarkeit in die unterste Zeile ein.

Werkstoff	Drehstabfeder	Schrauben-druckfeder	Schenkelfeder	Biegefeder
Wolfram				
Molybdän				
Stahl				
Kupfer				
Titan				
Aluminium				
Magnesium				
	M_{tmax} [Nm] =	F_{max} [N] =	M_{tmax} [Nm] =	F_{max} [N] =

Drehstabfeder

Belastet man die hier abgebildete Drehstabfeder mit einem Moment von 150 Nm, so verdreht sie sich an der Lasteinleitungsstelle um 2,03°.

Aus welchem Werkstoff besteht die Feder? Mit welchem maximalen Moment darf die Feder belastet werden?

Schraubenförmig gewendelte Druckfeder

Die hier abgebildete Feder weist 4,2 federnde Windungen auf. Es muss eine Kraft von 18,3 N aufgebracht werden, um sie um 3 mm zu verformen. Aus welchem Werkstoff besteht die Feder? Mit welcher Kraft kann die Feder maximal belastet werden?

Schenkelfeder

Belastet man die hier abgebildete Schenkelfeder mit einem Moment von 0,265 Nm, so verdreht sie sich um 16,7°.

Aus welchem Werkstoff besteht die Feder? Mit welchem maximalen Moment darf die Feder belastet werden?

Biegefeder

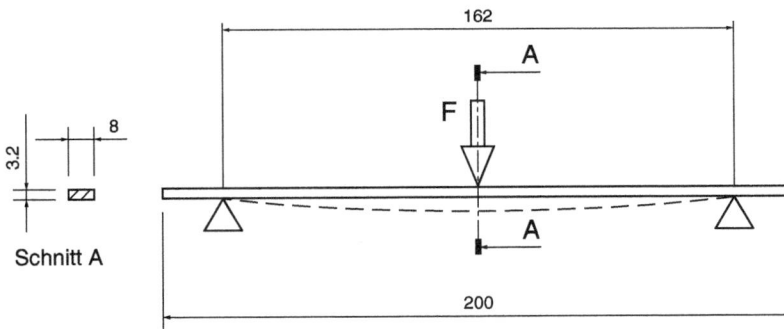

Belastet man die hier abgebildete Biegefeder mittig mit einer Kraft von 50 N, so tritt an der Krafteinleitungsstelle eine Durchbiegung von 2,82 mm auf.

Aus welchem Werkstoff besteht die Feder? Mit welcher Kraft kann die Feder maximal belastet werden?

3 Verbindungselemente und Verbindungstechniken

Eine Maschine besteht aus einer Vielzahl von Maschinenelementen, aber auch das einzelne Maschinenelement ist i. Allg. nicht einteilig. Sind mehrere Komponenten beteiligt, so können diese entweder Relativbewegungen zueinander ausführen oder aber fest miteinander verbunden sein, wobei Verbindungstechniken und Verbindungselemente zur Anwendung kommen:

- Verbindungselemente (z. B. Nieten und Stifte) sind diskrete Elemente, die meist lösbar sind und möglicherweise unter gewissen Einschränkungen wiederverwendet werden können.
- Verbindungstechniken (hier beispielhaft Löten, Kleben und Schweißen) stellen ein „Kontinuum" dar und sind in der Regel nicht lösbar, zur Demontage müssen sie zerstört oder zumindest beschädigt werden.

Schrauben gehören als „Befestigungsschraube" zwar auch zu den Verbindungselementen, ihnen wird aber in dieser Zusammenstellung ein eigenes Kapitel 4 gewidmet, weil sie auch als Getriebe („Bewegungsschraube") verwendet werden können. Weiterhin geht das Kapitel 6 (Band 2) auf die Welle-Nabe-Verbindungen als eine spezielle Verbindung ein.

3.1 Nieten (B)

Nieten gehören zu den ältesten industriell angewendeten Verbindungselementen. Sie haben ihren Ursprung im Stahl-, Behälter- und Kesselbau, werden in diesen Anwendungsbereichen heute aber vielfach durch Verbindungstechniken, vor allen Dingen durch das Schweißen ersetzt. Im Leichtbau (Flugzeugbau, Tragflächenbeplankung, Automobilbau) wird aber weiterhin vielfach genietet. Aus technologischer Sicht sind für das Nieten die folgenden Aspekte maßgebend:

- Die Verbindung *verschiedenartiger Werkstoffe*, z. B. das Befestigen von Bremsbelägen auf ihrem Träger, schließt so manche andere Verbindungstechnik aus. Das Nieten hat hier allerdings Grenzen, wenn es aufgrund unterschiedlichen Wärmeausdehnungsverhaltens zum Lockern der Verbindung kommen kann oder wenn aufgrund einer zu hohen elektrochemischen Potentialdifferenz Korrosionsschäden zu befürchten sind.
- Das Nieten belässt den Grundwerkstoff bei *Raumtemperatur* und vermeidet damit jede Gefügeänderung wie sie z. B. beim Schweißen unvermeidbar ist.

https://doi.org/10.1515/9783110746457-004

● Die *Verbindung dünner Bleche*, stellt manche andere Verbindungstechniken vor unlösbare Probleme, ist aber mit Nieten durchaus beherrschbar.

Im Fach Maschinenelemente hat die Nietverbindung auch aus didaktischen Gründen ihren festen Platz behalten, weil daran einfache Probleme der Lastverteilung bei statischer Überbestimmtheit übersichtlich analysiert werden können (s. 3.1.4).

Bild 3.1 stellt zunächst die wesentlichen Bestandteile einiger Nietbauformen vor:

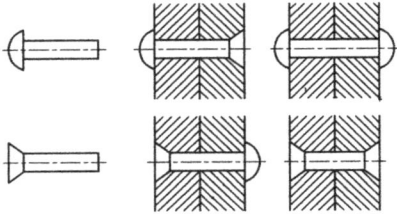

Der Niet verfügt im Anlieferungszustand bereits über einen sog. „Setzkopf". Der gegenüberliegende „Schließkopf" wird erst nach seinem Einfügen in der gewünschten Weise durch plastische Verformung gestaucht.

Bild 3.1: Einige Nietverbindungen

Eine erste grundsätzliche Unterscheidung von Nietverbindungen differenziert nach Kaltnietung und Warmnietung:

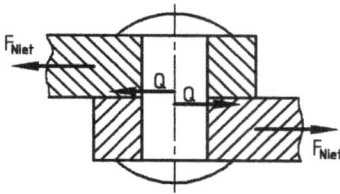

Kaltnietung	Warmnietung
Stahlnieten bis 8 mm Durchmesser und Nieten aus Kupfer oder Aluminium werden meist kalt montiert, der Schließkopf wird bei Umgebungstemperatur plastisch verformt. Der Montagevorgang leitet keine nennenswerte Zugkraft in den Niet ein. Die Belastung des Nietes kommt vielmehr durch die von außen angreifenden Betriebskraft F_{Niet} als **Querkraft Q** zustande.	Größere Stahlnieten müssen jedoch vor dem Einführen in das Nietloch erwärmt werden. Die nach der Montage des erwärmten Niets eintretende Abkühlung und die dadurch verursachte Schrumpfung leitet eine **Zugkraft F_V** in den Niet ein, die dann ständig anliegt, was folgende Konsequenzen hat: • Im Behälter- und Rohrleitungsbau kann die Nietverbindung dicht sein. • Die in die Nietverbindung eingeleitete Belastung F_{Niet} wird als Reibkraft übertragen, die maximal den Wert $F_{max} = \mu \cdot F_V$ annehmen kann, wobei der Niet selber querkraftfrei bleibt.
Die Dimensionierung des Niets orientiert sich an der von außen eingeleiteten Belastung F_{Niet}, die den Niet als Querkraft belastet. Die nachfolgenden Betrachtungen konzentrieren sich auf diese Belastungsart.	Die Dimensionierung des Niets orientiert sich an der montagebedingten Zugkraft F_V und ist damit unabhängig von der Kraft F_{Niet}. Dieser Lastfall wird im Kapitel „Querkraftbeanspruchte Schraubverbindungen" (Kap. 4.5.1) weiter ausgeführt.

Bild 3.2: Gegenüberstellung Kaltnietung – Warmnietung

3.1.1 Querkraftschub eines einzelnen kaltgeschlagenen Niets (B)

Die bei der Kaltnietung auftretende Querkraft belastet den Niet auf Querkraftschub und Lochleibung. Die Schubspannung ergibt sich nach den Gleichungen der elementaren Festigkeitslehre zu $\tau = F_{Niet}/A$, wobei sich die Querschnittsfäche als Kreis zu $d^2 \cdot \pi/4$ ausdrücken lässt. Bei einschnittiger Nietverbindung steht eine, bei zweischnittiger Verbindung stehen zwei übertragende Kreisflächen zur Verfügung.

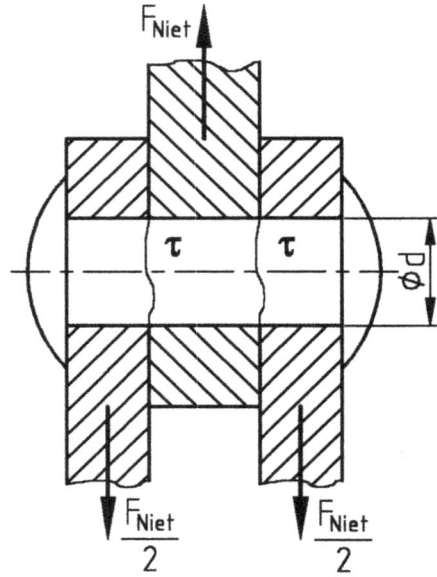

Schubspannungsbelastung bei   Schubspannungsbelastung bei
einschnittiger Nietverbindung   zweischnittiger Nietverbindung

$$\tau_Q = \frac{F_{Niet}}{\frac{d^2 \cdot \pi}{4}} \leq \tau_{zul} \qquad \text{Gl. 3.1}$$

$$\tau_Q = \frac{F_{Niet}}{2 \cdot \frac{d^2 \cdot \pi}{4}} \leq \tau_{zul} \qquad \text{Gl. 3.2}$$

Bild 3.3: Querkraftschub kaltgeschlagener Nietverbindungen.

3.1.2   Lochleibungsdruck eines einzelnen kaltgeschlagenen Niets (B)

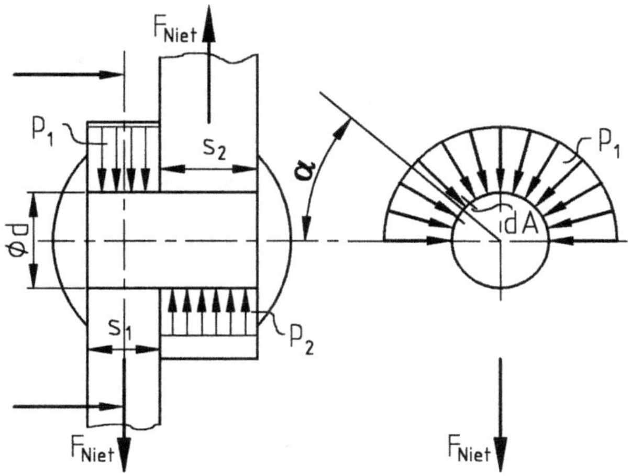

Die durch den Niet übertragene Kraft wird aber nicht nur als Querkraftschub wirksam, sondern muss in „Hintereinanderschaltung" von dem einen Blech aufgenommen und am anderen Blech wieder abgestützt werden. An beiden Stellen entsteht dadurch eine Flächenpressung nach Bild 3.4 als sog. „Lochleibungsdruck".

Bild 3.4: Lochleibungsdruck

Am Blech 1 mit der Blechstärke s_1 besteht ein Kräftegleichgewicht zwischen der von außen auf den einzelnen Niet eingeleiteten Kraft F_{Niet} und dem in Kraftrichtung wirksamen Komponenten des Lochleibungsdrucks p_l:

$$F_{Niet} = \int_{\alpha=0}^{\alpha=180°} p_l \cdot dA \cdot \sin\alpha \quad \text{mit} \quad dA = d\alpha \cdot \frac{d}{2} \cdot s_1$$

$$F_{Niet} = p_l \cdot \frac{d}{2} \cdot s_1 \cdot \int_{\alpha=0}^{\alpha=180°} \sin\alpha \cdot d\alpha$$

$$F_{Niet} = p_l \cdot \frac{d}{2} \cdot s_1 \cdot [-\cos\alpha]_{\alpha=0}^{\alpha=180°} = p_l \cdot \frac{d}{2} \cdot s_1 \cdot 2 = p_l \cdot d \cdot s_1$$

Daraus folgt für den Lochleibungsdruck p_l eine einfache Formulierung, die die belastende Kraft nur auf die projizierte Rechteckfläche des Kreiszylinders bezieht:

$$p_l = \frac{F_{Niet}}{d \cdot s_1} \leqq p_{zul} \qquad \qquad \text{Gl. 3.3}$$

Im allgemeinen Fall müssen beide pressungsübertragenden Stellen bezüglich ihrer Flächenpressung überprüft werden, wenn

- unterschiedliche Materialpaarungen an den beiden pressungsübertragenden Stellen verwendet werden und damit zwei unterschiedliche Werte für p_{zul} vorliegen,
- die beiden zu verbindenden Bleche unterschiedliche Blechstärken s aufweisen.

Die Kraft F_{Niet} tritt als Kräftepaar auf, deren beide Kräfte einen Hebelarm zueinander aufweisen, so dass der einzelne Niet auch ein Moment zu übertragen hat. Dieser Einfluss wird jedoch bei der hier vorgestellten klassischen Dimensionierung einer Nietverbindung vernachlässigt. Abschnitt 3.2 führt diesen Sachverhalt weiter aus.

3.1.3 Zulässige Werkstoffbelastung eines kaltgeschlagenen Niets (B)

Die tatsächlich vorliegenden Werkstoffbelastungen werden gegenüber den zulässigen Werkstoffbelastungen abgeschätzt:

In den meisten Fällen kann für die zulässige Schubspannung angenommen werden:

$$\tau_{zul} = \frac{1}{\sqrt{3}} \cdot \frac{R_{eNiet}}{S_{Niet}} \qquad \text{Gl. 3.4}$$

Die Sicherheit S_{Niet} wird in der Regel zu 1,5 angenommen. Der Faktor $1/\sqrt{3}$ entspricht dem mit Gl. 1.3 eingeführten Gewichtsfaktor der Schubspannung gegenüber der Normalspannung.

Der Wert für den zulässigen Lochleibungsdruck p_{zul} wird angesetzt zu

$$p_{zul} = \frac{R_{eBlech}}{S_{Blech}} \qquad \text{Gl. 3.5}$$

Die Sicherheit S_{Blech} wird meist zu 1,2 angenommen.

Tabelle 3.1 weist die zulässigen Werte für einige gebräuchliche Nietverbindungen aus.

Tabelle 3.1: Zulässige Belastung von Nietwerkstoffen

τ_{zul} für den Nietwerkstoff in N/mm²		p_{zul} in Kombination mit dem Werkstoff der zu verbindenden Bauteile in N/mm²	
AlMgSi 1 F 28	64	AlMgSi 1 F 28	160
AlCuMg 1 F 40	105	AlCuMg 1 F 40	264
TU St 34	140	St 37 (S235JR)	280
MR St 44	210	St 52 (S355JO)	420

3.1.4 Lastverteilung auf mehrere Nieten (B)

Die bisherigen Betrachtungen gingen davon aus, dass die auf den einzelnen Niet wirkende Kraft bekannt ist. In der Praxis besteht eine Nietverbindung aber in aller Regel aus mehreren

Nieten, das System wird dadurch im Sinne der Mechanik zunächst statisch überbestimmt. Um die Verteilung der gesamten Kraft auf die einzelnen Nieten zu klären, muss deshalb deren Verformungsverhalten nach Bild 3.5 in die Überlegung einbezogen werden.

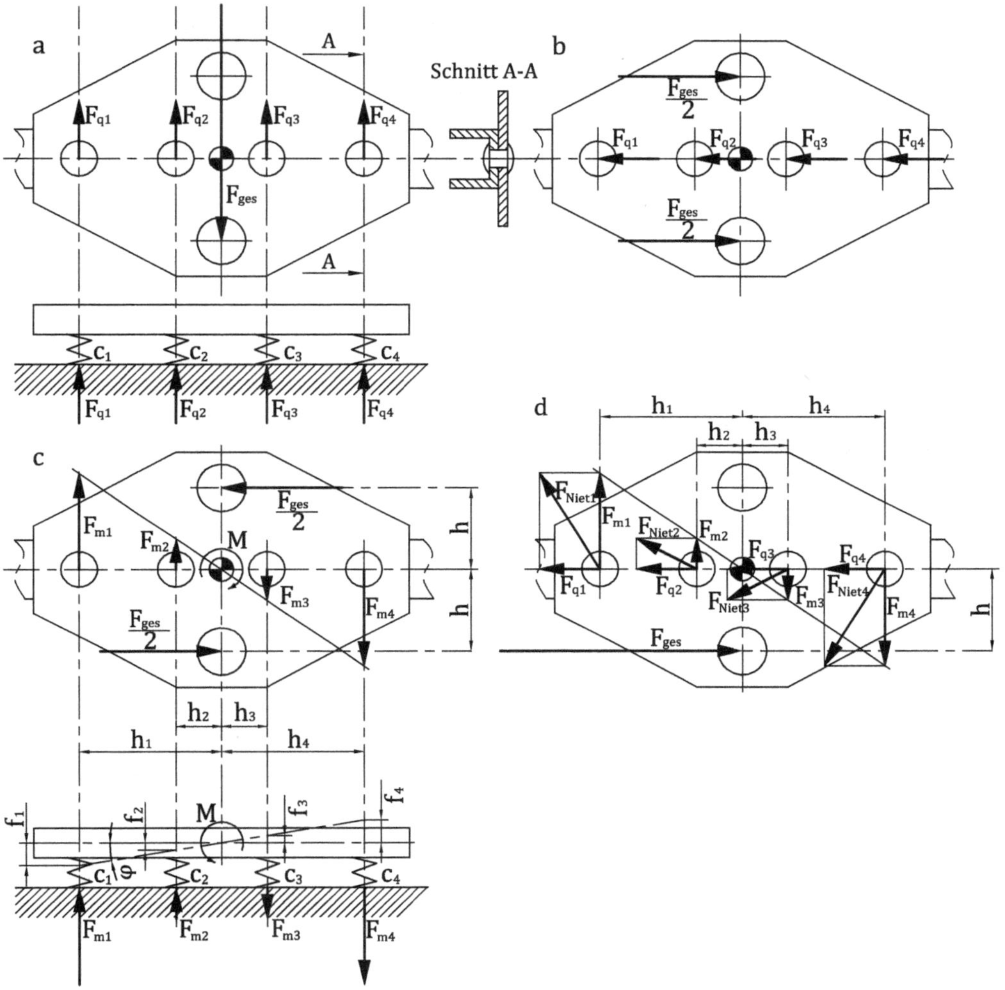

Bild 3.5: Lastverteilung auf mehrere Nieten

3.1.4.1 Querkraftbelastete Nietverbindung

Die in Bild 3.5a skizzierte Nietverbindung stellt den einfachsten Fall dar, bei dem die Nieten symmetrisch zur Wirkungslinie der belastenden Kraft F_{ges} angeordnet sind. Über einen hier nicht dargestellten Bolzen wird diese Kraft in das Loch einer Lasche eingeleitet, um von dort aus über vier gleichartige Nieten in einer Trägerkonstruktion abgestützt zu werden. Das System ist zwar statisch überbestimmt, aber die Gesamtkraft kann gleichmässig auf die einzelnen Nieten aufgeteilt werden. Zur Klärung der Lastverteilung der Kraft F_{ges} auf die einzelnen Nieten wird jeder einzelne Niet mit seiner unmittelbaren Umgebung formal als Feder betrachtet. Deren Steifigkeit ist zwar unbekannt, aber es kann der Sachverhalt ausgenutzt werden, dass nach der unteren Hälfte von Bild 3.5a gleiche Nieten auch gleiche Steifigkeiten aufweisen. Formal kann angesetzt werden:

$$c_1 = c_2 = c_3 = c_4 \quad \Rightarrow \quad \frac{F_{q1}}{f_1} = \frac{F_{q2}}{f_2} = \frac{F_{q3}}{f_3} = \frac{F_{q4}}{f_4}$$

Da die Federwege f_1 bis f_4 untereinander gleich sind, kann gefolgert werden:

$$F_{q1} = F_{q2} = F_{q3} = F_{q3} = \frac{F_{ges}}{4} \qquad \qquad \text{Gl. 3.6}$$

Wie Bild 3.5b zeigt, gilt die gleiche Lastaufteilung auch dann, wenn die Gesamtkraft in horizontaler Richtung angreift. Die beiden Einzelkomponenten $F_{ges}/2$ summieren sich zu einer Gesamtkraft F_{ges}, die waagerecht durch die Nietreihe verläuft. Kennzeichnendes Merkmal für die beiden oberen Beispiele ist der Umstand, dass die eingeleitete Kraft durch den Schwerpunkt der Nietverbindung verläuft.

3.1.4.2   Momentenbelastete Nietverbindung

Problematischer wird die Betrachtung dann, wenn die Belastung nicht als Querkraft, sondern als Moment in die Nietverbindung eingeleitet wird. Das in Bild 3.5c dargestellte Beispiel betrachtet zunächst den einfach zu übersehenden Fall, daß das Moment querkraftfrei um den Schwerpunkt der Nietververbindung eingebracht wird. Dazu wird gegenüber dem Fall b nur die Richtung der oberen Kraft $F_{ges}/2$ umgekehrt. Dieses von außen eingeleitete Moment muss auf alle vier Nieten mit ihrem jeweiligen Hebelarm abgestützt werden:

$$M_{eingeleitet} = M_{abgestützt}$$

$$M = 2 \cdot \frac{F_{ges}}{2} \cdot h = F_{ges} \cdot h = F_{m1} \cdot h_1 + F_{m2} \cdot h_2 + F_{m3} \cdot h_3 + F_{m4} \cdot h_4 \qquad \text{Gl. 3.7}$$

Auch in diesem Fall läßt sich die Lastverteilung auf die Nieten untereinander leicht übersehen, wenn die vier Nieten formal als gleiche Federsteifigkeiten betrachtet werden:

$$c_1 = c_2 = c_3 = c_4 \quad \Rightarrow \quad \frac{F_{m1}}{f_1} = \frac{F_{m2}}{f_2} = \frac{F_{m3}}{f_3} = \frac{F_{m4}}{f_4} \qquad \text{Gl. 3.8}$$

Durch die Belastung erfährt der in der darunter ersatzweise skizzierte Balken eine Schiefstellung, die durch den Winkel φ gekennzeichnet werden kann. Die einzelnen Federwege f_1 bis f_4 hängen in diesem Falle von der Entfernung zum Schwerpunkt der Nietverbindung ab:

$$\varphi = \frac{f_1}{h_1} = \frac{f_2}{h_2} = \frac{f_3}{h_3} = \frac{f_4}{h_4}$$

oder

$$f_1 = \varphi \cdot h_1 \quad f_2 = \varphi \cdot h_2 \quad f_3 = \varphi \cdot h_3 \quad f_4 = \varphi \cdot h_4$$

Werden diese Federwege in Gl. 3.8 eingesetzt, so ergibt sich

$$\frac{F_{m1}}{\varphi \cdot h_1} = \frac{F_{m2}}{\varphi \cdot h_2} = \frac{F_{m3}}{\varphi \cdot h_3} = \frac{F_{m4}}{\varphi \cdot h_4} \quad \Rightarrow \quad \frac{F_{m1}}{h_1} = \frac{F_{m2}}{h_2} = \frac{F_{m3}}{h_3} = \frac{F_{m4}}{h_4}$$

Die von einem einzelnen Niet aufzunehmende Kraft verhält sich also proportional zu seinem Abstand vom Schwerpunkt der Nietverbindung:

$$F_{m1} = \frac{F_{m1}}{h_1} \cdot h_1 \quad F_{m2} = \frac{F_{m1}}{h_1} \cdot h_2 \quad F_{m3} = \frac{F_{m1}}{h_1} \cdot h_3 \quad F_{m4} = \frac{F_{m1}}{h_1} \cdot h_4$$

Setzt man diese Ausdrücke in Gl. 3.7 ein, so ergibt sich:

$$M = \frac{F_{m1}}{h_1} \cdot h_1^2 + \frac{F_{m1}}{h_1} \cdot h_2^2 + \frac{F_{m1}}{h_1} \cdot h_3^2 + \frac{F_{m1}}{h_1} \cdot h_4^2 = \frac{F_{m1}}{h_1} \cdot \left(h_1^2 + h_2^2 + h_3^2 + h_4^2 \right)$$

Damit lässt sich die Kraft auf den einzelnen Niet ermitteln:

$$F_{m1} = \frac{h_1}{h_1^2 + h_2^2 + h_3^2 + h_4^2} \cdot M$$

Dieser Sachverhalt lässt sich für alle beteiligten Nieten verallgemeinern:

$$F_{mn} = \frac{h_n}{\sum h^2} \cdot M \qquad\qquad\qquad\qquad \text{Gl. 3.9}$$

Es wäre also wenig sinnvoll, einen weiteren Niet genau im Schwerpunkt der Nietverbindung anzubringen, da er überhaupt keine Last aufnehmen könnte. Zur Steigerung der Momentenbelastbarkeit der Nietverbindung ist es vielmehr angebracht, die einzelnen Nieten möglichst weit vom Schwerpunkt entfernt anzuordnen.

3.1.4.3 Überlagerung von Querkraft- und Momentenbelastung

Im allgemeinen Fall wird eine Nietverbindung sowohl mit einer Querkraft als auch mit einem Moment belastet. Das vorangegangene Beispiel lässt sich dahingehend leicht vervollständigen: Das Moment wird nicht durch zwei entgegengesetzt gerichtete Kräfte $F_{ges}/2$, sondern durch eine einzige Kraft F_{ges} am Hebelarm h nach Bild 3.5d eingeleitet. Die Lastaufteilung auf z Nieten vollzieht sich durch eine Überlagerung der beiden vorstehenden Fälle: Die Kraft F_{ges} wird in den Schwerpunkt der Nietverbindung verschoben und verteilt sich von dort aus gleichmäßig auf alle vier Nieten, an denen daraufhin die Kräfte F_{q1} bis F_{q4} wirksam werden. Bei der Verlagerung von F_{ges} in den Schwerpunkt der Nietverbindung entsteht aber ein zusätzliches Moment $M = F_{ges} \cdot h$, welches sich über die Kräfte F_{m1} bis F_{m4} abstützt. Die vektorielle Addition von F_q und F_m ergibt schließlich die Kraft am jeweiligen Niet F_{Niet}. Bei der Aufteilung und Zusammenstellung der Kräfte möge Bild 3.6 als Orientierungshilfe dienen:

$$\boxed{\begin{array}{c} F_{ges} \\ \text{wirksam als} \end{array}}$$

$$\boxed{\begin{array}{c} F_{ges} \\ \text{durch den Schwerpunkt der Nietverbindung} \end{array}} \qquad \boxed{\begin{array}{c} M = F_{ges} \cdot h \\ \text{um den Schwerpunkt der Nietverbindung} \end{array}}$$

$$\boxed{\begin{array}{c} \text{verteilt sich gleichmäßig auf alle Nieten z:} \\[4pt] F_{qn} = \dfrac{F_{ges}}{z} \end{array}} \qquad \boxed{\begin{array}{c} \text{verteilt sich entsprechend der Hebelarme} \\ \text{auf die Nieten:} \\[4pt] F_{mn} = \dfrac{h_n}{\sum h^2} \cdot M \end{array}}$$

$$\boxed{\begin{array}{c} \text{Gesamtkraft auf den einzelnen} \\ \text{Niet ergibt sich als Vektorsumme:} \\[4pt] \vec{F}_{Nietn} = \vec{F}_{qn} + \vec{F}_{mn} \end{array}}$$

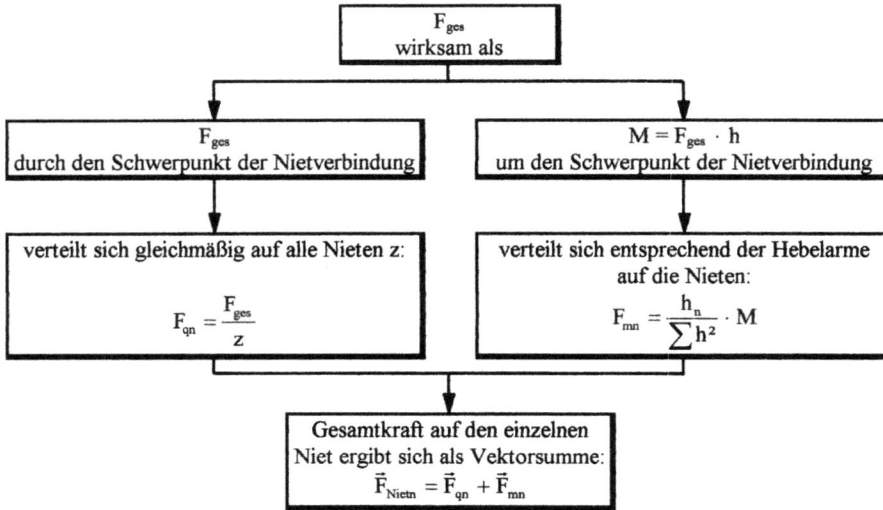

Bild 3.6: Überlagerung von Momenten- und Querkraftbelastung

Aufgaben A.3.1 bis A.3.9

Diese Vorgehensweise kommt auch für andere Lastverteilungsprobleme (z. B. Schraubverbindungen, Punktschweißverbindungen, Bolzen- und Stiftverbindungen) in Frage. Die vorstehend getroffenen vereinfachenden Annahmen führen jedoch zu gewissen Einschränkungen in der Gültigkeit dieses Ansatzes, so dass ggf. Erweiterungen oder Modifizierungen notwendig werden (vgl. Band 3, Kap. 8.7). Bei der weiteren Verallgemeinerung dieses Ansatzes sind folgende Aspekte zu berücksichtigen:

- Die obige Formulierung ging von der Annahme *gleicher Federsteifigkeiten* der kraftübertragenden Elemente (gleiche Nieten) aus. Ist dies nicht der Fall (ungleiche Nieten), so müssen auch unterschiedliche Federsteifigkeiten angesetzt und in die obige Betrachtung einbezogen werden.
- Weiterhin wurde vorausgesetzt, dass sämtliche *Verformungen nur im Verbindungselement* Niet stattfinden und dass die anderen im Kraftfluss liegenden Bauteile demgegenüber unendlich steif sind. Ist dies nicht der Fall, so müssen Parallel- bzw. Hintereinanderschaltungen von Einzelsteifigkeiten der im Kraftfluss liegenden Bauteile formuliert werden.
- Im obigen Ansatz wurde die Federsteifigkeit als linearer Zusammenhang beschrieben. Ist dies nicht der Fall (z. B. ist die Federsteifigkeit eines kraftübertragenden Wälzkörpers progressiv), so müssen diese Nichtlinearitäten rechnerisch beschrieben und in die obigen Gleichungen eingeführt werden (s. Band 3, Kap. 8.7.1).
- Es wurde angenommen, dass die *Steifigkeit* des kraftübertragenden Gliedes (Niet) *unabhängig von der Richtung* ist, in der die Kraft eingeleitet wird, die Frage der Steifigkeit wurde sozusagen auf ein eindimensionales Problem reduziert. Im allgemeinen Fall ist die

Steifigkeit jedoch von der Krafteinleitungsrichtung abhängig und wird damit zum dreidimensionalen Problem.

Der oben aufgeführte Ansatz kann also erweitert werden und ist damit auch auf komplexere Fälle anwendbar. Damit steigt jedoch der Rechenaufwand und macht sehr bald schon den Einsatz moderner Datenverarbeitung sinnvoll. Diese Vorgehensweise bildet damit auch eine wesentliche Grundlage für die Finite-Elemente-Methode.

3.2 Das Problem der „festen Einspannung" (E)

Bereits in Bild 0.7 wurde in Anlehnung an die klassische Mechanik der Modellfall der „festen Einspannung" vorgestellt: Der mit einem Biegemoment belastete Balken wird an der festen Umgebung abgestützt, wobei aber noch nicht geklärt worden ist, welche Kriterien zum Versagen dieser Verbindung führen können und welche Belastungen zu berücksichtigen sind. Bild 3.7 führt in diese Fragestellung ein, wobei zunächst einmal die linke Bildhälfte betrachtet wird.

Wird oben links im Bild ein Biegebalken durch eine Wand hindurch geführt und symmetrisch an beiden Enden mit jeweils der Kraft $F/2$ belastet, so entsteht in Anlehnung an die Belastung von Nieten in der Wand die Reaktionskraft F_q als Querkraft. Ändert eine der beiden Kräfte $F/2$ ihre Richtung (rechts daneben), so wird die Verbindung querkraftfrei, aber das dadurch entstehende Moment muss abgestützt werden, wobei hier zunächst einmal zwei Reaktionskräfte F_m an der Kante der festen Wand angenommen werden.

$$M_{eingeleitet} = M_{abgestützt}$$

$$2 \cdot \frac{F}{2} \cdot L = 2 \cdot F_m \cdot \frac{s}{2} \quad \rightarrow \quad F_m = \frac{L}{s} \cdot F \qquad \text{Gl. 3.10}$$

Im linken Fall handelt es sich um reine Querkraftbelastung (entspricht Bild 3.5a) und im rechten Fall um eine reine Momentenbelastung (entspricht Bild 3.5c). Greift die Kraft F in voller Größe am Hebelarm L an, so überlagern sich die beiden vorherigen Fälle (mittlere Darstellung in der linken Spalte von Bild 3.7). Im unteren Detailbild wird das gleiche Moment querkraftfrei um den Schwerpunkt der Verbindung eingeleitet, in dem eine horizontale Kraft auf einen zusätzlich angebrachten senkrechten Hebelarm aufgebracht wird. Am Kontakt zwischen Balken und Wand wird nun wie im Detailbild oben rechts die Kraft F_m wirksam. Die Kraft F als horizontale Kraft muss aber zusätzlich als Reibkraft mit der Normalkraft F_m abgestützt werden.

$$\mu = \frac{\frac{F}{2}}{F_m} \quad \text{mit Gl. 3.10:} \quad \mu = \frac{F}{2 \cdot \frac{L}{s} \cdot F} = \frac{s}{2 \cdot L} \qquad \text{Gl. 3.11}$$

Für den Grenzfall an der Reibungsgrenze gilt also:

$$\frac{L}{s} = \frac{1}{2 \cdot \mu} \qquad \text{Gl. 3.12}$$

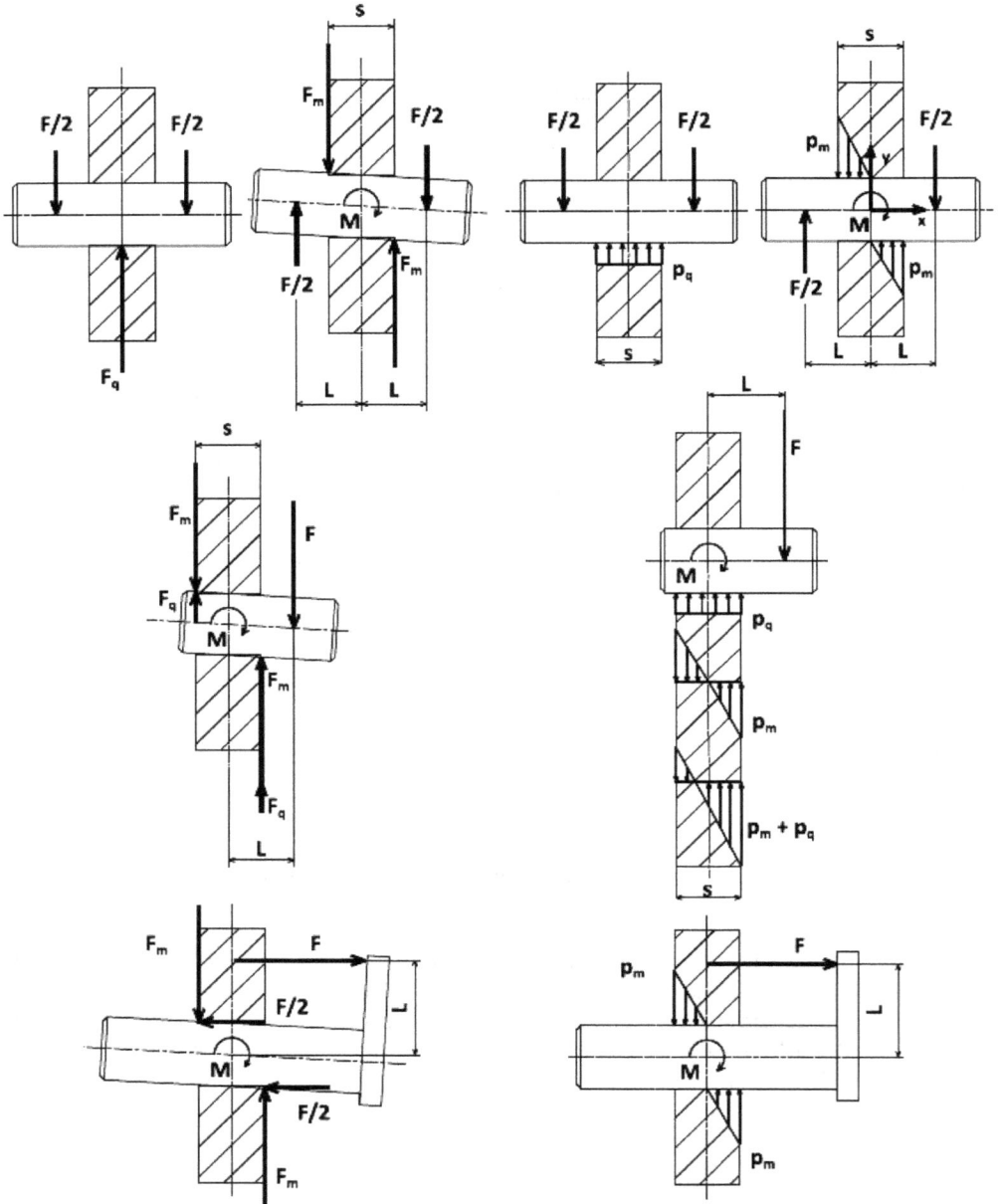

Bild 3.7: Klemmung – Führung

Damit können zwei Fälle unterschieden werden:

$$\frac{L}{s} \geq \frac{1}{2 \cdot \mu} \qquad \text{Gl. 3.13} \qquad\qquad \frac{L}{s} \leq \frac{1}{2 \cdot \mu} \qquad \text{Gl. 3.14}$$

Der Balken wird in der Wand geklemmt. Dieser Umstand wird beispielsweise bei Schraubzwingen genutzt: Im unbelasteten, kraftlosen Zustand kann der Balken in der Wand verschoben werden, aber bei Kraftübertragung wird der Kontakt zur Wand zur festen Einspannung.

Der Balken gleitet in der Wand. Aus dieser Verbindung wird eine Führung, die besonders leichtgängig ist, wenn der Hebelarm L klein und die Dicke der Wand s groß ist.

Die vorstehenden Betrachtungen gehen aber von der modellhaften Voraussetzung aus, dass die Belastung zwischen Balken und Wand punktuell als Kraft übertragen wird. Wird der in der linken Bildhälfte eingezeichnete Spalt zwischen Balken und Einspannung minimiert, so wird die Belastung in der rechten Bildspalte als Flächenpressung abgestützt, was eine erweiterte Diskussion erforderlich macht:

Wird die Kraft zentrisch eingeleitet (oben links in der rechten Bildspalte), so ergibt sich wie beim Niet eine Lochleibung:

$$p_q = \frac{F}{d \cdot s} \quad \text{querkraftbelastet} \qquad\qquad\qquad \text{Gl. 3.15}$$

Wird die Kraft im Detailbild oben rechts je zur Hälfte rechts und links (also in der Gesamtwirkung querkraftfrei) eingeleitet, so entsteht ein Moment, welches über die Flächenpressung p_m abgestützt werden muss.

$$M_{\text{eingeleitet}} = M_{\text{abgestützt}}$$
$$M_b = F \cdot L = \text{Flächenpressung} \cdot \text{Fläche} \cdot \text{Hebelarm}$$

Dazu wird vom Schwerpunkt aus die x-Koordinate nach rechts gezählt:

$$F \cdot L = \int_{-\frac{s}{2}}^{\frac{s}{2}} p_m \cdot dx \cdot d \cdot x$$

Der Durchmesser d ist von der Integration nicht betroffen. Nutzt man weiterhin die Symmetrie aus, so ergibt sich:

$$F \cdot L = 2 \cdot d \cdot \int_{0}^{\frac{s}{2}} p_m \cdot dx \cdot x \qquad\qquad\qquad \text{Gl. 3.16}$$

Ähnlich wie bei Nietverbindungen (vgl. Bild 3.5c) kann auch hier angenommen werden, dass sich die Belastung (hier Pressung) linear zum Abstand bis zum Schwerpunkt verhält, die Flächenpressungsverteilung kann also beschrieben werden zu

$$\frac{p_m}{x} = \frac{p_{m\,max}}{\frac{s}{2}} \quad \Rightarrow \quad p_m = \frac{2 \cdot p_{m\,max}}{s} \cdot x \qquad\qquad \text{Gl. 3.17}$$

Damit erweitert sich Gl. 3.16 zu

$$F \cdot L = 2 \cdot d \cdot \int\limits_0^{\frac{s}{2}} \frac{2 \cdot p_{m\,max}}{s} \cdot x \cdot dx \cdot x = \frac{4 \cdot p_{m\,max} \cdot d}{s} \cdot \int\limits_0^{\frac{s}{2}} x^2 \cdot dx$$

$$F \cdot L = \frac{4 \cdot p_{m\,max} \cdot d}{s} \cdot \frac{1}{3} \cdot \left[x^3\right]_0^{\frac{s}{2}} = \frac{4 \cdot p_{m\,max} \cdot d}{3 \cdot s} \cdot \left(\frac{s}{2}\right)^3 = \frac{4 \cdot p_{m\,max} \cdot d}{3 \cdot s} \cdot \frac{s^3}{8}$$

$$F \cdot L = p_{m\,max} \cdot \frac{d \cdot s^2}{6}$$

Die größte momentenbedingte Flächenpressung p_{mmax} ergibt sich also zu:

$$p_{m\,max} = \frac{6 \cdot L}{d \cdot s^2} \cdot F \quad \text{momentenbelastet} \qquad\qquad \text{Gl. 3.18}$$

Durch die in der Mitte von Bild 3.7 skizzierte Überlagerung von p_q nach Gl. 3.15 und p_{mmax} nach Gl. 3.18 ergibt sich die für die Festigkeit entscheidende maximale Flächenpressung am rechten Einspannrand zu

$$p_{ges\,max} = p_q + p_{m\,max} = \frac{F}{d \cdot s} + \frac{6 \cdot L}{d \cdot s^2} \cdot F = \left(\frac{1}{d \cdot s} + \frac{6 \cdot L}{d \cdot s^2}\right) \cdot F$$

$$p_{ges\,max} = \frac{1}{d \cdot s} \cdot \left(1 + \frac{6 \cdot L}{s}\right) \cdot F \leq p_{zul} \quad \text{momenten- und querkraftbelastet} \qquad \text{Gl. 3.19}$$

Darüber hinaus soll ähnlich wie in der linken Spalte von Bild 3.7 unten auch bei Betrachtung der Pressung der Fall analysiert werden, dass durch eine horizontale Einleitung der Kraft F lediglich eine momentenbedingte Flächenpressung p_m hervorgerufen wird (Bild 3.7 unten). Bei der Formulierung der Coulomb'schen Reibung kann man sich zu Nutze machen, dass eine mittlere Flächenpressung $\bar{p}_m$ unter Annahme der linearen Flächenpressungsverteilung in Anlehnung an Gl. 3.18 genau halb so groß ist wie die maximale Flächenpressung p_{mmax}:

$$\bar{p}_m = \frac{p_{m\,max}}{2} = \frac{3 \cdot L}{d \cdot s^2} \cdot F \qquad\qquad \text{Gl. 3.20}$$

Es wirkt also insgesamt an der Kontaktzone eine (fiktive) Normalkraft

$$F_N = \bar{p}_m \cdot d \cdot s = \frac{3 \cdot L}{s} \cdot F \qquad\qquad \text{Gl. 3.21}$$

Diese Formulierung wurde getroffen, um den Reibkoeffizienten als Quotient aus Reibkraft zu Normalkraft ausdrücken zu können:

$$\mu = \frac{\text{Reibkraft}}{\text{Normalkraft}} = \frac{F}{\frac{3 \cdot L}{s} \cdot F} = \frac{s}{3 \cdot L} \qquad \text{Gl. 3.22}$$

Für den Grenzfall an der Reibungsgrenze gilt hier in Abweichung von Gl. 3.12:

$$\frac{L}{s} = \frac{1}{3 \cdot \mu} \qquad \text{Gl. 3.23}$$

Unter dieser Annahme können die beiden Fälle unterschieden werden:

$$\frac{L}{s} \geq \frac{1}{3 \cdot \mu} \qquad \text{Gl. 3.24} \qquad\qquad \frac{L}{s} \leq \frac{1}{3 \cdot \mu} \qquad \text{Gl. 3.25}$$

Der Balken wird in der Wand geklemmt. Der Balken gleitet in der Wand.

In der Praxis kann kaum mit zuverlässiger Sicherheit geklärt werden, ob sich die Abstützung als Kraft nach Bild 3.7 links oder als Pressung nach Bild 3.7 rechts einstellt. Die lineare Flächenpressungsverteilung nach Bild 3.7 rechts und den Gl. 3.16–3.19 setzt eine perfekte Fertigungsgenauigkeit voraus. Mit zunehmenden Fertigungstoleranzen wird sich die Pressung am Außenrand weiter erhöhen, wobei Bild 3.7 links einen (unrealistischen) Extremfall darstellt. Da stets zur sicheren Seite abgeschätzt werden soll, können die beiden vorherigen Betrachtungen zusammengefasst werden:

$$\frac{L}{s} \geq \frac{1}{2 \cdot \mu} \qquad \text{Gl. 3.13} \qquad\qquad \frac{L}{s} \leq \frac{1}{3 \cdot \mu} \qquad \text{Gl. 3.25}$$

Der Balken wird in der Wand geklemmt. Der Balken gleitet in der Wand.

Der Bereich $\frac{1}{2 \cdot \mu} \leq \frac{L}{s} \leq \frac{1}{3 \cdot \mu}$ muss als „Grauzone" betrachtet werden, deren Funktion als Klemmung oder Führung ungewiss ist und die deshalb gemieden werden soll.

Der mittlere Fall von Bild 3.7 links gewinnt im Maschinenbau als „Stift" besondere Bedeutung: Stifte sind die konstruktive Ausführung einer „festen Einspannung" im Sinne der Mechanik und dienen zur formschlüssigen, unverrückbaren Fixierung zweier Bauteile. Sie werden mit einer Übermaßpassung eingepresst, wodurch eine Drehbewegung gezielt unterbunden wird. Ähnlich wie beim Niet muss auch hier der Querkraftschub betrachtet werden (s. Gl. 3.1 und 3.2), der jedoch in den meisten Fällen unkritisch ist. Weiterhin wird der Stift auf Biegung belastet, wobei die maximale Biegespannung an der Einspannstelle auftritt:

$$\sigma_{b\,max} = \frac{M_{b\,max}}{W_{ax}} = \frac{F \cdot \left(L - \frac{s}{2}\right)}{\frac{\pi \cdot d^3}{32}} \leq \sigma_{bzul} \qquad \text{Gl. 3.26}$$

Die zulässigen Werkstoffkennwerte für Schubspannung τ_{zul}, Flächenpressung p_{zul} und Biegespannung σ_{bzul} können den Tabellen 3.2 und 3.3 entnommen werden.

Tabelle 3.2: Zulässige Flächenpressung Stifte

	p_{zul} in [N/mm^2]		
	quasistatisch	schwellend	wechselnd
E 295 / GG	70	50	32
E 295 / GS	80	56	40
E 295 / Rg, Bz	32	22	16
E 295 / E 235 JR	90	63	45
E 295 / E 295	125	90	56

Tabelle 3.3: Zulässige Biege- und Schubspannung Stifte

	σ_{bzul} [N/mm^2]			τ_{zul} [N/mm^2]		
	quasi-statisch	schwellend	wechselnd	quasi-statisch	schwellend	wechselnd
9S20 (4.6)	80	56	35	50	35	25
E 295 (6.8)	110	80	50	70	50	35
E 335, C35, C 45 (8.8)	140	100	63	90	63	45
E 360	160	110	70	100	70	50

Aufgaben A.3.10 und A.3.12

3.3 Löten (E)

Das Löten hat mit dem Schweißen (s. Abschnitt 3.5) eine wesentliche Gemeinsamkeit: Zwei Bauteile werden durch Erschmelzen und anschließendes Erstarren eines metallischen Verbindungsmaterials stoffschlüssig miteinander verbunden. Zwischen beiden Verbindungstechniken besteht jedoch der folgende wesentliche Unterschied:

Schweißen	Löten
Das Verbindungsmaterial entspricht in den wesentlichen Eigenschaften und Kenndaten denen des Grundwerkstoffs, es muss also sowohl der Schweißwerkstoff als auch der Werkstoff der zu verbindenden Teile in den Randzonen erschmolzen werden.	Das Verbindungsmaterial (Lot) hat i. Allg. einen wesentlich *niedrigeren Schmelzpunkt* als der Grundwerkstoff, der in seinen Randzonen *nicht* erschmolzen wird.

Die Haftung des Lotes am Grundwerkstoff vollzieht sich im Gegensatz zum Schweißen über Diffusion, die von wenigen μm bis zu einigen Millimetern in den Grundwerkstoff hineinwirkt. Durch die vergleichsweise geringe Verarbeitungstemperatur werden die Arbeitsbedingungen erleichtert und nachteilige Gefügeveränderungen im Grundwerkstoff vermieden. Ein zu großer

Abstand in der Spannungsreihe zwischen Grundmaterial und Verbindungsmaterial kann zur Folge haben, dass es zu einer elektrolytischen Zerstörung der Lötstelle kommt.

3.3.1 Löttemperatur (E)

Je nach Anwendung wird das Lot auf eine Temperatur zwischen der sog. Solidustemperatur (Beginn der Erschmelzung) und der sog. Liquidustemperatur (vollständige Erschmelzung) erhitzt. Der Grundwerkstoffs darf jedoch nicht erschmolzen werden. Dabei wird nach folgenden Bereichen differenziert:

- **Weichlöten**: Die Löttemperaturen reichen *bis ca. 450 °C*, wobei Lote auf Zinn- oder Bleibasis verwendet werden. Da damit nur eine relativ geringe mechanische Festigkeit zu erzielen ist, kommt eine Anwendung dann in Frage, wenn Forderungen nach Dichtigkeit oder elektrischer Leitfähigkeit im Vordergrund stehen (z. B. Kabelanschlüsse, Rohrleitungen mit geringer mechanischer Beanspruchung, Kühler, Dosen, Behälter). Bei Dauerbelastung neigen Weichlötverbindungen zum Kriechen. Wegen der niedrigen Arbeitstemperaturen und der damit verbundenen geringen Wärmeenergie ist das Weichlöten relativ einfach zu handhaben.
- **Hartlöten**: Das Hartlöten erfordert Temperaturen von *über ca. 450 °C*, wobei meist teurere kupfer- oder edelmetallhaltige Lote verwendet werden. Die damit erzielbare hohe Festigkeit kann bis an die des Grundwerkstoffs heranreichen, so dass das Hartlöten z. B. bei druckbeanspruchten Rohrleitungen, Drucktanks, Fahrrad- und Fahrzeugrahmen oder beim Aufbringen von Hartmetallplatten auf Werkzeugträgern angewendet wird.
- **Hochtemperaturlöten**: Die Löttemperaturen liegen *über 900 °C*, wobei relativ teure Lote aus Kupfer, Nickel oder Edelmetall verwendet werden. Neben dem erhöhten Aufwand für die Erzeugung der Wärme ist u. U. auch eine Schutzgasatmosphäre erforderlich, um Oxidation zu verhindern. Es kann eine hohe Belastbarkeit erzielt werden, die vielfach der Festigkeit des Grundwerkstoffs entspricht.

3.3.2 Lötverfahren (E)

Grundsätzlich werden folgende Lötverfahren unterschieden:

- **Kolbenlöten**: Die Erwärmung der Lötstelle und das Abschmelzen des Lotes wird mit einem meist von Hand geführten, gas- oder elektrisch beheizten Lötkolben ausgeführt. Wegen der geringen Arbeitstemperaturen bleibt die Kolbenlötung auf das Weichlöten beschränkt.
- **Badlöten oder Tauchlöten**: Die zu verbindenden Teile werden in ein Bad von erschmolzenem Lot getaucht, so dass in der Massenfertigung mehrere Lötungen gleichzeitig ausgeführt werden können. Wenn dem Lötbad beim Eintauchen großer Teile zuviel Wärme entzogen wird und damit die Badtemperatur unzulässig absinkt, kann ein Vorwärmen der Teile sinnvoll sein. Je nach Lot ist eine Flussmittelabdeckung des Lotbades erforderlich.

- **Flammlöten**: Die erforderliche Wärme wird durch das Abbrennen von Gas zugeführt. Die Flamme darf allerdings nicht direkt auf die mit Flussmittel behandelte Lötstelle gerichtet werden, um dessen Wirksamkeit nicht zu beeinträchtigen. Bei Hart- oder Hochtemperaturlötung wird häufig Acetylen als Brenngas unter Hinzugabe von Sauerstoff verwendet. Das Lot wird entweder vor der Erwärmung eingelegt oder während der Erwärmung zugeführt.
- **Warmgaslöten**: Elektrisch vorgeheizte Luft wird durch eine Düse auf die Lötstelle geblasen. Das Lot wird entweder vor der Erwärmung eingelegt oder während der Erwärmung zugeführt.
- **Ofenlöten**: Die zu verlötenden Teile werden in einem meist gasbeheizten Ofen erwärmt, nachdem zuvor das Flussmittel aufgebracht und das Lot eingelegt worden ist. Häufig wird durch Einleiten einer Schutzgasatmosphäre die Oxidbildung verhindert. Das Verfahren ist besonders vorteilhaft bei der Massenfertigung kleiner Teile.
- **Lichtbogenlöten**: Die Wärmezufuhr erfolgt über einen Lichtbogen, dessen Elektrode allerdings im Gegensatz zum Lichtbogenschweißen nicht abgeschmolzen wird. Das Lot selbst wird stromlos hinzugefügt.
- **Induktionslöten**: Die Wärme wird durch einen induzierten Wechselstrom im zu verlötenden Teil erzeugt. Zur Verhinderung einer Oxidbildung wird zuweilen eine Schutzgasatmosphäre verwendet oder aber die Lötung wird im Vakuum ausgeführt.
- **Direktes Widerstandslöten**: Die Wärme wird durch Stromfluss durch die zu verlötenden Teile hervorgerufen.
- **Indirektes Widerstandslöten**: Die Wärme wird durch Strombeschickung eines externen elektrischen Widerstandes erzeugt.
- **Laserstrahllöten**: Die Wärme wird durch Absorption monochromatischer Laserstrahlung eingebracht. Die Laserstrahllötung wird bei hohen Temperaturen verwendet und erfolgt unter Schutzgasatmosphäre. Es können hohe Energiedichten bei minimalen Wärmeeinbringflächen erzielt werden.
- **Elektronenstrahllöten**: Aufgrund der hohen Energiedichte können große Bauteile an örtlich begrenzten Lötstellen erwärmt werden.

Grundsätzlich wird unterschieden nach Spaltlöten und Fugenlöten:

- **Spaltlöten**: Das erschmolzene Lot wird durch Kapillarwirkung in den parallelen, 0,05 bis 0,25 mm weiten Spalt gezogen. Die Bewegung des Lotes ist möglichst zu erleichtern, beispielsweise sind senkrecht zur Fließrichtung angeordnete Bearbeitungsriefen zu vermeiden.
- **Fugenlöten**: Die zu verlötenden Flächen werden in einem Abstand von ca. 0,5 mm zueinander positioniert. Ähnlich wie beim Schweißen kann die Fuge auch X- oder V-förmig vorbereitet werden, wobei die keilförmige Fuge mit erschmolzenem Lot aufgefüllt wird.

Da die metallische Verbindung durch Diffusion zustande kommt, ist eine besondere Vorbereitung der Lötflächen erforderlich:

- Die Fügestellen müssen sauber sein, die zu verlötenden Flächen sind ggf. *mechanisch* zu *reinigen*.
- Um die Benetzung mit Lot zu erleichtern, darf die *Fläche nicht zu rau* sein; die Rautiefe darf nicht über 20 µm betragen.

- Oxide beeinträchtigen die Bindungsfähigkeit und damit die Belastbarkeit. Zur Verhinde-rung bzw. zur Entfernung von Oxidschichten werden sogenannte Flussmittel (DIN 8511) eingesetzt. Sie werden entweder als Flüssigkeit, Paste oder Pulver aufgetragen oder mit dem Lot der Lötstelle zugeführt (Lot als Hohlstab, Lotmantel). Flussmittelreste sind nach dem Lötvorgang zu entfernen, da sie u. U. langfristig chemische Reaktionen und damit Korrosion herbeiführen können.

3.3.3 Festigkeitsberechnung von Lötverbindungen (E)

Die Belastbarkeit von Lötverbindungen wird nach der elementaren Festigkeitslehre angesetzt, wobei man sich in der Regel auf die Annahme eines einachsigen Zug- oder Schubspannungs-zustandes beschränkt, so dass in Anlehnung an Kapitel 0 formuliert werden kann.

$$\sigma_{tats} = \frac{F}{A} \leq \sigma_{zul} \qquad \text{Gl. 3.27} \qquad \text{bzw.} \qquad \tau_{tats} = \frac{F}{A} \leq \tau_{zul} \qquad \text{Gl. 3.28}$$

Die Beanspruchung sollte vorzugsweise als Schub eingeleitet werden. Die zulässigen Span-nungswerte hängen entscheidend von der Größe der Lötflächen, von der Weite des Lötspaltes, von der Lötart, von den Eigenschaften des Lotes und des Flussmittels und von der Arbeits-sorgfalt ab. Wegen dieser Unsicherheit empfiehlt die DIN 8525 eine mindestens zweifache Sicherheit. Tabelle 3.4 gibt einige Anhaltswerte für zulässige Schubspannungen beim Hartlö-ten:

Tabelle 3.4: Zulässige Schubspannung Hartlötverbindungen

Lot	τ_{zul} statisch	τ_{zul} schwellend	τ_{zul} wechselnd
Kupferlot L-Cu	$50\ldots70\,\text{N/mm}^2$	$30\ldots40\,\text{N/mm}^2$	$15\ldots25\,\text{N/mm}^2$
Messinglot L-CuZn	$80\ldots90\,\text{N/mm}^2$	$55\ldots65\,\text{N/mm}^2$	$15\ldots25\,\text{N/mm}^2$
Silberlot L-Ag	$50\ldots70\,\text{N/mm}^2$	$30\ldots40\,\text{N/mm}^2$	$15\ldots25\,\text{N/mm}^2$
Neusilberlot L-CuNi	$80\ldots90\,\text{N/mm}^2$	$55\ldots65\,\text{N/mm}^2$	$15\ldots25\,\text{N/mm}^2$

Aufgaben A.3.13 und A.3.14

3.3.4 Gestaltung von Lötverbindungen (E)

Anhand der folgenden Gegenüberstellung ausgeführter Lötungen sollen einige Gestaltungs-hinweise aufgeführt werden.

Stumpfstöße sind wegen ihrer geringen Lötfläche ungeeignet. Deshalb sind Überlappung (a), Laschung (b), Doppellaschung (c) und Schäftung (d) vorzuziehen. Durch diese Maßnahmen wird außerdem die äußere Belastung als vorteilhafte Schubspannung und nicht als Zugspannung in die Lötnaht eingeleitet.

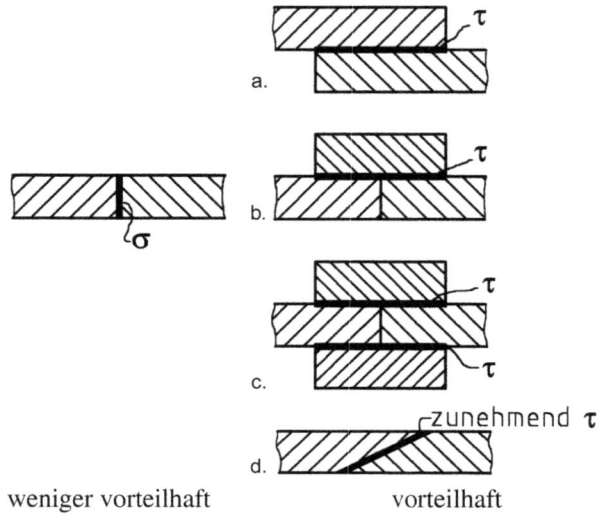

weniger vorteilhaft   vorteilhaft

Bild 3.8: Blechverbindungen

Querüberlappungen neigen zum Abheben, weil die Lötnaht ungleichmäßig auf Zug beansprucht wird. Die Falznaht entlastet die Lötnaht, weil die Kraftübertragung auf den Formschluss verlagert wird.

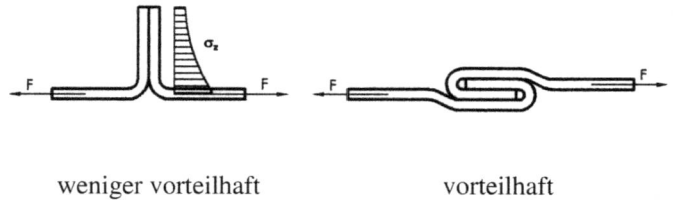

weniger vorteilhaft   vorteilhaft

Bild 3.9: Dünnblechverbindungen

Steckverbindungen sind zu bevorzugen, weil sie eine größere Verbindungsfläche und damit eine größere Festigkeit aufweisen. Außerdem wird dann die Belastung vorzugsweise als Schubspannung in die Lötnaht eingeleitet.

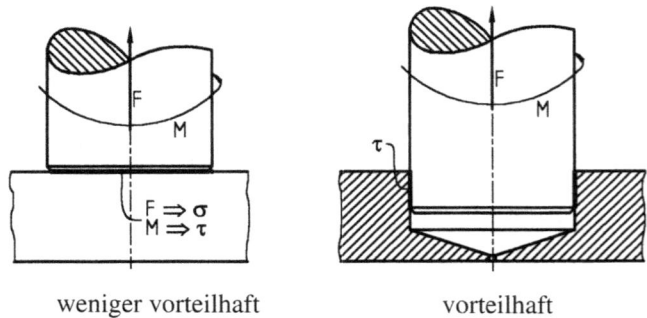

weniger vorteilhaft   vorteilhaft

Bild 3.10: Bolzenverbindungen

Der Lotring muss so eingelegt werden, dass das Eindrin-
gen des erschmolzenen Lotes
in den Lötspalt möglichst begünstigt wird.

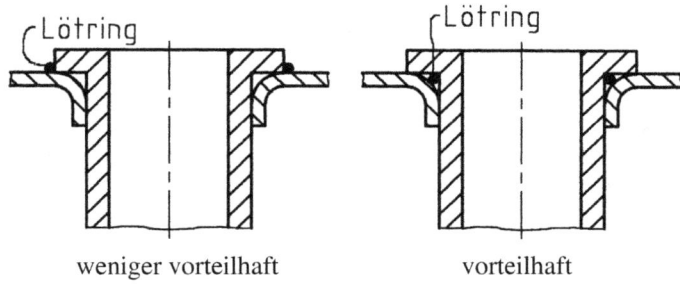

weniger vorteilhaft · · · · · · · · · · vorteilhaft

Bild 3.11: Löten mit Lötformstück

Stumpf gelötete Rohrverbindungen weisen wegen ihrer
kleinen Lötfläche eine geringe
Festigkeit auf. Kegelige Stöße
vergrößern die Fläche und lei-
ten die Belastung vorzugsweise als Schub ein.

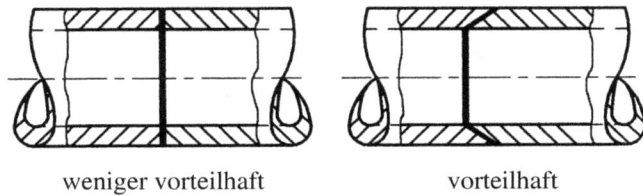

weniger vorteilhaft · · · · · · · · · · vorteilhaft

Bild 3.12: Rohrverbindungen

Gesteckte und vermuffte Verbindungen schaffen größere
Verbindungsflächen und damit größere Festigkeit. Bei
dynamischer Belastung weist
die Lötverbindung ein besonders günstiges Festigkeitsverhalten auf, wenn ein möglichst
gleichmäßiger Kraftfluss ohne
schroffe Übergänge und Steifigkeitssprünge vorliegt.

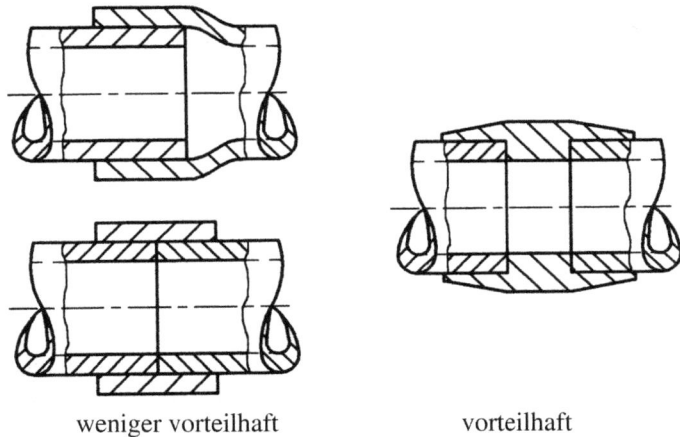

weniger vorteilhaft · · · · · · · · · · vorteilhaft

Bild 3.13: Gemuffte Verbindungen

3.4   Kleben (E)

Kleben ist der Sammelbegriff für stoffschlüssig Verbindungstechniken mit *nicht*metallischen Zusatzwerkstoffen (Klebstoff). Klebeverbindungen sind mechanisch weniger belastbar als Hart- oder Hochtemperaturlötverbindung und und kommen dann in Frage, wenn eine oder mehrere der folgenden Forderungen erhoben werden:

- Die zu verbindenden Bauteile dürfen weder erwärmt noch in ihrem Gefüge beeinträchtigt werden.
- Dünne Werkstücke (Bleche) vertragen nicht den mit dem Schweißen verbundenen Wärmeeintrag.
- Es werden verschiedenartige Werkstoffe untereinander verbunden.
- Die Bauteile sind nicht lötbar oder schweißbar.
- Die Verbindung muss elektrisch isolierend sein.
- Die Verbindung soll schwingungs- oder schalldämmend sein.
- Die Verbindungtechnik soll Fugen füllen oder dichten.
- Das Fertigungspersonal ist mit anderen Verbindungstechniken nicht vertraut.

Klebstoffe liegen in flüssiger oder pastöser Form oder als Folie vor. Nach der Art des Abbindens lassen sich unterscheiden:

Physikalisch abbindende Klebstoffe

- **Kontaktklebstoffe** werden beidseitig aufgetragen, abgelüftet und unter kurzem, hohem Druck gefügt.
- **Schmelzklebstoffe** werden in geschmolzenem Zustand (meist zwischen 150 und 190 °C) aufgetragen und vor dem Erstarren gefügt.
- **Plastisole** sind lösungsmittelfrei, werden in teigigem Zustand aufgetragen und binden bei Temperaturen von 140–200 °C ab.

Chemisch abbindende Klebstoffe

- **Einkomponentenkleber** binden meist durch Verflüchtigung eines Lösungsmittels oder durch erhöhte Temperatur ab.
- **Zweikomponentenkleber** werden erst unmittelbar vor der Verarbeitung miteinander vermischt, wodurch die Abbindung in Gang gesetzt wird. Ggf. kann durch erhöhte Temperatur die mechanische Festigkeit der Klebung gesteigert und die Abbindungszeit verkürzt werden.

Die Klebeverbindung hat bezüglich ihrer Festigkeit zwei Dimensionierungsaspekte:

- Der Klebstoff haftet mittels **Adhäsion** an der Oberfläche des Grundwerkstoffs. Die Festigkeit und langfristige Haltbarkeit einer Klebeverbindung hängt also ganz entscheidend von der Beschaffenheit und Vorbehandlung der zu verklebenden Flächen ab. Diese müssen grundsätzlich sowohl mechanisch von Rost, Oxiden, Zunder, Farbresten und Schmutz gesäubert, durch Bürsten, Schleifen, Schmirgeln oder Sandstrahlen aufgeraut und mit Aceton, Methylenchlorid, Perchloräthylen, Trichloräthylen oder Dampf entfettet werden.
- Der Klebstoff überträgt den Kraftfluss in sich selbst durch **Kohäsion**, die vom Anwender vor allen Dingen durch genaue Einhaltung der Verarbeitungshinweise und Mischverhältnisse begünstigt werden kann.

Die zulässige Schubspannung wird wesentlich beeinflusst durch

- die Art und Beschaffenheit des Grundmaterials
- die Verformung der Umgebungskonstruktion und die damit verbundene Ungleichmäßigkeit der Lastverteilung
- die Größe des Klebespalts
- die Oberflächenrauheit
- die Einsatztemperatur
- die Wärmealterung
- den zeitlicher Belastungsverlauf (statisch, schwellend, wechselnd)
- die Art der Aushärtung

Wegen dieser vielfältigen Einflussparameter lassen sich häufig keine gesicherten Daten für die mechanische Festigkeit eines Klebstoffs angeben. Grundsätzlich gilt folgende grobe Einteilung:

Tabelle 3.5: Werkstoffkennwerte Klebeverbindungen

Festigkeitsklasse	zulässige Schubspannung	Umgebungsbedingungen	Einsatzbeispiele
gering	$\tau_{zul} < 5\,\text{N/mm}^2$	nur für trockene Umgebung geeignet	Feinwerktechnik, Modell- oder Möbelbau
mittel	$5\,\text{N/mm}^2 \leqslant$ $\tau_{zul} \leqslant 10\,\text{N/mm}^2$	es muss mit ölhaltiger Umgebung gerechnet werden	Maschinen- und Fahrzeugbau
hoch	$\tau_{zul} > 10\,\text{N/mm}^2$	Die Klebeverbindung ist wässriger Lösung, Öl, Treibstoff oder Lösungsmittel ausgesetzt	Fahrzeug-, Flugzeug-, Schiff- oder Behälterbau

In vielen Fällen kann die Festigkeit der Klebeverbindung durch eine erhöhte Aushärtetemperatur gesteigert werden. Für einen handelsüblichen Epoxidharzkleber wird eine Abhängigkeit nach Tabelle 3.6 angegeben.

Tabelle 3.6: Steigerung der Festigkeit durch erhöhte Aushärtetemperatur

Aushärtetemperatur in °C	20	40	70	100	180
zulässige Schubspannung in N/mm^2	12	18	20	25	30

Da der Klebstoff häufig eine sehr viel geringere Spannung übertragen kann als der Grundwerkstoff, kann die Festigkeit der Verbindung insgesamt nur durch eine Vergrößerung der Klebefläche gesteigert werden. Dies kann aber nur dann vorteilhaft ausgenutzt werden, wenn die Belastung als Schub in die Klebefuge eingeleitet wird, was durch Schäftung, Überlappung und Laschung (wie bei Lötverbindungen) begünstigt wird. Große Überlappungslängen neigen zu einer Ungleichmässigkeit der Schubspannungsverteilung, was an Hand von Bild 3.14 modellhaft verdeutlicht werden soll:

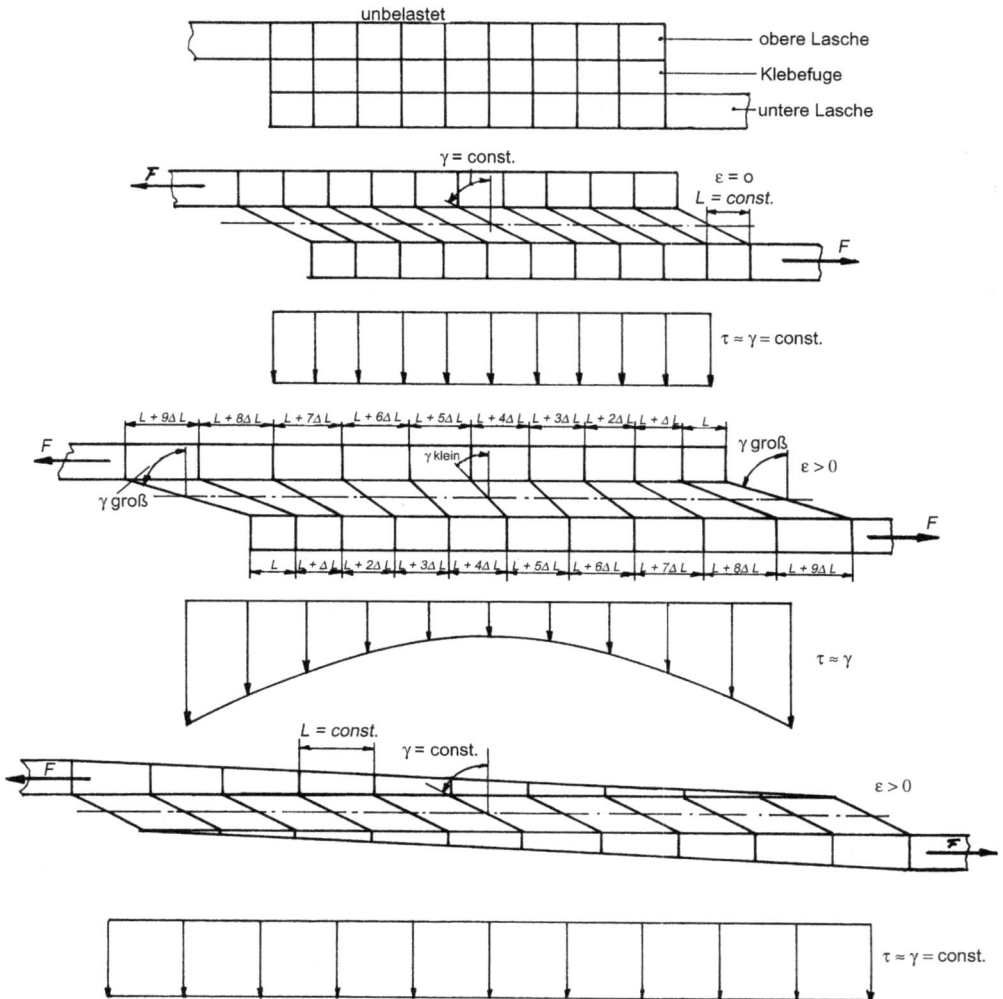

Bild 3.14: Spannungsverteilung einer schubbelasteten Klebefuge

- Das obere Bildviertel gibt schematisch eine unbelastete Klebeverbindung zweier Laschen wieder, die Klebefuge selbst ist durch kleine Rechtecke zwischen diesen Laschen angedeutet.
- Wird die Klebefuge im zweiten Bildviertel belastet, so werden die ursprünglichen Rechtecke der Klebefuge zu Parallelogrammen deformiert, wobei sich der Scherwinkel γ pro-

portional zur sich einstellenden Schubspannung τ verhält. Die Schubspannungsverteilung ist konstant, weil überall ein gleich großer Scherwinkel auftritt.

- Voraussetzung für die gleichmäßige Schubspannungsverteilung war jedoch, dass die rechteckförmigen Elemente der Laschen bei der Belastung ihre Länge L beibehalten. Tatsächlich ist dies jedoch nicht der Fall, weil auch die zugspannungsbelastete Lasche eine Deformation in Form einer relativen Längenänderung ε erfährt. Nur am unbelasteten Ende des Grundwerkstoffes bleibt die Länge des Laschenelementes L erhalten, während es zum belasteten Ende hin um ΔL gedehnt wird. Diese Längenänderung nimmt zur Lasteinleitungsstelle hin immer weiter zu, weil das einzelne Längenelement einer immer größeren Zugbelastung ausgesetzt ist.

- Weil zu den beiden Enden der Verbindung hin ein immer weniger belastetes Element der einen Lasche einem zunehmend höher belasteten Element der anderen Lasche gegenübersteht, ergeben sich in der Klebefuge am Rand größere und in der Mitte kleinerer Scherwinkel. Durch die Proportionalität von Scherwinkel und Schubspannung wird die darunter skizzierte Schubspannungsüberhöhung zum jeweiligen Ende hin hervorgerufen.

- Da in allen Belastungsfällen gleiche Zugkräfte F_Z vorausgesetzt wurden, müssen beide Schubspannungsverteilungen den gleichen Flächeninhalt ergeben. Wegen der Überhöhung zu den Enden hin muss die Schubspannung in der Mitte geringer sein.

- Diese Schubspannungsüberhöhung fällt besonders deutlich aus, wenn die für das Kleben typischen großen Überlappungslängen vorliegen und wenn die Lasche wegen ihres geringen Elastizitätsmoduls oder ihrer geringen Wandstärke besonders verformungswillig ist.

- Die Schubspannungsüberhöhung lässt sich im letzten Bildviertel reduzieren, wenn die Lasche so verjüngt wird, dass jedes Laschenelement trotz der unterschiedlichen Zugbelastung die gleiche Längenänderung ΔL erfährt. Daraus resultiert letztlich die grundsätzliche Forderung, Steifigkeitssprünge an der Verbindungsstelle zu vermeiden.

Grundsätzlich treten diese Probleme des Steifigkeitssprunges auch bei anderen Verbindungstechniken auf. Die wichtigsten Metallklebstoffe sind in den VDI-Richtlinien 2229 zusammengestellt. Für die spezielle Eignung und die Verarbeitung der Kleber sind die Herstellerhinweise zu beachten.

Aufgaben A.3.15 und A.3.16

3.5   Schweißen (E)

Der Begriff „Schweißen" wird für unterschiedliche Verarbeitungstechniken und für unterschiedliche Werkstoffe verwendet (z. B. in der Kunststofftechnik oder als „Laserschweißen" sogar in der Augenmedizin). Die folgenden Ausführungen konzentrieren sich jedoch speziell auf das Schweißen metallischer Werkstoffe und dabei besonders auf Stahl. Innerhalb dieser Gruppe lassen sich die folgenden Anwendungsbereiche unterscheiden:

- **Verbindungsschweißen** als Verbindungstechnik
- **Flickschweißung** zur Reparatur von Rissen und Brüchen

- **Auftragschweißung** zum Aufbringen von verschleißfesten, säure- oder gasdichten Schichten oder zur Erneuerung verschlissener Flächen

Die beiden letztgenannten Anwendungen sind allerdings nicht Gegenstand dieses Kapitels. Die Technologie des Schweißens in all' ihrer Vielfalt ist zu komplex, um an dieser Stelle in knapper Form vorgestellt zu werden. Die folgenden Ausführungen beschränken sich also auf die wesentlichen Verfahrensmerkmale, ansonsten wird eine Konzentration auf die zentrale Frage nach der Festigkeit einer Schweißverbindung versucht.

Das Verbindungsschweißen hat sich im Maschinenbau zu einem Fertigungsverfahren mit besonders breiter Anwendung entwickelt. Es wird vor allen Dingen dort eingesetzt, wo es auf Leichtbau ankommt oder wo Einzel- oder Reparaturfertigung vorliegt. Das Schweißen erspart in vielen Fällen Fixkosten, die für andere Herstellungsverfahren typisch sind: Beim Gießen wird ein Modell erforderlich und beim Schmieden muss ein Gesenk bereit gestellt werden.

3.5.1   Schweißverfahren (E)

Die DIN 1910, T2 unterscheidet das Verbindungsschweißen nach der Gestaltung der Bauteile, der Art des Werkstoffs, den zur Verfügung stehenden Fertigungsmethoden und dem Ablauf des Schweißvorganges. Die Einteilung der Schweißverfahren erfolgt zunächst einmal in die beiden Hauptgruppen Schmelz- und Pressschweißen.

Die wichtigsten Verbindungsschweißverfahren sind:

Schmelz-Verbindungsschweißen:	Press-Verbindungsschweißen:
Beim Schmelz-Verbindungsschweißen werden die Teile örtlich *über* die Schmelztemperatur (flüssiger Zustand) hinaus erwärmt.	Beim Press-Verbindungsschweißen erfolgt das Verbinden der Teile unter Anwendung von Kraft bei örtlich begrenzter Erwärmung *unter* der Schmelztemperatur (teigiger Zustand).
Gießschmelzschweißen Gasschmelzschweißen Lichtbogenschmelzschweißen Strahlschweißen – Lichtstrahlschweißen – Elektronenstrahlschweißen – Laserstrahlschweißen – Plasmastrahlschweißen Widerstandsschmelzschweißen	Heizelementschweißen Gießpressschweißen Gaspressschweißen Walzschweißen Feuerschweißen Diffusionsschweißen Lichtbogenpressschweißen Kaltpressschweißen Schockschweißen Ultraschallschweißen Reibschweißen Widerstandspressschweißen

In einer weiteren Differenzierung in der unteren Hälfte des Schemas wird nach Art der einge-setzten Wärmequelle bzw. der Energiezufuhr unterschieden. Weiterhin sind noch verfahrens-technische Merkmale aufgeführt.

Das Ultraschallschweißen vermeidet starke thermische Belastungen der zu verbindenden Tei-le, wodurch Gefügeveränderungen weitgehend unterbleiben. Beim Widerstandspressschwei-ßen (z. B. Punktschweißen, Buckelschweißen, Rollnahtschweißen, Abbrennstumpfschweißen) wird die Wärmeenergie als elektrische Energie unter Ausnutzung des elektrischen Widerstan-des der Verbindungsstelle eingebracht. Das Reibschweißen nutzt die bei Relativbewegung un-ter hoher Pressung entstehende Wärme aus. Werden Teile unter Drehbewegung zusammenge-fügt, so lässt sich eine besonders hohe Relativgeschwindigkeit und damit eine hohe Tempera-tur erzielen. Elektronen-, Plasma- und Laserstrahlschweißen sind besonders vorteilhaft, weil sie wegen ihrer hohen Energiekonzentration Schweißungen in eng begrenzten Abmessungen erlauben und deshalb nur kleine Wärmeeinflusszonen entstehen, was sich vorteilhaft auf die Festigkeit auswirkt. Diese Schweißverfahren benötigen allerdings einen großen peripheren Aufwand, sie können beispielsweise in der Regel nur im Vakuum betrieben werden.

Für die Art des Schweißverfahrens werden folgende Kurzbezeichnungen verwendet:

G	Gasschweißen
E	Lichtbogenhandschweißen
WIG	Wolfram-Inertgas-Schweißen (meist mit Argon als Schutzgas)
MIG	Metall-Inertgas-Schweißen (meist mit Argon als Schutzgas)
MAG	Metall-Aktivgas-Schweißen (meist mit CO_2)
UP	Unterpulverschweißen

3.5.2   Schweißbarkeit der Werkstoffe (V)

Die Schweißeignung ist eine werkstoffkundlich-metallurgische Frage, wobei der wichtigste Gesichtspunkt die chemische Zusammensetzung des Stahls ist. Unlegierte Stähle (E 295, E 335, E 360) neigen bei einem Kohlenstoffgehalt von mehr als 0,22 % zur Aushärtung und sind dann nur noch bedingt zum Schweißen geeignet. Aufhärtungen lassen sich jedoch durch Vorwärmen und kontrolliertes Abkühlen vermeiden. Die Wirkung von weiteren Legierungs-elementen auf die Aufhärtung ist unterschiedlich. Mangan beispielsweise erhöht nicht nur die Festigkeit, sondern auch die Zähigkeit und wirkt sich damit günstig auf die Schweißbarkeit aus und wird deshalb als Hauptlegierungsbestandteil bis ca 1,5 % bei Feinkornstählen verwendet. In austenitischen Cr-Ni-Stählen setzt Mangan bis ca. 6 % die Rissneigung herab. Ein weite-rer wichtiger Aspekt ist die Erschmelzungs- und Vergießungsart. Stähle, die in schweißnahen Zonen aufhärten, verspröden oder zur Rissbildung neigen, sind zum Verschweißen ungeeig-net. Dieses Aufhärtungsverhalten tritt besonders in Zonen mit Anreicherungen von Schwefel, Phosphor, Stickstoff und Kohlenstoff (Seigerungen) auf. Deshalb sind beruhigt vergossene Stähle, bei denen mit 0,1 bis 0,3 % Silizium Entmischungsvorgänge beim Erstarren vermieden werden, besser zum Schweißen geeignet.

Hochbeanspruchte Schweißkonstruktionen sollen sich bei etwaiger Überbelastung möglichst plastisch verformen und nicht etwa mit einem Sprödbruch (verformungslosem Bruch) versagen. Die Neigung zum Sprödbruch wächst mit abnehmender Temperatur, steigender Beanspruchungsgeschwindigkeit und zunehmender Mehrachsigkeit der Beanspruchung (z. B. auch verursacht durch Kerbwirkung oder Anrisse). Außerdem sind Schweißungen in Bereichen, die zuvor kaltverformt worden sind, problematisch und deshalb zu vermeiden.

3.5.3   Nahtformen (E)

Die Nahtform wird durch die Lage der zu verbindenden Teile am Schweißstoß sowie durch die Nahtvorbereitung bestimmt. DIN 8551 und DIN 8552 machen Angaben über Fugenform und Nahtvorbereitung. Grundsätzlich wird zwischen Stumpf- und Kehlnaht unterschieden.

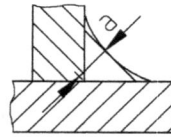

Stumpfnaht

Vorteil: Stumpfnähte sind festigkeitsmäßig günstiger, besonders wenn die Nahtwurzel durch eine Gegenlage verschweißt wird.

Nachteil: Die Fuge der Naht muss im allgemeinen Fall durch spanende Bearbeitung vorbereitet werden.

Kehlnaht

Vorteil: Kehlnähte erfordern normalerweise keine Nahtvorbereitung und sind einfacher anzubringen, da während des Schweißens die richtige Lage der Schweißnaht ertastet werden kann, ohne dass der Schweißer die Naht selbst sehen muss.

Nachteil: Kehlnähte sind festigkeitsmäßig ungünstiger.

Bild 3.15: Stumpfnaht und Kehlnaht

3.5.3.1   Stumpfnaht (E)

Bei Stumpfnähten ist eine weitere Differenzierung nach Bild 3.16 angebracht. Dabei werden Buchstaben verwendet, die die Form der Naht beschreiben:

In allen Fällen ist die Nahtdicke a gleich der Blechdicke s, was für die nachfolgend erläuterte Festigkeitsberechnung der Schweißnaht von besonderer Wichtigkeit ist. Bei dicken Blechen werden Tulpen- oder U-Nähte verwendet. Durch nachträgliches Abarbeiten der Nahtüberhöhung wird die Kerbwirkung verringert und die Dauerfestigkeit verbessert.

Werden zwei ungleich dicke Bleche verschweißt (Bild 3.17), so sollen die dadurch aufeinandertreffenden unterschiedlichen Steifigkeiten durch entsprechende Bearbeitung aneinander angeglichen werden (vgl. auch Bild 3.14). Ein erhöhter Aufwand für die Nahtvorbereitung ist besonders bei dynamischer Belastung erforderlich. In allen Fällen ist die festigkeitsmäßig maßgebende Nahtdicke der geringeren Blechdicke gleichzusetzen: $a = s_{min}$.

| I-Naht für dünne Bleche (s ⩽ 3 mm) | V-Naht für dicke Bleche s = 5...15 mm | V-Naht mit Gegen-schweißung | HV-Naht (Halb-V-Naht) | X-Naht für Blechdicken s = 10...30 mm | K-Naht |

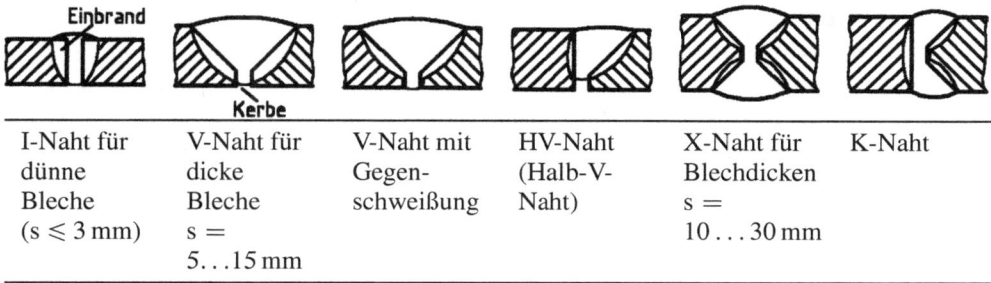

Bild 3.16: Nahtformen Stumpfnaht

Stumpfnähte für **statische** Beanspruchung

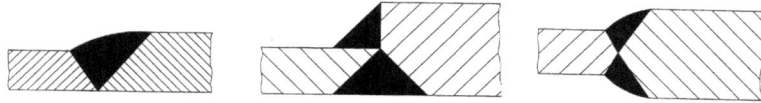

Stumpfnähte für **dynamische** Beanspruchung

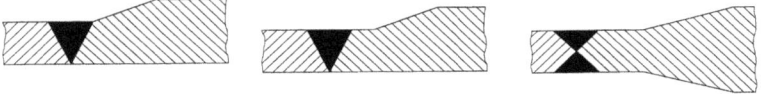

brauchbar   besser   optimal

Bild 3.17: Reduzierung von Steifigkeitssprüngen

3.5.3.2   Kehlnaht (E)

Bei Kehlnähten, die bei überlappten Stößen und T-Stößen angebracht werden, wird nach Wölb-, Flach- und Hohlnaht unterschieden. Die festigkeitsmäßig maßgebende Nahtdicke a

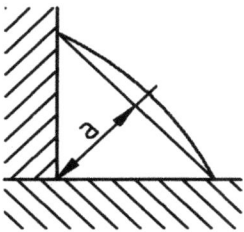

Wölbkehlnaht

Festigkeitsminderung durch Einbrandkerben an den Übergangsstelle

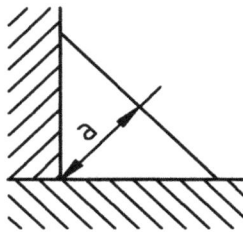

Flachkehlnaht

wirtschaftlichste Kehlnaht, geringst mögliches Schweißnahtvolumen

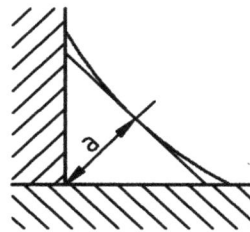

Hohlkehlnaht

guter Übergang der Kraftlinien in den Grundwerkstoff

Bild 3.18: Nahtformen Kehlnaht

ist bei allen Varianten gleich der Höhe des in den Nahtquerschnitt eingeschriebenen gleich-schenkligen Dreiecks (s. auch Bild 3.15 rechts).

Die Dicke der Kehlnaht darf beim klassischen Lichtbogenschweißen 3 mm nicht unterschrei-ten, weil dann das Verfahren nur schwer handhabbar ist, und das 0,7-fache der minimalen Blechdicke nicht überschreiten, weil dann die Gefahr besteht, dass der übermäßige Wärme-eintrag das Material verbrennt:

$$3\,\text{mm} \leqslant a \leqslant 0,7 \cdot s_{min} \qquad\qquad\qquad\qquad\qquad\qquad \text{Gl. } 3.29$$

Grundsätzlich kann die Kehlnaht einseitig oder doppelseitig aufgebracht werden:

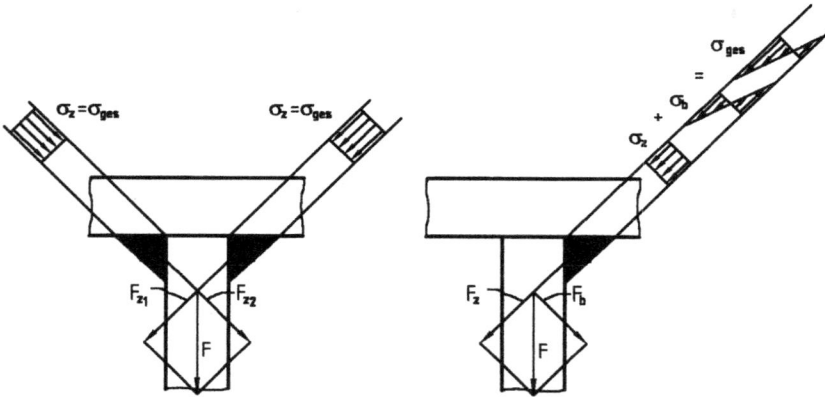

Doppelkehlnaht

Die Doppelkehlnaht ergibt eine deutlich höhere Belastbarkeit, weil sich die Gesamtbelastung F in die Zugbelastung F_{Z1} und F_{Z2} aufteilt und dabei in der Naht selber keine Biegekomponente auftritt. Diese Nahtform erfordert jedoch eine beidseitige Zugänglichkeit der Schweißstelle.

Einseitige Kehlnaht

Die Gesamtkraft F belastet den Nahtquerschnitt auf Zugspannung σ_Z und Biegespannung σ_b, wobei sich eine ungünstige Spannungsverteilung und eine geringe Belastbarkeit ergeben. Diese Betrachtung ist allerdings übertrieben modellhaft. Tatsächlich fällt besonders bei dünnen, flexiblen Blechen die Momentenbelastung fast völlig weg.

Bild 3.19: Einseitige und zweiseitige Kehlnaht

3.5.4   Festigkeitsberechnung von Schweißverbindungen (E)

Die Festigkeitsberechnung von Schweißverbindungen erfolgt prinzipiell wie der Festigkeits-nachweis des Grundwerkstoffs, was bereits in Kap. 0 zum Ausdruck kam:

$$\text{Gl. } 0.4: \quad \sigma_{tats} \leqslant \sigma_{zul} \qquad \text{bzw. Gl. } 0.5: \quad S = \frac{\sigma_{zul}}{\sigma_{tats}}$$

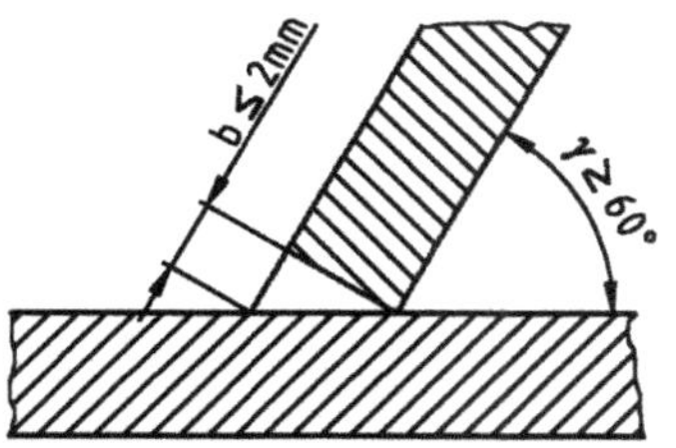

Bei Kehlnähten stehen die Bleche häufig senkrecht zueinander. Bei schräg angesetzten Blechen lassen sich Kehlnähte nur dann einwandfrei ausführen, wenn bei rechtwinkliger Stirnfläche des anzuschweißenden Bleches b $\leq$ 2 mm und $\gamma \geq 60°$ ist.

Bild 3.20: Schräg angesetzte Kehlnaht

Im allgemeinen Fall ergibt sich die tatsächliche Spannung σ als Vergleichsspannung σ_V (s. Abschnitt 1.3.2). Bei der Ermittlung der zulässigen Spannung müssen die spezifisch schweißtechnischen Gesichtspunkte berücksichtigt werden.

3.5.4.1   Tatsächliche Spannungen (E)

Die Berechnung der Nennspannung in der Schweißnaht ist für viele Anwendungsbereiche gesetzlich vorgeschrieben (Deutsche Bahn, Brückenbau, Fördertechnik, Druckbehälterbau, Kessel- und Rohrleitungsbau, Hochbau, Schiffbau). Für den allgemeinen Maschinenbau gibt es jedoch *keine* genormten Berechnungsvorschriften. Die im folgenden vorgestellte Vorgehensweise lehnt sich im Wesentlichen an die bereits behandelten Grundlagen der Bauteildimensionierung (Kap. 0 und 1) an.

Zug- und Druckspannung   Die Zug- bzw. Druckspannung errechnet sich wie unter Gl. 0.1 zu

$$\sigma_{Z/D} = \frac{F}{A}$$

Dabei formuliert sich die Nahtfläche A als Rechteckfläche aus der Nahtlänge L und der Nahtdicke a, so wie sie oben bereits gekennzeichnet worden ist. Bei der Festlegung der für die Festigkeitsberechnung maßgebenden Nahtlänge L müssen jedoch einige schweißtechnische Besonderheiten berücksichtigt werden:

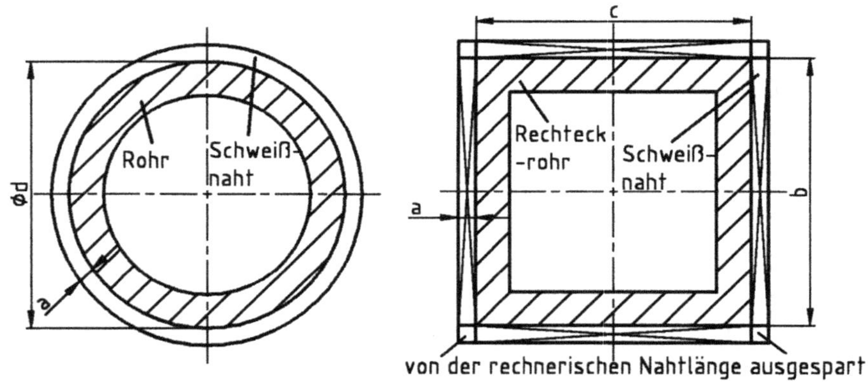

von der rechnerischen Nahtlänge ausgespart

Rechnerische Nahtlänge beim Anschweißen eines runden Rohres auf eine Grundplatte:

Die spannungsübertragende Fläche der Schweißnaht ergibt sich als Kreisringfläche. Da die Nahtdicke klein gegenüber dem Rohrdurchmesser ist, kann die Kreisringfläche näherungsweise als „abgewickeltes Rechteck" angenommen werden kann:

$$A = d \cdot \pi \cdot a \qquad \text{Gl. 3.30}$$

Rechnerische Nahtlänge beim Anschweißen eines Rechteckrohres auf eine Grundplatte:

Die spannungsübertragende Fläche der Schweißnaht ergibt sich als Summe von Einzelrechteckflächen, wobei sicherheitshalber die Eckquadrate rechnerisch ausgespart werden müssen, weil sie sich aufgrund ihrer geometrischen Lage nicht vollständig an der Lastübertragung beteiligen können:

$$A = 2 \cdot (c + b) \cdot a \qquad \text{Gl. 3.31}$$

Bild 3.21: Schweißnahtfläche

Die vorangegangenen Beispiele gehen davon aus, dass die Schweißnaht „rundherum", also ohne Unterbrechung angebracht ist. Im weiterführenden Beispiel von Bild 3.22 ist dies nicht der Fall.

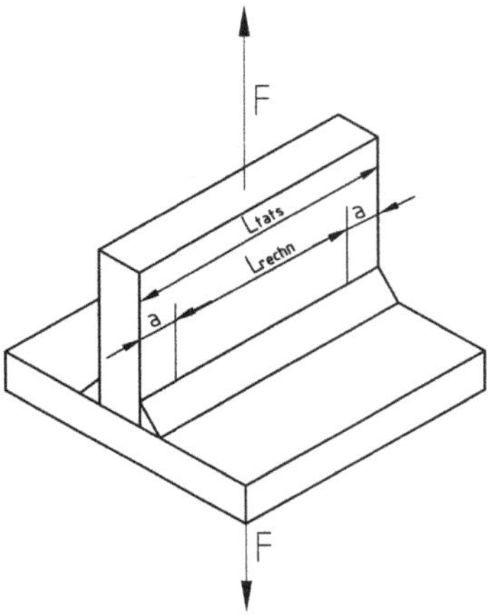

$$\sigma = \frac{F}{2 \cdot A}$$

A: nutzbarer Nahtquerschnitt
$= 2 \cdot L_{rechn} \cdot a$

L: Nahtlänge nach Abzug der Endkrater
hier: $L_{rechn} = L_{tats} - 2 \cdot a$

$$\sigma = \frac{F}{2 \cdot a \cdot (L_{tats} - 2 \cdot a)} \qquad \text{Gl. 3.32}$$

Bild 3.22: Rechnerische Nahtlänge.

Die rechnerische Nahtlänge ergibt sich aus der geometrischen Nahtlänge nach Abzug der sog. „Endkrater". In diesen Abschnitten muss davon ausgegangen werden, dass bei Schweißnahtbeginn noch keine vollständige stoffschlüssige Verbindung vorliegt, da die Erschmelzung gerade erst begonnen hat. Andererseits kann bei Schweißnahtende die Wärmezufuhr nicht vollständig bis zum Ende aufrecht erhalten werden. Die geometrische Nahtlänge wird also an beiden Enden um die Nahtdicke a verkürzt. Um den durch die Endkrater bedingten Festigkeitsverlust zu vermeiden, können in kritischen Fällen vor und hinter der Schweißnaht sog. „Auslaufbleche" positioniert werden, die meist aus Abfallstücken bestehen und nur dazu dienen, den Erschmelzungsvorgang ordnungsgemäß in Gang zu bringen und abschließend wieder zu beenden. Die Auslaufbleche werden nach dem Schweißvorgang wieder abgetrennt.

Schubspannung   Die Schubspannung errechnet sich wie in Gl. 0.33 zu

$$\tau = \frac{F}{A_{Sch}}$$

Die Nahtfläche A_{Sch} formuliert sich ähnlich wie bei der Zug- und Druckspannung als Rechteckfläche aus der Nahtlänge L (ggf. Endkrater berücksichtigen!) und der Nahtdicke a. Bild 3.23 zeigt dazu einige Beispiele.

Die klassische Festigkeitslehre (z. B. Assmann [1.2], Band 2, S. 191 ff) führt aus, dass der oben zitierte Ansatz zur Berechnung des Querkraftschubes nur in grober Näherung zutrifft. Eine einfache Gleichgewichtsbetrachtung an einem Randfaserelement zeigt bereits, dass der Querkraftschub an der Randfaser gleich Null ist, was andererseits dazu führt, dass die Schubspannung in der Mitte des Bauteils grösser sein muss als die Nennspannung. Aus diesem Grund nehmen quer zur Lastrichtung angeordnete Flächenanteile nur einen sehr geringen Schub auf. Die elementare Berücksichtigung dieses Sachverhaltes wäre allerdings relativ aufwendig. Eine

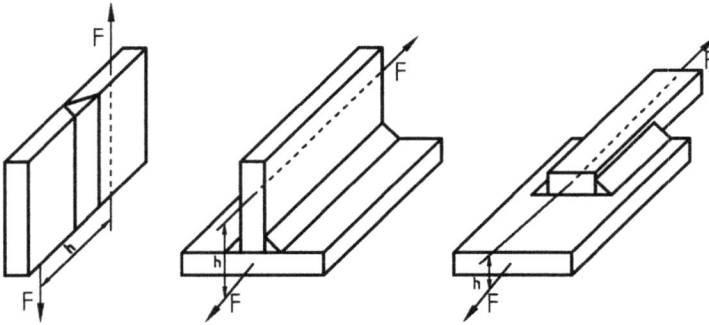

Bild 3.23: Schubfläche
einer Schweißnaht

praktische Dimensionierung kann dies aber in guter Näherung abbilden und zur sicheren Seite abschätzen, wenn die quer zur Belastungsrichtung liegenden Schweißnahtflächen aus der Festigkeitsbetrachtung gänzlich ausgeschlossen werden. Man kann sich diesen Sachverhalt auch mit folgender (wissenschaftlich nicht exakten) Modellvorstellung erklären: Bild 3.24 greift den letzten der drei oben skizzierten Fälle in modifizierter Form noch einmal auf (links) und betrachtet das Lastübertragungsverhalten anhand einer Modellvorstellung (rechts):

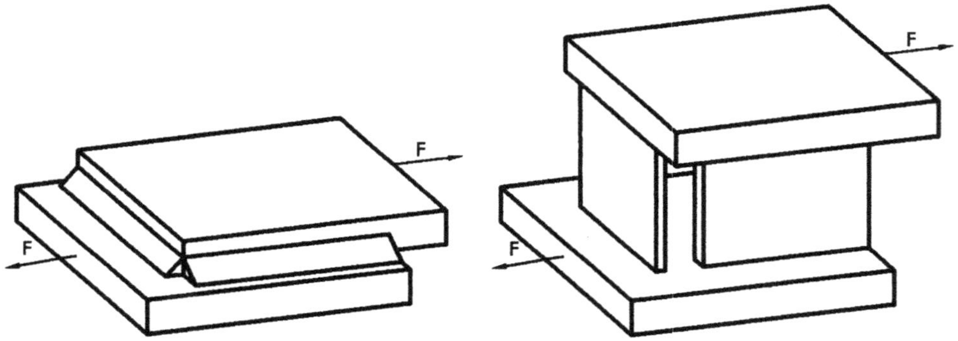

Bild 3.24: Schweißnähte quer zur Lastrichtung

Die Lastübertragung durch die drei Schweißnähte ist gleichbedeutend mit der Lastaufteilung auf drei parallel geschalteten Federn: Zu diesem Zweck ersetzt man die Schweißnähte modellhaft durch dünne Bleche: Das stirnseitig angebrachte Blech ist eine viel weichere Feder als die längsseits angebrachten Bleche, so dass die Kraft vor allen Dingen durch die in Lastrichtung liegenden Bleche übertragen wird. Bei der Schweißverbindung liegen die Verhältnisse ähnlich: Die Übertragung der eingeleiteten Kraft konzentriert sich vor allen Dingen auf die in Schubrichtung liegenden Nahtanteile, die sich gegenüber der belastungsbedingten, elastischen Deformation sehr steif verhalten. Die quer dazu liegenden Nahtanteile sind gegenüber den belastungsbedingten, elastischen Deformationen sehr nachgiebig und weichen damit der

Belastung aus, an deren Übertragung sie sich nur in weit geringerem Maße beteiligen können. Sie werden deshalb sicherheitshalber bei der Berechnung ausgespart.

Weiterhin ist zu berücksichtigen, dass bei Schubbelastung der Naht meist auch eine zusätzliche Biegemomentenbelastung vorliegt. In den drei Beispielen von Bild 3.23 ist bereits skizziert, dass durch den Abstand der Kraft F als actio und als reactio ein Hebelarm h vorliegt, wodurch das Moment $M = F \cdot h$ hervorgerufen wird.

Biegespannung   Die Biegespannung ergibt sich wie in Gl. 0.17 zu

$$\sigma_b = \frac{M_b}{W_{ax}}$$

Bei der Ermittlung von W_{ax} wird man aus Gründen der rechnerischen Vereinfachung bestrebt sein, die gesamte Schweißnahtfläche in möglichst einfach zu erfassende Einzelflächen aufzuteilen, wobei sich besonders das Rechteck anbietet. Bei der Berechnung von W_{ax} ist natürlich die Lage der Schweißnähte bezüglich der Biegeachse zu berücksichtigen. Die in Bild 3.25 skizzenhafte Gegenüberstellung möge dies verdeutlichen:

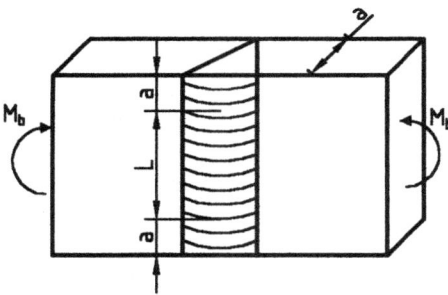

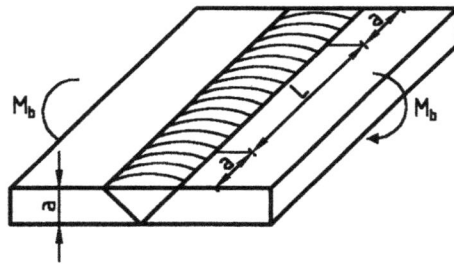

$$W_{ax} = \frac{a \cdot L^2}{6} \qquad \text{Gl. 3.33} \qquad W_{ax} = \frac{L \cdot a^2}{6} \qquad \text{Gl. 3.34}$$

Bild 3.25: Widerstandsmoment Schweißnaht

Wie bereits aus Kap. 0 bekannt ist, muss im allgemeinen Fall das Widerstandsmoment W_{ax} aus mehreren Anteilen nach den Gesetzmäßigkeiten der elementaren Festigkeitslehre über das axiale Flächenträgheitsmoment $I_{ax} = bh^3/12$ mit eventuellen Steineranteilen zusammengesetzt und zu $W_{ax} = I_{ax}/e$ errechnet werden. Bild 3.26 gibt dazu ein Beispiel an.

In manchen Fällen wird durch eine Längskraft im Bauteil ein Biegemoment in der Schweißnaht hervorgerufen. Dieser Fall tritt dann ein, wenn die Schwerelinie von Profil und Schweißnaht nicht übereinstimmen, wozu Bild 3.27 ein (modellhaft unrealistisches) Beispiel angibt.

Die Schwerpunkte von Profil und Schweißnaht sind in diesem Beispiel besonders einfach zu ermitteln, sie liegen genau im Diagonalkreuz der jeweiligen Rechtecke. Diese beiden Schwerpunkte weisen jedoch einen Abstand p zueinander auf. Die auf der Schwerelinie des Profils als „actio" übertragene Kraft hat ihre „reactio" in der Schwerelinie der Schweißnaht. Die

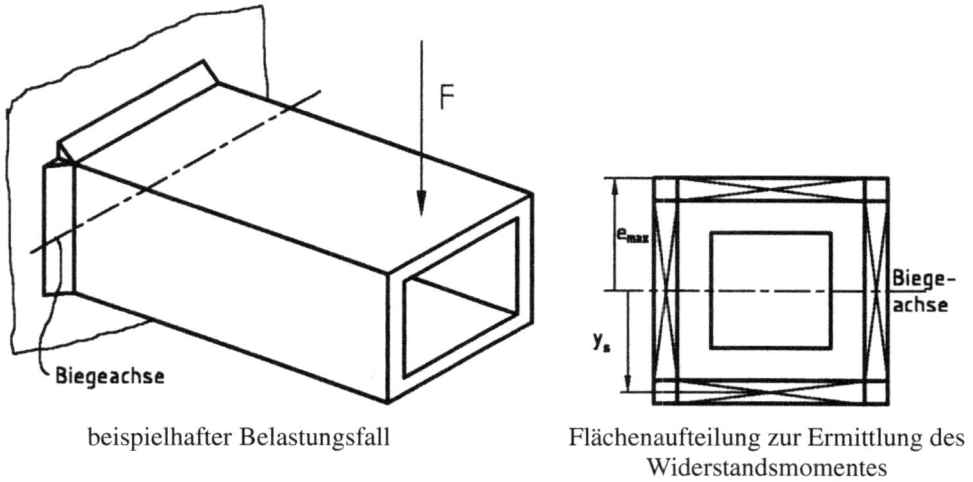

beispielhafter Belastungsfall   Flächenaufteilung zur Ermittlung des
                                                    Widerstandsmomentes

Bild 3.26: Biegebelastete Schweißnaht mit Steineranteil

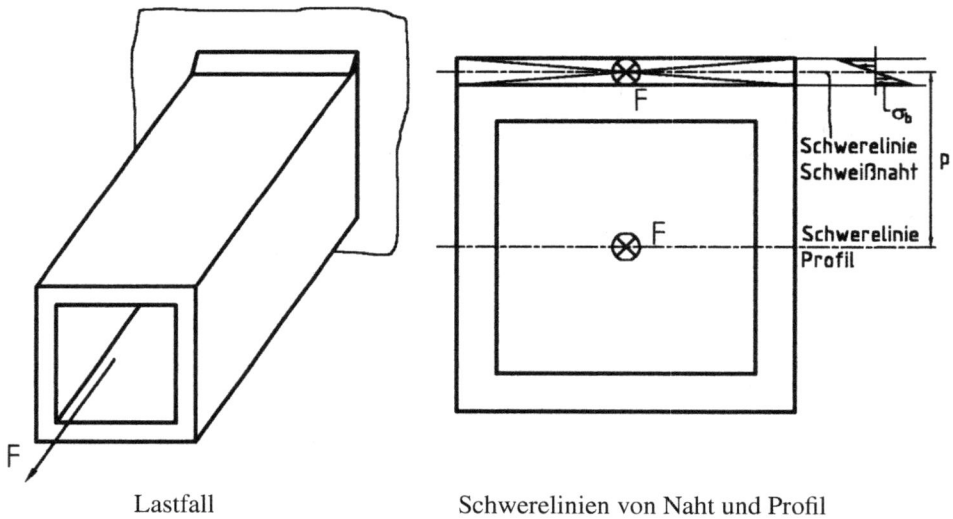

Lastfall   Schwerelinien von Naht und Profil

Bild 3.27: Biegebelastung der Schweißnaht durch Längskraft

Schweißnaht hat also neben ihrer Längskraftbeanspruchung auch ein Biegemoment

$$M_b = F \cdot p$$ Gl. 3.35

aufzunehmen. In der Praxis muss meist eine umfangreichere Betrachtung angestellt werden, da sich die Schweißnaht aus mehreren Flächenanteilen zusammensetzt. Diese Biegemomentenbelastung lässt sich jedoch in vielen Fällen vermeiden, in dem die Schwerelinien von Profil und Schweißnaht durch entsprechend angepasstes Positionieren einzelner Schweißnahtflächen zur Deckung gebracht werden. Dies wäre im vorliegenden Fall ganz einfach durch symmetrische Anordnung der Schweißnähte realisierbar. Bei unsymmetrischen Profilen (T-, L- oder U-Profilen) wird diese Betrachtung schon problematischer (mehr dazu in den Übungsbeispielen).

Torsionsspannung   Die durch ein Torsionsmoment eingeleitete Schubspannung berechnet sich nach Gl. 0.48 zu

$$\tau_t = \frac{M_t}{W_t}$$

wobei das polare Widerstandsmoment W_t nach der elementaren Festigkeitslehre ermittelt wird. Zuweilen tritt der spezielle Fall auf, dass ein kreisrunder Stab oder ein Rohr mit einer Nabe oder einem sonstigen Anschlussteil verschweißt wird:

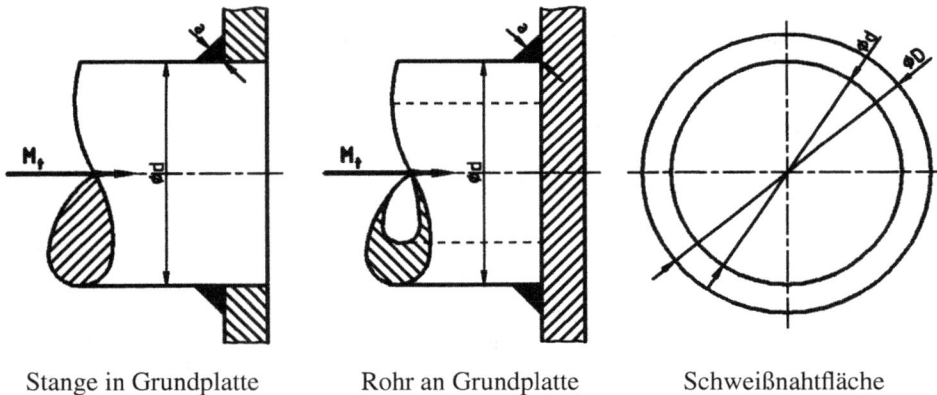

Stange in Grundplatte   Rohr an Grundplatte   Schweißnahtfläche

Bild 3.28: Schubbeanspruchung der Schweißnaht durch Torsion

In diesem speziellen Fall lässt sich das Torsionswiderstandsmoment als Kreisringfläche besonders einfach ermitteln zu

$$W_t = \frac{(D^4 - d^4) \cdot \pi}{16 \cdot D} = \frac{\left[(d + 2 \cdot a)^4 - d^4\right] \cdot \pi}{16 \cdot (d + 2 \cdot a)} \qquad \text{Gl. 3.36}$$

Die Berechnung der Widerstandsmomente weiterer Nahtquerschnitte erfolgt nach den Gesetzmäßigkeiten der elementaren Festigkeitslehre (s. auch Kap. 0).

Vergleichsspannung Im allgemeinen Fall treten in der Schweißnaht mehrere Beanspruchungsarten gleichzeitig auf, so dass nach Gl. 1.5 eine Vergleichsspannung zu bilden ist:

$$\sigma_V = \sqrt{\sigma^2 + \alpha \cdot \tau^2} \quad \alpha = 1 \quad \text{für statische und} \quad \alpha = 2 \quad \text{für dynamische Belastung}$$

$$\text{Gl. 3.37}$$

Dabei wird die Normalspannung σ aus Zug/Druck und Biegung und die Tangentialspannung τ aus Querkraftschub und Torsion zusammengesetzt. Der Faktor $\alpha = 1$ für statische Belastung nach DIN 4100 und $\alpha = 2$ für dynamische Belastung nach DIN 15018. Bei der Formulierung der Schubspannung τ ist darauf zu achten, dass nur die Nähte zu berücksichtigen sind, die parallel zur Belastungsrichtung verlaufen.

3.5.4.2 Zulässige Spannungen (E)

Die von einer Schweißnaht maximal ertragbare Spannung hängt von folgenden Faktoren ab:

- **Werkstoffeigenschaften**
  Sowohl der Grundwerkstoff als auch der Schweißwerkstoff und die Wärmebeeinflussung der Übergangszone nehmen maßgebend Einfluss auf die Festigkeit der Verbindung. Grundsätzlich wird der Schweißwerkstoff so gewählt, dass er in seinen wesentlichen mechanischen und thermischen Eigenschaften denen des Grundwerkstoffs entspricht.
- **Zeitlicher Beanspruchungsverlauf**
  Die Schweißung stört die Homogenität des Grundwerkstoffes und wirkt sich festigkeitsmäßig stets als Kerbe aus. Während sich eine Kerbe bei statischer Last weniger nachteilig bemerkbar macht, wirkt sie sich bei dynamischer Belastung stark festigkeitsmindernd aus.
- **Geometrie**
  Die Nahtform nimmt in dreierlei Hinsicht Einfluss auf das Dauerfestigkeitsverhalten der Schweißnaht: Die *Größe der Naht* beeinträchtigt die zulässige Spannung der Naht (vergleichbar mit b_G des Dauerfestigkeitsnachweises), die *Form* selbst macht sich *als Kerbe* bemerkbar (vergleichbar mit β_k des Dauerfestigkeitsnachweises) und schließlich hat eine eventuelle *mechanische Nachbearbeitung der Naht* über die dadurch hervorgerufene *Oberflächenbeschaffenheit* Einfluss auf die Dauerfestigkeit der Naht (vergleichbar mit b_O des Dauerfestigkeitsnachweises).
- **Zusätzliche Schweißspannungen**
  Die Schweißverbindung wird durch Eigenspannungen und thermisch eingeleitete Schrumpfspannungen zusätzlich belastet.
- **Schweißnahtgüte**
  Das Dauerfestigkeitsverhalten einer Schweißverbindung ist von der Güte der Naht abhängig. Die DIN 15018 und Tabelle 3.7 geben darüber weitere Auskunft.

In diesem Rahmen können nicht alle Einflussgrößen vertiefend behandelt werden, deshalb erfolgt eine Konzentration auf die wichtigsten Parameter.

3.5.4.3 Zulässige Spannung bei statischer Belastung (E)

In der DIN 15018 sind die zulässigen Spannungen für Schweißverbindungen bei statischer Belastung für Anwendungen im Kran- und Maschinenbau festgelegt. Tabelle 3.7 gibt davon einen Auszug in vereinfachter Form wieder. Für differenziertere Berechnungen sind die einschlägigen Normen und die (u. U. gesetzlich vorgeschriebenen) Vorschriften zu beachten.

Tabelle 3.7: Statische Belastbarkeit von Schweißwerkstoffen

Haupt-belastung	Werte gültig für	S235JR (früher RSt37) [N/mm²]	S355JR (früher RSt52) [N/mm²]
Zug/Druck Biegung	Grundwerkstoff	160	240
	Stumpfnaht, gegengeschweißt und durchgestrahlt	160	240
	Stumpfnaht, nicht durchgestrahlt	150	216
	Kehlnaht	105	155
Schub	Stumpfnaht	112	168
	Halsnaht	98	152

Aufgaben A.3.17 bis A.3.20

3.5.4.4 Zulässige Spannung bei dynamischer Belastung (V)

Die Ermittlung der zulässigen Spannung bei dynamischer Belastung erfordert eine komplexere Betrachtung, weil die Kerbwirkung und Nahtform der Schweißnaht deren Belastbarkeit ganz erheblich beeinträchtigen. Je nach Einsatzgebiet werden dazu unterschiedliche Verfahren herangezogen, die teilweise sogar gesetzlich vorgeschrieben sind. An dieser Stelle sei beispielhaft die DV 952 (Dienstvorschrift der Deutschen Bundesbahn) erläutert. Mit Gl. 1.6 wurde bereits die Kennzahl κ zur Beschreibung der Dynamik einer Belastung formuliert:

$$\kappa = \frac{\sigma_u}{\sigma_o} = \frac{\tau_u}{\tau_o} \quad \text{mit den Modellfällen} \quad \begin{array}{ll} \kappa = 1 & \text{statisch} \\ \kappa = 0 & \text{schwellend} \\ \kappa = -1 & \text{wechselnd} \end{array}$$

Die zulässigen Normalspannungen σ_{zul} und zulässigen Schubspannungen τ_{zul} bei geschweißten Fahrzeugen aus S 235 JR (früher RSt37) und S 355 JR (RSt52) werden im Dauerfestigkeitsschaubild nach Moore-Kammers-Jasper (Bild 3.29 und Bild 3.30) dokumentiert, welches die Maximalspannung (also die Summe von statischer und dynamischer Spannung) in Funktion der Dynamikkennzahl κ aufträgt. Als Oberflächenzustand des Grundwerkstoffs wird Walzhaut angenommen. Der entscheidende Parameter in dieser Diagrammdarstellung ist die mit Großbuchstaben gekennzeichnete Kerbform, die der nachfolgenden Aufstellung zu entnehmen ist. Beim Vergleich der Diagramme für S 235 JR und S 355 JR fällt auch auf, dass S 355 JR zwar eine wesentlich höhere statische Belastung aufnehmen kann, aber deutlich dynamikemp-findlicher ist als S 235 JR. Wenn also S 355 JR gewählt wird, um eine höhere Festigkeit zu erzielen, dann wird der Zugewinn an Werkstofffestigkeit gegenüber S 235 JR durch die höhere Dynamikempfindlichkeit teilweise wieder zunichte gemacht.

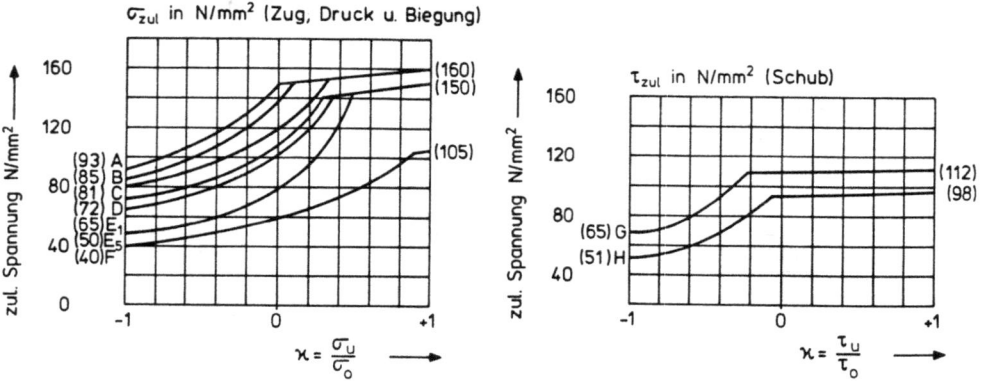

Bild 3.29: Zulässige Schweißnahtspannungen bei geschweißten Fahrzeugen aus S235J2G3 (RSt 37)

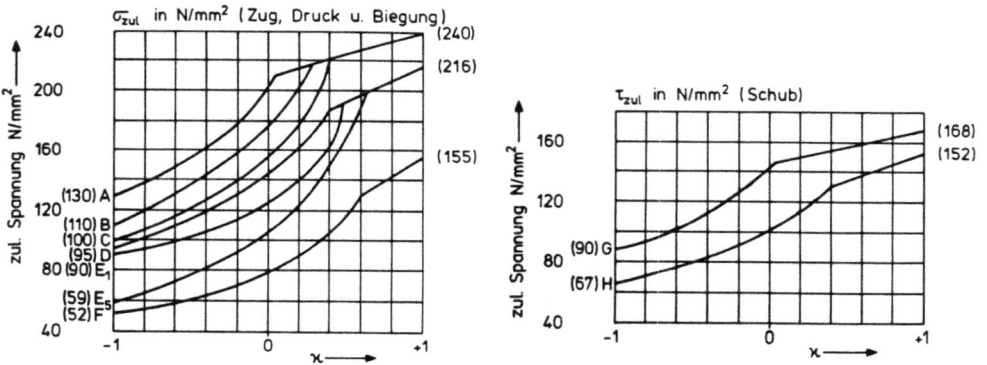

Bild 3.30: Zulässige Schweißnahtspannungen bei geschweißten Fahrzeugen aus S255J2G3(RSt 52)

Die Kerbfälle A–H sind in der folgenden mehrseitigen Aufstellung aufgeführt. Die vorne im Alphabet platzierten Fälle beschreiben die unempfindlichen Kerbfälle (Ausgangskurvenzug A: nicht geschweißtes Bauteil). Die weiter hinten im Alphabet angeordneten Kerbfälle weisen eine zunehmende Kerbempfindlichkeit auf, die bei nicht bearbeiteten Kehlnähten besonders ausgeprägt ist.

Mit zulässiger Spannung (σ_{zul}, τ_{zul}) einerseits und tatsächlicher Spannung (σ_{tats}, τ_{tats}) anderer-seits lässt sich nunmehr eine Sicherheit formulieren:

$$S = \frac{\sigma_{zul}}{\sigma_{tats}} \quad \text{bzw.} \quad S = \frac{\tau_{zul}}{\tau_{tats}}$$

Linie	Darstellung	Beschreibung des Kerbfalls
A		durch Längskraft oder auf Biegung beanspruchte, nicht geschweißte Bauteile (Grundwerkstoff)
B 1		Bauteil mit quer zur Kraftrichtung beanspruchter Stumpfnaht; Wurzel gegengeschweißt, Schweißnaht kerbfrei bearbeitet und 100 % durchstrahlt
B 2	Neigung ≦1:4 / Neigung ≦1:3	Bauteile verschiedener Dicke mit quer zur Kraftrichtung beanspruchter Stumpfnaht; Wurzel gegengeschweißt, Schweißnaht kerbfrei bearbeitet und 100 % durchstrahlt
B 3		Trägerstegblech; Querkraftbiegung mit überlagerter Längskraft; Wurzel gegengeschweißt; Schweißnaht kerbfrei bearbeitet und 100 % durchstrahlt
B 4		Bauteil mit längs zur Kraftrichtung beanspruchter Stumpfnaht; Wurzel gegengeschweißt; Schweißnaht kerbfrei bearbeitet und 100 % durchstrahlt
B 5		Bauteile mit längs zur Kraftrichtung beanspruchten K- oder Kehlnähten; Schweißnahtübergang ggf. bearbeitet und auf Risse geprüft
B 6	$R \geqq \frac{b}{2}$	Blechkonstruktionen mit Gurtstößen; Wurzel gegengeschweißt; Schweißnähte in Kraftrichtung bearbeitet und 100 % durchstrahlt
C 1		durchlaufendes Bauteil mit nichtbelasteten Querversteifungen; K-Nähte kerbfrei bearbeitet und auf Risse geprüft
C 2		durchlaufendes Bauteil mit angeschweißten Scheiben; K-Nähte kerbfrei bearbeitet und auf Risse geprüft
D 1		Bauteile mit quer zur Kraftrichtung beanspruchter Stumpfnaht; Wurzel gegengeschweißt; Schweißnaht stichprobenweise (mind. 10 %) durchstrahlt
D 2		Bauteile mit längs zur Kraftrichtung beanspruchter Stumpfnaht; Wurzel gegengeschweißt; Schweißnaht stichprobenweise (mind. 10 %) durchstrahlt
D 3		Trägerstegbleche; Querkraftbiegung mit überlagerter Längskraft; Wurzel gegengeschweißt; Schweißnaht stichprobenweise (mind. 10 %) durchstrahlt

Linie	Darstellung	Beschreibung des Kerbfalls
D 4		Rohrverbindungen mit unterlegten Stumpfnähten; Schweißnaht stichprobenweise (mind. 10 %) durchstrahlt
D 5		Blechkonstruktion mit Stumpfstößen in Eckverbindungen; Wurzel gegengeschweißt; Schweißnaht stichprobenweise (mind. 10 %) durchstrahlt
D 6		Eckverbindungen mit Stumpfstößen und Eckblechen an Profilen; Wurzel gegengeschweißt; Schweißnaht stichprobenweise (mind. 10 %) durchstrahlt
E 1.1		Bauteile mit quer zur Kraftrichtung beanspruchter Stumpfnaht; abhängig von den Anforderungen Wurzel gegengeschweißt oder nicht gegengeschweißt; Schweißnähte nicht bearbeitet
E 1.2		Bauteile mit längs zur Kraftrichtung beanspruchter Stumpfnaht; Schweißnähte nicht bearbeitet
E 1.3		Trägerstegbleche; Querkraftbiegung mit überlagerter Längskraft; abhängig von den Anforderungen Wurzel gegengeschweißt oder nicht gegengeschweißt; Schweißnähte nicht bearbeitet
E 1.4		Eckverbindungen mit Stumpfstößen und Eckblechen; Schweißnähte nicht bearbeitet
E 1.5		Rohrverbindungen mit quer zur Kraftrichtung beanspruchter Stumpfnaht; Schweißnähte nicht bearbeitet
E 1.6		Rohrverbindung mit einem Vollstab; Schweißnähte nicht bearbeitet
E 1.7		Bauteil mit aufgeschweißter Gurtplatte; K-Nähte sind an den Stirnflächen bearbeitet
E 1.8		Verbindung verschiedener Werkstoffdicken durch eine Stumpfnaht; Wurzel gegengeschweißt; Schweißnähte nicht bearbeitet

Linie	Darstellung	Beschreibung des Kerbfalls
E 1.9		durch Kreuzstoß mittels K-Nähte verbundene Bauteile; Schweißnähte bearbeitet
E 1.10		durch K-Nähte verbundene, auf Biegung und Schub beanspruchte Bauteile; K-Nähte bearbeitet
E 5.1		durchlaufendes Bauteil, an das quer zur Kraftrichtung Teile mit bearbeiteten K-Nähten angeschweißt sind
E 5.2		durchlaufendes Bauteil, an das Bauteile durch Stumpfnaht und mit bearbeiteten Kehlnähten angeschweißt werden
E 5.3		Bauteil mit aufgeschweißter Gurtplatte; die Kehlnähte sind an den Stirnflächen bearbeitet
E 5.4		durchlaufendes Bauteil mit einem durchgesteckten, durch K-Nähte verbundenen Bauteil; K-Nähte sind in dem Bereich an den Stirnflächen bearbeitet
E 5.5		durch Kreuzstoß mittels K-Nähte verbundene Bauteile; Schweißnähte nicht bearbeitet
E 5.6		auf Schub und Biegung durch nicht bearbeitete K-Nähte verbundene Bauteile
F 1		Stumpfstöße von Profilen ohne Eckbleche; Schweißnähte nicht bearbeitet
F 2		durchlaufendes Bauteil mit einem durch nichtbearbeitete Kehlnähte aufgeschweißten Bauteil
F 3		Bauteil mit aufgeschweißter Gurtplatte; Schweißnähte nicht bearbeitet

Linie	Darstellung	Beschreibung des Kerbfalls
F 4		durchlaufendes Bauteil mit einem durchgesteckten, durch Kehlnähte verbundenen Bauteil; Schweißnähte nicht bearbeitet
F 5		durch Kreuzstoß mittels Kehlnähten verbundene Bauteile; Schweißnähte nicht bearbeitet
F 6		auf Schub und Biegung durch nichtbearbeitete Kehlnähte verbundene Bauteile
G		Stegblechquerstoß; maximale Schubbeanspruchung in Trägernullinie; Linie gilt auch für auf Torsion beanspruchte, nicht geschweißte Bauteile
H		Schubverbindung mit K- oder Kehlnähten zwischen Stegblech und Gurt bei Biegeträgern

Aufgaben A.3.21 bis A.3.23

3.5.5   Eigenspannungen (E)

Ein weiteres Problem beim Schweißen sind die thermisch im Werkstoff hervorgerufenen Eigenspannungen. Ungeachtet des speziellen Schweißverfahrens ist die Schweißung stets mit einer Wärmezufuhr verbunden, die in aller Regel örtlich begrenzt stattfindet, so dass Temperaturgradienten im Werkstück unvermeidlich sind. Dabei wird eine ebenfalls örtlich unterschiedliche thermische Deformation wirksam. Bild 3.31 zeigt diesen Sachverhalt exemplarisch.

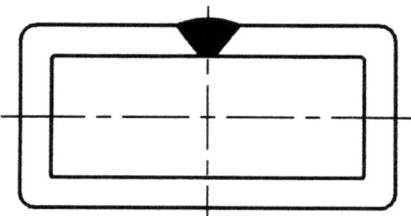

Das Schweißmaterial wird im flüssigen Zustand, also bei hoher Temperatur spannungslos eingebracht. Mit der Abkühlung stellt sich zunächst die stoffschlüssige Verbindung ein und mit sinkender Temperatur werden aufgrund der Schrumpfung Eigenspannungen nicht nur in der Schweißnaht, sondern auch im Bauteil hervorgerufen.

Bild 3.31: Effekt der Schrumpfspannung

Dieser Effekt bezieht sich nicht nur auf die hier erläuterte Querschrumpfung, sondern macht sich auch als Winkelschrumpfung bemerkbar. Bei der Quantifizierung von Schrumpfspannungen ergeben sich etwa die in Bild 3.32 aufgeführten Zahlenwerte für Quer- und Winkelschrumpfung:

Querschrumpfung			Winkelschrumpfung		
Nahtquerschnitt	Schweißverfahren und Nahtaufbau	Querschrumpfung in mm	Nahtquerschnitt	Schweißverfahren und Nahtaufbau	Winkel-schrumpfung α
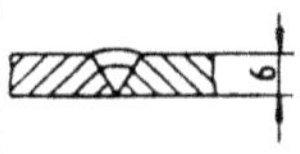 *(Querschnitt, 6)*	Lichtbogenschweißen Mantelelektrode, 2 Lagen	1,0	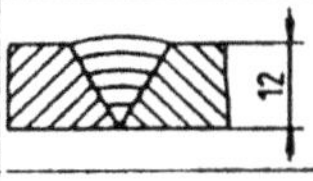 *(Querschnitt, 12)*	Lichtbogenschweißen Mantelelektrode, 5 Lagen	3½°
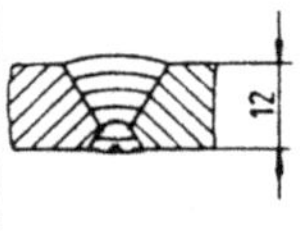 *(Querschnitt, 12)*	Lichtbogenschweißen Mantelelektrode, 5 Lagen Wurzel ausgefugt, 2 Wurzellagen	1,8	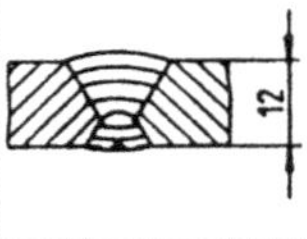 *(Querschnitt, 12)*	Lichtbogenschweißen Mantelelektrode, 5 Lagen Wurzel ausgefugt, 3 Wurzellagen	0°
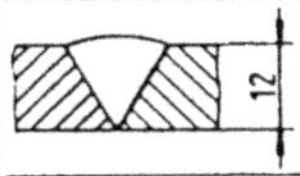 *(Querschnitt, 12)*	Gasschweißen nach rechts	2,3	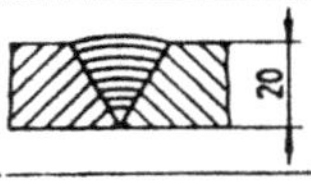 *(Querschnitt, 20)*	Lichtbogenschweißen Mantelelektrode 8 breite Lagen	7°
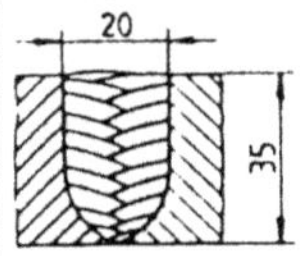 *(Querschnitt, 20, 35)*	Lichtbogenschweißen Mantelelektrode, 20 Lagen ohne rückseitige Schweißung	3,2	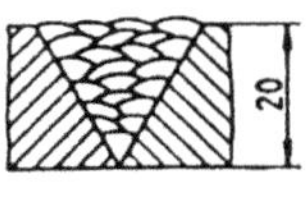 *(Querschnitt, 20)*	Lichtbogenschweißen Mantelelektrode 22 schmale Raupen	13°

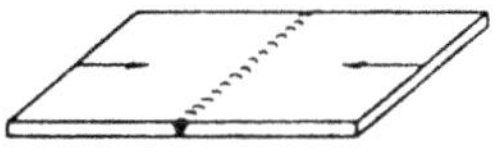

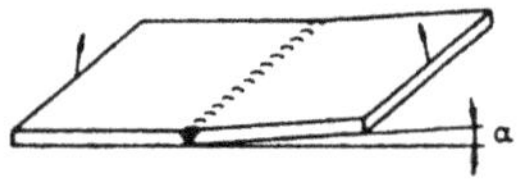

Bild 3.32: Schweißschrumpfungen

Die Schweissschrumpfspannungen haben folgende Konsequenzen:

- Ist die Konstruktion nachgiebig, so können unerwünschte **Verwerfungen** entstehen.
- Ist die Konstruktion steif, so wird diese Verwerfungen behindert und es entstehen **Schweißeigenspannungen**. Diese Spannungen können die Bruchfestigkeit des Werkstoffs überschreiten und deshalb Risse verursachen.

Die Eigenspannungen können durch **Spannungsarmglühen** reduziert werden. Dabei wird das geschweißte Werkstück auf eine Temperatur erhitzt, die so hoch ist, dass sich die Schweißeigenspannungen durch Fließvorgänge abbauen können. Wenn das anschließende Erkalten über die gesamte Konstruktion gleichmäßig erfolgt, so entstehen keine Temperaturgradienten und damit keine neuen Spannungen. Dieser Vorgang wird zuweilen mit dem Richten des Bauteiles kombiniert.

Schrumpfungen lassen sich kompensieren, indem die zu verschweißenden Teile so zueinander positioniert werden, dass die zu erwartenden Deformationen nach Bild 3.33 vorweggenommen werden.

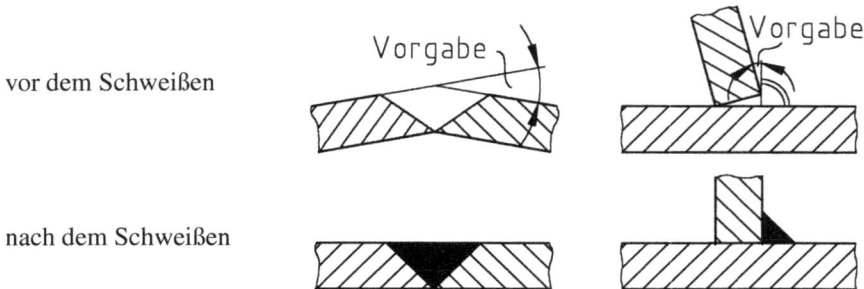

vor dem Schweißen

nach dem Schweißen

Bild 3.33: Winkelvorgaben

Es kann auch sinnvoll sein, die Teile vor dem Schweißen so zu deformieren, dass die durch den Schrumpfvorgang hervorgerufenen Kräfte die zu verbindenden Teile nach Bild 3.34 in die gewünschte Lage ziehen.

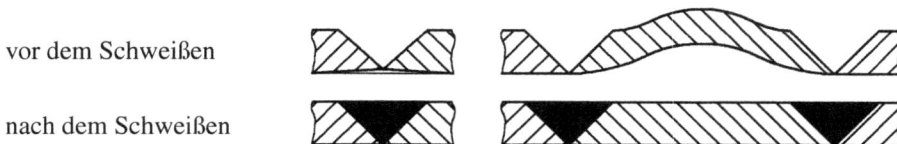

vor dem Schweißen

nach dem Schweißen

Bild 3.34: Maßnahmen zur Vermeidung von Schweißverzug

3.5.6   Gestaltung von Schweißverbindungen (E)

Die folgenden Ausführungen geben in knapper Form einige Maßnahmen für die optimale Gestaltung von Schweißkonstruktionen an:

- Die *Nahtmenge* ist nach Möglichkeit zu *verringern*, weil mit zunehmender Nahtmenge die Wärmebelastung ansteigt, was zu Schrumpfspannungen und zum Verzug führt. Lange, dünne Nähte sind gegenüber kurzen dicken zu bevorzugen.
- Weiterhin soll versucht werden, Schweißnähte gänzlich einzusparen, indem *Abkant- oder Biegeteile* verwendet werden (Abb. 3.35).
- Der erste Konstruktionsentwurf geht häufig von einer Zusammenstellung zugeschnittener Blechteile aus. In vielen Fällen bietet sich jedoch auch die vorteilhafte Verwendung von *Walzprofilen* (U-, T-, Doppel-T-, L-Träger sowie Rohrprofile) als Halbzeuge an.
- Weiterhin lässt sich die Anzahl der Einzelteile manchmal durch die Verwendung von *Schmiede- und Stahlgussteilen* verringern. Das Beispiel nach Bild 3.36 zeigt ein Diesel-motor-Rahmenunterteil als Schweißkonstruktion mit eingeschweißtem Lagerstuhl aus Stahlguss.

21 Teilstücke   **3 Teilstücke**

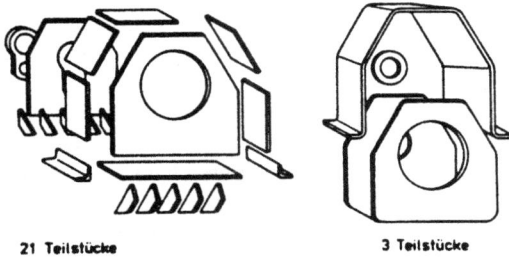

Bild 3.35: Verringerung der Nahtmenge durch Verwendung von Abkant- und Biegeteilen

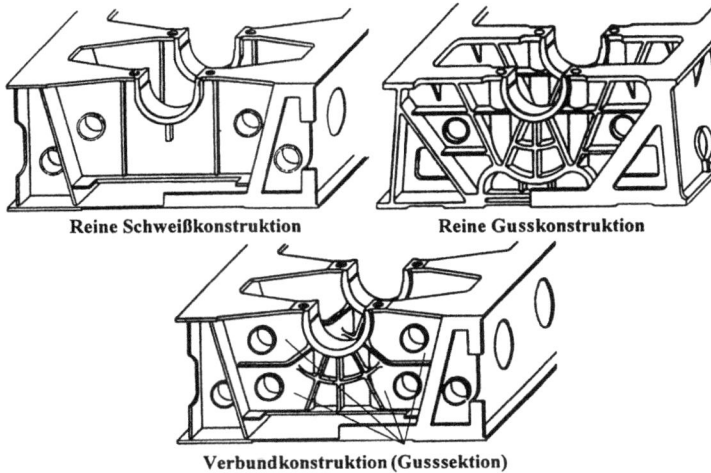

Reine Schweißkonstruktion   **Reine Gusskonstruktion**

Verbundkonstruktion (Gusssektion)

Bild 3.36: Verringerung der Nahtmenge durch Gemischtbauweise

- Die Schweißnähte sind nach Möglichkeit an Stellen zu platzieren, an denen keine hohe oder ungünstige Beanspruchung vorliegt.

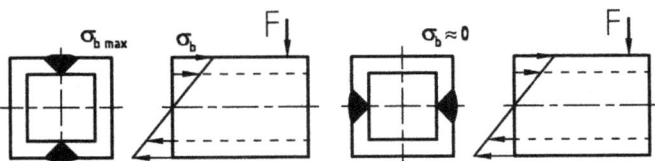

Bild 3.37: Optimale Lage der Schweißnaht relativ zur Beanspruchung

Während im linken Fall die Schweißnaht in der äußeren Randfaser platziert ist und damit die maximale Spannung erfährt, liegt sie im rechten Beispiel in der neutralen Faser und wird dabei kaum beansprucht.

Bild 3.38: Optimale Lage der Schweißnaht relativ zur Beanspruchung

Aufgrund der Toleranzen beim Abtrennen des senkrechten Bleches kann kein durchgehender flächiger Kontakt zwischen dem senkrechten und dem waagerechten Blech vorausgesetzt werden. Die rechnerische Formulierung der Nahtbelastung sollte also sicherheitshalber davon ausgehen, dass der Lastfluss ausschließlich durch die Naht übertragen wird. Der Unterschied zwischen der linken und rechten Darstellung besteht also vor allen Dingen darin, dass links die biegebedingte *Zug*spannung in der kerbgefährdeten Nahtwurzel auftritt (was zu einem Aufweiten der Kerbe führt), während sich in der rechten Skizze die biegebedingte *Druck*spannung problemlos in der kerbempfindlichen Nahtwurzel abstützen kann.

- Die Anhäufung von Schweißnähten ist nach Möglichkeit zu vermeiden.

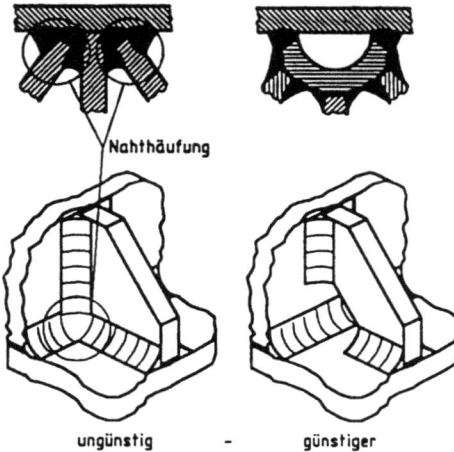

Bild 3.39: Vermeidung von Nahtanhäufungen

An Kreuzungsstellen ist eine der beiden Nähte nach Möglichkeit zu unterbrechen, weil mehrachsige Spannungszustände zur Verformungsbehinderung führen und damit die Gefahr der Rissbildung steigern.

- Steifigkeitssprünge sind nach Möglichkeit zu vermeiden, da sie zu Spannungsspitzen führen.

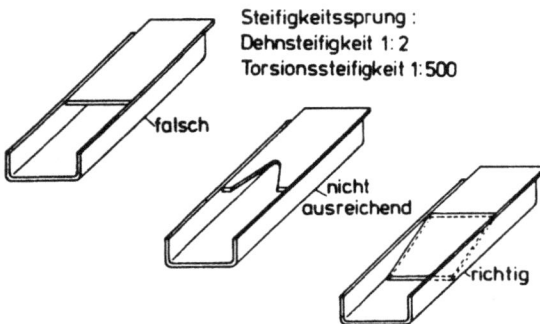

Bild 3.40: Vermeidung von Steifigkeitssprüngen

- Die Belastung soll vorzugsweise im sog. „**Schubmittelpunkt**" eingeleitet werden (Berechnung siehe Festigkeitslehre):

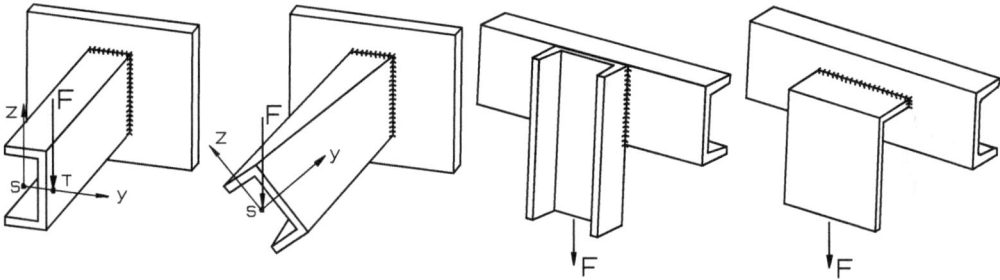

Bild 3.41: Kraftangriffspunkt im Schubmittelpunkt

Greift eine Kraft an einem Biegebalken im Schubmittelpunkt an, so ergibt sich in bekannter Weise eine Biege- und eine Querkraftbelastung (Bild 3.41 links). Liegt jedoch die Wirkungslinie der Kraft außerhalb des Schubmittelpunktes (zweites Detailbild), so überlagert sich eine zusätzliche Torsionsbelastung, die besonders bei offenen, torsionsweichen Profilen zu einer zusätzlichen Torsionsverformung führt. Die rechten beiden Detaildarstellungen zeigen beispielhaft, wie für einen U-Träger die Krafteinleitung durch einfache konstruktive Maßnahmen optimiert werden kann.
- Die Schweißnähte müssen leicht zugänglich und einfach anzubringen sein. Die Nahtform wird auch von der Geometrie und Lage der zu verschweißenden Teile mitbestimmt.
- Die zu verschweißenden Teile müssen in der Regel vor dem Schweißen zueinander positioniert werden, was bei geringen Stückzahlen häufig durch entsprechende Vorbearbeitung der Teile bewerkstelligt wird. Zur Vermeidung dieses Aufwandes sind bei größeren Stückzahlen häufig Schweißvorrichtungen kostengünstiger.
- Bild 3.42 zeigt eine Gegenüberstellung von vorteilhafter und weniger vorteilhafter Schweißgestaltung einer Aluminium-Schweißkonstruktion eines dynamisch belasteten Druckbehälters.

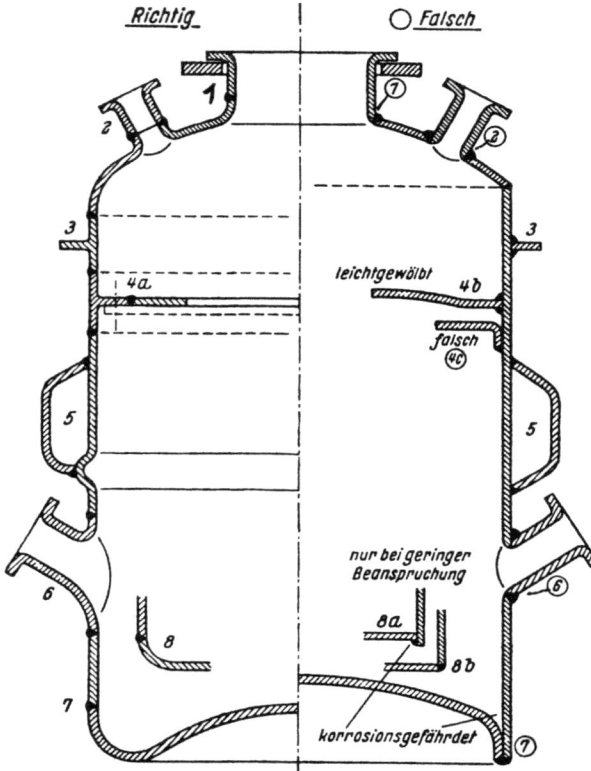

Bild 3.42: Geschweißter Druckbehälter

- Bei Umstellung von Guss- auf Schweißkonstruktionen müssen oft neue Gestaltungsformen gesucht werden.

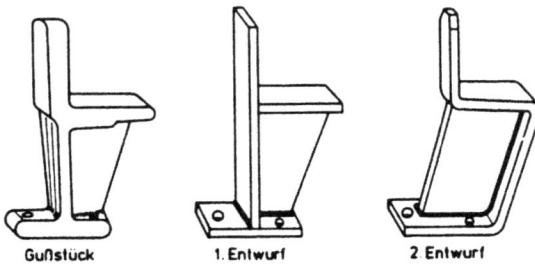

1. Entwurf : 4 Einzelteile : 40 % weniger Gewicht, gleiche Kosten
            wie Gußstück.

2 Entwurf : 2 Einzelteile : 40 % weniger Gewicht, 50 % geringere Kosten

Bild 3.43: Beispiel für die Umstellung von Guss- auf Schweißkonstruktion

- Bei Walzstählen werden Hohlkehlen nicht verschweißt, weil an diesen Stellen Seigerungszonen vorhanden sind und weil dort durch den Walz- und Abkühlungsvorgang besonders ungünstige Eigenspannungsverhältnisse vorliegen.

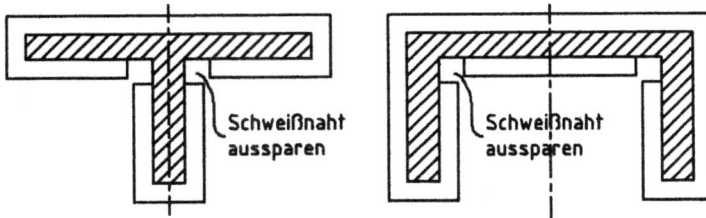

Bild 3.44: Aussparen von Schweißnähten in Hohlkehlen von Walzprofilen

3.6   Anhang

3.6.1   Literatur

[3.1] Bauer, C.O.: Handbuch der Verbindungstechnik. Hanser 1990

[3.2] Beckert, M.; Neumann, A.: Grundlagen der Schweißtechnik – Anwendungsbeispiele; Verlag Technik 1991

[3.3] Boese, U.; Werner, D.; Wirtz, H.: Das Verhalten der Stähle beim Schweißen, Teil II. Düsseldorf 1984

[3.4] Brockmann, W.: Grundlagen und Stand der Metallklebetechnik; VDI-Verlag 1971

[3.5] DIN-Taschenbuch 8: Schweißzusätze, Fertigung, Güte und Prüfung. Beuth 1985

[3.6] DIN-Taschenbuch 65, Schweißtechnik. Beuth 1988

[3.7] DIN-Taschenbuch 145: Schweißverbindungen. Beuth 1985

[3.8] DIN-Taschenbuch 196: Löten. Beuth 1989

[3.9] DS 952 01: Schweißen metallischer Werkstoffe an Schienenfahrzeugen und maschinentechnischen Anlagen. Deutsche Bundesbahn 1991

[3.10] Endlich, F.: Kleb- und Dichtstoffe in der modernen Technik. Essen 1990

[3.11] Fauner-Endlich: Angewandte Klebtechnik. Hanser

[3.12] Habenicht: Kleben. Springer

[3.13] Käufer, H.: Konstruktive Gestaltung von Klebungen zur Fertigungs- und Festigkeitsoptimierung. Konstruktion 36 (1984), H. 10

[3.14] Kennel, E.: Das Nieten im Stahl- und Leichtmetallbau. München 1951

[3.15] Krist, T.: Metallkleben. Vogel 1970

[3.16] Matting, A.: Metallkleben. Springer

[3.17] Mewes, W.: Kleine Schweißkunde für Maschinenbauer. VDI-Verlag 1978

[3.18] Muschard, W.D.: Klebgerechte Gestaltung einer Welle-Nabe-Verbindung. Konstruktion 36 (1984) H. 9

[3.19] Neumann, A.: Schweißtechnisches Handbuch für Konstrukteure. Deutscher Verlag für Schweißtechnik (DVS) 1990

[3.20] Petrunin, J.E.: Handbuch Löttechnik. VEB-Verlag 1988
[3.21] Plath, E.: Taschenbuch der Kitte und Klebstoffe. Wiss. Verlagsgesellschaft Stuttgart
[3.22] Rieberer, A.: Schweißgerechtes Konstruieren im Maschinenbau. Deutscher Verlag für Schweißtechnik (DVS) 1989
[3.23] Ruge, J.: Handbuch der Schweißtechnik,. Band 1 – 4. Springer 1991
[3.24] Saechtling, H.; Zebrowski, W.: Kunststoff-Taschenbuch. Hanser
[3.25] Sahmel, P.; Veit, H.J.: Grundlagen der Gestaltung geschweißter Stahlkonstruktionen. Deutscher Verlag für Schweißtechnik (DVS) 1989
[3.26] Schuler, V.: Schweißtechnisches Konstruieren und Fertigen. Vieweg 1992
[3.27] Strauß, R.: Das Löten für den Praktiker. Franzis 1984
[3.28] VDI-Richtlinie 258: Praxis des Metallklebens. VDI-Verlag 1976
[3.29] VDI-Richtlinie 2229: Metallklebverbindungen, Hinweise für Konstruktion und Fertigung, VDI-Verlag
[3.30] Witt, W.: Klebverbindungen für hohe Temperaturen. Maschinenmarkt (1970), H. 8

3.6.2   Normen

[3.31] DIN 101: Niete; Technische Lieferbedingungen
[3.32] DIN 124: Halbrundniete, Nenndurchmesser 10 bis 36 mm
[3.33] DIN 302: Senkniete, Nenndurchmesser 10 bis 36 mm
[3.34] DIN 660: Halbrundniete, Nenndurchmesser 1 bis 8 mm
[3.35] DIN 661: Senkniete, Nenndurchmesser 1 bis 8 mm
[3.36] DIN 662: Linsenniete, Nenndurchmesser 1,6 bis 6 mm
[3.37] DIN 674: Flachrundniete
[3.38] DIN 675: Flachsenkniete (Riemenniete), Nenndurchmesser 3 bis 5 mm
[3.39] DIN 1910 T2: Schweißen; Schweißen von Metallen, Verfahren
[3.40] DIN 1912 T5: Zeichnerische Darstellung Schweißen, Löten: Symbole, Bemaßung
[3.41] DIN 1913 T1: Stabelektroden für das Verbindungsschweißen von Stahl, unlegiert und niedriglegiert; Einteilung und Bezeichnung, Technische Lieferbedingungen
[3.42] DIN 2559 T1: Schweißnahtvorbereitung; Richtlinien für Fugenformen, Schmelzschweißen, von Stumpfstößen an Stahlrohren
[3.43] DIN 7331: Hohlniete, zweiteilig
[3.44] DIN 7338: Niete für Brems- und Kupplungsbeläge
[3.45] DIN 7339: Hohlniete, einteilig, aus Band gezogen
[3.46] DIN 7340: Rohrniete, aus Rohr gefertigt
[3.47] DIN 7341: Nietstifte
[3.48] DIN 8505: Löten
[3.49] DIN 8511: Flußmittel zum Löten metallischer Werkstoffe
[3.50] DIN 8513: Hartlote
[3.51] DIN 8514 T1: Lötbarkeit, Begriffe
[3.52] DIN 8515 T1: Fehler an Lötverbindungen aus metallischen Werkstoffen
[3.53] DIN 8525: Prüfung von Hartlötverbindungen
[3.54] DIN 8528 T2: Schweißbarkeit; Schweißeignung der allgemeinen Baustähle zum Schmelzschweißen

[3.55] DIN 8529 T1: Stabelektroden für das Verbindungsschweißen von hochfesten Feinkornbaustählen; Basisch umhüllte Stabelektroden; Einteilung, Bezeichnung, Technische Lieferbedingungen

[3.56] DIN 8551: Schweißnahtvorbereitung

[3.57] DIN 8554 T1: Schweißstäbe für Gasschweißen von ferritischen Stählen

[3.58] DIN 8563 T3: Sicherung der Güte von Schweißarbeiten; Schmelzschweißverbindungen an Stahl (ausgenommen Strahlschweißen)

[3.59] DIN 8570 T1: Allgemeintoleranzen für Schweißkonstruktionen

[3.60] DIN 8593 T7: Fertigungsverfahren Fügen; Fügen durch Löten

[3.61] DIN 8593 T8: Fertigungsverfahren Fügen; Fügen durch Kleben; Einordnung, Unterteilung, Begriffe

[3.62] DIN 16920: Klebstoffe; Klebstoffverarbeitung, Begriffe

[3.63] DIN E 32515: Bewertungsgruppen für Lötverbindungen; hart- und hochtemperaturgelötete Bauteile

[3.64] DIN 53281: Prüfen von Metallklebstoffen und -klebungen

[3.65] DIN 53282: Prüfen von Metallklebstoffen und -klebungen; Winkelschälversuch

[3.66] DIN 53283: Prüfen von Metallklebstoffen und -klebungen; Bestimmung der Klebfestigkeit von einschnittig überlappten Klebungen (Zugscherversuch)

[3.67] DIN 53284: Prüfen von Metallklebstoffen und -klebungen; Zeitstandversuch an einschnittig überlappten Klebungen

[3.68] DIN 53285: Prüfen von Metallklebstoffen und -klebungen; Dauerschwingversuch an einschnittig überlappten Klebungen

[3.69] DIN 53286: Prüfen von Metallklebstoffen und -klebungen; Bedingung für die Prüfung bei verschiedenen Temperaturen

[3.70] DIN 53287: Prüfen von Metallklebstoffen und -klebungen; Bestimmung der Beständigkeit gegenüber Flüssigkeiten

[3.71] DIN 53288: Prüfen von Metallklebstoffen und -klebungen; Zugversuch

[3.72] DIN 53289: Prüfen von Metallklebstoffen und -klebungen; Rollschälversuch

[3.73] DIN 53452: Prüfen von Metallklebstoffen und -klebungen; Druckscherversuch

[3.74] DIN 53454: Prüfen von Metallklebstoffen und -klebungen; Losbrechversuch an geklebten Gewinden

[3.75] DIN 53455: Prüfen von Metallklebstoffen und -klebungen; Torsionsscherversuch

3.7   Aufgaben

Nieten

A.3.1   Lastverteilung Nietverbindung (B)

Es ist die unten skizzierte Nietverbindung mit zwei gleichen Nieten gegeben. Die Kraft F =
20.000 N greift entweder bei A, B, C, D, E oder F an.

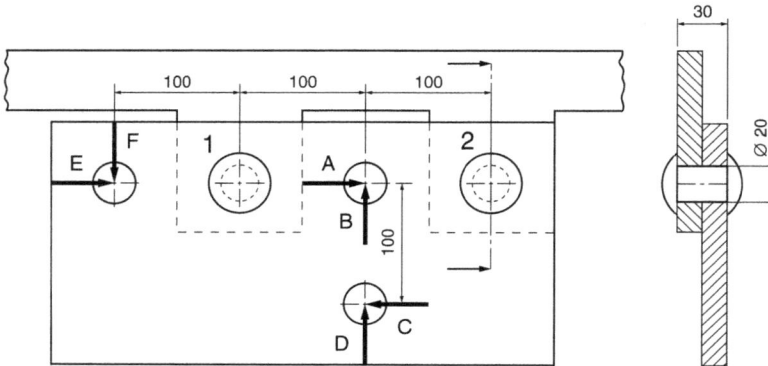

Lastverteilung:

Welche resultierende Kraft stellt sich daraufhin in den beiden Nieten ein?

	A	B	C	D	E	F
F_{Niet1} [N]						
F_{Niet2} [N]						

Dimensionierung des Niets:

Betrachten Sie die höchste Belastung für einen einzelnen Niet aus dem vorangegangenen Aufgabenteil.

Wie groß ist die maximale Schubspannung im Niet?	τ_Q	N/mm^2	
Wie groß ist der maximal auftretende Lochleibungsdruck (Berechnung wie ein kaltgeschlagener Niet)?	p_L	N/mm^2	

A.3.2   Genietete Muffe-Rohr-Verbindung (B)

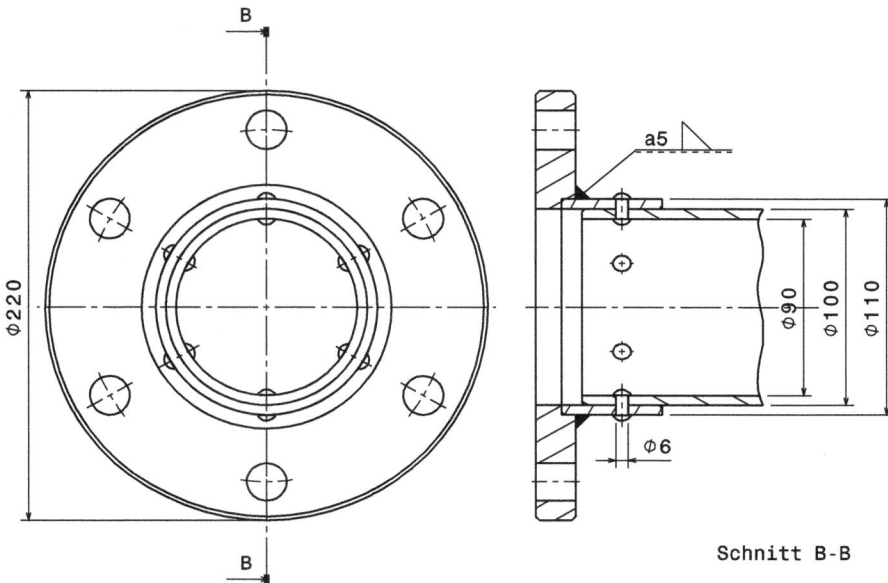

Schnitt B-B

Ein Flansch mit einem angeschweißten Rohrstück wird über ein weiteres Rohr geschoben und mit diesem über 6 Nieten verbunden. Es wird gleichzeitig eine Längskraft von 12 kN und ein Torsionsmoment von 800 Nm übertragen.

Wie groß ist die längskraftbedingte Kraft auf den einzelnen Niet?	F_q	N	
Wie groß ist die momentenbedingte Kraft auf den einzelnen Niet?	F_m	N	
Wie groß ist die gesamte auf den einzelnen Niet wirkende Kraft?	F_{Niet}	N	
Welche Schubspannung wirkt in den Nieten?	τ	N/mm^2	
Welcher Lochleibungsdruck entsteht zwischen Niet und Muffe?	p_{NM}	N/mm^2	
Welcher Lochleibungsdruck entsteht zwischen Niet und Rohr?	p_{NR}	N/mm^2	

A.3.3 Achshalter Güterwaggon (B)

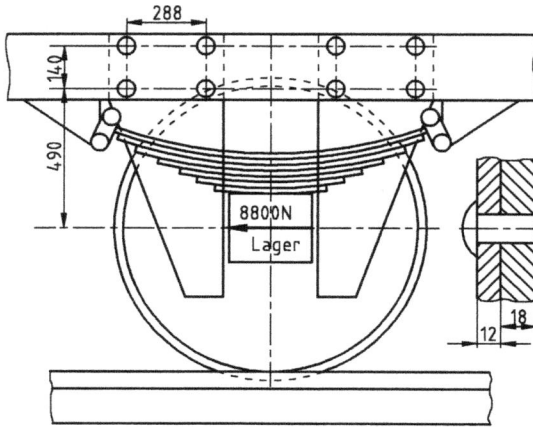

Der Achshalter eines Güterwaggons ist mit vier Nieten in der dargestellten Weise am Längsträger des Fahrzeugrahmens befestigt. Die Achse mit ihren beiden Rädern ist kopfseitig mit je einem Lager versehen, welches zwischen je zwei Achshaltern vertikal geführt wird. Das einzelne Rad und damit die Lagerung wird mit einer anteiligen Masse von Waggon und Ladegut belastet. Die daraus resultierende vertikale Belastung wird durch die hier skizzierte Blattfeder aufgenommen, belastet die Nieten also nicht.

Die Bremskraft $F_H = 8800\,N$ wird in horizontaler Richtung wirksam und belastet den Achshalter und damit die Nietverbindung. Die Nietverbindung weist Abmessungen nach der obigen Detailskizze auf.

Wie groß ist die Kraft, die einen einzelnen Niet maximal belasten kann?	F_{Niet}	N	
Wie groß ist die maximale Schubspannung im Niet?	τ_Q	N/mm^2	
Wie groß ist der maximal auftretende Lochleibungsdruck (Berechnung wie ein kaltgeschlagener Niet)?	p_L	N/mm^2	

A.3.4 Tretkurbel Fahrrad (E)

Das unten abgebildete austauschbare Kettenblatt eines Fahrrades wird mit 5 Schrauben an der Tretkurbel befestigt.

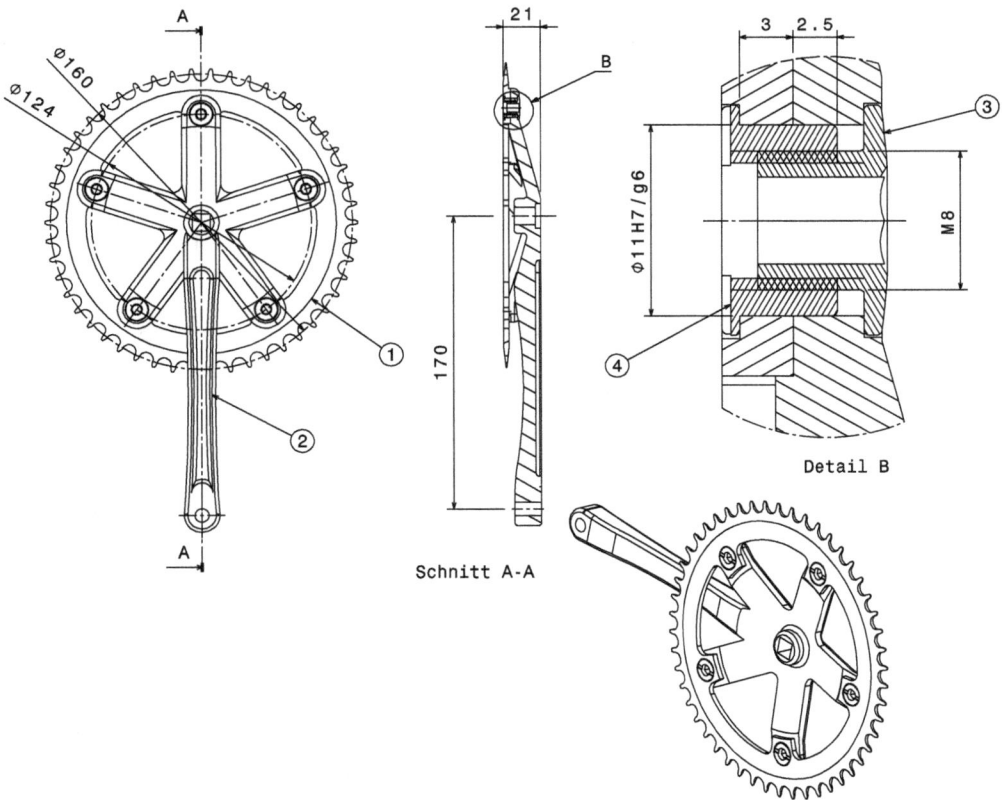

Schnitt A-A

Detail B

Die höchste Belastung im Laufe einer Kurbelumdrehung liegt dann vor, wenn sich ein 90 kg schwerer Radfahrer mit seiner gesamten Körpermasse auf der waagerecht stehenden Tretkurbel abstützt. Wegen der Dynamik der Belastung soll die Sicherheit 1,5 angesetzt werden. Dadurch entsteht ein Torsionsmoment, dessen Querkraft das Tretlager belastet. Dieses Torsionsmoment leitet eine Zugtrumkraft in die Fahrradkette ein. Zur Erleichterung der Montage wird zwar eine Zentrierung zwischen Tretkurbel und Kettenblatt vorgesehen, aber für die Dimensionierung wird sicherheitshalber angenommen, dass der Kraftfluss wegen der groben Passung der Zentrierung ausschließlich von den Schrauben als Passschrauben aufgenommen wird.

Wie groß ist das maximale Torsionsmoment, welches an der Tretkurbel übertragen wird?	M	Nm	
Wie groß ist die maximale Kraft, die dadurch in der Kette hervorgerufen wird?	F_{Kette}	N	
Wie groß ist die maximale Kraft, die durch das übertragene Torsionsmoment auf die einzelne Schraube wirkt?	F_m	N	
Wie groß ist die maximale Kraft, die durch die Querkraft (Zugtrumkraft der Kette) auf die einzelne Schraube wirkt?	F_q	N	
Wie groß ist die maximale Querkraft auf die einzelne Schraubverbindung?	F_{BQ}	N	
Wie groß ist der Lochleibungsdruck zwischen Tretkurbel und Passschraube?	p_L	$\frac{N}{mm^2}$	
Wie groß ist der Lochleibungsdruck zwischen Kettenblatt und Passschraube?	p_L	$\frac{N}{mm^2}$	

A.3.5 Nietverbindung mit diagonal angeordneten Flacheisen (B)

Mit der unten stehenden Konstruktion wird eine vertikale Kraft von 1.200 N übertragen. Am oberen Ende wird die Kraft über einen (hier nicht dargestellten) Stift in die Konstruktion eingeleitet und dann über eine aus zwei Nieten bestehende Verbindung in ein schräggestelltes Blech übertragen. Eine weitere Nietverbindung auf der rechten Seite stellt dann die Verbindung zu einem diagonal angeordneten Flacheisen her. Der untere Teil der Konstruktion ist ähnlich angelegt, allerdings werden hier Niete eines anderen Durchmessers verwendet.

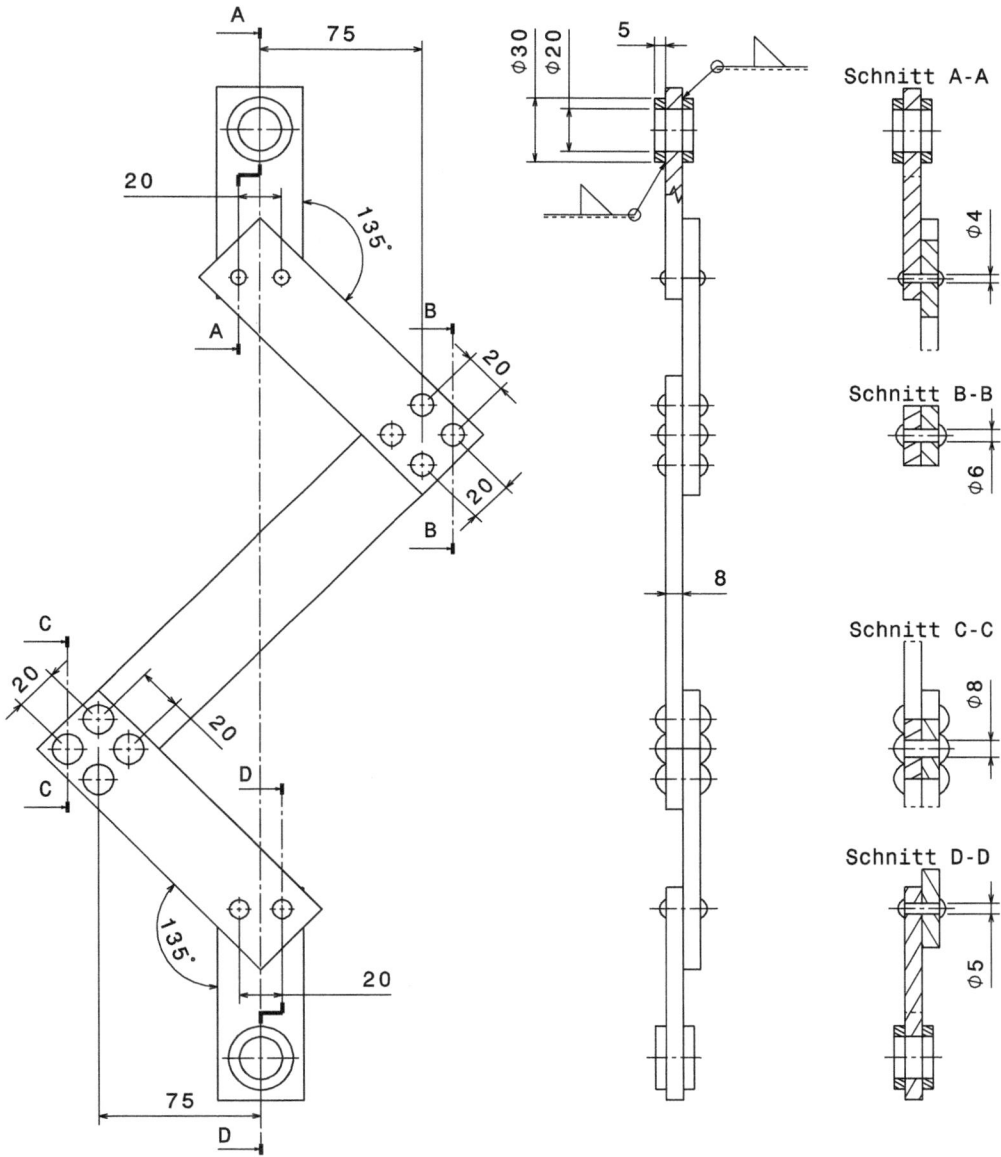

Schnitt A-A

Schnitt B-B

Schnitt C-C

Schnitt D-D

- Ermitteln Sie zunächst für den Stift/Bolzen sowohl den Querkraftschub als auch die Lochleibung.
- Berechnen Sie für alle Nietverbindungen ebenfalls den Querkraftschub und die Lochleibung. Zuvor muss jedoch die Gesamtkraft auf den am **höchsten belasteten Niet der Verbindung** ermittelt werden, die sich ihrerseits aus den Anteilen aus Querkraft- und Momentenbelastung ergibt.

für den höchst-belasteten Niet		Stift/Bolzen	Nietver-bindung A	Nietver-bindung B	Nietver-bindung C	Nietver-bindung D
Kraft aufgrund von Querkraft	N	———				
Kraft aufgrund des Momentes	N	———				
Gesamtkraft	N	1.200				
Querkraftschub	N/mm²					
Lochleibung	N/mm²					

A.3.6   Lagerschild Schaukel (V)

Die untenstehende Skizze zeigt die Befestigung eines Lagerschildes einer Schaukel am Grundgestell.

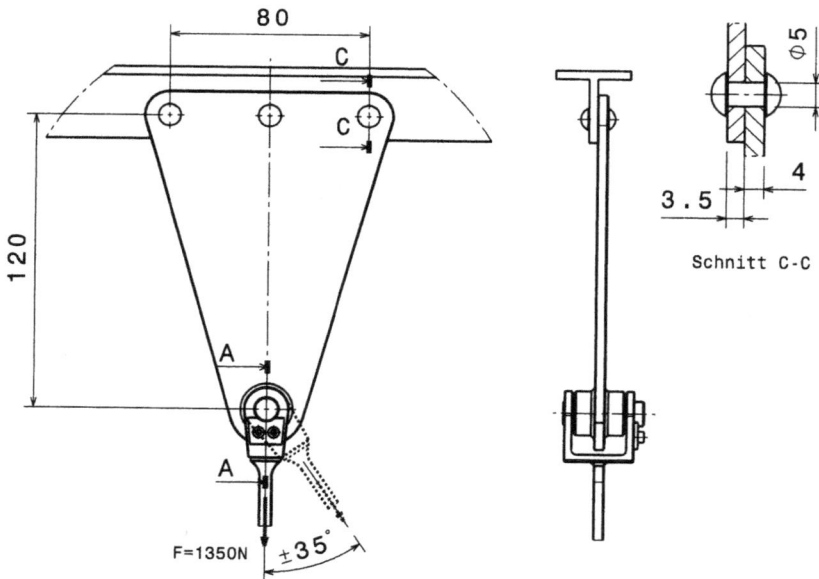

Schnitt C-C

Es kann vereinfachend angenommen werden, dass die eingeleitete Kraft konstant 1.350 N beträgt. Die Richtung der Kraft variiert zwischen $\alpha = \pm 35°$. Die Festigkeit der Nietverbindung soll überprüft werden.

a) Welcher Winkel α ist kritisch für die Festigkeit der Nietverbindung?
b) Berechnen Sie für diese kritische Winkelstellung die querkraft- und momentenbedingte Belastung für alle drei Nieten. Zerlegen Sie diese Kraft komponentenweise nach untenstehendem Schema.
c) Welcher Niet ist festigkeitsmäßig am höchsten belastet und wie groß ist die auf ihn einwirkende Gesamtkraft?
d) Die zulässige Schubspannung der Nieten beträgt $\tau_{zul} = 90\,\text{N/mm}^2$ und der zulässige Lochleibungsdruck $p_{lzul} = 120\,\text{N/mm}^2$. Nietdurchmesser und Blechdicke sollen ungefähr gleichgroß sein. Wie groß muss dann der Durchmesser eines Niets mindestens sein?

	Niet links	Niet Mitte	Niet rechts
F_{qx} [N]			
F_{qy} [N]			
F_{mx} [N]			
F_{my} [N]			
F_{Niet} [N]			

A.3.7 Kupplungsscheibe (V)

Die untenstehende Skizze zeigt schematisch eine Kupplungsscheibe, die mit insgesamt acht Nieten auf einem Wellenflansch befestigt ist. Über die Nietverbindung wird ein Torsionsmoment querkraftfrei übertragen.

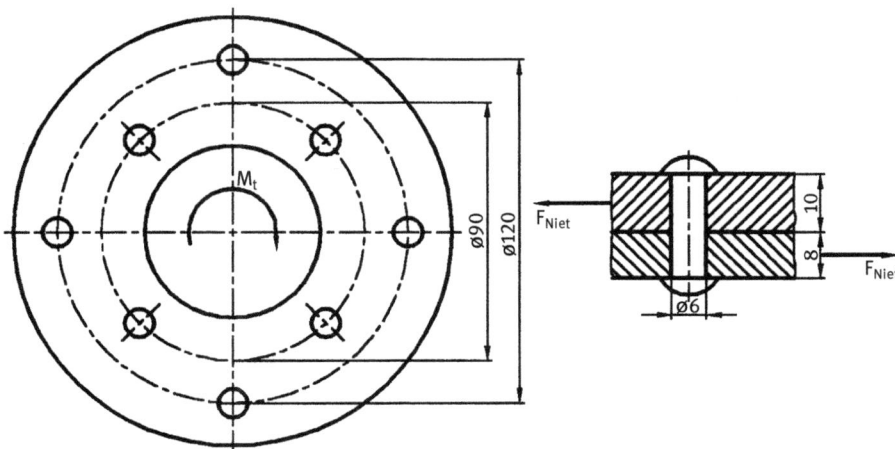

Die rechte Detailskizze zeigt einen einzelnen Niet mit seiner Umgebungskonstruktion. Es kann eine maximale Schubspannung $\tau_{zul} = 60\,N/mm^2$ und ein Lochleibungsdruck $p_{lzul} = 90\,N/mm^2$ zugelassen werden.

| Mit welcher Kraft kann ein einzelner Niet dann belastet werden? | F_{Niet} | N | |
| Wie groß ist das insgesamt mit allen acht Nieten übertragbare Moment? | M_{tges} | Nm | |

A.3.8   Nietverbindung mit 12 Nieten (V)

Entsprechend untenstehender Skizze wird eine aus zwei Blechen bestehende Konsolenkonstruktion mit insgesamt 12 gleichen Nieten (∅ 25 mm) an zwei T-Trägern befestigt. Die Konsole wird durch eine Kraft $F = 50\,kN$ mittig belastet.

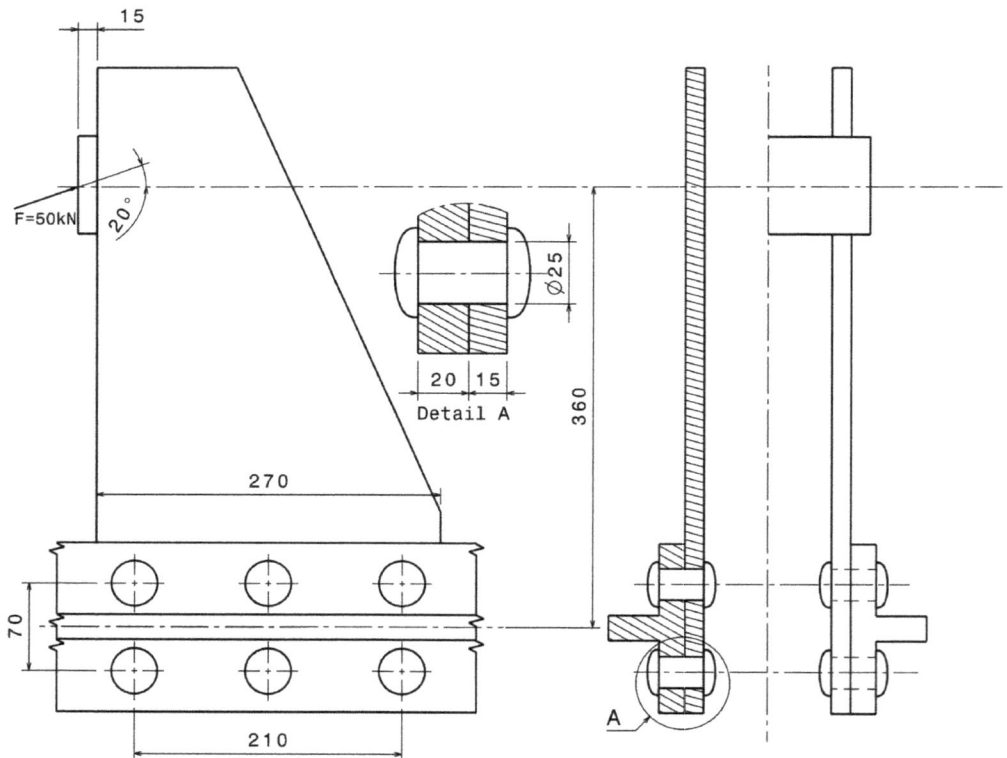

Ermitteln Sie die Kraft F_{Niet} für alle Nieten! Orientieren Sie sich bei der Dokumentation Ihrer Ergebnisse an untenstehendem Schema. Berechnen Sie zweckmäßigerweise zunächst die Anteile F_q und F_m. Zur Ermittlung der Gesamtkraft F_{Niet} ist es zweckmäßig, die zuvor berechneten Werte in x- und y-Komponente zu zerlegen.

	Niet 1:	Niet 2:	Niet 3:
F_{qx} [N] F_{qy} [N] F_{mx} [N] F_{my} [N]			
F_{Niet} [N]			
	Niet 4:	Niet 5:	Niet 6:
F_{qx} [N] F_{qy} [N] F_{mx} [N] F_{my} [N]			
F_{Niet} [N]			

Wie groß ist die Kraft, die einen einzelnen Niet maximal belasten kann?	F_{Niet}	N	
Wie groß ist die maximale Schubspannung im Niet?	τ_Q	N/mm^2	
Wie groß ist der maximal auftretende Lochleibungsdruck (Berechnung wie ein kaltgeschlagener Niet)?	p_L	N/mm^2	

A.3.9   Lastverteilung von zwei Nietverbindungen (V)

Der nach rechts auskragende Balken der unten dargestellten Stahlbaukonstruktion wird mit einer Kraft F = 1.000 N belastet. Diese Belastung wird zunächst vom waagerechten Träger über die Nieten 1–8 auf ein Zwischenblech und von dort aus über die Nieten I–VI auf einen senkrechten Träger übertragen.

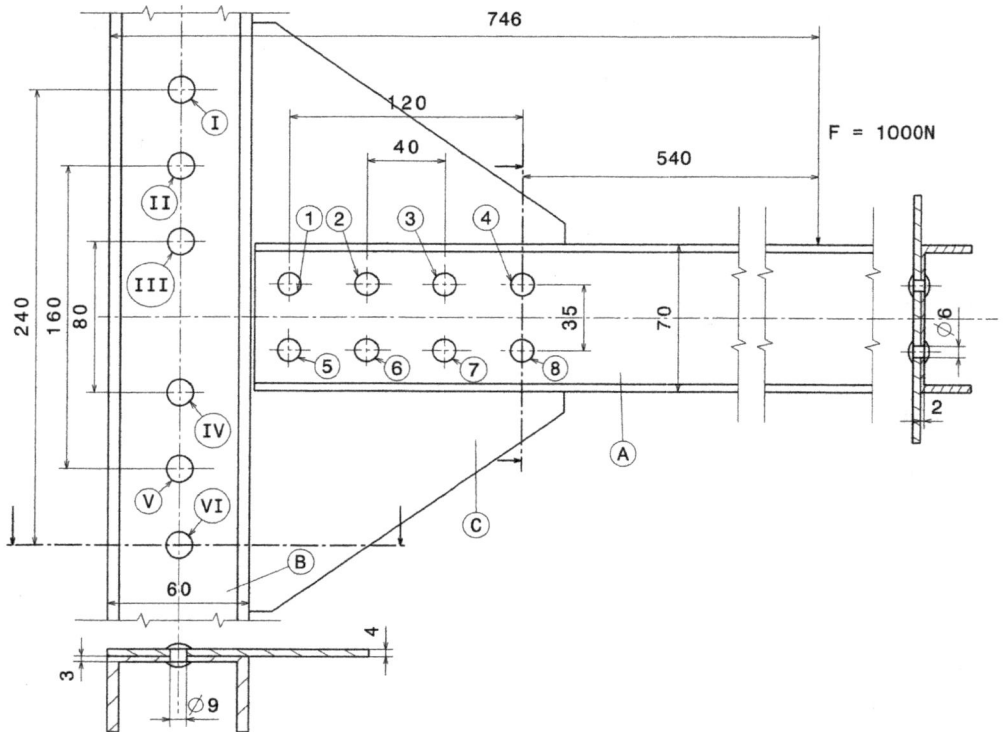

Ermitteln Sie die auf den jeweiligen Niet wirkende Gesamtkraft F_{Niet}! Orientieren Sie sich bei der Dokumentation Ihrer Ergebnisse an untenstehendem Schema. Berechnen Sie zweckmäßigerweise zunächst die Anteile F_q und F_m und zerlegen Sie diese in ihre x- und y-Komponente.

	Niet 1:	Niet 2:	Niet 3:	Niet 4:
F_{qx} [N] F_{qy} [N] F_{mx} [N] F_{my} [N]				
F_{Niet} [N]				
	Niet 5:	Niet 6:	Niet 7:	Niet 8:
F_{qx} [N] F_{qy} [N] F_{mx} [N] F_{my} [N]				
F_{Niet} [N]				

	Niet I:		Niet IV:
F_{qx} [N] F_{qy} [N] F_{mx} [N] F_{my} [N]		F_{qx} [N] F_{qy} [N] F_{mx} [N] F_{my} [N]	
F_{Niet} [N]		**F_{Niet} [N]**	
	Niet II:		Niet V:
F_{qx} [N] F_{qy} [N] F_{mx} [N] F_{my} [N]		F_{qx} [N] F_{qy} [N] F_{mx} [N] F_{my} [N]	
F_{Niet} [N]		**F_{Niet} [N]**	
	Niet III:		Niet VI:
F_{qx} [N] F_{qy} [N] F_{mx} [N] F_{my} [N]		F_{qx} [N] F_{qy} [N] F_{mx} [N] F_{my} [N]	
F_{Niet} [N]		**F_{Niet} [N]**	

Stift

A.3.10   Stift (B)

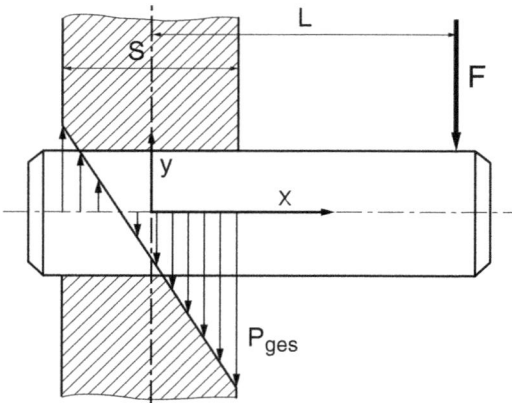

Die nebenstehende Stiftverbindung weist folgenden Konstruktionsdaten auf:
Durchmesser des Stiftes aus E 295:
28 mm
Einspannstelle aus GG:
s = 36 mm
Hebelarm der angreifenden Kraft:
L = 52 mm
Wie groß darf die Kraft F maximal werden, wenn sie quasistatisch aufgebracht wird. Berücksichtigen Sie dabei alle Festigkeitsaspekte und füllen Sie zweckmäßigerweise das untenstehende Schema aus.

	F_{max} [N]
aufgrund der Stiftbiegung	
aufgrund des Querkraftschubes im Stift	
aufgrund der Pressung an der Einspannstelle	
insgesamt übertragbar	

An der vorhandenen Konstruktion werden die unten aufgeführten Veränderungen vorgenommen. Überprüfen Sie, ob und wie sich dabei die übertragbare Kraft F_{max} ändert.

	F_{max} wird größer	F_{max} bleibt gleich	F_{max} wird kleiner
Stiftdurchmesser wird vergrößert			
Stiftwerkstoff E 295 wird durch E 360 ersetzt			
Einspannlänge s wird vergrößert			
Einspannwerkstoff wird aus S 235 JR gefertigt			

A.3.11   Eingemauertes Rechteckrohr (E)

Das unten dargestellte Rechteckrohr wird an seinem freien Ende mit einem Gewicht von 100 kg belastet. Dabei wird zwar nach der in der oberen Bildhälfte aufgeführten Ausführung

(„hoch") und der unteren Variante („quer") unterschieden, aber sämtliche anderen Abmessungen bleiben erhalten.

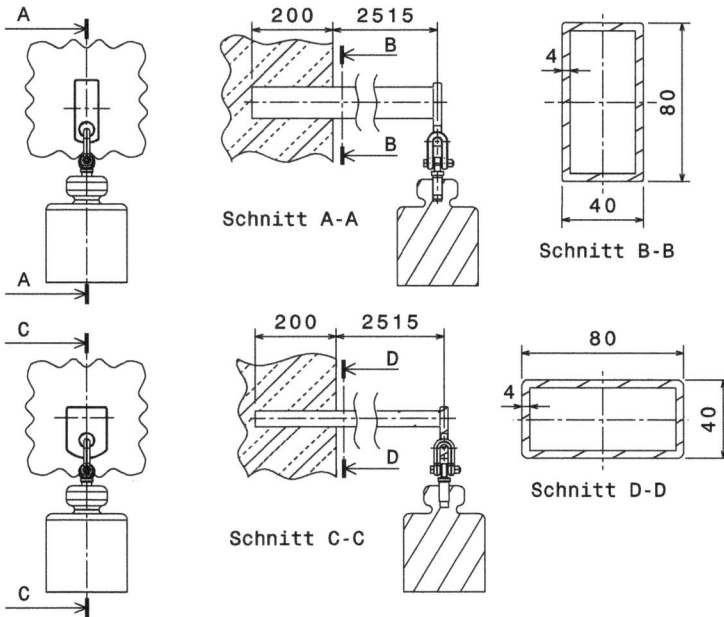

Berechnen Sie die in der unten untenstehenden Tabelle aufgeführten Belastungen (jeweils in N/mm²).

		hoch	quer
Querkraftschub	τ_Q		
maximale Biegespannung	σ_b		
Vergleichsspannung	σ_V		
querkraftbedingte Pressung	p_q		
momentenbedingte Pressung	p_m		
Gesamtpressung	p_{ges}		

A.3.12   Drehmomentenschlüssel (E)

Zur Drehmomentenmessung beim Anziehen von Schrauben wird eine Drehstabfeder nach untenstehender Darstellung eingesetzt: Der Drehmomentenschlüssel wird mit seinem unteren Ende auf die anzuziehende Schraube aufgesetzt. Das am oberen Ende quer eingesteckte Rohr dient als doppelseitiger Hebelarm, an dessen beiden Enden das Moment mittels Handkraft eingeleitet wird. Es kann angenommen werden, dass bei entsprechender Handhabung das Moment querkraftfrei eingebracht wird.

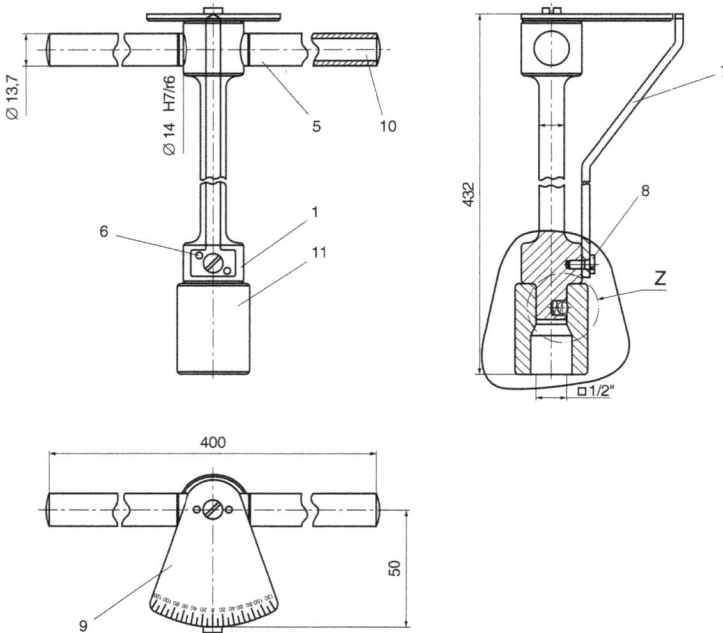

Drehstabfeder Mit diesem Drehmomentenschlüssel soll ein maximales Anzugsmoment von 120 Nm aufgebracht werden können. Zur Sicherstellung einer ausreichenden Ablesegenauigkeit soll sich die Feder bei maximalem Anzugsmoment um 30° verdrehen. Es wird der Werkstoff 50CrV4 verwendet, der bei einem Schubmodul von $G = 70.000\,\text{N/mm}^2$ eine maximale Schubspannung von $700\,\text{N/mm}^2$ zulässt.

Berechnen Sie den Durchmesser der Drehstabfeder!	d	mm	
Berechnen Sie die (wirksame) Länge der Drehstabfeder!	L	mm	

Verbindungselement Das Anzugsmoment wird durch ein am Kopf des Drehmomentenschlüssels quer eingestecktes Rohr eingeleitet. Es kann angenommen werden, dass sich das Schraubenanzugsmoment zu gleichen Anteilen auf die beiden Hebelarme aufteilt. An der Verbindungsstelle hat das Rohr einen Außendurchmesser von 14 mm und steht auf einer axialen Länge von 22 mm mit der Umgebungskonstruktion in Verbindung.

Wie groß ist die zwischen Rohr und Umgebungskonstruktion maximal wirksame Pressung?	p	$\frac{\text{N}}{\text{mm}^2}$	

Löten

A.3.13   Verlötete Muffenverbindung (B)

Zwei Rohre werden mit einer Muffe zusammengelötet, wobei ein Lot verwendet wird, welches mit $\tau_{zul} = 25\,\mathrm{N/mm^2}$ belastet werden kann. Es kommen dafür zwei verschiedene Lötungen nach untenstehender Skizze in Frage:

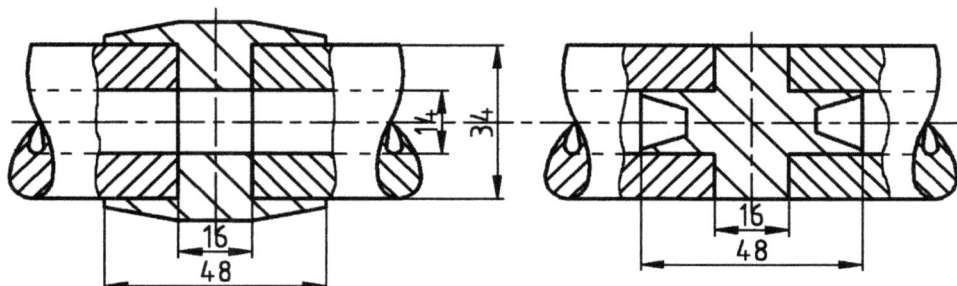

Konstruktionsvariante I

Die aussen liegende Muffe berührt beide Rohre an deren Stirnseite und an deren Aussenmantelfläche.

Konstruktionsvariante II

Das innen liegende Verbindungselement berührt beide Rohre an deren Stirnseite und an deren Innenmantelfläche.

Ermitteln Sie für beide Konstruktionsvarianten das übertragbare Torsionsmoment M_t, wenn die Rohre …	Variante I	Variante II
… nur jeweils *stirnseitig* verlötet werden.		
… nur jeweils *an der Mantelfläche* verlötet werden.		
… *sowohl stirnseitig als auch an der Mantelfläche* verlötet werden.		

A.3.14   Fahrradmuffe (E)

Die untenstehende Skizze benennt die wesentlichen Bestandteile eines Fahrradrahmens. Bei der klassischen Konstruktion aus Stahl werden Oberrohr, Sitzrohr, Unterrohr und Steuerrohr mit Muffen untereinander verbunden: Die Muffe selbst ist ein Feingussteil, in das die Rahmenrohre hineingesteckt und verlötet werden. Die nebenstehende Zeichnung zeigt beispielhaft die Verbindung zwischen dem vorderen Ende des Oberrohrs und der benachbarten Muffe im Schnitt, in der Seitenansicht und in der Draufsicht.

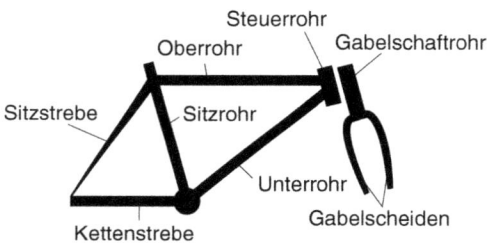

Zur Vermeidung von Steifigkeitssprüngen werden die Muffen mit schlank auslaufenden Enden versehen. Treffen Sie eine vereinfachende, sinnvolle Annahme zur Formulierung der kraftübertragenden Lotfläche als Zylindermantelfläche. Bei der Verarbeitung mit Messinglot und wechselnder Belastung im „Wiegetritt" kann eine Schubspannung von $15\,\text{N/mm}^2$ zugelassen werden.

Welche maximale Zugkraft kann durch diese Lötverbindung übertragen werden?	F_{max}	N	
Welches maximale Torsionsmoment kann durch diese Lötverbindung übertragen werden?	M_{tmax}	Nm	

Kleben

A.3.15   Aufgeklebte Lasche (E)

Klebefuge

30

40   20

Eine Blechlasche wird in der nebenstehend dargestellten Weise auf einen Grundträger aufgeklebt, wobei sich eine Klebefläche von 30 mm × 40 mm ergibt. Der Kleber hat eine Scherfestigkeit von 15 N/mm². Bei der folgenden Betrachtung werden ausschließlich Schubspannungen (Torsions- und Querkraftschub) berücksichtigt.

Wie groß kann die Kraft werden, wenn sie unter dem Winkel ...

| ... $\alpha = 0°$ angreift? | F_{max} | N | |
| ... $\alpha = 90°$ angreift? | F_{max} | N | |

A.3.16   Zementieren einer Zahnkrone (V)

Auch in der Zahnmedizin wird geklebt, allerdings wird dafür der Ausdruck „zementieren" verwendet: Einem ungesunden oder beschädigten Zahn wird mit dieser Verbindungstechnik eine sog. Krone aufgesetzt: Die untenstehende Röntgenaufnahme zeigt ein vollständiges Gebiss, dessen zweiter Zahn von rechts in der unteren Reihe entsprechend behandelt worden ist: Der Stumpf des alten Zahnes wird spanend so bearbeitet, dass ein Kegelstumpf übrigbleibt, der für den Rechenansatz in der schematischen Darstellung rechts durch einen Zylinder angenähert werden kann:

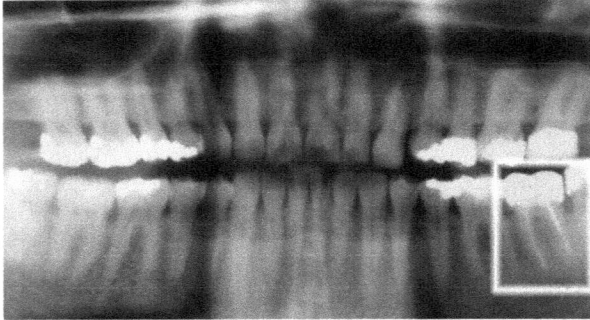

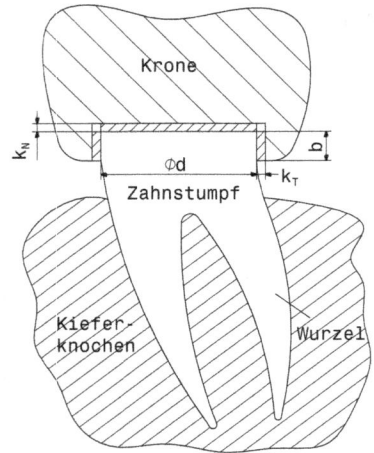

Es sind folgende Daten gegeben:

Zahnstumpfdurchmesser:	$d = 11{,}83\,\text{mm}$
Überlappungshöhe der Krone:	$b = 2{,}13\,\text{mm}$
Zementschichtdicke:	$k_T = k_N = 0{,}15\,\text{mm}$
Elastizitätsmodul des Zements:	$E = 6.000\,\text{N/mm}^2$
Schubmodul des Zements:	$G = 2.400\,\text{N/mm}^2$

Sowohl Zahnstumpf als auch Krone werden als unendlich starr gegenüber dem Zement angesehen. Wird der Zahn zentrisch auf Druck belastet, so verteilt sich diese Druckkraft auf die Zementschicht an der Stirnfläche des Zahnstumpfes und auf die Zementschicht an der Mantelfläche des Zahnstumpfes. Diese Lastverteilung hängt von den Steifigkeiten der Zementschichten ab. Berechnen Sie deshalb zunächst die Steifigkeit der Zementschicht an der Stirnfläche c_N und die Steifigkeit der Zementschicht an der Mantelfläche c_T.

Es wird angenommen, dass eine Prüfperson eine zentrische Belastung von $F_{ges} = 300\,\text{N}$ auf den Zahn aufbringen kann. Wie teilt sich diese Gesamtkraft F_{ges} in die an der Stirnfläche übertragene Kraft F_N und in die an der Mantelfläche übertragene Kraft F_T auf?

Wie groß sind dann die in der Zementschicht an der Stirnseite des Zahnstumpfes hervorgerufene Druckspannung σ und die in der Zementschicht an der Mantelfläche des Zahnstumpfes hervorgerufene Schubspannung τ?

normal (kreisförmige Stirnfläche)	tangential (Zylindermantelfläche)
$c_N\ [\text{N/µm}] =$	$c_T\ [\text{N/µm}] =$
$F_N\ [\text{N}] =$	$F_T\ [\text{N}] =$
$\sigma\ [\text{N/mm}^2] =$	$\tau\ [\text{N/mm}^2] =$

Schweißen

Statisch belastete Schweißnaht

A.3.17   Rechteckrohr an Wand (B)

Die unten dargestellte Hubvorrichtung besteht aus einem Rechteckrohr mit den dargestellten Abmessungen. Am freien Ende des Kragbalkens ist eine Seilrolle angebracht, mit der Lasten bis 64 kg angehoben werden können.

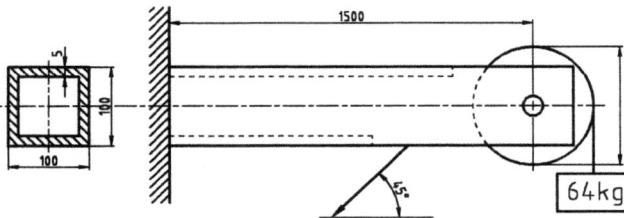

Die Schweißnaht ist in maximal möglicher Schweißnahtdicke auszuführen. Sowohl Grundwerkstoff als auch Schweißnaht bestehen aus S 235 JR Normalgüte.

Wie groß ist die größtmögliche Schweißnahtdicke?	a	mm	
Berechnen Sie die in der Schweißnaht auftretende Druckspannung Biegespannung Schubspannung	σ_D σ_b τ_Q	$\frac{N}{mm^2}$	
Wie groß ist die in der Schweißnaht auftretende Vergleichsspannung?	σ_V	$\frac{N}{mm^2}$	
Wie groß ist die Sicherheit?	S	–	
Wie groß darf die Last maximal werden, wenn die Sicherheit S = 2 gefordert wird?	m	kg	

A.3.18   Rohr an Wand (B)

Die dargestellte Haltevorrichtung besteht aus einem Rohr, welches an einer Wand angeschweißt ist. Am anderen Ende des Rohres ist ein Hebel angeschweißt, der in der dargestellten Weise mit einer Kraft von 750 N quasistatisch belastet wird. Beide Schweißnähte werden mit der maximal möglichen Schweißnahtdicke ausgeführt. Der Querkraftschub kann als vernachlässigbar gering eingestuft werden.

Welche der beiden Schweißnähte ist höher belastet? Geben Sie zunächst eine qualitative Begründung an, ohne Zahlenwerte zu berechnen!

Wie groß ist die größtmögliche Schweißnahtdicke?	a	mm	
Berechnen Sie die in der Schweißnaht auftretende Biegespannung Torsionsschub	σ_b τ_t	$\frac{N}{mm^2}$	
Wie groß ist die in der Schweißnaht auftretende Vergleichsspannung?	σ_V	$\frac{N}{mm^2}$	
Wie hoch wäre die Vergleichsspannung, wenn es gelänge, auch an der Innenseite des Rohres eine Schweißnaht anzubringen?	σ_V	$\frac{N}{mm^2}$	

A.3.19   Bestimmung der Schwerelinie (E)

Der unten skizzierte T-Träger wird an einer senkrechten Wand festgeschweißt. Dabei wird eine überall gleich dicke, größtmögliche Schweißnahtdicke angebracht, die auf volle Millimeter zu runden ist. Die Schweißnaht erstreckt sich über den gesamten Profilumfang, in den Hohlkehlen ist allerdings eine 6 mm lange Aussparung vorzusehen. Berücksichtigen Sie an diesen Stellen die Auswirkung der Endkrater. Die Belastung aufgrund von Querkraftschub kann in dieser Betrachtung vernachlässigt werden. Die Schweißnaht wird mit dem Werkstoff S 355 JR als Kehlnaht ausgeführt. Zählen Sie zweckmässigerweise die Koordinate z von der Unterkante des Profils aus.

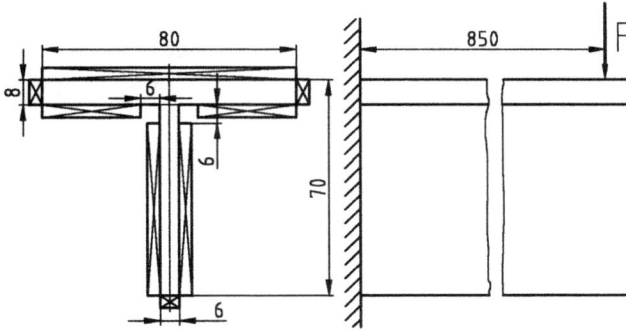

Ermitteln Sie die Lage der Schwerelinie der Schweißnaht!	z_s	mm	
Berechnen Sie das Widerstandsmoment der Schweißnaht!	W_{ax}	mm³	
Wie groß darf die am Ende des Profils eingeleitete quasistatische Kraft höchstens werden?	F_{max}	N	

A.3.20 Schweißverbindung, Biegespannung durch Längskraftbelastung (V)

Ein kurzes Profil U65 nach DIN 1026 wird nach untenstehender Zeichnung senkrecht auf eine Platte geschweißt. Diese Verbindungsstelle ist nicht von unten zugänglich und kann deshalb nur an den drei Außenkanten geschweißt werden, wobei die Schweißnaht mit überall gleichbleibender, größtmöglicher Dicke auszuführen ist. In das Profil wird eine Längskraft von 16 kN eingeleitet.

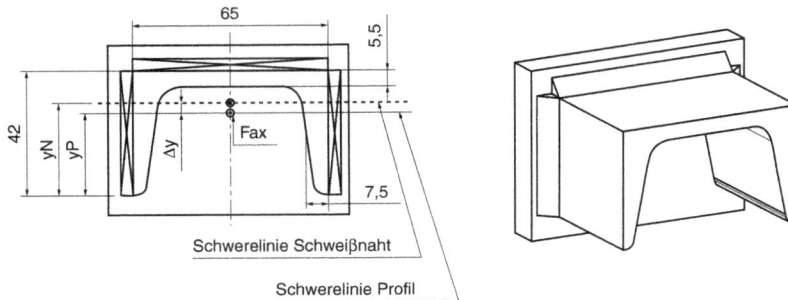

Sowohl die im Profil als auch die in der Schweißnaht auftretenden Spannungen sind zu bestimmen. Bedienen Sie sich zur Dokumentation der Ergebnisse des untenstehenden Schemas. Die Lage der Schwerelinien werden zweckmässigerweise von der Unterkante des Profils aus gezählt.

		Profil	Naht
Längskraft F_{ax}	N	16.000	
Querschnittsfläche A	mm^2		
Zug-/Druckspannung σ_{ZD}	N/mm^2		
Abstand Unterkante Profil – Schwerelinie z_P bzw. z_N	mm		
Abstand Schwerelinien Profil – Naht Δz	mm		
Biegemoment M_b	Nm		
Widerstandsmoment W_{ax}	mm^3		
Biegespannung σ_b	N/mm^2		
Gesamtspannung σ_{ges}	N/mm^2		

Dynamisch belastete Schweißnaht

A.3.21   Unwuchtantrieb (E)

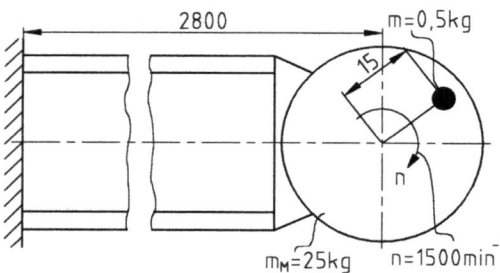

Der Motor eines Unwuchtantriebes wiegt 25 kg. Die Motorwelle rotiert mit einer Drehzahl von 1.500 min^{-1} und in einem Abstand von 15 mm ist eine Unwuchtmasse von 0,5 kg angebracht. Für den Kragarm wird ein Normprofil IPB 100 nach DIN 1025T2 verwendet.

Die Schweißnahtbefestigung des Profils auf der Grundplatte ist zu betrachten. Die Naht soll sowohl am Steg als auch an den Flanschen mit der jeweils größtmöglichen Breite und Länge ausgeführt werden, wobei die Hohlkehlen mit 12 mm auszusparen sind. Der Träger kann als masselos angenommen werden, Querkrafteinflüsse sind zu vernachlässigen. Die Schweißnaht wird mit dem Werkstoff S 235 JR als unbearbeitete Kehlnaht ausgeführt.

Berechnen Sie ...

... die Nahtstärke an den Querblechen	a_1	mm	
... die Nahtstärke am Stegblech	a_2	mm	
... das Flächenmoment der Naht	I_{ax}	mm^4	
... das Widerstandsmoment der Naht	W_{ax}	mm^3	
... die statische Biegespannung in der Naht	σ_{bstat}	$\frac{N}{mm^2}$	
... die dynamische Biegespannung in der Naht	σ_{bdyn}		
... die untere Biegespannung in der Naht	σ_{bu}	$\frac{N}{mm^2}$	
... die obere Biegespannung in der Naht	σ_{bo}		
... die Dynamikkennzahl	κ	–	
... die Betriebssicherheit der Naht	S	–	

A.3.22 Schaltkupplung (E)

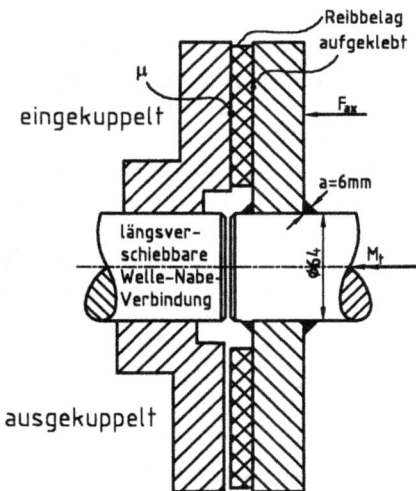

Nebenstehend ist eine einfache Schaltkupplung skizziert: Ist die Kupplung eingekuppelt (oben), so wird unter Ausnutzung der Coulombschen Reibung mit der Axialkraft $F_{ax} = 52.000\,N$ ein maximales Torsionsmoment $M_{tmax} = 1.520\,Nm$ übertragen. Bei Wegnahme der Axialkraft wird die Reibung und damit der Momentenfluss aufgehoben, die Kupplung ist ausgekuppelt (unten). Während an der linken Kupplungsscheibe die Momentenübertragung über eine hier nicht näher dargestellte längsverschiebbare Welle-Nabe-Verbindung vollzogen wird, ist die rechte Kupplungsscheibe einfach in der dargestellten Weise auf der Welle festgeschweißt. Es ist davon auszugehen, dass die Kupplung keine Querkräfte aufzunehmen hat und im ungünstigsten Fall ständig ein- und ausgekuppelt wird.

Auf beiden Seiten der Kupplungsscheibe wird eine Rundumnaht mit dem Werkstoff S235 angebracht und es kann angenommen werden, dass beide Nähte gleichmäßig an der Lastübertragung beteiligt sind. Der Kerbfall kann mit „durchlaufendes Bauteil mit einem durchgesteckten, durch Kehlnähte verbundenen Bauteil, Schweißnähte nicht bearbeitet" beschrieben werden.

a) Zwischen welchen Werten schwanken die in der Schweißnaht wirkende Normalspannung σ und die Tangentialspannung τ? Berechnen Sie die obere und untere Vergleichsspannung!

b) Ermitteln Sie den κ-Wert

c) Wie groß sind die zulässige Spannung σ_{zul}?

d) Wie groß ist die Sicherheit S?

a.	σ_o [N/mm^2] =	τ_o [N/mm^2] =	σ_{Vo} [N/mm^2] =
	σ_u [N/mm^2] =	τ_u [N/mm^2] =	σ_{Vu} [N/mm^2] =
b.	κ =		
c.	σ_{zul} [N/mm^2] =		
d.	S =		

A.3.23   Laufrolle Transportwagen (E)

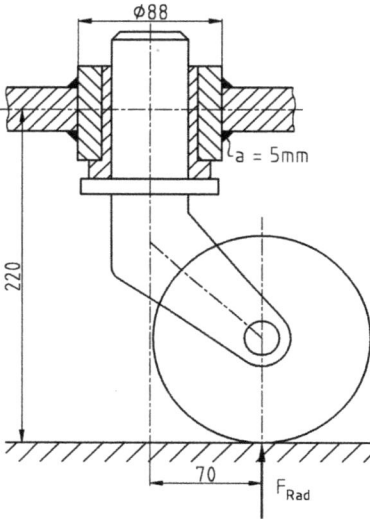

Die skizzierte Laufrolle eines Transportwagens dreht sich bei Änderung der Fahrtrichtung selbsttätig um eine senkrechte Achse. Die Hülse dieser einfachen Bolzenlagerung ist am Gestell des Wagens festgeschweißt. Zur Verminderung von Reibung und Verschleiß ist in die Stahlhülse eine Buchse eingepresst, die am unteren Ende einen Kragen zur Aufnahme der Axialkraft aufweist. Es kann angenommen werden, dass auf das Rad eine zeitlich konstante Kraft von 24 kN wirkt. Es muss damit gerechnet werden, dass sich die Fahrtrichtung ständig ändert und dass sich dabei der Lagerzapfen in der Buchse ständig dreht. Die Bauteile sind aus S235 gefertigt. Es wird eine Kehlnaht angebracht, die anschließend nicht bearbeitet wird. Berechnen Sie die Festigkeit der Schweißnaht. Bedienen Sie sich bei der Dokumentierung der Ergebnisse des untenstehenden Schemas.

a) Mit welchen Kräften und Momenten werden die Schweißnähte belastet und wie groß sind diese?
b) Wie groß sind die daraus resultierenden statischen und dynamischen Spannungen?
c) Wie groß ist der Dynamikfaktor κ und welche zulässige Spannung ergibt sich daraus?
d) Welche Sicherheit liegt in der Schweißnaht vor?

	statisch	dynamisch
L [N] = M_b [Nm] =	σ_{ZDstat} [N/mm^2] = σ_{bstat} [N/mm^2] =	σ_{ZDdyn} [N/mm^2] = σ_{bdyn} [N/mm^2] =
	$\sigma_{gesstat}$ [N/mm^2] =	σ_{gesdyn} [N/mm^2] =
	κ =	
	σ_{zul} [N/mm^2] =	
	S =	

4 Schrauben

Schrauben zählen nicht nur zu den am häufigsten verwendeten Maschinenelementen, sondern finden auch über den Maschinenbau hinaus breite Verwendung. Diese vielfältigen Anwendungen lassen sich folgendermaßen einteilen:

	Schraube ohne nennenswerte Belastung	Befestigungsschraube	Bewegungsschraube	
Bewegung	setzt Drehbewegung in Längsbewegung um	setzt Drehbewegung in Längsbewegung um	häufig: setzt unter Last Drehbewegung in Längsbewegung um	selten: setzt unter Last Längsbewegung in Drehbewegung um
Belastung	keine nennenswerte Belastung	setzt Drehmoment in Längskraft um	häufig: setzt Drehmoment in Längskraft um	selten: setzt Längskraft in Drehmoment um
Beispiele	Messschraube (z. B. Mikrometerschraube), Einstellschraube (z.B. Entfernungseinstellung des Kameraobjektivs), Verschlussschraube, Schraubdeckel	Schraube allgemein als Verbindungselement, Spannschraube (z.B. Maueranker, Schraubstock, Schraubzwinge)	Gewindespindel (Hub- und Vorschubspindel), Spindelpresse, Schraubmechanismus zur Betätigung von Ventilen und Schiebern	Drillbohrer, Kinderkreisel
	Kapitel 4.1	Kapitel 4.2 – 4.6	Kapitel 4.7	

Eine exakte Abgrenzung von Befestigungsschraube und Bewegungsschraube ist nicht immer eindeutig möglich: Die Schraube einer Spindelpresse beispielsweise dient zunächst zur Aufbringung hoher Kräfte. Da unter dieser hohen Kraft aber noch Bewegungen ausgeführt werden (können), zählt sie zu den Bewegungsschrauben. Ungeachtet der speziellen Verwendung können für praktisch alle Schrauben die beiden folgenden Aussagen getroffen werden:

- Die Schraube setzt Drehbewegung in Längsbewegung um (oder seltener umgekehrt).
- Die Schraube setzt Drehmoment in Längskraft um (oder seltener umgekehrt).

https://doi.org/10.1515/9783110746457-005

Die folgenden Betrachtungen gehen zunächst von der Geometrie der Schraube aus, die für Schrauben ohne nennenswerte Betriebsbelastung meist schon ausreicht. Die weiteren Dimensionierungsaspekte konzentrieren sich vor allen Dingen auf die Befestigungsschraube. Die zusätzlichen Besonderheiten der Bewegungsschraube werden in Abschnitt 4.7 ergänzt. Eine Bewegungsschraube ist ein Getriebe, welches eine Hin- und Her-Bewegung ausführt. Wird die Mutter durch ein Schneckenrad ersetzt, so lässt sich das Schraubenprinzip auch zu einem gleichförmig übersetzenden Getriebe erweitern (Kap. 4.8).

4.1   Geometrie der Schraube (B)

Die aus den Grundlagen der Statik bekannte schiefe Ebene erlaubt es, die dreidimensionale Geometrie der Schraube auf ein zweidimensionales Problem zurück zu führen, in dem nach Bild 4.1 die Mantelfläche des Schraubenzylinders (links) als Ebene (rechts) abgewickelt wird.

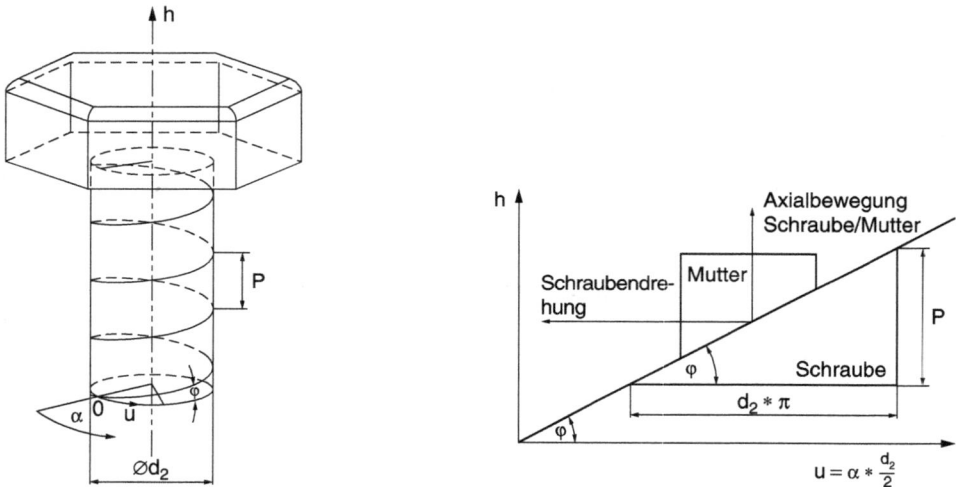

Bild 4.1: Schraubenlinie

Die in Richtung der Schraubenachse gerichtete Koordinate h und die entlang des Umfanges angetragenen Koordinate u stehen über den Steigungswinkel φ in direktem Zusammenhang:

$$\tan \varphi = \frac{h}{u} \quad \Rightarrow \quad u = \frac{h}{\tan \varphi} \qquad \qquad \text{Gl. 4.1}$$

Für eine einzelne Schraubenumdrehung gilt dann:

$$\tan \varphi = \frac{p}{d_2 \cdot \pi} \qquad\qquad \text{Gl. 4.2}$$

Dabei bedeutet p die Höhe eines Gewindeganges (auch „Gewindesteigung" genannt). Die Umfangskoordinate u ihrerseits ergibt sich aus der Drehung des Zylinders um den Winkel α, der hier in Bogenmaß einzusetzen ist:

$$u = \alpha \cdot \frac{d_2}{2} \qquad\qquad \text{Gl. 4.3}$$

Durch Gleichsetzen der Gleichungen 4.1 und 4.3 wird der Zusammenhang zwischen Drehbewegung und Längsbewegung deutlich:

$$\frac{h}{\tan \varphi} = \alpha \cdot \frac{d_2}{2} \quad \Rightarrow \quad h = \alpha \cdot \frac{d_2}{2} \cdot \tan \varphi \qquad\qquad \text{Gl. 4.4}$$

Damit die Schraube mechanisch beansprucht werden kann, muss für den Kontakt zwischen Schraube und Mutter eine Fläche zur Verfügung gestellt werden:

- Der Kontakt findet entlang des Abschnittes der Schraubenlinie statt, auf dem Schraube und Mutter miteinander in Verbindung stehen.
- Der Kontakt zwischen Schraube und Mutter findet nicht nur auf dem Zylinder mit dem sog. „Flankendurchmesser" d_2 statt, sondern erstreckt sich vom äußeren Nenndurchmesser d bis zum inneren Kerndurchmesser d_3 nach Bild 4.2 und 4.3

Die Vielzahl der geometrischen Parameter macht eine Normung der Schraubenabmessungen im Sinne einer möglichst weitreichenden Austauschbarkeit erforderlich. Die folgenden Tabellen geben die Schraubenabmessungen für das metrische ISO-Regelgewinde nach DIN 13 T 1 (stellvertretend für Befestigungsschrauben) und das Trapezgewinde nach DIN 103 (stellvertretend für Bewegungsschrauben) auszugsweise wieder. Weitere Schraubennormen sind unter 4.9.2 zu finden.

Der mit Bild 4.1 eingeführte Flankendurchmesser d_2 ist an der Schraube konstruktiv gar nicht vorhanden, sondern er wird nur formuliert, um auf diesem „mittleren Durchmesser" die Bewegungsverhältnisse besonders einfach darstellen zu können und Kräftewirkungen darauf beziehen zu können (s. u.). Tatsächlich ergibt er sich als arithmetischer Mittelwert zwischen d_3 und d:

$$d_2 = \frac{d_3 + d}{2} \qquad\qquad \text{Gl. 4.5}$$

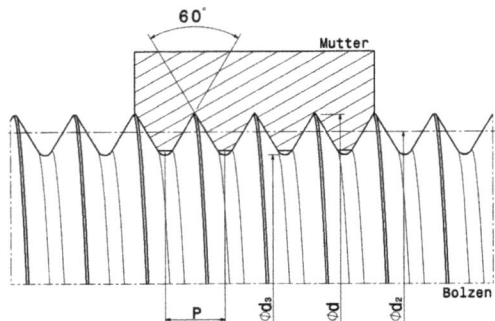

Bild 4.2: Spitzgewinde nach DIN 13 T 1

Gewinde-nenndurch-messer	Steigung	Flanken-durch-messer	Steigungs-winkel	Kern-durch-messer	Spannungs-quer-schnitt	polares Wider-standsmoment bei A_S	Kern-quer-schnitt	Schlüssel-weite
d [mm]	P [mm]	d_2 [mm]	φ [°]	d_3 [mm]	A_S [mm²]	W_t [mm³]	A_3 [mm²]	SW [mm]
1,0	0,25	0,838	5,43	0,693	0,460	0,088	0,377	2,5
1,2	0,25	1,038	4,38	0,893	0,732	0,177	0,626	3
1,6	0,35	1,373	4,64	1,170	1,27	0,404	1,075	3,5
2,0	0,40	1,740	4,19	1,509	2,07	0,842	1,788	4
2,5	0,45	2,208	3,71	1,948	3,39	2,381	2,980	5
3,0	0,50	2,675	3,41	2,387	5,03	3,184	4,475	5,5
4,0	0,70	3,545	3,60	3,141	8,78	7,336	7,749	7
5,0	0,80	4,480	3,25	4,019	14,2	15,068	12,69	8
6,0	1,00	5,350	3,41	4,773	20,1	25,461	17,89	10
8,0	1,25	7,188	3,17	6,466	36,6	62,477	32,84	13
10	1,50	9,026	3,03	8,160	58,0	124,585	52,30	16
12	1,75	10,863	2,94	9,853	84,3	218,201	76,25	18
14	2,00	12,701	2,87	11,546	115	349,876	104,7	22
16	2,00	14,701	2,48	13,546	157	553,168	144,1	24
20	2,50	18,367	2,48	16,933	245	1079,60	225,2	30
24	3,00	22,051	2,48	20,319	353	1866,87	324,3	36
30	3,50	27,727	2,30	25,706	561	3744,28	519,0	46
36	4,00	33,402	2,19	31,093	817	6584,42	759,3	55
42	4,50	39,077	2,10	36,479	1121	10.586,4	1045	65
48	5,00	44,752	2,04	41,866	1473	15.950,1	1377	75
56	5,50	52,428	1,91	49,252	2030	25.801,6	1905	85
64	6,00	60,103	1,82	56,639	2676	39.050,0	2520	95

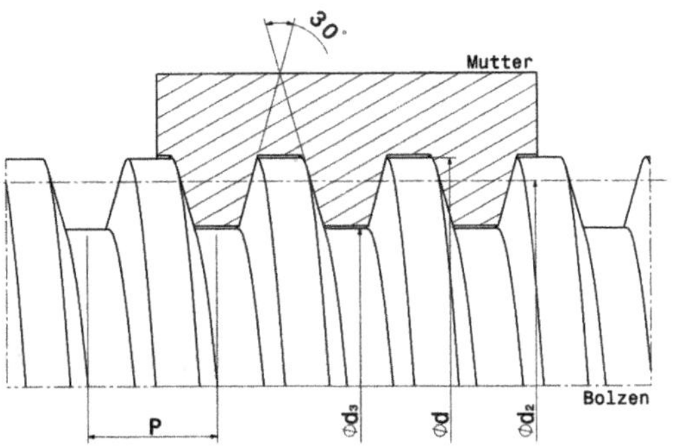

Bild 4.3: Trapezgewinde nach DIN 103

Gewinde-bezeichnung	Flanken-durchmesser	Steigungs-winkel	Kerndurch-messer	Kernquer-schnitt	polares Wider-standsmoment bei A_3
$d \times P$ [mm]	d_2 [mm]	φ [°]	d_3 [mm]	A_3 [mm^2]	W_t [mm^3]
Tr 10×2	9,0	4,046	7,5	44,2	82,8
Tr 12×3	10,5	5,197	8,5	56,7	120,5
Tr 16×4	14,0	5,197	11,5	103,9	298,6
Tr 20×4	18,0	4,046	15,5	188,7	731,1
Tr 24×5	21,5	4,234	18,5	268,8	1243,2
Tr 28×5	25,5	3,571	22,5	397,6	2236,5
Tr 32×6	29,0	3,768	25,0	490,9	3067,9
Tr 36×3	34,5	1,585	32,5	973,1	6740,3
Tr 36×6	33,0	3,312	29,0	660,6	4788,7
Tr 36×10	31,0	5,863	25,0	490,9	3067,9
Tr 40×7	36,5	3,493	32,0	804,2	6433,9
Tr 44×7	40,5	3,149	36,0	1017,9	9160,8
Tr 48×8	44,0	3,312	39,0	1194,6	11.647
Tr 52×8	48,0	3,037	43,0	1452,2	15.611
Tr 60×9	55,5	2,955	50,0	1963,5	24.543
Tr 70×10	65,0	2,804	59,0	2733,9	40.326
Tr 80×10	75,0	2,430	69,0	3739,2	64.502
Tr 90×12	84,0	2,604	77,0	4656,6	89.640
Tr 100×12	94,0	2,327	87,0	5944,6	129.296
Tr 140×14	133,0	1,919	124,0	12.076	374.364

4.2   Kräfte und Momente an der der Schraube (B)

4.2.1   Modellvorstellung reibungsfrei (B)

Die Analogie zur schiefen Ebene hilft auch bei der Analyse der an der Schraube wirkenden Kräfte und Momente. In einer ersten modellhaften Betrachtung nach Bild 4.4 wird ein Schraubenbolzen mit einem „Rechteck"-Gewinde ($\beta = 0°$) angenommen, in dessen Nut eine ortsfeste, aber drehbar gelagerte Rolle eingreift. Durch diese Modellvorstellung reduzieren sich alle an der Schraube wirkenden Kräfte auf den Kontaktpunkt zwischen Rolle und Bolzengewinde, der zur Drehachse der Schraube den Abstand $d_2/2$ aufweist. Weiterhin werden durch diese Modellvorstellung Reibeinflüsse zunächst ausgeschlossen. Die Kräfte werden so angetragen, wie sie von der Schraube auf die Mutter wirken.

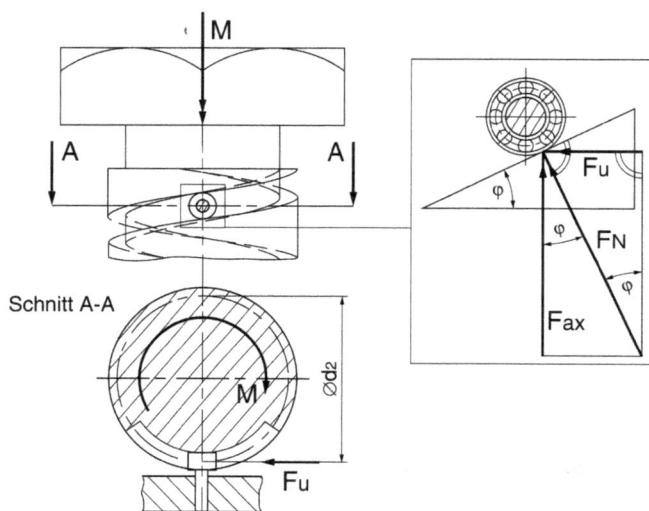

Bild 4.4: Kräfte und Momente im reibungsfreien Rechteckgewinde

Das in die Schraube eingeleitete Moment M macht sich zunächst an der Rolle als Umfangskraft F_u bemerkbar:

$$M = F_u \cdot \frac{d_2}{2} \quad \Rightarrow \quad F_u = \frac{2 \cdot M}{d_2} \qquad \text{Gl. 4.6}$$

An der Kontaktstelle zwischen Rolle und Gewindegang kann für den hier angenommenen reibungsfreien Fall eine Kraft nur als Normalkraft F_N übertragen werden. Deren eine Komponente ist die Umfangskraft F_u, die andere ist die Schraubenlängskraft F_{ax}. Der nach Gl. 4.2 aus der Geometriebetrachtung gewonnene Gewindesteigungswinkel φ setzt diese Kräfte in

Beziehung:

$$\tan \varphi = \frac{F_u}{F_{ax}} \quad \Rightarrow \quad F_u = F_{ax} \cdot \tan \varphi \qquad \text{Gl. 4.7}$$

Durch Gleichsetzen der Gleichungen 4.6 und 4.7 ergibt sich für diesen Modellfall (rechteckförmiger Gewindegang, reibungsfreie Kraftübertragung) ein direkter Zusammenhang zwischen Axialkraft und Moment:

$$M = F_{ax} \cdot \frac{d_2}{2} \cdot \tan \varphi \qquad \text{Gl. 4.8}$$

4.2.2 Gewindereibung (B)

Entgegen der obigen Modellvorstellung wird jedoch am Gewinde einer realen Schraube Reibung wirksam, die in diese Überlegung mit einbezogen werden muss. Ähnlich wie bei der Betrachtung der Ringfeder (s. Bild 2.39) wird dieser Reibeinfluss durch den Reibwinkel $\rho = \arctan \mu$ berücksichtigt. Auch bei der Schraube ergibt sich ein Zusammenwirken von „schiefer Ebene" und Reibeinfluss nach Bild 4.5. Als Ausgangspunkt dient der in der Mitte skizzierte reibungsfreie Fall.

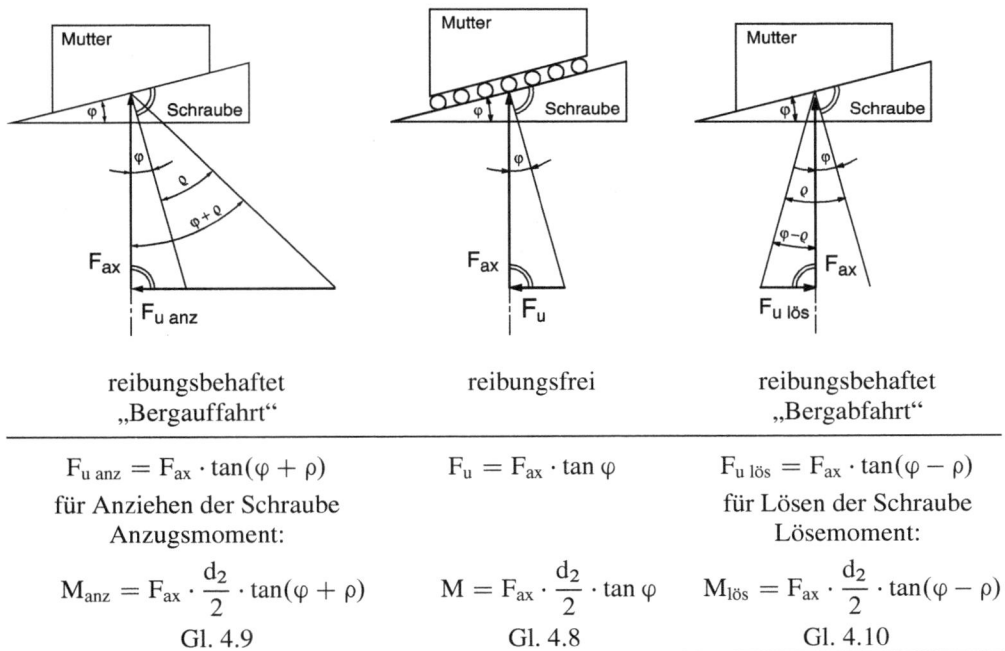

$F_{u\,anz} = F_{ax} \cdot \tan(\varphi + \rho)$	$F_u = F_{ax} \cdot \tan \varphi$	$F_{u\,lös} = F_{ax} \cdot \tan(\varphi - \rho)$
für Anziehen der Schraube Anzugsmoment:		für Lösen der Schraube Lösemoment:
$M_{anz} = F_{ax} \cdot \dfrac{d_2}{2} \cdot \tan(\varphi + \rho)$	$M = F_{ax} \cdot \dfrac{d_2}{2} \cdot \tan \varphi$	$M_{lös} = F_{ax} \cdot \dfrac{d_2}{2} \cdot \tan(\varphi - \rho)$
Gl. 4.9	Gl. 4.8	Gl. 4.10

Bild 4.5: Kräfte und Momente am reibungsbehafteten Rechteckgewinde

In den reibungsbehafteten Fällen wirkt die Kraftresultierende nicht auf der Flächennormalen, sondern ist ihr gegenüber um den Reibwinkel ρ geneigt. Da der Reibeinfluss stets der Bewegung entgegengesetzt gerichtet ist, wird der Reibwinkel ρ von dieser Normalen aus in die Richtung aufgetragen, die der Schraubenbewegung entgegengesetzt gerichtet ist. Beim Anziehen der Schraube („Bergauffahrt") wird der Steigungswinkel der schiefen Ebene um ρ vergrößert ($\varphi + \rho$), beim Lösen der Schraube („Bergabfahrt") verkleinert ($\varphi - \rho$). Entsprechend verhalten sich die Umfangskräfte F_u: Beim Anziehen (Bergauffahrt) wird F_{uanz} entsprechend größer als im reibungsfreien Fall (Gegenkathete zu $\varphi + \rho$), beim Lösen (Bergabfahrt) wird $F_{u\,lös}$ entsprechend kleiner (Gegenkathete zu $\varphi - \rho$). Diese Verkleinerung wird meist so weit getrieben, dass die Bergabfahrt nur durch eine talwärts gerichtete, also negative Umfangskraft eingeleitet werden kann, schließlich soll sich die Schraube nicht unbeabsichtigt lösen. Diese Erweiterung muss auch bei der Formulierung des Moments einbezogen werden und führt damit zu den Gleichungen 4.9 und 4.10. Da der Tangens von negativen Winkeln dieser Größenordnung negativ ist, ergibt sich für diesen Fall rein rechnerisch auch ein negatives Lösemoment.

Die Reibzahl μ, aus der der Reibwinkel $\rho = \arctan \mu$ ermittelt wird, ist vom Werkstoff, von der Werkstoffoberfläche, von der Gewindefertigung und vom Schmierungszustand abhängig. Die VDI-Richtlinien VDI 2230 (s. Tabelle 4.1) geben einen tabellarischen Überblick. Trotz dieser Differenzierungen ist es oft problematisch, den Reibwert genau zu beziffern. Eigentlich müsste hier noch darnach unterschieden werden, dass sich der Bewegungsvorgang des Anziehens bei Gleitreibung, das Anfahren dieser Bewegung aber unter Haftreibung vollzieht. Dieser Unterschied ist aber so gering, dass er bei den sonstigen Ungenauigkeiten des Reibwertes hier keine Rolle spielt. Für spezielle Anwendung kann dies jedoch zum Problem werden. Kapitel 9.1 in Band 3 geht näher auf diese Problematik ein. In diesem Zusammenhang interessiert zunächst nur die obere Tabellenhälfte (Gewindereibung), die zweite Tabellenhälfte (Kopfreibung) wird weiter unten noch aufgegriffen werden.

Der Reibwinkel ρ kann mit diesem Zahlenwert jedoch nur für das im Zusammenhang mit Bild 4.4 angenommene Rechteckgewinde angesetzt werden. Nach der linken Darstellung von Bild 4.6 lässt sich das Kräftegleichgewicht in Axialrichtung modellhaft dadurch verdeutlichen, dass für die Reaktion auf jeder Seite eine eine Hälfte der Kraft F_{ax} angesetzt wird.

Tabelle 4.1: Zahlenwerte für Gewindereibung (oben) und Kopfreibung (unten) nach VDI 2230

μ_G – Gewinde / Außengewinde (Schraube), Werkstoff Stahl

Innengewinde (Mutter) Werkstoff	Oberfläche	Gewindefertigung	Schmierung	schwarzvergütet oder phosphatiert (gewalzt) trocken	geölt	MoS2*	geschnitten geölt	galvanisch verzinkt (Zn6) trocken	geölt	galvanisch cadmiert (Cd6) trocken	geölt	Klebstoff trocken
Stahl	blank	geschnitten	trocken	0,12 bis 0,18	0,10 bis 0,16	0,08 bis 0,12	0,10 bis 0,16	–	0,10 bis 0,18	–	0,08 bis 0,14	0,16 bis 0,25
Stahl	galvanisch cadmiert verzinkt	geschnitten	trocken	0,10 bis 0,16	–	–	–	0,12 bis 0,20	0,10 bis 0,18	–	–	0,14 bis 0,25
Stahl	galvanisch cadmiert verzinkt	geschnitten	trocken	0,08 bis 0,14	–	–	–	–	–	0,12 bis 0,16	0,12 bis 0,14	–
GG/GTS	blank	geschnitten	trocken	–	0,10 bis 0,18	–	0,10 bis 0,18	–	0,10 bis 0,18	–	0,08 bis 0,16	–
AlMg	blank	geschnitten	trocken	–	0,08 bis 0,20	–	–	–	–	–	–	–

μ_K – Auflagefläche / Schraubenkopf, Werkstoff Stahl

Gegenlage Werkstoff	Oberfläche	Fertigung	Schmierung	schwarz oder phosphatiert (gepreßt) trocken	geölt	MoS2*	gedreht geölt	MoS2	geschliffen geölt	galvanisch verzinkt (Zn6) gepreßt trocken	geölt	galvanisch cadmiert (Cd6) gepreßt trocken	geölt
Stahl	blank	geschliffen	trocken	–	0,16 bis 0,22	–	0,10 bis 0,18	–	0,16 bis 0,22	0,10 bis 0,18	–	0,08 bis 0,16	–
Stahl	galvanisch cadmiert verzinkt	spanend bearbeitet	trocken	0,12 bis 0,18	0,10 bis 0,18	0,08 bis 0,12	0,10 bis 0,18	0,08 bis 0,12		0,10 bis 0,18		0,08 bis 0,16	0,08 bis 0,14
Stahl	galvanisch cadmiert verzinkt	spanend bearbeitet	trocken	0,10 bis 0,16			–	0,10 bis 0,16	–	0,16 bis 0,18	0,10 bis 0,16	–	–
Stahl	galvanisch cadmiert verzinkt	spanend bearbeitet	trocken	0,08 bis 0,16						–	–	0,12 bis 0,20	0,12 bis 0,14
GG/GTS	blank	geschliffen	trocken	–	0,10 bis 0,18	–	–	–	0,10 bis 0,18			0,08 bis 0,16	–
GG/GTS	blank	spanend bearbeitet	trocken	–	0,14 bis 0,20	–	0,10 bis 0,18	–	0,14 bis 0,22	0,10 bis 0,18	0,10 bis 0,16	0,08 bis 0,16	–
AlMg	blank	spanend bearbeitet	trocken	–	0,08 bis 0,20					–	–	–	–

* Molybdändisulfid

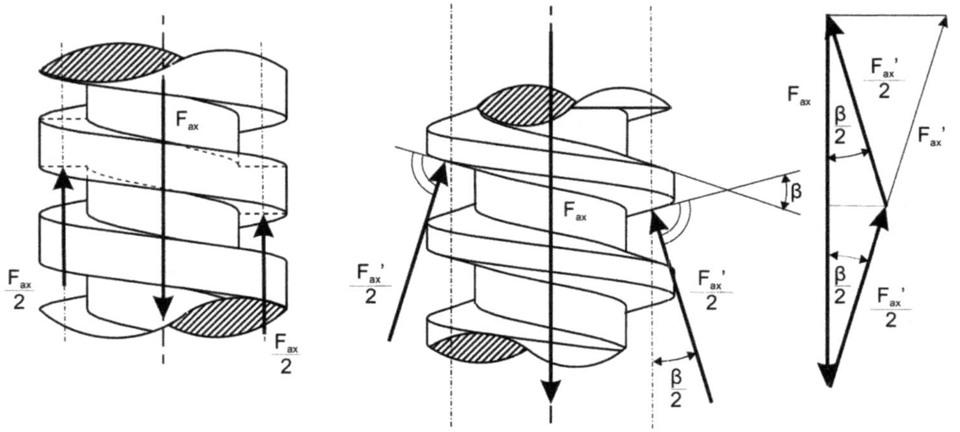

Bild 4.6: Reibzahl μ'

Ist die pressungsübertragende Fläche der Gewindeflanken um den Winkel $\beta/2$ (Bildmitte) geneigt, so ändert sich die Reibwirkung, weil die als Normalkraft an den Gewindeflanken wirksamen Kräfte ebenfalls um den Winkel $\beta/2$ gegenüber der Axialrichtung geneigt sind. An dem dabei entstehenden Krafteck (rechtes Bilddrittel) lässt sich formulieren:

$$\cos\frac{\beta}{2} = \frac{F_{ax}}{F'_{ax}} \quad \Rightarrow \quad F'_{ax} = \frac{F_{ax}}{\cos\frac{\beta}{2}}$$

Die reibungverursachende Normalkraft auf die Gewindeflanken F_{ax} wird also um den Faktor $1/\cos(\beta/2)$ vergrößert. Die gleiche Verhältnismäßigkeit läßt sich auch dadurch zum Ausdruck bringen, dass der Reibwert μ in gleicher Weise zum effektiven Reibwert μ' vergrößert wird:

$$\mu' = \frac{\mu}{\cos\frac{\beta}{2}} \quad \Rightarrow \quad \rho' = \arctan\mu' = \arctan\frac{\mu}{\cos\frac{\beta}{2}} \qquad \text{Gl. 4.11}$$

Wird in den Gleichungen 4.9 und 4.10 anstelle des Reibwinkels ρ der Winkel ρ' eingeführt, so ergibt sich das im Gewinde wirksame Moment M_{Gew} zu:

$$M_{Gewanz} = F_{ax} \cdot \frac{d_2}{2} \cdot \tan(\varphi + \rho') \qquad \text{Gl. 4.12}$$

$$M_{Gewlös} = F_{ax} \cdot \frac{d_2}{2} \cdot \tan(\varphi - \rho') \qquad \text{Gl. 4.13}$$

4.2.3 Kopfreibung (B)

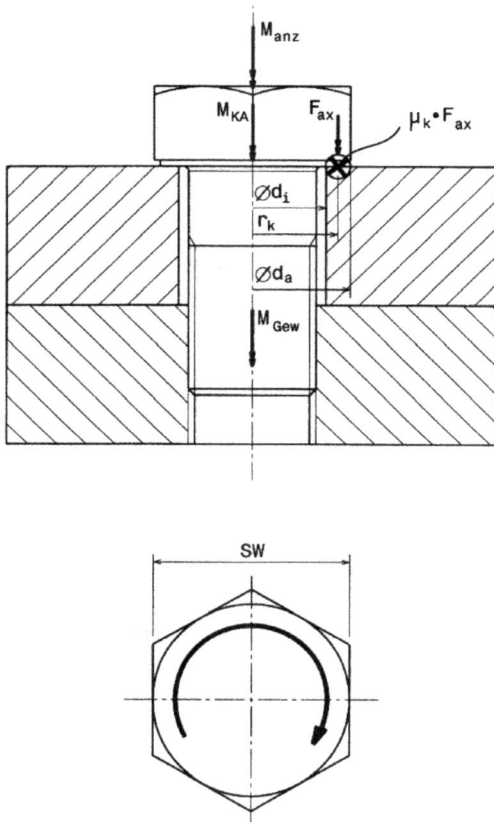

Der Schraubenkopf oder die Mutter wird gegen Ende des Anziehvorganges und zu Beginn des Lösevorganges mit der Kraft F_{ax} gegen die Unterlage gedrückt, wobei ein weiteres Reibmoment M_{KA} überwunden werden muss. Auf der Kreisringfläche (d_i innen, d_a außen) kommt es zu einer Flächenpressung, die hier auf eine Kraftwirkung am wirksamen Radius r_K reduziert werden kann. Das dadurch entstehende Reibmoment kann formuliert werden zu

$$M_{KA} = \mu_K \cdot F_{ax} \cdot r_K$$
$$\text{mit} \quad r_K \approx \frac{d_a + d_i}{4} \qquad \text{Gl. 4.14}$$

Der konstruktiv nicht vorhandene Hebelarm r_K ergibt sich als Mittelwert aus einem inneren Radius r_i und einem äußeren Radius r_a. Bei Normschrauben mit metrischem Gewinde kann $d_a = s_w$ (Schlüsselweite) gesetzt werden.

Bild 4.7: Kopfreibung

Das gesamte Schraubenanzugsmoment ergibt sich also zu

$$M_{ges} = M_{Gew} + M_{KA} \qquad \text{Gl. 4.15}$$

$$M_{ges} = F_{ax} \cdot \frac{d_2}{2} \cdot \tan(\varphi \pm \rho') \pm F_{ax} \cdot \mu_K \cdot r_K \qquad \text{Gl. 4.16}$$

$$M_{ges} = F_{ax} \cdot \left[\frac{d_2}{2} \cdot \tan(\varphi \pm \rho') \pm \mu_K \cdot r_K \right] \qquad \text{Gl. 4.17}$$

Für die Berechnung von Schraubverbindungen empfiehlt sich meist Gl. 4.16, weil sie das Gewindemoment und das Kopfreibungsmoment als getrennt Summanden ausweist. Das Gewindemoment M_{Gew} ist für die Festigkeitsberechnung im Schraubenschaft von Bedeutung. Das Kopfreibungsmoment M_{KA} muss zwar auch mit dem Schraubenschlüssel beim Anziehen der Schraube aufgebracht werden, belastet aber den Schraubenschaft nicht, weil es unmittelbar vom Schraubenkopf auf die Umgebungskonstruktion abgeleitet wird.

4.2.4   Selbsthemmung (B)

Wie bereits in Bild 4.5 ersichtlich wurde, wird häufig gefordert, dass sich eine Schraube von alleine nicht lösen darf. Diese Bedingung ist in jedem Fall dann erfüllt, wenn das Gewindemoment zum Lösen der Schraubverbindung in umgekehrter Richtung aufgebracht werden muss, das mit Gl. 4.13 formulierte Moment also negativ ist.

$$M_{Gewlös} = F_{ax} \cdot \frac{d_2}{2} \cdot \tan(\varphi - \rho') \leqslant 0 \qquad \text{Gl. 4.18}$$

Daraus folgt aber unmittelbar die Forderung, dass der Steigungswinkel des Gewindeganges φ kleiner sein muss als der Reibwinkel ρ bzw. ρ':

$$\varphi < \rho \quad \text{bzw.} \quad \varphi < \rho' \qquad \text{Selbsthemmungsbedingung} \qquad \text{Gl. 4.19}$$

Bei Befestigungsschrauben mit einem Steigungswinkel φ in einem Bereich von etwa 3° liegt Selbsthemmung vor, wenn der Reibwert $\mu' > 0{,}044$ ist. Dieser Reibwert ist nach Tabelle 4.1 für alle denkbaren Schmierzustände und Oberflächenbeschaffenheiten normgerechter Befestigungsschrauben gegeben. In kritischen Fällen ist das Gesamtmoment nach Gl. 4.17 in Ansatz zu bringen, da natürlich auch die Kopfreibung die Schraube am Lösen hindert:

$$M_{geslös} = F_{ax} \cdot \left[\frac{d_2}{2} \cdot \tan(\varphi - \rho') - \mu_K \cdot r_K \right] \leqslant 0$$

$$\frac{d_2}{2} \cdot \tan(\varphi - \rho') \leqslant \mu_K \cdot r_K$$

$$\varphi \leqslant \arctan \frac{2 \cdot \mu_K \cdot r_K}{d_2} + \rho' \qquad \text{Gl. 4.20}$$

Bei normalen Konstruktions- und Schmierungsbedingungen sind das Gewindemoment M_{Gew} und das Kopfreibungsmoment M_{KA} häufig von gleicher Größenordnung. Zur anschaulichen Betrachtung dieses Sachverhaltes wird eine Schraube nach untenstehender Skizze mit einer Zwischenlage fest verschraubt.

Es ist aber auch noch eine weitere Differenzierung möglich: Soll diese bereits montierte Schraubverbindung noch fester angezogen oder gelöst werden, ohne dass das jeweils andere Ende der Schraubverbindung festgehalten wird, so können die folgenden Fälle unterschieden werden:

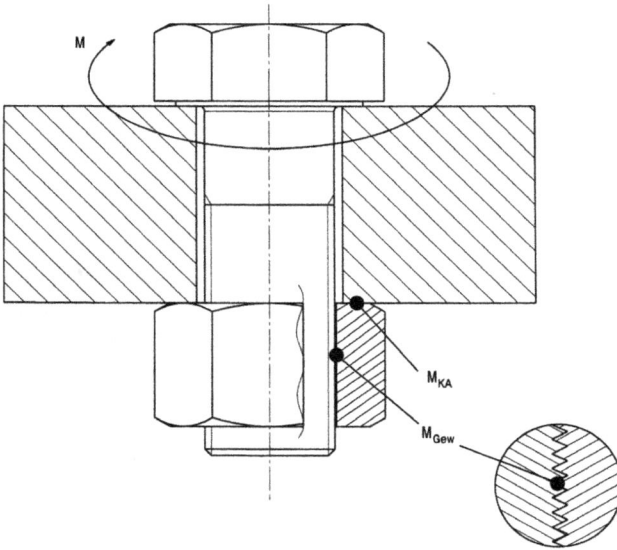

Wenn die nebenstehende Schraubverbindung vom Kopf her angezogen wird, kann leicht folgende
Unterscheidung gemacht werden:
Wenn die Mutter ohne Festhalten
in Position bleibt, dann ist

$$M_{KA} > M_{Gew}$$

Wenn die Mutter hingegen an der
Kopfauflage rutscht, dann ist

$$M_{KA} < M_{Gew}$$

Bild 4.8: Vergleich Gewindemoment – Kopfreibungsmoment

	wenn sich beim weiteren Anziehen ...	wenn sich in der Anfangsphase des Lösevorganges ...
... das gegenüberliegende Teil mit dreht, dann	$\Rightarrow \quad M_{Gew} > M_{KA}$ $\Rightarrow \quad \dfrac{d_2}{2} \cdot \tan(\varphi + \rho') \geqslant \mu_K \cdot r_K$ Gl. 4.21	$\Rightarrow \quad M_{Gew} > M_{KA}$ $\Rightarrow \quad \left\| \dfrac{d_2}{2} \cdot \tan(\varphi - \rho') \right\| \geqslant \mu_K \cdot r_K$ Gl. 4.22
... das gegenüberliegende Teil nicht mit dreht, dann	$\Rightarrow \quad M_{Gew} < M_{KA}$ $\Rightarrow \quad \dfrac{d_2}{2} \cdot \tan(\varphi + \rho') \leqslant \mu_K \cdot r_K$ Gl. 4.23	$\Rightarrow \quad M_{Gew} < M_{KA}$ $\Rightarrow \quad \left\| \dfrac{d_2}{2} \cdot \tan(\varphi - \rho') \right\| \leqslant \mu_K \cdot r_K$ Gl. 4.24

Durch diesen simplen Versuch ohne jede Messung gewinnt man zwei Aussagen, die dabei
helfen können, den Zahlenwert des Kopfreibungsmomentes in grober Näherung zu ermitteln.
Dies ist besonders dann sehr hilfreich, wenn die Einzelfaktoren des Kopfreibungsmoments r_K
und μ_K nur schlecht einzugrenzen sind.

4.2.5   Hintereinander geschaltete Schraubverbindungen

Ähnlich wie bei Nietverbindungen (s. Kap. 3.1.4) werden auch bei Schraubverbindungen i. a. Fall mehrere Schrauben verwendet. Dieses Lastverteilungsproblem wäre nach der Terminologie der Federn eine „Parallelschaltung" von Schrauben, weil die Verformungswege gleich sind oder sich über geometrische Beziehungen miteinander verknüpfen lassen. Diese Problematik ist Gegenstand weiterer Übungsaufgaben. Schrauben können aber auch „hintereinander" geschaltet werden. Dazu ist die Betrachtung des Spannschlosses nach Bild 4.9 hilfreich:

- In der Detaildarstellung oben links wird noch einmal das Zusammenspiel zwischen Gewindemoment und Kopfreibungsmoment aufgegriffen. Das Gewindemoment wird an der oberen Schraube wirksam, während die Kopfreibung am unteren Teil als Axiallagerung mit Festkörperreibung entsteht. Bei der Betätigung des Spannschlosses ist es erforderlich, die Summe von Gewindemoment und Kopfreibungsmoment in die Schraube einzuleiten. Bei Befestigungsschrauben ist das Kopfreibungsmoment meist sogar erwünscht, weil es die Selbsthemmung der Schraube insgesamt unterstützt (siehe auch Gl. 4.20), schließlich muss die Reibung am Kopf nur beim Montagevorgang überwunden werden.
- Bei Bewegungsschrauben stellt sich die Problematik jedoch meist anders dar, weil die Kopfreibung jede Bewegung behindert, zu Leistungsverlusten führt und damit den Wirkungsgrad der Schraube als Getriebe verschlechtert. In der Detaildarstellung oben rechts wird deshalb die Kopfreibung durch eine Axialwälzlagerung fast eliminiert. Die hier nur angedeutete Konstruktion erfordert jedoch erheblichen Aufwand, zumal neben der dominanten Axialkraft häufig auch noch weitere Kraftanteile abgestützt werden müssen, wenn das Moment nicht querkraftfrei eingeleitet wird.
- Dieser konstruktive Aufwand verringert sich jedoch, wenn das Spannschloss aus zwei einzelnen Schrauben besteht, die in der Detaildarstellung unten links zwar untereinander identisch sind, aber gegenläufige Gewinde aufweisen. Wenn die obere Schraube bei der angegebenen Momentenrichtung mit Rechtsgewinde angezogen wird, erfordert die untere Schraube für die gleiche Umsetzung ein Linksgewinde, so dass das doppelte Gewindemoment aufgebracht werden muss. Da beide Einzelschrauben mit der gleichen Axialkraft beaufschlagt werden und sich die Verfahrwege der beiden Schrauben addieren, liegt eine Hintereinanderschaltung vor. Der besondere Vorteil dieser Konstruktion ist der Verzicht auf die Kopfauflage, wodurch auch ein Kopfreibungsmoment vermieden wird.
- Würde man die Konstruktion des Detailbildes unten links mit zwei gleichen Rechtsgewinden ausstatten, so würde die Kombination der beiden Schrauben keinerlei Verfahrweg hervorrufen. Sind aber die beiden gleichsinnigen Steigungen unterschiedlich groß, so ergibt sich die Differentialschraube nach der Detaildarstellung unten rechts: Die obere Schraube mit größerem Steigungswinkel wird angezogen und vollzieht dabei den Verfahrweg h_1, während die untere Schraube mit geringerem Steigungswinkel mit der gleichen Drehbewegung gelöst wird und sich dabei um h_2 bewegt. Während sich die Verfahrwege in Hintereinanderschaltung subtrahieren ($h_{ges} = h_1 - h_2$), müssen die (untereinander unterschiedlichen) Gewindemomente addiert werden: $M_{ges} = M_{Gew1} - M_{Gew2}$. Formal muss hier die Differenz angesetzt werden, da das Lösemoment einer selbsthemmenden Schraube negativ ist.

Aufgaben A.4.1 und A.4.2

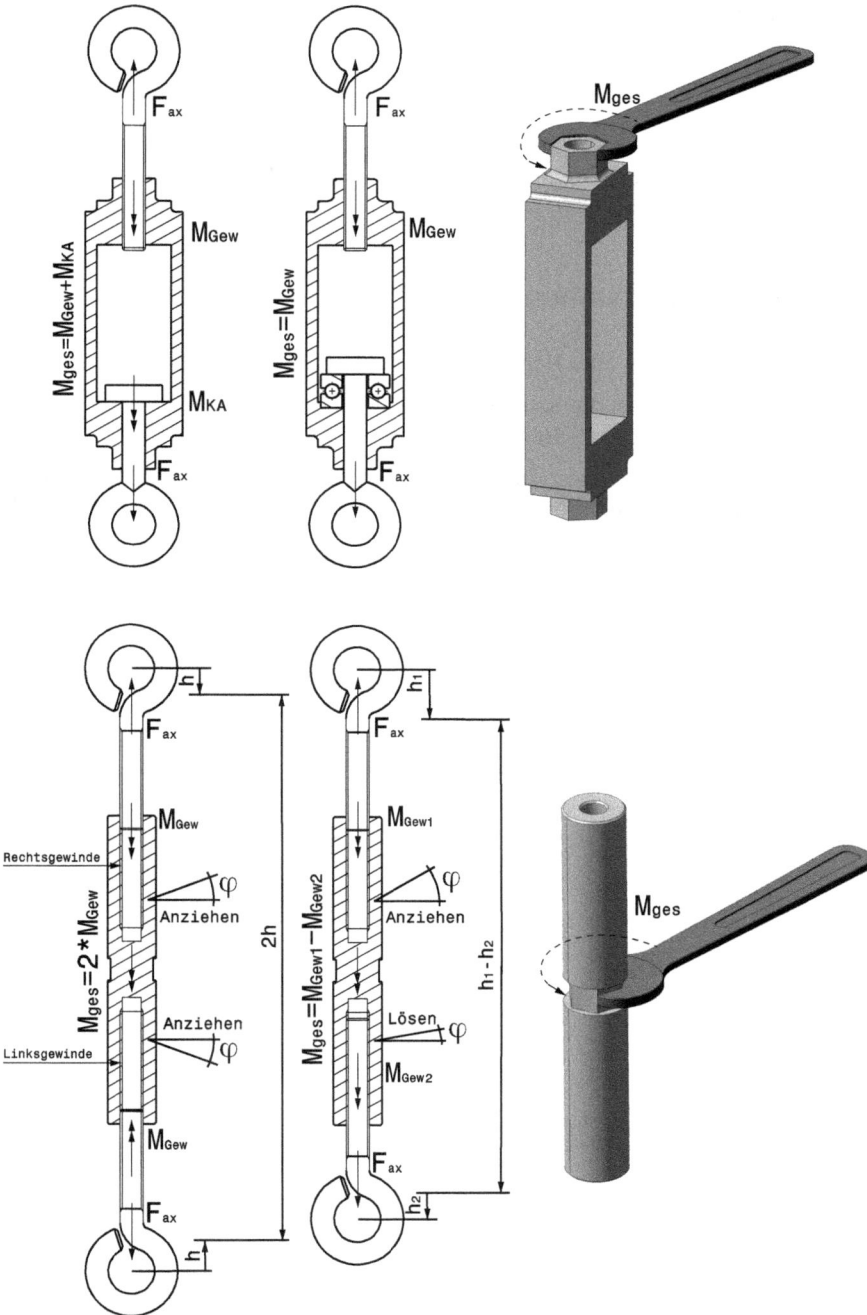

Bild 4.9: Spannschloss

4.3   Festigkeitsnachweis von
Schraubverbindungen (B)

Die Festigkeitsberechnung einer Schraube ergibt sich aus den Betrachtungen der Kapitel 0 und 1: Die auf Grund der Belastungen vorliegenden tatsächlichen Spannungen werden den werkstoffkundlich zulässigen Spannungen gegenübergestellt.

4.3.1   Tatsächliche Spannungen (B)

Die Belastung einer Schraube ist in aller Regel mehrachsig:

- Die Schraubenlängskraft belastet die Schraube auf Zugspannung.
- Das Gewindemoment belastet die Schraube auf Torsionsschub.

Abgesehen von Ausnahmefällen muss also stets eine Vergleichsspannung σ_V gebildet werden. Darüber hinausgehende Belastungen, insbesondere Querkraftschub und Biegung, sollen durch konstruktive Maßnahmen ausgeschlossen werden (s. u.).

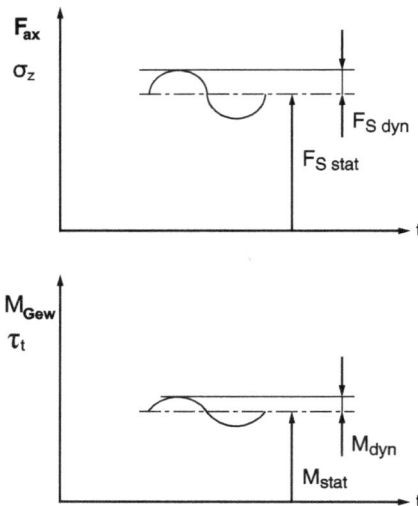

Im Falle einer **Bewegungsschraube** lässt sich häufig eine direkte Proportionalität zwischen Schraubenmoment (Torsionsschub) und Schraubenlängskraft (Zug-/Druckspannung) herstellen. Im allgemeinen Fall ist das in die Schraube eingeleitete Moment nicht konstant, sondern weist einen dynamischen Anteil auf. Gegebenenfalls sind hier noch weitere Unterscheidungen notwendig, die sich aber nicht in allgemein gültiger Form darstellen lassen.

Bild 4.10: Belastungsverlauf Bewegungsschraube

Bei **Befestigungsschrauben** muss dieser Sachverhalt differenzierter betrachtet werden:

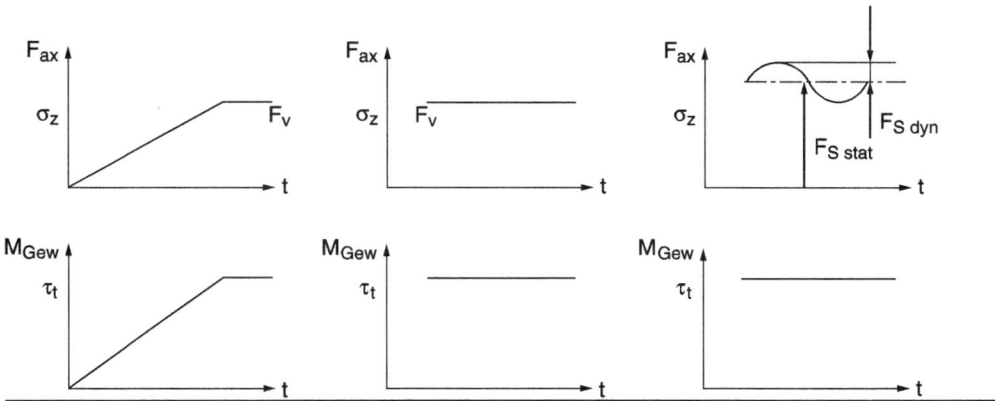

| Beim Anziehen der Schraube wird durch die axial gerichtete Vorspannkraft F_V eine Normalspannung σ_Z und durch das dazu erforderliche Torsionsmoment M_{Gew} ein Torsionsschub τ_t aufgebracht. Beide Lastanteile können als quasistatisch angesehen werden. Selbst wenn die Schraube mit einem Schlagschrauber (also dynamisch) angezogen wird, ist diese Belastung einmalig und beeinträchtigt deshalb die Dauerfestigkeit nicht. | Wirkt die nach dem Anziehen der Schraube eingeleitete Betriebskraft quer zur Schraubenachse, so muss diese Betriebskraft durch Reibung an der Trennfuge aufgenommen werden. Dabei bleibt sowohl der durch die Vorspannung hervorgerufene Lastzustand als auch der Torsionsschub in der Schraube gegenüber dem Vorspannungszustand unverändert. Weitere Erläuterungen s. Abschnitt 4.5.1. | Wirkt hingegen die Betriebskraft in Richtung der Schraubenachse, so überlagert sich die Schraubenbetriebskraft der durch die Vorspannung aufgebrachten Vorspannkraft F_V, wobei es i. Allg. zu einer zeitlich nicht konstanten Schraubenlängskraft kommt. In diesem Fall wird nach statischer Schraubenkraft F_{Sstat} und dynamischer Schraubenkraft F_{Sdyn} unterschieden. Der in der Schraube vorliegende Torsionsschub ändert sich aber gegenüber dem Vorspannungszustand nicht. Weitere Erläuterungen s. Abschnitt 4.5.2. |

Bild 4.11: Belastungsverlauf Befestigungsschraube

In jedem Fall muss bei der Festigkeitsberechnung geklärt werden, welcher Schraubendurchmesser für die Berechnung der Spannung maßgebend ist. Durch die Konstruktionsdaten des Gewindes sind der Nenndurchmesser d und der Kerndurchmesser d_3 gegeben.

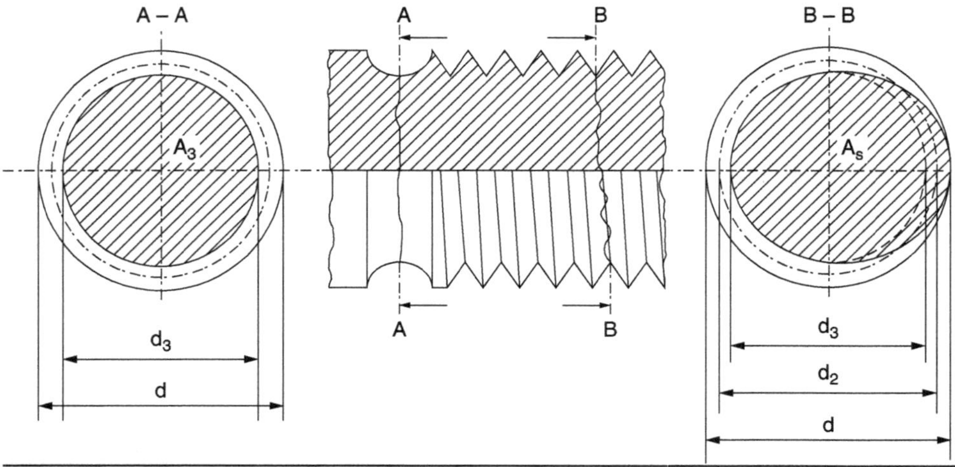

mit Freidrehung	ohne Freidrehung
Wird bei der Herstellung der Schraube ein Freistich bis zum Gewindegrund vorgesehen, so ist der Kerndurchmesser d_3 für die Festigkeitsberechnung maßgebend:	Fehlt jedoch dieser Freistich (z. B. beim „Rollen" der Gewindegänge, wie es bei der Massenfertigung von Befestigungsschrauben üblich ist), so entsteht als Bruchfläche der hier skizzierte „Spannungsquerschnitt" A_S, der etwas mehr Flächeninhalt zu bieten hat als die Kernfläche A_3.

$$A_3 = \frac{\pi}{4} \cdot d_3^2 \quad \text{Gl. 4.25}$$

$$A_S \approx \frac{1}{2} \cdot \frac{\pi}{4} \cdot d_3^2 + \frac{1}{2} \cdot \frac{\pi}{4} \cdot \left(\frac{d_3 + d}{2}\right)^2$$

$$A_S \approx \frac{1}{2} \cdot \frac{\pi}{4} \cdot d_3^2 + \frac{1}{2} \cdot \frac{\pi}{4} \cdot d_2^2$$

$$A_S \approx \frac{\pi}{4} \cdot d_s^2 \quad \text{mit} \quad d_S = \frac{d_2 + d_3}{2} \qquad \text{Gl. 4.26}$$

$$W_t = \frac{\pi}{16} \cdot d_3^3 \quad \text{Gl. 4.27}$$

$$W_t = \frac{\pi}{16} \cdot d_s^3 \qquad \text{Gl. 4.28}$$

Bild 4.12: Spannungsdurchmesser der Schraube

Dadurch gewinnt man formal den Spannungsdurchmesser d_S, der so wie der Flankendurchmesser konstruktiv nicht vorhanden ist. Der Spannungsdurchmesser d_S und der Spannungsquerschnitt A_S werden häufig auch in den Normtabellen (z. B. in Zusammenhang mit den Bildern 4.2 und 4.3) aufgeführt. Aus diesem Spannungsdurchmesser ergibt sich auch das für die Berechnung der Torsionsspannung maßgebliche polare Widerstandsmoment W_t.

4.3.2 Zulässige Spannungen (B)

Bild 4.13 zeigt das Dauerfestigkeitsschaubild nach Smith und Bild 4.14 nach Haigh für schlussvergütete Schrauben (jeweils links) und gerollte Schrauben (jeweils rechts):

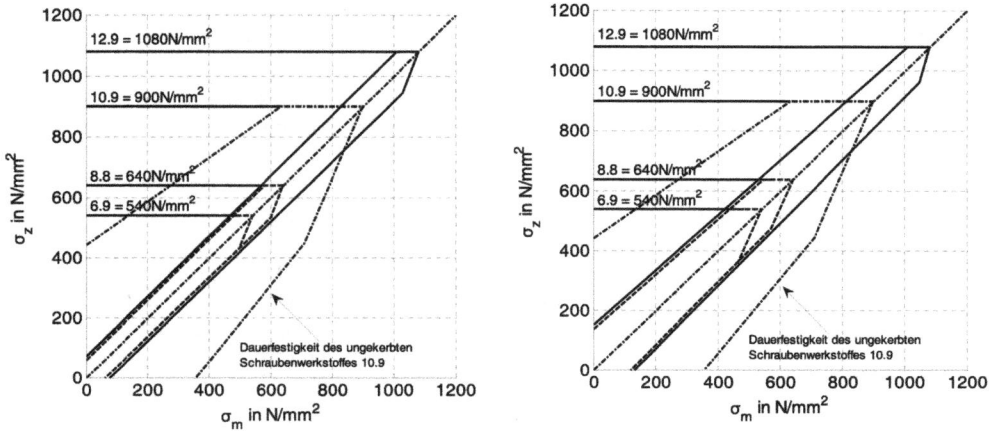

Bild 4.13: Dauerfestigkeitsschaubild nach Smith für schlussvergütete Schrauben mit geschnittenem Gewinde (links) und für Schrauben, deren Gewinde durch Rollen nach dem Vergüten hergestellt ist (rechts)

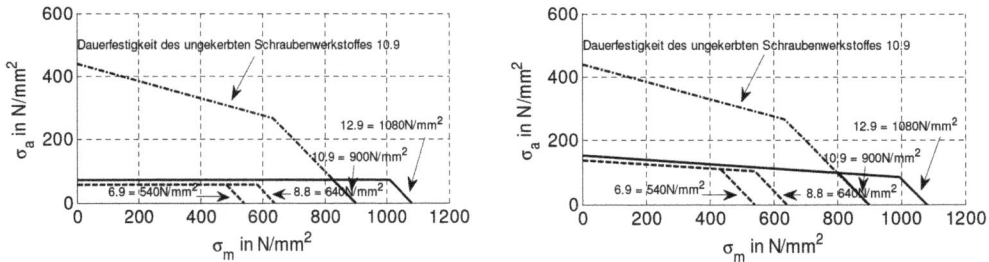

Bild 4.14: Dauerfestigkeitsschaubild nach Haigh für schlussvergütete Schrauben mit geschnittenem Gewinde (links) und für Schrauben, deren Gewinde durch Rollen nach dem Vergüten hergestellt ist (rechts)

Wegen der Gewindekerbe sind Schrauben besonders dynamikempfindlich, wobei die zulässige Ausschlagspannung σ_A je nach Fertigungsverfahren nahezu unabhängig von der statischen Belastung ist. Aus diesem Grunde vereinfacht sich der im allgemeinen Fall zweidimensionale Festigkeitsnachweis mit Hilfe des Dauerfestigkeitsschaubildes für Schrauben auf getrennte Festigkeitsnachweise für statische und dynamische Belastung.

- **Statisch zulässige Spannung**: Der Wert für $\sigma_{p0,2}$ wird durch die sog. Festigkeitsklasse oder Schraubengüte ausgedrückt. Die Kennzeichnung „Schraubengüte 12.9" beispielsweise besagt, dass die Schraube bis an eine Obergrenze von $1200\,\mathrm{N/mm^2} \cdot 0{,}9 = 1080\,\mathrm{N/mm^2}$

belastet werden darf. Die Schraubengüte 10.9 darf demnach bis $900\,\mathrm{N/mm^2}$ belastet werden, die Schraubengüte 8.8. bis $640\,\mathrm{N/mm^2}$ usw. Üblich sind die Festigkeitsklassen 3.6, 4.6, 4.8, 5.6, 5.8, 6.8, 8.8, 9.8, 10.9 und 12.9.

- **Dynamisch zulässige Spannung**: Beim Wert für die dynamisch zulässige Spannung σ_A muss wegen der fertigungstechnisch bedingten Kerbempfindlichkeit nach dem Herstellungsverfahren unterschieden werden: Schlussvergütete Gewinde werden geschnitten und sind deshalb besonders kerbempfindlich. Bei gerollten Gewinden bleibt die Werkstofffaser weitgehend erhalten, so dass die Schraube höher belastet werden kann. Für die in den Bildern 4.13 und 4.14 vorgestellten Schraubenwerkstoffe kann deshalb die vereinfachende Tabelle 4.2 erstellt werden. Bei der Verwendung anderer Schrauben müssen entsprechende Werkstoffkenndaten herangezogen werden.

Tabelle 4.2: Dauerhaltbarkeit von Schrauben (zulässige Ausschlagsspannung in $\mathrm{N/mm^2}$)

	für schlussvergütete Schrauben mit geschnittenem Gewinde			für Schrauben, deren Gewinde durch Rollen nach dem Vergüten hergestellt ist		
	Durchmesserbereich			Durchmesserbereich		
Schraubengüte	M4–8	M10–16	M18–30	M4–8	M10–16	M18–30
6.9, 8.8	60	50	40	100	90	80
10.9, 12.9	70	60	50	110	100	90

4.3.3   Sicherheitsnachweis (B)

Der Sicherheitsnachweis einer Schraube vollzieht sich also getrennt nach statischem und dynamischem Anteil. Er lässt sich für eine Befestigungsschraube ohne Gewindefreistich durch folgendes Schema wiedergeben:

	statisch	dynamisch
Belastung Zugkraft	F_{Sstat}	F_{Sdyn}
Belastung Gewindemoment	$M_{Gew} = F_V \cdot \frac{d_2}{2} \cdot \tan(\varphi + \rho')$ Anzugsmoment ohne Kopfreibung	–
Zugspannung	$\sigma_{Zstat} = \frac{F_{Sstat}}{A_S}$	$\sigma_{Zdyn} = \frac{F_{Sdyn}}{A_S}$
Torsionsspannung	$\tau_t = \frac{M_{Gew}}{W_t}$	–
Vergleichsspannung	$\sigma_{Vstat} = \sqrt{\sigma_{Zstat}^2 + 3 \cdot \tau_t^2}$	–
Festigkeitsnachweis	$\sigma_{Vstat} \leqslant \sigma_{0,2}?$ oder $S_{stat} = \frac{\sigma_{0,2}}{\sigma_{Vstat}} \geqslant 1?$	$\sigma_{Zdyn} \leqslant \sigma_A?$ oder $S_{dyn} = \frac{\sigma_A}{\sigma_{tZdyn}} \geqslant 1?$

Die Werte für F_{Sstat} und F_{Sdyn} werden so ermittelt, wie es weiter unten anhand des Verspannungsschaubildes hergeleitet wird. Das den Gewindeschaft belastende Moment M_{Gew} ist das Anzugsmoment M_{ges} abzüglich des Kopfreibungsmomentes M_{KA}. Ein dynamisches Torsionsmoment ist bei Befestigungsschrauben in aller Regel nicht vorhanden, tritt aber möglicherweise bei Bewegungsschrauben auf (s. o.).

4.3.4 Flächenpressung im Gewinde (E)

Die von der Schraube aufzunehmende Axialkraft belastet nicht nur den Schraubenschaft, sondern muss auch als Flächenpressung an den Flanken des Gewindes übertragen werden. Bei deren Analyse ergeben sich einige systembedingte Unterschiede zwischen dem Anwendungsfall als Befestigungs- und dem als Bewegungsschraube.

4.3.4.1 Flächenpressung Bewegungsschraube (E)

Bei Bewegungsschrauben kann häufig davon ausgegangen werden, dass sich die zu übertragende Axialkraft F_{ax} etwa gleichmäßig auf der gesamten Kontaktfläche zwischen Schraube und Mutter als Flächenpressung verteilt:

$$p_{Gew} = \frac{F_{ax}}{\pi \cdot d_2 \cdot H \cdot \frac{m}{p}} \lessapprox p_{zul} \qquad \text{Gl. 4.29}$$

mit

$$H = \frac{d - d_3}{2} \qquad \text{Gl. 4.30}$$

Der Nennerausdruck in Gl. 4.29 bezeichnet zunächst einmal eine abgewickelte Rechteckfläche, die sich aus einer langen Rechteckseite $\pi \cdot d_2$ als Umfang des Flankendurchmessers und einer kurzer Rechteckseite als „Tragtiefe" H in radialer Richtung nach Gl. 4.30 ergibt. Der Quotient aus Mutternhöhe m zur Gewindesteigung p gibt schließlich an, mit wie vielen Windungen die Mutter mit der Gewindespindel in Kontakt steht. Tabelle 4.3 beziffert die zulässige Flächenpressung für einige typische Materialpaarungen.

Tabelle 4.3: Zulässige Flächenpressung Bewegungsschraube

Spindel	Mutter	p_{zul} [N/mm^2]
Stahl	Bronze	5–10
Stahl	Grauguss	2–7
Stahl	Stahl	7,5–10

Die aufgeführten Werte können nur als Richtwerte dienen, da es sich in jedem Fall um ein Verschleißproblem handelt, für welches häufig eine Formulierung der Gebrauchsdauer angestrebt wird (vgl. auch Kap. 9.5 Band 3). Die Materialpaarung Stahl/Stahl kommt bei Bewegungsschrauben wegen der Fressgefahr nur für den Kurzzeitbetrieb in Frage.

4.3.4.2   Flächenpressung Befestigungsschraube (E)

Für Befestigungsschrauben können wesentlich höhere Flächenpressungen zugelassen werden, weil Fressen in gewissen Grenzen zugelassen werden kann, ohne dass dabei die Funktionsfähigkeit der Schraube beeinträchtigt wird. Selbst bei fortschreitender Beschädigung der Flanke kommt es nicht zu einem katastrophalen Ausfall der Schraubverbindung, weil die Schraube und die Mutter rechtzeitig ausgetauscht werden können. Die mit der Flächenpressung verbundenen teilweise plastischen Deformationen sind ungleichmäßig und nicht ohne weiteres zu erfassen. Die Modellvorstellung nach Bild 4.15 soll diesen Sachverhalt zunächst einmal qualitativ verdeutlichen:

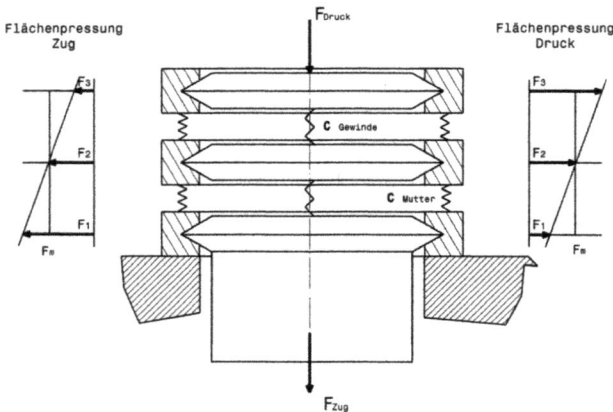

Bild 4.15: Ungleichmäßige Lastverteilung auf die Gewindegänge

Der Gewindebolzen wird hier bezüglich seiner Verformbarkeit als Zugfeder aufgefasst, während die ihn umgebende Mutter als Druckfeder wegen ihrer Abmessungen eine deutlich höhere Steifigkeit aufweist. Für die Längskraftbelastung der Schraubenverbindung ergeben sich daraus folgende Konsequenzen:

- Wird die Schraube von unten mit einer Zugkraft F_{Zug} belastet, so wird der unterste Gewindegang (hier modellhaft als diskusförmige Scheibe angedeutet) einen Großteil der Schraubenkraft übertragen, weil der darüber angeordnete Gewindegang aufgrund der dazwischengeschalteten Steifigkeiten der Last ausweicht und damit einen geringeren Anteil übernimmt. In ähnlicher Weise reduziert die über dem mittleren Gewindegang angedeutete Steifigkeit den Lastanteil für den oberen Gewindegang.
- Wird die Schraube hingegen von oben mit einer Druckkraft F_{Druck} belastet, so tritt der gleiche Effekt mit umgekehrten Auswirkungen ein: Im oberen Gewindegang kommt es zu einer Lastüberhöhung, was weiter unten zu einer Entlastung führt.

Versucht man, diesen Zusammenhang zahlenmäßig zu erfassen, so ergibt sich beispielhaft eine Lastverteilung nach Bild 4.16:

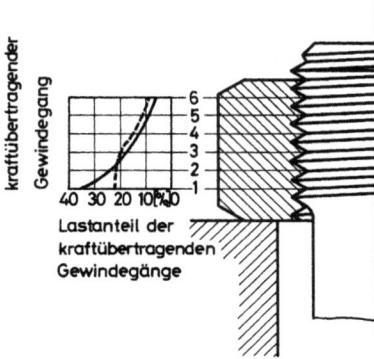

Bild 4.16: Flächenpressungsverteilung Normmutter (aus Schraubenvademecum 1991)

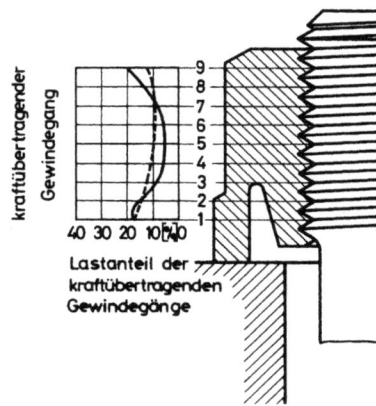

Bild 4.17: Flächenpressungsverteilung Zugmutter (aus Schraubenvademecum 1991)

Der Fall nach Bild 4.16 überträgt beispielhaft etwa ein Drittel der Gesamtbelastung im ersten Gewindegang (durchgezogene Linie). Bei hoher Zugbelastung kommt es darüber hinaus im ersten Gewindegang zu Fließvorgängen, wodurch sich die Lastverteilung dann zwangsläufig wieder ausgleichen muss (gestrichelte Linie).

Um dennoch eine etwas gleichmäßigere Lastverteilung zu erzielen, kann in kritischen Fällen eine sog. Zugmutter nach Bild 4.17 eingesetzt werden, die den Kraftfluss gezielt auf die hinteren Gewindegänge leitet (durchgezogene Linie). Auch hier tritt bei hohem Lastniveau eine gleichmäßigere Lastverteilung durch Fließvorgänge ein (gestrichelte Linie). Bild 4.18 zeigt einige weitere Konstruktionsvarianten, die ebenfalls zum Ziel haben, die Last gleichmäßiger auf die Gewindegänge aufzuteilen:

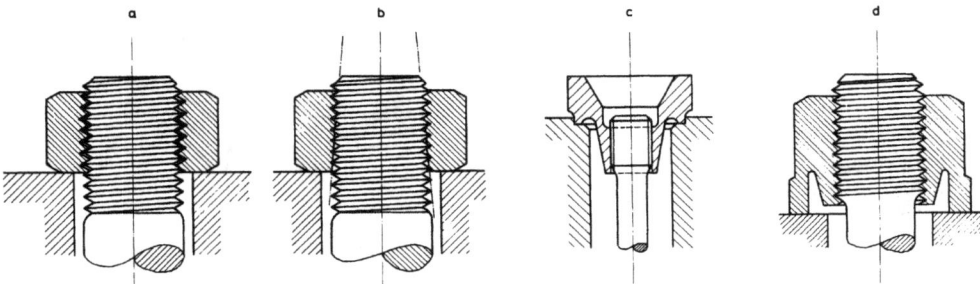

Bild 4.18: Mutternbauformen zum Ausgleich der Pressung im Gewinde. a) Muttergewinde steigt geringfügig stärker als Bolzengewinde, b) Zurücksetzen der ersten Gewindegänge des Muttergewindes, c) Zugmutter im Schraubloch versenkt, d) Vorstehende Zugmutter

Wird die Schraube in eine Zwischenlage mit geringer Festigkeit eingeschraubt (z. B. Guss, Aluminium oder sogar Holz) oder ist wegen häufiger Einschraub- und Lösevorgänge eine

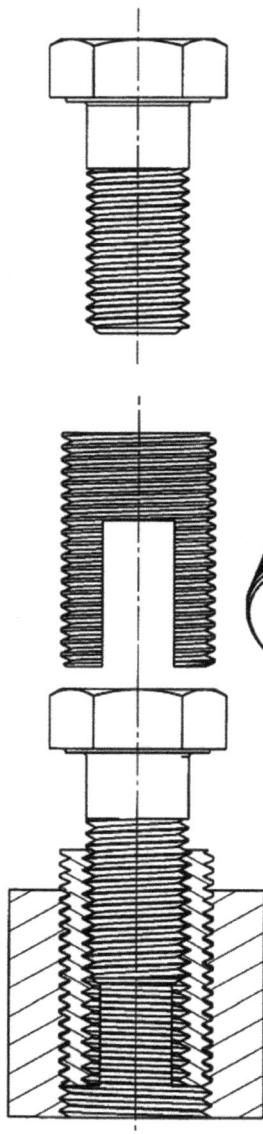

Bild 4.19: Einsatzbuchse   Bild 4.20: Gewindeeinsatz

Gewindebeschädigung zu befürchten, dann können auch sog. Einsatzbuchsen nach Bild 4.19 oder Gewindeeinsätze nach Bild 4.20 verwendet werden, die vor der eigentlichen Montage der Schraube in das Schraubloch eingedreht werden und dort verbleiben, selbst wenn die Schraube nachher wiederholt demontiert und wieder montiert werden sollte. Das jeweils äußere Gewinde stellt den kritischen Übergang im Kraftfluss dar und wird dann nach der Erstmontage nicht mehr bewegt.

4.4 Vorspannen von Schraubverbindungen (E)

Die bei der Montage der Schraube durch das Anziehen hervorgerufene Vorspannung belastet die Schraube, auch wenn noch gar keine Betriebskraft vorliegt. Befestigungsschrauben werden stets, Bewegungsschrauben manchmal vorgespannt.

4.4.1 Vorspannung und Verformung (E)

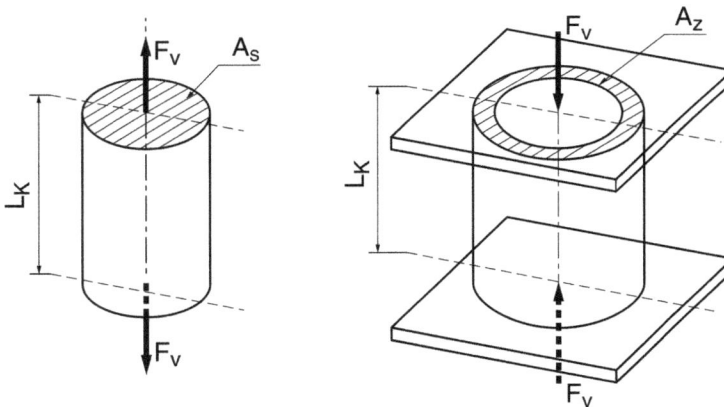

Die Schraube wird durch die beim Anziehen aufgebrachte Längskraft als elastischer Körper deformiert, sie verhält sich wie eine (sehr steife) Zugfeder. Wird die Schraube näherungsweise als zylindrischer Körper aufgefasst, so lässt sich ihre Steifigkeit c_S in Anlehnung an Gl. 2.3 als Zugfeder formulieren:

Die Schraubenvorspannkraft stützt sich ihrerseits als Reaktion auf der „Zwischenlage" ab, womit alle Teile gemeint sind, die durch die Schraube verspannt werden und die sich dabei als eine sehr steife Druckfeder verhält. Um eine erste Betrachtung zu erleichtern, wird diese Zwischenlage zunächst als einfache zylindrische Hülse angenommen, so dass sich deren Steifigkeit ebenfalls leicht ausdrücken lässt.

$$c_S = E_S \cdot \frac{A_S}{L_K} \qquad \text{Gl. 4.31}$$

$$c_Z = E_Z \cdot \frac{A_Z}{L_K} \qquad \text{Gl. 4.32}$$

$$\text{bzw. } \delta_S = \frac{1}{c_S} = \frac{L_K}{E_S \cdot A_S} \quad \text{Gl. 4.33}$$

$$\text{bzw. } \delta_Z = \frac{1}{c_Z} = \frac{L_K}{E_Z \cdot A_Z} \quad \text{Gl. 4.34}$$

Bild 4.21: Steifigkeit von Schraube und Zwischenlage

Ähnlich wie bei Federn kann das Verformungsverhalten auch durch die Angabe der „Nachgiebigkeit" δ als Kehrwert der Steifigkeit beschrieben werden. Bild 4.22 zeigt die vorgespannte Kombination Schraube – Zwischenlage links in der technischen Ausführung und rechts als modellhaften Ersatz. Die Schraubensteifigkeit wird dabei zur Federsteifigkeit c_S, während die Steifigkeit der Zwischenlage durch zwei parallelgeschaltete Federn mit den Steifigkeiten $c_Z/2$ symbolisiert wird. Das Vorspannen mit der Kraft F_V wird durch Ziehen an der Feder mit der Schraubensteifigkeit c_S versinnbildlicht, als Reaktion darauf verteilt sich die Vorspannkraft je zur Hälfte als $F_V/2$ auf je eine Zwischenlagensteifigkeit $c_Z/2$.

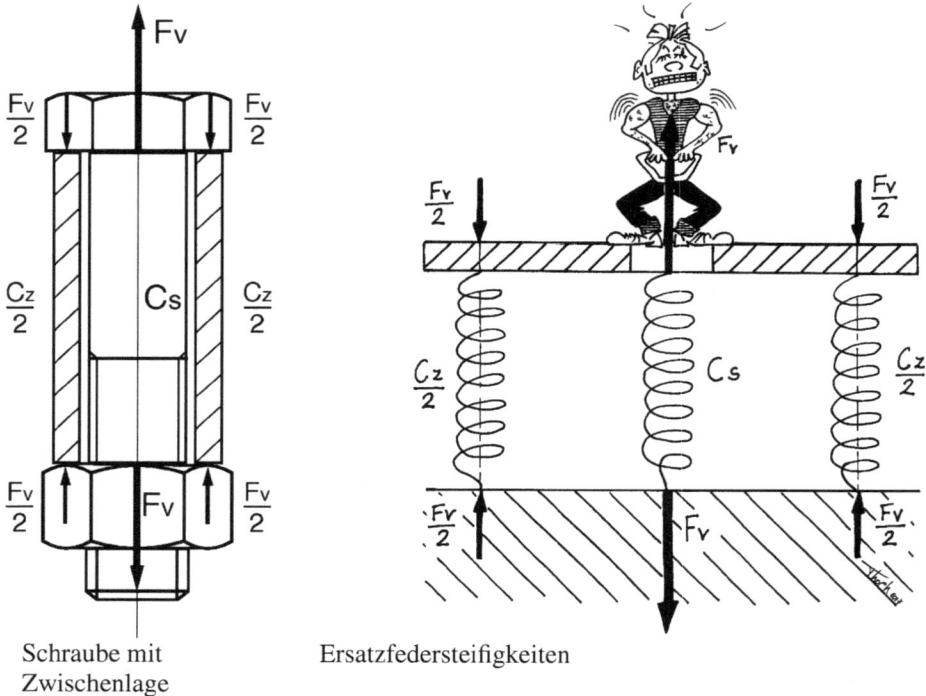

Schraube mit   Ersatzfedersteifigkeiten
Zwischenlage

Bild 4.22: Vorspannen von Schraube und Zwischenlage

Das Zusammenspiel der an Schraube und Zwischenlage wirkenden Kräfte und Verformungen lässt sich mit Hilfe der Steifigkeitskennlinien beschreiben (Bild 4.23).

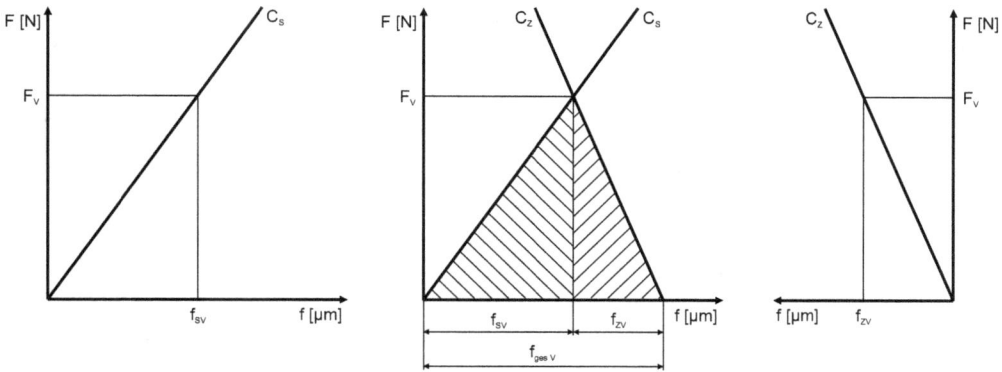

Bei einer Vorspannkraft F_V wird die Schraube mit der Steifigkeit c_S um den Betrag f_{SV} gelängt.

Wenn für beide Diagramme die gleichen Maßstäbe für Kraft und Verformung verwendet werden, so lassen sich diese beiden Steifigkeitskennlinien zu einem einzigen Schaubild zusammenfügen, welches „Verspannungsdiagramm" genannt wird.

Bei der gleichen Vorspannkraft F_V wird die Zwischenlage ebenfalls entlang ihrer Federkennlinie c_Z um f_{ZV} deformiert. Da es sich hier um eine Stauchung handelt, wird diese Verformung in negativer Richtung aufgetragen.

Bild 4.23: Federkennlinien von Schraube und Zwischenlage führen zum Verspannungsdiagramm

Beim Anziehen der Schraube werden die Federwege von Schraube und Zwischenlage addiert, so dass dabei eine Hintereinanderschaltung von Federn vorliegt. Die Gesamtverformung $f_{gesV} = f_{SV} + f_{ZV}$ ist dann genau der Weg, der durch das Verdrehen der Schraube zwischen der ersten, festen Anlage der Kontaktflächen und dem endgültigen Montagezustand in das System eingeleitet werden muss. Dabei entspricht f_{gesV} der Schraubenlängskoordinate h des Abschnittes „Geometrie der Schraube" (s. Gl. 4.4). Damit lässt sich auch der Winkel α ermitteln, um den Schraube und Mutter gegeneinander verdreht werden müssen, um den Vorspannweg f_{gesV} zustande zu bringen:

$$f_{gesV} = \alpha \cdot \frac{d_2}{2} \cdot \tan \varphi$$

$$\alpha = \frac{f_{gesV}}{\frac{d_2}{2} \cdot \tan \varphi} \qquad \alpha \text{ in Bogenmaß!} \qquad\qquad\qquad \text{Gl. 4.35}$$

Durch geometrische Betrachtungen im Verspannungsschaubild lässt sich nun auch eine Beziehung zwischen Vorspannweg f_{gesV} und Vorspannkraft F_V herstellen:

$$\text{abfallend schraffiertes Dreieck:} \quad c_S = \frac{F_V}{f_{SV}} \quad \Rightarrow \quad f_{SV} = \frac{F_V}{c_S} \qquad \text{Gl. 4.36}$$

$$\text{ansteigend schraffiertes Dreieck:} \quad c_Z = \frac{F_V}{f_{ZV}} \quad \Rightarrow \quad f_{ZV} = \frac{F_V}{c_Z} \qquad \text{Gl. 4.37}$$

$$f_{gesV} = f_{SV} + f_{ZV} = \frac{F_V}{c_S} + \frac{F_V}{c_Z} = F_V \cdot \left(\frac{1}{c_S} + \frac{1}{c_Z} \right) = \frac{F_V}{c_{ges}} \qquad \text{Gl. 4.38}$$

Der zur Erzielung einer bestimmten Vorspannkraft erforderliche Verdrehwinkel kann durch Einsetzen von Gl. 4.38 in Gl. 4.35 ermittelt werden:

$$\alpha = \frac{\frac{1}{c_S} + \frac{1}{c_Z}}{\frac{d_2}{2} \tan \varphi} \cdot F_V \qquad \alpha \text{ in Bogenmaß!} \qquad \text{Gl. 4.39}$$

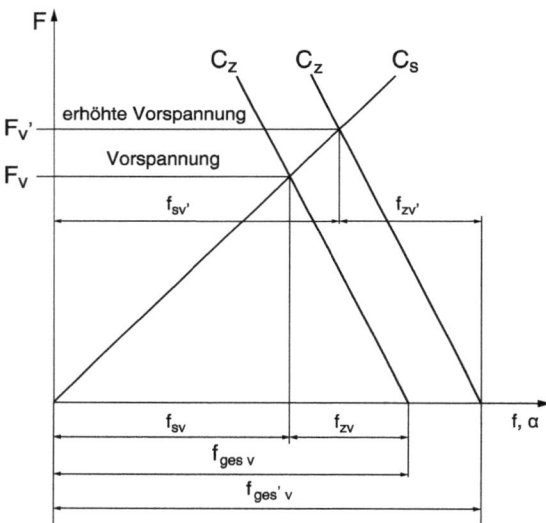

Bild 4.24: Verspannungsdiagramm, Variation der Vorspannkraft

Durch eine Steigerung der Vorspannkraft von F_v auf F'_v wird die zuvor um f_{SV} gedehnte Schraube nunmehr auf f'_{SV} gelängt, während sich die Stauchung der Zwischenlage von f_{ZV} auf f'_{ZV} erhöht, was durch eine Parallelverschiebung der Steifigkeitskennlinie der Zwischenlage in Bild 4.24 dargestellt werden kann.

Bei dieser Vorspannungserhöhung muss die Schraube weiter angezogen werden: Der durch weiteres Drehen der Schraube eingebrachte Vorspannungsweg wird von f_{gesV} auf f'_{gesV} erhöht.

Aufgabe A.4.3

4.4.2 Setzen der Schraube

Der Kraftfluss einer vorgespannten Schraubverbindung geht über mehrere Trennfugen hinweg, an denen nicht etwa geometrisch ideale, sondern vielmehr technisch reale Oberflächen mit einer fertigungsbedingten Rauheit aufeinander liegen. Bild 4.25 zeigt beispielhaft eine Schraubverbindung, die in diesem Fall vier Trennfugen (einschließlich der Trennfuge im Gewindegang) aufweist.

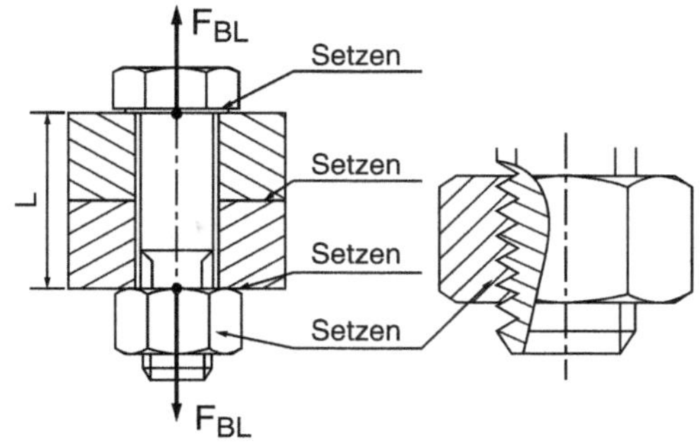

Bild 4.25: Schraubverbindung mit 4 Trennfugen

Diese Rauigkeiten werden durch die an der Trennfuge wirkenden Kräfte teilweise plastisch um den Weg Δf_V verformt und eingeebnet, wodurch es zum „Setzen" der Schraube kommt. Dadurch verringert sich der ursprünglich aufgebrachte Vorspannweg f_V um den Setzbetrag Δf_V, was wiederum einen Verlust der ursprünglich aufgebrachten Vorspannkraft F_v um ΔF_v zur Folge hat. Dieser Sachverhalt stellt sich im Verspannungsschaubild durch eine Parallelverschiebung der Steifigkeitskennlinie c_Z nach links um Δf_V nach Bild 4.26 links dar.

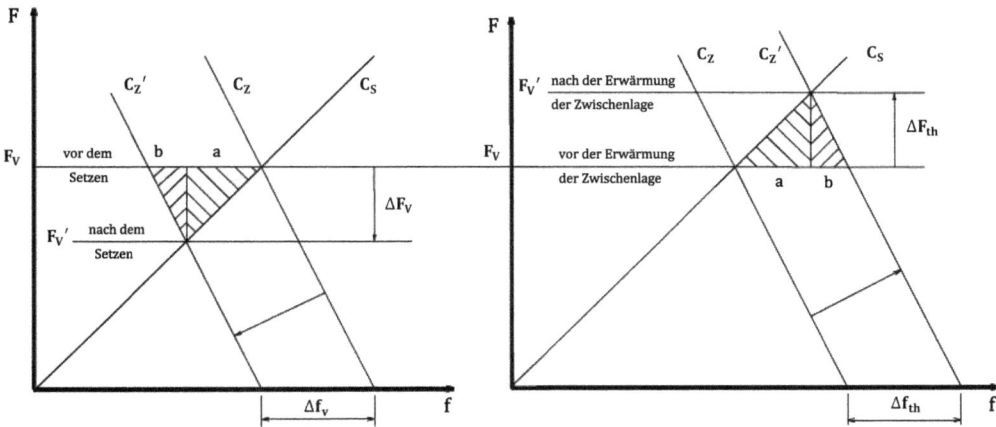

Bild 4.26: Vorspannungsverlust durch Setzen der Schraubverbindung (links) und Vorspannungsgewinn durch Erwärmen der Zwischenlage (rechts)

Der Setzbetrag Δf_V setzt sich aus den beiden Anteilen a und b zusammen, die sich ihrerseits im Verspannungsschaubild ablesen lassen:

abfallend schraffiertes Dreieck: $\quad c_S = \dfrac{\Delta F_V}{a} \quad \Rightarrow \quad a = \dfrac{\Delta F_V}{c_S}$ $\qquad$ Gl. 4.40

aufsteigend schraffiertes Dreieck: $\quad c_Z = \dfrac{\Delta F_V}{b} \quad \Rightarrow \quad b = \dfrac{\Delta F_V}{c_Z}$ $\qquad$ Gl. 4.41

$$\Delta f_V = a + b = \frac{\Delta F_V}{c_S} + \frac{\Delta F_V}{c_Z} = \Delta F_V \cdot \left(\frac{1}{c_S} + \frac{1}{c_Z} \right) \qquad \text{Gl. 4.42}$$

Durch Umstellen dieser Gleichung gewinnt man einen expliziten Zusammenhang zwischen dem Verlust an Vorspannweg und dem Verlust an Vorspannkraft:

$$\Delta F_V = \frac{\Delta f_V}{\frac{1}{c_S} + \frac{1}{c_Z}} \qquad \text{Gl. 4.43}$$

Der Setzbetrag einer Schraubverbindung hängt im Wesentlichen von der Anzahl und von der Oberflächenbeschaffenheit der Trennfugen ab. Für Schrauben und Zwischenlagen aus Stahl lässt er sich nach Tabelle 4.4 abschätzen:

Tabelle 4.4: Setzbeträge

Betriebsbeanspruchung	Setzbetrag im Gewinde	Setzbetrag bei feinbearbeiteter Oberfläche	Setzbetrag bei geschlichteter Oberfläche
längs	5 µm	2 µm	4 µm
quer oder kombiniert längs/quer	5 µm	4 µm	8 µm

Der Setzbetrag wird gering gehalten durch

- geringe Rauhheiten in den Kontaktflächen, was aber mit hochwertiger Bearbeitung erkauft werden muss
- geringe Anzahl der Trennfugen, d. h. Unterlegscheiben (und erst recht einen Stapel von Unterlegscheiben) möglichst vermeiden
- Flächenpressung an den Trennfugen unterhalb der Streckgrenze, so dass keine plastische Verformung der Rauhheiten eintreten kann

Die Auswirkungen des Setzens können gemildert werden durch

- hohe Vorspannung, so dass auch nach dem Setzen noch genügend Vorspannkraft zur Verfügung steht
- geringe Steifigkeit der gesamten Schraubverbindung, so dass der Setzbetrag durch Nachfedern der Schraubverbindung aufgenommen werden kann

Unvermeidliche Setzbeträge können nach einiger Betriebszeit durch Nachziehen der Schrauben ausgeglichen werden. Zur Abkürzung dieses Vorganges kann die Schraubverbindung nach der Montage mit Überlast vorbelastet und dann sofort nachgezogen werden.

4.4.3   Thermisches Anziehen und andere thermische Einflüsse (V)

Der in Bild 4.23 skizzierte Verspannungszustand kann nicht nur mechanisch, sondern auch thermisch herbeigeführt werden: Die Schraube wird zunächst auf eine definierte Temperatur erwärmt und dann ohne Torsionsbelastung montiert. Beim anschließenden Abkühlen baut sich aufgrund der rückläufigen Wärmedehnung ein definierter Vorspannungszustand auf. Zur Ermittlung der erforderlichen Aufwärmtemperatur der Schraube geht man von der folgenden Gleichung aus:

$$f_{gesV} = L_K \cdot \alpha_S \cdot \Delta\vartheta_S \quad \Rightarrow \quad \Delta\vartheta_S = \frac{f_{gesV}}{L_K \cdot \alpha_S} \qquad\qquad \text{Gl. 4.44}$$

L_K Klemmlänge der Schraube

α_S Wärmeausdehnungskoeffizient der Schraube $11 \cdot 10^{-6}/°C$ für Stahl, weitere Werkstoffe siehe Tabelle 6.1, Band 2

$\Delta\vartheta_S$ Aufwärmtemperatur der Schraube

Bei diesem Montageverfahren wird die Schraube nur einer Zugspannung ausgesetzt, eine Torsionsbelastung wird völlig ausgeschlossen. Damit hat das thermische Anziehen viele Gemeinsamkeiten mit dem Warmnieten.

Der Sachverhalt der Wärmedehnung stellt sich anders dar, wenn die Zwischenlage davon betroffen ist. Diese Problematik soll an folgendem Beispiel nach der rechten Hälfte von Bild 4.26 beschrieben werden: Eine bereits montierte Schraubverbindung wird erwärmt, wobei im modellhaften Extremfall davon ausgegangen werden muss, dass sich die Zwischenlage erwärmt, während die Schraube selbst noch ihr ursprüngliches Temperaturniveau beibehält. Dadurch wird der Vorspannungsweg um Δf_{th} vergrößert, was einer Parallelverschiebung von c_Z nach rechts bedeutet. Die dadurch hervorgerufene Vergrößerung der Vorspannkraft um ΔF_V kann die Festigkeit der Schraube gefährden. Für die rechnerische Beschreibung dieses Sachverhaltes kann der gleiche Ansatz mit den gleichen Formelzeichen verwendet werden wie beim Setzen der Schraube.

Aufgabe A.4.4

4.5   Betriebskraftbelastung der Schraube (B)

Nach der Montage wird die angezogene Schraube mit einer Längskraft F_V belastet, auch wenn die Schraubverbindung noch keiner äußeren Belastung ausgesetzt wird. Eine zusätzlich wirkende Betriebskraft F_B kann grundsätzlich in jeder beliebigen Richtung auftreten. Die nachfolgenden Betrachtungen konzentrieren sich jedoch zunächst auf die folgenden beiden Modellfälle, die sich schließlich in Kap. 4.5.4 so miteinander kombinieren lassen, dass damit alle praktischen Lastfälle erfasst werden können:

- Wenn die Betriebskraft F_B senkrecht zur Schraubenachse angreift, so liegt eine querkraftbeanspruchte Schraubverbindung vor (Kap. 4.5.1). Eine solche Betriebskraft wird im weiteren Verlauf dieser Ausführungen mit F_{BQ} bezeichnet.
- Greift die Betriebskraft F_B hingegen in Richtung der Schraubenachse an, so handelt es sich um eine längskraftbeanspruchte Schraubverbindung (Kap. 4.5.2). Die dabei wirkende Betriebskraft wird mit F_{BL} indiziert.

4.5.1 Querkraftbeanspruchte Schraubverbindungen (B)

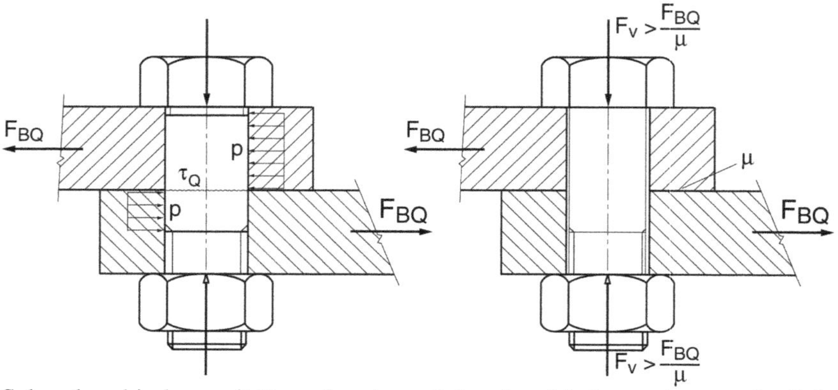

Schraubverbindung mit Passschraube bei Querkraftbelastung

Schraubverbindung mit normaler Schraube bei Querkraftbelastung

Bild 4.27: Querkraftbelastete Schraubverbindungen

Eine Schraube kann die von außen in die Verbindung eingeleitete Querkraft nur dann tatsächlich als Querkraft im Schraubenschaft aufnehmen, wenn sie konstruktiv dazu besonders ausgebildet ist (linke Hälfte von Bild 4.27). Ähnlich wie bei einer kaltgeschlagenen Nietverbindung muss die Querkraft als Schubspannung (vgl. Bild 3.3) und Lochleibungsdruck (vgl. Bild 3.4) übertragen werden.

$$\tau_{Qtats} = \frac{F_{BQ}}{\frac{d^2 \cdot \pi}{4}} \leq \tau_{Qzul} \quad \text{und} \quad p_{tats} = \frac{F_{BQ}}{d \cdot s} \leq p_{zul} \qquad \text{Gl. 4.45}$$

Dazu darf der Schaft der Schraube im kraftübertragenden Bereich kein Gewinde aufweisen und muss an der Wand der Bohrung fest anliegen, was zur Konstruktionsvariante der sog. Passschraube führt.

Eine normale Befestigungsschraube nach der rechten Hälfte von Bild 4.27 kann an ihrer Mantelfläche keine Kraft als Lochleibungsdruck übertragen, weil dazu nur die Gewindespitzen als pressungsübertragende Fläche zur Verfügung stünden. In diesem Fall muss die Schraube so weit vorgespannt werden, dass die als Querkraft eingeleitete Betriebskraft durch die Reibung der verspannten Teile untereinander übertragen werden kann:

$$F_V \geq \frac{F_{BQ}}{\mu} \qquad\qquad\qquad \text{Gl. 4.46}$$

Die Schraube wird also nur mit der bei der Montage aufgebrachten Vorspannkraft F_V, nicht aber mit der aktuellen Betriebskraft F_{BQ} belastet. Bild 4.28 zeigt eine nicht schaltbare Kupplung, die ein Torsionsmoment von einer linken (hier nicht dargestellten) Welle auf einen darauf befestigten Flansch und von dort aus über Schrauben auf einen gegenüberliegenden rechten Flansch und weiterhin auf eine rechte Welle überträgt. Diese Konstruktion ist in drei verschiedenen Varianten ausgeführt:

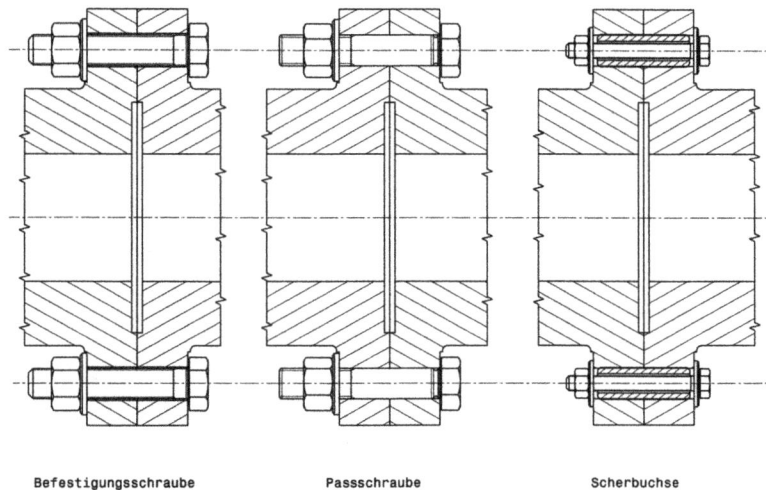

Befestigungsschraube   Passschraube   Scherbuchse

Bild 4.28: Flanschverbindung mit Schrauben

- **Befestigungsschraube** (links): Die Schraube überträgt die aus dem Wellenmoment resultierende Querkraft nicht an der Mantelfläche ihres Schaftes, sie braucht noch nicht einmal an der Mantelfläche der Bohrung anzuliegen. Sie wird vielmehr so stark vorgespannt, dass die Querkraft durch Reibschluss an den Flanschflächen übertragen wird.
- **Passschraube** (Mitte): Der Schaft der Passschraube ist so ausgeführt, dass er an der Bohrung anliegt, so dass die Querkraft ähnlich wie beim Niet formschlüssig übertragen wird. Die Schraubenfunktion beschränkt sich in diesem Fall darauf, den zylindrischen Grundkörper in seiner Position zu halten.
- **Scherbuchse** (rechts): Die Querkraft wird in dieser Konstruktionsvariante von einer Scherbuchse übertragen, die auf Scherung und Lochleibungsdruck belastet wird. In diesem Fall liegt die Schraube nicht im Kraftfluss und dient nur zur Fixierung der Scherbuchse.

Passschrauben werden jedoch wegen der folgenden Nachteile nur in Ausnahmefällen verwendet:

- Die Schraube ist wegen der eng tolerierten Außenmantelfläche des Schaftes teuer.
- Die Montage der Schraube ist sehr aufwendig, weil die Bohrung exakt auf Maß aufgerieben werden muss. Besteht die Verbindung aus mehreren Schrauben, so ergibt sich zusätzlich das Problem, dass sich die Bohrlöcher der zu verbindenden Teile genau gegenüberstehen müssen, die Lage der Bohrlöcher untereinander muss also genau toleriert werden. Diese Forderung kann dadurch erfüllt werden, dass die beiden Bauteile in Montageposition gemeinsam gebohrt und aufgerieben werden.

Aufgaben A.4.5 bis A.4.9

4.5.2   Längskraftbeanspruchte Schraubverbindungen (B)

Wirkt die Betriebskraft in Richtung der Schraubenachse, so muss das Zusammenspiel der Kräfte differenzierter betrachtet werden. Die Betriebskraft F_{BL} darf **nicht** etwa zu der Vorspannkraft F_V addiert werden, sondern die Schraubenbelastung ergibt sich erst aus einer Analyse des Verformungsverhaltens der gesamten Schraubverbindung, bei der die Steifigkeiten von Schraube und Zwischenlage eine Rolle spielen.

4.5.2.1   Statische Betriebskraft (B)

Für ein einführendes Beispiel wird ein unter Druck stehender Kessel betrachtet, dessen Deckel durch eine Vielzahl von Schrauben befestigt ist. Eine einzelne Schraube dieser Verbindung ist links in Bild 4.29 angedeutet. Es wird angenommen, dass die durch den Kesselüberdruck hervorgerufene Betriebskraft F_{BL} am Schraubenkopf angreift und an der Mutter abgestützt wird.

Die durch die Betriebskraft F_{BL} verursachte Zusatzbelastung der Schraube kann nicht direkt ermittelt werden. Es kann aber sehr wohl erkannt werden, dass die Betriebskraft F_{BL} sowohl an der bereits vorgespannten Schraubverbindung als auch an der Zwischenlage eine weitere Verformung Δf_B hervorruft. Der ursprünglich am Schnittpunkt von c_S und c_Z angesiedelte Betriebspunkt verschiebt sich durch die Aufbringung der Betriebskraft um die gemeinsame Verformung Δf_B nach rechts. Schraube und Zwischenlage erfahren durch diese gemeinsame Verformung die folgenden Änderungen:

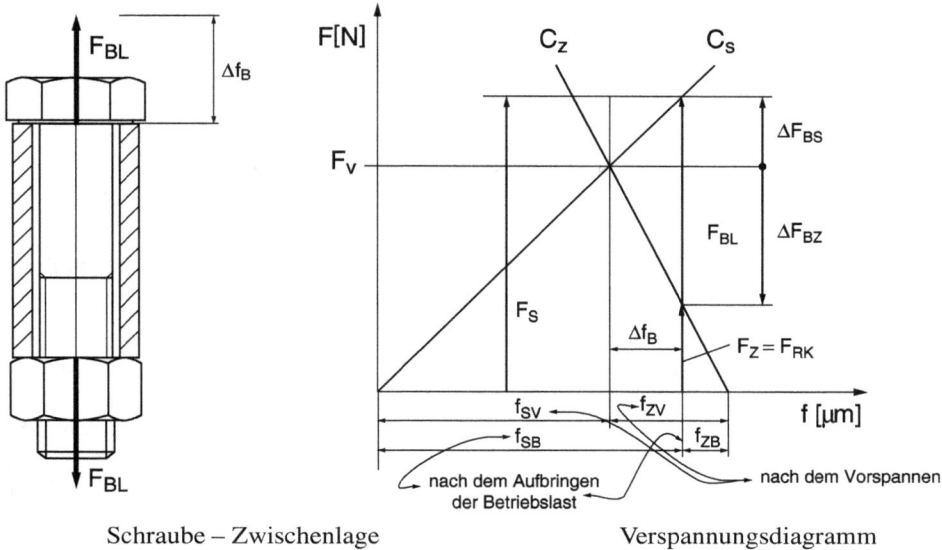

Schraube – Zwischenlage   Verspannungsdiagramm

Bild 4.29: Verspannungsdiagramm mit statischer Zugbetriebskraft

	Verformung	Kraft
Schraube	Die durch die Montage bereits um f_{SV} gelängte Schraube wird zusätzlich um Δf_B auf f_{SB} gedehnt, was eine Verlagerung des Betriebspunktes um Δf_B nach rechts bedeutet: $f_{SB} = f_{SV} + \Delta f_B$	Die Schraubenbelastung wandert auf der c_S-Linie nach rechts oben, die auf die Schraube wirkende Kraft wird dadurch um ΔF_{BS} größer, so dass sich die Schraubenbelastung schließlich zu F_S ergibt: $F_S = F_V + \Delta F_{BS}$
Zwischen-lage	Die Zwischenlage wird um den gleichen Betrag Δf_B deformiert. Da die Zwischenlage aber zuvor um die Vorspannung um f_{ZV} gestaucht worden war, bedeutet die Verschiebung um Δf_B eine teilweise Reduzierung der ursprünglich aufgebrachten Stauchung auf nunmehr f_{ZB}. $f_{ZB} = f_{ZV} - \Delta f_B$	Die Belastung der Zwischenlage verlagert sich auf der c_Z-Linie nach rechts unten. Die auf die Zwischenlage wirkende Kraft wird dadurch um ΔF_{BZ} reduziert und ergibt sich schließlich zu F_Z: $F_Z = F_V - \Delta F_{BZ}$

In dem um Δf_B verschobenen Betriebszustand muss auch das Gleichgewicht der Kräfte gelten: Aus diesem Grunde bildet sich zwischen den dadurch entstehenden Betriebspunkten für Schraube und Zwischenlage nun die Betriebskraft F_{BL} in der dargestellten Weise ab. Normalerweise wird Δf_B zunächst nicht bekannt sein, sondern es wird vielmehr die Betriebskraft F_{BL} gegeben sein. Dazu wird die Betriebskraft nach Bild 4.29 maßstäblich so zwischen die c_S-Linie und die c_Z-Linie platziert, dass sich der Fußpunkt des Kraftvektors auf der Steifigkeitskennlinie der Zwischenlage befindet und die Spitze des Vektors gerade die Steifigkeitskennlinie der Schraube erreicht.

Während sich das Anziehen der Schraube als Hintereinanderschaltung von c_S und c_Z vollzog (Addition der Federwege), findet die Betriebsbelastung eine Parallelschaltung von c_S und c_Z vor (gleicher Federweg).

Unterhalb von F_{BL} bleibt noch die **Restklemmkraft** $F_Z = F_{RK}$ übrig, mit der die Zwischenlage auch nach Aufbringen der Betriebskraft noch belastet wird. Bei steigender Betriebskraft F_{BL} wird die Restklemmkraft F_{RK} immer kleiner. Aus Gründen der Sicherheit der Schraubverbindung darf diese Restklemmkraft jedoch nicht verschwinden bzw. darf einen gewissen Betrag nicht unterschreiten, da andernfalls ein Klaffen der Fugen oder eine Undichtigkeit der Schraubverbindung auftritt.

Wird die Betriebskraft als Druckkraft aufgebracht (z. B. Unterdruck im Kessel), so wird in Bild 4.30 die gleiche Betrachtung angestellt wie in Bild 4.29 mit dem einzigen Unterschied, dass die betriebskraftbedingte Verformung Δf_B nach links aufgetragen werden muss. Die Restklemmkraft F_{RK} bildet sich auch in diesem Fall unterhalb der Betriebskraft F_{BL} ab und ist dann genauso groß wie F_S. Zur Sicherstellung der Klemmwirkung darf F_S einen geforderten Mindestbetrag nicht unterschreiten.

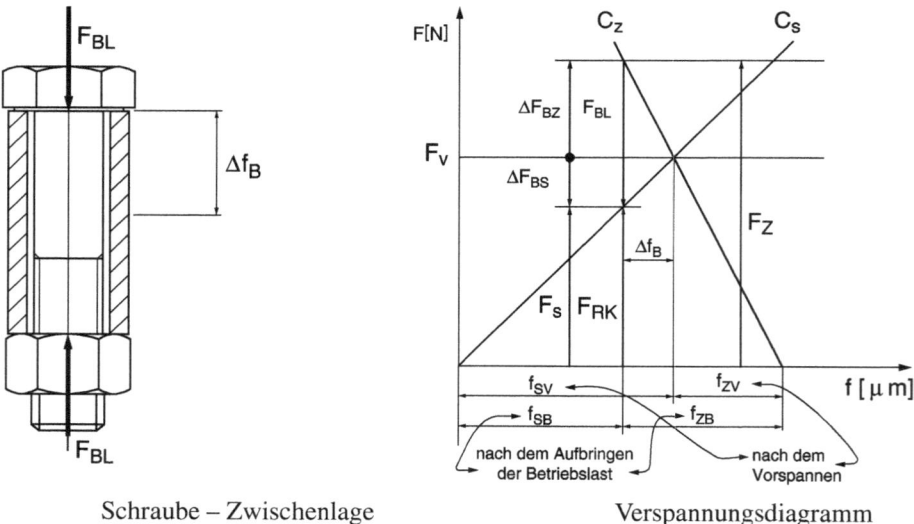

Schraube – Zwischenlage   Verspannungsdiagramm

Bild 4.30: Verspannungsdiagramm mit statischer Druckbetriebskraft

Die vorstehenden Überlegungen lassen sich rechnerisch erfassen, wobei die Gleichungen einfach als geometrische Beziehungen aus dem Verspannungsschaubild abgeleitet werden:

$$c_S = \frac{\Delta F_{BS}}{\Delta f_B} \quad \text{und} \quad c_Z = \frac{\Delta F_{BZ}}{\Delta f_B} \qquad \text{Gl. 4.47}$$

Beide Gleichungen lassen sich nach Δf_B auflösen und dann gleichsetzen:

$$\Delta F_{BZ} \cdot c_S = \Delta F_{BS} \cdot c_Z \qquad \text{Gl. 4.48}$$

Weiterhin gilt:

$$F_{BL} = \Delta F_{BS} + \Delta F_{BZ} \qquad \text{Gl. 4.49}$$

Die Steifigkeiten c_S und c_Z lassen sich nach den Gleichungen 4.31 und 4.32 berechnen und die Betriebskraft F_{BL} ist mit den Betriebsbedingungen bekannt. Damit enthalten die beiden Gleichungen 4.48 und 4.49 zwei Unbekannte. Um die Frage nach der kritischen maximalen Schraubenbelastung zu klären, wird ΔF_{BS} gesucht. Dazu wird die zweite Unbekannte ΔF_{BZ} aus Gl. 4.49 herausgelöst:

$$\Delta F_{BZ} = F_{BL} - \Delta F_{BS} \qquad \text{Gl. 4.50}$$

Durch Einsetzen von Gl. 4.50 in Gl. 4.48 ergibt sich:

$$(F_{BL} - \Delta F_{BS}) \cdot c_S = \Delta F_{BS} \cdot c_Z$$
$$F_{BL} \cdot c_S - \Delta F_{BS} \cdot c_S = \Delta F_{BS} \cdot c_Z \quad \Rightarrow \quad \Delta F_{BS} \cdot (c_Z + c_S) = F_{BL} \cdot c_S \qquad \text{Gl. 4.51}$$

Die **Zusatzbelastung der Schraube** (Steigerung der Last gegenüber dem Vorspannungszustand) ergibt sich also zu:

$$\Delta F_{BS} = F_{BL} \cdot \frac{c_S}{c_Z + c_S} \qquad \text{Gl. 4.52}$$

Damit nimmt die Schraubenkraft F_S folgenden Betrag an:

$$F_S = F_V + \Delta F_{BS} = F_V + F_{BL} \cdot \frac{c_S}{c_Z + c_S} \qquad \text{Gl. 4.53}$$

Das Steifigkeitsverhältnis $c_S/(c_S + c_Z)$ wird auch als Verspannungsfaktor Φ bezeichnet:

$$\Phi = \frac{c_S}{c_Z + c_S} \quad \Rightarrow \quad \Delta F_{BS} = F_{BL} \cdot \Phi \qquad \text{Gl. 4.54}$$

Analog dazu lässt sich für die Belastungsänderung der **Zwischenlage** (Reduzierung der Last gegenüber dem Vorspannungszustand) formulieren:

$$\Delta F_{BZ} = F_{BL} \cdot \frac{c_Z}{c_Z + c_S} \qquad \text{Gl. 4.55}$$

Daraus ergibt sich unter Verwendung des Verspannungsfaktors Φ:

$$\Delta F_{BZ} = F_{BL} \cdot (1 - \Phi) \qquad \text{Gl. 4.56}$$

Aufgaben A.4.10 bis A.4.13

4.5.2.2   Dynamische Betriebskraft (E)

In Erweiterung der vorangegangenen Betrachtung tritt die Betriebskraft F_{BL} jedoch nicht nur statisch, sondern im allgemeinen Fall dynamisch auf. Der zunächst einfachste Fall liegt dann vor, wenn die Betriebskraft zwischen den Werten null und F_{BLmax} pendelt, also schwellend aufgebracht wird. Dieser Lastzustand ist im mittleren Drittel von Bild 4.31 dargestellt.

Sowohl die Schraube als auch die Zwischenlage werden dynamisch beansprucht, was sich durch zwei zusätzlich in das Schaubild eingefügte Zeitdiagramme $F_S = f(t)$ und $F_Z = f_{(t)}$ veranschaulichen lässt. Der ganz rechts im Diagramm eingefügte Betriebskraftverlauf $F = f_{(t)}$ zeigt an, wie sich die Dynamik des Betriebskraftverlaufs auf die Schraubendynamik und die Zwischenlagendynamik aufteilt. Die Verformungsdynamik ist als $\Delta f_{(t)}$ darstellbar.

Pendelt die Betriebskraft zwischen einem Minimalwert F_{BLmin} und einem Maximalwert F_{BLmax}, so ist die Betrachtung nach dem oberen Bilddrittel zutreffend. Wird die minimale Betriebskraft zu einer Druckkraft, also negativ, so ergibt sich das Verspannungsschaubild im unteren Bilddrittel.

Damit lässt sich auch die tatsächlich auf die Schraube wirkende Kraft durch die Angabe der maximalen Schraubenkraft F_{Smax} und der minimalen Schraubenkraft F_{Smin} charakterisieren. Für die Festigkeitsberechnung der Schraube ist jedoch eine Differenzierung nach statischem Anteil F_{Sstat} und dynamischem Anteil F_{Sdyn} erforderlich:

$$F_{Sstat} = \frac{F_{Smax} + F_{Smin}}{2} = \frac{F_V + \Delta F_{BSmax} + F_V + \Delta F_{BSmin}}{2} \qquad \text{Gl. 4.57}$$

$$F_{Sstat} = F_V + \frac{F_{BLmax} + F_{BLmin}}{2} \cdot \frac{c_S}{c_S + c_Z} = F_V + \frac{F_{BLmax} + F_{BLmin}}{2} \cdot \Phi \qquad \text{Gl. 4.58}$$

und

$$F_{Sdyn} = \frac{F_{Smax} - F_{Smin}}{2} = \frac{F_V + \Delta F_{BSmax} - F_V - \Delta F_{BLmin}}{2} \qquad \text{Gl. 4.59}$$

$$F_{Sdyn} = \frac{F_{BLmax} - F_{BLmin}}{2} \cdot \frac{c_S}{c_S + c_Z} = \frac{F_{BLmax} - F_{BLmin}}{2} \cdot \Phi \qquad \text{Gl. 4.60}$$

Aus dieser Gegenüberstellung wird auch ersichtlich, dass die Höhe der Vorspannkraft F_V ohne Auswirkung auf die kritische dynamische Belastung der Schraube ist. Mit der Variation des Verspannungsfaktors Φ hingegen lässt sich bei vorgegebenem Betriebskraftverlauf die dynamische Belastung der Schraube entscheidend beeinflussen, was auf eine gezielte Dimensionierung der beteiligten Steifigkeiten hinausläuft (s. folgender Abschnitt). Die gleiche Überlegung gilt in ähnlicher Weise auch für die Zwischenlage. Da aber die Schraube in ihrer Festigkeit kritischer belastet wird, konzentriert sich die Festigkeitsbetrachtung fast immer auf die Schraube.

Aufgabe A.4.14

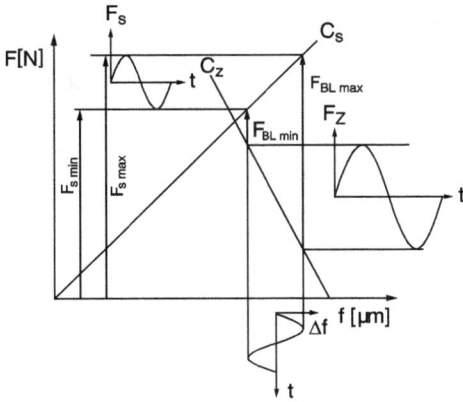

Betriebskraft im Zugbereich

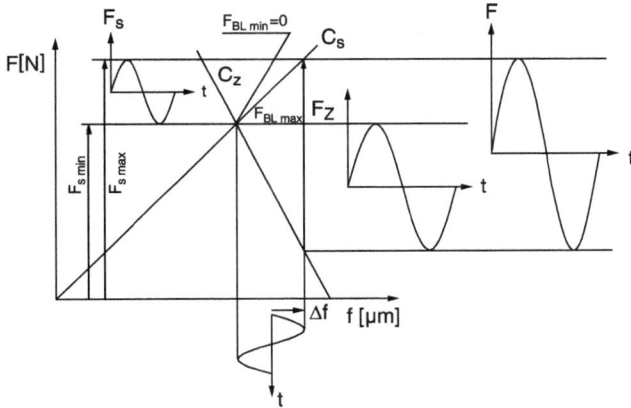

Betriebskraft im Zugschwellbereich

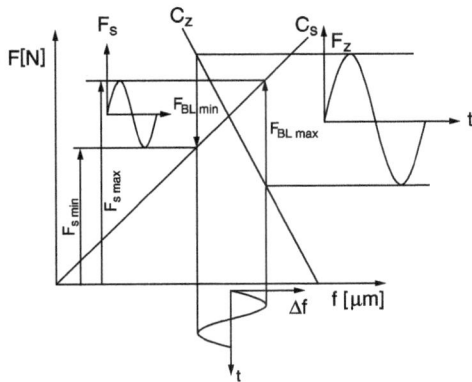

Betriebskraft im Zug-/Druckbereich

Bild 4.31: Verspannungsdiagramm
mit dynamischer Betriebskraft

4.5.3   Zusammenspiel der Steifigkeiten (E)

Wie in den vorangegangenen Abschnitten deutlich wurde, ist die Aufteilung der Betriebskraft F_{BL} auf die Schraubenmehrbelastung ΔF_{BS} und die Verringerung der Zwischenlagenbelastung ΔF_{BZ} von den Steifigkeiten der Schraube c_S und der Zwischenlage c_Z bzw. vom Verspannungsfaktor Φ abhängig. Diese Steifigkeiten lassen sich gezielt beeinflussen, um vor allen Dingen die dynamische Schraubenbelastung zu reduzieren. Dies lässt sich am Beispiel einer schwellenden Betriebskraft nach Bild 4.32 besonders deutlich demonstrieren.

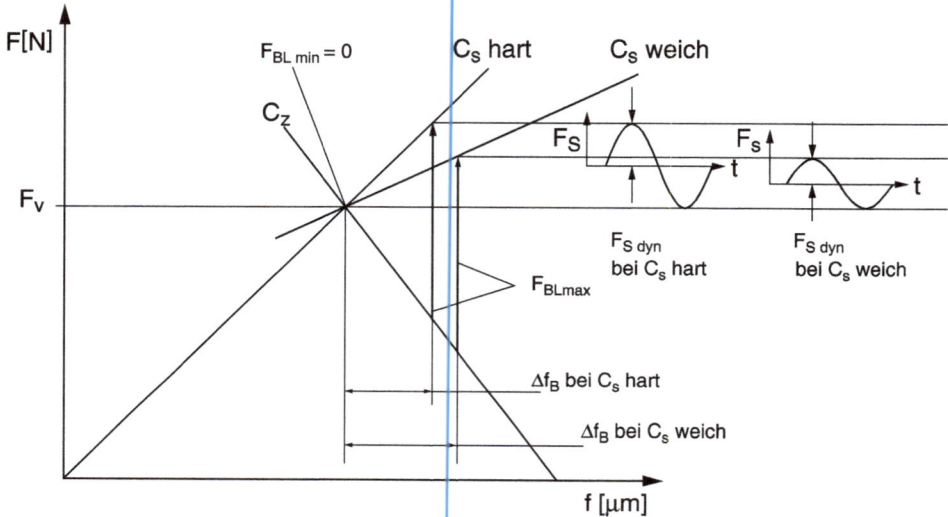

Bild 4.32: Einfluss der Schraubensteifigkeit auf die Schraubenkraft

Die durch die schwellende Betriebskraft F_{BL} (von 0 bis F_{BLmax}) hervorgerufene dynamische Belastung der Schraube kann verringert werden, wenn die *Schrauben*steifigkeit vermindert wird, die Schraube also nachgiebiger gestaltet wird.

Wie Bild 4.33 zeigt, kann das gleiche Ziel auch mit einer Steigerung der *Zwischenlagen*steifigkeit erreicht werden.

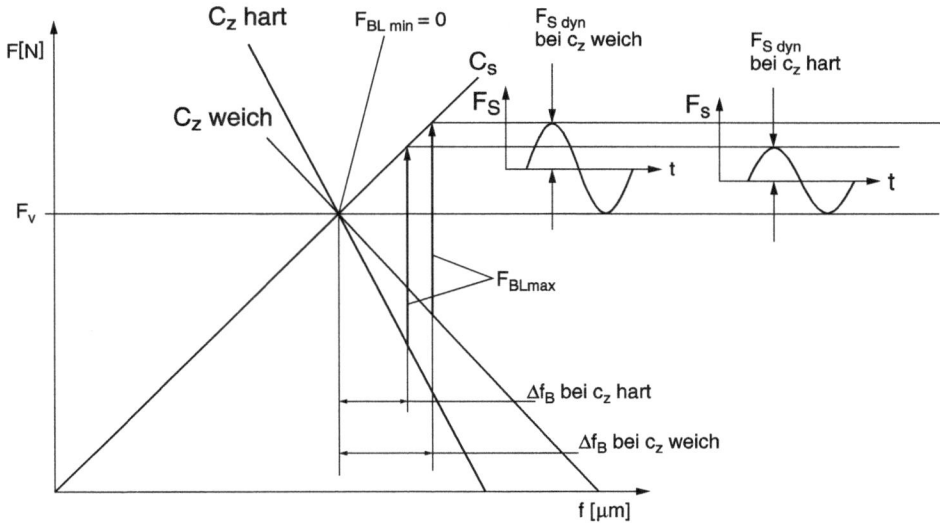

Bild 4.33: Einfluss der Zwischenlagensteifigkeit auf die Schraubenkraft

4.5.3.1 Schraubensteifigkeit (E)

Mit Gl. 4.31 wurde die Steifigkeit der Schraube in erster Näherung als Zugfeder beschrieben:

$$c_S = E \cdot \frac{A}{L_K}$$

Eine genauere Berechnung müsste die Schraube als Hintereinanderschaltung von Schaftanteil mit dem Nenndurchmesser d und Gewindeanteil mit dem Spannungsdurchmesser d_3 betrachten. Diese Differenzierung ist jedoch in den meisten Fällen überflüssig, wenn man zur „sicheren Seite hin", also zur härteren Schraube hin abschätzt und die gesamte Klemmlänge L_K mit dem Nenndurchmesser d ansetzt.

Die folgenden Möglichkeiten können zur Reduzierung der Schraubensteifigkeiten in Betracht gezogen werden:

- Aus Gründen der Festigkeit werden hochfeste Schrauben fast immer in Stahl ausgeführt, womit der **Elastizitätsmodul** leider auf einen hohen Wert festgelegt ist.
- Die **Querschnittfläche** der Schraube A bzw. A_S kann nur so weit reduziert werden wie es die Festigkeit zulässt. Hochfeste Schraubenwerkstoffe erlauben kleine Querschnittflächen und reduzieren damit die Steifigkeit.
- Eine große **Klemmlänge** L_K verringert die Steifigkeit, ohne dass davon die Festigkeit betroffen ist. Dies führt zur Konstruktion einer sog. „Dehnschraube" nach Bild 4.34.

Die nachfolgenden Ausführungen beschreiben die wichtigsten weiteren konstruktiven Möglichkeiten zur Reduzierung der Schraubensteifigkeit:

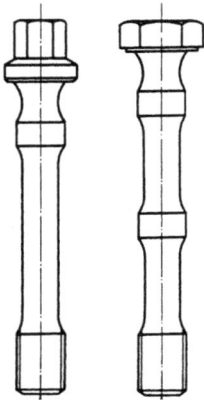

Bild 4.34: Dehnschrauben

Der Schraubendurchmesser wird vorzugsweise an festigkeitsmäßig unbedenklichen Stellen reduziert („Die Kette ist nur so stark wie ihr schwächstes Glied"; überdimensionierte Kettenglieder können also ohne Gefährdung der Festigkeit abgespeckt werden). Der glatte Schraubenschaft ist im Gegensatz zum kerbbeeinflussten Gewindeteil nicht in seiner Festigkeit gefährdet und kann deshalb im Durchmesser verringert werden.

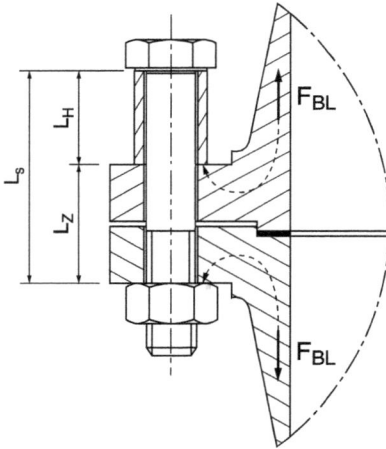

Bild 4.35: Schraube mit Hülse

Die Verwendung einer vorteilhaft langen Schraube wird häufig mit einer **Hülse** kombiniert. Die Hülse weist eine eigene Steifigkeit $c_{Hülse}$ auf, die mit der Schraubensteifigkeit c_S hintereinander geschaltet ist. Die Gesamtsteifigkeit der Schraube c_{Sges} wird also durch das Vorhandensein der Hülse zusätzlich reduziert. Die Gesamtschraubensteifigkeit c_{Sges} berechnet sich zu

$$\frac{1}{c_{Sges}} = \frac{1}{c_S} + \frac{1}{c_{Hülse}} \qquad \text{Gl. 4.61}$$

$$\text{bzw.} \quad \delta_{Sges} = \delta_S + \delta_{Hülse} \qquad \text{Gl. 4.62}$$

Bild 4.36 zeigt sowohl die vorteilhafte Anwendung einer erhöhten Schraubenfestigkeit als auch die Auswirkungen einer vergrößerten Klemmlänge in Kombination mit einer Hülse. Ausgangpunkt dieser Überlegungen ist die Ausführung oben links mit einer geringen Festigkeit, die einen hohen Querschnitt erfordert, was widerum eine harte Schraube zur Folge hat. Wird oben rechts eine lange Schraube in Kombination mit einer Hülse verwendet, so reduziert sich die Steifigkeit erheblich, was die Zusatzbelastung der Schraube deutlich absinken lässt. Wird der Ausgangsfall oben links mit einer höheren Schraubengüte ausgestattet, so kann die Querschnittsfläche deutlich vermindert werden, wodurch ebenfalls die Steifigkeit reduziert und die Zusatzbelastung der Schraube vermindert wird. Die Ausführung unten rechts kombiniert beide Maßnahmen miteinander.

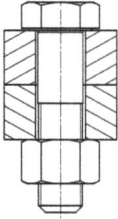

3.6

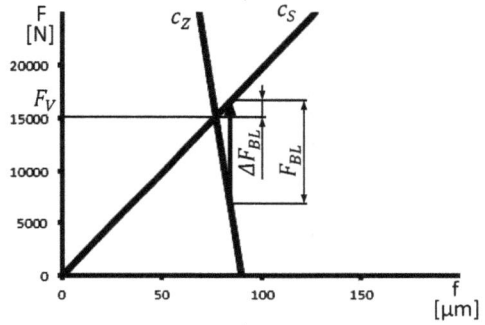

3.6

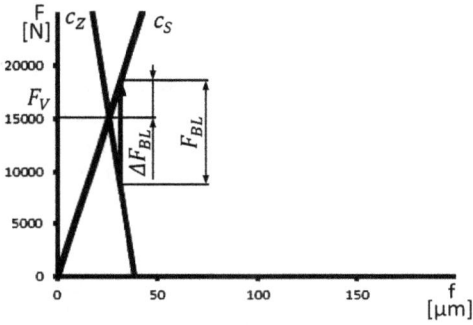

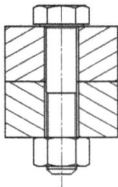

6.8

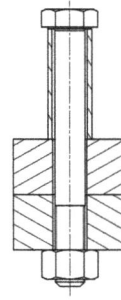

6.8

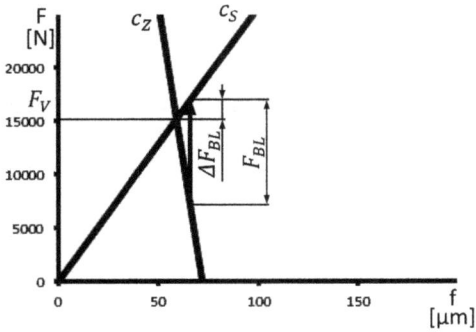

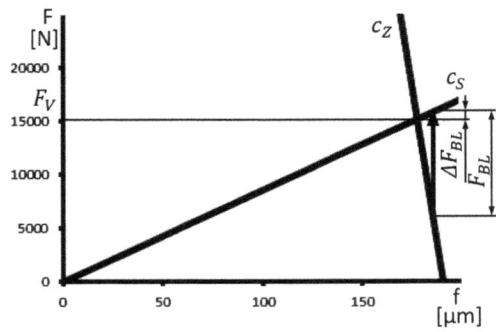

Bild 4.36: Minimierung der Schraubensteifigkeit

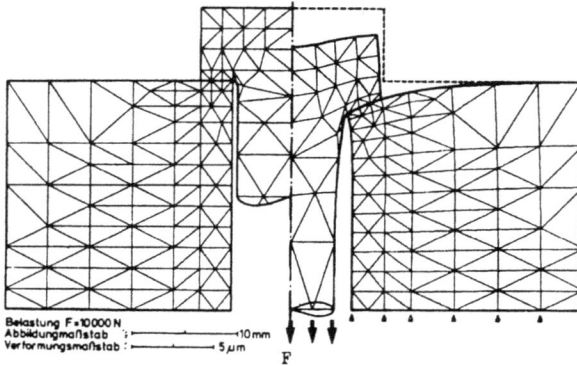

Belastung F = 10 000 N
Abbildungsmaßstab : |————————| 10 mm
Verformungsmaßstab : |————————| 5 μm   F

Bild 4.37: Federung des Schraubenkopfs

Wie Bild 4.37 als Ergebnis einer Finite-Elemente-Berechnung beispielhaft demonstriert, nimmt sowohl der *Kopf* als auch die *Mutter* an der Gesamtverformung teil. Da dieser Einfluss nur mit großem rechnerischen Aufwand zu erfassen ist, kann er ersatzweise dadurch berücksichtigt werden, dass der konstruktiv vorhandene Schraubenschaft zur Berechnung der Steifigkeit formal verlängert wird: Sowohl für die Mutter als auch für den Schraubenkopf wird die Schraubenschaftlänge rechnerisch um je $0{,}5 \cdot d$ erhöht.

$$L_{rechn} = L_K + 0{,}5 \cdot d \qquad \text{(Berücksichtigung von Kopf \textbf{oder} Mutter)} \qquad \text{Gl. 4.63}$$

$$L_{rechn} = L_K + 2 \cdot 0{,}5 \cdot d \qquad \text{(Berücksichtigung von Kopf \textbf{und} Mutter)} \qquad \text{Gl. 4.64}$$

Weiterhin werden Schraubenkonstruktionen angewendet, deren Kopf gezielt nachgiebig ausgebildet ist, um die Gesamtsteifigkeit zu reduzieren. Diese Konstruktionen machen sich besonders bei kurzen Klemmlängen, die selbst nur geringe Nachgiebigkeiten aufweisen, vorteilhaft bemerkbar. Bild 4.38 zeigt einige Ausführungsformen (b–e) im Vergleich zur Normalausführung a.

Bild 4.39 stellt nochmals einige wichtige Einflüsse gegenüber:

a) Bezugsfall für die nachfolgende Parametervariation
b) Schraubenschaft im Sinne einer Dehnschraube verjüngt, dadurch nachgiebigere („weichere") Schraube
c) Anstatt Innensechskantschraube Sechskantschraube mit längerem Schraubenschaft; dadurch zusätzliche Reduktion der Schraubensteifigkeit
d) Unterlegscheibe (kurze Hülse) reduziert die Schraubensteifigkeit (Vorsicht: Setzen!)
e) Mit zunehmender Höhe der Unterlegscheibe bzw. deren Ausbildung als Hülse wird der unter d) genannte Effekt noch verstärkt

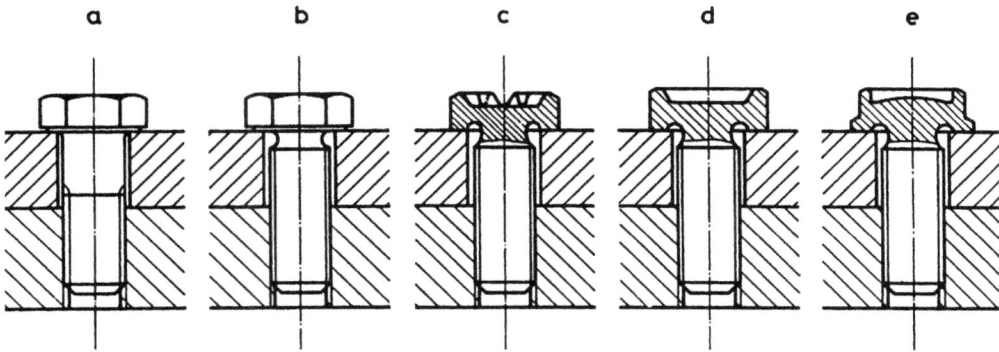

Bild 4.38: Nachgiebige Schraubenkopfkonstruktionen (aus Schraubenvademecum 1991)

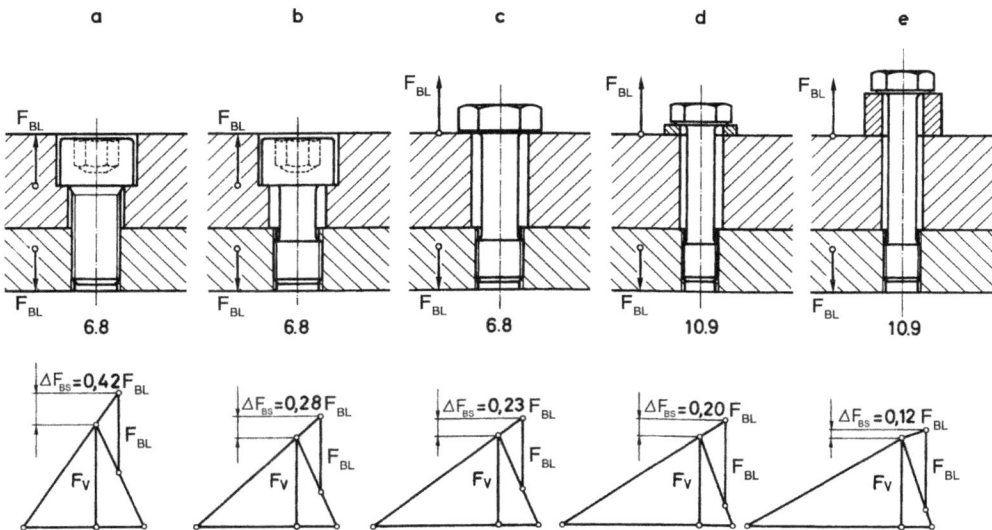

Bild 4.39: Schrauben mit reduzierter Steifigkeit (aus Schraubenvademecum 1991)

4.5.3.2 Zwischenlagensteifigkeit (E)

Die Zwischenlage wurde mit Gl. 4.32 bezüglich ihrer Steifigkeit bisher modellhaft als Hohl-zylinder beschrieben, was in der technischen Praxis allerdings nur selten der Fall ist (Fall a des Bildes 4.40). Meist handelt es sich um plattenförmige, mehr oder weniger ausgedehnte Körper (Fall b und c), deren Steifigkeitsberechnung sehr viel komplexer ist. Um dennoch den

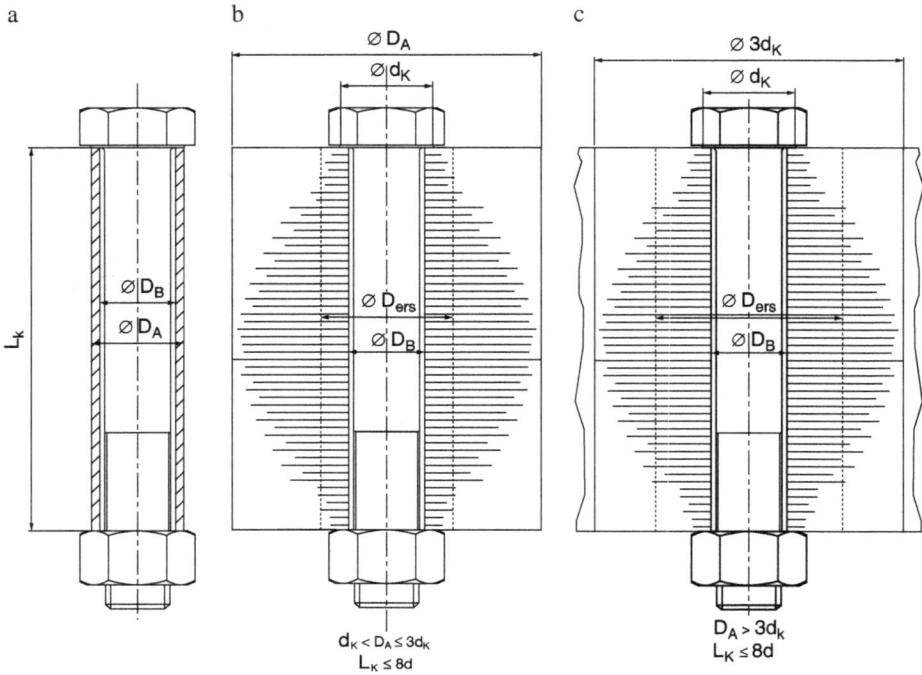

Bild 4.40: Ersatzfläche für Zwischenlage

einfachen Ansatz $c_Z = E_Z \cdot A_{ers}/L_Z$ ausnutzen zu können, behilft man sich damit, dass für dessen Querschnittfläche eine fiktive „Ersatz"-Fläche A_{ers} formuliert wird:

Fall a: $A_{ers} = \dfrac{\pi}{4} \cdot \left(D_A^2 - D_B^2\right)$ Gl. 4.65

Fall b: gültig für $d_K < D_A \leqslant 3 \cdot d_K$ und $L_K \leqslant 8 \cdot d$

$$A_{ers} = \frac{\pi}{4} \cdot \left(d_K^2 - D_B^2\right) + \frac{\pi}{8} \cdot \left(\frac{D_A}{d_K} - 1\right) \cdot \left(\frac{d_K \cdot L_K}{5} + \frac{L_K^2}{100}\right)$$ Gl. 4.66

Fall c: gültig für $D_A > 3 \cdot d_K$ und $L_K \leqslant 8 \cdot d$

$$A_{ers} = \frac{\pi}{4} \cdot \left[\left(d_K + \frac{L_K}{10}\right)^2 - D_B^2\right]$$ Gl. 4.67

4.5.3.3   Krafteinleitung innerhalb verspannter Teile (V)

Die bisherigen Betrachtungen beziehen sich auf den Fall, dass die Betriebskraft F_{BL} an den Auflageflächen von Kopf und Mutter, also an der gleichen Stelle wie die Vorspannkraft F_V eingeleitet wird. Dieser Fall wird im oberen Drittel von Bild 4.41 nochmals aufgegriffen.

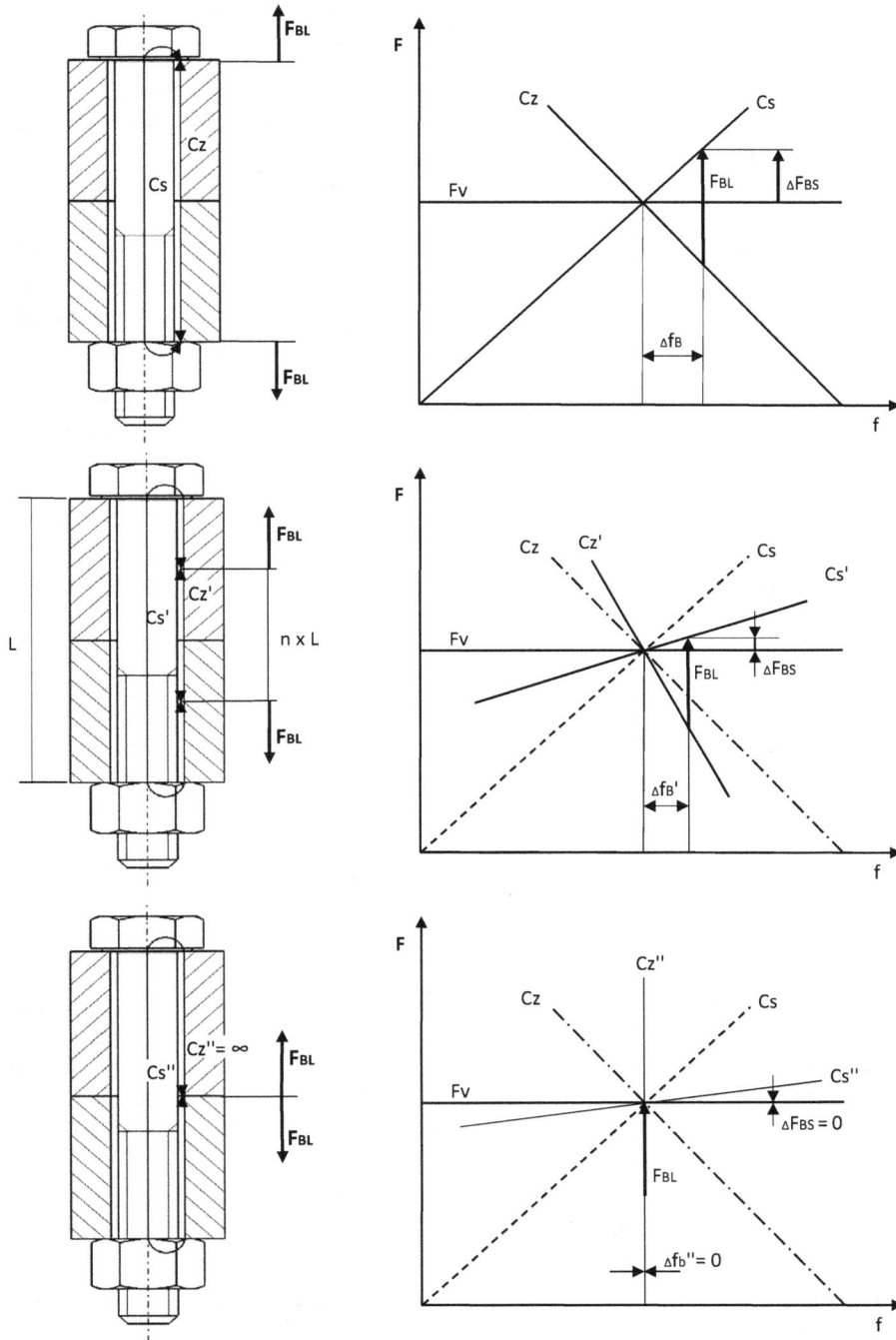

Bild 4.41: Krafteinleitung innerhalb verspannter Teile

Wird die Betriebskraft jedoch in einer weiter innen liegenden Ebene eingeleitet, so ändern sich auch die Steifigkeiten nach dem mittleren Drittel von Bild 4.41:

- Die Zwischenlagensteifigkeit c_Z' bezieht sich nur noch auf den zwischen den beiden Krafteinleitungsebenen verbleibenden Teil der Zwischenlage ($n \cdot L$), wird also härter als die ursprüngliche Steifigkeit c_Z.

- Der nach außen liegende Anteil der Zwischenlage wirkt dann wie eine Hülse und muss deshalb in Hintereinanderschaltung der Schraube zugerechnet werden. Dadurch entsteht eine Schraubensteifigkeit c_S', die weicher ist als die ursprüngliche Schraubensteifigkeit c_S.

Durch die Verlagerung der Krafteinleitungsebene nach innen wird demzufolge auch die Schraubenzusatzbelastung ΔF_{BS} kleiner, was besonders bei dynamischem Betriebskraftverlauf der Festigkeit der Schraube sehr zugute kommt. Je mehr sich die Einleitungsebenen der Betriebskräfte nach innen verlagern, desto geringer wird die der Schraube zugewiesene Steifigkeit c_S' und desto höher wird die der Zwischenlage zuzurechnende Steifigkeit c_Z'. Die Nachgiebigkeit der Zwischenlage wird dann auf den Faktor n reduziert, der bei Krafteinleitung am Kopf höchstens 1 werden kann:

$$\frac{1}{c_Z'} = n \cdot \frac{1}{c_Z} \qquad\qquad\qquad \text{Gl. 4.68}$$

Die Nachgiebigkeit der Schraube hingegen setzt sich dann zusammen aus der bereits vorher vorhandenen Schraubennachgiebigkeit und dem oben abgezogenen Anteil der Zwischenlagennachgiebigkeit:

$$\frac{1}{c_s'} = \frac{1}{c_s} + \frac{1-n}{c_Z} \qquad\qquad\qquad \text{Gl. 4.69}$$

Das Verspannungsverhältnis Φ wird dann zu Φ':

$$\Phi' = n \cdot \Phi \qquad\qquad\qquad \text{Gl. 4.70}$$

Die durch die Betriebskraft verursachte dynamische Belastung der Schraube wird dadurch kleiner. Ist die Krafteinleitungsebene nicht genau bekannt, so bleibt man mit $n = 1$ also stets auf der sicheren Seite (deshalb die ursprüngliche Annahme, dass die Betriebskraft am Schraubenkopf eingeleitet wird).

Für den theoretischen Grenzfall, dass die Betriebskraft F_{BL} genau in der Teilungsebene angreift, trifft die untere Darstellung von Bild 4.41 zu: Sämtliche Steifigkeiten formieren sich in Hintereinanderschaltung zur Schraubensteifigkeit c_S'', die Zwischenlagensteifigkeit c_Z'' wird unendlich, entartet also zu einer senkrechten Geraden. Dieser Zustand ist insofern erstrebenswert, als dadurch die von außen eingebrachte Betriebskraft F_{BL} keinerlei Zusatzkraft in der Schraube hervorruft: $\Delta F_{BS} = 0$!

Um bei der rechnerischen Erfassung der Steifigkeiten keinen Anteil außer Acht zu lassen, ist es zuweilen hilfreich, den gesamten Verspannungsfluss zu skizzieren und ihn dann an der Einleitungsstelle der Betriebskraft aufzutrennen.

Bild 4.42 zeigt ein Beispiel, wie durch konstruktive Maßnahmen die Krafteinleitungsebene zur Teilungsebene hin verlagert wird.

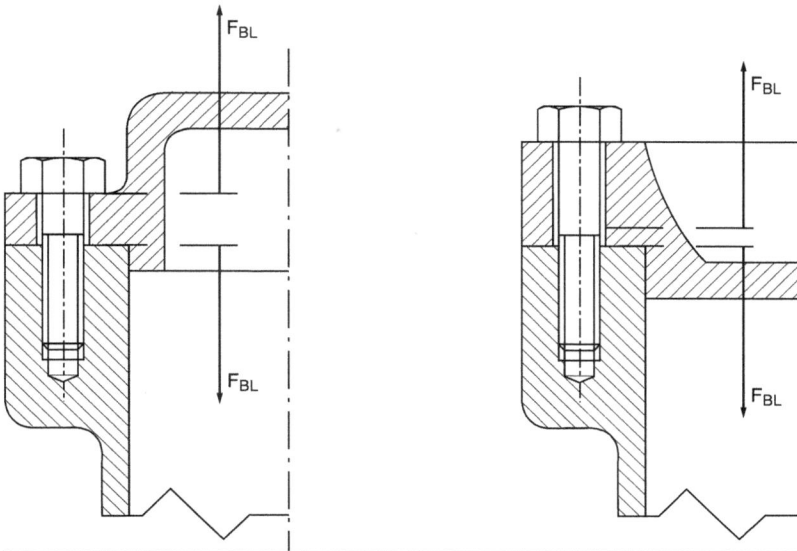

| Verbesserungsbedürftige Festigkeit: Die Schraube ist kurz und weist damit eine unvorteilhaft hohe Steifigkeit auf. Durch die nach außen gerichtete Wölbung des Deckels greift die Betriebskraft am Schraubenkopf an. | Verbesserte Ausführung: Die Schraube ist länger und damit nachgiebiger. Der Deckel ist nach innen gewölbt und lenkt damit den Kraftfluss so um, dass die Einleitungsebene der Betriebskraft in der Nähe der Trennfuge angenommen werden kann. |

Bild 4.42: Konstruktionsbeispiel Betriebskrafteinleitung innerhalb verspannter Teile

Aufgaben A.4.15 bis A.4.21

4.5.4 Lastverteilung längskraftbelastete Schraubverbindung (V)

Eine Schraubverbindung besteht im allgemeinen Fall aus mehreren Schrauben. Sind diese Schrauben bezüglich der Wirkungslinie der belastenden Gesamtkraft symmetrisch angeordnet, so kann eine gleichmäßige Lastverteilung vorausgesetzt werden und die Gesamtbelastung braucht lediglich durch die Anzahl der Schrauben dividiert zu werden. Sind die Schrauben bezüglich der Gesamtbelastung unsymmetrisch angeordnet, so macht die Ungleichmäßigkeit der Lastverteilung eine differenzierte Analyse erforderlich.

Werden die Schrauben durch Querkraft beansprucht (4.5.1), so kann das Lastverteilungsproblem in Anlehnung an die Lastverteilung auf mehrere Nieten (s. Kap. 3.1.4) geklärt werden. Im Falle von längskraftbelasteten Schraubverbindung (4.5.2) ist aber eine Erweiterung dieser

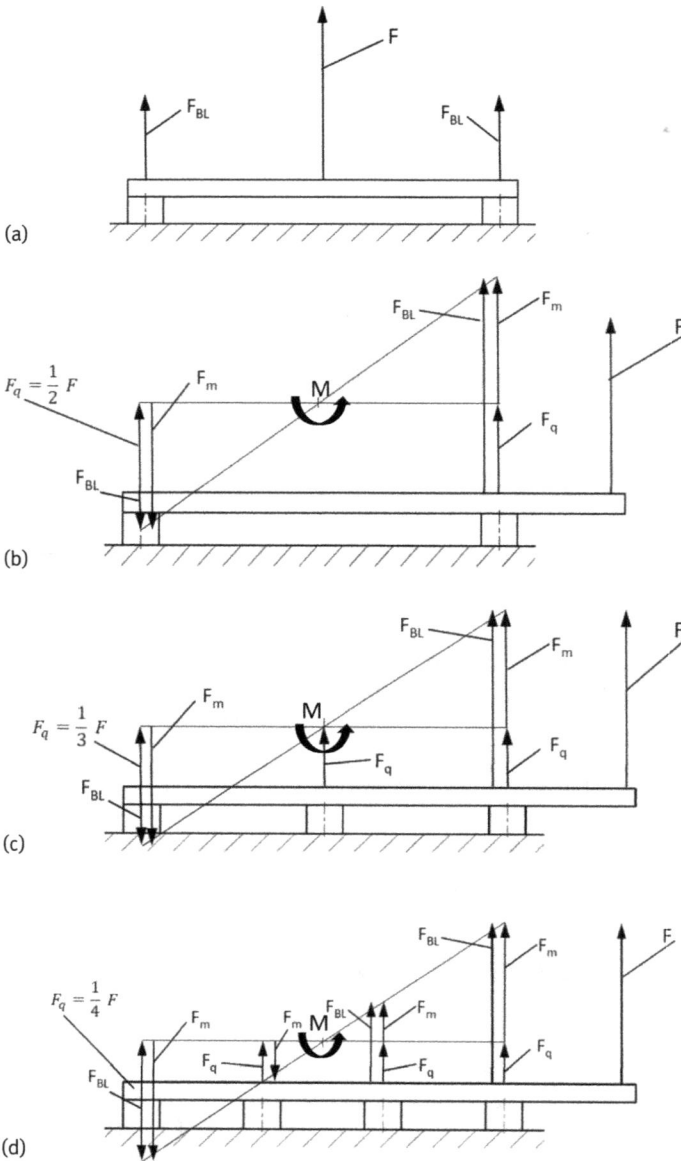

Bild 4.43: Lastverteilung angeschraubter Balken

Überlegungen erforderlich, weil das Problem dreidimensional werden kann. Bild 4.43 geht aber zunächst einmal vom ebenen Fall aus.

a. Eine auf einen symmetrischen Biegebalken einwirkende Gesamtkraft F stützt sich beidseitig je zur Hälfte auf zwei Schrauben ab. In Erweiterung zu dieser Skizze kann auch ein Druckbehälter betrachtet werden, dessen Deckel mit einer Vielzahl symmetrisch angeordneter Schrauben mit der Behälterkonstruktion verbunden ist.

b. Wirkt die Kraft F aber unsymmetrisch auf den Balken (hier am auskragenden Ende des Balkens), so kann mit der Betrachtungsweise der Mechanik (siehe Übungsaufgaben) auf eine ungleichmäßige Belastung der Schrauben geschlossen werden. Im hier vorliegenden Fall ergibt sich am rechten Auflager eine Zugkraft und am linken Auflager eine Druckkraft. Die klassische Statik liefert hier wegen der statischen Bestimmtheit des Systems ein eindeutiges Ergebnis. Zur Vorbereitung auf weitere statisch unbestimmte Probleme kann hier aber auch in Anlehnung an Kap. 3.1.4 (Lastverteilung auf mehrere Nieten) folgende Vorgehensweise gewählt werden: Die Kraft F wird in den Schwerpunkt der Schraubverbindung verschoben und verteilt sich von dort aus in zwei gleichgroße Kräfte F_q für beide Schrauben. Durch die Verschiebung der Kraft F entsteht allerdings auch ein zusätzliches Moment M, welches sich seinerseits mit den Kräften F_m auf beide Schrauben abstützt. Dabei wirkt die Kraft F_m auf die rechte Schraube nach oben und addiert sich mit F_q zur Betriebskraft der Schraube F_{BL}. Auf der linken Seite wirkt die Kraft F_m aber nach unten und muss von der Kraft F_q subtrahiert werden, so dass sich hier eine negative Betriebskraft F_{BL} ergibt.

c. Die Anordnung im dritten Detailbild ist mit den drei Schrauben statisch überbestimmt, so dass nur noch die zweite der oben angegebenen Vorgehensweisen zum Ziel führt, wobei sich die Schwerpunktlage der Schraubverbindung gegenüber dem vorherigen Fall nicht ändert: Die Gesamtkraft F teilt sich zu drei gleichen Anteilen F_q auf drei Schrauben gleichermaßen auf. Das durch die Parallelverschiebung entstehende Moment kann aber nur über die beiden äußeren Schrauben abgeleitet werden, weil die mittlere Schraube über keinen Hebelarm zur Momentenabstützung verfügt. Die Betriebskraft der mittleren Schraube besteht also nur aus F_q, während sich die Betriebskraft wie zuvor für die rechte Schraube durch Addition und im linken Fall durch Subtraktion von F_q und F_m ergibt.

d. Ist die Verbindung mit vier Schrauben ausgestattet, so muss berücksichtigt werden, dass die Kräfte F_m wegen des unterschiedlichen Abstandes zum Schwerpunkt des Schwerpunkts der Schraubverbindung unterschiedlich groß sind (s. Kap. 3.1.4.2): Die Kraft F_m verhält sich linear zum Abstand der Schraube vom Schwerpunkt der Schraubverbindung. Die Betriebskraft auf die Schraube F_{BL} ergibt sich auch hier als die vorzeichenrichtige Summe von F_q und F_m, wobei sich in diesem Fall für die zweite Schraube zufälligerweise der Wert Null ergibt.

Fall b aus der vorherigen Betrachtung kann nach Bild 4.44 auch zu einem dreidimensionalen Problem erweitert werden. Dabei ändert sich gegenüber dem Fall 4.43 zunächst einmal nichts, wenn man davon absieht, dass sich die Gesamtkraft F nunmehr auf vier Kraftanteile F_q verteilt, ohne dass dabei weitere Reaktionen entstehen.

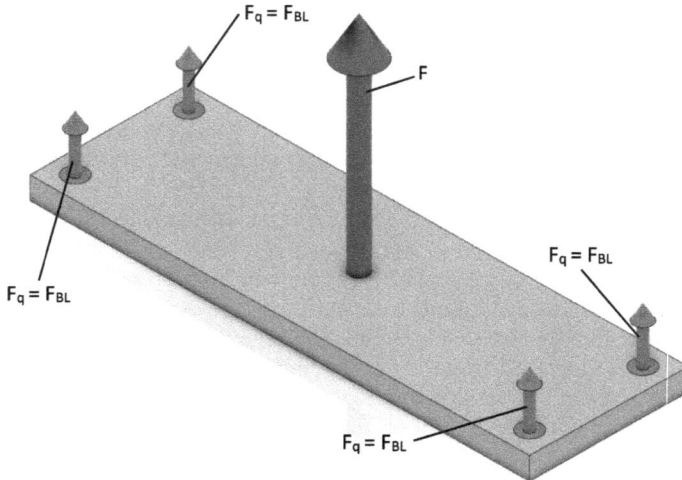

Bild 4.44: Lastverteilung angeschraubte Platte, zentrisch belastet

- Greift hingegen die Gesamtkraft F nach der oberen Darstellung von Bild 4.45 mittig am auskragenden rechten Ende der Blechplatte an, so ergibt sich eine ähnliche Konstellation wie im Fall b von Bild 4.43. Die Gesamtkraft F verteilt sich zunächst einmal zu gleichen Anteilen auf vier Schrauben mit der Kraft F_q. Das durch die Parallelverschiebung der Kraft F hervorgerufene Moment M_1 stützt sich auf vier betragsmäßig gleichgroße Kräfte F_m ab, woraus sich die Schraubenbetriebskräfte F_{BL} auf der rechten Seite durch Addition von F_q und F_m und im linken Fall durch Subtraktion ergeben.
- Wirkt im zweiten Fall von Bild 4.45 die Kraft F mittig auf den unteren Rand der Blechplatte, so wird eine ähnliche Lastverteilung mit dem Moment M_2 wirksam wie zuvor, allerdings muss hier nach einem Schraubenpaar hinten und einem Schraubenpaar vorne unterschieden werden.
- Wird die Gesamtkraft im dritten Fall unten rechts an der Blechplatte angesetzt, so können die beiden zuvor aufgeführten Fälle überlagert werden. Dabei werden an der Schraube unten rechts der Anteil F_q und beide Momentenanteile F_{m1} und F_{m2} addiert, was eine besonders große Betriebskraft F_{BL} für die Schraube ergibt. Alle anderen Schraubenkräfte sind kleiner, weil mindestens ein Momentenanteil subtrahiert wird.

Aufgaben A.4.22 bis A.4.24

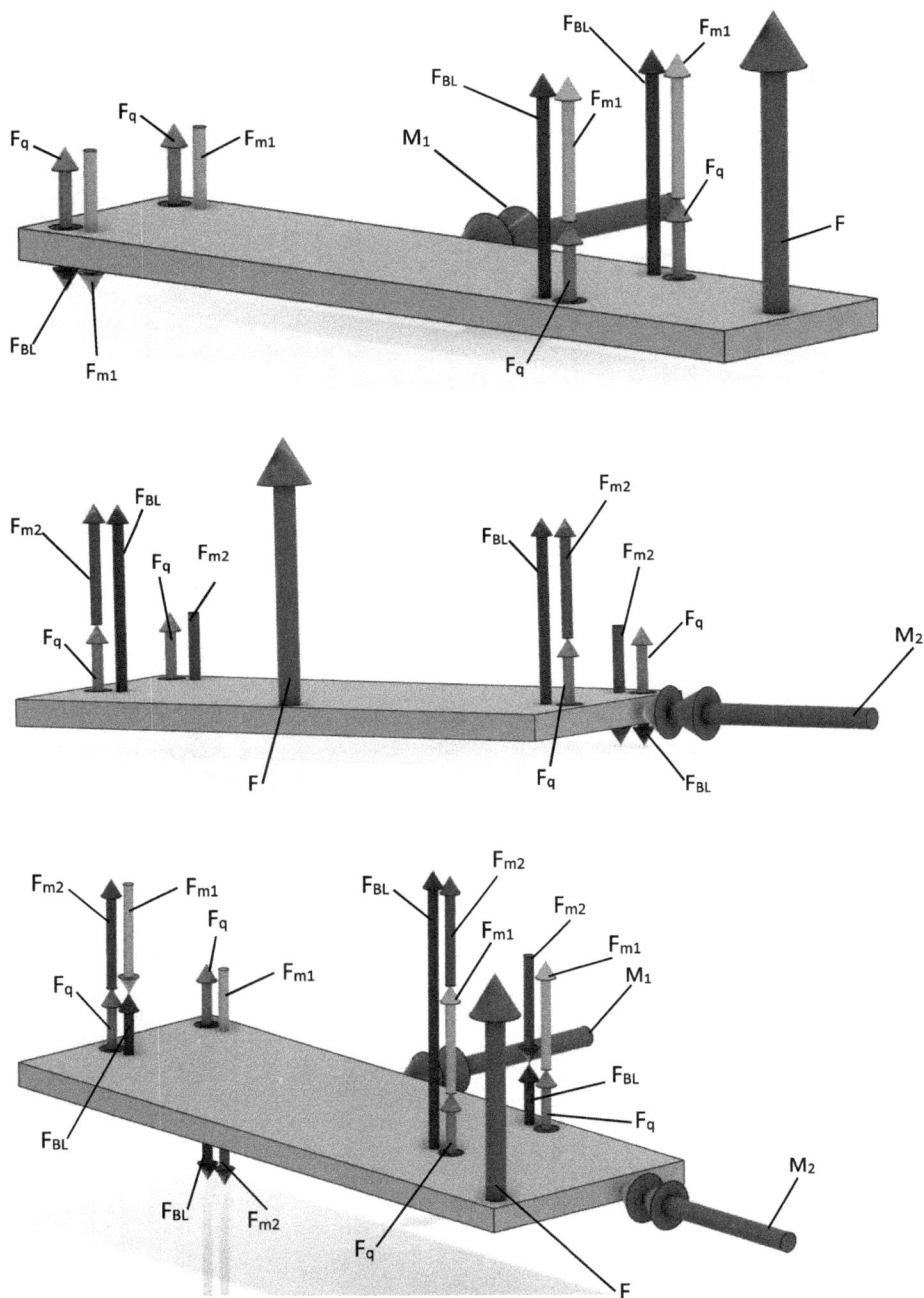

Bild 4.45: Lastverteilung angeschraubte Platte, exzentrisch belastet

4.5.5   Schraubverbindungen mit kombinierter Längs- und Querkraftbeanspruchung (V)

Während Abschnitt 4.5.1 den Fall der querkraftbeanspruchten Schraubverbindung beschrieb, klärte Abschnitt 4.5.2 den der Längskraftbeanspruchung. Bild 4.46 kombiniert diese Überlegungen und versucht, den allgemeinen Fall zu erfassen, dass beide Beanspruchungen gleichzeitig auftreten.

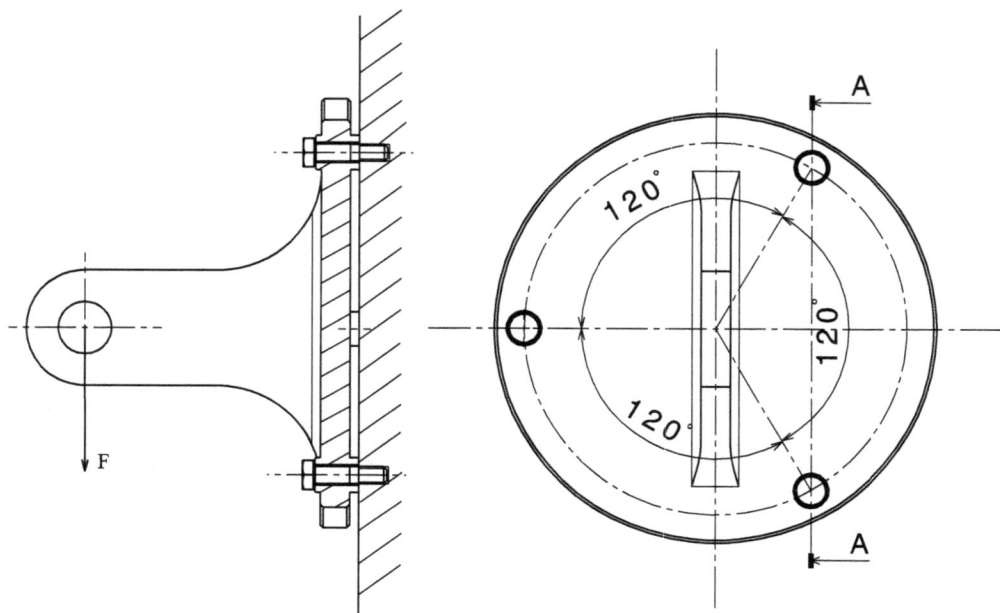

Bild 4.46: Quer- und längskraftbeanspruchte Wandhalterung

Eine Halterung wird nach Bild 4.46 an einer senkrechten Wand befestigt und nimmt an ihrem rechten Ende eine senkrecht nach unten gerichtete Gewichtsbelastung auf. Die drei Schrauben sind in gleichmäßiger Teilung und in gleichem Abstand zur Lochkreismitte angeordnet, so dass sich der Schwerpunkt der Schraubverbindung in der Mitte des Lochkreises befindet. Die Zusammenstellung nach Bild 4.47 führt exemplarisch drei Stellungen auf, in denen die Wandhalterung befestigt werden kann.

Die Gewichtsbelastung wird zunächst als Querkraftbelastung wirksam, die sich gleichmäßig auf alle drei Schrauben als F_{BQ} aufteilt. Da diese Kraft reibschlüssig zu übertragen ist, muss auf jeden Fall die Normalkraft F_{BQ}/μ als Restklemmkraft aufgebracht werden. Dies betrifft alle drei Stellungen a–c und alle drei dabei vertretenen Schrauben 1–3.

a) Zunächst wird der Fall betrachtet, dass die Halterung in der Stellung a befestigt ist. Da sich die Schraube 1 in der neutralen Faser der Gesamtverbindung befindet, erfährt sie auch nur

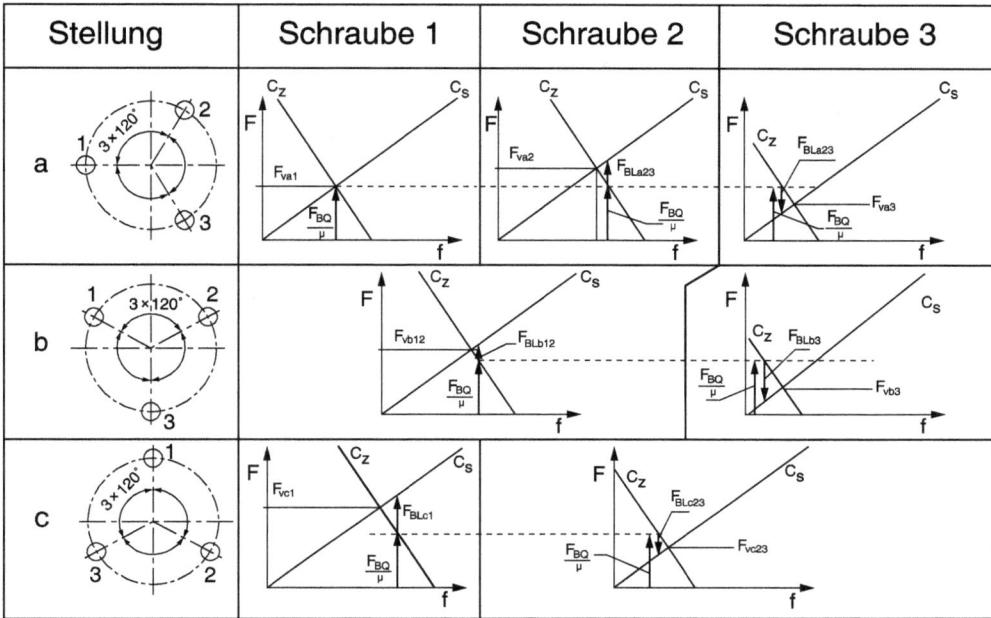

Bild 4.47: Schraubenbelastung Wandhalterung

diese eine Belastung, so dass $F_{Va1} = F_{BQ}/\mu$ gewährleistet sein muss. Das um den Schwerpunkt der Verbindung eingeleitete Moment stützt sich als Zugkraft F_{BLa2} in Schraube 2 und als Druckkraft F_{BLa3} in Schraube 3 ab. Diese beiden Kräfte sind betragsmäßig gleich, da sie den gleichen Abstand zur Schwerelinie der Gesamtverbindung aufweisen. Um an der Zwischenlage weiterhin den Reibschluss sicherzustellen, muss die Schraube 2 mit F_{Va2} höher als F_{Va1} vorgespannt werden, während die Vorspannung der Schraube 3 auf F_{Va3} gegenüber F_{Va1} reduziert werden kann. Wird bei sonst gleichen Bedingungen der Abstand der Gesamtgewichtsbelastung zur Wand vergrößert, so steigt damit bei gleicher Querkraftbelastung das zu übertragende Moment. Dies hat zur Folge, dass die Zugkraft F_{BLa2} als auch die Druckkraft F_{BLa3} größer werden. Schraube 2 muss daraufhin höher vorgespannt werden, während die Vorspannung von Schraube 3 reduziert werden kann. Ab einem gewissen Abstand kann auf eine Vorspannung von Schraube 3 gänzlich verzichtet werden, da sich die Kraftübertragungsstelle durch die Momentenbelastung selber vorspannt. Dadurch wird die Schraube überflüssig.

b) Befindet sich die Halterung in Stellung b, so ändert sich bezüglich der reibschlüssigen Kraftübertragung von F_{BQ} gegenüber dem Fall a nichts. Im Fall b befindet sich allerdings keine Schraube in der neutralen Faser, so dass alle Schrauben eine zusätzliche Betriebskraft in Längsrichtung aufzunehmen haben. Die Kraft F_{BLb12} ist wegen des gleichen Abstandes zur neutralen Faser für die Schrauben 1 und 2 gleich groß und wirkt als Zug, so dass die Vorspannung F_{Vb12} entsprechend erhöht werden muss, um den Reibschluss an der Zwischenlage sicherzustellen. Die Kraft F_{BLb3} ist wegen des größeren Abstandes zur neutralen Faser größer als F_{BLb12} und wirkt als Druck, was eine Reduzierung des Vorspannungsniveaus auf F_{Vb3} erlaubt.

c) Der Fall c vertauscht gegenüber b Zug- und Druckbelastung: Schraube 1 muss wegen der relativ hohen Betriebskraft F_{BLc1} mit F_{Vc1} hoch vorgespannt werden, wohingegen für die Schrauben 2 und 3 wesentlich weniger Vorspannkraft erforderlich ist.

Aufgaben A.4.25 bis A.4.31

Während im vorangegangenen Beispiel die Belastung statisch ist, tritt diese Problematik im Beispiel nach Bild 4.48 als dynamischer Belastungsfall auf:

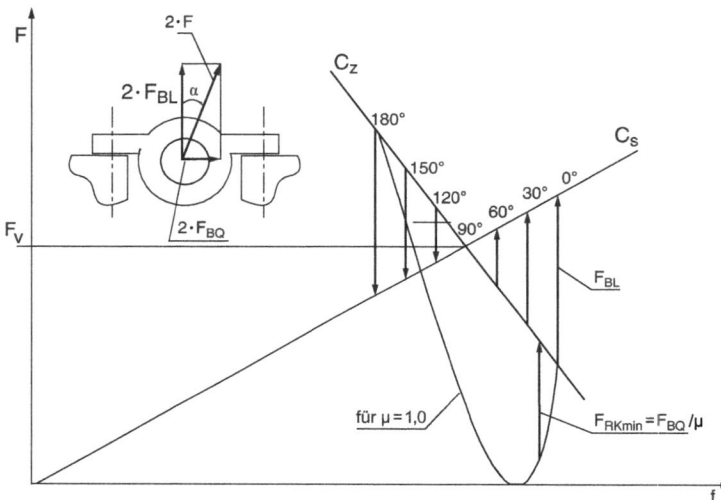

Bild 4.48: Quer- und längskraftbeanspruchte Schraubverbindung, zentral belastet, $\mu = 1{,}0$

Das Lager einer Welle wird über zwei Schrauben in der dargestellten Weise mit dem Maschinengestell verbunden. Auf die Welle wirkt (z. B. durch Unwuchtwirkung) die Kraft $2 \cdot F$ unter dem sich mit der Drehung der Welle ständig ändernden Winkel α. Da sich die Mitte der Welle genau zwischen den beiden Schrauben und genau in Höhe der Trennfuge der Schraubverbindung befindet, wird jede einzelne Schraube genau mit F_{BL} belastet.

- Bei $\alpha = 0°$ wird F als Längskraft F_{BL} (Zug) und bei $\alpha = 180°$ als Längskraft F_{BL} (Druck) wirksam.
- Bei $\alpha = 90°$ und $\alpha = 270°$ liegt keine Längskraftbelastung vor, die Kraftübertragung erfolgt ausschließlich als Querkraft F_{BQ}.
- Für sämtliche Zwischenstellungen wird F in seine aktuelle Längskraftkomponente $F_{BL} = F \cdot \cos \alpha$ und seine Querkraftkomponente $F_{BQ} = F \cdot \sin \alpha$ zerlegt.

Die reibschlüssige Übertragung von F_{BQ} ist auf das Vorhandensein einer Normalkraft zwischen Lagergehäuse und der Maschinenkonstruktion angewiesen. Dazu muss mindestens die Normalkraft

$$F_{N\,min} = \frac{F_{BQ}}{\mu} = \frac{F \cdot \sin\alpha}{\mu} \qquad\qquad \text{Gl. 4.71}$$

vorhanden sein. Die Vorspannung der Schraube muss so hoch sein, dass diese Normalkraft stets anliegt. In Bild 4.48 ist diese Kraft für alle Stellungen des Winkels α aufgetragen, wobei hier aus Gründen der graphischen Darstellung ein unrealistisch hoher Reibwert von $\mu = 1{,}0$ angesetzt wurde. Die höchste Vorspannkraft ist für etwa $\alpha = 60°$ erforderlich. Bei Werten von größer als $135°$ ist überhaupt keine Vorspannung mehr erforderlich, weil die Längskraftkomponente F_{BL} genügend Normalkraft hervorruft.

Wird für die Reibzahl der realistische Wert $\mu = 0{,}1$ angenommen, so ergeben sich die folgenden Konsequenzen:

- Die größte Vorspannung wird dann erforderlich, wenn die Kraft unter $\alpha \approx 90°$ angreift. Die zuvor für $\mu = 1{,}0$ vorgenommene Differenzierung ($\alpha \approx 60°$) ist hier praktisch gegenstandslos.
- Der Bereich, in dem auf eine Vorspannung völlig verzichtet werden kann ($\alpha > 135°$ für $\mu = 1{,}0$), verschwindet hier fast völlig.

Die Betrachtung der Schraubenbelastung kann also in diesem Fall entkoppelt werden: Bei $\alpha = 0°$ und $\alpha = 180°$ liegt Längskraftbelastung vor, bei $\alpha = 90°$ kommt es zu einer Querkraftbelastung der Schraubverbindung, die dazwischen liegenden Winkelstellungen sind praktisch unkritisch.

Der voranstehende Fall war als spezieller Modellfall konstruiert: Die Belastung der gesamten Schraubverbindung läuft durch deren Schwerpunkt (vgl. Bild 3.5a/b). Greift die Kraft wie bei einem Stehlager außerhalb dieses Schwerpunktes an, so muss eine Betrachtung nach Bild 4.49 angestellt werden:

Für die Belastungsrichtungen $\alpha = 0°$ und $\alpha = 180°$ braucht vom vorangegangenen Fall kein Unterschied gemacht zu werden, es liegt eine reine Längskraftbeanspruchung vor. Bei der hier skizzierten Belastungsrichtung $\alpha = 90°$ ergeben sich jedoch folgende Konsequenzen:

- Die Kraft $2 \cdot F$ verteilt sich gleichmäßig je zur Hälfte als F_{BQ} auf beide Schraubverbindungen. Zur reibschlüssigen Kraftübertragung muss eine minimale Normalkraft F_{BQ}/μ vorliegen.
- Um den Schwerpunkt der Schraubverbindung ergibt sich ein Moment $M = 2 \cdot F \cdot b$, welches als $M = 2 \cdot F_{BL} \cdot a/2$ abgestützt werden muss. Die daraus resultierende Längskraftbeanspruchung F_{BL} wirkt für die Schraube 1 als Zug und für die Schraube 2 als Druck. Da der Reibschluss an der Schraube 1 kritisch ist, muss sich die Höhe der Vorspannkraft F_V an diesen Randbedingungen orientieren.

Wegen der Vielfalt der Parameter können die Zwischenstellungen hier nicht mehr sinnvoll dargestellt werden.

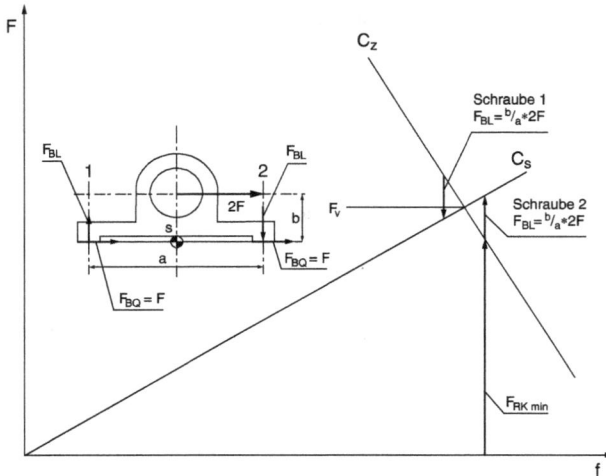

Bild 4.49: Quer- und längskraftbeanspruchte Schraubverbindung, nicht zentral belastet, $\mu = 0,1$

4.6 Gestaltung von Befestigungsschraubverbindungen (E)

Das Normenwerk führt die vielfältigen Bauformen von Schrauben auf. Darüber hinaus sind in der Fachliteratur und in den Firmenschriften vielfältige Hinweise für die konstruktive Gestaltung von Schraubverbindungen zu finden. Die nachstehenden Anmerkungen konzentrieren sich daher auf einige über die voranstehenden Abschnitte hinausgehende Aussagen, die mit dem Kraftübertragungsverhalten von Befestigungsschrauben in Zusammenhang stehen.

4.6.1 Schraubentypen (E)

Die Durchsteckschraube (Bild 4.50 links) wird als kostengünstiges Zukaufteil bevorzugt verwendet, setzt jedoch die Zugänglichkeit sowohl von der Mutternseite als auch von der Schraubenkopfseite voraus. Die Kopfschraube (Mitte) und die Stiftschraube (rechts) begnügen sich mit der Zugänglichkeit von nur einer Seite, erfordern aber eine spanabhebende und möglicherweise kostenintensive Bearbeitung des Mutterngewindes.

4.6.2 Schraubensicherungen (E)

Mit der Einführung des Verspannungsschaubildes (Bild 4.23) wurde die Forderung erhoben, dass unter allen Umständen eine Restklemmkraft vorhanden sein muss, um die Selbsthemmungsbedingung $\varphi \leq \rho'$ sicherzustellen und ein unbeabsichtigtes Lösen der Schraubverbindung zu verhindern. Wenn die Schraube hoch vorgespannt ist, dann können auch Setzbeträge

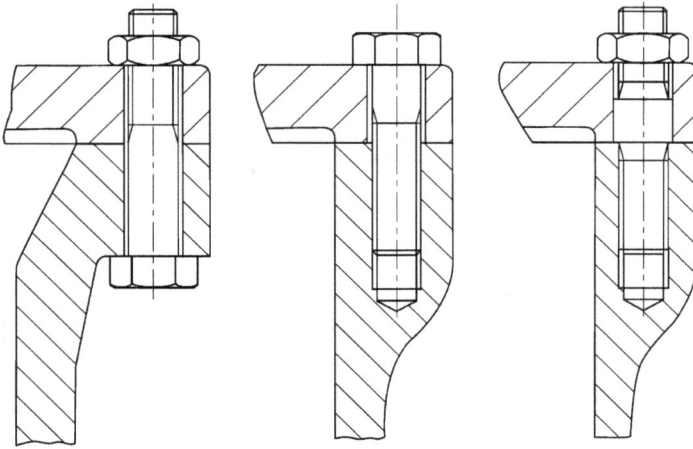

Bild 4.50: Schraubentypen

durch Nachfedern der Schraube aufgenommen und damit unschädlich gemacht werden. Insofern sind alle Maßnahmen zur Erhöhung der Schraubenvorspannung auch gleichzeitig Maßnahmen zur Erhöhung der Sicherheit gegen Lockern. Aus diesem Grunde sind zusätzliche Sicherungen nicht erforderlich, häufig unwirksam und zuweilen sogar schädlich.

Losdrehsicherungen sind nur dann sinnvoll, wenn

- die Schraubverbindung querkraftbelastet ist und F_{BQ} dynamisch wirkt.
- die Schraubverbindung konstruktiv wenig nachgiebig ausgeführt werden muss (dies ist in der Regel der Fall, wenn das Klemmlängenverhältnis L_K/d kleiner als 5 ist).
- die bescheidene Festigkeit des Schraubenwerkstoffes (Schraubengüte unterhalb 8.8) keine hohen Vorspannkräfte zulässt.

Schraubensicherungen können formschlüssig, reibschlüssig, sperrend oder stoffschlüssig ausgeführt werden. Verliersicherungen sind gegen teilweises Losdrehen unwirksam, sollen aber zumindest verhindern, dass die Schraubverbindung vollständig auseinander fällt. Tabelle 4.5 gibt einen Überblick über die besonderen Eigenschaften von gebräuchlichen Schraubensicherungen.

Mitverspannte Federelemente sind meist unwirksam, weil sie schon bei einem Bruchteil der Vorspannkraft auf Block liegen und dann nur noch als Unterlegscheiben dienen, die durch die zusätzliche Trennfuge den Setzbetrag unnötigerweise erhöhen. Federringe nach DIN 127 beispielsweise liegen schon nach 5 % der Nennvorspannkraft von Schrauben der Festigkeitsklasse 8.8 auf Block. Sie können also erst dann wirksam werden, wenn 95 % der Vorspannkraft bereits verloren gegangen sind. Die unwirksamen Sicherungselemente stammen noch aus einer Zeit, als es keine objektiven Prüfverfahren gab. Sie werden allerdings auch heute noch in großem Umfang eingesetzt, was vielleicht auch daran liegen mag, dass sie in der Norm verankert sind.

Tabelle 4.5: Schraubensicherungen

Element bzw. Methode	Beispiel	Wieder-verwendbar-keit	Wirksamkeit
mitver-spannte Feder-elemente	Federring DIN 127, 128, 7980 Federscheibe DIN 137 Zahnscheibe DIN 6797 Fächerscheibe DIN 6798	entfällt	unwirksam
form-schlüssig	Scheibe mit Außennase DIN 432 Kronenmutter DIN 935, 937, 979 Drahtsicherung	nein ja, mit neuem Splint ja, mit neuem Draht	unwirksam bei Festigkeitsklasse 8.8 und darüber, sonst Verliersicherung
reib-schlüssig	Mutter mit Polyamidstopfen Mutter mit Klemmteil DIN 980, 982, 985, 986, 6924, 6925 Schraube mit Kunststoffbeschichtung im Gewinde DIN 982, 985, 986, 6924 Kontermutter Sicherungsmutter DIN 7967 gewindefurchende Schraube	entfällt ja ja entfällt ja	unwirksam Verliersicherung Verliersicherung unwirksam, Losdrehen möglich Verliersicherung
sperrend	Schraube/Mutter mit Verzahnung Schraube/Mutter mit Rippen	ja ja	Losdrehsicherung, wenn die Oberfläche nicht gehärtet ist
stoff-schlüssig	mikroverkapselter Klebstoff Flüssigkeitsklebstoff Silikonpaste im Gewinde	ja, 5 mal nein ja	Losdrehsicherung Losdrehsicherung Verliersicherung

4.6.3   Unterlegscheiben (E)

Unterlegscheiben gefährden durch eine zusätzliche Trennfuge und den damit verbundenen Setzbetrag den Vorspannungszustand. Sie sollen nur dann verwendet werden, wenn

- die Zwischenlage an der Kontaktfläche zur Schraube oder Mutter keine hohe Flächenpressung zulässt. Dies kann dann der Fall sein, wenn z. B. Holz- oder Kunststoffzwischenlagen verschraubt werden.
- die Oberfläche der verschraubten Zwischenlage nicht beschädigt werden darf. Dies ist vor allen Dingen dann der Fall, wenn die Schraubverbindung häufig gelöst und dann wieder angezogen wird.

- das Loch in der Zwischenlage ein Langloch ist. Die Unterlegscheibe dient dann dazu, die Krafteinleitung in den Schraubenkopf bzw. in die Mutter zu vergleichmäßigen und verhindert eine Deformation des Langlochs beim Anziehvorgang.

4.6.4   Torsionsfreies Anziehen (E)

Werden Schrauben hoch beansprucht oder unterliegen sie besonderen Sicherheitsanforderungen, so kann das torsionsfreie Anziehen praktiziert werden, um eine Schubbelastung der Schraube zu vermeiden. Im Abschnitt 4.4.3 „Thermisches Anziehen und weitere thermische Einflüsse" wurde bereits erläutert, wie durch Erwärmen vor der Montage die Schraube torsionsfrei vorgespannt werden kann. Bild 4.51 führt drei weitere Varianten auf, die dieses Ziel durch mechanische Hilfsmittel zu erreichen versuchen:

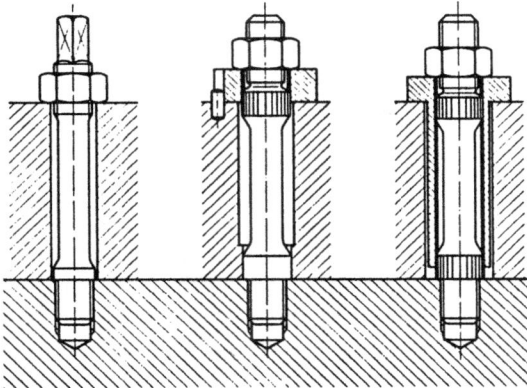

Bild 4.51: Torsionsfreies Anziehen mechanisch (aus Schraubenvademecum. 1991)

- Im linken Fall endet der Schraubenschaft oben in einem Vierkant, an den ein zweiter Schraubschlüssel angesetzt werden kann. Während des Anziehens wird dort mit dem Gewindereibmoment „gegen gehalten". Diese Methode ist relativ unzuverlässig, da eine exakte gleichzeitige Kontrolle zweier unterschiedlicher Momente nicht ganz unproblematisch ist.
- Im mittleren Fall wird das Gewindemoment über eine Kerbverzahnung an eine Zwischenhülse abgeleitet, die sich ihrerseits über einen Stift formschlüssig an der Umgebungskonstruktion abstützt. Der Abschnitt des Gewindebolzens unterhalb der Kerbverzahnung bleibt damit torsionsmomentenfrei.
- Im rechten Beispiel wird die Torsionsbelastung über zwei Kerbverzahnungen gezielt in eine Hülse eingeleitet, die den nunmehr torsionsfreien Schraubenschaft umgibt.

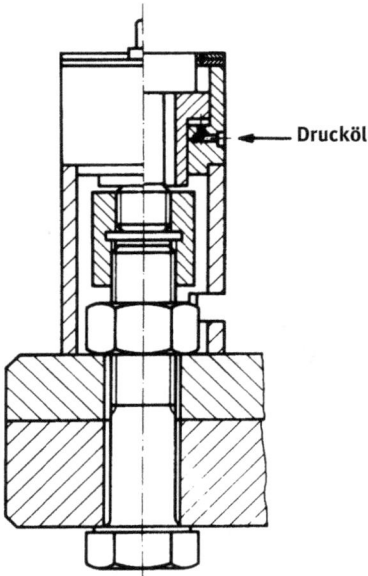

Bild 4.52: Torsionsfreies Anziehen hydraulisch (aus Schraubenvademecum 1991)

Mit der Vorrichtung nach Bild 4.52 werden Schrauben hydraulisch vorgespannt: Nachdem die Schraube ohne nennenswertes Moment vorläufig montiert worden ist, wird die Vorrichtung über das überstehende Ende des Schraubenbolzens gestülpt. Das freie Schraubenende wird von einer Differentialmutter ebenfalls ohne Last erfasst, woraufhin mit einem Hydrauliksystem die gewünschte Vorspannkraft eingeleitet wird. Die Mutter der Schraubverbindung kann dann ohne Moment in ihre Endlage gedreht werden. Nach dem Ablassen des Öldrucks kann die Vorrichtung wieder entfernt werden.

4.7   Besonderheiten der Bewegungsschraube (E)

Die bisherigen Erläuterungen konzentrierten sich auf die Schraube als Befestigungsschraube, deren vorrangige Aufgabe es ist, Drehmoment in axial gerichtete Vorspannkraft umzusetzen und anschließend im Stillstand Betriebskräfte aufzunehmen. Bei einer Bewegungsschraube wird jedoch zusätzlich unter Last noch eine Bewegung ausgeführt, womit die Schraube zum Getriebe wird (weiteres s. Band 2, Kap. 7). Dabei können grundsätzlich die beiden folgenden Fälle unterschieden werden:

- Drehbewegung in Längsbewegung: Diese Kinematik wird im Maschinenbau häufig genutzt, wenn ausgehend von einer motorischen Rotation (z. B. Elektromotor) eine langsame Längsbewegung erzeugt werden soll. Viele Stell- und Positionierbewegungen werden auf diese Art und Weise verwirklicht. Bewegungsschrauben werden auch dann bevorzugt eingesetzt, wenn Bewegungen unter hoher Last auszuführen sind (Spindelpresse, Wagenheber).
- Längsbewegung in Drehbewegung: Diese Variante wird nur in Ausnahmefällen angewendet. Eins der wenigen allgemein bekannten Beispiele ist der Drillbohrer: Die Auf- und Abbewegung der Mutter bewirkt eine hin- und hergehende Drehbewegung. Beim Kinderkreisel wird durch das Herunterdrücken der Gewindespindel der mit der Mutter verbundene scheibenförmige Kreiselkörper in Drehung versetzt.

Die Bewegungsschraube unterliegt dabei den gleichen Wirkungen von Kräften und Momenten wie die Befestigungsschraube, es besteht kein prinzipieller Unterschied. Auch bei Bewegungsschrauben tritt ein Kopfreibungsmoment auf, welches jedoch nicht wie bei Befestigungsschrauben allgemeingültig formuliert werden kann, sondern von der konkreten konstruktiven Umgebung abhängt und entsprechend in Ansatz gebracht werden muss. Weiterhin kann bei Bewegungsschrauben auch ein dynamisches Torsionsmoment auftreten. Die bei Befestigungsschrauben vorgestellten Ansätze erfordern also u. U. noch gewisse Modifikationen. Darüber hinaus ist es bei Bewegungsschrauben zuweilen erforderlich, noch einige zusätzliche Überlegungen anzustellen:

4.7.1 Schraubenwirkungsgrad (E)

Stehen die Getriebeeigenschaften einer Bewegungsschraube im Vordergrund, dann ist die Betrachtung des Wirkungsgrades in vielen Fällen von besonderer Bedeutung. Ganz allgemein versteht man unter Wirkungsgrad η den Quotienten aus Nutzen und Aufwand.

$$\text{Wirkungsgrad } \eta = \frac{\text{Nutzen}}{\text{Aufwand}} \qquad \text{Gl. 4.72}$$

In dem hier vorliegenden Fall ist es angebracht, den Wirkungsgrad als das Verhältnis von Kräften und Momenten auszudrücken. Wie im Falle der Befestigungsschraube werden die Kraftwirkungen mit Hilfe der Modellvorstellung der schiefen Ebene nach Bild 4.5 veranschaulicht. Bei der Formulierung dieses Wirkungsgrades muss nach der bereits oben vorgenommenen Differenzierung unterschieden werden.

Drehbewegung in Längsbewegung
Wirkungsgrad η_{DL}

Der Aufwand besteht darin, dass ein reibungsbehaftetes Gewindemoment nach Gl. 4.12 aufgebracht werden muss:

$$M_{Aufwand} = F_{ax} \cdot \frac{d_2}{2} \cdot \tan(\varphi + \rho')$$

Es lässt sich aber nur der reibungsfreie Anteil dieses Momentes zur Erzeugung einer Axialkraft nutzen, so dass das Nutzmoment formuliert werden kann:

$$M_{Nutzen} = F_{ax} \cdot \frac{d_2}{2} \cdot \tan\varphi$$

Setzt man diese beiden Momente ins Verhältnis, so ergibt sich der Schraubenwirkungsgrad für die Wandlung einer Drehbewegung in eine Längsbewegung:

$$\eta_{DL} = \frac{M_{Nutzen}}{M_{Aufwand}} = \frac{F_{ax} \cdot \frac{d_2}{2} \cdot \tan\varphi}{F_{ax} \cdot \frac{d_2}{2} \cdot \tan(\varphi + \rho')}$$

$$\eta_{DL} = \frac{\tan\varphi}{\tan(\varphi + \rho')} \qquad \text{Gl. 4.73}$$

Längsbewegung in Drehbewegung
Wirkungsgrad η_{LD}

Der Aufwand besteht darin, dass eine reibungsbehaftete Axialkraft aufgebracht werden muss, die links aufgeführte Gleichung muss also nach F_{ax} aufgelöst werden. Weiterhin ist zu berücksichtigen, dass die Bewegung eine „Bergabfahrt" nach Bild 4.5 ist:

$$F_{axAufwand} = \frac{M}{\frac{d_2}{2} \cdot \tan(\varphi - \rho')}$$

Es lässt sich aber nur der reibungsfreie Anteil dieser Kraft zur Erzeugung eines Momentes nutzen, so dass die Nutzkraft formuliert werden kann:

$$F_{axNutzen} = \frac{M}{\frac{d_2}{2} \cdot \tan\varphi}$$

Setzt man diese beiden Kräfte ins Verhältnis, so ergibt sich der Schraubenwirkungsgrad für die Wandlung einer Längsbewegung in eine Drehbewegung:

$$\eta_{LD} = \frac{F_{axNutzen}}{F_{axAufwand}} = \frac{\frac{M}{\frac{d_2}{2} \cdot \tan\varphi}}{\frac{M}{\frac{d_2}{2} \cdot \tan(\varphi - \rho')}}$$

$$\eta_{LD} = \frac{\tan(\varphi - \rho')}{\tan\varphi} \qquad \text{Gl. 4.74}$$

Selbsthemmung und Wirkungsgrad sind miteinander verknüpft. Setzt man in einer ersten groben Betrachtung für kleine Winkel $\tan\varphi \approx \varphi$ (trifft eigentlich nur für Befestigungsschrauben zu), so ergibt sich die folgende Gegenüberstellung:

	Drehbewegung in Längsbewegung	Längsbewegung in Drehbewegung
wenn $\varphi < \rho'$	Selbsthemmung, aber schlechter Wirkungsgrad $0 < \eta < 0,5$	nicht möglich, Bewegung würde klemmen $(\eta < 0)$
wenn $\varphi > \rho'$	keine Selbsthemmung, aber guter Wirkungsgrad $0,5 < \eta < 1$	möglich bei $0 < \eta < 1$

In vielen Fällen ist auch bei der Bewegungsschraube eine Selbsthemmung erwünscht, wenn die Axialbewegung sich nicht selbsttätig in Gang setzen darf, was z. B. bei einem Wagenheber der Fall ist: Wenn die Last angehoben wird, dann soll sie angehoben bleiben, auch wenn das Schraubenmoment nicht mehr anliegt. In diesem Fall muss wie bei einer Befestigungsschraube die Selbsthemmungsbedingung $\varphi < \rho'$ erfüllt sein. Dabei muss aber gleichzeitig ein etwas schlechterer Wirkungsgrad (kleiner als 50 %) in Kauf genommen werden.

Eine Umsetzung von Translation in Rotation kommt nur dann zustande, wenn $0 < \eta < 1$, wenn also der Wirkungsgrad einen positiven Zahlenwert annimmt. Dies ist aber nur dann der Fall, wenn $\varphi > \rho'$ ist, wenn also *keine* Selbsthemmung vorliegt.

Die Bilder 4.53 und 4.54 stellen die Schraubenwirkungsgrade in Erweiterung der vorstehenden Überlegung nach Gl. 4.73 und 4.74 für alle φ dar.

Schraubenwirkungsgrad $\eta_{D\text{-}L}$

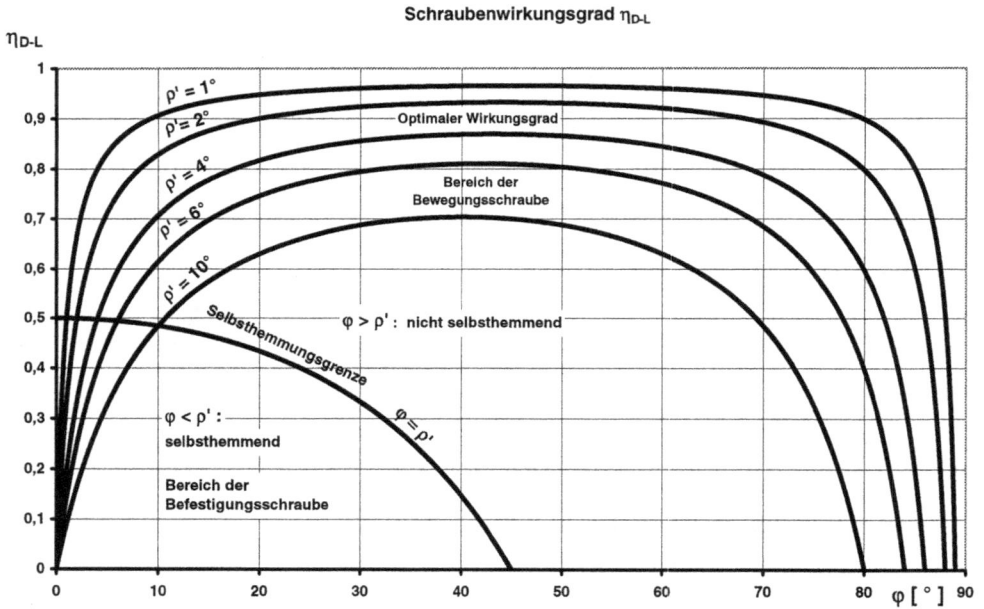

Bild 4.53: Schraubenwirkungsgrad η_{DL}

Schraubenwirkungsgrad $\eta_{L\text{-}D}$

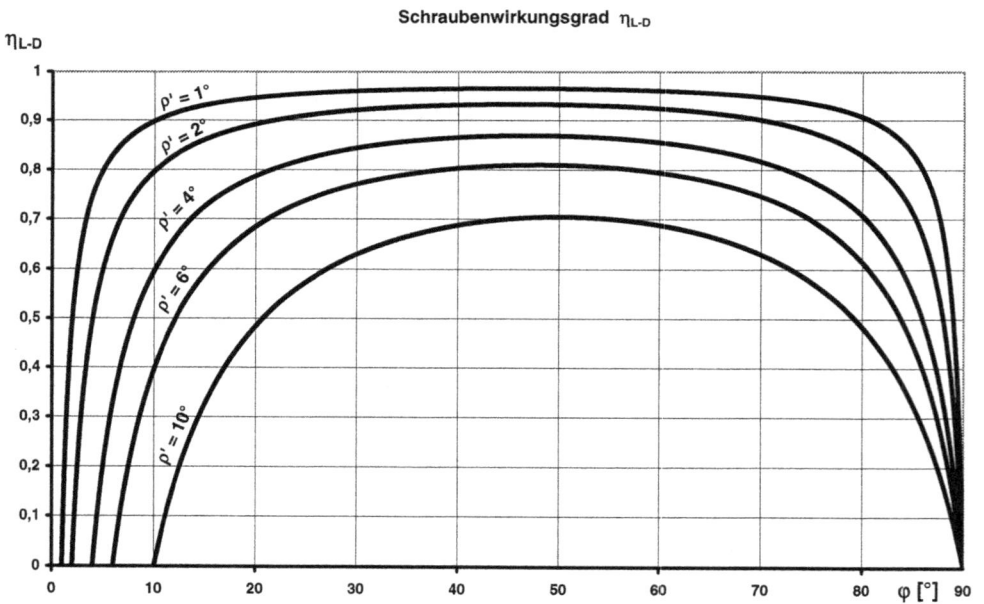

Bild 4.54: Schraubenwirkungsgrad η_{LD}

4.7.2 Minimierung der Gewindereibung (E)

Bild 4.55 skizziert unter A den bekannten Fall der Befestigungsschraube mit Festkörperreibung Stahl-Stahl und Spitzgewinde.

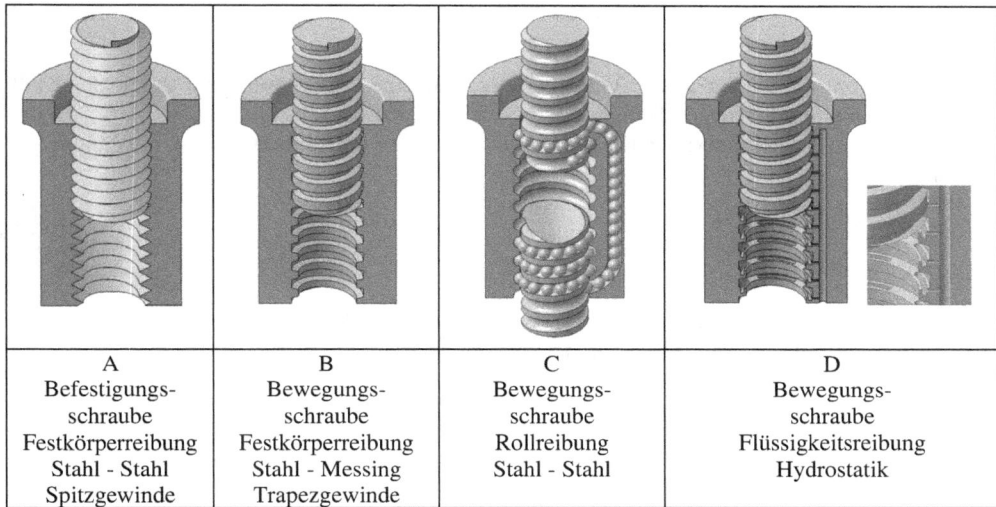

A	B	C	D
Befestigungs-schraube	Bewegungs-schraube	Bewegungs-schraube	Bewegungs-schraube
Festkörperreibung	Festkörperreibung	Rollreibung	Flüssigkeitsreibung
Stahl - Stahl	Stahl - Messing	Stahl - Stahl	Hydrostatik
Spitzgewinde	Trapezgewinde		

Bild 4.55: Gegenüberstellung Befestigungsschraube – Bewegungsschraube

Zur Optimierung von Reibung, Wirkungsgrad und Verschleiß lassen sich folgende Maßnahmen ergreifen:

4.7.2.1 Optimaler Gewindesteigungswinkel (E)

Die Befestigungsschraube einerseits und die Bewegungsschraube andererseits unterscheiden sich durch die folgenden Forderungen:

- Für Befestigungsschrauben ist das Kriterium der Selbsthemmung vorrangig, was auf eine Forderung nach möglichst kleinem Steigungswinkel φ und ausreichender Reibung ρ' hinausläuft. Dies ist ein wesentlicher Grund dafür, dass Befestigungsschrauben meist über ein eingängiges Gewinde verfügen und in der Materialpaarung Stahl/Stahl ausgeführt werden.
- Bei Bewegungsschrauben steht die Forderung nach hohem Wirkungsgrad im Vordergrund. Nach Gl. 4.73 und 4.74 sowie Bild 4.53 und 4.54 wird der Wirkungsgrad dann optimal, wenn der Gewindesteigungswinkel φ etwa 45° beträgt und der Reibwinkel ρ' besonders klein ist. Bei genauerer Betrachtung muss auch bei der Bewegungsschraube die Kopffreibung berücksichtigt werden, die hier nicht so allgemeingültig angesetzt werden kann wie im Falle der Befestigungsschraube (vgl. Kap. 4.2.3).

Der Gewindesteigungswinkel ist aber nicht nur eine Frage des Wirkungsgrades, sondern auch des Übersetzungsverhältnisses. Bei zunehmendem Gewindesteigungswinkel φ ist der axiale Verschiebeweg für eine Umdrehung möglicherweise so groß, dass zwei oder sogar noch mehr Gewindegänge untergebracht werden können, wodurch die kraftübertragende Fläche vervielfacht wird. Damit ergibt sich ein mehrgängiges Gewinde, welches sich durch eine entsprechende Mehrfachanordnung von schiefen Ebenen darstellen lässt. In diesem Fall muss nach Steigung P_h und Teilung P unterschieden werden:

• Die Steigung P_h ist der axiale Verschiebeweg für eine Umdrehung und damit das Maß, welches in allen bisherigen Gleichungen verwendet wurde.

• Die Teilung P wird in axialer Richtung zwischen zwei benachbarten Gewindegängen gezählt.

$$P_h = n\,P$$

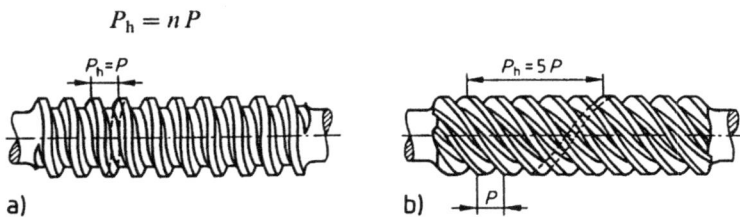

Bild 4.56: Eingängiges (a) und mehrgängiges Gewinde (b)

Beide Abmessungen sind über die Gangzahl des Gewindes n verknüpft:

$$P_h = n \cdot P \qquad\qquad\qquad\qquad\qquad\qquad\qquad \text{Gl. 4.75}$$

Der gesamte Verschiebeweg in Axialrichtung w ergibt sich dann aus dem Produkt der Steigung P_h und der Anzahl der Umdrehungen u:

$$w = u \cdot P_h \qquad\qquad\qquad\qquad\qquad\qquad\qquad \text{Gl. 4.76}$$

4.7.2.2   Optimierung des Flankenwinkels (E)

Nach Gl. 4.11 wird die Reibung auch von der Geometrie der Gewindeflanke beeinflusst:

$$\rho' = \arctan \frac{\mu}{\cos \frac{\beta}{2}}$$

Der effektive Reibwinkel ρ' wächst mit dem Flankenwinkel β. Während bei der Befestigungsschraube ein großer Flankenwinkel die angestrebte hohe Reibung unterstützt, ist im Gegensatz dazu bei Bewegungsschrauben die Reibung unerwünscht, was das Trapezgewinde mit geringerem Flankenwinkel begünstigt (Bild 4.55, Fall B, vgl. auch Bild 4.3).

Damit ist aber auch eine andere Konsequenz verbunden: Der bei Befestigungsschrauben praktizierte Flankenwinkel von 60° macht den dreieckförmig aus dem Schraubenbolzen herausragenden Gewindegang in allererster grober Näherung zu einem Balken gleicher Biegefestigkeit, der besonders belastungsfähig ist. Bewegungsschrauben haben diese Optimierung aber nicht nötig, weil sie wesentlich weniger Kraft übertragen.

4.7.2.3 Optimierung von Materialpaarung und Reibzustandes (E)

Um der Forderung nach möglichst geringer Reibung im Gewinde Rechnung zu tragen, werden Bewegungsschrauben mit Festkörperreibung meist nicht mit der Materialpaarung Stahl-Stahl ausgestattet, sondern in Kombination mit einer Mutter aus Bronze oder einem anderen reibwertmindernden Material ausgeführt. Für die Gewindespindel wird aus Festigkeitsgründen meist der Werkstoff Stahl beibehalten.

Weiterhin besteht die Möglichkeit, die Festkörperreibung im Gewinde durch rollende Reibung zu ersetzen (Fall C in Bild 4.55), was zur Konstruktionsvariante der Kugelrollspindel (bzw. Kugelumlaufspindel) führt, die in Bild 4.57 näher erläutert wird.

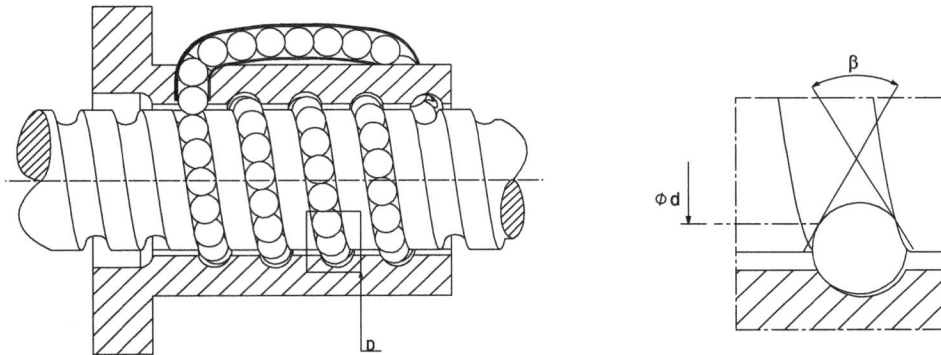

Bild 4.57: Kugelumlaufspindel

Bei Drehbewegung der Spindel vollziehen die im Gewindegang zwischen Spindel und Mutter angeordneten Kugeln ähnlich wie bei Kugellagern (s. auch Kap. 5.2, Band 2) eine Abwälzbewegung, die die Gleitreibung durch Rollreibung ersetzt. Da sich die Kugeln während dieser Abwälzbewegung im Gewindegang in Umfangsrichtung fortbewegen, verlassen sie am Mutterende den Gewindegang und werden dort von einem Überlaufkanal aufgenommen und an den Mutteranfang zurückbefördert.

In Ergänzung zu Bild 4.55 Fall C kann die Rollreibung auch mit der Gewinderollspindel nach Bild 4.58 ausgeführt werden. Zwischen Spindel und Mutter sind drehbare Rotationskörper angeordnet. Diese Teile greifen so ineinander, dass bei Drehung zwischen Spindel und Mutter eine Längsbewegung erzwungen wird. Damit die Rotationskörper untereinander stets auf gleichem Abstand bleiben, sind ihre zylindrischen Enden in einer stirnseitig angeordneten Scheibe gelagert. Die Drehbewegung wird durch Eingreifen der als Verzahnung ausgebildeten Endabschnitte der Rotationskörper in eine entsprechende Innenverzahnung synchronisiert.

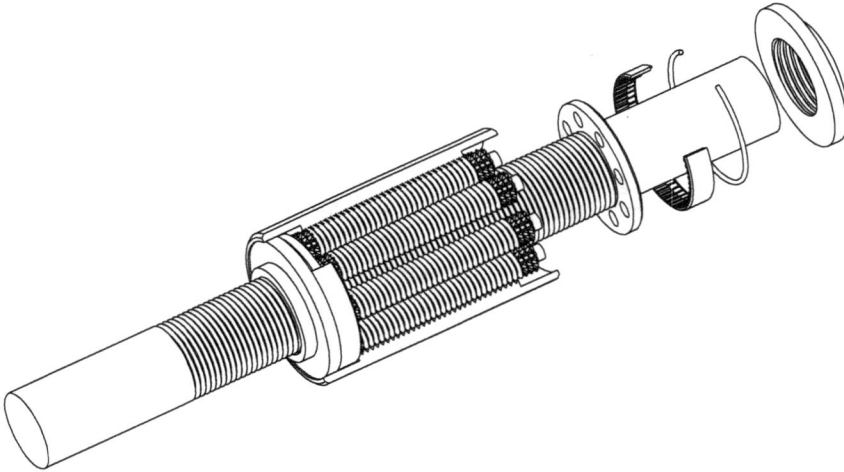

Bild 4.58: Gewinderollspindel

Für besonders anspruchsvolle Anwendungsfälle wird die Festkörperreibung zwischen Schraube und Mutter nach Fall D in Bild 4.55 sogar vollständig aufgehoben und durch Flüssigkeits-
reibung ersetzt (vgl. auch Bilder 5.1 und 5.59, Band 2): Mit einer hier nicht dargestellten
Pumpe wird Öl zwischen Schrauben- und Gewindeflanke gepresst, so dass sich deren Oberflächen nicht mehr berühren. Damit wird die Reibung minimiert und der Verschleiß sogar völlig
ausgeschlossen. Zur besseren Verteilung des Öldrucks werden in die Gewindeflanke wannen-
förmige Lagertaschen eingebracht. Diese Ausführung ist aber fertigungstechnisch besonders
aufwendig und bleibt hochwertigen Anwendungen wie z. B. im Werkzeugmaschinenbau vorbehalten.

Aufgaben A.4.32 bis A.4.39

4.7.3   Schneckentrieb

Nach Bild 4.59 lässt sich aus der Bewegungsschraube prinzipiell auch die Funktionsweise
eines Schneckentriebes als Getriebe ableiten, womit an dieser Stelle bereits auf die Getriebe (Kapitel 7, Band 2) vorgegriffen wird: Während die links skizzierte Bewegungsschraube
wie im Zusammenhang mit Bild 4.1 ausgeführt eine rotatorische Drehbewegung der Schraube
in eine translatorische Bewegung umsetzt, dient der rechte Schneckentrieb dazu, durch
die Drehbewegung der Schraube als „Schnecke" eine ebenfalls rotatorische Drehbewegung
des Schneckenrades hervor zu rufen. Der Begriff „Schneckentrieb" weist genau so wie der
englischsprachige Ausdruck „worm drive" auf die Langsamkeit des Abtriebes hin. Im Franzö-
sischen wird dafür der Ausdruck „vis sans fin" (Schraube ohne Ende) verwendet.

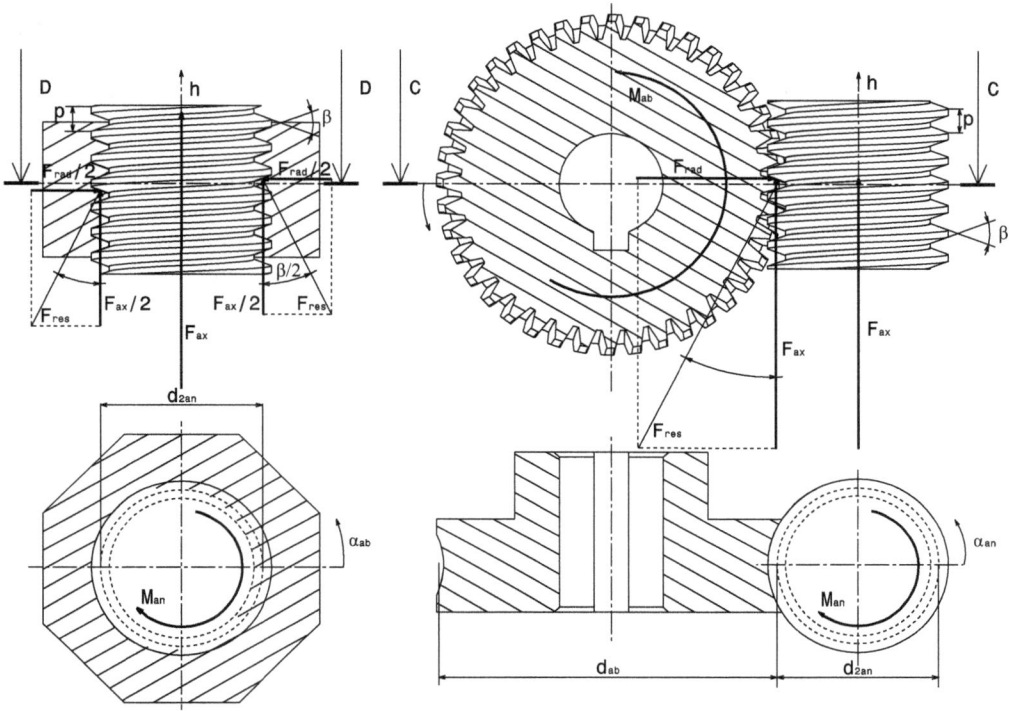

Bild 4.59: Bewegungsschraube – Schneckentrieb

Auch ohne spezielle Kenntnisse der Verzahnungstechnik (s. Kap. 7) lassen sich hier bereits wesentliche grundsätzliche Zusammenhänge formulieren:

Geometrie:

Nach Gl. 4.4 bewirkt die Drehung der Spindel α_{an} eine translatorische Axialbewegung h:

$$h = \hat{\alpha}_{an} \cdot \frac{d_{2an}}{2} \cdot \tan \varphi$$

Zur Vermeidung von Verwechslungen wird hier sowohl der Winkel α als auch der Flankendurchmesser d_2 mit dem Index „an" versehen,

Die gleiche Strecke h bildet sich im Falle des Schneckentriebes als Bogen auf dem Umfang des Wälzkreises des Schneckenrades d_{ab} ab.

$$h = \frac{d_{ab}}{2} \cdot \hat{\alpha}_{ab} \qquad \text{Gl. 4.77}$$

Durch Gleichsetzen Gl. 4.4 und 4.77 erhält man

$$\hat{\alpha}_{an} \cdot \frac{d_{2an}}{2} \cdot \tan \varphi = \frac{d_{ab}}{2} \cdot \hat{\alpha}_{ab} \qquad \rightarrow \qquad \hat{\alpha}_{an} \cdot d_{2an} \cdot \tan \varphi = d_{ab} \cdot \hat{\alpha}_{ab}$$

Bezieht man den Antriebswinkel auf den Abtriebswinkel, so folgt daraus das Übersetzungsverhältnis des Schneckentriebes i:

$$\frac{\hat{\alpha}_{an}}{\hat{\alpha}_{ab}} = \frac{d_{ab}}{d_{2an}} \cdot \frac{1}{\tan\varphi} = i \qquad\qquad \text{Gl. 4.78}$$

Nach Gl. 4.2 ergibt sich der Winkel φ aus der (in gewissen Grenzen beliebigen) Teilung p:

$$\tan\varphi = \frac{p}{d_{2an} \cdot \pi}$$

$$p = \tan\varphi \cdot d_{2an} \cdot \pi$$

Am Abtriebsrad kann die Teilung nicht beliebig gewählt werden, weil sich der Radumfang als Produkt der Teilung mit der ganzzahligen Zähnezahl ausdrücken muss:

$$\pi \cdot d_{ab} = p \cdot z_{ab}$$

$$p = \frac{\pi \cdot d_{ab}}{z_{ab}} \qquad\qquad \text{Gl. 4.79}$$

Durch Gleichsetzen der beiden Ausdrücke für die Teilung p folgt

$$\tan\varphi \cdot d_{2an} \cdot \pi = \frac{\pi \cdot d_{ab}}{z_{ab}}$$

$$\frac{d_{ab}}{d_{2an}} = \tan\varphi \cdot z_{ab}$$

Damit erweitert sich das Übersetzungsverhältnis nach Gl. 4.78 zu

$$i = \frac{d_{ab}}{d_{2an}} \cdot \frac{1}{\tan\varphi} = \tan\varphi \cdot z_{ab} \cdot \frac{1}{\tan\varphi} = z_{ab} \qquad\qquad \text{Gl. 4.80}$$

Diese Zusammenhänge gelten für die eingängige Schnecke. Bei mehrgängigen Schnecken wird das Übersetzungsverhältnis durch die Gangzahl dividiert.

Kräfte und Momente:
Während bei der Bewegungsschraube die Axialkraft translatorisch in der Mutter abgestützt wird, treibt sie beim Schneckentrieb auf den Umfang des Großrades und ruft um dessen Achse ein Abtriebsmoment hervor:

$$M_{ab} = F_{ax} \cdot \frac{d_{ab}}{2}$$

Wird F_{ax} nach Gl. 4.8 eingeführt, so folgt daraus das Abtriebsmoment für den **reibungsfrei**en Fall:

$$M_{ab} = \frac{M_{an}}{\frac{d_{2an}}{2} \cdot \tan\varphi} \cdot \frac{d_{ab}}{2} = \frac{d_{ab}}{d_{2an} \cdot \tan\varphi} \cdot M_{an} \qquad\qquad \text{Gl. 4.81}$$

Bezieht man für den reibungsfreien Fall das Antriebsmoment auf das Abtriebsmoment, so ergibt sich der Kehrwert des Übersetzungsverhältnisses:

$$\frac{M_{an}}{M_{ab}} = \frac{d_{2an} \cdot \tan\varphi}{d_{ab}} = \frac{1}{i} \qquad\qquad \text{Gl. 4.82}$$

Der Schneckentrieb dividiert nach Gl. 4.80 die Winkelgeschwindigkeit durch das Übersetzungsverhältnis, multipliziert aber das Moment nach Gl. 4.82 mit dem gleichen Faktor.

Wird der **reibungsbehaftete** Fall betrachtet, so bleibt wegen des Formschlusses die Gl. 4.80 für die Winkelgeschwindigkeit erhalten, während das Moment differenzierter betrachtet werden muss. Für die „Bergauffahrt" des Schneckentriebes, also für den Antrieb am Schneckenrad, muss das Moment nach Gl. 4.81 um den Reibeinfluss nach Gl. 4.9 erweitert werden:

$$M_{ab} = \frac{M_{an}}{\frac{d_{2an}}{2} \cdot \tan(\varphi + \rho')} \cdot \frac{d_{ab}}{2} = \frac{d_{ab}}{d_{2an} \cdot \tan(\varphi + \rho')} \cdot M_{an} \qquad \text{Gl. 4.83}$$

$$\frac{M_{an}}{M_{ab}} = \frac{d_{2an} \cdot \tan(\varphi + \rho')}{d_{ab}} \qquad \text{Gl. 4.84}$$

Wegen der Reibung muss also ein um den Winkel ρ' vergrößertes Antriebsmoment bereit gestellt werden. Für den Wirkungsgrad ist das Verhältnis der am Abtrieb vorliegenden Nutzarbeiten zu der am Antrieb aufgewendeten Arbeit maßgebend:

$$\eta = \frac{\text{Nutzarbeit}}{\text{aufgewendete Arbeit}} = \frac{M_{ab}}{M_{an}} \cdot \frac{\alpha_{ab}}{\alpha_{an}}$$

Mit Gl. 4.84 für das Momentenverhältnis und Gl. 4.78 für das Winkelverhältnis ergibt sich

$$\eta = \frac{M_{ab}}{M_{an}} \cdot \frac{\alpha_{ab}}{\alpha_{an}} = \frac{d_{ab}}{d_{2an} \cdot \tan(\varphi + \rho')} \cdot \frac{d_{2an} \cdot \tan \varphi}{d_{ab}} = \frac{\tan \varphi}{\tan(\varphi + \rho')} \qquad \text{Gl. 4.85}$$

Die Betrachtung führt auf das gleiche Ergebnis wie Gl 4.73. Liegt keine Selbsthemmung vor, so kann auch am Großrad angetrieben und am Scheckenrad abgetrieben werden. Da dies dem Fall der „Bergabfahrt" (Bild 4.5) und damit der Umsetzung von Längsbewegung in Drehbewegung entspricht, wird dann der Wirkungsgrad nach Gl. 4.74 ermittelt.

In Bild 4.6 wurde die gesamte Flächenpressung durch zwei halbe Axialkräfte auf jeder Seite ersetzt. Die beiden halben Radialkomponenten heben sich gegenseitig auf, so dass sie sich nach außerhalb des Systems nicht bemerkbar machen. Die Gegenüberstellung von Bild 4.59 macht jedoch deutlich, dass diese Vereinfachung beim Schneckentrieb nicht mehr zutrifft, so dass stets eine Radialkraft die benachbarten Wellen und Lager belastet:

$$\sin \frac{\beta}{2} = \frac{F_{rad}}{F_{ax}} \quad \rightarrow \quad F_{rad} = F_{ax} \cdot \sin \frac{\beta}{2} \qquad \text{Gl. 4.86}$$

Auch die Umfangskraft nach Gl. 4.6 muss als Querkraft abgestützt werden:

Aufgabe A.4.40

4.8   Anhang

4.8.1   Literatur

[4.1]   AD-Merkblatt W7: Schrauben und Muttern aus ferritischen Stählen

[4.2]   AD-Merkblatt B7: Berechnung von Druckbehälterschrauben

[4.3]   Agatnonovic, P.: Beitrag zur Berechnung von Schraubenverbindungen; Draht-Welt 58 (1972), H.2

[4.4]   Bauer, C. O.: Sicherung von Schraubenverbindungen aus nichtrostenden Stählen; Z. Werkstoffe und Korrosion 1970, S. 463–473

[4.5]   Bauer, C. O.: Verhalten von Schrauben- und Mutterverbindungen aus nichtrostenden Stählen unter schwindenden Lasten. Konstruktion 24 (1972), H.7

[4.6]   Blume, D.: Einfluß von Gewindeherstellung und -profil auf die Dauerhaltbarkeit von Schrauben

[4.7]   Blume, D.; Strelow, D.: Gestaltung und Anwendung von Dehnschrauben. Verbindungstechnik H. 1 und 2, 1969. Maschinenmarkt 82 (1976), 22, S. 350–353

[4.8]   Blume, D.: Wann müssen Schraubenverbindungen gesichert werden? Verbindungstechnik (1969), H. 4

[4.9]   Blume, D.; Esser, J.: Mikroverkapselter Klebstoff als Schraubensicherung; Verbindungstechnik 5 (1973), H. 5 und 6

[4.10] Boenik, U.: Untersuchungen an Schraubenverbindungen. Dissertation Universität Berlin 1966

[4.11] Bossard, H.: Handbuch der Verschraubungstechnik. Expert-Verlag 1982

[4.12] DIN-Taschenbuch 10: Mechanische Verbindungselemente – Schrauben. Beuth

[4.13] DIN-Taschenbuch 45: Gewindenormen. Beuth 1988

[4.14] DIN-Taschenbuch 140: Mechanische Verbindungselemente – Schrauben, Muttern, Zubehör. Beuth 1986

[4.15] Illgner, K. H.; Blume, D.: Schraubenvademecum. Firmenschrift von Bauer & Schaurte Karcher GmbH

[4.16] Illgner, K. H.; Beelich, K. H.: Einfluß überlagerter Biegung auf die Haltbarkeit von Schraubenverbindungen. Konstruktion 18 (1966), S. 117–124

[4.17] Illgner, K. H.: Das Verspannungs-Schaubild von Schraubenverbindungen. Draht-Welt 53 (1967), S. 43–49

[4.18] Junker, G.: Flächenpressung unter Schraubenköpfen. Maschinenmarkt (1961) Nr. 38, S. 29

[4.19] Junker, G.; Blume, D.; Leusch, F.: Neue Wege einer systematischen Schraubenberechnung. Michael Triltsch Verlag 1965

[4.20] Junker, G.; Boys, I.P.: Moderne Steuerungsmethoden für das motorische Anziehen von Schraubenverbindungen. VDI-Bericht 220 (1974), S. 87–98

[4.21] Junker, G.; Strehlow, D.: Untersuchungen über die Mechanik des selbsttätigen Lösens und die zweckmäßige Sicherung von Schraubenverbindungen. Drahtwelt (1966), H. 3

[4.22] Junker, G.; Strehlow, D.: Reibung – Störfaktor bei der Schraubenmontage. Verbindungstechnik 6 (1974), S. 25–36

[4.23] Junker, G.; Meyer, G.: Neuere Betrachtungen über die Haltbarkeit von dynamisch belasteten Schraubenverbindungen. Draht-Welt 53 (1967) H. 7

[4.24] Junker, G.: Reihenuntersuchungen über das Anziehen von Schraubenverbindungen mit motorischen Schraubern. Draht-Welt 56 (1970), H. 3

[4.25] Klein, H.-Ch.: Hochwertige Schraubenverbindungen, einige Gestaltungsprinzipien und Neuentwicklungen. Konstruktion 11 (1959), S. 201–212 und 259–264

[4.26] Kübler, K.-H.; Mages, W.J.: Handbuch der hochfesten Schrauben. Girardet 1986

[4.27] Paland, E. G.: Die Sicherheit der Schraube-Mutter-Verbindung bei dynamischer Axialbeanspruchung. Konstruktion 19 (1967), H. 12

[4.28] VDI-Richtlinie 2230: Systematische Berechnung hochbeanspruchter Schraubenverbindungen. VDI-Verlag 1986

[4.29] Weber, H.: Untersuchungen über die Schraubenbeanspruchungen bei exzentrischer Belastung. Konstruktion 23 (1971), H. 4

[4.30] Weber, H.: Die Ermüdungsfestigkeit von Schrauben bei kombinierter Zug- und Biegebeanspruchung. Konstruktion 23 (1971), S. 401–404

[4.31] Wiegand, H.; Flemming, G.: Hochtemperaturverhalten von Schraubenverbindungen. VDI-Z 16 (1971), S. 1239–1244

[4.32] Wiegand, H.; Kloos, K.H.; Thomala, W.: Schraubenverbindungen. Springer 1988

[4.33] Wiegand, H.; Illgner, K. H.: Berechnung und Gestaltung von Schraubenverbindungen. Konstruktionsbuch 5, Springer 1962

[4.34] Wiegand, H.; Illgner, K. H.; Junker, G.: Neuere Erkentnisse und Untersuchungen über die Dauerhaltbarkeit von Schraubenverbindungen. Konstruktion 13 (1961), S. 461–467

[4.35] Wiegand, H.; Illgner, K. H.; Beelich, K. H.: Über die Verminderung der Vorspannung von Schraubenverbindungen durch Setzvorgänge. Werkstatt und Betrieb 98 (1965), S. 823–827

[4.36] Wiegand, H.; Illgner, K. H.; Beelich, K. H.: Einfluß der Federkonstanten und der Anzugsbedingungen auf die Vorspannung von Schraubenverbindungen. Konstruktion 20 (1968), S. 130–137

[4.37] Wiegand, H.; Illgner, K. H.; Beelich, K. H.: Die Dauerhaltbarkeit von Gewindeverbindungen mit ISO-Profil in Abhängigkeit von der Einschraubtiefe. Konstruktion 16 (1964), S. 485–490

[4.38] Wiegand, H.; Strigens, P.: Die Haltbarkeit von Schraubenverbindungen mit Feingewinden bei wechselnder Beanspruchung. Industrie-Anzeiger 92 (1970), S. 2139–2144

4.8.2 Normen

[4.39] DIN 13 T1: Metrisches ISO-Gewinde; Regelgewinde von 1 mm bis 68 mm Gewindenenndurchmesser

[4.40] DIN 13 T2: Metrisches ISO-Gewinde; Feingewinde mit Steigungen 0,2–0,25–0,35 mm von 1 mm bis 50 mm Gewindenenndurchmesser

[4.41] DIN 76 T1: Gewindeausläufe, Gewindefreistiche für metrische ISO-Gewinde nach DIN 13

[4.42] DIN 84: Zylinderschrauben mit Schlitz; Produktklasse A

[4.43] DIN 93: Scheiben mit Lappen

[4.44] DIN 103: Metrische ISO-Trapezgewinde
[4.45] DIN 125: Scheiben; Ausführung mittel, vorzugsweise für Sechskantschrauben und -muttern
[4.46] DIN 126: Scheiben; Ausführung grob, vorzugsweise für Sechskantschrauben und -muttern
[4.47] DIN 127: Federringe, aufgebogen oder glatt, mit rechteckigem Querschnitt
[4.48] DIN 128: Federringe, gewölbt oder gewellt
[4.49] DIN 137: Federscheiben, gewölbt oder gewellt
[4.50] DIN 202: Gewinde; Übersicht
[4.51] DIN ISO 228 T1: Rohrgewinde für nicht im Gewinde dichtende Verbindungen
[4.52] DIN ISO 273: Mechanische Verbindungselemente: Durchgangslöcher für Schrauben
[4.53] DIN 405 T1: Rundgewinde
[4.54] DIN 417: Gewindestift mit Schlitz und Zapfen
[4.55] DIN 432: Scheiben mit Außennase (Sicherungsblech mit Nase)
[4.56] DIN 433: Scheiben, vorzugsweise für Zylinderschrauben
[4.57] DIN 435: Scheiben, vierkant, für I-Träger
[4.58] DIN 478: Vierkantschrauben mit Bund
[4.59] DIN 479: Vierkantschrauben mit Kernansatz
[4.60] DIN 480: Vierkantschrauben mit Bund und Ansatzkuppe
[4.61] DIN 513 T1: Metrisches Sägezahngewinde
[4.62] DIN 551: Gewindestift mit Schlitz und Kegelkuppe
[4.63] DIN 553: Gewindestift mit Schlitz und Spitze
[4.64] DIN 561: Sechskantschraube mit Zapfen und kleinem Sechskant
[4.65] DIN 564: Sechskantschraube mit Ansatzspitze und kleinem Sechskant
[4.66] DIN 609: Sechskant-Paßschrauben mit langem Gewindezapfen
[4.67] DIN 653: Rändelschrauben, niedrige Form
[4.68] DIN 835: Stiftschrauben
[4.69] DIN 912: Zylinderschrauben mit Innensechskant; ISO 4762 modifiziert
[4.70] DIN 913: Gewindestift mit Innensechskant und Kegelkuppe; ISO 4026 modifiziert
[4.71] DIN 931 T1: Sechskantschrauben mit Schaft; Gewinde M1,6 mit M 39, Produktklassen A und B
[4.72] DIN 931 T2: Sechskantschrauben mit Schaft; Gewinde M42 mit M 160x6, Produktklasse B
[4.73] DIN 933: Sechskantschrauben mit Gewinde bis Kopf; Gewinde M1,6 mit M 52, Produktklassen A und B
[4.74] DIN 934: Sechskantmuttern; Metrisches Regel- und Feingewinde; Produktklassen A und B
[4.75] DIN 935 T1: Kronenmuttern; Metrisches Regel- und Feingewinde; Produktklassen A und B
[4.76] DIN 936: Flache Sechskantmuttern; Gewinde M8 bis M52 und M8x1 bis M52x3; Produktklassen A und B
[4.77] DIN 937: Kronenmuttern; niedrige Form
[4.78] DIN 938 bis DIN 940: Stiftschrauben
[4.79] DIN 962: Schrauben und Muttern; Bezeichnungsangaben; Formen und Ausführungen
[4.80] DIN 971: Sechskantmuttern

[4.81] DIN 985: Sechskantmutter mit Klemmteil; mit nicht metallischem Einsatz; niedrige Form

[4.82] DIN 1804: Nutmuttern; Metrisches ISO-Feingewinde

[4.83] DIN 1816: Kreuzlochmuttern; Metrisches ISO-Feingewinde

[4.84] DIN 2244: Gewinde; Begriffe

[4.85] DIN 2509: Schraubenbolzen

[4.86] DIN 2510: Schraubverbindungen mit Dehnschaft

[4.87] DIN 2781: Sägegewinde 45°; eingängig; für hydraulische Pressen

[4.88] DIN 2999 T1: Witworth-Rohrgewinde für Gewinderohre und Fittings; Zylindrisches Innengewinde und kegeliges Außengewinde

[4.89] DIN 3858: Witworth-Rohrgewinde für Rohrverschraubungen; Zylindrisches Innengewinde und kegeliges Außengewinde

[4.90] DIN ISO 6410: Technische Zeichnungen; Darstellung von Gewinden

[4.91] DIN 6797: Zahnscheiben

[4.92] DIN 6798: Fächerscheiben

[4.93] DIN 6900: Kombischrauben

[4.94] DIN 6912: Zylinderschrauben mit Innensechskant; niedriger Kopf mit Schlüsselführung

[4.95] DIN 6914: Sechskantschrauben mit großen Schlüsselweiten; für HV-Verbindungen in Stahlkonstruktionen

[4.96] DIN 6915: Sechskantmuttern mit großer Schlüsselweite für Verbindungen mit HV-Schrauben in Stahlkonstruktionen

[4.97] DIN 7967: Sicherungsmuttern

[4.98] DIN 7968: Sechskant-Paßschrauben; ohne Muttern, mit Sechskantmutter, für Stahlkonstruktionen

[4.99] DIN 7990: Sechskantschrauben mit Sechskantmuttern für Stahlkonstruktionen

[4.100] DIN 17240: Warmfeste und hochwarmfeste Werkstoffe für Schrauben und Muttern

[4.101] DIN 20400: Rundgewinde mit großer Tragtiefe

[4.102] DIN 20401 T1: Sägengewinde mit Steigung 0,8 mm bis 2 mm

[4.103] DIN 40430: Stahlpanzerrohr

4.9 Aufgaben

Kräfte und Momente an der Schraube

A.4.1 Stemmbock (B)

Mit dem unten dargestellten „Stemmbock" können ähnlich wie mit einem Wagenheber schwere Lasten angehoben werden. Die obere Hälfte des Stemmbocks besteht aus einem innenliegenden Gewindebolzen und einer ihn umgebenden rohrförmigen Mutter, die ihrerseits mit einer oberen Abstützplatte fest verschraubt ist. Wird der innenliegende Gewindebolzen durch den Hebelarm in Bildmitte im Gegenuhrzeigersinn gedreht, so wird die Schraube auseinander gefahren, was einem Anheben der Last entspricht. Die spiegelbildlich dazu angebrachte untere Hälfte der Konstruktion wird mit einem Linksgewinde ausgestattet, so dass zwei Schraubbewegungen „hintereinander" geschaltet werden. Der Reibwert im Gewinde wird mit $\mu = 0{,}12$ angenommen und es soll eine Last von 1,8 t angehoben werden.

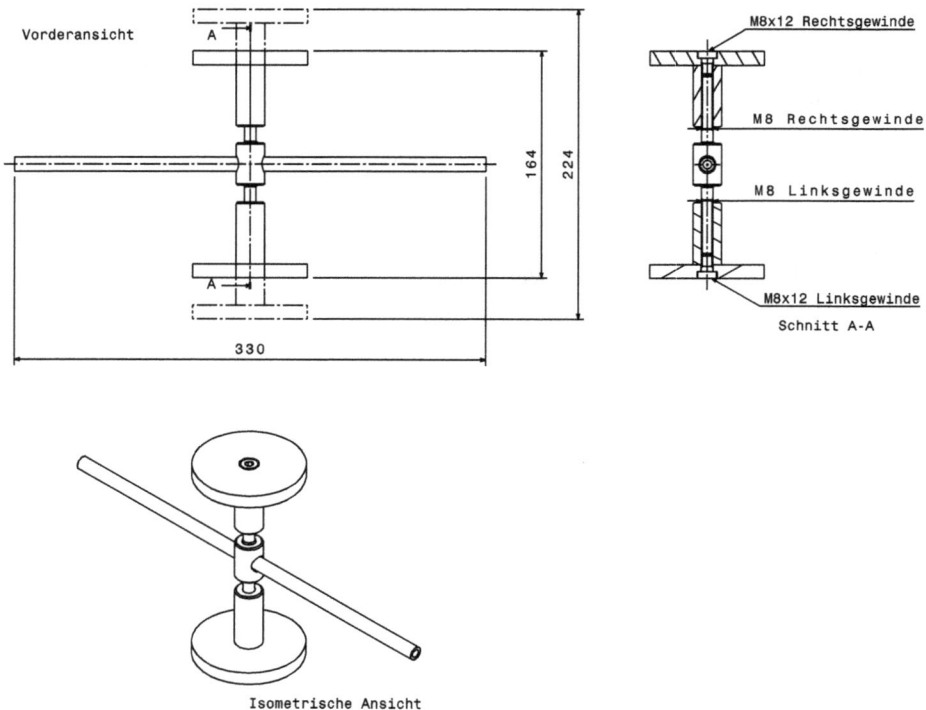

Vorderansicht

A

164

224

330

M8x12 Rechtsgewinde

M8 Rechtsgewinde

M8 Linksgewinde

M8x12 Linksgewinde

Schnitt A-A

Isometrische Ansicht

Wie groß ist die Kraft, die in Schraubenrichtung übertragen werden muss?	F_{ax}	N	
Welches Gewindemoment tritt im beim Anheben der Last auf?	M_{Gewan}	Nm	
Welches Gewindemoment tritt beim Absenken der Last auf?	M_{Gewab}	Nm	
Wie groß ist das Moment, welches zum Anheben der Last insgesamt am Betätigungshebel eingeleitet werden muss?	M_{gesan}	Nm	
Wie groß sind die beiden gleichgroßen Handkräfte, die der Bediener an den beiden äußeren Enden des Betätigungshebels zum Anheben der Last einleiten muss?	F_{Hand}	N	
Wie viele Umdrehungen i müssen eingeleitet werden, um von der hier dargestellten Ausgfangshöhe (164 mm) bis zur Endhöhe (224 mm) anzuheben?	i	–	

A.4.2   Spannschloß (E)

Das unten abgebildete Spannschloss wird an seinen beiden Ösen mit der Umgebungskonstruktion verdrehsicher verbunden. Durch Drehen des Mittelteils wird an beiden Muttern eine Axialbewegung eingeleitet. Beide Schrauben verfügen über Rechtsgewinde, ihre Steigung ist allerdings unterschiedlich ausgeführt. An der Abflachung am Außenrand der Mutter kann über einen Maulschlüssel (Schlüsselweite 24) ein Drehmoment eingeleitet werden, mit dem eine Vorspannkraft von 3,5 kN aufgebracht werden soll.

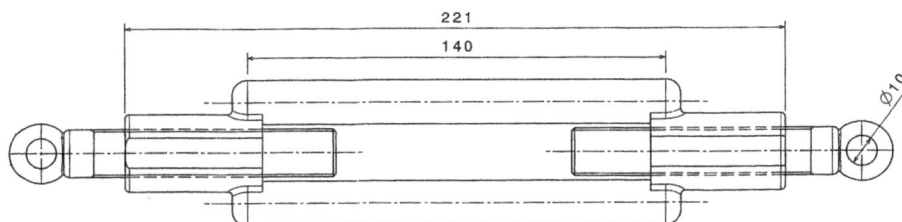

Gewinde linke Schraube: Tr 16x4   Gewinde rechte Schraube: Tr 16x6

(sonstige Abmessungen nach Normtabelle)
Reibzahl im Gewinde: $\mu = 0,12$

Markieren Sie in folgendem Schema zunächst qualitativ, ob beim Anziehen bzw. Lösen des Spannschlosses die einzelne Schraube angezogen oder gelöst wird. Berechnen Sie dann das jeweilige Einzelmoment. Ermitteln Sie schließlich das Gesamtmoment beim Anziehen und Lösen des Spannschlosses.

	Gewindemoment beim Anziehen des Spannschlosses	Gewindemoment beim Lösen des Spannschlosses
	Nm	Nm
linke Schraube Tr 16x4	○ anziehen ○ lösen	○ anziehen ○ lösen
rechte Schraube Tr 16x6	○ anziehen ○ lösen	○ anziehen ○ lösen
Gesamtmoment		

Vorspannen von Schraubverbindungen

A.4.3   Winkelgesteuertes Anziehen (B)

Es sind drei Stahlschrauben M8, M10 und M12 gegeben, die nach untenstehender Skizze zur Befestigung einer Deckelverschraubung dienen. Das Schraubenbohrloch misst im Durchmesser 1 mm mehr als der jeweilige Nenndurchmesser der Schraube. Die Steifigkeit der Zwischenlage wird in allen drei Fällen mit einheitlich 640 N/μm angenommen. Der Reibwert im Gewinde und am Schraubenkopf beträgt $\mu = 0{,}12$. Das Gewinde erstreckt sich annähernd bis zum Kopf der Schraube.

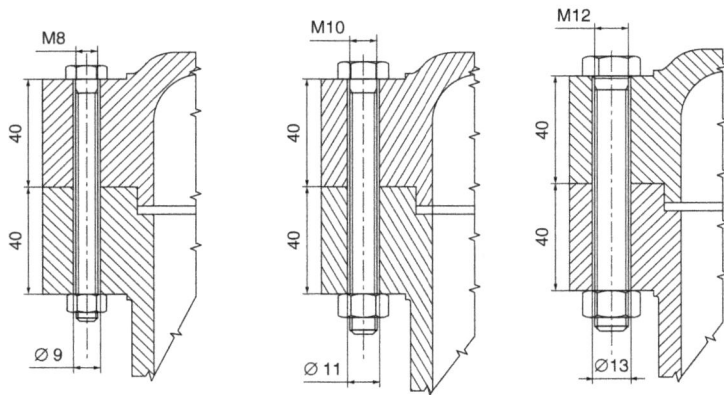

c_S	N/µm			
M_{Gewanz}	Nm			
$M_{Gewlös}$	Nm			
M_{KR}	Nm			
M_{gesanz}	Nm			
$M_{geslös}$	Nm			
f_{SV}	µm			
f_{ZV}	µm			
α	°			
σ_Z	N/mm²			
τ_t	N/mm²			
σ_V	N/mm²			
Schraubengüte		3.6 − 4.6 − 4.8 − 5.6 5.8 − 6.8 − 8.8 10.9 − 12.9	3.6 − 4.6 − 4.8 − 5.6 5.8 − 6.8 − 8.8 10.9 − 12.9	3.6 − 4.6 − 4.8 − 5.6 5.8 − 6.8 − 8.8 10.9 − 12.9

a) Berechnen Sie die Steifigkeit der Schraube c_S.

b) Die Schrauben sollen mit einer Vorspannkraft $F_V = 18\,kN$ angezogen werden. Wie groß ist das Gewindemoment beim Anziehen M_{Gewanz} und beim Lösen $M_{Gewlös}$ der Schrauben? Wie groß ist das Kopfreibungsmoment M_{KR}? Welches Gesamtmoment muss aufgebracht werden, um die Schraube anzuziehen (M_{gesanz}) und zu lösen ($M_{geslös}$)?

c) Um welchen Betrag f_{SV} wird die Schraube gelängt und um welchen Betrag f_{ZV} wird die Zwischenlage gestaucht?

d) Um welchen Winkel α muss die Schraube beim Anziehen zwischen der ersten festen Berührung der Kontaktflächen und dem endgültigen Montagezustand verdreht werden?

e) Welche Zugspannung σ_Z, welche Schubspannung τ_t und welche Vergleichsspannung σ_V treten in der Schraube auf?

f) Markieren Sie durch Ankreuzen, welche Schraubengüte mindestens erforderlich ist!

A.4.4   Bügelsäge (V)

Das Sägeblatt der untenstehenden Bügelsäge soll durch Drehen der Spannschraube so vorgespannt werden, dass es mit einer Spannung von $50\,\mathrm{N/mm^2}$ belastet wird. Dazu wird das unter Zug stehende Sägeblatt als „Schraube" und der unter Druck stehende Bügel der Säge als „Zwischenlage" einer vorgespannten Schraubverbindung betrachtet.

Wie groß ist die Kraft, mit der das Sägeblatt vorgespannt werden muss?	N	
Wie groß ist die Zugsteifigkeit des Sägeblattes?	N/μm	
Um welchen Betrag längt sich das Sägeblatt beim Vorspannen?	μm	

Zur Verformungsanalyse wird der Bügel der Säge in drei Schenkel zerlegt, die jeweils als Biegefeder betrachtet werden. Die Zugkraft des Sägeblattes wird am Bügel abgestützt. Welche Verformung stellt sich dabei am Bügel ein?

	verformbare Länge des Schenkels	Federweg an der Einspannstelle des Sägeblattes
durch einen einzelnen waagerechten Schenkel bedingter Verformungsanteil		
durch den senkrechten Schenkel bedingter Verformungsanteil		
Gesamtverformung	————	

Wie groß ist die Drucksteifigkeit der Zwischenlage?	N/μm	

Die Spannschraube der Säge wird nun momentenlos bis zum Anschlag gedreht. Um welchen Winkel muss die Spannschraube darüber hinaus gedreht werden, um den geforderten Vorspannungszustand zu erzielen?	Grad	

A.4.5   Verschraubung stromführender Leiterbahnen (B)

Stromführende Leiterbahnen für Starkstromanlagen werden als Kupferschienen mit rechteckigem Querschnitt ausgeführt, die untereinander mit Schrauben verbunden werden.

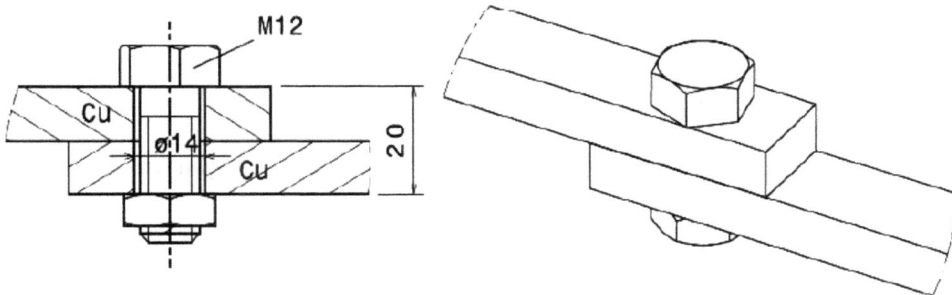

Es sind folgende weitere Daten gegeben:

Reibwert im Gewinde und an der Kopfauflage: $\mu = 0{,}12$
Elastizitätsmodul von Kupfer: $E_{Cu} = 1{,}1 \cdot 10^5 \, \text{N/mm}^2$
thermischer Ausdehnungskoeffizient von Kupfer: $\alpha_{Cu} = 16 \cdot 10^{-6} \, 1/\text{K}$
thermischer Ausdehnungskoeffizient von Stahl: $\alpha_{St} = 11 \cdot 10^{-6} \, 1/\text{K}$

Es kann vereinfachend angenommen werden, dass die Zwischenlage eine durch das Anziehen der Schraube deformierte Querschnittfläche aufweist, die so groß ist wie die 1,2-fache Querschnittfläche der Schraube. Zur Dokumentation der Lösungen benutzen Sie bitte untenstehendes Schema.

		Aufgabenteil a	Aufgabenteil b	Aufgabenteil c
Temperatur Zwischenlage	°C	20	140	140
Temperatur Schraube	°C	20	20	140
σ_Z	N/mm^2			
τ_t	N/mm^2			
σ_V	N/mm^2			

a) Sowohl die Schraube als auch die Zwischenlage sind der Raumtemperatur von 20 °C ausgesetzt. Die Schraube wird mit einem Gesamtmoment von 60 Nm angezogen. Wie hoch ist dann die Vergleichsspannung in der Schraube?

b) Anschließend wird die Verbindung durch einen Kurzschlussstrom belastet. Es wird zunächst angenommen, dass sich dadurch nur die Kupferschiene auf 140 °C erwärmt, während die Schraube noch die Ursprungstemperatur beibehält. Wie hoch ist dann die Vergleichsspannung in der Schraube?

c) Es kann angenommen werden, dass nach einer gewissen Zeit sowohl die Schraube als auch die Kupferschiene auf 140 °C erwärmt sind. Wie hoch ist dann die Vergleichsspannung in der Schraube?

Querkraftbeanspruchte Schraubverbindungen

A.4.6   Wellenflansch mit einem Teilkreis (B)

Zwei Wellenenden werden mit einer einfachen, nicht schaltbaren Kupplung untereinander verbunden. Zu diesem Zweck werden sie in der unten dargestellten Weise mit Flanschen versehen, die untereinander verschraubt werden.

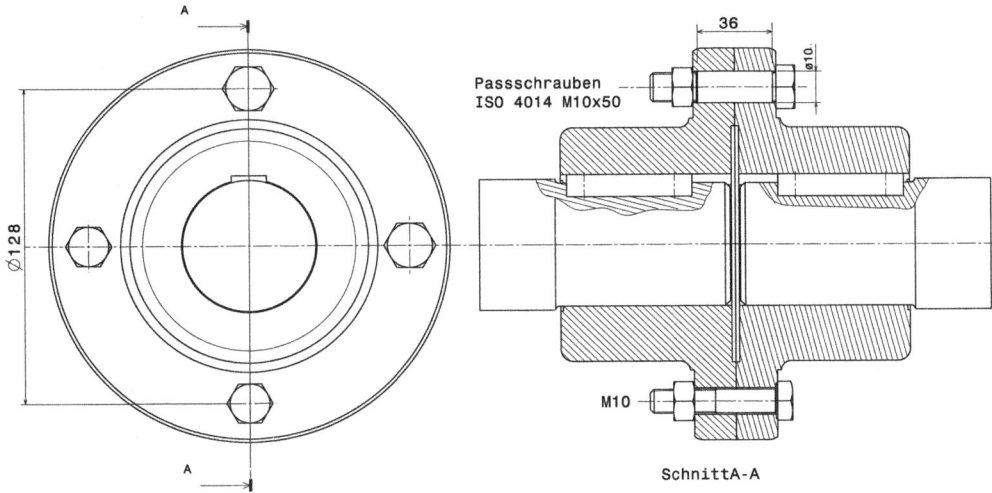

Passschrauben
ISO 4014 M10x50

M10

Schnitt A-A

Mit dieser Kupplung wird eine Leistung von $100\,\text{kW}$ bei einer Drehzahl von $1.700\,\text{min}^{-1}$ übertragen.

a) In einer ersten Ausführung wird die Kupplung mit Passschrauben (obere Bildhälfte) ausgestattet.

Wie groß ist der Lochleibungsdruck zwischen Schraube und Flansch?	p_L	N/mm^2	
Wie groß ist der Querkraftschub in der Passschraube?	τ_Q	N/mm^2	

b) In einer zweiten Ausführung wird die Kupplung mit normalen metrischen Schrauben ausgestattet (untere Bildhälfte). An den Flanschflächen liegt eine Reibzahl von $\mu = 0,1$ und im Gewinde ein Reibwert von $\mu_{\text{Gew}} = 0,15$ vor. Es wenn angenommen werden kann, dass das Kopfreibungsmoment so groß ist wie das Gewindemoment.

Mit welcher Vorspannkraft muss jede einzelne der Schrauben angezogen werden?	F_V	N	
Wie groß ist das Gewindemoment?	M_{Gew}	Nm	
Wie groß ist das Kopfreibungsmoment?	M_{KR}	Nm	
Wie groß ist das Schraubenanzugsmoment?	M_{anz}	Nm	
Welche Zugspannung liegt vor?	σ_Z	N/mm^2	
Wie groß ist der Torsionsschub?	τ_t	N/mm^2	
Welche Vergleichsspannung ergibt sich?	σ_V	N/mm^2	

A.4.7   Fundamentverschraubung Stichlochbohrmaschine (B)

Das in einem Hochofen erschmolzene Roheisen wird in zyklischen Zeitabständen aus dem unteren Bereich des Hochofens entnommen. Wegen der hohen Temperaturen von 1.400–1.900 °C kann der Abflusskanal nicht mit einem Schließmechanismus versehen werden, sondern wird mit einer lehmartigen, unter der Hitze sehr schnell aushärtenden Masse zugestopft und dann zur Entnahme des Roheisen wieder aufgebohrt. Dazu wird eine „Stichlochbohrmaschine" verwendet, die unten in der Draufsicht (also von oben gesehen) dargestellt ist.

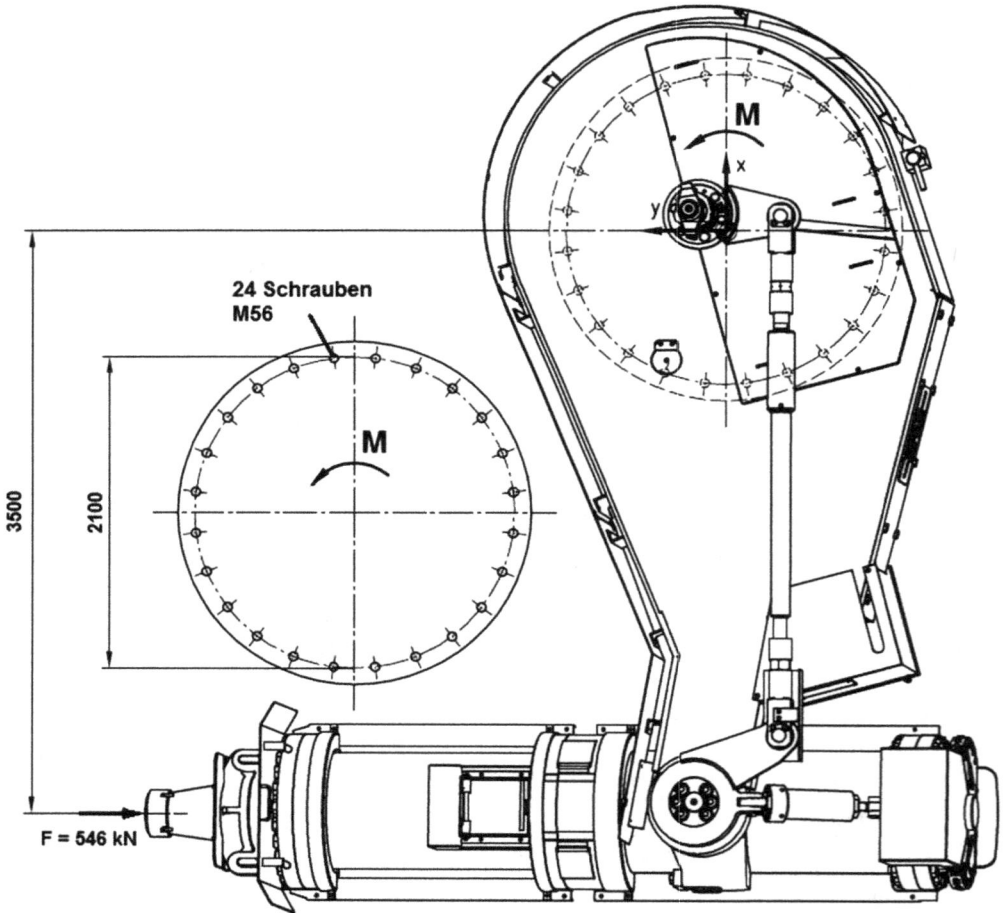

Diese „Stichlochbohrmaschine" soll über 24 auf einem Lochkreis angeordnete Schrauben an das Fundament (oben rechts) angebunden werden, um das die Maschine geschwenkt werden kann. In der dargestellten Arbeitsstellung wird eine Bohrkraft von 546 kN wirksam. Das Eigengewicht der Maschine ist zu vernachlässigen. Der Reibwert kann einheitlich mit $\mu = 0,12$ angenommen werden.

Wie groß ist die maximale Kraft, die durch das übertragene Torsionsmoment auf die einzelne Schraube wirkt?	F_m	N	
Wie groß ist die maximale Kraft, die durch die Querkraft auf die einzelne Schraube wirkt?	F_q	N	
Wie groß ist die maximale Querkraft auf die am höchsten belastete Schraubverbindung?	F_{BQ}	N	
Mit welcher Vorspannkraft muss die einzelne Schraube angezogen werden?	F_V	N	
Mit welchem Moment muss die maximal belastete Schraube angezogen werden, wenn angenommen werden kann, dass das Gewindemoment und das Kopfreibungsmoment gleich groß sind?	M_{ges}	Nm	
Wie groß ist die Zugspannung in der Schraube?	σ_Z	N/mm^2	
Welcher Torsionsschub tritt in der Schraube auf?	τ_t	N/mm^2	
Mit welcher Vergleichsspannung wird die Schraube belastet?	σ_V	N/mm^2	

A.4.8   Schraubbefestigung Kranlaufrad (E)

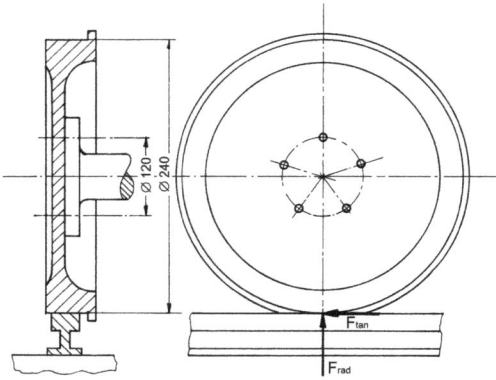

Ein Kranlaufrad ist in der nebenstehend skizzierten Weise reibschlüssig mit 5 Schrauben M14 auf einer Radnabe befestigt, wobei sicherheitshalber ein Reibwert $\mu = 0,06$ angenommen wird. Die Kranlaufkatze hat ein Gewicht von 0,5 t und hebt eine maximale Last von 4 t. Diese Last verteilt sich gleichmäßig auf alle vier Räder. Die Beschleunigungs- bzw. Bremswirkung wird durch den Reibwert von $\mu = 0,15$ zwischen Rad und Schiene begrenzt. Am Schraubenkopf wird ein Hebelarm von $r_K = 8\,\text{mm}$ wirksam. Sowohl im Gewinde als auch an der Kopfauflage wird ein Reibwert $\mu = 0,12$ angenommen.

Berechnen Sie zunächst die Kraft, die radial am Rad angreift!	F_{rad}	N	
Berechnen Sie die Kraft, die am Radumfang wirksam wird.	F_{tan}	N	
Berechnen Sie die Querkraft, die eine einzelne Schraubenverbindung maximal belastet.	F_{BQ}	N	
Welche Vorspannkraft muss in den Schrauben wirksam werden, damit sowohl Radlast als auch Bremsmoment sicher übertragen werden können?	F_V	N	
Wie groß ist das Gewindemoment beim Anziehen?	M_{Gew}	Nm	
Wie groß ist das Kopfreibungsmoment?	M_{KR}	Nm	
Mit welchem Moment müssen die Schrauben angezogen werden?	M_{anz}	Nm	
Welche Zugspannung wird in die Schraube eingeleitet?	σ_Z	N/mm^2	
Wie groß ist der Torsionsschub in der Schraube?	τ_t	N/mm^2	
Wie groß ist die Vergleichsspannung in der Schraube?	σ_V	N/mm^2	
Kennzeichnen Sie durch Ankreuzen die Schraubengüte, die erforderlich ist, um die Festigkeit der Verbindung sicherzustellen? 3.6 – 4.6 – 4.8 – 5.6 – 5.8 – 6.8 – 8.8 – 10.9 – 12.9			

A.4.9   Tretkurbel Fahrrad (E)

Das unten abgebildete austauschbare Kettenblatt eines Fahrrades wird mit 5 Schrauben an der Tretkurbel befestigt.

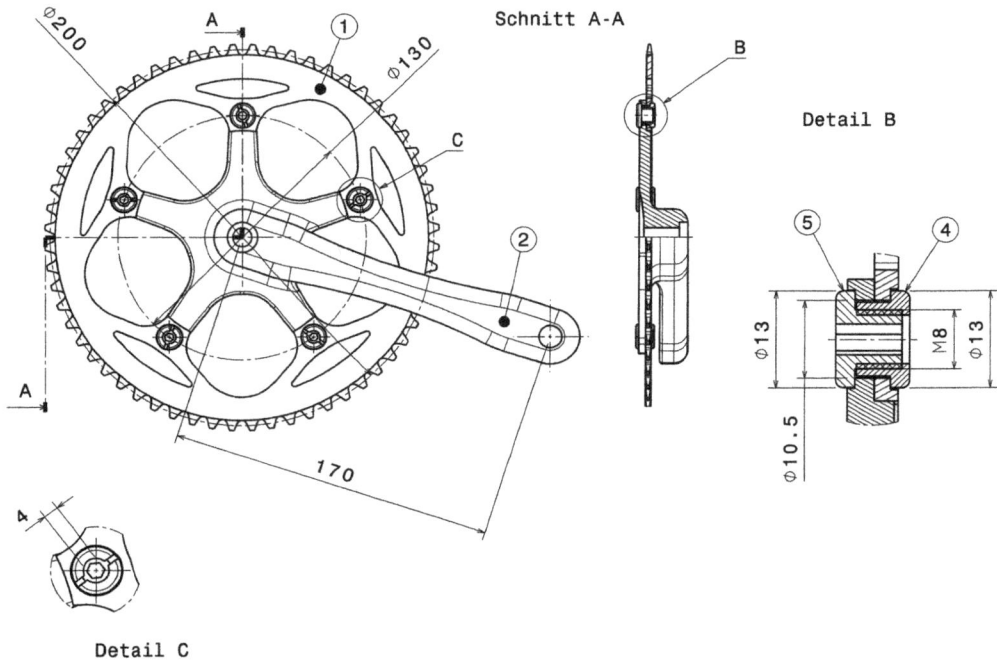

Detail C

Die höchste Belastung im Laufe einer Kurbelumdrehung liegt dann vor, wenn sich ein 80 kg schwerer Radfahrer mit seiner gesamten Körpermasse auf der waagerecht stehenden Tretkurbel abstützt. Wegen der Dynamik der Belastung soll die Sicherheit 2 angesetzt werden. Dadurch entsteht ein Torsionsmoment, dessen Querkraft das Tretlager belastet, während das Torsionsmoment durch die Zugtrumkraft der Fahrradkette querkraftbehaftet abgestützt wird. Zur Erleichterung der Montage wird zwar eine Zentrierung zwischen Tretkurbel und Kettenblatt vorgesehen, aber für die Dimensionierung wird sicherheitshalber angenommen, dass der Kraftfluss wegen der groben Passung der Zentrierung ausschließlich von den Schrauben (normale Befestigungsschraube, keine Passschraube) aufgenommen wird. Der Reibwert zwischen Kettenblatt und Tretkurbel sowie am der Schraubenkopf- und Mutternauflage beträgt 0,12 (trocken). das Gewinde ist allerdings gefettet, was den Reibwert auf 0,10 reduziert.

Wie groß ist das maximale Torsionsmoment, welches an der Tretkurbel übertragen wird?	M	Nm	
Wie groß ist die maximale Kraft, die dadurch in der Kette hervorgerufen wird?	F_{Kette}	N	
Wie groß ist die maximale Kraft, die durch das übertragene Moment auf die einzelne Schraube wirkt?	F_m	N	
Wie groß ist die maximale Kraft, die durch die Querkraft (Zugtrumkraft der Kette) auf die einzelne Schraube wirkt?	F_q	N	
Wie groß ist die maximale Querkraft auf die Schraubverbindung?	F_{BQ}	N	
Wie groß ist die erforderliche Vorspannkraft?	F_V	N	
Wie groß ist das Gewindemoment beim Anziehen?	M_{Gew}	Nm	
Wie groß ist das Kopfreibungsmoment?	M_{KR}	Nm	
Mit welchem Moment muss die Schraube angezogen werden?	$M_{Schraube}$	Nm	
Mit welchem Moment muss beim Anziehen der Schraube die Mutter festgehalten werden?	M_{Mutter}	Nm	

A.4.10   Wellenflansch mit drei Teilkreisen (E)

Eine einfache, nicht schaltbare Kupplung verbindet zwei Wellenenden über die untenstehende Flanschverbindung. Die beiden Flansche werden so verschraubt, dass das Wellenmoment durch Reibschluss übertragen werden kann. Der Reibwert kann sowohl an dieser Kraftübertragungsstelle als auch im Gewinde mit $\mu = 0{,}1$ angenommen werden.

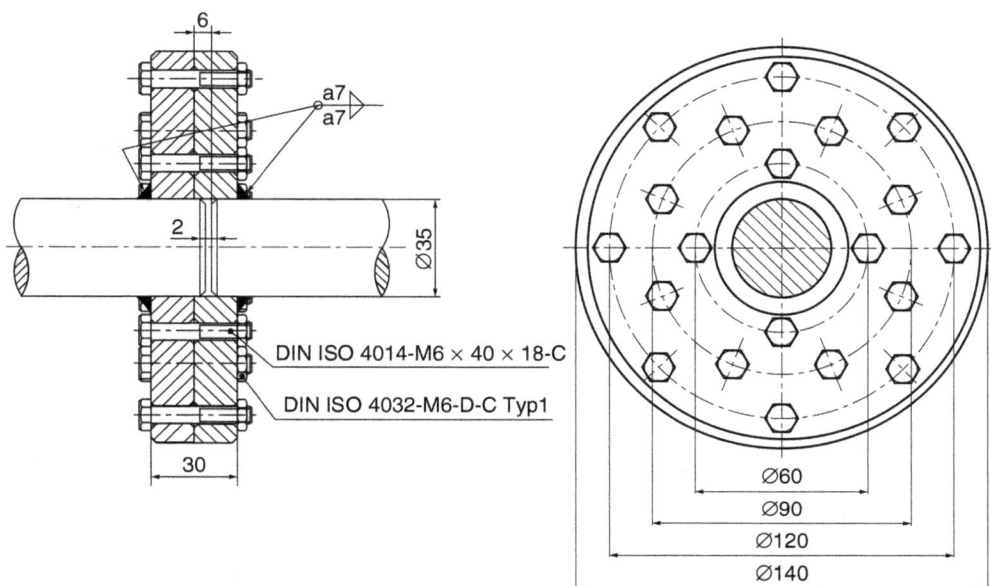

			innerer Lochkreis	mittlerer Lochkreis	äußerer Lochkreis	gesamt
a	M_{tWelle}	Nm				
b	F_{Vmin}	N				
c	M_{Gew}	Nm				
	σ_Z	N/mm^2				
	τ_t	N/mm^2				
d	σ_V	N/mm^2				
	Schrau-bengüte		3.6 4.6 4.8 5.6 6.8 8.8 10.9 12.9	3.6 4.6 4.8 5.6 6.8 8.8 10.9 12.9	3.6 4.6 4.8 5.6 6.8 8.8 10.9 12.9	
e	M_{anz}	Nm				

a) Berechnen Sie das durch die Welle übertragbare Moment M_{tWelle}, wenn alle Schrauben mit einer Kraft von $F_V = 12.000$ N vorgespannt werden. Zur Dokumentation von Zwischenergebnissen differenzieren Sie danach, welcher Momentenanteil vom inneren, mittleren und äußeren Schraubenring übertragen wird.

b) Entsprechend ihrer Lage müssen nicht alle Schrauben mit der unter a) erwähnten Kraft von 12.000 N vorgespannt werden. Auf welchen Betrag kann die Vorspannkraft F_{Vmin} vermindert werden, ohne dass dabei das übertragbare Moment M_{tzul} gegenüber a) reduziert wird?

c) Welches Gewindemoment M_{Gew} ist erforderlich, um die Schrauben mit F_{Vmin} vorzuspannen?

d) Welche Schraubengüte ist erforderlich? Berechnen Sie die Vergleichsspannung und markieren Sie die erforderliche Schraubengüte durch Ankreuzen.

e) Mit welchem Anzugsmoment M_{anz} müssen die Schrauben angezogen werden, wenn angenommen werden kann, dass das Gewindemoment M_{Gew} gleich dem Kopfreibungsmoment M_{KR} ist?

f) Welche Schubspannung liegt in der Schweißnaht vor, die den Flansch mit der Welle verbindet?

Längskraftbeanspruchte Schraubverbindungen

Statische Betriebskraft

A.4.11 Betriebskraft im Verspannungsschaubild (B)

Eine Schraubverbindung steht unter der Vorspannkraft $F_V = 60\,kN$. Dabei wird die Schraube um $f_{SV} = 60\,\mu m$ gelängt und die Zwischenlage um $f_{ZV} = 20\,\mu m$ gestaucht.

Zeichnen Sie zunächst ein *maßstäbliches* Verspannungsschaubild!

Die auf Zug wirkende Betriebskraft F_{BL} beträgt 40 kN. Tragen Sie diese Kraft in das Verspannungsschaubild ein und ermitteln Sie zeichnerisch die in untenstehendem Schema aufgeführte Kenngrößen.

Ermitteln Sie schließlich die gleichen Kenngrößen rechnerisch.

			zeichnerisch	rechnerisch
Wie groß ist die maximale Schraubenkraft?	F_{Smax}	kN		
Wie groß ist die Restklemmkraft?	F_{RK}	kN		
Welche zusätzliche Verformung wird durch die Betriebskraft F_{BL} in die Schraube eingeleitet?	Δf_B	μm		

A.4.12   Druckbehälter statisch belastet (B)

Der unten skizzierte Behälter aus Stahl steht unter einem statischen Innendruck von 24 bar. Die Abdeckplatte des Einstiegloches wird mit 20 Schrauben verschlossen.

Detail B

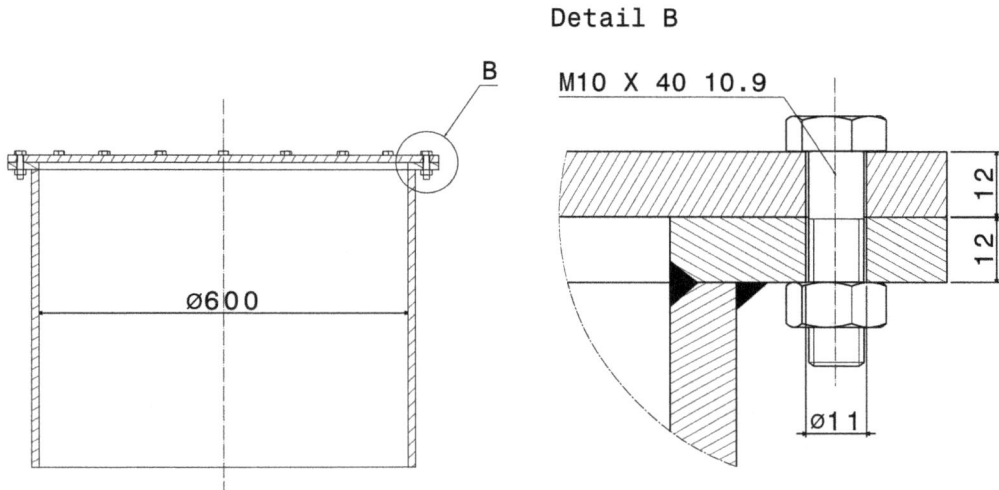

Die Steifigkeit der Zwischenlage beträgt 1.700 N/μm. Es muss eine Restdichtkraft von mindestens 25% der Betriebskraft erhalten bleiben. Der Reibwert sowohl im Gewinde als auch an der Kopfauflage beträgt 0,12. Skizzieren Sie qualitativ das Verspannungsschaubild und bezeichnen Sie die Betriebskraft F_{BL}, die Restdichtkraft F_{RK}, die maximale Schraubenkraft F_{Smax} sowie die Vorspannkraft F_V!

Berechnen Sie die Steifigkeit der Schraube!	c_S	N/μm	
Berechnen Sie für die einzelne Schraube ...			
... die Betriebskraft,	F_{BL}	N	
... die Restdichtkraft,	F_{RK}	N	
... die maximale Schraubenkraft	F_{Smax}	N	
sowie die Vorspannkraft!	F_V	N	
Wie groß sind ...			
... das Gewindemoment,	M_{Gew}	Nm	
... das Kopfreibungsmoment und	M_{KR}	Nm	
das Schraubenanzugsmoment?	M_{anz}	Nm	
Wie groß sind ...			
... die Zugspannung,	σ_Z	N/mm^2	
... die Schubspannung und	τ_t	N/mm^2	
... die Vergleichsspannung in der Schraube?	σ_V	N/mm^2	
Ist die Festigkeit der Schraube ausreichend?		◯ ja ◯ nein	

A.4.13   Rohrleitungsflansch (E)

Die einzelnen Rohre einer Rohrleitung werden mit den nachfolgend dargestellten Flanschverbindungen untereinander verbunden.

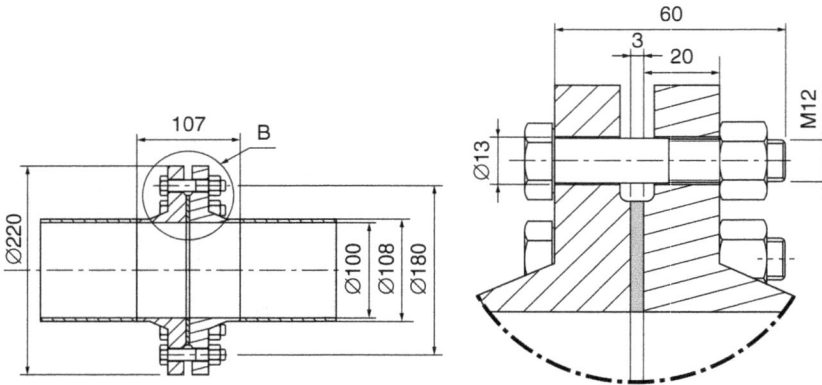

Die Rohrleitung steht unter einem statischen Druck von 120 bar. Die Verbindung soll mit der
Schraubengüte 8.8 bestückt werden. Wegen der federnden Ausbildung der Zwischenlage kann
angenommen werden, dass die Steifigkeit der Zwischenlage so groß ist wie die Schraubensteifigkeit. Die Restdichtkraft F_{RK} soll aus Sicherheitsgründen doppelt so groß sein wie die
Betriebskraft F_{BL}. Es kann weiterhin angenommen werden, dass das Anzugsmoment doppelt
so groß ist wie das Gewindemoment. Im Gewinde liegt ein Reibwert von $\mu_{Gew} = 0,12$ vor.

Berechnen Sie zunächst die von der gesamten Flanschverbindung aufzunehmende Betriebskraft!	F_{BLges}	N	
Wie groß ist die gesamte Restklemmkraft?	F_{RKges}	N	
Welche maximale Schraubenkraft muss die gesamte Verbindung aufnehmen?	$F_{Smaxges}$	N	
Ermitteln Sie die gesamte Vorspannkraft!	F_{Vges}	N	
Wie viele Schrauben sind mindestens erforderlich? Runden Sie die Anzahl der Schrauben auf eine gerade Zahl auf, damit die Konstruktion symmetrisch ausgeführt werden kann.	i	–	
Mit welchem Moment müssen die Schrauben angezogen werden?	M_{anz}	Nm	

Dynamische Betriebskraft

A.4.14 Druckbehälter statisch und dynamisch belastet (E)

Der unten skizzierte Druckbehälter wird mit einer Platte verschlossen, die mit 16 Schrauben fixiert wird. Die Verschraubung kann in drei verschiedenen Varianten ausgeführt werden. Sämtliche Bauteile werden in Stahl ausgeführt.

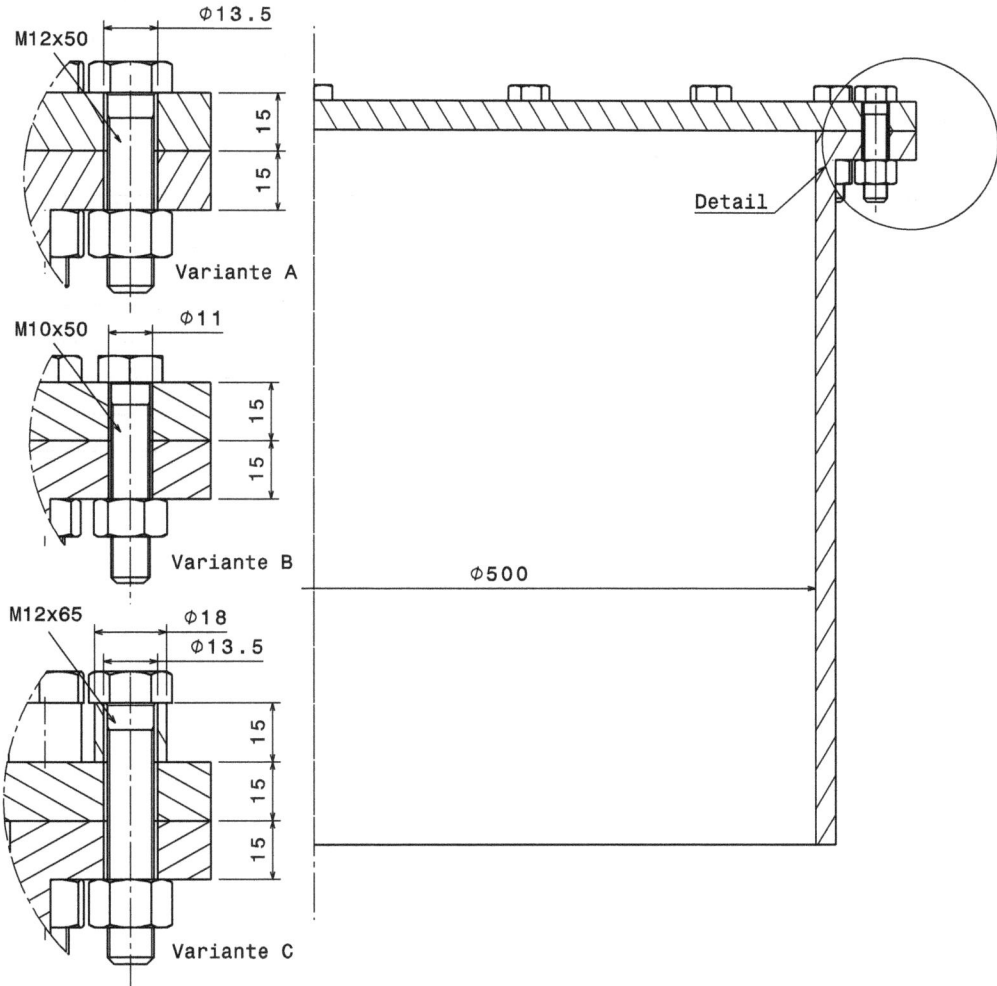

Es kann vereinfachend angenommen werden, dass die Steifigkeit der Zwischenlage in allen drei Fällen $c_Z = 1.200\,\text{N}/\mu\text{m}$ beträgt. Die Restklemmkraft soll halb so groß sein wie die maximale Betriebskraft.

		Variante A statischer Druck 20 bar	Variante A dynamischer Druck zwischen 0 und 20 bar pulsierend	Variante B dynamischer Druck zwischen 0 und 20 bar pulsierend	Variante C dynamischer Druck zwischen 0 und 20 bar pulsierend
c_Z	$\text{N}/\mu\text{m}$	1.200	1.200	1.200	1.200
c_S bzw. c_{SH}	$\text{N}/\mu\text{m}$				
F_{BL}	N				
F_{RK}	N				
F_V	N				
F_{Smax}	N				
F_{Smin}	N				
F_{Sstat}	N				
F_{Sdyn}	N				
σ_{Zstat}	N/mm^2				
σ_{Zdyn}	N/mm^2				

Zusammenspiel der Steifigkeiten

A.4.15   Einteiliger Hydraulikkolben (E)

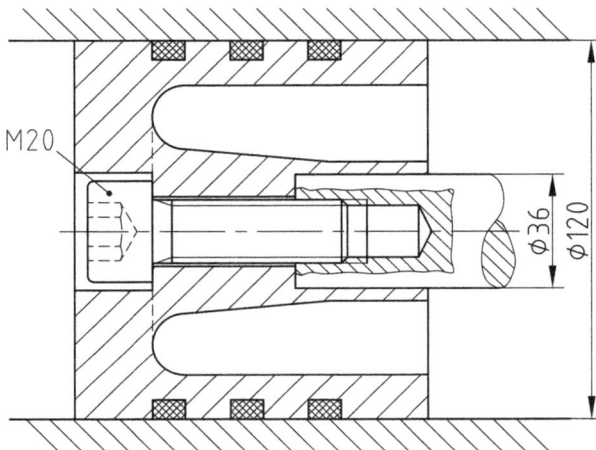

Ein einteiliger Hydraulikkolben ist mit einer zentral angeordneten Schraube M20 auf einer Kolbenstange befestigt. Der wechselseitig von rechts und links wirkende Öldruck beträgt $p_{Öl} = 40$ bar. Die Restklemmkraft der Schraube soll 12 kN betragen. Die Steifigkeit der Zwischenlage ist 1,8-mal so groß wie die Schraubensteifigkeit. Es kann angenommen werden, dass beide Betriebskräfte an der Kopfauflage der Schraube (gestrichelte Linie) wirksam werden. Im Gewinde kann ein Reibwert $\mu = 0,12$ angenommen werden.

Es ist hilfreich, die Lastzustände qualitativ in einem Verspannungsdiagramm darzustellen!

Berechnen Sie die Betriebskraft für den Fall, dass der Druck von links wirkt, und für den von rechts wirkenden Druck!	F_{BL1} F_{BL2}	N N
Mit welcher Kraft muss die Schraube vorgespannt werden?	F_V	N
Wie groß sind die maximale Schraubenkraft und die minimale Schraubenkraft?	F_{Smax} F_{Smin}	N N
Wie groß ist das Gewindemoment? Welches Reibmoment an der Kopfauflage stellt sich ein, wenn es 0,8-mal so groß ist wie das Gewindemoment? Welches Anzugsmoment ergibt sich?	M_{Gew} M_{KR} M_{anz}	Nm Nm Nm
Wie groß ist die statische Schraubenkraft? Wie groß ist die dynamische Schraubenkraft?	F_{Sstat} F_{Sdyn}	N N
Berechnen Sie die statische Vergleichsspannung! Berechnen Sie die dynamische Vergleichsspannung!	σ_{Vstat} σ_{Vdyn}	N/mm² N/mm²
Ist eine Schraube der Güte 10.9 betriebsfest, wenn sie schlussvergütet ist?		○ ja ○ nein
Ist eine Schraube der Güte 10.9 betriebsfest, wenn sie gerollt ist?		○ ja ○ nein

A.4.16   Pufferbefestigungsschraube (E)

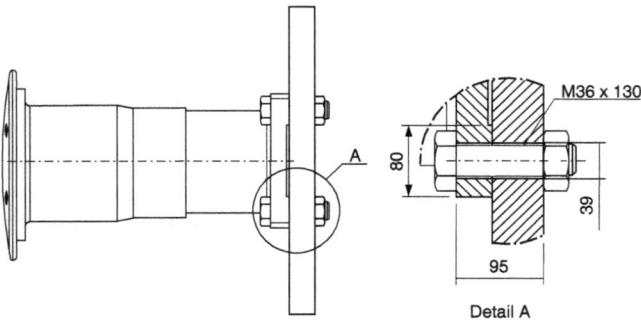

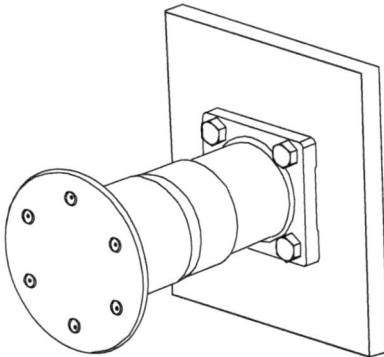

Detail A

Ein Eisenbahnpuffer wird mit 4 Schrauben der Schraubengüte 8.8 an der Pufferbohle befestigt. Der Reibwert im Gewinde kann mit $\mu_{Gew} = 0{,}125$ angenommen werden, der Reibwert an der Kopfauflage beträgt $\mu_{KR} = 0{,}15$. Der Konstruktionswerkstoff der Zwischenlage ist Stahl. Der Puffer wird mit einer maximalen Kraft $F_{Pu} = 350\,\text{kN}$ belastet.

Skizzieren Sie qualitativ in einem Verspannungsdiagramm die Betriebskraft F_{BL}, die maximale Schraubenkraft F_{Smax}, die minimale Schraubenkraft F_{Smin}, die Vorspannkraft F_V und die Restklemmkraft F_{RK}!

Es kann angenommen werden kann, dass die Betriebskraft am Schraubenkopf bzw. an der Mutter angreift. Wie groß sind die Schraubensteifigkeit und die Zwischenlagensteifigkeit?	c_S c_Z	$N/\mu m$ $N/\mu m$	
Wie hoch muss die Vorspannkraft sein, wenn im Augenblick der Belastung an jeder Schraube eine Restklemmkraft von 140 kN wirksam werden soll?	F_V	kN	
Wie groß ist das Gewindemoment, das Kopfreibungsmoment und das Schraubenanzugsmoment?	M_{Gew} M_{KR} M_{anz}	Nm Nm Nm	
Wie groß ist die minimale und die maximale Kraft auf die Schraube?	F_{Smin} F_{Smax}	kN kN	
Welche statische und dynamische Schraubenkraft stellt sich ein?	F_{Sstat} F_{Sdyn}	kN kN	
Berechnen Sie die statische und die dynamische Vergleichsspannung!	σ_{Vstat} σ_{Vdyn}	N/mm^2 N/mm^2	
Ist die Schraube betriebsfest?		$\bigcirc$ ja	$\bigcirc$ nein

Krafteinleitung innerhalb verspannter Teile

A.4.17   Titanhülse (V)

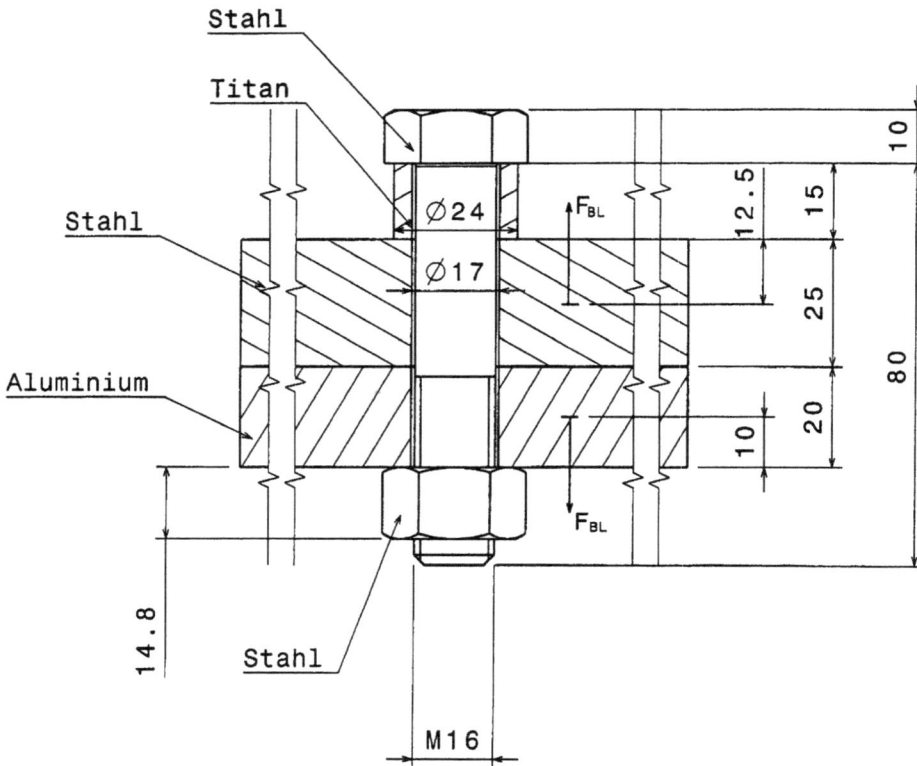

Eine untere Platte aus Aluminium und eine obere aus Stahl werden mit einer Stahlschraube miteinander verbunden. Am Schraubenkopf wird in der dargestellten Weise eine Titanhülse eingefügt. Die Ersatzfläche zur Berechnung der Zwischenlagensteifigkeit kann mit $A_{ers} = 530\,mm^2$ angenommen werden.

$$E_{Titan} = 115.000\,N/mm^2$$
$$E_{Alu} = 71.500\,N/mm^2$$

Sowohl im Gewinde als auch an der Kopfauflage kann der Reibwert 0,1 angenommen werden.

Berechnen Sie die Steifigkeit der Schraube differenziert nach Schaftlänge und Gewindelänge und berücksichtigen Sie die Nachgiebigkeiten von Mutter und Kopf!	$c_{Schraube}$	N/μm	
Berechnen Sie die Steifigkeit der Titanhülse	$c_{Hülse}$	N/μm	
Berechnen Sie die Steifigkeiten der Platten!	$c_{PlatteSt}$	N/μm	
	$c_{PlattenAl}$	N/μm	
Die Betriebskraft wird in der Mitte der jeweiligen Platte eingeleitet. Berechnen Sie für diesen Betriebsfall das Kraftverhältnis Φ!	Φ	–	
Nach der Montage wird die Mutter nachgezogen. Muss dabei der Schraubenkopf festgehalten werden?			○ ja ○ nein
Die Verschraubung soll durch Drehung der Mutter wieder gelöst werden. Muss in der ersten Losdrehphase der Schraubenkopf festgehalten werden?			○ ja ○ nein

A.4.18 Setzen und Krafteinleitung innerhalb verspannter Teile (V)

Gegeben sei eine Schraubverbindung mit $\delta_s = 2 \cdot 10^{-6}$ mm/N und $\Phi = 0,35$.

Wie groß sind die Steifigkeit von Schraube und Zwischenlage?	c_S	N/μm	
	c_Z	N/μm	
Die Schraube setzt sich nach der Montage um $\Delta f_S = 25$ μm. Welcher Vorspannungsverlust ist damit verbunden?	ΔF_V	N	
Wie hoch muss die Montagevorspannkraft sein, wenn nach dem Setzen eine Vorspannkraft $F_V = 80$ kN vorhanden sein soll?	F_{VM}	N	
Die Betriebskraft $F_{BL} = 60$ kN (Zug) wird innerhalb der verspannten Teile eingeleitet, wobei n = 0,6 ist. Ermitteln Sie für diesen Fall die maximale Schraubenkraft und die Restklemmkraft!	F_{Smax}	N	
	F_{RK}	N	

A.4.19   Zylinderkopfverschraubung (V)

Der maximale Verbrennungsdruck eines Einzylinder-2-Takt-Diesel-Motors beträgt 80 bar. Die Restdichtkraft der 4 Zylinderkopfschrauben soll doppelt so groß sein wie die Betriebskraft.

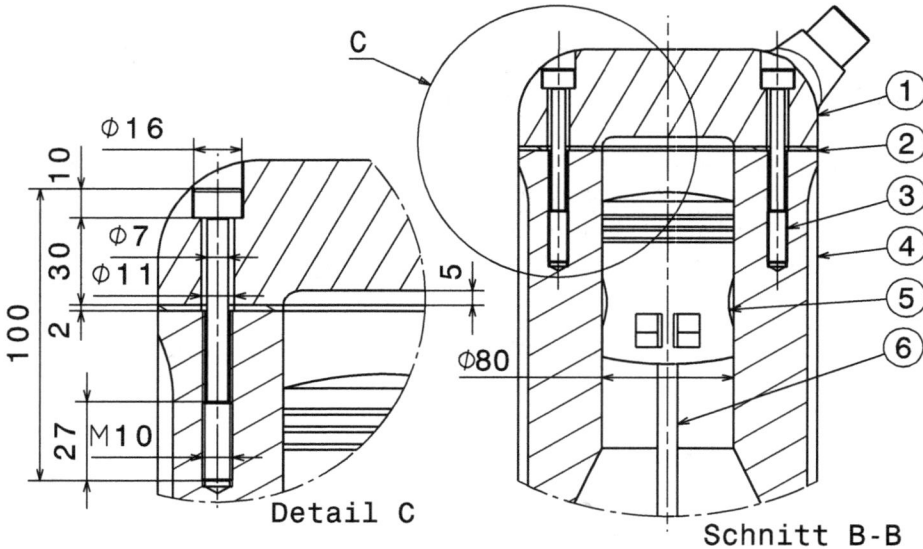

Detail C

Schnitt B-B

Es können folgende Annahmen getroffen werden:

- Der Reibwert beträgt sowohl im Gewinde als auch an der Kopfauflage $\mu = 0,12$.
- Sowohl der Motorblock als auch der Zylinderdeckel bestehen aus Guss mit $E = 135.000\,\text{N/mm}^2$. Die Schraube besteht aus Stahl.
- Die zur Ermittlung der Steifigkeit für Motorblock und Zylinderdeckel erforderliche Ersatzfläche beträgt $152\,\text{mm}^2$.
- Die Steifigkeit des Deckels wird je zur Hälfte der Schraube und der Zwischenlage zugerechnet.
- Die Dichtung hat eine Ersatzfläche von $186\,\text{mm}^2$ und weist einen Elastizitätsmodul von $E = 4.800\,\text{N/mm}^2$ auf.

Berechnen Sie sämtliche Einzelsteifigkeiten (untenstehendes Schema links) und ermitteln Sie daraus die Gesamtschraubensteifigkeit und die Gesamtzwischenlagensteifigkeit (untenstehendes Schema rechts):

Schraubensteifigkeit		Gesamt-Schraubensteifigkeit	
Deckelsteifigkeit			
Motorblocksteifigkeit		Gesamt-Zwischenlagensteifigkeit	
Dichtungssteifigkeit			

- Berechnen Sie weiterhin die Betriebskraft, die Restklemmkraft und die erforderliche Vorspannkraft.
- Ermitteln Sie das Gewindemoment, das Kopfreibungsmoment sowie das Anzugsmoment.
- Mit welcher maximalen und minimalen Kraft wird die Schraube belastet? Welche statische und dynamische Kraft ergibt sich daraus?

F_{BL}	N		M_{Gew}	Nm		F_{Smax}	N	
F_{RK}	N		M_{KR}	Nm		F_{Smin}	N	
F_V	N		M_{ges}	Nm		F_{Sstat}	N	
						F_{Sdyn}	N	

- Welche Spannungen (Zugspannung, Torsionsschub, Vergleichsspannung) ergeben sich im (ungekerbten) Schaft (differenziert nach statisch und dynamisch)?
- Wie groß sind die gleichen Spannungen im (gekerbten) Gewinde?

		Schaft	Gewinde
σ_{Sstat}	N/mm^2		
σ_{Sdyn}	N/mm^2		
τ_{tstat}	N/mm^2		
τ_{tdyn}	N/mm^2		
σ_{Vstat}	N/mm^2		
σ_{Vdyn}	N/mm^2		

A.4.20 Zweiteiliger Hydraulikkolben (V)

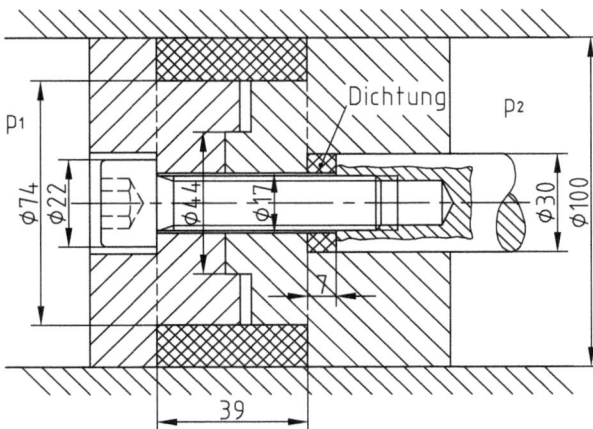

Der dargestellte Kolben wird abwechselnd von links mit einem Druck $p_1 = 63{,}7\,$bar und von rechts mit einem Druck $p_2 = 56\,$bar beaufschlagt. Er ist mit einer Innensechskantschraube M16, deren Kopfaußendurchmesser 22 mm beträgt, auf der Kolbenstange befestigt.

$E_{Schraube} = 210.000\,N/mm^2$

$E_{Dichtung} = 4.560\,N/mm^2$

$E_{Kolben} = 80.000\,N/mm^2$

Der Kolben ist zweigeteilt, um eine Dichtung montieren zu können, die den Kolben gegenüber der Zylinderwand abdichtet. Diese Dichtung ist allerdings so weich, dass sie bei der

Steifigkeitsbetrachtung vernachlässigt werden kann. Die Dichtung zwischen Kolben und Kolbenstange muss allerdings beim Zusammenspiel der Steifigkeiten berücksichtigt werden.

Berechnen Sie die Steifigkeit von Schraube,	$c_{Schraube}$	N/µm
Kolben und	c_{Kolben}	N/µm
Dichtung!	$c_{Dichtung}$	N/µm
Die Schraube wird mit der Vorspannkraft $F_{VM} = 50\,kN$ montiert und setzt sich anschließend um 25 µm. Wie groß ist der Vorspannungsverlust und wie groß ist die Vorspannkraft nach dem Setzen?	ΔF_V F_V	N N

Treffen Sie sinnvolle Annahmen für die Krafteinleitungsebenen bei der Belastung durch die Drücke p_1 und p_2. Berechnen Sie die Steifigkeiten, die bei Belastung durch p_1 und p_2 als Schraube und Zwischenlage wirksam werden.

	Schraubensteifigkeit [N/µm]	Zwischenlagensteifigkeit [N/µm]
Belastung durch p_1		
Belastung durch p_2		

Berechnen Sie die maximale Schraubenkraft,	F_{Smax}	N
die minimale Schraubenkraft sowie	F_{Smin}	N
die Restklemmkraft!	F_{RK}	N
Berechnen Sie die mittlere Schraubenkraft und	F_{Sstat}	N
die Schraubenausschlagskraft!	F_{Sdyn}	N
Die zwischen Kolben und Kolbenstange befindliche Dichtung wird entfernt und zwischen Schraubenkopf und Kolben montiert. Geben Sie durch Ankreuzen an, ob und ggf. wie sich die dynamische Schraubenbelastung ändert.	○ wird kleiner ○ bleibt gleich ○ wird größer	

A.4.21   Hydro-Arbeitszylinder (V)

Der unten dargestellte Hydro-Arbeitszylinder besteht aus einem Rohr, welches an beiden Kopfenden mit einer Platte verschlossen wird, die untereinander mit 4 Gewindestangen verspannt werden. Alle Bauteile bestehen aus Stahl und es kann angenommen werden, dass die beiden Abdeckplatten unendlich steif sind. Der Arbeitszylinder wird wechselseitig von beiden Seiten mit einem Druck von 250 bar belastet.

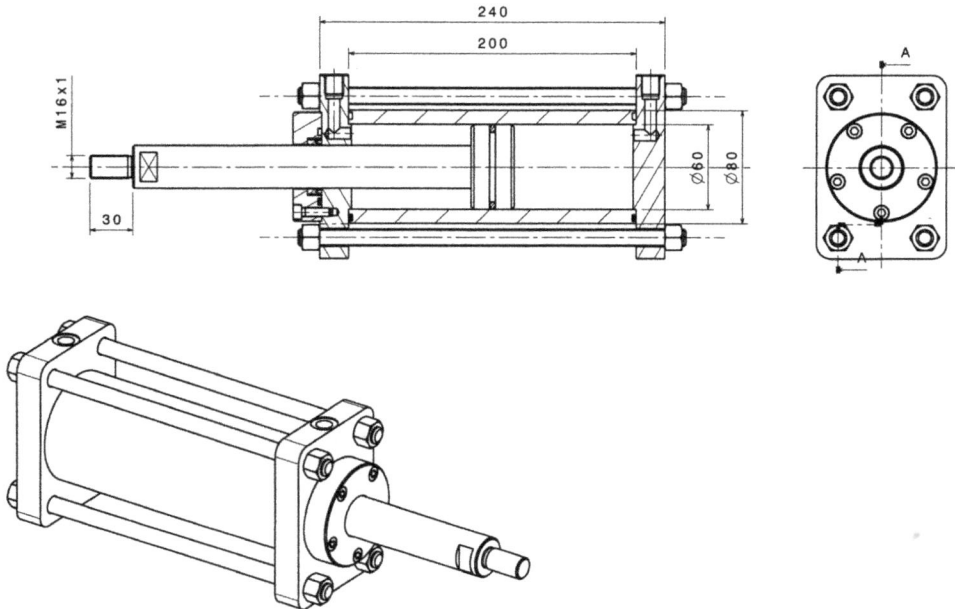

Steifigkeiten Berechnen Sie die Steifigkeit der Zwischenlage c_{Rohr} und die Gesamtsteifigkeit aller vier Gewindestangen-Schrauben c_{GS}.

c_{Rohr}	N/µm		c_{GS}	N/µm	

Schraubenzusatzbelastung qualitativ: Bezüglich der Qualität der Schraubenzusatzbelastung ΔF_{BS} stehen folgende Aussagen zur Auswahl. Kreuzen Sie an, welche Aussage zutrifft.

○ Die infolge des Drucks wirkende Schraubenzusatzbelastung ist statisch.

○ Die infolge des Drucks wirkende Schraubenzusatzbelastung ist schwellend.

○ Die infolge des Drucks wirkende Schraubenzusatzbelastung ist wechselnd.

Schraubenzusatzbelastung quantitativ: Die Schraubenzusatzbelastung ΔF_{BS} ist von der Kolbenstellung und von der Frage abhängig, von welcher Seite der Betriebsdruck wirkt. Berechnen Sie für die unten angegebenen Kolbenstellungen und Druckwirkungen die jeweils wirkende Schraubenzusatzbelastung ΔF_{BS}.

		Kolben in linker Endlage	Kolben in rechter Endlage
Druck von links	Verspannungsfaktor Φ		
	ΔF_{BS} [N]		
Druck von rechts	Verspannungsfaktor Φ		
	ΔF_{BS} [N]		

Dynamische Zugspannung: Wie groß ist die dynamische Zugspannung in der Schraube?

F_{Sdyn}	N		σ_{Zdyn}	N/mm^2	

Quer- und längskraftbeanspruchte Schraubverbindungen

A.4.22   Verschraubung Kettenradwelle

Eine in zwei Stehlagern gelagerte Kettenradwelle überträgt ein Torsionsmoment von 280 Nm, wobei beide Kettenkräfte in senkrechter Richtung wirken, so dass die Verschraubungen der Stehlager ausschließlich mit Betriebskräften in Längsrichtung belastet werden. Alle Schrauben werden mit 14 Nm angezogen, wobei angenommen werden kann, dass das Gewindemoment und das Kopfreibungsmoment gleich groß sind. Der Reibwert im Gewinde beträgt 0,12. Die Steifigkeit der Zwischenlage ist doppelt so groß wie die Schraubensteifigkeit.

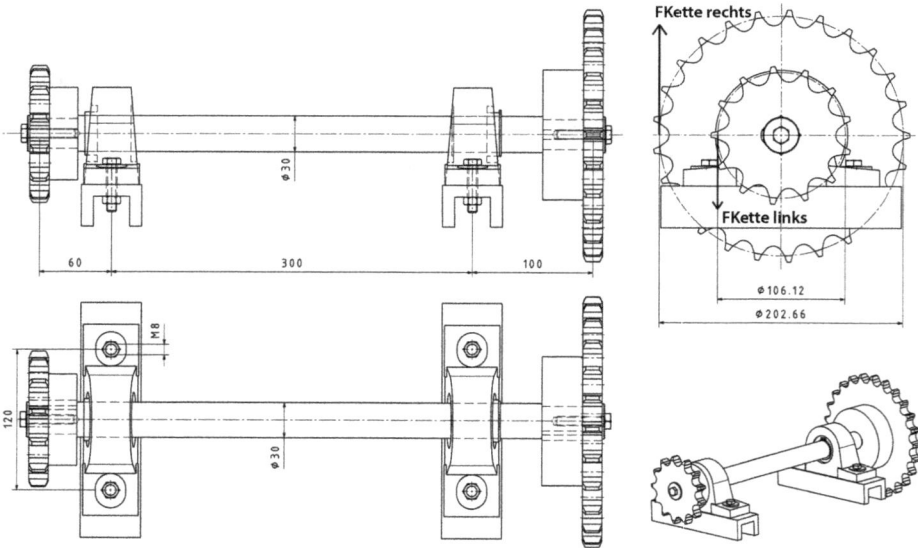

Berechnen Sie ...

			links	rechts
die Kettenkraft	F_{Kette}	N		
die Lagerkraft	F_{Lager}	N		
die Betriebskraft der Schraube	F_{BL}	N		
die Vorspannkraft	F_V	N		
die Schraubenkraft bei Betriebslast	F_{S_Last}	N		
die maximale Schraubenkraft	F_{S_max}	N		
die minimale Schraubenkraft	F_{S_min}	N		
die Restklemmkraft	F_{RK}	N		

A.4.23   Verschraubung Elektrogetriebemotor

Ein Elektromotor wird an seinem angeflanschten Getriebe mit dem Fundament verschraubt. Die Leistung von 1,5 kW wird bei einer Drehzahl von 76 min^{-1} an einem Kettenrad abgenommen, wobei der (hier nicht dargestellte) Zugtrum der Kette genau nach unten verläuft, so dass die Verschraubung ausschließlich mit Betriebskräften in Längsrichtung belastet wird.

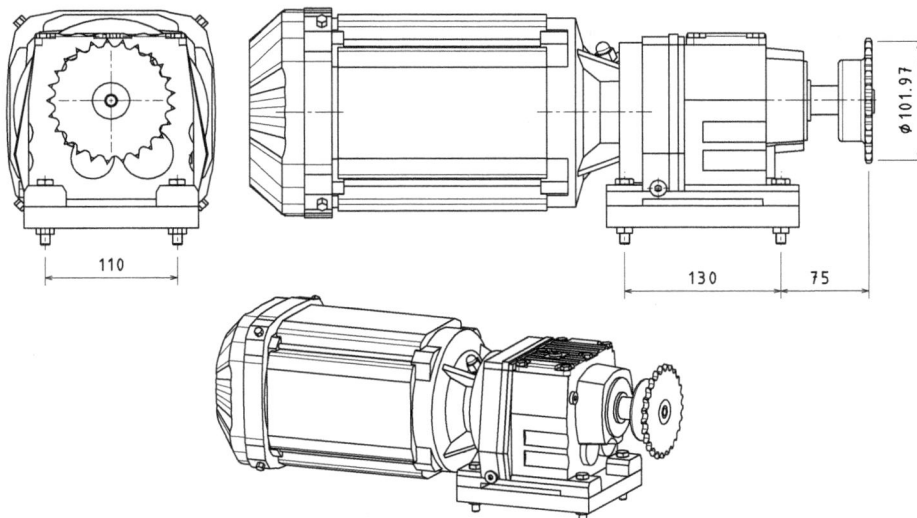

Wie groß ist ...

... das Drehmoment M_t am Kettenrad?	Nm	
... die Kettenkraft F_{Kette}?	N	
... das Biegemoment M_b um den Schwerpunkt der Verschraubung senkrecht zur Motorachse?	Nm	
... F_q aufgrund der Zugtrumkraft der Kette?	N	
... F_{mt} aufgrund des Torsionsmomentes am Kettenrad?	N	
... F_{mb} aufgrund des Biegemomentes der Zugtrumkraft der Kette um den Schwerpunkt der Verschraubung?	N	

Zur Klärung der Festigkeit und der Restklemmkraft muss die größte und die kleinste Schraubenbetriebskraft ermittelt werden. Tragen Sie deshalb alle Kraftanteile **vorzeichenrichtig** in folgendes Schema (Draufsicht der Schraubverbindung unter der Annahme, dass die Kettenkraft oben rechts in die Zeichenebene hinein weist) ein.

Schraube 1		Schraube 2	
F_q F_{mt} F_{mb}		F_q F_{mt} F_{mb}	
F_{BL1}		F_{BL2}	
F_{V1} F_{Smax1}		F_{V2} F_{Smax2}	
Schraube 3		Schraube 4	
F_q F_{mt} F_{mb}		F_q F_{mt} F_{mb}	
F_{BL3}		F_{BL4}	
F_{V3} F_{Smax3}		F_{V4} F_{Smax4}	

Es kann angenommen werden, dass die Steifigkeit der Zwischenlage dem 1,6-fachen der Schraubensteifigkeit entspricht.

- Mit welcher Kraft muss jede einzelne der vier Schrauben vorgespannt werden, wenn die Restklemmkraft aus Sicherheitsgründen so groß sein soll wie die Betriebskraft?
- Zur Vereinheitlichung der Montage werden alle vier Schrauben mit der höchsten erforderlichen Vorspannkraft vorgespannt. Wie groß ist dann die maximale Schraubenkraft für jede einzelne der vier Schrauben?

A.4.24   Verschraubung Hubtrommel

Mit einer Hubtrommel soll eine Last von 1.000 kg angehoben werden können. Die Welle wird mit zwei Stehlagern gelagert, die an einer Deckenkonstruktion verschraubt sind. Der Antrieb erfolgt über ein Kettenrad, dessen Zugtrumkraft genau senkrecht nach unten wirkt, so dass die Verschraubungen der Stehlager ausschließlich mit Betriebskräften in Längsrichtung belastet werden.

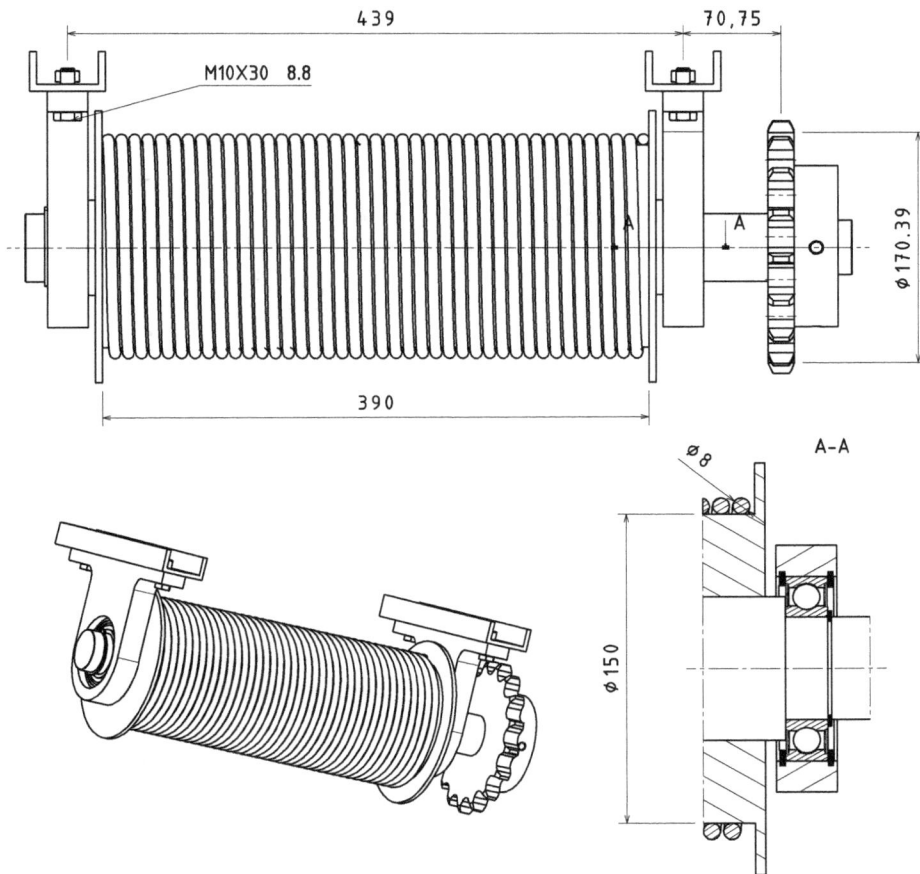

| Wie groß ist die Seilkraft? | N | |
| Wie groß ist die Kettenkraft? | N | |

Berechnen Sie zunächst die Lagerkräfte. Da beide Lager betrachtet werden müssen und das Seil seine Lage ändert, ergeben sich die Eckwerte zweckmäßigerweise nach folgendem Schema:

		linkes Lager	rechtes Lager
Lagerkraft für Seil in linker Endlage	N		
Lagerkraft für Seil in rechter Endlage	N		

Tragen Sie in der linken Spalte des folgenden Schemas zunächst die größte und kleinste Schraubenbetriebskraft ein, die sich aus den zuvor ermittelten Lagerkräften ergibt. Markieren Sie eine negative Betriebskraft mit einem Minuszeichen.

		F_V [N]	F_{RK} [N]	F_{Smax} [N]
F_{BLmax} [N]				
F_{BLmin} [N]				

Alle Schrauben werden mit 18 Nm angezogen, wobei angenommen werden kann, dass das Gewindemoment und das Kopfreibungsmoment gleich groß sind. Der Reibwert im Gewinde beträgt 0,12. Welche Vorspannkraft wird dadurch hervorgerufen? Die Steifigkeit der Zwischenlage ist doppelt so groß wie die Steifigkeit der Schraube. Welche Restklemmkraft und welche maximale Schraubenkraft ergeben sich für diese Betriebsbelastungen?

A.4.25 Verschraubter Bohrflansch (V)

Mit der unten skizzierten Flanschverbindung wird ein Bohrwerkzeug angetrieben:

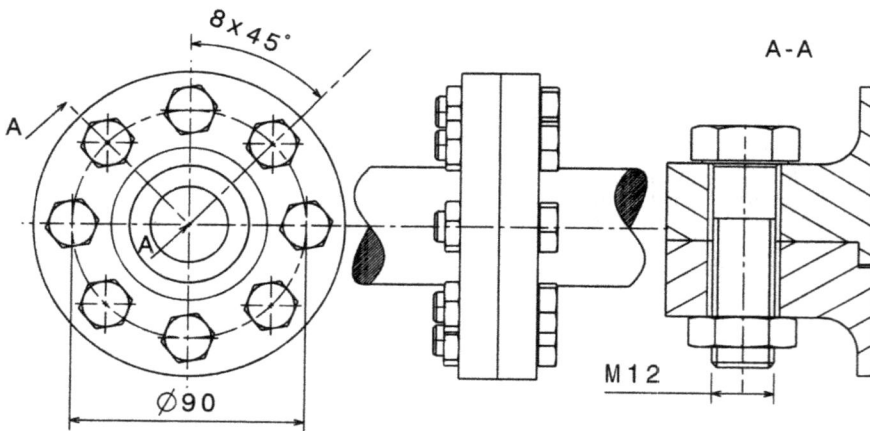

Es können die folgenden Annahmen getroffen werden:

- Der Reibwert der beiden Flanschflächen beträgt $\mu_{\text{Flansch}} = 0{,}08$.
- Im Gewinde liegt ein Reibwert von $\mu_{\text{Gew}} = 0{,}12$ vor.
- Die Zwischenlagensteifigkeit beträgt das 1,5-fache der Schraubensteifigkeit.
- Das Kopfreibmoment ist so groß wie das 0,8-fache des Gewindemomentes.
- Sämtliche Belastungen treten quasistatisch auf.

Die Schrauben werden mit einem Moment von 60 Nm angezogen. Berechnen Sie die daraus resultierende Vorspannkraft F_V, die an den Flanschflächen wirksame Restklemmkraft F_{RK} und das dabei maximal übertragbare Bohrmoment M_{Bohr}. Ermitteln Sie weiterhin die maximal in der Schraube vorliegende Zugspannung σ_Z, den Torsionsschub τ_t sowie die Vergleichsspannung σ_V. Unterscheiden Sie dabei die folgenden Fälle:

a) Beim Bohren wird (unrealistischerweise) keine Axialkraft benötigt, sondern nur Torsionsmoment übertragen.
b) Der Bohrvorgang erfordert eine axial gerichtete Andruckkraft von 80 kN.
c) Beim Zurückziehen des Bohrgestänges tritt eine Rückholkraft von 80 kN auf.

		ohne Axialkraft	Andruckkraft 80 kN	Rückholkraft 80 kN
F_V	N			
$F_{S\text{max}}$	N			
F_{RK}	N			
M_{Bohr}	Nm			
σ_Z	N/mm^2			
τ_t	N/mm^2			
σ_V	N/mm^2			

A.4.26   Luftschraube (V)

Die Luftschraube 3 eines Kleinflugzeuges wird mittels Schrauben 5 und Muttern 6 auf der zu einem Flansch 1 ausgebildeten Motorwelle befestigt.

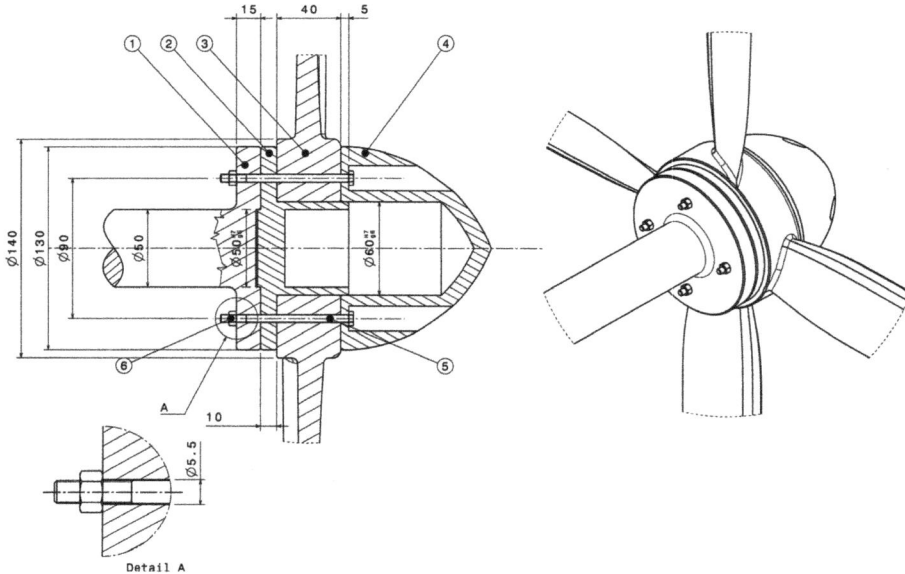

Bei einer Leistung von 20,6 kW und einer Drehzahl von 3.000 min^{-1} entwickelt die Luftschraube eine Vortriebskraft von 800 N. Die Schrauben M5 werden mit 5,6 Nm angezogen, wobei angenommen werden kann, dass Kopfreibungsmoment und Gewindemoment gleich groß sind. Es kann vorausgesetzt werden, dass sämtliche Belastungen quasistatisch wirken. Der Reibwert im Gewinde beträgt 0,1.

Es liegen folgende Steifigkeiten vor:

Schraube: $c_{Schraube} = 60\,\frac{N}{\mu m}$ Flansch: $c_{Flansch} = 2.150\,\frac{N}{\mu m}$

Spinner: $c_{Spinner} = 6.400\,\frac{N}{\mu m}$ (konische Spitze an der Vorderseite der Luftschraube)

Luftschraube: $c_{Luftschraube} = 42\,\frac{N}{\mu m}$

Der Adapter ist so steif, dass er für die folgende Betrachtung keine Rolle spielt. Es kann angenommen werden, dass im ungünstigsten Fall die durch die Luftschraube hervorgerufene Vortriebskraft an der rechten Begrenzungsfläche der Luftschraube wirksam wird.

Wie groß ist die Vorspannkraft?	F_V	N	
Wie groß ist die Betriebskraft einer einzelnen Schraube?	F_{BL}	N	
Wie groß ist die maximale Schraubenlängskraft?	F_{Smax}	N	
Wie groß ist die Zugspannung in der Schraube?	σ_Z	N/mm^2	
Wie groß ist der Torsionsschub in der Schraube?	τ_t	N/mm^2	
Wie groß ist die Vergleichsspannung in der Schraube?	σ_V	N/mm^2	
Wie groß ist die Restklemmkraft der Schraube?	F_{RK}	N	
Wie groß ist die Querkraftbelastung jeder einzelnen Schraubverbindung?	F_{BQ}	N	
Welcher Reibwert muss am Adapterstück 2 mindestens vorliegen, damit die Leistung übertragen werden kann?	μ_{min}	–	

A.4.27   Angeschraubte Wandhalterung (V)

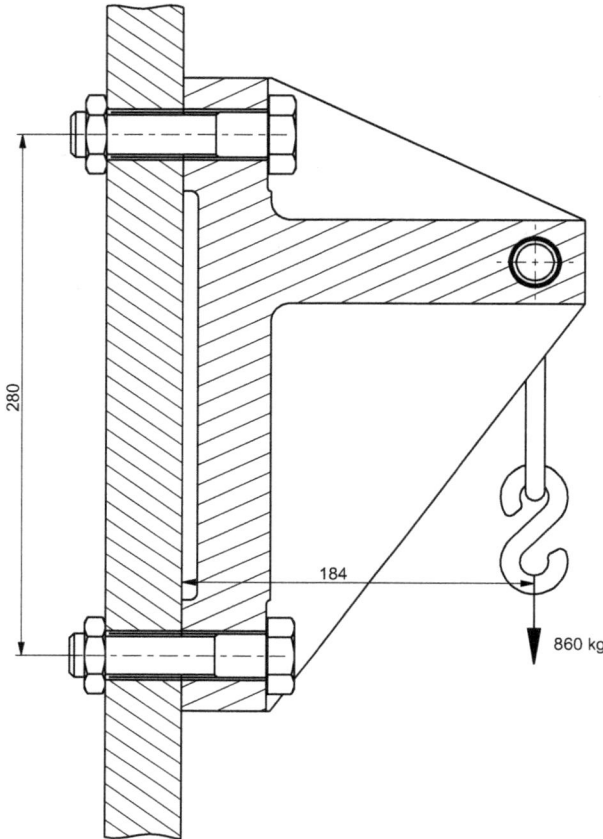

Die obenstehende Halterung wird mit zwei Schrauben an einer senkrechten Wand befestigt und mit einer Masse von 860 kg belastet. Zwischen Halterung und Wand besteht ein Reibschluss mit $\mu = 0{,}1$. Es kann angenommen werden, dass die Zwischenlage der Verschraubung doppelt so steif ist wie die Schraube selber.

Berechnen Sie die Querkraftbelastung der Schraubverbindung F_{BQ}, die Längskraftbelastung F_{BL} und ermitteln Sie, mit welcher Kraft F_V die beiden Schrauben mindestens vorgespannt werden müssen, damit der Reibschluss zwischen Halterung und Wand sichergestellt ist. Bedienen Sie sich zur Dokumentation Ihrer Ergebnisse des untenstehenden Schemas.

		obere Schraube	untere Schraube
F_{BQ}	N		
F_{RK}	N		
F_{BL}	N		
F_V	N		
F_{Smax}	N		

A.4.28   Angeflanschte Unwucht (V)

Die unten skizzierte Flanschverbindung verbindet zwei Wellenenden ausschließlich reib-schlüssig. Sie rotiert mit 3.000 min^{-1}, wobei die kugelförmige Masse eine Unwuchtwirkung hervorruft, die die Schrauben belastet. Die Reibzahl zwischen den Flanschen kann mit $\mu = 0,1$ angenommen werden. Die Konstruktion wird in drei Varianten mit 2, 4 oder 6 Schrauben aus-geführt. Es kann angenommen werden, dass die Steifigkeit der Zwischenlage doppelt so groß ist wie die Schraubensteifigkeit.

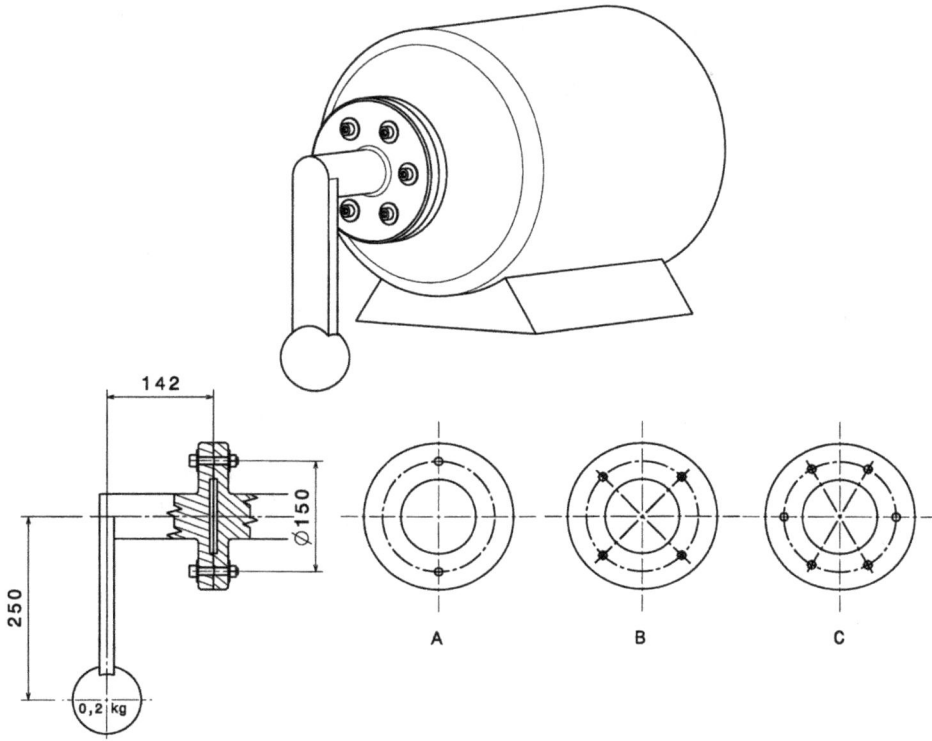

Bei allen Betrachtungen kann der Einfluss der Erdbeschleunigung vernachlässigt werden. Be-nutzen Sie zur Dokumentierung der Ergebnisse das untenstehende Schema.

		Variante A	Variante B	Variante C
F_{BQ}	N			
F_{RK}	N			
F_{BL}	N			
F_{Smax}	N			
F_V	N			

a) Wie ist die Querkraft F_{BQ} auf die einzelne Schraubenverbindung?
b) Wie groß muss daraufhin die Restklemmkraft F_{RK} in der Schraube sein?
c) Wie ist die auf die einzelne Schraubverbindung wirkende Betriebskraft F_{BL}?
d) Wie hoch ist die maximale Schraubenbelastung F_{Smax}?
e) Mit welcher Kraft F_V müssen die Schrauben vorgespannt werden?

A.4.29   Laufrad Fördertechnik (V)

Gegeben ist das nachfolgend vereinfacht dargestellte Laufrad aus der Fördertechnik.

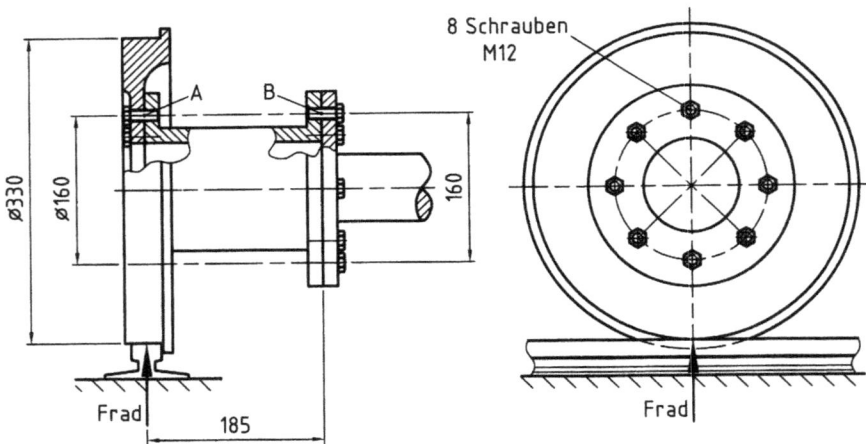

Das Rad wird mittig mit einer radial gerichteten Kraft $F_{rad} = 22$ kN belastet. Es wird mit 8 Schrauben M12 bei A an ein rohrförmiges Zwischenstück angeflanscht und dann wiederum mit weiteren 8 Schrauben M12 bei B an der scheibenförmigen Stirnseite einer Achse befestigt. Beide Flanschverbindungen werden reibschlüssig ausgeführt. Es können folgende Annahmen getroffen werden:

• Sowohl an der Flanschverbindung als auch im Gewinde und an der Kopfauflage liegt ein Reibwert von $\mu = 0,12$ vor.
• Die Steifigkeit der Zwischenlage ist jeweils doppelt so groß wie die Schraubensteifigkeit.
• Das Schraubenanzugsmoment ist 1,8-mal so groß wie das Gewindemoment.

Es ist sowohl das erforderliche Anzugsmoment der Schrauben M_{ges} als auch deren mechanische Belastung (σ_{Vstat} und σ_{Vdyn}) gesucht. Füllen Sie dazu bitte das folgende Lösungsschema *vollständig* aus. Legen Sie dabei die Reihenfolge des Berechnungsganges selber fest.

Geben Sie in der abschließenden Zeile die minimal erforderliche Festigkeitsklasse durch Ankreuzen an, wobei Schrauben verwendet werden, deren Gewinde nach dem Rollen durch Vergüten hergestellt wurde.

			Stelle A	Stelle B
Betriebskraft quer	F_{BQ}	N		
Betriebskraft längs	F_{BL}	N		
Vorspannkraft	F_V	N		
maximale Schraubenkraft	F_{Smax}	N		
minimale Schraubenkraft	F_{Smin}	N		
Restklemmkraft	F_{RK}	N		
statische Schraubenkraft	F_{Sstat}	N		
dynamische Schraubenkraft	F_{Sdyn}	N		
Gewindemoment	M_{Gew}	Nm		
Kopfreibmoment	M_{KR}	Nm		
Anzugsmoment	M_{ges}	Nm		
statische Zugspannung	σ_{Zstat}	N/mm^2		
dynamische Zugspannung	σ_{Zdyn}	N/mm^2		
statische Torsionsspannung	τ_{tstat}	N/mm^2		
dynamische Torsionsspannung	τ_{tdyn}	N/mm^2		
statische Vergleichsspannung	σ_{Vstat}	N/mm^2		
dynamische Vergleichsspannung	σ_{Vdyn}	N/mm^2		
erforderliche Festigkeitsklasse			3.6 4.6 4.8 5.6 5.8 6.8 8.8 9.8 10.9 12.9	3.6 4.6 4.8 5.6 5.8 6.8 8.8 9.8 10.9 12.9

A.4.30   Flanschverbindung Kettenrad (V)

Das unten dargestellte Umlenkrad eines Kettentriebes wird mittels 6 Schrauben zwischen zwei Wellenflanschen verschraubt. Die Zugkraft in der Kette beträgt $F_{Kette} = 1.200\,N$, ohne dass an der Achse ein Moment abgenommen wird.

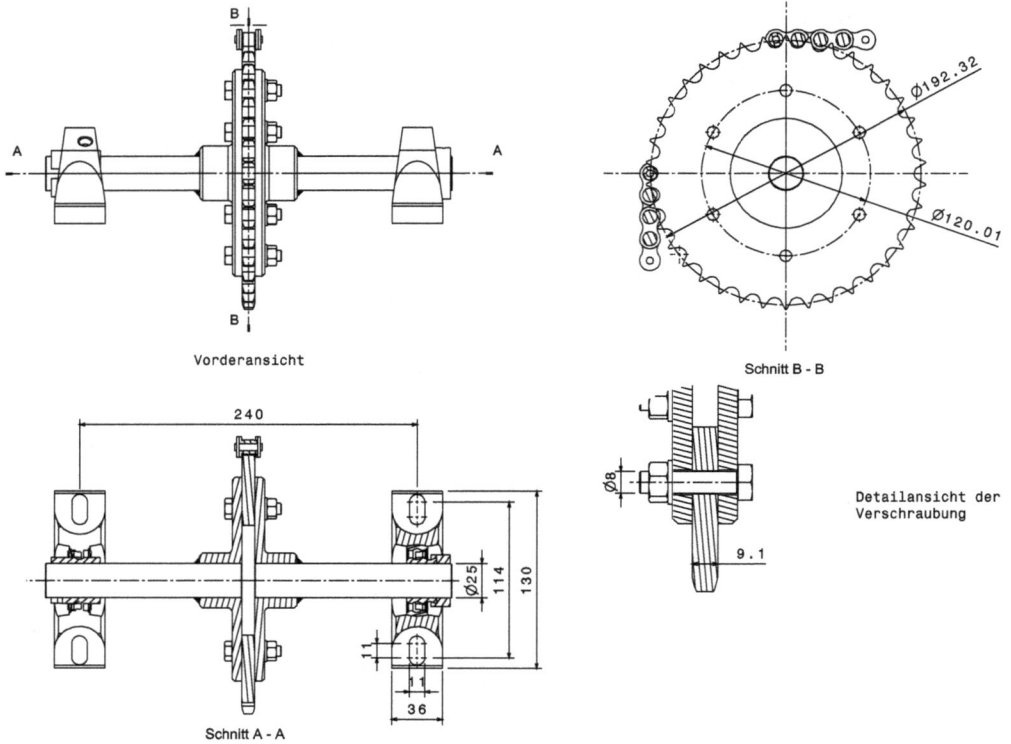

Vorderansicht

Schnitt B - B

Detailansicht der
Verschraubung

Schnitt A - A

Die Schraubensteifigkeit ist halb so groß wie die Zwischenlagensteifigkeit. Zwischen Kettenblatt und Flansch kann ein Reibwert $\mu = 0{,}08$ ausgenutzt werden.

Wie groß ist die Querkraftbelastung jeder einzelnen Schraubverbindung?	F_{BQ}	N	
Wie groß ist die Längskraftbelastung einer jeden einzelnen Schraubverbindung?	F_{BL}	N	
Welche Restklemmkraft muss an jeder einzelnen Schraube wirksam werden, damit die Querkraftbelastung der Schraubverbindung reibschlüssig übertragen werden kann?	F_{RK}	N	
Wie groß ist die Vorspannkraft, die an jeder einzelnen Schraube aufgebracht werden muss?	F_V	N	
Wie groß sind die statische Schraubenbelastung und die dynamische Schraubenbelastung?	F_{Sstat} F_{Sdyn}	N N	

A.4.31 Lagerbock (V)

Der unten dargestellte Lagerbock wird mit zwei Schrauben reibschlüssig ($\mu = 0{,}1$) an der Decke befestigt. Die Steifigkeit der Zwischenlage ist doppelt so groß wie die Steifigkeit der Schraube.

70
A
2
3
13
12
1
4
10
5
Spielpassung H7/h9
6
85
60
$\varnothing 45$
7
8
11
9
Spielpassung H7/h9
10
Presspassung H7/r6
90
A

Schnitt A - A

An das nach unten herausragende Rohr wird eine Stange befestigt, mit der eine Zugkraft von 20 kN eingeleitet wird, die um die hier dargestellte Mittellage im Winkel von $\alpha = \pm 30°$ pendelt.

Hinweis: Es ist zweckmäßig, den Lastzustand qualitativ im Verspannungsschaubild zu skizzieren!

Welche maximale Querkraft wirkt auf die einzelne Schraubverbindung?	F_{BQ}	N	
Wie groß ist die Restklemmkraft, die in jedem Fall noch auf die einzelne Schraube wirken muss, damit der Reibschluss aufrecht erhalten wird?	F_{RK}	N	
Wie groß ist die maximale Betriebskraft auf eine einzelne Schraube in Längsrichtung?	F_{BLmax}	N	
Wie groß ist die minimale Betriebskraft auf eine einzelne Schraube in Längsrichtung?	F_{BLmin}	N	
Mit welcher Kraft muss die einzelne Schraube vorgespannt werden, damit die in den Lagerbock eingeleitete Kraft in allen Stellungen reibschlüssig übertragen werden kann?	F_V	N	
Welche maximale Zugkraft wird in die Schraube eingeleitet?	F_{Smax}	N	
Welche minimale Zugkraft wird in die Schraube eingeleitet?	F_{Smin}	N	
Wie groß ist die statische Zugkraft in der Schraube?	F_{Sstat}	N	
Wie groß ist die dynamische Zugkraft in der Schraube?	F_{Sdyn}	N	

Bewegungsschrauben

A.4.32   Wagenheber (B)

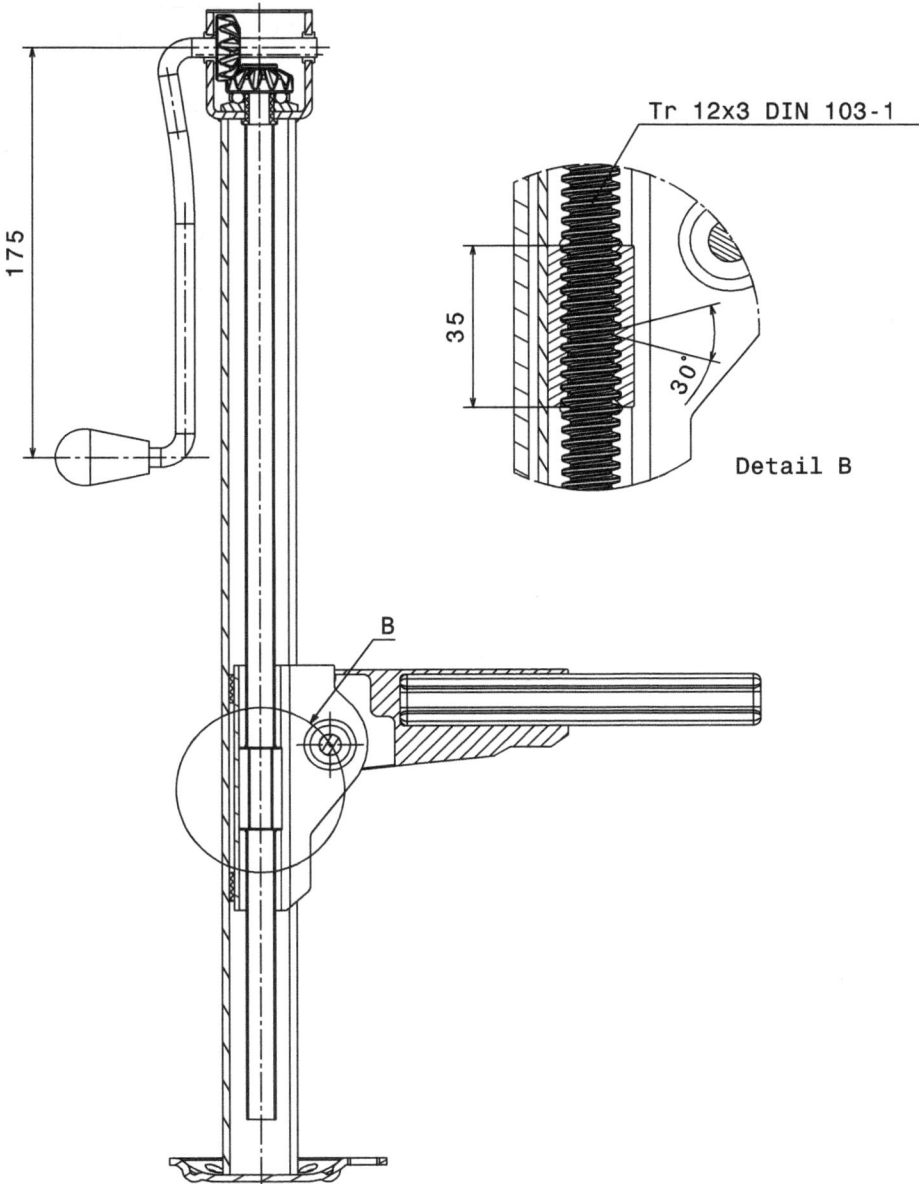

Tr 12x3 DIN 103-1

175

35

30°

Detail B

B

Mit dem dargestellten Wagenheber soll eine anteilige Masse von 800 kg angehoben werden. Der Reibwert im Gewinde wird mit 0,1 angenommen, die Reibung in den Lagern und der Führung sowie die Verzahnung können vernachlässigt werden.

Wie groß ist die Axialkraft in der Spindel?	F_{ax}	N	
Welche Flächenpressung liegt im Gewinde vor?	p_{Gew}	N/mm^2	
Wie groß ist das Torsionsmoment in der Spindel beim Anheben?	M_{Heben}	Nm	
Wie groß ist das Torsionsmoment in der Spindel beim Absenken?	M_{Senken}	Nm	
Wie groß ist der Wirkungsgrad beim Heben der Last?	η	–	
Wie groß ist die Zugspannung in der Spindel?	σ_Z	N/mm^2	
Welcher Torsionsschub liegt in der Spindel vor?	τ_t	N/mm^2	
Welche Vergleichsspannung belastet die Spindel?	σ_V	N/mm^2	
Welche Handkraft muss aufgebracht werden, um die Last anzuheben?	F_{Hand}	N	
Welche Handkraft ist erforderlich, um die Last abzusenken?	F_{Hand}	N	

A.4.33   Selbstschließende Türangel (B)

Eine Türangel ist zunächst einmal ein Scharnier, also ein Gleitlager, welches bei Festkörperreibung betrieben wird und Radialkräfte aufnimmt. Die axial wirkende Last wird entsprechend der fertigungs- und montagetechnischen Toleranzen nur an einer der beiden Türangeln übertragen, deren axiale Anlagefläche dann zum Axiallager mit Festkörperreibung wird. Wird diese kreisringförmige Axiallagerfläche zu einer schraubenförmigen Wendel ausgebildet, so hebt sich die Tür beim Öffnen geringfügig. Wird die Tür dann wieder losgelassen, so schließt sie sich selbsttätig, wenn keine Selbsthemmung vorliegt. Die folgende Darstellung zeigt eine solche selbstschließende Türangel.

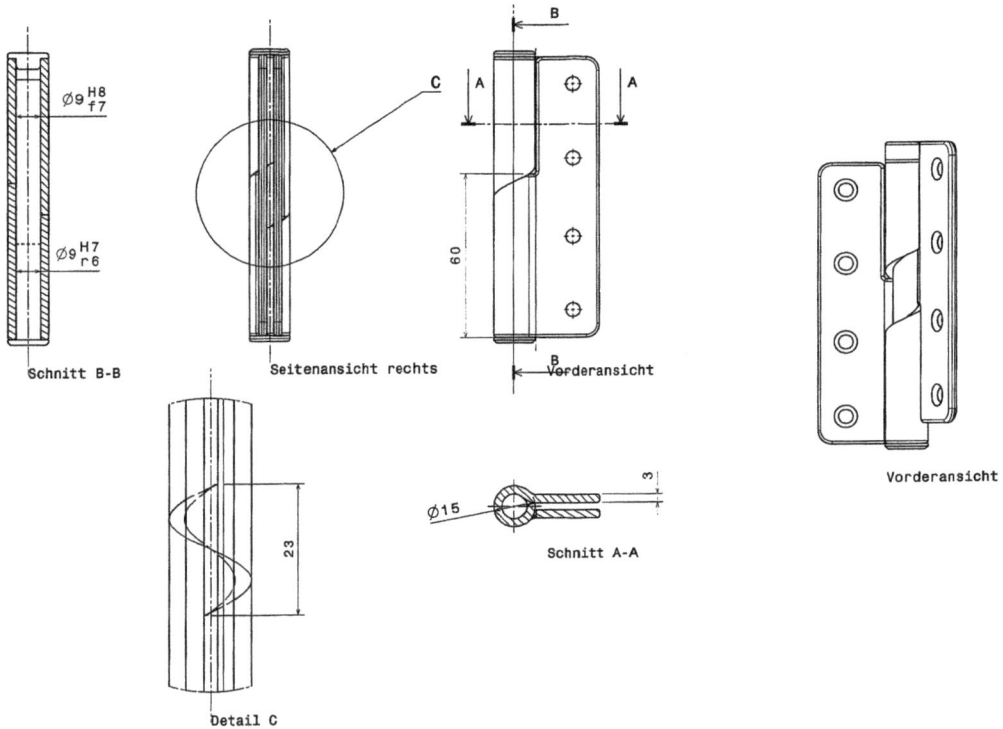

Schnitt B-B

Seitenansicht rechts

Vorderansicht

Detail C

Schnitt A-A

Vorderansicht

Konstruktionsbedingt sind bei geschlossener Tür 3/4 der Kreisringfläche im Eingriff, während bei um 180° geöffneter Tür nur 1/4 der Kreisringfläche im Kontakt steht. Berücksichtigen Sie bei der Berechnung der Flächenpressung, dass sich die Fläche zwar durch die Schiefstellung vergrößert, dass aber durch die Keilwirkung auch die auf die Fläche wirkende Kraft in gleicher Weise ansteigt. Berechnen Sie die Flächenpressung also einfach als Axialkraft auf die Projektion der anteiligen Kreisringfläche. Die Tür ist 22 kg schwer. Der Reibwert im Gewinde kann mit 0,1 angenommen werden.

Um welche Strecke hebt sich die Tür beim Öffnen um 180°?	mm	
Wie groß ist die Flächenpressung im Gewinde bei geschlossener Tür?	N/mm^2	
Wie groß ist die Flächenpressung im Gewinde bei geöffneter Tür?	N/mm^2	
Mit welchem Moment schließt sich die Tür selbsttätig?	Nm	
Wie groß ist der Wirkungsgrad beim Schließen der Tür?	%	
Welches Moment muss aufgewendet werden, um die Tür zu öffnen?	Nm	
Wie groß ist der Wirkungsgrad beim Öffnen der Tür?	%	

A.4.34   Selbsthemmung unter Zuhilfenahme der Kopfreibung (E)

Der unten schematisch dargestellte Spindelwagenheber ist mit einem Trapezgewinde Tr 16 × 4 nach DIN 103 ausgestattet.

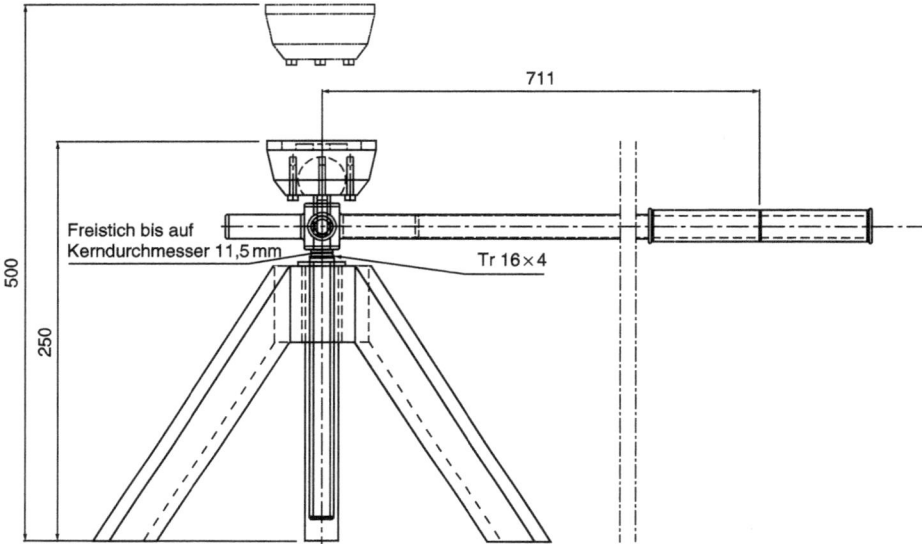

Das untere dreibeinige Gestell nimmt die Mutter auf, in die die Gewindespindel eingeführt wird. Die Gewindespindel trägt am oberen Ende eine Kugel, auf der ein winkeleinstellbarer Druckteller mit einer entsprechenden Hohlkugel montiert ist, so dass die Last auch unter leichter Schrägstellung aufgenommen werden kann. Zwischen Kugel und Gewindespindel wird das Schraubenmoment mit einem rohrförmigen Hebel eingeleitet. Dieser Handgriff wird über einen der vier Zapfen gestülpt und nach einer Viertelumdrehung auf den nächsten Zapfen umgesteckt. Die Handkraft greift an einem Hebelarm von 711 mm an. Der Reibwert im Gewinde beträgt im geschmierten Neuzustand $\mu = 0{,}08$, kann aber bei schlechter Schmierung auch auf $\mu = 0{,}12$ ansteigen. An der kugeligen Kopfauflage entsteht ein Reibmoment von maximal 15 Nm. Die Werkstoffdruckfestigkeit des Gewindebolzens beträgt $400\,\text{N/mm}^2$. Aus fertigungstechnischen Gründen wird am Ende des Gewindes ein Freistich bis auf den Kerndurchmesser angebracht.

Welche maximale Last kann angehoben werden, wenn die Spindel bis an ihre Festigkeitsgrenze beansprucht wird und wenn die Reibverhältnisse ungünstig sind?	m	kg	
Welche Handkraft ist bei ungünstiger Reibung erforderlich, wenn diese Last angehoben werden soll?	F_{Hand}	N	
Liegt im Gewinde Selbsthemmung vor?	○ ja	○ nein	
Liegt unter Einbeziehung der Kopfreibung Selbsthemmung vor?	○ ja	○ nein	
Wie groß ist der Wirkungsgrad des Gewindes beim Heben der Last im günstigsten und ungünstigsten Fall?	$\eta_{Gew\,max}$ $\eta_{Gew\,min}$	– –	
Wie groß ist der Gesamtwirkungsgrad im günstigsten und ungünstigsten Fall beim Heben der Maximallast?	$\eta_{ges\,max}$ $\eta_{ges\,min}$	– –	
In einer Ausbaustufe soll der Spindelwagenheber motorisch betrieben werden. Welche Antriebsleistung muss installiert werden, wenn selbst bei ungünstigem Reibwert die maximale Last in 10 Sekunden auf eine Höhe von 250 mm angehoben werden soll?	P_{aufw}	W	

A.4.35   Hubtisch (V)

Der unten skizzierte Hubtisch dient dazu, die auf der Tischplatte abgelegten Gegenstände in der Höhe zu verfahren. Unter der Tischplatte wird ein Untergestell installiert, welches aus zwei in Form eines X angeordneten Balken besteht, die an ihrem Kreuzungspunkt mit einem Gelenk untereinander verbunden sind. Der obere linke Eckpunkt des X ist gelenkig an die Tischplatte und der unter linke Eckpunkt an den Untergrund angebunden. Auf der rechten Seite sind ähnliche Gelenke angeordnet, die aber mit einer Linearführung an die jeweilige Umgebung angekoppelt sind. Die unteren beiden Gelenke werden mit einem Stab untereinander verbunden, der als Gewindespindel ausgebildet ist.

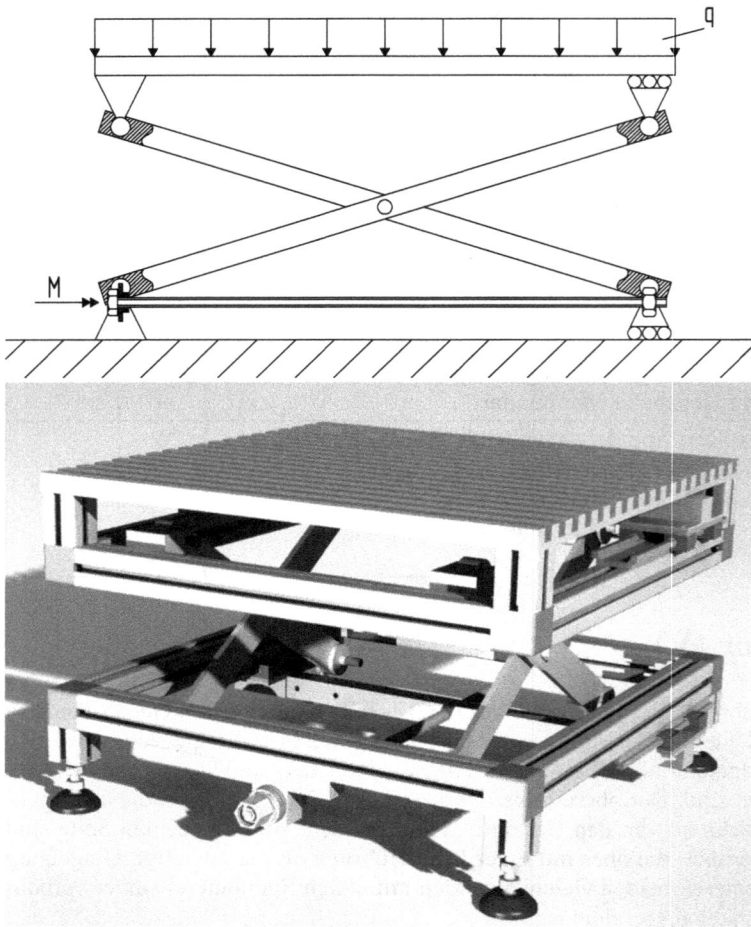

Die folgende Zusammenstellungszeichnung führt weiter aus, wie die Gewindespindel auf der rechten Seite über eine Mutter an das horizontal geführte Gelenk angebunden ist, während sie am linken Ende gegenüber dem ortsfesten Gelenk über eine reibungsarme Axiallagerung abgestützt wird, so dass eine Kopfreibung nahezu ausgeschlossen werden kann. Durch Drehung der Gewindespindel verschiebt sich das rechte untere Gelenk horizontal und bewirkt damit nicht nur eine gleichgroße horizontale Verschiebung des rechten oberen Gelenks, sondern auch eine Höhenänderung beider oberer Gelenke und damit eine Vertikalbewegung des Tischebene.

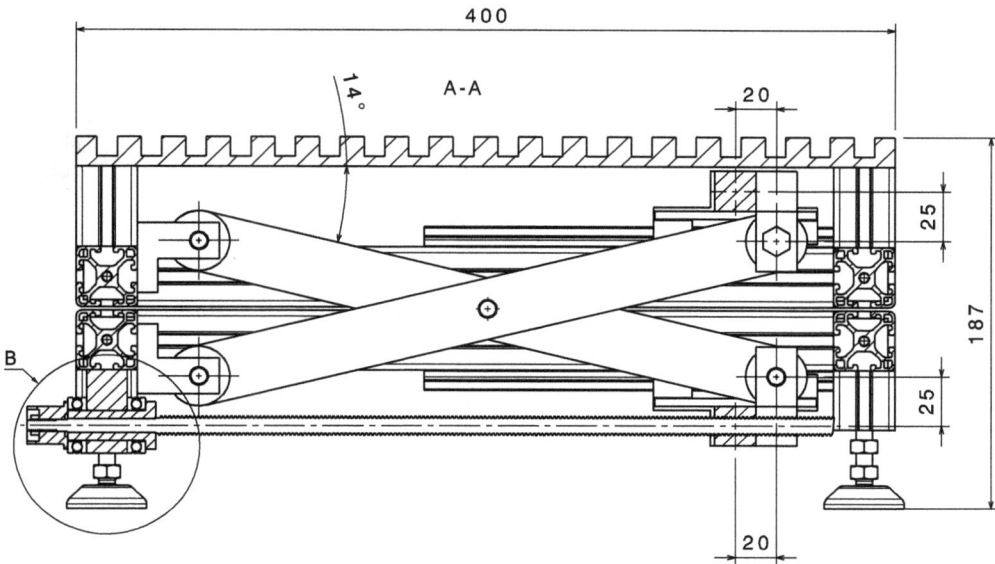

Der Hubtisch ist für eine Masse bis 30 kg geeignet, die hier formal als gleichmäßige Strecken-last q markiert ist. Die größte Zugkraft in der Spindel ist zu erwarten, wenn die Hubbewegung aus der unteren Endstellung heraus angefahren wird, wobei der Steigungswinkel der kreuzför-migen Balken 14° beträgt.

Hinweise:

- Zur Bestimmung der Kräfte ist es vorteilhaft, einen einzelnen Balken des X im Sinne der Mechanik „frei zu schneiden" und ein Momentengleichgewicht um das Kreuzungsgelenk aufzustellen
- Die Frage nach Selbsthemmung und Wirkungsgrad können auch ohne die Beantwortung der vorherigen Aufgabenteile bearbeitet werden.

| Wie groß ist die in der Spindel wirkende Zugkraft? | F_{ax} | N | |

Der Reibwert im Gewinde wird mit 0,07 angenommen. Für die Konstruktion kommen die Gewindedurchmesser 10 mm und 12 mm sowohl als metrisches Gewinde als auch als Trapez-gewinde in Frage.

		M10	M12	Tr10x2	Tr12x3
Steigungswinkel im Gewinde	°				
Reibwinkel	°				
Wie groß ist das Gewindemoment?	Nm				
Liegt Selbsthemmung vor?		○ ja ○ nein	○ ja ○ nein	○ ja ○ nein	○ ja ○ nein
Wie groß ist der Wirkungsgrad?	%				

A.4.36   Klavierhocker (V)

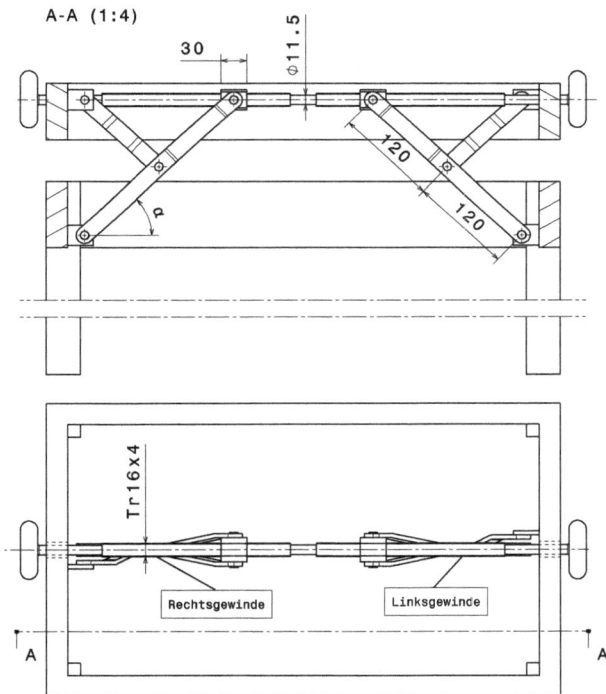

A-A (1:4)

Um beim Klavierspiel eine ergonomisch optimale Sitzhöhe einnehmen zu können, kann ein Klavierhocker verwendet werden, dessen Sitzfläche sich über eine selbsthemmende Bewegungsschraube in der Höhe verstellen lässt. Dazu wird quer unter der Sitzfläche hinweg eine Welle geführt, die von beiden Seiten mittels eines Handknaufs verdreht werden kann (linkes Foto, Sitzfläche entfernt). Die Welle trägt auf der einen Seite ein Rechts- und auf der anderen Seite ein Linksgewinde. Durch die Drehung der Welle werden die sich auf der Gewindespindel angeordneten Muttern gegenläufig zueinander bewegt. Der daran angelenkte Mechanismus aus jeweils einem Balken und einem Stab (besser zu erkennen im rechten Foto) bewirkt dann eine vertikale Bewegung des oberen Rahmens und damit der Sitzfläche. Der Reibwert im Gewinde beträgt 0,15.

Während die Zeichnung ausschließlich die Hubmechanik darstellt, geben die beiden Fotos darüber hinaus eine Vorrichtung zur Stabilisierung der Sitzfläche nach vorne und hinten wider: An der rechten und linken Seite der Sitzfläche ist senkrecht zur Gewindespindel ein X-förmiger Mechanismus aus zwei Balken angeordnet, die in ihrem Kreuzungspunkt mit einem Gelenk untereinander verbunden sind. Die auf diesem Bild hinteren Enden der beiden Balken sind mit jeweils einem Gelenk an den oberen und unteren Rahmen angebunden, während die beiden vorderen Enden in einer Führung enden, die eine Horizontalbewegung ermöglicht. Dadurch wird eine vertikale Bewegung des oberen Rahmens und damit der Sitzfläche ermöglicht, eine Kippbewegung nach vorne oder hinten aber ausgeschlossen.

Es wird ein Moment von 3 Nm eingeleitet, wobei im Folgenden unterschieden wird, ob das Moment an einer oder an beiden Seiten aufgebracht wird.

		3 Nm an einer Seite	3 Nm an jeder Seite
Welche Axialkraft wird dabei in der Spindel hervorgerufen?	N		
Welche Druckspannung belastet die Spindel?	$\frac{N}{mm^2}$		
Mit welcher Schubspannung wird die Spindel belastet?	$\frac{N}{mm^2}$		
Welche Flächenpressung entsteht zwischen Mutter und Spindel?	$\frac{N}{mm^2}$		
Die kritische Stellung liegt vor, wenn der Sitzrahmen aus der unteren Endstellung bei $\alpha = 15°$ heraus bewegt wird. Wie groß ist dann die Druckkraft im Verbindungsbauteil zwischen Sitzrahmen und Untergestell?	N		
Mit welcher Masse kann dann der Klavierhocker insgesamt maximal belastet werden?	kg		
Wie groß ist der Wirkungsgrad beim Anheben der Sitzfläche?	%		

Der Mechanismus ist selbsthemmend, weil ...	O ja O nein	... der Steigungswinkel im Gewinde kleiner ist als der Reibwinkel
	O ja O nein	... die Kopfreibung die Selbsthemmung unterstützt
	O ja O nein	... sich die beiden Gewindemomente von Rechts- und Linksgewinde gegenseitig abstützen

A.4.37   Drillbohrer (E)

Bei einem Drillbohrer wird die Auf- und Abbewegung der menschlichen Hand in eine nicht-drehende Mutter eingeleitet, wodurch die Gewindespindel in eine hin- und hergehende Drehbewegung versetzt wird. Bei diesem Bewegungsvorgang wird eine Handkraft von bis zu 100 N zur Erzeugung eines Bohrmomentes ausgenutzt. Sämtliche Reibwerte können mit $\mu = 0,15$ angenommen werden.

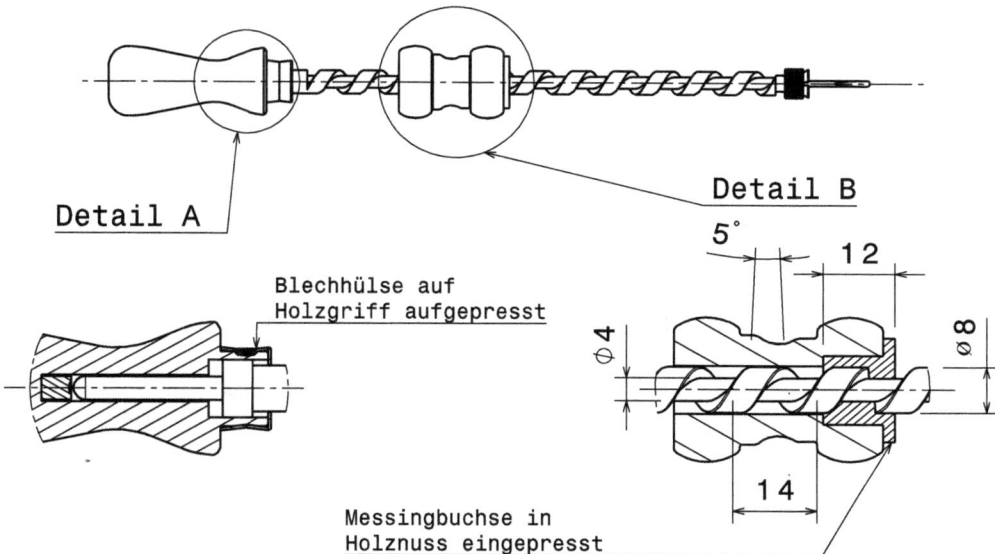

Welcher Flankendurchmesser ergibt sich aus der Konstruktion?	mm	
Wie groß ist der Gewindesteigungswinkel?	°	
Wie groß ist der effektive Reibwinkel ρ'?	°	
Welches Bohrmoment wird erzeugt?	Nmm	
Mit welchem Wirkungsgrad arbeitet diese Bewegungsschraube, wenn angenommen werden kann, dass im Handgriff praktisch kein Reibmoment entsteht?	%	
Welche Flächenpressung wird zwischen Spindel und Mutter hervorgerufen?	N/mm^2	

A.4.38   Kinderkreisel (V)

Der Antrieb eines Kinderkreisels („Brummkreisel") nutzt den Mechanismus der Bewegungsschraube aus: Durch Herunterdrücken einer nichtdrehenden Gewindestange wird die umgebende Mutter in Drehung versetzt und damit das Massenträgheitsmoment des gesamten Kreisels beschleunigt. Am unteren Ende der Abwärtsbewegung wird der Kreisel entweder losgelassen oder es wird ein weiterer Beschleunigungszyklus eingeleitet, in dem die Spindel wieder angehoben und erneut niedergedrückt wird. Während dieser Aufwärtsbewegung der Spindel wird die Mutter vom Kreiselkörper durch einen Freilauf selbsttätig entkoppelt, so dass der Kreiselkörper während dieser Phase reibungsarm überholen kann.

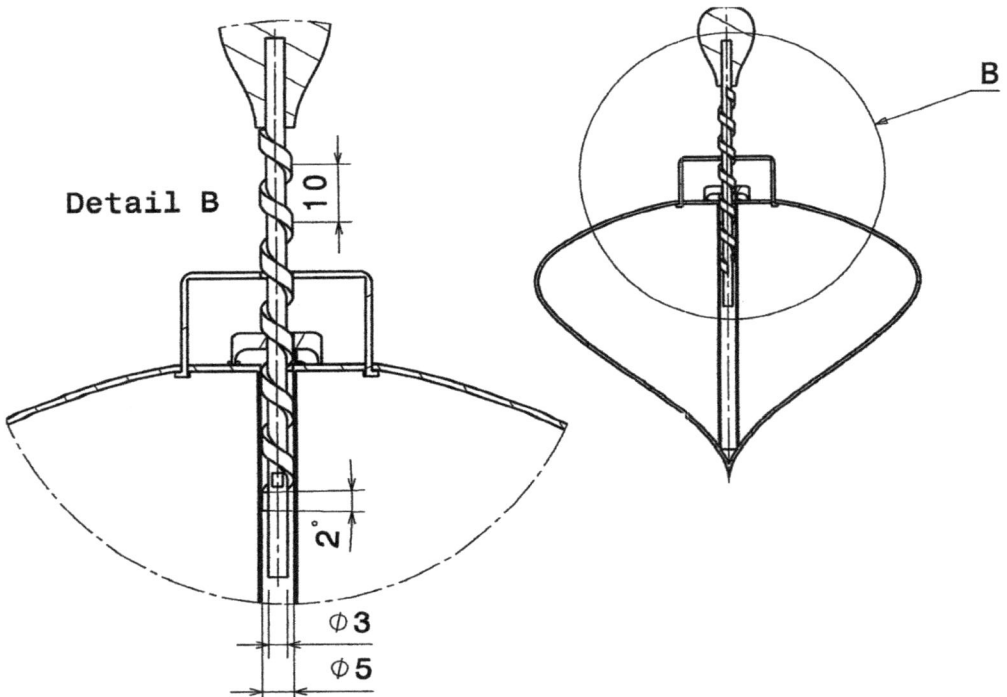

Die Spindel wird mit einer maximalen Kraft von 100 N heruntergedrückt. Der Reibwert zwischen Spindel und Mutter beträgt 0,1, alle weiteren Reibeinflüsse können vernachlässigt werden. Der Hub der Spindel beträgt 35 mm, die Mutternhöhe 2,5 mm. Das Massenträgheitsmoment des Kreisels beträgt $12 \cdot 10^{-3}$ kg · mm².

Welches Beschleunigungsmoment wird erzeugt?	Nmm	
Welche Flächenpressung wird zwischen Spindel und Mutter hervorgerufen?	N/mm^2	
Mit welchem Wirkungsgrad arbeitet diese Bewegungsschraube?	%	
Wie viele Hübe sind erforderlich, um den Kreisel auf eine Drehzahl von 600 min^{-1} zu beschleunigen?	–	

A.4.39 Bewegungsschraube, Wirkungsgrad und Selbsthemmung (V)

In nachfolgendem Schema sollen die wesentlichen Einflussparameter auf den Wirkungsgrad von Schrauben aufgeführt werden. Dazu wird der Reibwert der Festkörperreibung entsprechend Tab. 4.1 zwischen 0,180 und 0,080 variiert und der Rollreibung einer Kugelrollspindel nach Bild 4.54 mit einem Reibwert in Anlehnung an Tab. 9.2 (Band 3) gegenüber gestellt. Für den Fall $\mu = 0,180$ wird auch noch nach einem β von 30° (typisch für Bewegungsschrauben) und einem solchen von 60° (typisch für Befestigungsschrauben) unterschieden.

Ermitteln Sie zunächst den effektiven Reibwinkel ρ' und befinden Sie dann, ob Selbsthemmung vorliegt. Berechnen Sie dann den Wirkungsgrad η_{DL} für die Umsetzung von Drehbewegung in Längsbewegung. Die Ermittlung des Wirkungsgrades η_{LD} für die Umsetzung von Längsbewegung in Drehbewegung ist nur dann angebracht, wenn keine Selbsthemmung vorliegt.

		$\mu = 0{,}180$ ungeschmiert		$\mu = 0{,}080$ geschmiert	$\mu = 0{,}003$ Rollreibung
		$\beta = 60°$	$\beta = 30°$	$\beta = 30°$	$\beta = 30°$
	ρ'				
$\varphi = 3°$	Selbst-hemmung? $\eta_{DL}\,[\%]$ $\eta_{LD}\,[\%]$	○ ja ○ nein	○ ja ○ nein	○ ja ○ nein	○ ja ○ nein
$\varphi = 15°$	Selbst-hemmung? $\eta_{DL}\,[\%]$ $\eta_{LD}\,[\%]$	○ ja ○ nein	○ ja ○ nein	○ ja ○ nein	○ ja ○ nein
$\varphi = 45°$	Selbst-hemmung? $\eta_{DL}\,[\%]$ $\eta_{LD}\,[\%]$	○ ja ○ nein	○ ja ○ nein	○ ja ○ nein	○ ja ○ nein
$\varphi = 75°$	Selbst-hemmung? $\eta_{DL}\,[\%]$ $\eta_{LD}\,[\%]$	○ ja ○ nein	○ ja ○ nein	○ ja ○ nein	○ ja ○ nein
$\varphi = 87°$ $(90° - 3°)$	Selbst-hemmung? $\eta_{DL}\,[\%]$ $\eta_{LD}\,[\%]$	○ ja ○ nein	○ ja ○ nein	○ ja ○ nein	○ ja ○ nein

A.4.40 Schneckentrieb (E)

Der unten skizzierte eingängige Schneckentrieb wird mit einer Teilung $p = 6\,\mathrm{mm}$ und einem Winkel $\beta = 35°$ ausgeführt. Der Flankendurchmesser des Schneckenrades beträgt $30\,\mathrm{mm}$.

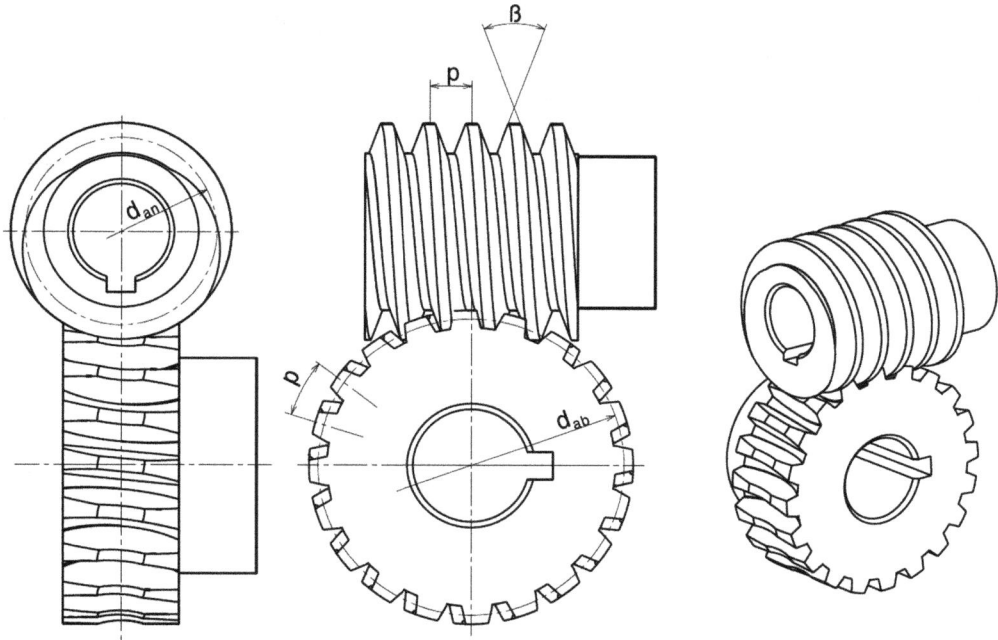

Zunächst sollen die wesentlichen geometrischen Kenndaten geklärt werden.

Wie groß ist der Flanken- bzw. Teilkreisdurchmesser des Großrades?	d_{ab}	mm	
Ermitteln Sie den Steigungswinkel im Gewinde!	φ	$°$	
Welches Übersetzungsverhältnis ergibt sich?	n_{ab}/n_{an}	–	

An der Schnecke liegt ein Moment von $1\,\mathrm{Nm}$ an und der Reibwert an den Flanken beträgt 0,05.

Wie groß ist die Umfangskraft?	F_u	N	
Wie groß ist der effektive Reibwinkel?	ρ'	°	
Welche Axialkraft stellt sich ein?	F_{ax}	N	
Welche zusätzliche Radialkraft muss senkrecht zur Achse abgestützt werden?	F_{rad}	N	
Welches Moment liegt am Abtrieb an?	M_{ab}	Nm	
Wie hoch ist der Wirkungsgrad, wenn an der Schnecke angetrieben wird?	η	%	
Wie hoch wäre der Wirkungsgrad, wenn am Großrad angetrieben würde?	η	%	

Lösungsanhang

Dieser Anhang fasst die Lösungen der zuvor gestellten Übungsaufgaben zusammen, wobei hier lediglich die in den Aufgabenstellungen aufgeführten Lösungsschemata mit den endgültigen Zahlenwerten ausgefüllt werden. Die ausführlichen Lösungen mit allen Rechenansätzen, Zwischenergebnissen, weiteren Erläuterungen und Hinweisen auf die Gleichungen und Tabellen des Vorlesungsstoffes sind unter folgender Internetadresse abrufbar:

http://dx.doi.org/10.1515/9783110540871.suppl

A.0.1 Verformung und Belastbarkeit

Zugkraft	kN	10	20	30
Zugspannung	N/mm^2	127	255	382
ε_{elast}	10^{-3}	0,61	1,21	1,8
ε_{plast}	10^{-3}	0	0	8,2
ΔL_{elast}	mm	0,122	0,242	0,360
ΔL_{plast}	mm	0	0	1,640

E [N/mm^2]	ca. 211.000

Welche maximale Kraft F_{max}, kann diese Werkstoffprobe aufnehmen, wenn eine plastische Verformung		
ausgeschlossen werden soll?		zugelassen wird?
$F_{maxelast}$ [N]	24.500	$F_{maxplast}$ [N] 32.700

https://doi.org/10.1515/9783110746457-006

A.0.2   Werkstoffvergleich im Spannungs-Dehnungs-Diagramm

	Keramik IPS98	C45	E335	GG 20	Glas FSG
Elastizitätsmodul	1	2	3	4	5
Streckgrenze	1	2	3	4	5
Bruchlast	1	2	3	4	5
plastische Dehnung beim Bruch	4	2	1	3	4

A.0.3   Zugspannung homogener Werkstoffe

a) $F_{zul} = \sigma_{zul} \cdot A = 330\,\text{N/mm}^2 \cdot 78{,}54\,\text{mm}^2 = 25.918\,\text{N}$

b) $\sigma_Z = \frac{60.000\,\text{N}}{(12\,\text{mm})^2} = 416{,}7\,\text{N/mm}^2 \rightarrow S = \frac{\sigma_{zul}}{\sigma_Z} = \frac{765\,\text{N/mm}^2}{417\,\text{N/mm}^2} = 1{,}84$

A.0.4   Flaschenzug

	A	Werkstoff	E – Modul	σ_{zul}	m_{max}	ε	ΔL_{Seil}
	mm^2		N/mm^2	N/mm^2	kg	10^{-3}	mm
Seil 1	70	Stahl	$2{,}1 \cdot 10^5$	700	4.995	3,333	26,66
Seil 2	120	Aluminium	$1{,}1 \cdot 10^5$	260		1,856	61,30

ΔL_{ges}	mm	114,62

A.0.5   Seilaufhängung

			Seil 1	Seil 2	Seil 3	Seil 4	Seil 5
Werkstoff			Stahl	Kupfer	Aluminium	Kupfer	Stahl
Elastizitätsmodul	E	N/mm^2	$2{,}1 \cdot 10^5$	$1{,}25 \cdot 10^5$	$0{,}72 \cdot 10^5$	$1{,}25 \cdot 10^5$	$2{,}1 \cdot 10^5$
Querschnittsfläche	A	mm^2	10	20	30	20	10
relative Verformung	ε	10^{-3}	0,528	0,528	0,528	0,528	0,528
absolute Verformung	ΔL	mm	1,06	1,06	1,06	1,06	1,06
Spannung im Seil	σ	N/mm^2	110,9	66,0	38,0	66,0	110,9
Seilkraft	S	N	1.109	1.320	1.140	1.320	1.109

A.0.6 Förderband

	F_{max}	σ_{max}	ε	ΔL
	N	N/mm^2	–	mm
Stahl	12.545.860	**1.800**	$7{,}826 \cdot 10^{-3}$	7.826
Gummi	1.916	0,023	$7{,}826 \cdot 10^{-3}$	7.826
gesamt	12.547.777	———	$7{,}826 \cdot 10^{-3}$	7.826

A.0.7 U-Profil nach Norm

$$\sigma_b = \frac{210.000\,\text{Nmm}}{0{,}86 \cdot 10^3\,\text{mm}^3} = 244\,\frac{\text{N}}{\text{mm}^2} \quad \rightarrow S = \frac{355\,\frac{\text{N}}{\text{mm}^2}}{244\,\frac{\text{N}}{\text{mm}^2}} = 1{,}45$$

A.0.8 I-Profil

	… a. wirkt?	… b. wirkt?
Wie groß ist die auftretende Biegespannung, wenn die Kraft in Richtung …	115	848
Wie groß ist die Sicherheit bezüglich dieser Biegespannung?	2,35	0,32
Hält das Bauteil dieser Belastung stand?	$\otimes$ ja $\bigcirc$ nein	$\bigcirc$ ja $\otimes$ nein

A.0.9 Hubvorrichtung mit starrem Ausleger

Wie groß ist die an der Seilrolle angreifende resultierende Kraft?	N	16.648
Tragen Sie graphisch die Größe des Biegemomentes über der gesamten Konstruktion auf! An welcher Stelle der Konstruktion tritt das größte Biegemoment auf?	–	oben links
Berechnen Sie das größte Biegemoment!	Nm	18.840
Wählen Sie ein genormtes I-Profil aus, welches das vorliegende Biegemoment aufnehmen kann.	–	I 180 IPB 120

A.0.10 Hubvorrichtung mit höhenverstellbarem Ausleger

In welcher Stellung erfährt der Ausleger seine höchste Biegebeanspruchung?	φ	°	0
Wie groß ist in dieser Stellung das größte auf den Ausleger wirkende Biegemoment?	M_{bmax}	Nm	21.582
Welches Widerstandsmoment müssen dann beide U-Träger gemeinsam mindestens aufweisen?	W_{axmin}	mm³	359.700
Welcher U-Stahl (Kurzzeichen) muss dann verwendet werden?	–	–	U 200

A.0.11 Hallenkran

Skizzieren Sie für eine beliebige Stellung der Katze qualitativ den Biegemomentenverlauf in der Kranbrücke. Ermitteln Sie rechnerisch die Stellung der Katze, für die das Biegemoment in der Kranbrücke am größten ist.	x_K	mm	1.925
Es werden zwei schmale I-Träger I 220 aus S 275 (früher St 44) verwendet. Wie groß ist die maximale Last m, die dieser Kran anheben darf?	m_{max}	kg	15.899

A.0.12 Rollenlaufbahn

Kritische Laststellung: Welche Stellung der Katze x ist für die Belastung des horizontalen Trägers (Pos. 1) kritisch? Geben Sie x in Funktion der noch nicht berechneten Länge a an.	$x = f_{(a)}$	–	$x = a/2$
Maximaler Laufbahnabschnitt: Wie weit dürfen die Befestigungspunkte des horizontalen Trägers (Pos. 1) für einen Laufbahnabschnitt a_{max} maximal auseinander liegen?	a_{max}	mm	5.710
Bolzenbelastung: Wie groß ist die Biegespannung im Bolzen (Pos. 5), wenn sicherheitshalber an der Einspannstelle des Bolzens mit einem Bolzendurchmesser von 20 mm gerechnet werden soll?	σ_{bmax}	N/mm²	131

A.0.13 Brücke

Bestimmen Sie die Achslast hinten F_{gH} und die Achslast vorne F_{gV}!	F_{gH} F_{gV}	N N	3.852,7 3.210,5
Ermitteln Sie die Hinterachsstellung x_H, für die die Biegemomentenbelastung im Träger maximal ist.	x_H	mm	2.378
Wie groß ist das maximale Biegemoment, welches den Träger belastet?	M_{bmax}	Nm	6.881
Wie groß ist die Anzahl der Profile, die mindestens parallel nebeneinander angeordnet werden müssen, damit die Brücke der Belastung standhält?	n	–	6

A.0.14 Unwuchtantrieb

		Aufgabenteil a	Aufgabenteil b
A	mm^2	4.480	4.480
I_{ax}	mm^4	$25,877 \cdot 10^6$	$6,833 \cdot 10^6$
W_{ax}	mm^3	$287,52 \cdot 10^3$	$85,41 \cdot 10^3$

	Aufgabenteil a		Aufgabenteil b	
	σ_{ZD} [N/mm²]	σ_b [N/mm²]	σ_{ZD} [N/mm²]	σ_b [N/mm²]
12-Uhr-Stellung (oben)	1,7	0	1,7	0
3-Uhr-Stellung (rechts)	0	21,1	0	71,0
6-Uhr-Stellung (unten)	1,7	0	1,7	0
9-Uhr-Stellung (links)	0	21,1	0	71,0

A.0.15 Biegebelastung einseitig eingespannter, nicht genormter U-Träger

$W_{ax} = 18,44 \cdot 10^3 \, mm^3$ $M_{b\,max} = 2,213 \cdot 10^6 \, Nmm$ $L_{max} = 2.820 \, mm$

A.0.16 Doppelseitig aufgestützter Biegebalken

$I_{ges} = 886.100 \, mm^4$ $W_{ax} = 16.030 \, mm^3$

$M_{b\,max} = 2,324 \cdot 10^6 \, Nmm$ $m_{max} = 526,4 \, kg$

A.0.17 Gegenüberstellung axiale Widerstandsmomente

			Voll-querschnitt	mitteldicke Wand-stärke	mitteldünne Wand-stärke	dünne Wand-stärke
quer	I_{axy}	mm^4	104.167	281.662	327.132	1.885.417
	W_{axy}	mm^3	8.333	14.261	16.357	50.278
	σ_b	N/mm^2	1.200	701	611	199
Quadrat	I_{axy}	mm^4	333.293	444.185	866.667	3.341.667
	W_{axy}	mm^3	14.906	18.393	28.889	63.651
	σ_b	N/mm^2	671	544	346	157
hochkant	I_{axy}	mm^4	1.066.667	540.047	771.606	4.797.917
	W_{axy}	mm^3	26.667	19.638	24.527	71.080
	σ_b	N/mm^2	375	509	408	141

A.0.18 Balken mit rechteckigem Querschnitt

a) $\sigma_{bmax} = 5{,}12\,N/mm^2$

b) Die Balkenbreite lässt sich durch die Geradengleichung $b_{(x)} = 0{,}1796 \cdot x$ beschreiben.

c) Die Balkenhöhe lässt sich durch die Parabelgleichung $h_{(x)} = 2{,}866 \cdot \sqrt{mm} \cdot \sqrt{x}$ beschreiben.

A.0.19 Doppel-T-Träger gleicher Biegefestigkeit

Welche Höhe muss der Träger mindestens aufweisen?	h_{min}	mm	160
Ab welchem Wert x_b dürfen die Querbleche gänzlich abgetrennt werden, so dass nur noch das hochkant stehende Blech übrigbleibt?	x_b	mm	1.316,9
Welche Breite b_c müssen die Querbleche im Schnitt A-A (auf halbem Abstand zwischen Wand und Krafteinleitungsstelle) bei konstanter Biegefestigkeit aufweisen?	b_c	mm	76,6

A.0.20 Riemen eines Ruderbootes

		Kraft	Biege-moment	Durch-messer	Biege-spannung
		N	Nm	mm	N/mm²
Ersatzkraftangriffspunkt für beide Hände	A	457	———	———	———
auf halbem Wege zwischen Ersatzkraft-angriffspunkt Hand und Gelenk	B	———	268	35,7	60
Gelenk (Dolle)	C	685	537	45	60
auf halbem Wege zwischen Gelenk und Mittelpunkt des Ruderblatts	D	———	268	35,7	60
Mittelpunkt Ruderblatt	E	228	———	———	———

A.0.21 Querkraftschub

$F = 42.977\,\text{N}$

A.0.22 Torsionsschub

$\tau_t = 67{,}5\,\text{N/mm}^2$

A.0.23 Gegenüberstellung axiale Widerstandsmomente und Torsionswiderstandsmomente

			Vollquerschnitt	dickwandiges Rohr	dünnwandiges Rohr
Biegung	W_{ax}	mm³	12.614	16.911	50.370
	σ_b	N/mm²	793	591	199
Torsion	W_t	mm³	25.227	33.822	100.739
	τ_t	N/mm²	396	296	99

A.0.24   Kreuzförmige Schraubschlüssel (B)

Wie groß ist das Torsionswiderstandsmoment des auf Torsion belasteten Abschnitts?	mm³	3.451
Wie hoch ist die maximale Torsionsspannung?	N/mm^2	580
Wie groß ist das axiale Widerstandsmoment der auf Biegung belasteten Hebelarme?	mm³	1.726
Wie groß ist die maximale Biegespannung, wenn zunächst auf eine Verwendung des in der rechten Bildhälfte skizzierten Verlängerungsrohres verzichtet wird? Zur Vereinfachung der Berechnung kann der in Bildmitte angesetzte Abstand 50 mm zu Null gesetzt werden.	N/mm^2	580

Welche maximale Biegemoment M_{bVR} entsteht dann im Verlängerungsrohr?	Nm	870
Welches axiale Widerstandsmoment W_{axVR} weist dieses Verlängerungsrohr auf?	mm³	4.553
Welche maximale Biegespannung σ_{bVR} entsteht dann im Verlängerungsrohr?	N/mm^2	191

A.0.25   Rennradlenker

M_{bmax}	Nm	121
W_{ax}	mm³	1019
σ_{bmax}	N/mm^2	118,8

waagerechtes Teil des Vorbaus			senkrechtes Teil des Vorbaus		
M_{tmax}	Nm	66	M_{bmax}	Nm	66
W_t	mm³	2.672	W_{ax}	mm³	1.336
τ_{tmax}	N/mm^2	24,7	σ_{bmax}	N/mm^2	49,7

A.0.26 Dreibeiniger Tisch

Tischbeinlänge 300 mm	freie Knicklänge s [mm] = 600 Flächenmoment I_{ax} [mm^4] = 79.555 Schlankheitsgrad λ = 67,3 ○ elastische oder ⊗ plastische Knickung? Knickspannung σ_K [N/mm^2] = 233,3 zulässige Tischbelastung F_{geszul} [N] = 699.900	freie Knicklänge s [mm] = 600 Flächenmoment I_{ax} [mm^4] = 1.169.963 Schlankheitsgrad λ = 17,5 ○ elastische oder ⊗ plastische Knickung? Knickspannung σ_K [N/mm^2] = 240,0 zulässige Tischbelastung F_{geszul} [N] = 720.000
Tischbeinlänge 800 mm	freie Knicklänge s [mm] = 1.600 Flächenmoment I_{ax} [mm^4] = 79.555 Schlankheitsgrad λ = 179,4 ⊗ elastische oder ○ plastische Knickung? Knickspannung σ_K [N/mm^2] = 64,4 zulässige Tischbelastung F_{geszul} [N] = 193.200	freie Knicklänge s [mm] = 1.600 Flächenmoment I_{ax} [mm^4] = 1.169.963 Schlankheitsgrad λ = 46,8 ○ elastische oder ⊗ plastische Knickung? Knickspannung σ_K [N/mm^2] = 240,0 zulässige Tischbelastung F_{geszul} [N] = 720.000
Tischbeinlänge 2000 mm	freie Knicklänge s [mm] = 4.000 Flächenmoment I_{ax} [mm^4] = 79.555 Schlankheitsgrad λ = 448,5 ⊗ elastische oder ○ plastische Knickung? Knickspannung σ_K [N/mm^2] = 10,3 zulässige Tischbelastung F_{geszul} [N] = 30.900	freie Knicklänge s [mm] = 4.000 Flächenmoment I_{ax} [mm^4] = 1.169.963 Schlankheitsgrad λ = 116,9 ⊗ elastische oder ○ plastische Knickung? Knickspannung σ_K [N/mm^2] = 151,6 zulässige Tischbelastung F_{geszul} [N] = 454.800

A.0.27 Triebwerk Dampflokomotive

Längskraft F_L [kN]	270,2

	Querschnitt-fläche A [mm^2]	min. Flächenträg-heitsmoment I_{ax} [mm^4]	Trägheits-radius i [mm]	Schlankheits-grad λ [–]
Kolbenstange	3.848	$1{,}179 \cdot 10^6$	17,50	74,3
Treibstange	5.808	$2{,}142 \cdot 10^6$	19,20	96,4

	Knickung elastisch oder plastisch?	Nennspannung [N/mm^2]	Knickspannung [N/mm^2]	Knicksicherheit
Kolbenstange	◯ elastisch ⊗ plastisch	70,2	288,9	4,1
Treibstange	⊗ elastisch ◯ plastisch	46,5	223,0	4,8

A.1.1   Transporteinrichtung mit Laufkatze

	für x = 0	für x = 200 mm	für x = 400 mm
σ_Z [N/mm^2]	9,4	9,4	9,4
σ_b [N/mm^2]	0	54,6	109,1
σ_{ges} [N/mm^2]	9,4	64,0	118,5

x_{max} [mm]	515

	σ_b [N/mm^2]
Stelle A	79,9
Stelle B	109,0
Stelle C	177,1

A.1.2   Kranhaken

	linke Randfaser	rechte Randfaser
Zug-/Druckspannung σ_{ZD} [N/mm^2]	+19,2	+19,2
Biegespannung σ_b [N/mm^2]	−242,7	+147,9
gesamte Normalspannung σ_{ges} [N/mm^2]	19,2 − 242,7 = −223,5	19,2 + 147,9 = +167,2

A.1.3 Kragarm mit doppeltem U-Träger (B)

Wo tritt die größte Belastung im Kragbalken auf?	◯ an der Seilrollenlagerung ◯ in Balkenmitte ⊗ an der Wandbefestigung	
Welche Zug-/Druckspannung liegt an dieser Stelle vor?	N/mm²	2,2
Wie groß ist die Schubspannung an dieser Stelle?	N/mm²	2,2
Berechnen Sie die Biegespannung an dieser Stelle!	N/mm²	73,7
Wie groß ist die Vergleichsspannung an dieser Stelle?	N/mm²	76,0

A.1.4 Aufhängevorrichtung

	Zug-spannung σ_Z [N/mm²]	Schub-spannung τ_Q [N/mm²]	Biege-spannung σ_b [N/mm²]	Vergleichs-spannung σ_v [N/mm²]
waagerechter Balken unmittelbar links neben der Lasteinleitungsstelle	0	8,1	0	14,1
waagerechter Balken, linkes Ende	0	8,1	85,9	87,0
senkrechter Balken unmittelbar oberhalb der Verbindung mit dem waagerechten Balken	8,1	0	97,2	105,3
senkrechter Balken, oberes Ende	8,1	0	97,2	105,3

Wie groß ist die Sicherheit bei quasistatischer Belastung?	2,85

A.1.5 Schraubzwinge

		waagerechtes Teil	senkrechtes Teil
σ_{zul}	N/mm²	80	498
I_{ax}	mm⁴	10.272	———
W_{ax}	mm³	1.027	187
M_{bzul}	Nm	82,2	93,2
F_{zul}	N	1.467	1.457

A.1.6   Bohrrohr für Erdbohrungen

		einwandiges Rohr	doppelwandiges Rohr		
M_t	kNm	360	585	kNm	M_t
F_D	kN	300	490	kN	F_D
D	mm	368	600	mm	D_a
d	mm	333	576	mm	d_a
		———————	536	mm	D_i
		———————	520	mm	d_i
A	mm²	$19{,}27 \cdot 10^3$	$35{,}44 \cdot 10^3$	mm²	A
W_t	mm³	$3{,}224 \cdot 10^6$	$9{,}473 \cdot 10^6$	mm³	W_t
σ_D	N/mm²	15,57	13,83	N/mm²	σ_D
τ_t	N/mm²	111,7	61,75	N/mm²	τ_t
σ_V	N/mm²	194,1	107,9	N/mm²	σ_V

A.1.7   Hydrantenschlüssel

In einer ersten Betrachtung soll das Torsionsmoment querkraftfrei einleitet werden. Dazu bringt der Bediener mit beiden Händen an den gegenüber liegenden Hebelenden gleich große, entgegengesetzt gerichtete Handkräfte ein. Welches maximale Torsionsmoment ist zulässig, wenn der Werkstoff einen Torsionsschub von 50 N/mm² ertragen kann.	Nm	181,5
Welche Handkraft ist erforderlich, wenn angenommen wird, dass diese ganz am Ende des Hebels eingeleitet wird?	N	412,5
Wie groß ist dann die Biegespannung im waagerechten Teil des Schlüssels?	$\frac{N}{mm^2}$	50
Welche Vergleichsspannung würde im senkrechten Teil des Schlüssels entstehen, wenn der Bediener das gleiche Torsionsmoment durch die Einleitung einer einzigen Handkraft an einem einzigen Hebelende aufbringen würde?	$\frac{N}{mm^2}$	458

A.1.8 Türklinke

Stelle	L	Q	M_b	M_t	σ_{ZD}	τ_Q	σ_b	τ_t	σ_V
	N	N	Nm	Nm	$\frac{N}{mm^2}$	$\frac{N}{mm^2}$	$\frac{N}{mm^2}$	$\frac{N}{mm^2}$	$\frac{N}{mm^2}$
1	0	400	36,8	0	0	1,57	64,27	0	64,33
2	0	400	4,00	40,40	0	2,59	8,33	40,87	75,73
3	0	400	27,0	40,40	0	4,00	162,0	193,3	378,2

A.1.9 Wagenachse

b. $M_{bmax} = 135,5\,\text{Nm}$ c. $d \geqslant 22,6\,\text{mm}$ d. $d \geqslant 28,4\,\text{mm}$

A.1.10 Belastung einer Achse in Abhängigkeit von der Lagerung

	statisch?	dynamisch?	M_{bzul} [Nm]	F_{zul} [N]
Variante 1	⊗	◯	78,54	785
Variante 2	◯	⊗	54,98	1.100
Variante 3	⊗	◯	78,54	1.570
Variante 4	◯	⊗	54,98	550

A.1.11 Belastung von Achsen und Wellen

a) Stillstehende Achse

L [N] = 0	σ_{ZD} [N/mm²] = 0
Q [N] = 490,5	τ_Q [N/mm²] = 1,6
M_b [Nm] = 24,53	σ_b [N/mm²] = 31,2
M_t [Nm] = 0	τ_t [N/mm²] = 0
	σ_v [N/mm²] = 31,3

b) Stillstehende Welle mit doppelarmigem Hebel

L [N] = 0	σ_{ZD} [N/mm²] = 0
Q [N] = 0	τ_Q [N/mm²] = 0
M_b [Nm] = 0	σ_b [N/mm²] = 0
M_t [Nm] = 49,0	τ_t [N/mm²] = 31,2
	σ_v [N/mm²] = 54,0

c) Stillstehende Welle mit einarmigem Hebel

L [N] $= 0$ Q [N] $= 490{,}5$ M_b [Nm] $= 24{,}53$ M_t [Nm] $= 49{,}0$	σ_{ZD} [N/mm^2] $= 0$ τ_Q [N/mm^2] $= 1{,}6$ σ_b [N/mm^2] $= 31{,}2$ τ_t [N/mm^2] $= 31{,}2$
	σ_v [N/mm^2] $= 64{,}8$

d) Drehende Welle mit einarmigem Hebel

	$\alpha = 0°$	$\alpha = 90°$	$\alpha = 180°$	$\alpha = 270°$
Q [N]	490,5	490,5	490,5	490,5
τ_Q [N/mm^2]	1,6	1,6	1,6	1,6
M_b [Nm]	24,53	24,53	24,53	24,53
σ_b [N/mm^2]	31,2	31,2	31,2	31,2
M_t [Nm]	49,0	0	49,0	0
τ_t [N/mm^2]	31,2	0	31,2	0
σ_V [N/mm^2]	64,8	31,3	64,8	31,3

e) Welle mit Zahnriemenscheibe

	statisch	dynamisch
L [N] $= 0$	σ_{ZDstat} [N/mm^2] $= 0$	σ_{ZDdyn} [N/mm^2] $= 0$
Q [N] $= 490{,}5$	τ_{Qstat} [N/mm^2] $= 0$	τ_{Qdyn} [N/mm^2] $= 1{,}6$
M_b [Nm] $= 24{,}53$	σ_{bstat} [N/mm^2] $= 0$	σ_{bdyn} [N/mm^2] $= 31{,}2$
M_t [Nm] $= 49{,}0$	τ_{tstat} [N/mm^2] $= 31{,}2$	τ_{tdyn} [N/mm^2] $= 0$
	σ_{vstat} [N/mm^2] $= 54{,}0$	σ_{vdyn} [N/mm^2] $= 31{,}3$

f) Senkrechte Achse mit einarmigem Hebel

	statisch	dynamisch
L [N] $= 490{,}5$	σ_{ZDstat} [N/mm^2] $= 1{,}6$	σ_{ZDdyn} [N/mm^2] $= 0$
Q [N] $= 548{,}3$	τ_{Qstat} [N/mm^2] $= 1{,}7$	τ_{Qdyn} [N/mm^2] $= 0$
M_b [Nm] $= 27{,}42$	σ_{bstat} [N/mm^2] $= 97{,}4$	σ_{bdyn} [N/mm^2] $= 0$
M_t [Nm] $= 0$	τ_{tstat} [N/mm^2] $= 0$	τ_{tdyn} [N/mm^2] $= 0$
	σ_{vstat} [N/mm^2] $= 99{,}0$	σ_{vdyn} [N/mm^2] $= 0$

A.1.12 Welle Kettentrieb

Stelle A	statisch	dynamisch
L [N] = 0	σ_{ZDstat} [N/mm²] = 0	σ_{ZDdyn} [N/mm²] = 0
Q [N] = 2.238	τ_{Qstat} [N/mm²] = 0	τ_{Qdyn} [N/mm²] = 4,6
M_b [Nm] = 201,5	σ_{bstat} [N/mm²] = 0	σ_{bdyn} [N/mm²] = 131,4
M_t [Nm] = 150	τ_{tstat} [N/mm²] = 48,9	τ_{tdyn} [N/mm²] = 0
	σ_{vstat} [N/mm²] = 84,7	σ_{vdyn} [N/mm²] = 131,6

Stelle B	statisch	dynamisch
L [N] = 0	σ_{ZDstat} [N/mm²] = 0	σ_{ZDdyn} [N/mm²] = 0
Q [N] = 1.271	τ_{Qstat} [N/mm²] = 0	τ_{Qdyn} [N/mm²] = 2,6
M_b [Nm] = 127,1	σ_{bstat} [N/mm²] = 0	σ_{bdyn} [N/mm²] = 82,8
M_t [Nm] = 150	τ_{tstat} [N/mm²] = 48,9	τ_{tdyn} [N/mm²] = 0
	σ_{vstat} [N/mm²] = 84,7	σ_{vdyn} [N/mm²] = 83,0

A.1.13 Unwuchtantrieb mit Riemenscheibe

$\otimes$ am rechten Lager

		statisch [N/mm²]	dynamisch [N/mm²]
Zentrifugalkraft	Q [N] = 4.935	τ_{Qstat} = 7,0	τ_{Qdyn} = 0
	M_b [Nm] = 987	σ_{bstat} = 372,4	σ_{bdyn} = 0
Riemenzug	Q [N] = 1.000	τ_{Qstat} = 0	τ_{Qdyn} = 1,4
	M_b [Nm] = 100	σ_{bstat} = 0	σ_{bdyn} = 37,7
		σ_{vstat} = 372,5	σ_{vdyn} = 37,8

A.1.14 Tretkurbel Fahrrad

kurz nach $\alpha = 0°$		bei $\alpha = 90°$		kurz vor $\alpha = 180°$	
L = 981	σ_{ZD} = 1,7	L = 0	σ_{ZD} = 0	L = 981	σ_{ZD} = 1,7
Q = 0	τ_Q = 0	Q = 981	τ_Q = 1,7	Q = 0	τ_Q = 0
M_b = 42,2	σ_b = 21,6	M_b = 166,8	σ_b = 58,3	M_b = 42,2	σ_b = 21,6
M_t = 0	τ_t = 0	M_t = 42,2	τ_t = 15,6	M_t = 0	τ_t = 0
	σ_V = 23,3		σ_V = 65,6		σ_V = 23,3

A.1.15   Kurbelwelle, fliegend gelagert

	statisch [N/mm^2]	dynamisch [N/mm^2]
L [N] $= 0$	$\sigma_{ZDstat} = 0$	$\sigma_{ZDdyn} = 0$
Q [N] $= 1.000$	$\tau_{Qstat} = 0$	$\tau_{Qdyn} = 5{,}7$
M_b [Nm] $= 22{,}0$	$\sigma_{bstat} = 0$	$\sigma_{bdyn} = 66{,}4$
M_t [Nm] $= 30{,}0$	$\tau_{tstat} = 22{,}6$	$\tau_{tdyn} = 22{,}6$
	$\sigma_{vstat} = 39{,}2$	$\sigma_{vdyn} = 82{,}5$

A.1.16   Wöhlerkurve

	200 N/mm^2	300 N/mm^2	400 N/mm^2	500 N/mm^2	600 N/mm^2
Biegung wechselnd	∞	$1 \cdot 10^6$	$1{,}4 \cdot 10^5$	$1{,}95 \cdot 10^4$	$2{,}75 \cdot 10^3$
Biegung schwellend	∞	∞	∞	$2{,}8 \cdot 10^5$	$3{,}8 \cdot 10^4$
Zug wechselnd	∞	$5{,}78 \cdot 10^5$	$7{,}75 \cdot 10^4$	$1{,}1 \cdot 10^4$	$1{,}5 \cdot 10^3$
Zug schwellend	∞	∞	$6{,}2 \cdot 10^5$	$8{,}3 \cdot 10^4$	$1{,}12 \cdot 10^4$

A.1.17   Smith-Diagramm

Wie groß ist die Sicherheit gegenüber Dauerbruch für eine standardisierte Werkstoffprobe?	$\varnothing$ 10 mm $b_O = 1$ $\beta_k = 1$	$S_I = 2{,}00$ $S_{II} = 4{,}00$ $S_{III} = 1{,}80$
Wie groß sind die Sicherheiten, wenn eine Probe von 50 mm Durchmesser untersucht wird?	$\varnothing$ 50 mm $b_O = 1$ $\beta_k = 1$	$S_I = 1{,}57$ $S_{II} = 3{,}00$ $S_{III} = 1{,}46$
Wie groß sind die Sicherheiten, wenn eine Probe von 50 mm Durchmesser untersucht wird und wenn eine reale Oberfläche und eine Kerbwirkung angenommen werden?	$\varnothing$ 50 mm $b_O = 0{,}8$ $\beta_k = 2{,}5$	$S_I = 1{,}00$ $S_{II} = 1{,}00$ $S_{III} = 1{,}00$

A.1.18   Kettengetriebene Hubtrommel

	statisch [N/mm^2]	dynamisch [N/mm^2]
L [N] $= 0$	$\sigma_{ZDstat} = 0$	$\sigma_{ZDdyn} = 0$
Q [N] $= 12.400$	$\tau_{Qstat} = 0$	$\tau_{Qdyn} = 5{,}8$
M_b [Nm] $= 496$	$\sigma_{bstat} = 0$	$\sigma_{bdyn} = 36{,}0$
M_t [Nm] $= 1.240$	$\tau_{tstat} = 44{,}9$	$\tau_{tdyn} = 0$
	$\sigma_{vstat} = 77{,}8$	$\sigma_{vdyn} = 37{,}4$

σ_{bW}	350	σ_{bSch}	530	σ_{bS}	530
σ'_{bW}	276	σ'_{bSch}	419	σ'_{bS}	419
σ_{GbW}	137	σ'_{AK}	205	σ_{GAK}	101

Welche Sicherheit muss ermittelt werden?	◯ statische Belastung steigt, dynamische Belastung bleibt konstant ◯ statische Belastung bleibt konstant, dynamische Belastung steigt ⊗ statische und dynamische Belastung steigen

Wie groß ist die Sicherheit gegenüber Dauerbruch?	2,78

A.1.19   Getriebewelle

	statisch [N/mm^2]	dynamisch [N/mm^2]
L [N] = 0	$\sigma_{ZDstat} = 0$	$\sigma_{ZDdyn} = 0$
Q [N] = 1.328	$\tau_{Qstat} = 0$	$\tau_{Qdyn} = 8,3$
M$_b$ [Nm] = 30,5	$\sigma_{bstat} = 0$	$\sigma_{bdyn} = 106,2$
M$_t$ [Nm] = 15,6	$\tau_{tstat} = 27,2$	$\tau_{tdyn} = 0$
	$\sigma_{vstat} = 47,1$	$\sigma_{vdyn} = 107,2$

σ_{bw}	350	σ_{bSch}	530	σ_{bS}	530
σ'_{bW}	340	σ'_{bSch}	514	σ'_{bS}	514
σ_{GbW}	151	σ'_{AK}	268	σ_{GAK}	119

Welche Sicherheit muss ermittelt werden?	◯ statische Belastung steigt, dynamische Belastung bleibt konstant ◯ statische Belastung bleibt konstant, dynamische Belastung steigt ⊗ statische und dynamische Belastung steigen

Wie groß ist die Sicherheit gegenüber Dauerbruch?	–	1,35
Welche maximale Leistung kann unter Beibehaltung der Drehzahl dauerfest übertragen werden?	kW	4,86

A.1.20   Gurtförderer

	statisch [N/mm^2]	dynamisch [N/mm^2]
L [N] = 0	$\sigma_{ZDstat} = 0$	$\sigma_{ZDdyn} = 0$
Q [N] = 136.000	$\tau_{Qstat} = 0$	$\tau_{Qdyn} = 1,0$
M$_b$ [Nm] = 81.600	$\sigma_{bstat} = 0$	$\sigma_{bdyn} = 11,2$
M$_t$ [Nm] = 71.530	$\tau_{tstat} = 4,9$	$\tau_{tdyn} = 0$
	$\sigma_{vstat} = 8,5$	$\sigma_{vdyn} = 11,3$

σ_{bw}	190	σ_{bSch}	320	σ_{bS}	340
σ'_{bW}	133	σ'_{bSch}	224	σ'_{bS}	238
σ_{GbW}	92	σ'_{AK}	113	σ_{GAK}	78

Welche Sicherheit muss ermittelt werden, wenn die Überlast dadurch herbeigeführt wird, dass bei konstanter Vorspannung des Fördergurtes dem Antriebsmotor zunehmend mehr Leistung abverlangt wird?	⊗ statische Belastung steigt, dynamische Belastung bleibt konstant ○ statische Belastung bleibt konstant, dynamische Belastung steigt ○ statische und dynamische Belastung steigen

Wie groß ist die Sicherheit gegenüber Dauerbruch?	23,7

A.1.21   Kettenförderer

	statisch [N/mm^2]	dynamisch [N/mm^2]
L [N] = 0	$\sigma_{ZDstat} = 0$	$\sigma_{ZDdyn} = 0$
Q [N] = 9.025	$\tau_{Qstat} = 0$	$\tau_{Qdyn} = 2,0$
M$_b$ [Nm] = 1.805	$\sigma_{bstat} = 0$	$\sigma_{bdyn} = 43,6$
M$_t$ [Nm] = 942	$\tau_{tstat} = 11,4$	$\tau_{tdyn} = 0$
	$\sigma_{vstat} = 19,7$	$\sigma_{vdyn} = 43,7$

σ_{bw}	400	σ_{bSch}	690	σ_{bS}	800
σ'_{bW}	300	σ'_{bSch}	517,5	σ'_{bS}	600
σ_{GbW}	134	σ'_{AK}	240	σ_{GAK}	107

Welche Sicherheit muss ermittelt werden, wenn die Überlastung wird durch eine Überfüllung der Transportbehälter herbeigeführt wird?	○ statische Belastung steigt, dynamische Belastung bleibt konstant ○ statische Belastung bleibt konstant, dynamische Belastung steigt ⊗ statische und dynamische Belastung steigen

Wie groß ist die Sicherheit gegenüber Dauerbruch?	–	3,0
Zur Vermeidung des Überlastfalles wird die Kupplung als Sicherheitskupplung ausgeführt. Bei welchem Moment muss die Kupplung durchrutschen, damit eine Schädigung der Welle ausgeschlossen ist?	Nm	2.826

A.1.22   Trommelwelle Haushaltswaschmaschine

Berechnen Sie das Biegemoment in [Nm], welches die Welle ... ... statisch belastet ... und dynamisch belastet.	700,5 24,7
Berechnen Sie die an dieser Stelle vorliegende statische Spannung in [N/mm²] und dynamische Spannung in [N/mm²]!	111,5 3,9
Wie groß ist die Sicherheit gegen Dauerbruch, wenn eine Überlastung durch ... ... das Einfüllen einer größeren Wäschemenge herbeigeführt wird? ... eine überhöhte Schleuderdrehzahl herbeigeführt wird?	3,64 3,80

A.1.23   Radsatzlagerung Rangierlokomotive

Prüfen Sie unter diesen vereinfachenden Annahmen, welche Sicherheit gegen Dauerbruch vorliegt, wenn die Welle aus S 235 JR gefertigt ist.	1,79
Es wird eine Sicherheit von S = 2,5 gefordert. Suchen Sie aus den Tabelle 1.1 einen Werkstoff aus, der diese Forderung möglichst knapp erfüllt.	S 355 JR

A.2.1 Drei Schraubendruckfedern

$c_{geslinks} = 4{,}364\,\text{N/mm}$ $\qquad\qquad$ $c_{gesrechts} = 3{,}273\,\text{N/mm}$

A.2.2 Gesamtsteifigkeit Schraubenzugfeder

a) 2 Federn parallel
b) 3 Federn parallel
c) 2 Federn hintereinander
d) 4 Federn hintereinander
e) Hintereinanderschaltung von zwei Anordnungen nach b)
f) Hintereinanderschaltung von drei Anordnungen nach a)

A.2.3 Beidseitige Einspannung

	unverformte Federlänge	Steifigkeit einer einzelnen Feder	Steifigkeit des Gesamtsystems
Druckfeder	200 mm	10 N/mm	10 N/mm
Zug-/Druckfeder	200 mm	10 N/mm	20 N/mm
Druckfeder	220 mm	10 N/mm	20 N/mm

A.2.4 Variation von Steifigkeit und Belastbarkeit

	b. gleiche Belastbarkeit doppelte Steifigkeit	a. Ausgangsfall	c. doppelte Belastbarkeit gleiche Steifigkeit
Federdurch-messer d [mm]	22	22	27,7
Federlänge L [mm]	186	372	937,4
Federsteifigkeit c_t [Nm]	8.656	4.328	4.328
Belastbarkeit M_{tmax} [Nm]	836,3	836,3	1.672,6
speicherbare Arbeit W_{max} [Nm]	40,4	80,8	323,2
Federmasse m [g]	555	1.109	4.439

A.2.5   Variation der Momenteneinleitungsstelle

	Fall A			Fall B			Fall C		
	links	rechts	gesamt	links	rechts	gesamt	links	rechts	gesamt
Federlänge [mm]	300	300	600	400	200	600	600	0	600
maximales Lastmoment M_{tmax} [Nm]	618	618	1.236	309	618	927	0	618	618
Torsionssteifigkeit c_T [Nm]	2.405	2.405	4.810	1.804	3.607	5.411	1.202	∞	∞
Verdrehwinkel φ_{max} [°] bei Volllast	14,73	14,73	14,73	9,82	9,82	9,82	0	0	0
speicherbare Arbeit W_{max} [Nm]	79,4	79,4	158,8	26,8	52,9	79,7	0	0	0

A.2.6   Drei rohrförmige Federn

	Zug-/Druckfeder	**Drehstabfeder**
Belastbarkeit inneres Rohr	F_{maxi} [N] = 146.838	M_{tmaxi} [Nm] = 1.054,1
Belastbarkeit mittleres Rohr	F_{maxm} [N] = 144.261	M_{tmaxm} [Nm] = 1.617,4
Belastbarkeit äußeres Rohr	F_{maxa} [N] = 95.316	M_{tmaxa} [Nm] = 1.466,6
Gesamtbelastbarkeit	F_{maxges} [N] = 95.316	$M_{tmaxges}$ [Nm] = 1.054,1
Steifigkeit inneres Rohr	c_i [N/µm] = 578,5	c_{ti} [Nm] = 17.838
Steifigkeit mittleres Rohr	c_m [N/µm] = 568,4	c_{tm} [Nm] = 37.324
Steifigkeit äußeres Rohr	c_a [N/µm] = 375,5	c_{ta} [Nm] = 42.874
Gesamtsteifigkeit	c_{ges} [N/µm] = 162,5	c_{tges} [Nm] = 9.418
max. speicherbare Arbeit	W_{max} [Nm] = 27,95	W_{max} [Nm] = 59,0

A.2.7   Drehstabfeder, Variation der Werkstofffestigkeit

τ_{zul} [N/mm²]	d [mm]	L [mm]	V [10³mm³]	m [kg]	W [Nm]
100	37,1	5.208	5.630	44,1	200
200	29,4	2.054	1.360	10,6	200
400	23,4	824	342	2,68	200
800	18,5	322	86,6	0,679	200

A.2.8   Zwei rohrförmige Drehstabfedern

			innere Rohrfeder	äußere Rohrfeder	Gesamtsystem
Belastbarkeit	M_{tmax}	Nm	1.012	2.045	1.012
Steifigkeit	c_t	Nm	5.133	24.991	4.258
speicherbare Arbeit	W_{max}	Nm	99,77	83,67	120,26

A.2.9   Windungszahl und Festigkeit

	Feder 1	Feder 2
c [N/mm]	5	10
F_{max} [N]	536	536
i_w	13,7	6,8

A.2.10   Schraubenzugfeder unter Volllast und Teillast

	Aufgabenteil a Volllast	Aufgabenteil b Teillast mit	Aufgabenteil c Teillast mit	Aufgabenteil d Teillast mit
F [N]	11,39	**10**	2,35	8,40
f [mm]	96,9	85,1	**20**	71,5
W [Nmm]	551,9	425,5	23,5	**300**

A.2.11 Federwaage

d	D_m	K	i_W
1,2	7	1,216	105,8
1,4	13	1,147	30,6
1,6	20	1,108	14,3
1,8	29	1,081	7,5

A.2.12 Sicherheitsventil Dampflokomotive

Wie groß ist die Steifigkeit einer einzelnen Feder?	c_{einzel}	N/mm	112
Um welchen Weg muss die Feder vorgespannt werden, damit das Ventil tatsächlich bei einem Kesselüberdruck von 12 bar öffnet?	f_V	mm	41
Bei welchem Kesselüberdruck ist das Ventil ganz geöffnet?	p_{max}	bar	12,87
Welche maximale Schubspannung tritt im Federdraht auf?	τ_{max}	N/mm^2	318

A.2.13 Fallhammer

Federdrahtdurchmesser d	mm	6	8	10
Wahl'scher Faktor K	–	1,29	1,42	1,55
maximale Federkraft F_{max}	N	1.137	2.463	4.389
Federsteifigkeit c	N/mm	17,5	55,3	135,0
maximaler Federweg f_{max}	mm	65,0	44,5	32,5
speicherbare Federarbeit W	Nm	36,95	54,80	71,32
Winkelendstellung α	°	86,6	113,4	144,8

A.2.14 Abfederung Krankatze

Welche Arbeit muss die einzelne Feder beim Aufprall aufnehmen?	W_{Feder}	Nm	890
Berechnen Sie die Steifigkeit der oben beschriebenen Feder!	c	N/mm	82,35
Mit welcher Kraft wird die Feder während des Stoßes belastet?	F_{Feder}	N	12.107
Welche Schubspannung wird in der Feder hervorgerufen?	τ_{max}	N/mm^2	498

A.2.15 Zwei Schraubendruckfedern in Parallel- und Hintereinanderschaltung

			Feder 1	Feder 2
Drahtdurchmesser	d	mm	**4**	**4**
Windungsdurchmesser	D_m	mm	**55**	**40**
Anzahl der federende Windungen	i	–	**11,5**	**11,5**
Wahl'scher Faktor	K	–	1,0959	1,1348
Belastbarkeit	F_{max}	N	207,8	276,9
Steifigkeit	c	N/mm	1,338	3,478
Federweg bei Volllast	f_{max}	mm	155,3	79,6
speicherbare Arbeit	W_{max}	Nm	16,14	11,02

			oben	unten
Kraft auf Feder 1	F_1	N	207,8	106,5
Kraft auf Feder 2	F_2	N	207,8	276,9
Gesamtbelastbarkeit	F_{ges}	N	207,8	383,4
Federweg Feder 1	f_1	mm	155,3	79,6
Federweg Feder 2	f_2	mm	59,7	79,6
Gesamtfederweg	f_{ges}	mm	215,0	79,6
Gesamtsteifigkeit	c_{ges}	N/mm	0,9663	4,816
insgesamt speicherbare Arbeit	W_{max}	Nm	22,34	15,26

A.2.16 Schraubenzugfeder, Variation von Steifigkeit und Belastbarkeit

	gleiche Belastbarkeit doppelte Steifigkeit		Ausgangs-fall	doppelte Belastbarkeit gleiche Steifigkeit	
	c.	b.	a.	d.	e.
Federdurchmesser d [mm]	2	2	2	2	2,554
Windungsdurch-messer D_m [mm]	18	18	18	7,2	18
Anzahl federnde Windungen i_w	11	11	22	337,0	58,5
Federsteifigkeit c [N/mm]	2,18	2,18	1,09	1,09	1,09
Federbelastbarkeit F_{max} [N]	60,65	60,65	60,65	121,30	121,30
speicherbare Arbeit W_{max} [Nm]	0,844	0,844	1,687	6,75	6,75
Federmasse m [g]	15,32	15,32	30,64	189,1	132,7

A.2.17 Vier schraubenförmig gewendelte Zug-/Druckfedern

Wie groß ist die Belastbarkeit dieser einzelnen Feder?	$F_{maxeinzeln}$	N	236,7
Wie groß ist die Steifigkeit dieser einzelnen Feder?	$c_{einzeln}$	N/mm	4,557
Welcher Federweg stellt sich bei maximaler Belastung ein?	$f_{maxeinzeln}$	mm	51,94

	A	B	C	D	E
c_{ges} [N/mm]	∞	6,076	4,557	6,076	∞
f_{1max} [mm]	0	51,94	51,94	17,31	0
f_{2max} [mm]	0	17,31	51,94	17,31	0
f_{3max} [mm]	0	17,31	51,94	17,31	0
f_{4max} [mm]	0	17,31	51,94	51,94	0
F_{gesmax} [N]	∞	315,5	473,4	315,6	∞

A.2.18   Zimmermannssäge

Mit welchem maximalen Biegemoment können die senkrechten Schenkel belastet werden, wenn deren Werkstofffestigkeit vollständig ausgenutzt werden soll?	Nm	235,2
Welche maximale Zugkraft kann daraufhin in das Sägeblatt eingeleitet werden?	N	1.176
Welche Druckkraft erfährt dabei der mittlere Druckstab?	N	2.353

		Federweg einzeln am Objekt	dadurch bedingter Verstellweg an der Flügelmutter
Sägeblatt	μm	426	426
Gewindespindel	μm	88	88
Druckstab	μm	153	306
„halber" seitlicher Schenkel als Modellfall des „einseitig eingespannten Biegebalkens"	μm	4.978	19.911
Summe	μm	——————	20.731

Bei jeder Umdrehung der Flügelmutter wird ein Axialweg von 1,25 mm zurück gelegt. Wie viele Umdrehungen müssen dann an der Flügelmutter von der ersten Festkörperberührung bis zum endgültigen Vorspannungszustand ausgeführt werden?	-	16,58

A.2.19   Blattfeder

Mit welcher größten Masse kann diese Gesamtfeder statisch belastet werden?	m_{max}	kg	8.846
Wie groß ist die Steifigkeit dieser Gesamtfeder für den Fall, dass die Blattfeder als dreieckförmiger Biegebalken beschrieben werden kann?	c_{ges}	$\frac{N}{mm}$	759
Wie groß ist die Steifigkeit dieser Gesamtfeder für den Fall, dass die Blattfeder als trapezförmiger Biegebalken beschrieben werden kann?	c_{ges}	$\frac{N}{mm}$	884

A.2.20 Aluminiumleiter

Widerstandsmoment im geschwächten Bereich (s. Bild 0.16):

$$I_{ax} = \frac{b \cdot h^3}{12}$$

$$I_{ax} = \frac{20\,mm \cdot (48\,mm)^3}{12} - \frac{17,2\,mm \cdot (45,2\,mm)^3}{12} - \frac{(20-17,2)\,mm \cdot (30\,mm)^3}{12}$$

$$= 45.650\,mm^4$$

$$W_{ax} = \frac{I_{ax}}{e_{max}} = \frac{45.650\,mm^4}{\frac{48}{2}\,mm} = 1.902\,mm^3$$

$$M_b = \frac{m \cdot g}{2} \cdot L = \frac{80\,kg \cdot 9,81\,\frac{m}{s^2}}{2} \cdot \frac{2.450\,mm}{2} = 480,7\,Nm$$

$$\sigma_b = \frac{M_b}{2 \cdot W_{ax}} = \frac{480.700\,Nmm}{2 \cdot 1.902\,mm^3} = 126,3\,\frac{N}{mm^2}$$

Last verteilt sich auf zwei Leiterholme

$$I_{ax} = \frac{20\,mm \cdot (48\,mm)^3}{12} - \frac{17,2\,mm \cdot (45,2\,mm)^3}{12} = 51.958\,mm^4$$

$$f = \frac{L^3}{3 \cdot I_{ax} \cdot E} \cdot F \qquad\qquad Gl.\ 2.7$$

$$f = \frac{\left(\frac{2.450\,mm}{2}\right)^3}{3 \cdot 2 \cdot 51.958\,mm^4 \cdot 70.000\,\frac{N}{mm^2}} \cdot \frac{80\,kg \cdot 9,81\,\frac{m}{s^2}}{2} = 33,1\,mm$$

Wie groß ist das Widerstandsmoment eines einzelnen Leiterholms im Bereich des Durchbruchs, der die Leitersprosse aufnimmt?	mm^3	1.902
Wie groß ist das Biegemoment, welches in der Leiter durch die Prüflast hervorgerufen wird?	Nm	480,7
Wie groß ist die maximale Biegespannung, die sich bei der Prüfbelastung in den Leiterholmen einstellt, wenn angenommen wird, dass die Leiter im Bereich des Durchbruchs für die Sprossen in ihrer Festigkeit gefährdet ist?	$\frac{N}{mm^2}$	126,3
Wie groß ist das Flächenmoment eines einzelnen Leiterholms im ungeschwächten Querschnitt?	mm^4	51.958
Wie groß ist die Durchbiegung der Leiter an der Stelle der Lasteinleitung, wenn vereinfachend angenommen werden kann, das die Leiterholme im Wesentlichen aus ungeschwächtem Querschnitt bestehen?	mm	33,1

A.2.21 Stielkloben

Wie groß ist die Kraft, die maximal mit der Schraube aufgebracht werden darf?	N	61,1
Wie groß ist bei Aufbringung dieser Kraft der Federweg einer einzelnen Biegefeder auf der Linie der Schraubenachse?	mm	3,221
Wie groß ist bei Aufbringung dieser Kraft die Neigung einer einzelnen Biegefeder auf der Linie der Schraubenachse?	rad	0,161
Wie groß ist der gesamte Verformungsweg an der vorderen Kante einer einzelnen Spannbacke unter Berücksichtigung der Neigung der Biegefeder auf der Linie der Schraubenachse?	mm	6,119
Wie groß darf der maximale Abstand der vorderen Kanten der beiden Spannbacken im ungespannten Zustand untereinander sein, wenn die Biegefedern durch das Spannen nicht plastisch verformt werden dürfen?	mm	12,24

A.2.22 Tischführung mit Blattfedern

		„halber" Biegebalken	einzelne Tischstütze	gesamter Arbeitstisch
Wie groß ist die Steifigkeit gegenüber einer horizontal gerichteten Kraft?	N/mm	98,88	49,44	197,76
Mit welcher maximalen, horizontal gerichteten Kraft darf belastet werden?	N	440	440	1.760
Wie groß ist der maximale Federweg?	mm	4,45	8,90	8,90

A.2.23 Laubsäge

	σ_{ZD}	τ_Q	σ_b	σ_V
waagerechter Schenkel, linkes Ende	0	2,1	0	3,6
waagerechter Schenkel, rechtes Ende	0	2,1	310,5	310,6
senkrechter Schenkel	2,1	0	310,5	312,6

	verformbare Länge des Schenkels	Federweg an der Einspannstelle des Sägeblattes
Verformung durch einzelnen waagerechten Schenkel	300 mm	8,87 mm
Verformung durch den gesamten senkrechten Schenkel	117 mm	10.38 mm
Gesamtverformung	————	28,12 mm

A.2.24 Biegefeder, Variation von Steifigkeit und Belastbarkeit

	b. gleiche Belastbarkeit doppelte Steifigkeit	a. Ausgangsfall	c. doppelte Belastbarkeit gleiche Steifigkeit
Federbalkendurchmesser d [mm]	15,67	18	27,28
Federbalkenlänge L [mm]	186,06	282	490,85
Biegesteifigkeit c_B [N/mm]	284	142	142
Belastbarkeit F_{max} [N]	1.543	1.543	3.086
speicherbare Arbeit W_{max} [Nm]	4,192	8,383	33,533
Federmasse m [g]	281	562	2.249

A.2.25 Schenkelfeder, Belastbarkeit und Steifigkeit

Mit welchem Moment darf die Feder maximal belastet werden?	M_{max}	Nmm	691
Wie viele Windungen muss die Feder aufweisen, damit sie bei diesem maximalen Drehmoment einen Verdrehwinkel von 120° einnimmt?	i	–	7,2

A.2.26 Wäscheklammer

M_{tmax}	Nmm	302	c	Nmm	443

		vor der Montage	Wäscheklammer schließt und hält die Wäsche	Wäscheklammer wird geöffnet und mit den Fingern in Endstellung bewegt
φ	°	0	15,1	39,1
M	Nmm	0	117,0	302

		Welche Normalkraft übt die Wäscheklammer im geschlossenen Zustand auf die Wäsche aus?	Welche Kraft muss mit den Fingern aufgebracht werden, um die Wäscheklammer vollständig zu öffnen?
F	N	3,34	7,55

A.2.27 Mausefalle

		vor der Montage	vordere Endstellung	hintere Endstellung
Moment um Federachse M	Nmm	0	280,0	427
Kraft am Schlagbügel F	N	0	7	10,7
Steifigkeit c_t	Nmm		46,82	
Anzahl der federnden Windungen i	–		33	

A.2.28 Schenkelfeder, Variation von Steifigkeit und Belastbarkeit

	gleiche Belastbarkeit doppelte Steifigkeit		Ausgangsfall	doppelte Belastbarkeit gleiche Steifigkeit	
	c.	b.	a.	d.	e.
Federdurchmesser d [mm]	3	3	3	3,78	3,78
Windungsdurch-messer D [mm]	12,5	25	25	25	63,02
Anzahl federnde Windungen i_w	10	5	10	25,2	10
Federsteifigkeit c_t [Nm]	2,126	2,126	1,063	1,063	1,063
Federbelastbarkeit M_{max} [Nm]	2,651	2,651	2,651	5,302	5,302
speicherbare Arbeit W_{max} [Nm]	1,653	1,653	3,305	13,22	13,22
Federmasse m_F [g]	21,75	21,75	43,5	174,0	174,0

A.2.29 Ringfeder

Ermitteln Sie zunächst die Breite des Halbringes b, seine radiale Erstreckung t, die Anzahl der Halbringe z sowie den Reibwinkel ρ.	b t z ρ	mm mm - °	21 6,3 48 8,53
Berechnen Sie für den hypothetischen reibungsfreien Fall die Steifigkeit für den einzelnen Halbring.	$c_{Halbring}$	$\frac{N}{mm}$	139.258
Wie groß ist die Steifigkeit für die gesamte Pufferfeder für den reibungsfreien Fall?	c_{gesamt}	$\frac{N}{mm}$	2.901
Wie groß ist die Steifigkeit der gesamten Feder für den reibungsbehafteten Fall bei Belastung und Entlastung?	c_{Bel} c_{Entl}	$\frac{N}{mm}$	4.715 1.228
Wie groß ist die Kraft, die maximal auf die Feder einwirken darf?	F_{max}	N	162.883
Welcher Federweg liegt dann vor?	f_{max}	mm	34,5
Welche Arbeit kann die Feder maximal aufnehmen und welche Arbeit gibt sie bei Entlastung wieder ab?	W_{max} W_{ab}	Nm	2.813 733

A.2.30   Tellerfeder

a) | $c_1 = 20\,\text{N/mm}$ | $c_2 = 80\,\text{N/mm}$ | $c_3 = 200\,\text{N/mm}$ | $c_4 = 200\,\text{N/mm}$ |

b) Vier weitere Umdrehungen bedeutet einen zusätzliche Vorspannweg des Federsystems von 5 mm (4·1,25 mm). Dadurch wird die Federkennlinie um 5 mm nach links parallelverschoben, sie beginnt dann bei 200 N.

A.2.31   Feder als Bestandteil eines schwingungsfähigen Systems

Wie groß ist die Gesamtfedersteifigkeit des Systems?	c_{ges}	N/mm	151,9
Mit welcher Drehzahl muss der rechts angedeutete Exzentermechanismus betrieben werden, damit sich das System tatsächlich in der Resonanz befindet?	n_{an}	min^{-1}	6.579
Mit welcher maximal Amplitude darf das System betrieben werden?	A_{max}	mm	1,83

A.2.32   Formnutzzahl Schraubenfeder

		Zug-/Druckfeder		Schenkelfeder			
		$D_m =$ 8 mm	$D_m =$ 16 mm	$D_m =$ 16 mm	$D_m =$ 8 mm		q
K		1,383	1,172	1,113	1,252		q
F_{max}	N	215,8	127,3	0,6774	0,6022	Nm	M_{max}
c	N/mm	18,45	2,306	178,0	355,9	Nmm	c_t
V	mm^3	1.421	2.842	2.842	1.421	mm^3	V
W_{ideal}	Nm	4,828	9,656	6,388	3,194	Nm	W_{ideal}
W_{real}	Nm	1,262	3,514	1,289	0,509	Nm	W_{real}
η_W		0,261	0,364	0,202	0,159		η_W

A.2.33 Drehstabfeder – rohrförmige Feder

		Drehstabfeder	Rohrfeder	Gesamtsystem
Innendurchmesser	d_i [mm]	**0**	**12**	————
Außendurchmesser	d_a [mm]	8,69	**14**	————
Belastbarkeit	M_{tmax} [Nm]	64,5	64,5	64,5
Steifigkeit	c_t [Nm]	122,66	399,67	93,86
maximal speicherbare Arbeit	W_{real} [Nm]	16,96	5,21	22,17
ideal speicherbare Arbeit	W_{ideal} [Nm]	33,89	6,00	39,89
Formnutzzahl	η_W	0,500	0,868	0,556

A.2.34 Formnutzzahl Ringfeder

Welche Energie wird beim Aufprall von *einem einzelnen* Puffer aufgenommen?	E_{Puffer}	Nm	25.757
Wie groß ist das Volumen eines einzelnen Halbringes?	$V_{Halbring}$	mm^3	879.645
Wie groß ist die Formnutzzahl der Feder?	η_W	–	1,527
Welche Arbeit kann ein Halbring aufnehmen?	$W_{Halbring}$	Nm	1.151
Mit wie vielen Halbringen muss die Feder ausgestattet werden?	$z_{Halbring}$	–	23
Wie groß ist dann die maximal auf die Feder einwirkende Kraft?	F_{max}	kN	1.981
Welcher gesamte Federweg stellt sich dabei ein?	f_{max}	mm	26

A.2.35 Zugstabfeder und Schraubenzugfeder

Zugstabfeder		schraubenförmig gewendelte Feder	
Wie groß muss der Stabdurchmesser d [mm] mindestens sein?	4,26	Wie groß muss der Drahtdurchmesser d [mm] mindestens sein, wenn ein Windungsverhältnis $D_m/d = 10$ ausgeführt wird?	24,52
Welche Länge L [mm] muss die Feder dann aufweisen?	150.000	Wie viele federnde Windungen muss die Feder dann aufweisen?	12,57
Wie groß ist die Federmasse [kg]?	16,76	Wie groß ist die Federmasse [kg]?	35,86
Wie groß ist die Formnutzzahl η_W?	1	Wie groß ist die Formnutzzahl η_W?	0,388

A.2.36   Drehstabfeder und Schenkelfeder

Drehstabfeder		Schenkelfeder	
Wie groß muss der Stabdurchmesser d [mm] mindestens sein?	17,44	Wie groß muss der Drahtdurchmesser d [mm] mindestens sein, wenn ein Windungsverhältnis $D_m/d = 10$ ausgeführt wird?	19,94
Welche Länge L [mm] muss die Feder dann aufweisen?	3.724	Wie viele federnde Windungen muss die Feder dann aufweisen?	13
Wie groß ist die Federmasse [kg]?	6,97	Wie groß ist die Federmasse [kg]?	19,94
Wie groß ist die real speicherbare Arbeit [Nm]?	625	Wie groß ist die real speicherbare Arbeit [Nm]?	625
Wie groß ist die ideal speicherbare Arbeit [Nm]?	1.250	Wie groß ist die ideal speicherbare Arbeit [Nm]?	2.967
Wie groß ist die Formnutzzahl η_W?	0,500	Wie groß ist die Formnutzzahl η_W?	0,211

A.2.37   Werkstoffvariation Schraubenzugfeder

		Baustahl E 360	CuZn37	Federstahl
zul. Schubspannung τ_{zul} Schubmodul G	N/mm^2 N/mm^2	260 71.500	190 35.000	1.250 71.500
maximale Belastung F_{max}	N	55,03	40,21	264,6
Steifigkeit c	N/mm	13,79	6,75	13,79
speicherbare Arbeit W_{ideal}	Nmm	335,9	366,5	7.764,5
speicherbare Arbeit W_{real}	Nmm	109,8	119,8	2.538,5
Formnutzzahl η_W	–	0,327	0,327	0,327
Werkstoffkennwert $\frac{W_{ideal}}{V}$	$\frac{Nmm}{mm^3}$	0,473	0,516	10,927

A.2.38 Werkstoffvariation Schenkelfeder

		Baustahl E 360	CuZn37	Federstahl
zul. Normalspannung σ_{zul}	N/mm^2	450	265	1.370
Elastizitätstmodul E	N/mm^2	210.000	110.000	206.000
maximale Belastung M_{max}	Nm	306	180	931
Steifigkeit c_t	Nmm	729	382	715
speicherbare Arbeit W_{ideal}	Nmm	342,6	226,8	3237
speicherbare Arbeit W_{real}	Nmm	64,2	42,4	606,1
Formnutzzahl η_W	–	0,187	0,187	0,187
Werkstoffkennwert $\frac{W_{ideal}}{V}$	$\frac{Nmm}{mm^3}$	0,482	0,319	4,556

A.2.39 Qualitative Gegenüberstellung

	A	B	C	D	E	F	G	H	I	J	K	L
Blattfeder, einschichtig	×											
Blattfeder mehrschichtig, nicht vorgespannt		×										
Blattfeder mehrschichtig, vorgespannt							×					
Dämpfer bei langsamer Sinusschwingung					×							
Dämpfer bei schneller Sinusschwingung			×									
Drehstabfeder, einlagig	×											
Drehstabfeder, mehrlagig		×										
Drehfeder (Schenkelfeder)	×											
Gummidruckfeder, sinusförmig belastet								×				
Luftfeder, ideal und reibungsfrei					×							
Luftfeder mit Reibungs- und Flüssigkeitsdämpfer												×
Ringfeder, nicht vorgespannt		×										
Ringfeder, vorgespannt							×					
Schraubendruckfeder	×											
Schraubendruckfeder mit Flüssigkeitsdämpfer						×						
Schraubenzugfeder	×											
Tellerfeder, einzeln									×			
Tellerfeder, mehrfach geschichtet										×		
Tellerfedersäule											×	

A.2.40   Identifizierung des Federwerkstoffs

Werkstoff	Drehstabfeder	Schrauben-druckfeder	Schenkelfeder	Biegefeder
Wolfram				
Molybdän				
Stahl		×		
Kupfer	×			
Titan			×	
Aluminium				×
Magnesium				
	$M_{tmax}[Nm] = 314$	$F_{max}[N] = 117{,}8$	$M_{tmax}[Nm] = 0{,}979$	$F_{max}[N] = 67{,}4$

A.3.1   Lastverteilung Nietverbindung

	A	B	C	D	E	F
F_{Niet1} [N]	10.000	10.000	14.140	10.000	10.000	30.000
F_{Niet2} [N]	10.000	10.000	14.140	10.000	10.000	10.000

Wie groß ist die maximale Schubspannung im Niet?	τ_Q	N/mm^2	96
Wie groß ist der maximal auftretende Lochleibungsdruck (Berechnung wie ein kaltgeschlagener Niet)?	p_L	N/mm^2	100

A.3.2   Genietete Muffe-Rohr-Verbindung

Wie groß ist die längskraftbedingte Kraft auf den einzelnen Niet?	F_q	N	2.000
Wie groß ist die momentenbedingte Kraft auf den einzelnen Niet?	F_m	N	2.667
Wie groß ist die gesamte auf den einzelnen Niet wirkende Kraft?	F_{Niet}	N	3.334
Welche Schubspannung wirkt in den Nieten?	τ	N/mm^2	117,9
Welcher Lochleibungsdruck entsteht zwischen Niet und Muffe?	p_{NM}	N/mm^2	111,1
Welcher Lochleibungsdruck entsteht zwischen Niet und Rohr?	p_{NR}	N/mm^2	111,1

A.3.3 Achshalter Güterwaggon

Wie groß ist die Kraft, die einen einzelnen Niet maximal belasten kann?	F_{Niet}	N	6.922
Wie groß ist die maximale Schubspannung im Niet?	τ_Q	N/mm^2	28,2
Wie groß ist der maximal auftretende Lochleibungsdruck (Berechnung wie ein kaltgeschlagener Niet)?	p_L	N/mm^2	37,0

A.3.4 Tretkurbel Fahrrad

Wie groß ist das maximale Torsionsmoment, welches an der Tretkurbel übertragen wird?	M	Nm	225,1
Wie groß ist die maximale Kraft, die dadurch in der Kette hervorgerufen wird?	F_{Kette}	N	2.814
Wie groß ist die maximale Kraft, die durch das übertragene Torsionsmoment auf die einzelne Schraube wirkt?	F_m	N	726
Wie groß ist die maximale Kraft, die durch die Querkraft (Zugtrumkraft der Kette) auf die einzelne Schraube wirkt?	F_q	N	563
Wie groß ist die maximale Querkraft auf die einzelne Schraubverbindung?	F_{BQ}	N	1.289
Wie groß ist der Lochleibungsdruck zwischen Tretkurbel und Passschraube?	p_L	$\frac{N}{mm^2}$	46,9
Wie groß ist der Lochleibungsdruck zwischen Kettenblatt und Passschraube?	p_L	$\frac{N}{mm^2}$	39,1

A.3.5 Nietverbindung mit diagonal angeordneten Flacheisen (B)

für den höchst-belasteten Niet		Stift/Bolzen	Nietverbindung A	Nietverbindung B	Nietverbindung C	Nietverbindung D
Kraft aufgrund von Querkraft	N	——	600	300	300	600
Kraft aufgrund des Momentes	N	——	0	1.591	1.591	0
Gesamtkraft	N	1.200	600	1.891	1.891	600
Querkraftschub	N/mm^2	3,82	47,8	66,9	37,6	30,9
Lochleibung	N/mm^2	3,33	18,8	39,4	29,5	15,0

A.3.6 Lagerschild Schaukel

	Niet links	Niet Mitte	Niet rechts
F_{qx} [N]	258,1	258,1	258,1
F_{qy} [N]	−368,6	−368,6	−368,6
F_{mx} [N]	0	0	0
F_{my} [N]	−1.161,5	0	1.161,5
F_{Niet} [N]	1.551,7	450,0	833,9

$d_{min} = 4,7\,mm$

A.3.7 Kupplungsscheibe

Mit welcher Kraft kann ein einzelner Niet dann belastet werden?	F_{Niet}	N	1.696
Wie groß ist das insgesamt mit allen acht Nieten übertragbare Moment?	M_{tges}	Nm	636

A.3.8 Nietverbindung mit 12 Nieten

	Niet 1:	Niet 2:	Niet 3:
F_{qx} [N]	3.915	3.915	3.915
F_{qy} [N]	1.425	1.425	1.425
F_{mx} [N]	6.624	6.624	6.624
F_{my} [N]	19.851	0	−19.851
F_{Niet} [N]	23.743	10.634	21.227
	Niet 4:	Niet 5:	Niet 6:
F_{qx} [N]	3.915	3.915	3.915
F_{qy} [N]	1.425	1.425	1.425
F_{mx} [N]	−6.624	−6.624	−6.624
F_{my} [N]	19.851	0	−19.851
F_{Niet} [N]	21.448	3.060	18.624

Wie groß ist die Kraft, die einen einzelnen Niet maximal belasten kann?	F_{Niet}	N	23.743
Wie groß ist die maximale Schubspannung im Niet?	τ_Q	N/mm^2	48,4
Wie groß ist der maximal auftretende Lochleibungsdruck (Berechnung wie ein kaltgeschlagener Niet)?	p_L	N/mm^2	63,3

A.3.9 Lastverteilung von zwei Nietverbindungen

	Niet 1:	Niet 2:	Niet 3:	Niet 4:
F_{qx} [N]	0	0	0	0
F_{qy} [N]	−125	−125	−125	−125
F_{mx} [N]	569	570	570	569
F_{my} [N]	1.951	651	−651	−1.951
F_{Niet} [N]	1.913	776	963	2.153
	Niet 5:	Niet 6:	Niet 7:	Niet 8:
F_{qx} [N]	0	0	0	0
F_{qy} [N]	−125	−125	−125	−125
F_{mx} [N]	−569	−570	−570	−569
F_{my} [N]	1.951	651	−651	−1.951
F_{Niet} [N]	1.913	776	963	2.153

	Niet I:		Niet IV:
F_{qx} [N]	0	F_{qx} [N]	0
F_{qy} [N]	−167	F_{qy} [N]	−167
F_{mx} [N]	1.918	F_{mx} [N]	−639
F_{my} [N]	0	F_{my} [N]	0
F_{Niet} [N]	1.925	**F_{Niet} [N]**	660
	Niet II:		Niet V:
F_{qx} [N]	0	F_{qx} [N]	0
F_{qy} [N]	−167	F_{qy} [N]	−167
F_{mx} [N]	1.279	F_{mx} [N]	−1.279
F_{my} [N]	0	F_{my} [N]	0
F_{Niet} [N]	1.290	**F_{Niet} [N]**	1.290
	Niet III:		Niet VI:
F_{qx} [N]	0	F_{qx} [N]	0
F_{qy} [N]	−167	F_{qy} [N]	−167
F_{mx} [N]	639	F_{mx} [N]	−1.918
F_{my} [N]	0	F_{my} [N]	0
F_{Niet} [N]	660	**F_{Niet} [N]**	1.925

A.3.10 Stift

	F_{max} [N]
aufgrund der Stiftbiegung	6.972
aufgrund des Querkraftschubes im Stift	43.103
aufgrund der Pressung an der Einspannstelle	7.299
insgesamt übertragbar	6.972

	F_{max} wird größer	F_{max} bleibt gleich	F_{max} wird kleiner
Stiftdurchmesser wird vergrößert	×		
Stiftwerkstoff E 295 wird durch E 360 ersetzt	×		
Einspannlänge s wird vergrößert	×		
Einspannwerkstoff wird aus S 235 JR gefertigt		×	

A.3.11 Eingemauertes Rechteckrohr

		hoch	quer
Querkraftschub	τ_Q	1,09	1,09
maximale Biegespannung	σ_b	138,74	214,48
Vergleichsspannung	σ_V	138,76	214,50
querkraftbedingte Pressung	p_q	0,123	0,061
momentenbedingte Pressung	p_m	9,620	4,810
Gesamtpressung	p_{ges}	9,743	4,871

A.3.12 Drehmomentenschlüssel

Berechnen Sie den Durchmesser der Drehstabfeder!	d	mm	9,56
Berechnen Sie die (wirksame) Länge der Drehstabfeder!	L	mm	250,1

Wie groß ist die zwischen Rohr und Umgebungskonstruktion maximal wirksame Pressung?	p	$\frac{N}{mm^2}$	106,3

A.3.13 Verlötete Muffenverbindung

Ermitteln Sie für beide Konstruktionsvarianten das übertragbare Torsionsmoment M_t, wenn die Rohre ...	Variante I	Variante II
... nur jeweils *stirnseitig* verlötet werden.	187,4	187,4
... nur jeweils *an der Mantelfläche* verlötet werden.	726,3	123,2
... *sowohl stirnseitig als auch an der Mantelfläche* verlötet werden.	913,7	238,1

A.3.14 Fahrradmuffe

Welche maximale Zugkraft kann durch diese Lötverbindung übertragen werden?	F_{max}	N	33.700
Welches maximale Torsionsmoment kann durch diese Lötverbindung übertragen werden?	M_{tmax}	Nm	482

A.3.15 Aufgeklebte Lasche

... $\alpha = 0°$ angreift?	F_{max}	N	18.000
... $\alpha = 90°$ angreift?	F_{max}	N	2.579

A.3.16 Zementieren einer Zahnkrone

normal (kreisförmige Stirnfläche)	tangential (Zylindermantelfläche)
c_N [N/µm] = 4.397	c_T [N/µm] = 1.267
F_N [N] = 233	F_T [N] = 67
σ [N/mm^2] = 2,12	τ [N/mm^2] = 0,85

A.3.17 Rechteckrohr an Wand

Wie groß ist die größtmögliche Schweißnahtdicke?	a	mm	3,5
Berechnen Sie die in der Schweißnaht auftretende Druckspannung Biegespannung Schubspannung	σ_D σ_b τ_Q	$\frac{N}{mm^2}$	0,32 34,41 1,53
Wie groß ist die in der Schweißnaht auftretende Vergleichsspannung?	σ_V	$\frac{N}{mm^2}$	34,74
Wie groß ist die Sicherheit?	S	–	3,02
Wie groß darf die Last maximal werden, wenn die Sicherheit S = 2 gefordert wird?	m	kg	95

A.3.18 Rohr an Wand

Wie groß ist die größtmögliche Schweißnahtdicke?	a	mm	3,5
Berechnen Sie die in der Schweißnaht auftretende Biegespannung Torsionschub	σ_b τ_t	$\frac{N}{mm^2}$	18,4 11,0
Wie groß ist die in der Schweißnaht auftretende Vergleichsspannung?	σ_V	$\frac{N}{mm^2}$	21,5
Wie hoch wäre die Vergleichsspannung, wenn es gelänge, auch an der Innenseite des Rohres eine Schweißnaht anzubringen?	σ_V	$\frac{N}{mm^2}$	13,1

A.3.19 Bestimmung der Schwerelinie

Ermitteln Sie die Lage der Schwerelinie der Schweißnaht!	z_s	mm	49,03
Berechnen Sie das Widerstandsmoment der Schweißnaht!	W_{ax}	mm^3	11.149
Wie groß darf die am Ende des Profils eingeleitete quasistatische Kraft höchstens werden?	F_{max}	N	2.033

A.3.20 Schweißverbindung, Biegespannung durch Längskraftbelastung

		Profil	Naht
Längskraft F_{ax}	N	16.000	
Querschnittsfläche A	mm^2	903	544
Zug-/Druckspannung σ_{ZD}	N/mm^2	17,7	29,4
Abstand Unterkante Profil – Schwerelinie z_P bzw. z_N	mm	26,5	32,6
Abstand Schwerelinien Profil-Naht Δz	mm	6,1	
Biegemoment M_b	Nm	97,6	
Widerstandsmoment W_{ax}	mm^3	5.070	4.860
Biegespannung σ_b	N/mm^2	19,3	17,9
Gesamtspannung σ_{ges}	N/mm^2	37,0	47,3

A.3.21 Unwuchtantrieb

Wie groß ist die Nahtstärke an den Querblechen?	a_1	mm	7
Wie groß ist die Nahtstärke am Stegblech?	a_2	mm	4,2
Wie groß ist das Flächenmoment der Naht?	I_{ax}	mm^4	$5,705 \cdot 10^6$
Wie groß ist das Widerstandsmoment der Naht?	W_{ax}	mm^3	$100,1 \cdot 10^3$
Wie groß ist die statische Biegespannung in der Naht?	σ_{bstat}	$\frac{N}{mm^2}$	7,0
Wie groß ist die dynamische Biegespannung in der Naht?	σ_{bdyn}		5,2
Wie groß ist die untere Biegespannung in der Naht?	σ_{bu}	$\frac{N}{mm^2}$	1,8
Wie groß ist die obere Biegespannung in der Naht?	σ_{bo}		12,2
Wie groß ist Dynamikkennzahl?	κ	–	0,15
Wie groß ist die Betriebssicherheit der Naht?	S	–	5,3

A.3.22 Schaltkupplung

a.	σ_o [N/mm^2] = 19,7	τ_o [N/mm^2] = 17,7	σ_{Vo} [N/mm^2] = 29,3
	σ_u [N/mm^2] = 0	τ_u [N/mm^2] = 0	σ_{Vu} [N/mm^2] = 0
b.	$\kappa = 0$		
c.	σ_{zul} [N/mm^2] = 60		
d.	S = 2,05		

A.3.23 Laufrolle Transportwagen

	statisch	dynamisch
L [N] = 24.000 M_b [Nm] = 1.680	σ_{ZDstat} [N/mm^2] = 8,2 σ_{bstat} [N/mm^2] = 0	σ_{ZDdyn} [N/mm^2] = 0 σ_{bdyn} [N/mm^2] = 26,0
	$\sigma_{gesstat}$ [N/mm^2] = 8,2	σ_{gesdyn} [N/mm^2] = 26,0
	$\kappa = -0,52$	
	σ_{zul} [N/mm^2] = 48	
	S = 1,4	

A.4.1 Stemmbock

Wie groß ist die Kraft, die in Schraubenrichtung übertragen werden muss?	F_{ax}	N	17.658
Welches Gewindemoment tritt im beim Anheben der Last auf?	M_{Gewan}	Nm	12,40
Welches Gewindemoment tritt beim Absenken der Last auf?	M_{Gewab}	Nm	5,24
Wie groß ist das Moment, welches zum Anheben der Last insgesamt am Betätigungshebel eingeleitet werden muss?	M_{gesan}	Nm	24,8
Wie groß sind die beiden gleichgroßen Handkräfte, die der Bediener an den beiden äußeren Enden des Betätigungshebels zum Anheben der Last einleiten muss?	F_{Hand}	N	75,2
Wie viele Umdrehungen i müssen eingeleitet werden, um von der hier dargestellten Ausgangshöhe (164 mm) bis zur Endhöhe (224 mm) anzuheben?	i	–	24

A.4.2 Spannschloss

	Gewindemoment beim Anziehen des Spannschlosses	Gewindemoment beim Lösen des Spannschlosses
	Nm	Nm
linke Schraube Tr 16x4	◯ anziehen ⊗ lösen 0,806	⊗ anziehen 5,332 ◯ lösen
rechte Schraube Tr 16x6	⊗ anziehen 6,496 ◯ lösen	◯ anziehen ⊗ lösen −0,293
Gesamtmoment	7,303	5,039

A.4.3 Winkelgesteuertes Anziehen

		M8	M10	M12
c_S	N/µm	96,1	152,2	221,3
M_{Gewanz}	Nm	12,64	15,67	18,70
$M_{Gewlös}$	Nm	5,34	6,91	8,47
M_{KR}	Nm	11,88	15,12	17,28
M_{gesanz}	Nm	24,52	30,79	35,98
$M_{geslös}$	Nm	17,22	22,03	25,75
f_{SV}	µm	187	118	81
f_{ZV}	µm	28	28	28
α	°	62	35	22
σ_Z	N/mm^2	492	310	213
τ_t	N/mm^2	202	126	86
σ_V	N/mm^2	604	379	260
Schraubengüte		8.8	5.8	4.8

A.4.4 Bügelsäge

Wie groß ist die Kraft, mit der das Sägeblatt vorgespannt werden muss?	N	275
Wie groß ist die Zugsteifigkeit des Sägeblattes?	N/µm	4,01
Um welchen Betrag längt sich das Sägeblatt beim Vorspannen?	µm	68,6

	verformbare Länge des Schenkels	Federweg an der Einspannstelle des Sägeblattes
durch einen einzelnen waagerechten Schenkel bedingter Verformungsanteil	84 mm	76,0 µm
durch den senkrechten Schenkel bedingter Verformungsanteil	338 mm	918,0 µm
Gesamtverformung	——————	1.070,0 µm

Wie groß ist die Drucksteifigkeit der Zwischenlage?	N/µm	0,257

Die Spannschraube der Säge wird nun momentenlos bis zum Anschlag gedreht. Um welchen Winkel muss die Spannschraube darüber hinaus gedreht werden, um den geforderten Vorspannungszustand zu erzielen?	Grad	328

A.4.5 Verschraubung stromführender Leiterbahnen

		Aufgabenteil a	Aufgabenteil b	Aufgabenteil c
Temperatur Zwischenlage	°C	20	140	140
Temperatur Schraube	°C	20	20	140
σ_Z	N/mm²	351	351 + 209 = 560	351 + 65 = 416
τ_t	N/mm²	141	141	141
σ_V	N/mm²	427	611	482

A.4.6 Wellenflansch mit einem Teilkreis

Wie groß ist der Lochleibungsdruck zwischen Schraube und Flansch?	p_L	N/mm²	12,2
Wie groß ist der Querkraftschub in der Passschraube?	τ_Q	N/mm²	27,9

Mit welcher Vorspannkraft muss jede einzelne der Schrauben angezogen werden?	F_V	N	21.940
Wie groß ist das Gewindemoment?	M_{Gew}	Nm	22,6
Wie groß ist das Kopfreibungsmoment?	M_{KR}	Nm	22,6
Wie groß ist das Schraubenanzugsmoment?	M_{anz}	Nm	45,2
Welche Zugspannung liegt vor?	σ_Z	N/mm²	378
Wie groß ist der Torsionsschub?	τ_t	N/mm²	181
Welche Vergleichsspannung ergibt sich?	σ_V	N/mm²	492

A.4.7 Fundamentverschraubung Stichlochbohrmaschine

Wie groß ist die maximale Kraft, die durch das übertragene Torsionsmoment auf die einzelne Schraube wirkt?	F_m	N	75.800
Wie groß ist die maximale Kraft, die durch die Querkraft auf die einzelne Schraube wirkt?	F_q	N	22.750
Wie groß ist die maximale Querkraft auf die am höchsten belastete Schraubverbindung?	F_{BQ}	N	98.550
Mit welcher Vorspannkraft muss die einzelne Schraube angezogen werden?	F_V	N	821.250
Mit welchem Moment muss die maximal belastete Schraube angezogen werden, wenn angenommen werden kann, dass das Gewindemoment und das Kopfreibungsmoment gleich groß sind?	M_{ges}	Nm	7.436
Wie groß ist die Zugspannung in der Schraube?	σ_Z	N/mm^2	405
Welcher Torsionsschub tritt in der Schraube auf?	τ_t	N/mm^2	144
Mit welcher Vergleichsspannung wird die Schraube belastet?	σ_V	N/mm^2	476

A.4.8 Schraubbefestigung Kranlaufrad

Berechnen Sie zunächst die Kraft, die radial am Rad angreift!	F_{rad}	N	11.036
Berechnen Sie die Kraft, die am Radumfang wirksam wird.	F_{tan}	N	1.655
Berechnen Sie die Querkraft, die eine einzelne Schraubenverbindung maximal belastet.	F_{BQ}	N	2.894
Welche Vorspannkraft muss in den Schrauben wirksam werden, damit sowohl Radlast als auch Bremsmoment sicher übertragen werden können?	F_V	N	48.233
Wie groß ist das Gewindemoment beim Anziehen?	M_{Gew}	Nm	58,2
Wie groß ist das Kopfreibungsmoment?	M_{KR}	Nm	46,3
Mit welchem Moment müssen die Schrauben angezogen werden?	M_{anz}	Nm	104,4
Welche Zugspannung wird in die Schraube eingeleitet?	σ_Z	N/mm^2	418
Wie groß ist der Torsionsschub in der Schraube?	τ_t	N/mm^2	166
Wie groß ist die Vergleichsspannung in der Schraube?	σ_V	N/mm^2	508
Kennzeichnen Sie durch Ankreuzen die Schraubengüte, die erforderlich ist, um die Festigkeit der Verbindung sicherzustellen? 3.6 – 4.6 – 4.8 – 5.6 – 5.8 – 6.8 – **8.8** – 10.9 – 12.9			

A.4.9 Tretkurbel Fahrrad (E)

Wie groß ist das maximale Torsionsmoment, welches an der Tretkurbel übertragen wird?	M	Nm	266,8
Wie groß ist die maximale Kraft, die dadurch in der Kette hervorgerufen wird?	F_{Kette}	N	2.668
Wie groß ist die maximale Kraft, die durch das übertragene Moment auf die einzelne Schraube wirkt?	F_m	N	821,0
Wie groß ist die maximale Kraft, die durch die Querkraft (Zugtrumkraft der Kette) auf die einzelne Schraube wirkt?	F_q	N	533,6
Wie groß ist die maximale Querkraft auf die Schraubverbindung?	F_{BQ}	N	1.354,6
Wie groß ist die erforderliche Vorspannkraft?	F_V	N	11.288
Wie groß ist das Gewindemoment beim Anziehen?	M_{Gew}	Nm	6,98
Wie groß ist das Kopfreibungsmoment?	M_{KR}	Nm	7,94
Mit welchem Moment muss die Schraube angezogen werden?	$M_{Schraube}$	Nm	14,94
Mit welchem Moment muss beim Anziehen der Schraube die Mutter festgehalten werden?	M_{Mutter}	Nm	0,00

A.4.10 Wellenflansch mit drei Teilkreisen

			innerer Lochkreis	mittlerer Lochkreis	äußerer Lochkreis	gesamt
a	M_{tWelle}	Nm	72	324	576	972
b	F_{Vmin}	N	6.000	9.000	12.000	
c	M_{Gew}	Nm	2,829	4,244	5,658	
	σ_Z	N/mm²	299	448	597	
	τ_t	N/mm²	111	167	222	
d	σ_V	N/mm²	355	533	711	
	Schraubengüte		6.8	8.8	10.9	
e	M_{anz}	Nm	5,658	8,488	11,316	

A.4.11   Betriebskraft im Verspannungsschaubild

			zeichnerisch	rechnerisch
Wie groß ist die maximale Schraubenkraft?	F_{Smax}	kN	70	70
Wie groß ist die Restklemmkraft?	F_{RK}	kN	30	30
Welche zusätzliche Verformung wird durch die Betriebskraft F_{BL} in die Schraube eingeleitet?	Δf_B	µm	10	10

A.4.12   Druckbehälter statisch belastet

Berechnen Sie die Steifigkeit der Schraube!	c_S	N/µm	687
Berechnen Sie für die einzelne Schraube ... ... die Betriebskraft,	F_{BL}	N	33.960
... die Restdichtkraft,	F_{RK}	N	8.490
... die maximale Schraubenkraft	F_{Smax}	N	42.450
sowie die Vorspannkraft!	F_V	N	32.674
Wie groß sind ... ... das Gewindemoment,	M_{Gew}	Nm	28,47
... das Kopfreibungsmoment und	M_{KR}	Nm	27,45
das Schraubenanzugsmoment?	M_{anz}	Nm	55,92
Wie groß sind ... ... die Zugspannung,	σ_Z	N/mm^2	732
... die Schubspannung und	τ_t	N/mm^2	229
... die Vergleichsspannung in der Schraube?	σ_V	N/mm^2	833
Ist die Festigkeit der Schraube ausreichend?		$\otimes$ ja	$\bigcirc$ nein

A.4.13   Rohrleitungsflansch

Berechnen Sie zunächst die von der gesamten Flanschverbindung aufzunehmende Betriebskraft!	F_{BLges}	N	94.250
Wie groß ist die gesamte Restklemmkraft?	F_{RKges}	N	188.500
Welche maximale Schraubenkraft muss die gesamte Verbindung aufnehmen?	$F_{Smaxges}$	N	282.750
Ermitteln Sie die gesamte Vorspannkraft!	F_{Vges}	N	235.625
Wie viele Schrauben sind mindestens erforderlich? Runden Sie die Anzahl der Schrauben auf eine gerade Zahl auf, damit die Konstruktion symmetrisch ausgeführt werden kann.	i	–	8
Mit welchem Moment müssen die Schrauben angezogen werden?	M_{anz}	Nm	61,2

A.4.14   Druckbehälter statisch und dynamisch belastet

		Variante A statischer Druck 20 bar	Variante A dynamischer Druck zwischen 0 und 20 bar pulsierend	Variante B dynamischer Druck zwischen 0 und 20 bar pulsierend	Variante C dynamischer Druck zwischen 0 und 20 bar pulsierend
c_Z	N/µm	1.200	1.200	1.200	1.200
c_S bzw. c_{SH}	N/µm	792	792	550	394
F_{BL}	N	24.544	24.544	24.544	24.544
F_{RK}	N	12.272	12.272	12.272	12.272
F_V	N	27.058	27.058	29.102	30.749
F_{Smax}	N	36.816	36.816	36.816	36.816
F_{Smin}	N	36.816	27.058	29.102	30.749
F_{Sstat}	N	36.816	31.937	32.959	33.783
F_{Sdyn}	N	0	4.879	3.857	3.034
σ_{Zstat}	N/mm^2	437	379	568	401
σ_{Zdyn}	N/mm^2	0	57.9	66,5	36,0

A.4.15 Einteiliger Hydraulikkolben

Berechnen Sie die Betriebskraft für den Fall, dass der Druck von links wirkt, und für den von rechts wirkenden Druck!	F_{BL1} F_{BL2}	N N	45.239 41.177
Mit welcher Kraft muss die Schraube vorgespannt werden?	F_V	N	38.471
Wie groß sind die maximale Schraubenkraft und die minimale Schraubenkraft?	F_{Smax} F_{Smin}	N N	53.177 22.314
Wie groß ist das Gewindemoment? Welches das Reibmoment an der Kopfauflage stellt sich ein, wenn es 0,8-mal so groß ist wie das Gewindemoment? Welches Anzugsmoment ergibt sich?	M_{Gew} M_{KR} M_{anz}	Nm Nm Nm	64,75 51,80 116,55
Wie groß ist die statische Schraubenkraft? Wie groß ist die dynamische Schraubenkraft?	F_{Sstat} F_{Sdyn}	N N	37.745 15.431
Berechnen Sie die statische Vergleichsspannung! Berechnen Sie die dynamische Vergleichsspannung!	σ_{Vstat} σ_{Vdyn}	N/mm^2 N/mm^2	186 63
Ist eine Schraube der Güte 10.9 betriebsfest, wenn sie schlussvergütet ist?			○ ja ⊗ nein
Ist eine Schraube der Güte 10.9 betriebsfest, wenn sie gerollt ist?			⊗ ja ○ nein

A.4.16 Pufferbefestigungsschraube

Es kann angenommen werden kann, dass die Betriebskraft am Schraubenkopf bzw. an der Mutter angreift. Wie groß sind die Schraubensteifigkeit und die Zwischenlagensteifigkeit?	c_S c_Z	$N/\mu m$ $N/\mu m$	2.250 3.059
Wie hoch muss die Vorspannkraft sein, wenn im Augenblick der Belastung an jeder Schraube eine Restklemmkraft von 140 kN wirksam werden soll?	F_V	kN	177,1
Wie groß ist das Gewindemoment, das Kopfreibungsmoment und das Schraubenanzugsmoment?	M_{Gew} M_{KR} M_{anz}	Nm Nm Nm	543 624 1.167
Wie groß ist die minimale und die maximale Kraft auf die Schraube?	F_{Smin} F_{Smax}	kN kN	140 177,1
Welche statische und dynamische Schraubenkraft stellt sich ein?	F_{Sstat} F_{Sdyn}	kN kN	158,5 18,5
Berechnen Sie die statische und die dynamische Vergleichsspannung!	σ_{Vstat} σ_{Vdyn}	N/mm^2 N/mm^2	242 23
Ist die Schraube betriebsfest?			⊗ ja ○ nein

A.4.17 Titanhülse

Berechnen Sie die Steifigkeit der Schraube differenziert nach Schaftlänge und Gewindelänge und berücksichtigen Sie die Nachgiebigkeiten von Mutter und Kopf!	$c_{Schraube}$	N/µm	517
Berechnen Sie die Steifigkeit der Titanhülse	$c_{Hülse}$	N/µm	1.728
Berechnen Sie die Steifigkeiten der Platten!	$c_{PlatteSt}$	N/µm	4.452
	$c_{PlattenAl}$	N/µm	1.895
Die Betriebskraft wird in der Mitte der jeweiligen Platte eingeleitet. Berechnen Sie für diesen Betriebsfall das Kraftverhältnis Φ!	Φ	–	0,115
Nach der Montage wird die Mutter nachgezogen. Muss dabei der Schraubenkopf festgehalten werden?			$\bigcirc$ ja $\otimes$ nein
Die Verschraubung soll durch Drehung der Mutter wieder gelöst werden. Muss in der ersten Losdrehphase der Schraubenkopf festgehalten werden?			$\otimes$ ja $\bigcirc$ nein

A.4.18 Setzen und Krafteinleitung innerhalb verspannter Teile

Wie groß sind die Steifigkeit von Schraube und Zwischenlage?	c_S	N/µm	500
	c_Z	N/µm	927
Die Schraube setzt sich nach der Montage um $\Delta f_S = 25\,µm$. Welcher Vorspannungsverlust ist damit verbunden?	ΔF_V	N	8.125
Wie hoch muss die Montagevorspannkraft sein, wenn nach dem Setzen eine Vorspannkraft $F_V = 80$ kN vorhanden sein soll?	F_{VM}	N	88.125
Die Betriebskraft $F_{BL} = 60$ kN (Zug) wird innerhalb der verspannten Teile eingeleitet, wobei n = 0,6 ist. Ermitteln Sie für diesen Fall die maximale Schraubenkraft und die Restklemmkraft!	F_{Smax}	N	92.680
	F_{RK}	N	32.680

A.4.19 Zylinderkopfverschraubung

Schraubensteifigkeit	128 N/µm	Gesamt-Schraubensteifigkeit	117 N/µm
Deckelsteifigkeit	684 N/µm		
Motorblocksteifigkeit	662 N/µm	Gesamt-Zwischenlagensteifigkeit	223 N/µm
Dichtungssteifigkeit	446 N/µm		

F_{BL}	N	10.053
F_{RK}	N	20.106
F_V	N	26.700

M_{Gew}	Nm	23,25
M_{KR}	Nm	21,63
M_{ges}	Nm	44,88

F_{Smax}	N	30.159
F_{Smin}	N	26.700
F_{Sstat}	N	28.429
F_{Sdyn}	N	1.729

		Schaft	Gewinde
σ_{Sstat}	N/mm²	739	490
σ_{Sdyn}	N/mm²	45	30
τ_{tstat}	N/mm²	345	187
τ_{tdyn}	N/mm²	0	0
σ_{Vstat}	N/mm²	951	587
σ_{Vdyn}	N/mm²	45	30

A.4.20 Zweiteiliger Hydraulikkolben

Berechnen Sie die Steifigkeit von Schraube, Kolben und Dichtung!	$c_{Schraube}$	N/µm	717
	c_{Kolben}	N/µm	745
	$c_{Dichtung}$	N/µm	313
Die Schraube wird mit der Vorspannkraft $F_{VM} = 50$ kN montiert und setzt sich anschließend um 25 µm. Wie groß ist der Vorspannungsverlust und wie groß ist die Vorspannkraft nach dem Setzen?	ΔF_V	N	4.214
	F_V	N	45.785

	Schraubensteifigkeit [N/µm]	Zwischenlagensteifigkeit [N/µm]
Belastung durch p_1	717	220
Belastung durch p_2	365	313

Berechnen Sie die maximale Schraubenkraft, die minimale Schraubenkraft sowie die Restklemmkraft!	F_{Smax}	N	67.318
	F_{Smin}	N	7.512
	F_{RK}	N	7.512
Berechnen Sie die mittlere Schraubenkraft und die Schraubenausschlagskraft!	F_{Sstat}	N	37.415
	F_{Sdyn}	N	29.903
Die zwischen Kolben und Kolbenstange befindliche Dichtung wird entfernt und zwischen Schraubenkopf und Kolben montiert. Geben Sie durch Ankreuzen an, ob und ggf. wie sich die dynamische Schraubenbelastung ändert.	⊗ wird kleiner ◯ bleibt gleich ◯ wird größer		

A.4.21   Hydro-Arbeitszylinder

c_{Rohr}	N/µm	2.309	c_{GS}	N/µm	203

$\otimes$ Die infolge des Drucks wirkende Schraubenzusatzbelastung ist schwellend.

		Kolben in linker Endlage	Kolben in rechter Endlage
Druck von links	Verspannungsfaktor Φ	0	0,081
	ΔF_{BS} [N]	0	4.284
Druck von rechts	Verspannungsfaktor Φ	0,081	0
	ΔF_{BS} [N]	5.726	0

F_{Sdyn}	N	2.863	σ_{Zdyn}	N/mm²	49,5

A.4.22   Verschraubung Kettenradwelle

			links	rechts
die Kettenkraft	F_{Kette}	N	5.277	2.763
die Lagerkraft	F_{Lager}	N	7.253 $\downarrow$	4.740 $\uparrow$
die Betriebskraft der Schraube	F_{BL}	N	3.627 (Druck)	2.370 (Zug)
die Vorspannkraft	F_V	N	9.965	
die Schraubenkraft bei Betriebslast	F_{S_Last}	N	8.756	10.755
die maximale Schraubenkraft	F_{S_max}	N	9.965	10.755
die minimale Schraubenkraft	F_{S_min}	N	8.756	9.965
die Restklemmkraft	F_{RK}	N	8.756	8.385

A.4.23   Verschraubung Elektrogetriebemotor

... das Drehmoment M_t am Kettenrad?	Nm	188,5
... die Kettenkraft F_{Kette}?	N	3.679
... das Biegemoment M_b um den Schwerpunkt der Verschraubung senkrecht zur Motorachse?	Nm	517,6
... F_q aufgrund der Zugtrumkraft der Kette?	N	924,2
... F_{mt} aufgrund des Torsionsmomentes am Kettenrad?	N	856,8
... F_{mb} aufgrund des Biegemomentes der Zugtrumkraft der Kette um den Schwerpunkt der Verschraubung?	N	1.991

Schraube 1		Schraube 2	
F_q	−924,2	F_q	−924,2
F_{mt}	−856,8	F_{mt}	−856,8
F_{mb}	1.991	F_{mb}	−1.991
F_{BL1}	210	F_{BL2}	−3.772
F_{V1}	339	F_{V2}	5,223
F_{Smax1}	5.304	F_{Smax2}	5.223
Schraube 3		Schraube 4	
F_q	−924,2	F_q	−924,2
F_{mt}	856,8	F_{mt}	856,8
F_{mb}	1.991	F_{mb}	−1.991
F_{BL3}	1.923	F_{BL4}	−2.058
F_{V3}	3.106	F_{V4}	2.847
F_{Smax3}	5.963	F_{Smax4}	5.223

A.4.24 Verschraubung Hubtrommel

Wie groß ist die Seilkraft?	N	9.810
Wie groß ist die Kettenkraft?	N	9.097

		linkes Lager	rechtes Lager
Lagerkraft für Seil in linker Endlage	N	7.707	11.200
Lagerkraft für Seil in rechter Endlage	N	−829	19.736

		F_V [N]	F_{RK} [N]	F_{Smax} [N]
F_{BLmax} [N]	9.868	10.337	3.761	13.629
F_{BLmin} [N]	−415	10.337	10.199	10.337

A.4.25   Verschraubter Bohrflansch

		ohne Axialkraft	Andruckkraft 80 kN	Rückholkraft 80 kN
F_V	N	32.080	32.080	32.080
F_{Smax}	N	32.080	32.080	36.080
F_{RK}	N	32.080	38.080	26.080
M_{Bohr}	Nm	924	1.097	751
σ_Z	N/mm²	381	381	428
τ_t	N/mm²	153	153	153
σ_V	N/mm²	464	464	503

A.4.26   Luftschraube

Wie groß ist die Vorspannkraft?	F_V	N	7.209
Wie groß ist die Betriebskraft einer einzelnen Schraube?	F_{BL}	N	200
Wie groß ist die maximale Schraubenlängskraft?	F_{Smax}	N	7.327
Wie groß ist die Zugspannung in der Schraube?	σ_Z	N/mm²	516
Wie groß ist der Torsionsschub in der Schraube?	τ_t	N/mm²	186
Wie groß ist die Vergleichsspannung in der Schraube?	σ_V	N/mm²	608
Wie groß ist die Restklemmkraft der Schraube?	F_{RK}	N	7.127
Wie groß ist die Querkraftbelastung jeder einzelnen Schraubverbindung?	F_{BQ}	N	364
Welcher Reibwert muss am Adapterstück 2 mindestens vorliegen, damit die Leistung übertragen werden kann?	μ_{min}	–	0,05

A.4.27   Angeschraubte Wandhalterung

		obere Schraube	untere Schraube
F_{BQ}	N	4.218	4.218
F_{RK}	N	42.183	42.183
F_{BL}	N	5.544 (Zug)	5.544 (Druck)
F_V	N	45.879	38.487
F_{Smax}	N	47.727	38.487

A.4.28 Angeflanschte Unwucht

		Variante A	Variante B	Variante C
F_{BQ}	N	2.468	1.234	823
F_{RK}	N	24.680	12.340	8.230
F_{BL}	N	4.673	3.305	2.698
F_{Smax}	N	29.353	15.645	10.928
F_V	N	27.795	14.543	10.029

A.4.29 Laufrad Fördertechnik

			Stelle A	Stelle B
Betriebskraft quer	F_{BQ}	N	2.750	2.750
Betriebskraft längs	F_{BL}	N	0	12.719
Vorspannkraft	F_V	N	22.917	31.398
maximale Schraubenkraft	F_{Smax}	N	22.917	35.638
minimale Schraubenkraft	F_{Smin}	N	22.917	27.158
Restklemmkraft	F_{RK}	N	22.917	22.917
statische Schraubenkraft	F_{Sstat}	N	22.917	31.398
dynamische Schraubenkraft	F_{Sdyn}	N	0	4.240
Gewindemoment	M_{Gew}	Nm	23,81	32,62
Kopfreibmoment	M_{KR}	Nm	19,05	26,10
Anzugsmoment	M_{ges}	Nm	42,86	58,72
statische Zugspannung	σ_{Zstat}	N/mm^2	272	372
dynamische Zugspannung	σ_{Zdyn}	N/mm^2	0	50
statische Torsionsspannung	τ_{tstat}	N/mm^2	109	149
dynamische Torsionsspannung	τ_{tdyn}	N/mm^2	0	0
statische Vergleichsspannung	σ_{Vstat}	N/mm^2	331	454
dynamische Vergleichsspannung	σ_{Vdyn}	N/mm^2	0	50
erforderliche Festigkeitsklasse			3.6 4.6 4.8 5.6 **5.8** 6.8 8.8 9.8 10.9 12.9	3.6 4.6 4.8 5.6 5.8 **6.8** 8.8 9.8 10.9 12.9

A.4.30 Flanschverbindung Kettenrad

Wie groß ist die Querkraftbelastung jeder einzelnen Schraubverbindung?	F_{BQ}	N	141,4
Wie groß ist die Längskraftbelastung einer jeden einzelnen Schraubverbindung?	F_{BL}	N	566,7
Welche Restklemmkraft muss an jeder einzelnen Schraube wirksam werden, damit die Querkraftbelastung der Schraubverbindung reibschlüssig übertragen werden kann?	F_{RK}	N	1.768
Wie groß ist die Vorspannkraft, die an jeder einzelnen Schraube aufgebracht werden muss?	F_V	N	2.146
Wie groß sind die statische Schraubenbelastung und die dynamische Schraubenbelastung?	F_{Sstat} F_{Sdyn}	N N	2.146 188,9

A.4.31 Lagerbock

Welche maximale Querkraft wirkt auf die einzelne Schraubverbindung?	F_{BQ}	N	5.000
Wie groß ist die Restklemmkraft, die in jedem Fall noch auf die einzelne Schraube wirken muss, damit der Reibschluss aufrecht erhalten wird?	F_{RK}	N	50.000
Wie groß ist die maximale Betriebskraft auf eine einzelne Schraube in Längsrichtung?	F_{BLmax}	N	20.800
Wie groß ist die minimale Betriebskraft auf eine einzelne Schraube in Längsrichtung?	F_{BLmin}	N	−3.480
Mit welcher Kraft muss die einzelne Schraube vorgespannt werden, damit die in den Lagerbock eingeleitete Kraft in allen Stellungen reibschlüssig übertragen werden kann?	F_V	N	63.870
Welche maximale Zugkraft wird in die Schraube eingeleitet?	F_{Smax}	N	70.800
Welche minimale Zugkraft wird in die Schraube eingeleitet?	F_{Smin}	N	62.710
Wie groß ist die statische Zugkraft in der Schraube?	F_{Sstat}	N	66.760
Wie groß ist die dynamische Zugkraft in der Schraube?	F_{Sdyn}	N	4.050

A.4.32 Wagenheber

Wie groß ist die Axialkraft in der Spindel?	F_{ax}	N	7.848
Welche Flächenpressung liegt im Gewinde vor?	p_{Gew}	N/mm²	11,65
Wie groß ist das Torsionsmoment in der Spindel beim Anheben?	M_{Heben}	Nm	8,089
Wie groß ist das Torsionsmoment in der Spindel beim Absenken?	M_{Senken}	Nm	0,513
Wie groß ist der Wirkungsgrad beim heben der Last?	η	–	0,463
Wie groß ist die Zugspannung in der Spindel?	σ_Z	N/mm²	138
Welcher Torsionsschub liegt in der Spindel vor?	τ_t	N/mm²	67
Welche Vergleichsspannung belastet die Spindel?	σ_V	N/mm²	180
Welche Handkraft muss aufgebracht werden, um die Last anzuheben?	F_{Hand}	N	46,2
Welche Handkraft ist erforderlich, um die Last abzusenken?	F_{Hand}	N	2,9

A.4.33 Selbstschließende Türangel

Um welchen Strecke hebt sich die Tür beim Öffnen um 180°?	mm	11,5
Wie groß ist die Flächenpressung im Gewinde bei geschlossener Tür?	N/mm²	2,54
Wie groß ist die Flächenpressung im Gewinde bei geöffneter Tür?	N/mm²	7,63
Mit welchem Moment schließt sich die Tür selbsttätig?	Nm	0,622
Wie groß ist der Wirkungsgrad beim Schließen der Tür?	%	78,7
Welches Moment muss aufgewendet werden, um die Tür zu öffnen?	Nm	0,979
Wie groß ist der Wirkungsgrad beim Öffnen der Tür?	%	80,7

A.4.34 Selbsthemmung unter Zuhilfenahme der Kopfreibung

Welche maximale Last kann angehoben werden, wenn die Spindel bis an ihre Festigkeitsgrenze beansprucht wird und wenn die Reibverhältnisse ungünstig sind?	m	kg	3.121
Welche Handkraft ist bei ungünstiger Reibung erforderlich, wenn diese Last angehoben werden soll?	F_{Hand}	N	86,7
Liegt im Gewinde Selbsthemmung vor?	◯ ja ⊗ nein		
Liegt unter Einbeziehung der Kopfreibung Selbsthemmung vor?	⊗ ja ◯ nein		
Wie groß ist der Wirkungsgrad des Gewindes beim Heben der Last im günstigsten und ungünstigsten Fall?	η_{Gewmax} η_{Gewmin}	– –	0,52 0,42
Wie groß ist der Gesamtwirkungsgrad im günstigsten und ungünstigsten Fall beim Heben der Maximallast?	η_{gesmax} η_{gesmin}	– –	0,37 0,32
In einer Ausbaustufe soll der Spindelwagenheber motorisch betrieben werden. Welche Antriebsleistung muss installiert werden, wenn selbst bei ungünstigem Reibwert die maximale Last in 10 Sekunden auf eine Höhe von 250 mm angehoben werden soll?	P_{aufw}	W	2.392

A.4.35 Hubtisch

Wie groß ist die in der Spindel wirkende Zugkraft?	F_{ax}	N	1.180

		M10	M12	Tr10x2	Tr12x3
Steigungswinkel im Gewinde	°	3,03	2,94	4,046	5,197
Reibwinkel	°	4,62	4,62	4,15	4,15
Wie groß ist das Gewindemoment?	Nm	696	828	765	1.020
Liegt Selbsthemmung vor?		⊗ ja ◯ nein	⊗ ja ◯ nein	⊗ ja ◯ nein	◯ ja ⊗ nein
Wie groß ist der Wirkungsgrad?	%	39,4	38,7	49,1	55,2

A.4.36   Klavierhocker

Zur Schraubenberechnung muss ein Zusammenhang zwischen der Gewichtsbelastung und der Axialkraft in der Schraubspindel hergestellt werden. Wenn der Klavierspieler mitten auf dem Hocker sitzt, so kann seine Gewichtskraft F_G jeweils zur Hälfte auf das rechte und linke Ende des Hubrahmens aufgeteilt werden, der an dieser Stelle gelenkig an die darunter liegende Scherenmechanik angebunden ist. Das von diesem Gelenk diagonal nach unten weisende Bauteil ist ein Stab im Sinne der Mechanik, weil es an beiden Enden mit einem Gelenk ausgestattet ist und zwischen diesen beiden Gelenken keine weitere Belastung eingeleitet wird.

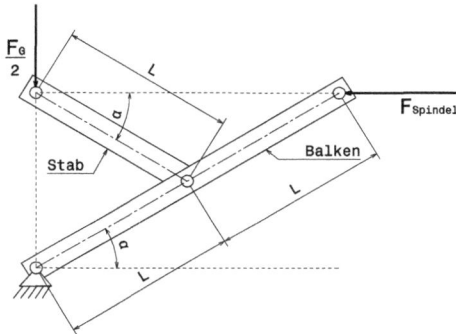

Kräftegleichgewicht am Verbindungsgelenk zwischen Rahmen und Stab	Momentengleichgewicht um den unteren Anlenkpunkt des Balkens
Am oberen linken Gelenk des Stabes steht die anteilige Gewichtskraft $F_G/2$ im Gleichgewicht mit der Stabkraft F_{Stab} und der horizontalen Rahmenkraft F_{Rahmen} die aber nach außen hin nicht in Erscheinung tritt, da sie sich gegen die Rahmenkraft an der gegenüber liegenden Seite abstützt.	Am unteren rechten Gelenk trifft die Stabkraft als Reaktion auf einen Balken. Um das untere linke Gelenk des Balkens kann ein Momentengleichgewicht formuliert werden, bei dem die Stabkraft F_{Stab} und die Spindelkraft $F_{Spindel}$ mit ihren jeweiligen Hebelarmen im Gleichgewicht stehen muss.
$\sin\alpha = \dfrac{\frac{F_G}{2}}{F_{Stab}} \rightarrow F_{Stab} = \dfrac{F_G}{2\cdot\sin\alpha}$	$F_{Stab}\cdot L\cdot\sin 2\alpha = F_{Spindel}\cdot 2\cdot L\cdot\sin\alpha$ $$F_{Spindel} = \frac{\sin 2\alpha}{2\cdot\sin\alpha}\cdot F_{Stab}$$

$$F_{Spindel} = \frac{\sin 2\alpha}{2 \cdot \sin \alpha} \cdot \frac{F_G}{2 \cdot \sin \alpha} = \frac{\sin 2\alpha}{4 \cdot \sin^2 \alpha} \cdot F_G$$

$$F_{Stab} \cdot L \cdot \sin 2\alpha = F_{Spindel} \cdot 2 \cdot L \cdot \sin \alpha$$

$$F_{Stab} = \frac{2 \cdot \sin \alpha}{\sin 2\alpha} \cdot F_{Spindel} = \frac{2 \cdot \sin 15°}{\sin (2 \cdot 15°)} \cdot 1.716\,N = 1.777\,N$$

$$F_{Stab} = \frac{F_G}{2 \cdot \sin \alpha} \quad \rightarrow \quad F_G = F_{Stab} \cdot 2 \cdot \sin \alpha = 1.777\,N \cdot 2 \cdot \sin 15°$$

$$= 919{,}6\,N$$

$$m = \frac{F_G}{g} = \frac{919{,}6\,kg \cdot \frac{m}{s^2}}{9{,}81\,\frac{m}{s^2}} = 93{,}7\,kg$$

$$\eta_{DL} = \frac{\tan \varphi}{\tan (\varphi + \rho')} = \frac{\tan 5,197°}{\tan (5{,}197° + 8{,}827°)} = 0{,}361 \qquad \text{Gl. 4.73}$$

Wird von beiden Seiten ein Moment eingeleitet, so bleiben der Torsionsschub und der Wirkungsgrad unverändert. Alle anderen Zahlenwerte werden verdoppelt.

		3 Nm an einer Seite	3 Nm an jeder Seite
Welche Axialkraft wird dabei in der Spindel hervorgerufen?	N	1.716	3.432
Welche Druckspannung belastet die Spindel?	$\frac{N}{mm^2}$	16,5	33,0
Mit welcher Schubspannung wird die Spindel belastet?	$\frac{N}{mm^2}$	10,0	10,0
Welche Flächenpressung entsteht zwischen Mutter und Spindel?	$\frac{N}{mm^2}$	2,60	5,20
Die kritische Stellung liegt vor, wenn der Sitzrahmen aus der unteren Endstellung bei $\alpha = 15°$ heraus bewegt wird. Wie groß ist dann die Druckkraft in dem Bauteil, welches am oberen Sitzrahmen angelenkt ist?	N	1.777	3.554
Mit welcher Masse kann dann der Klavierhocker insgesamt maximal belastet werden?	kg	93,7	187,4
Wie groß ist der Wirkungsgrad beim Anheben der Sitzfläche?	%	36,1	36,1

Der Mechanismus ist selbsthemmend, weil ...	⊗ ja O nein	... der Steigungswinkel im Gewinde kleiner ist als der Reibwinkel
	O ja ⊗ nein	... die Kopfreibung die Selbsthemmung unterstützt
	O ja ⊗ nein	... sich die beiden Gewindemomente von Rechts- und Linksgewinde gegenseitig abstützen

A.4.37 Drillbohrer

Welcher Flankendurchmesser ergibt sich aus der Konstruktion?	mm	6,000
Wie groß ist der Gewindesteigungswinkel?	°	36,60
Wie groß ist der effektive Reibwinkel ρ'?	°	8,54
Welches Bohrmoment wird erzeugt?	Nmm	159,9
Mit welchem Wirkungsgrad arbeitet diese Bewegungsschraube, wenn angenommen werden kann, dass im Handgriff praktisch kein Reibmoment entsteht?	%	71,8
Welche Flächenpressung wird zwischen Spindel und Mutter hervorgerufen?	N/mm^2	3,09

A.4.38 Kinderkreisel

Welches Beschleunigungsmoment wird erzeugt?	Nmm	128,9
Welche Flächenpressung wird zwischen Spindel und Mutter hervorgerufen?	N/mm^2	31,8
Mit welchem Wirkungsgrad arbeitet diese Bewegungsschraube?	%	81,0
Wie viele Hübe sind erforderlich, um den Kreisel auf eine Drehzahl von $600\,\text{min}^{-1}$ zu beschleunigen?	–	9

A.4.39 Bewegungsschraube, Wirkungsgrad und Selbsthemmung

		$\mu = 0{,}180$ ungeschmiert		$\mu = 0{,}080$ geschmiert	$\mu = 0{,}003$ Rollreibung
		$\beta = 60°$	$\beta = 30°$	$\beta = 30°$	$\beta = 30°$
	ρ'	11,74	10,56	4,735	0,178
$\varphi = 3°$	Selbst-hemmung?	⊗ ja ○ nein	⊗ ja ○ nein	⊗ ja ○ nein	○ ja ⊗ nein
	η_{DL} [%]	20,0	21,7	38,6	94,4
	η_{LD} [%]	–	–	–	94,1
$\varphi = 15°$	Selbst-hemmung?	○ ja ⊗ nein	○ ja ⊗ nein	○ ja ⊗ nein	○ ja ⊗ nein
	η_{DL} [%]	53,3	55,9	74,7	98,8
	η_{LD} [%]	21,5	28,7	67,6	98,8
$\varphi = 45°$	Selbst-hemmung?	○ ja ⊗ nein	○ ja ⊗ nein	○ ja ⊗ nein	○ ja ⊗ nein
	η_{DL} [%]	65,7	68,5	84,7	99,4
	η_{LD} [%]	65,7	68,5	84,7	99,4
$\varphi = 75°$	Selbst-hemmung?	○ ja ⊗ nein	○ ja ⊗ nein	○ ja ⊗ nein	○ ja ⊗ nein
	η_{DL} [%]	21,5	28,7	67,6	98,8
	η_{LD} [%]	53,3	55,9	74,7	98,8
$\varphi = 87°$ $(90° - 3°)$	Selbst-hemmung?	○ ja ⊗ nein	○ ja ⊗ nein	○ ja ⊗ nein	○ ja ⊗ nein
	η_{DL} [%]	–	–	–	94,4
	η_{LD} [%]	20,0	21,7	38,6	94,4

A.4.40   Schneckentrieb

Wie groß ist der Flanken- bzw. Teilkreisdurchmesser des Großrades?	d_{ab}	mm	38,20
Ermitteln Sie den Steigungswinkel im Gewinde!	φ	°	3,64
Welches Übersetzungsverhältnis ergibt sich?	n_{ab}/n_{an}	–	0,05

Wie groß ist die Umfangskraft?	F_u	N	66,7
Wie groß ist der effektive Reibwinkel?	ρ'	°	3,00
Welche Axialkraft stellt sich ein?	F_{ax}	N	572,7
Welche zusätzliche Radialkraft muss senkrecht zur Achse abgestützt werden?	F_{rad}	N	172,2
Welches Moment liegt am Abtrieb an?	M_{ab}	Nm	10,94
Wie hoch ist der Wirkungsgrad, wenn an der Schnecke angetrieben wird?	η	%	54,6
Wie hoch wäre der Wirkungsgrad, wenn am Großrad angetrieben würde?	η	%	17,6

Index

https://doi.org/10.1515/9783110746457-007